Ferdinand Cap
Wie löst man Randwertprobleme
in Physik und Technik

Ferdinand Cap

Wie löst man Randwertprobleme in Physik und Technik

Anleitungen · Beispiele

Walter de Gruyter
Berlin · New York 1993

Emer. Univ. Professor Dr. Ferdinand Cap
Karl Innerebner Straße 40
A-6020 Innsbruck

Das Buch enthält 68 Abbildungen.

Die Deutsche Bibliothek – CIP-Einheitsaufnahme

Cap, Ferdinand:
Wie löst man Randwertprobleme in Physik und Technik : Anleitungen – Beispiele / Ferdinand Cap. – Berlin ; New York : de Gruyter, 1993
ISBN 3-11-012998-1

∞ Gedruckt auf säurefreiem Papier, das die US-ANSI-Norm über Haltbarkeit erfüllt.

Satz: Datenkonvertierung durch Danny Lee Lewis, Berlin. Druck: Karl Gerike GmbH, Berlin. Buchbinderische Verarbeitung: Lüderitz und Bauer, Berlin.

Für wen dieses Buch geschrieben wurde

"La Physique ne nous donne pas seulement l'occasion de résoudre des problèmes ..., elle nous fait présenter la solution." H. POINCARÉ

Heutige technische Prozesse führen öfters zu komplizierten mathematischen Problemen. Wie ein österreichischer Industrieller, dessen Firma täglich über 100 Tonnen Material verarbeitet, in einem Vortrag ausführte, müßte er seine Firma schließen, wenn von der Konkurrenz eine neue materialsparende Technik entwikkelt würde. Die Berechnung eines Randwertproblems der elastischen Spannungen in einem Werkstück hätte aber in seiner Firma zur Möglichkeit einer 30-prozentigen Materialeinsparung geführt. Deshalb sei die Zusammenarbeit von Wirtschaft und Wissenschaft für die Praxis wichtig. Da viele Prozesse der Technik und Wirtschaft durch Differentialgleichungen modelliert werden können, ist die Kenntnis moderner leistungsfähiger Lösungsmethoden von Bedeutung.

Der Leser dieses Buches wird rezeptartige Lösungsgänge für die verschiedensten klassischen und nichtklassischen, separierbaren und nichtseparierbaren Randwertprobleme mit vielen praktischen Anwendungen finden. Er wird jedoch vergeblich Existenz- und Konvergenzbeweise suchen. So manche der hier beschriebenen Verfahren stammen aus der Ingenieurpraxis, und deren Probleme werden wirklich, zumindest in guter Näherung, gelöst. Das Buch enthält auch ein umfangreiches Literaturverzeichnis, um den Leser zumindest kurz zu informieren, welche Verfahren heute zur Verfügung stehen, und um ihm den Einstieg in die spezielle Originalliteratur zu erleichtern. Dies ist allerdings gelegentlich problematisch – das klassische Problem der Schwingungen einer rechteckigen Platte findet man in vielen Werken dargestellt – was unternimmt man aber, um eine in der Mitte kreisförmig ausgeschnittene rechteckige Platte zu berechnen? Stehen doch neben rein numerischen Methoden, die hier nur kurz gestreift werden, andere Methoden, wie die der uneinheitlichen Randwertprobleme, zur Verfügung, die bisher auch in der speziellen Literatur nur sehr wenig behandelt wurden.

Vorkenntnisse, die der Leser mitbringen sollte, wären die von Vorlesungen auf dem Gebiet der Differential- und Integralrechnung, wie sie etwa in den ersten 2 – 3 Semestern einschlägiger Hochschulstudiengänge angeboten werden. Zur ersten Orientierung dienen auch ein ausführliches Sach- und Inhaltsverzeichnis.

Die Veröffentlichung dieses Lehrbuches wäre nicht möglich gewesen ohne die tatkräftige Mithilfe meiner Frau Theresia, die mit Sorgfalt, viel Verständnis und unendlicher Geduld die verschiedenen Fassungen meines handschriftlichen Manuskripts mittels des Computersatzprogramms LaTeX in lesbare Form brachte. Mein Sohn Clemens gab mir so manche wertvolle Anregung und Unterstützung bei Computerproblemen. Herrn Professor Günter Schmidt, Berlin, und Herrn Universitätsdozent Georg Still, Enschede, danke ich für eine Textlektüre und für viele Korrekturvorschläge. Dem Verlag W. de Gruyter, Berlin, insbesondere Herrn Dr.-Ing. Rudolf Weber, danke ich für seine wertvollen Ratschläge und das Bemühen, das Werk in kurzer Zeit herauszubringen. Der Verfasser dankt ferner dem Verband der Elektrizitätswerke Österreichs für die finanzielle Subvention zur Verfügungstellung von Geräten etc., ohne die verschiedene in diesem Werk beschriebenen wissenschaftlichen Arbeiten und das Buch selbst nicht möglich geworden wären.

Innsbruck, im März 1993. Ferdinand F. Cap

Inhaltsverzeichnis

1 Einführung

1.1 Differentialgleichungen als Modelle für Vorgänge

Differentiale, Differentialgleichungen, Funktionsbegriff, Kredit und Zins, radioaktiver Zerfall, Anfangswertproblem, Verkaufseinbuße und andere Beispiele

Alles fließt und verändert sich. Können Vorgänge durch eine veränderliche Größe, eine *Variable*, erfaßt und beschrieben werden, dann ist es fast immer möglich, eine Geschwindigkeit für die Veränderung anzugeben, ob es sich nun um eine Veränderung des Blutzuckers, des Geldvermögens oder des Ortes eines Gegenstandes handelt.

Dieser Abschnitt dient vor allem dazu, dem Leser an einfachen Beispielen darzulegen, wie Vorgänge durch Differentialgleichungen modelliert werden. Er hat allerdings nichts mit Randwertproblemen zu tun, ist aber trotzdem für das weitere Verständnis von Bedeutung.

Wenn sich z.B. zur Zeit t_1 ein Automobil am Ort x_1 befindet und bei gleichförmiger Bewegung (d.h. mit konstanter Geschwindigkeit) zur Zeit t_2 am Ort x_2 anlangt, dann hat es innerhalb des Zeitintervalls von $\Delta t = t_2 - t_1$ Stunden die Wegstrecke $\Delta x = x_2 - x_1$ Kilometer mit der Geschwindigkeit

$$v = \frac{\Delta x}{\Delta t} \tag{1.1.1}$$

Kilometer pro Stunde zurückgelegt. Durch Verkehrsampeln und andere Umstände zeitweilig gestoppt oder schneller fahrend, wird sich jedoch das Auto nicht mit konstanter Geschwindigkeit, sondern mit zeitlich variabler Geschwindigkeit $v(t)$ (einer *abhängigen Variablen*, der Geschwindigkeit v, die somit selbst von der *unabhängigen Variablen*, der Zeit t, abhängt), bewegen. Für extrem kleine Zeit- und Wegabschnitte, die wir mit $\mathrm{d}t$ und $\mathrm{d}x$ bezeichnen und *Differentiale* nennen wollen, wird man jedoch annehmen können, daß die Funktion $v(t)$ durch

$$v(t) = \frac{\mathrm{d}x}{\mathrm{d}t}$$

mit $h = \Delta t$, strenger durch

$$\lim_{h \to 0} \frac{x(t_1 + h) - x(t_1)}{h} = \left.\frac{\mathrm{d}x}{\mathrm{d}t}\right|_{t=t_1} \tag{1.1.2}$$

gegeben ist. Kennt man den Zeit-Weg-Verlauf $x(t)$, dann kann man somit durch Differenzieren die momentane Geschwindigkeit ausrechnen. Für den freien, durch keinen Luftwiderstand beeinträchtigten Fall eines Gegenstandes in einem homogenen, also örtlich nicht variablen Schwerefeld, beschrieben durch die konstante Schwerebeschleunigung g, kann die Physik das Zeit-Weg-Gesetz

$$x(t) = x_0 + v_0 t + \frac{g}{2} t^2 \tag{1.1.3}$$

für die *abhängige Variable* x ableiten. Hier sind x_0 und v_0 Konstante, die so gewählt werden, daß der Körper für $t = 0$ die Anfangslage x_0 mit der Anfangsgeschwindigkeit v_0 besitzt. Durch Differenzieren von (1.1.3) erhält man

$$v(t) = \frac{\mathrm{d}x}{\mathrm{d}t} = v_0 + gt, \tag{1.1.4}$$

d.h. die jeweilige Fallgeschwindigkeit v ist eine lineare Funktion der Zeit, so daß v selbst einer Veränderung, einer Beschleunigung a, unterworfen ist. (1.1.4) stellt eine *gewöhnliche Differentialgleichung erster Ordnung* dar. Für die Beschleunigung a erhält man aus (1.1.4) den Ausdruck

$$a = \frac{\mathrm{d}v}{\mathrm{d}t} = \frac{\mathrm{d}^2 x}{\mathrm{d}t^2} = g. \tag{1.1.5}$$

Dies ist eine *gewöhnliche Differentialgleichung zweiter Ordnung* in der abhängigen Variablen x und der unabhängigen Variablen t.

Ähnliche Überlegungen kann man für alle Vorgänge anstellen, die sich verändern. Allerdings kann man nicht bei allen derartigen Vorgängen mit unendlich kleinen Zeitintervallen $\mathrm{d}t$ rechnen. Dies gilt z.B. für Größen, die sich nur zu bestimmten Zeitpunkten sprunghaft verändern. Gelegentlich muß man die *Differentialrechnung* durch die *Differenzenrechnung*, die wir auch später fallweise verwenden müssen, ersetzen. So werden zum Beispiel bei der Aufnahme eines Bankkredits die Zinsen ja pro Jahr und nicht pro kleinstem Zeitintervall $\mathrm{d}t$ berechnet (Augenblicksverzinsung nach BERNOULLI 1690). Bei einem auf jährlichen Rückzahlungen beruhenden Kredit setzt sich die Jahresrate R_n am Ende des n-ten Jahres, die Annuität, aus Kapitalrückzahlung K_n und *Zins* Z_n für das jeweils noch nicht zurückgezahlte Kapital zusammen. Ist etwa das gesamte ausgeliehene Kapital S, dann beläuft sich im ersten Jahr ein p-prozentiger Zins auf $Z_1 = p \cdot S/100$, und von der üblicherweise konstant bleibenden Annuität R werden nur $K_1 = R - p \cdot S/100$ auf Kapitalrückzahlung verwendet. Im zweiten Jahr ist daher nur mehr das Kapital $S - (R - p \cdot S/100) = Sq - R$ zu verzinsen, wobei $q = 1 + p/100$. Von der zweiten Rückzahlungsrate R entfallen dann $Z_2 = (Sq - R) \cdot p/100 = Z_1 q - R \cdot p/100$ auf Zins und $K_2 = R - (Sq - R) \cdot p/100 = K_1 q$ auf Kapitalrückzahlung. q heißt Aufzinsungsfaktor.

Durch den Schluß von n auf $n+1$ (Induktionsschluß) können wir nun die Formeln

$$Z_{n+1} = Z_n q - p \cdot R/100, \qquad K_{n+1} = K_n q^n \tag{1.1.6}$$

aufstellen. Wir haben damit für die ganzzahlige unabhängige Variable n (die hier anstelle der kontinuierlich veränderlichen Zeit t steht) zwei *Funktionen* Z_n und K_n gewonnen.

Der *radioaktive Zerfall* (und damit die Altersbestimmung von archäologischen Gegenständen sowie die Entdeckung von Kunstfälschungen) wird durch eine einfache *gewöhnliche Differentialgleichung erster Ordnung* beschrieben. Wenn $N(t)$ die Anzahl der zur Zeit t vorhandenen radioaktiven Atome ist, dann ist $-\mathrm{d}N/\mathrm{d}t$

die Anzahl der während des Zeitdifferentials dt zerfallenden Atome. Da die Zahl der Zerfallsprozesse pro Sekunde naturgemäß umso größer ist, je mehr Atomkerne vorhanden sind, gilt erfahrungsgemäß die Proportionalität

$$-\frac{\mathrm{d}N}{\mathrm{d}t} = \lambda N, \tag{1.1.7}$$

wobei die Proportionalitätskonstante λ Zerfallskonstante genannt wird. Indem man in (1.1.7) die Variablen trennt (Technik der Variablenseparation), erhält man

$$\frac{\mathrm{d}N}{N} = -\lambda \mathrm{d}t, \tag{1.1.8}$$

und durch Integration ergibt sich

$$\ln N = -\lambda t + const \quad \text{oder} \quad N = \exp(-\lambda t + const). \tag{1.1.9}$$

Die *Integrationskonstante const* bestimmt man aus dem *Anfangswertproblem*, daß zur Zeit $t = 0$ z.B. N_0 Atomkerne vorhanden sein sollen. Man setzt $t = 0$ in (1.1.9) ein und erhält $N_0 = \exp(const)$ oder nach Logarithmieren $const = \ln N_0$. Für die Altersbestimmung von archäologischen Gegenständen oder der Farbe eines vermutlich gefälschten Bildes bestimmt man die Integrationskonstante etwas anders, nämlich [1.1] *

$$t - t_0 = \ln(N_0/N)/\lambda. \tag{1.1.10}$$

Wenn statt Zerfall eine Vermehrung stattfindet, z.B. bei einer Bakterienpopulation, dann verschwindet in (1.1.8) das Minuszeichen, und es kommt zu einem exponentiellen Wachstum $\sim \exp(\lambda t)$. Hingegen folgt der Verkaufsrückgang nach Werbungsstop oder die Verkaufsrate bei konstanten Werbungsausgaben nach [2]* ebenfalls dem Gesetz (1.1.9). Auch der zeitliche Verlauf des diastolischen Blutdrucks oder das Sinken des Sauerstoffgehaltes in einem geschlossenen Raum oder Mischungsprobleme werden durch (1.1.9) beschrieben, und auch das Trocknen von Wäsche erfolgt gemäß (1.1.9) [2].

Viele weitere Vorgänge lassen sich ebenfalls durch Differentialgleichungen erster Ordnung beschreiben [1, 2]: Das Populationswachstum, die Ausbreitung von Informationen (Gerüchten, technischen Innovationen) oder einer Grippeepidemie sowie der Anteil von Mischgetreide in den USA werden durch

$$\frac{\mathrm{d}N}{\mathrm{d}t} = aN - bN^2 \tag{1.1.11}$$

modelliert, und das Tumorwachstum scheint Gleichungen der Art (1.1.7) oder

$$\frac{\mathrm{d}N}{\mathrm{d}t} = -\lambda N \mathrm{e}^{\alpha t} \tag{1.1.12}$$

zu genügen [1]. Die Verkaufseinbuße bei steigenden Preisen kann man durch

*Ziffern in eckigen Klammern beziehen sich auf das Literaturverzeichnis.

$$\frac{\mathrm{d}y}{\mathrm{d}p} = -\lambda \frac{y}{p} \tag{1.1.13}$$

beschreiben, und die von EBBINGHAUS gemessene Vergessenskurve $N(t)$ des Gedächtnisses wird durch

$$\frac{\mathrm{d}N}{\mathrm{d}t} = -\lambda N + \mu N(N_0 - N) \tag{1.1.14}$$

modelliert [1.2]. (Hier ist $N(t)$ die jeweils zur Zeit t noch vorhandene Anzahl der zur Zeit $t = 0$ auswendig gelernten sinnlosen Silben.)

Alle diese Modelle (und noch viele andere) stellen Differentialgleichungen erster Ordnung dar. Um zur gesuchten Funktion zu gelangen, muß man nur einmal integrieren, so daß nur *eine* Integrationskonstante auftritt. Es kann daher nur für einen Wert der unabhängigen Variablen t ein Wert für die gesuchte abhängige Variable $N(t)$ vorgegeben werden: es liegt ein *Anfangswertproblem* vor. Da ein *Rand* aber durch mindest zwei Punkte beschrieben werden muß, liegen Randwertprobleme erst bei Differentialgleichungen zweiter Ordnung vor. Wir wollen uns daher mit Differentialgleichungen erster Ordnung nicht weiter beschäftigen.

1.2 Klassifikation von Differentialgleichungen

Gewöhnliche und partielle Differentialgleichungen, Grad und Ordnung einer Differentialgleichung, Anfangs- und Randwertprobleme, Lösungstypen

Als *Differentialgleichung* bezeichnet man einen funktionellen Zusammenhang zwischen einer *unabhängigen Variablen*, meist mit x (oder t) bezeichnet, einer hiervon *abhängigen Variablen* $y(x)$, das ist die durch die Differentialgleichung definierte Funktion, und deren *Ableitungen* (Differentialquotienten) $y' = \mathrm{d}y(x)/\mathrm{d}x$, $y'' = \mathrm{d}^2y(x)/\mathrm{d}x^2$ etc. in der Form $F(x, y(x), y'(x), y''(x), \ldots) = 0$ (*implizite Form*). Oft kann man diesen Funktionalzusammenhang nach der höchsten Ableitung auflösen und z.B. $y'' = f(x, y, y')$ schreiben (*explizite Form*). Eine Differentialgleichung, in der nur eine unabhängige Variable auftritt, heißt eine *gewöhnliche Differentialgleichung*. Treten mehrere unabhängige Variable, z.B. x, y, z auf, so daß die abhängige Variable $u(x, y, z)$ von mehr als einer unabhängigen Variablen abhängt, dann spricht man von einer *partiellen Differentialgleichung*. Treten bei Vorhandensein einer unabhängigen Variablen t mehrere abhängige Variablen, z.B. $x(t)$, $y(t)$, $z(t)$, auf, so müssen so viele Differentialgleichungen vorliegen, als abhängige Variable vorhanden sind. Man spricht dann von einem *System von gewöhnlichen Differentialgleichungen*. Wichtig ist jedoch die Frage, ob diese Differentialgleichungen *unabhängig* voneinander sind, wie etwa $\mathrm{d}x/\mathrm{d}t = ax$, $\mathrm{d}y/\mathrm{d}t = by$, oder ob sie gekoppelt sind, also nur gemeinsam gelöst werden können (*simultane Differentialgleichungen*) wie z.B. $\mathrm{d}x/\mathrm{d}t = y$, $\mathrm{d}y/\mathrm{d}t = x + a$. Würde man nun $x = \mathrm{d}y/\mathrm{d}t - a$ in die erste Differentialgleichung einsetzen, so erhielte man $\mathrm{d}^2y/\mathrm{d}t^2 = y$, eine Differentialgleichung zweiter Ordnung. Diese besitzt nun in ihrer Lösung ebenso wie das simultane System zwei Integrationskonstanten, so daß ihre Lösungsmannigfaltigkeit gleich groß ist wie diejenige eines Systems von zwei simultanen Differentialgleichungen erster Ordnung.

Eine Differentialgleichung, die als höchste Ableitung eine der Ordnung n besitzt, nennt man eine (gewöhnliche oder partielle) *Differentialgleichung n-ter Ordnung.* So ist etwa $y'' = f(x, y, y')$ eine *Differentialgleichung zweiter Ordnung.* Kommen in einer gewöhnlichen Differentialgleichung die abhängige Variable $y(x)$ und ihre Ableitungen nur im ersten Grad vor, so heißt die Differentialgleichung *linear*; kommt y oder y' auch als y^2 oder y'^2 vor, so liegt eine *quadratische Differentialgleichung* (Differentialgleichung zweiten Grades) vor. Wir führen einige Beispiele an:

$$p_0(x)y' + p_1(x)y = f(x) \tag{1.2.1}$$

ist die *allgemeinste lineare Differentialgleichung erster Ordnung,* während

$$p_0(x)y'' + p_1(x)y' + p_2(x)y = f(x) \tag{1.2.2}$$

die *allgemeinste lineare Differentialgleichung zweiter Ordnung* darstellt. $p_0(x)$, $p_1(x)$, $p_2(x)$ heißen *Koeffizientenfunktionen,* und $f(x)$ ist das *inhomogene Glied.*

Tritt $f(x) \neq 0$ auf, so heißt die Differentialgleichung *inhomogen,* fehlt das Glied, so spricht man von einer *homogenen Differentialgleichung.* So nennt man $y'' = -y$ oder $y'^2 = y$ homogen, während $y''+y = f(x)$ oder $y'^2-y = f(x)$ inhomogen heißen. Die Differentialgleichungen $y''^2 = y$ oder $y''' = y^2$ sind *nichtlinear (quadratisch)*, da die abhängige Variable bzw. ihre Ableitung im zweiten Grad vorkommt.

Zur Lösung (Integration) einer Differentialgleichung n-ter Ordnung müssen n Integrationen durchgeführt werden, so daß die Lösung n beliebig wählbare Integrationskonstanten enthält. Eine solche Lösung einer Differentialgleichung nennt man die *allgemeine Lösung,* während eine *partikuläre Lösung* weniger als n (oder gar keine) frei wählbare Integrationskonstanten enthält. Wir zeigen dies an einem Beispiel. Wie man sich durch Einsetzen von

$$y(x) = A \sin x + B \cos x \tag{1.2.3}$$

in die Differentialgleichung zweiter Ordnung (*Schwingungsgleichung*)

$$y'' + y = 0 \tag{1.2.4}$$

leicht überzeugt, stellt (1.2.3) die allgemeine Lösung von (1.2.4) mit zwei Integrationskonstanten A, B dar. Eine partikuläre Lösung wäre $y(x) = A \sin x$ oder $y(x) = 15 \cos x$.

Die zunächst noch beliebig wählbaren Integrationskonstanten dienen dazu, die allgemeine Lösung an die Erfordernisse des speziellen Problems anzupassen. Soll beispielsweise die partikuläre Lösung $y(x)$ an der Stelle $x_0 = \pi/2$ den Wert 10 annehmen, wird also der Funktionswert $y_0 = y(x_0)$ vorgegeben (*Anfangswertproblem*), dann gilt

$$y_0 = y\big(x_0 = \frac{\pi}{2}\big) = A \sin \frac{\pi}{2} = A = 10, \tag{1.2.5}$$

so daß A bestimmt wurde. Wird aber außerdem verlangt, daß die Kurvensteigung (Ableitung) an der gleichen Stelle x_0 einen bestimmten Wert $y'_0 = y'(x_0) = 0.5$ annehmen soll, dann muß die allgemeine Lösung (1.2.3) verwendet werden. Die *Anfangsbedingungen* an der Stelle $x_0 = \pi/2$ lauten dann

$$\begin{aligned} y_0 &= 10 = y(x_0 = \pi/2) = A \sin\frac{\pi}{2} + B\cos\frac{\pi}{2} = A, \\ y'_0 &= 0.5 = y'(x_0 = \pi/2) = A\cos\frac{\pi}{2} - B\sin\frac{\pi}{2} = -B, \end{aligned} \tag{1.2.6}$$

und man erhält $A = 10$, $B = -0.5$ für die partikuläre Lösung.

In analoger Weise kann man jedoch die zwei Integrationskonstanten A, B dazu verwenden, um aus der allgemeinen Lösung (1.2.3) die partikuläre Lösung eines *Zweipunktproblems* (*Randwertproblems*) zu konstruieren. Gibt man beispielsweise für zwei verschiedene Stellen x_0, x_1 die Funktionswerte (oder Ableitungen) vor, lauten also die *Randbedingungen* z.B.

$$y_0 = y(x = x_0) = 10, \qquad y_1 = y(x = x_1) = 20, \tag{1.2.7}$$

so erhält man aus (1.2.3)

$$A\sin x_0 + B\cos x_0 = 10, \quad A\sin x_1 + B\cos x_1 = 20, \tag{1.2.8}$$

so daß bei gegebenen x_0, x_1 nun ein System von zwei linearen inhomogenen Gleichungen für die unbekannten Integrationskonstanten A, B vorliegt, dessen Lösung durch

$$\begin{aligned} A &= \frac{10\cos x_1 - 20\cos x_0}{\sin x_0 \cos x_1 - \sin x_1 \cos x_0}, \\ B &= \frac{20\sin x_0 - 10\sin x_1}{\sin x_0\cos x_1 - \sin x_1 \cos x_0} \end{aligned} \tag{1.2.9}$$

gegeben ist, sofern der Nenner nicht verschwindet. Die Lösung unseres Randwertproblems lautet daher nach (1.2.3), (1.2.9)

$$\begin{aligned} y(x) =& \frac{10\cos x_1 - 20\cos x_0}{\sin x_0 \cos x_1 - \sin x_1 \cos x_0} \sin x \\ &+ \frac{20\sin x_0 - 10\sin x_1}{\sin x_0\cos x_1 - \sin x_1 \cos x_0} \cos x. \end{aligned} \tag{1.2.10}$$

Wie man sich leicht überzeugt, liefert (1.2.10) die gewünschten Ergebnisse (1.2.7). Man darf jedoch nicht glauben, daß man mit der allgemeinen Lösung (1.2.3) jede beliebige Randbedingung erfüllen kann. Verlangt man z.B. $y(\pi/2) = 1$, $y'(0) = 0$, so erhält man aus $y'(0) = 0$ zunächst $A = 0$, und mit $y = B\cos x$ kann man $y(\pi/2) = 1$ nicht erfüllen, da $\cos(\pi/2) = 0$ ist [5]. Ein lösbares Randwertproblem wäre hingegen $y(0) = 1$, $y(\pi) = -1$, welches unendlich viele Lösungen besitzt.

Die Randbedingungen (1.2.7) werden als *inhomogene Randbedingungen* bezeichnet. Würde $y_0 = y_1 = 0$ gelten, so würde man von *homogenen Randbedingungen* sprechen. Allgemein nennt man ein Problem nur dann homogen, wenn sowohl die Differentialgleichung als auch die Randbedingungen beide homogen sind; andernfalls liegt ein inhomogenes Problem vor. Inhomogene Probleme lassen sich *homogenisieren* [4], vgl. Seite 51. Hat ein *homogenes* Randwertproblem eine nichttriviale Lösung, so hat das zugehörende inhomogene Problem entweder keine oder unendlich viele Lösungen. Hat dagegen das homogene Problem nur die triviale Lösung, so hat das inhomogene Problem eine eindeutig bestimmte Lösung und umgekehrt [1.3]. Als Beispiel betrachten wir das homogene Problem $y'' + y = 0$, $y(\pi/2) = 0$, $y'(0) = 0$, das die nichttriviale Lösung $y = \cos x$ besitzt. Das zugehörende inhomogene Problem $y'' + y = 0$, $y(\pi/2) = 1$, $y'(0) = 1$ besitzt die unendlich vielen Lösungen $y = \sin x + B\cos x$, worin B jeden beliebigen Wert annehmen kann.

Partielle Differentialgleichungen besitzen eine große Mannigfaltigkeit an Lösungen. Hier treten anstelle der Integrationskonstanten willkürlich wählbare Funktionen auf. In der üblichen Schreibweise $u_x(x,y) = \partial u/\partial x$ für die partielle Ableitung von u nach x können wir z.B. eine einfache lineare inhomogene *partielle Differentialgleichung*

$$u_x(x,y) = y^2 \tag{1.2.11}$$

untersuchen. Integrieren wir partiell nach x, so erhalten wir

$$u(x,y) = \int u_x(x,y)\mathrm{d}x = \int y^2\mathrm{d}x = y^2 x + g(y). \tag{1.2.12}$$

Anstelle der Integrationskonstanten tritt hier die willkürlich wählbare, aber differenzierbare Funktion $g(y)$. Differenziert man (1.2.12) partiell nach x, so erhält man wieder (1.2.11). Es ist also (1.2.12) eine Lösung von (1.2.11).

Eine partielle Differentialgleichung kann p unabhängige Variable x, y, z etc. enthalten. Sie ist von *n-ter Ordnung*, wenn die höchste Ableitung n-ter Ordnung ist. Eine *vollständige Lösung* ist eine Lösung, die p willkürliche Integrationskonstante enthält, und als *allgemeine Lösung* bezeichnet man eine Lösung, die eine oder mehrere willkürliche Funktionen der unabhängigen Variablen enthält. Als *singuläre (partikuläre) Lösung* bezeichnet man eine solche Beziehung zwischen den Variablen, die keine willkürlichen Konstanten mehr enthält und der partiellen Differentialgleichung genügt [3]. So ist z.B. $z = -xy$ eine singuläre Lösung von $z_x x + z_y y + z_x z_y - z = 0$, und $z = ax + by + ab$ ist eine vollständige Lösung. Ferner ist $z = yg(y/x)$, wo $g(y/x)$ eine willkürliche Funktion ist, die allgemeine Lösung von $z_x x + z_y y - z = 0$. Hier bedeutet z_x die partielle Ableitung von $z(x,y)$ nach x, also $z_x = \partial z/\partial x$.

Die Begriffe homogen und inhomogen, linear und nichtlinear werden in analoger Weise auch auf partielle Differentialgleichungen angewandt.

Die Ränder bei Randwertproblemen partieller Differentialgleichungen werden natürlich nicht durch zwei Punkte festgelegt, sondern durch Linien oder Flächen. Ist $u(x,y)$ die Lösung einer partiellen Differentialgleichung, so kann man nun längs eines Randes in Form des Rechtecks mit den Seiten $c_1 - c_0$, $d_1 - d_0$, also $x = c_0$, $d_0 \leq y \leq d_1$; $x = c_1$, $d_0 \leq y \leq d_1$; $y = d_0$, $c_0 \leq x \leq c_1$; $y = d_1$, $c_0 \leq x \leq c_1$ oder längs des Kreises $x^2 + y^2 = R^2$ eine Randbedingung vorgeben. Prinzipiell besitzt ein Randwertproblem einer partiellen Differentialgleichung zweiter oder höherer Ordnung für *Randwerte* längs eines hinreichend *glatten Randes* immer eine Lösung [7]. Ist die partielle Differentialgleichung für $u(\xi_1, \xi_2, \xi_3)$, wo ξ_1, ξ_2, ξ_3 beliebige krummlinige Koordinaten sind, so beschaffen, daß eine *Separationslösung* in der Form

$$u = f_1(\xi_1) \cdot f_2(\xi_2) \cdot f_3(\xi_3) \tag{1.2.13}$$

gefunden werden kann, dann ist es leicht, Randbedingungen der Art

$$f_1(\xi_1) = g_1(\xi_1), \quad f_2(\xi_2) = g_2(\xi_2), \quad f_3(\xi_3) = g_3(\xi_3), \tag{1.2.14}$$

wo g_1, g_2, g_3 beliebig vorgegebene Randwerte sind, zu erfüllen. Man erhält durch den *Separationsansatz* (1.2.13) aus der partiellen Differentialgleichung gewöhnliche Differentialgleichungen für f_1, f_2, f_3. Die allgemeine Lösung kann dann bei linearen Gleichungen durch Superposition von Lösungen (1.2.13) aufgebaut werden. Schwieriger ist jedoch die Situation, wenn zwei Ränder existieren, deren Randkurven nicht dem gleichen Koordinatensystem angehören (*uneinheitliche Randwertprobleme*) oder wenn für den betreffenden Rand keine Kurven $\xi_i = const$ oder Flächen angegeben werden können, durch die der Rand beschrieben werden oder für die die partielle Differentialgleichung durch einen Separationsansatz (1.2.13) gelöst werden kann (*nichtseparables Randwertproblem*). Ein uneinheitliches Randwertproblem liegt z.B. bei einer in der Mitte kreisförmig ausgeschnittenen rechteckigen Membran vor, und das Randwertproblem einer Dreiecksmembran, bei der die Hypothenuse zwar eine gerade Linie ist, nicht aber durch $x = const$ oder $y = const$ dargestellt werden kann, kann nur mit Hilfe entarteter Eigenfunktionen (siehe später) gelöst werden. Schwer lösbar sind weiter Probleme, bei denen der Rand Ecken oder Singularitäten hat. Es gibt ferner Randwertprobleme mit freien, oder beweglichen, durch die Lösung der partiellen Differentialgleichung mitbestimmten Randbedingungen (*freie Randwertprobleme*). Randwertprobleme mit beliebigen Rändern (z.B. die Strömung um einen Volkswagen) können oft nur mittels numerischer Methoden (*Kollokationsverfahren, finite Differenzen, finite Elemente* etc.) gelöst werden. Auf Verfahren zur Lösung von Randwertproblemen gewöhnlicher und partieller Differentialgleichungen soll in diesem Buch eingegangen werden.

1.3 Differentialgleichungen zweiter Ordnung als Modelle

Zweipunktproblem, System von Differentialgleichungen erster Ordnung und ihre Überführung in Differentialgleichungen zweiter Ordnung, Zuckerkrankheit, Schwellensatz der Epidemiologie, Ausleseprinzip der Biologie, Bewegungsgleichung von NEWTON, elektrische Schwingungskreise, NOETHER-Theorem

Viele Naturvorgänge und auch so manche menschliche Tätigkeiten lassen sich durch Differentialgleichungen zweiter Ordnung von der Art (1.2.2) erfassen. Oft sind sogar die Koeffizientenfunktionen p_0, p_1, p_2 konstant, und auch das inhomogene Glied $f(x)$ fehlt öfters, das eine Fremdeinwirkung auf den Vorgang beschreibt.

Der Term y', der meist eine *Dämpfung* des Vorgangs beschreibt, kann ebenfalls fehlen, so daß (1.2.2) die Form der Gleichung (1.2.4) annimmt. Viele ungedämpfte Vorgänge kann man in der Form beschreiben: die Änderung y'' der Zuwachsrate y' einer Größe y hängt vom jeweiligen Wert der Größe y ab, d.h. $y'' = f(y(x))$. Entwickelt man nun $f(y)$ in eine Reihe nach Potenzen von y und bricht man in erster Näherung nach dem linearen Glied ab, so erhält man (1.2.4). Werden Vorgänge durch zwei (oder mehrere) Differentialgleichungen erster Ordnung modelliert, so kann daraus eine Differentialgleichung zweiter (oder höherer) Ordnung abgeleitet werden. Liegt deren allgemeine Lösung vor und verlangt das vorliegende Problem, daß die Lösungsfunktion $y(x)$ (oder deren Ableitung) an zwei Stellen $x_0, x_1 \neq x_0$ vorgegebene Werte $y_0 = y(x_0)$, $y_1 = y(x_1)$ (oder $y_0 = y(x_0)$, $y_1' = y'(x_1)$ etc.) annimmt, dann liegt ein *Randwertproblem für eine gewöhnliche Differentialgleichung* (*Zweipunktproblem*) vor.

Wir wollen nun auf der Basis bekannter Literatur [1, 2] eine Reihe derartiger Beispiele besprechen. Die Zuckerkrankheit (Diabetes) ist eine Stoffwechselstörung, bei der der Körper infolge ungenügender Produktion des Hormons Insulin nicht fähig ist, Kohlehydrate vollständig auszuwerten. Auf Grund zahlreicher Blutzuckermessungen hat ACKERMANN [1.4] für die Abweichung $g(t)$ des Blutglukosegehaltes vom Normwert eine Gleichung in der Form

$$\frac{\mathrm{d}g}{\mathrm{d}t} = -m_1 g(t) - m_2 h(t) + J(t) \tag{1.3.1}$$

angesetzt. Hier ist t die Zeit, m_1 und m_2 sind bekannte, etwas vom Patienten abhängige Konstante, $h(t)$ ist die Abweichung der Insulinkonzentration im Blut vom Normalwert, und $J(t)$ beschreibt, in welchem Maße durch Einnahme von Kohlehydraten die Blutzuckerkonzentration vergrößert wird. Da (1.3.1) zwei unbekannte Funktionen $g(t)$ und $h(t)$ enthält, muß noch eine zweite Differentialgleichung aufgestellt werden. Offenbar hängt der Verbrauch $-h'(t)$ des Insulins mit der Blutzuckerkonzentration g und dem jeweils noch vorhandenen Insulin h zusammen, so daß man

$$-\frac{\mathrm{d}h}{\mathrm{d}t} = +m_3 h(t) - m_4 g(t) \tag{1.3.2}$$

ansetzen kann. Da h weniger von Interesse ist, vor allem aber g gesucht wird, wollen wir h aus (1.3.1) ausrechnen, den so erhaltenen Ausdruck nach der Zeit differenzieren und in (1.3.2) h und h' einsetzen. Man erhält so eine Differentialgleichung zweiter Ordnung für g:

$$g'' + (m_1 + m_3)\, g' + (m_1 m_3 + m_2 m_4)\, g = m_3 J + \frac{\mathrm{d}J}{\mathrm{d}t}. \tag{1.3.3}$$

Methoden zur Lösung solcher Differentialgleichungen werden im Kapitel 2 behandelt.

Nimmt man nun an, daß der Blutzuckergehalt zur Zeit t_0 den Wert $g_0 = g(t_0)$ hat, zur Zeit $t_1 > t_0$ einen Wert $g_1 = g(t_1)$ haben soll, so liegt ein Randwertproblem vor, mit Hilfe dessen die medizinisch erlaubte Kohlehydratzufuhr berechnet werden kann. Ist hingegen $J(t) = 0$ (keine neue Kohlehydrataufnahme mehr), dann kann man die zeitliche Veränderung der Blutzuckerwerte $g(t)$ für diagnostische Zwecke benützen.

Derartige mathematische Modelle gibt es auf vielen Gebieten: Schreibt man für den zeitlichen Abbau eines Medikamentes aus der Blutbahn oder die Cholesterinkonzentration $b(t)$ und für den aus dem Gewebe $g(t)$, so kann man zu (1.3.1) - (1.3.2) ähnliche Gleichungen herleiten [1.5]: $b' = -m_1 b + m_2 g$, $g' = m_3 b - m_2 g$; auch die Organregeneration, die Verluste bei Schlachten, die Konflikttheorie von RICHARDSON und die Theorie des Wettrüstens [1.6] führen zu Differentialgleichungen der Art (1.3.1) - (1.3.2). Während schon THUKYDIDES vermutete, daß die Aufrüstung Athens die Spartaner in den peloponnesischen Krieg trieb, kann man heute derartige Aussagen durch mathematische Modelle begründen und abschätzen [1], bei welchen Werten der Konstanten das "Gleichgewicht" instabil wird und zum Krieg zwischen zwei Nationen führt.

Man darf jedoch nicht glauben, daß bei derartigen Modellen immer lineare Differentialgleichungen auftreten. Bei der Ableitung des Schwellensatzes der Epidemiologie ist dies z.B. nicht der Fall. Der Satz besagt [1], daß nur dann eine Epidemie auftritt, wenn die Zahl der anfälligen Personen einen bestimmten Schwellenwert übersteigt. Die Ableitung beruht auf drei wesentlichen Annahmen:

1. Im betrachteten Zeitraum ändert sich die Bevölkerungszahl nicht durch Geburten oder Todesfälle.
2. Die Ansteckungsrate ist proportional dem Produkt aus der gesamten Personenanzahl und der Anzahl der erkrankten, also ansteckenden Personen.
3. Personen, die die Krankheit überstanden haben, werden immun und scheiden aus der Betrachtung mit einer zur Anzahl der Kranken proportionalen Rate aus.

Bezeichnet man mit $S(t)$ die Anzahl der gesunden Personen, mit $I(t)$ die Anzahl der erkrankten Personen, und sei $R(t)$ die Anzahl der nach Überstehen der Krankheit immun gewordenen Personen, so erhält man

aus 1: $$S(t) + I(t) + R(t) = const, \tag{1.3.4}$$

aus 2: $$S' = -\alpha SI, \quad I' = \alpha SI - \beta I, \tag{1.3.5}$$

aus 3: $$R' = \beta I. \tag{1.3.6}$$

Die Konstante α wird Infektionsrate genannt, und β heißt Ausscheidungsrate (Immunisierungsrate). Das System (1.3.5) - (1.3.6) ist ein System von drei gewöhnlichen Differentialgleichungen 1. Ordnung, in dem die zwei Gleichungen (1.3.5) gekoppelt (simultan) und außerdem nichtlinear sind, während (1.3.6) linear und unabhängig ist und später gelöst werden kann, sobald $I(t)$ bekannt ist. Die Gleichungen (1.3.5) müssen jedoch simultan gelöst werden, was bei nichtlinearen Gleichungen schon wesentlich schwieriger ist. Als Ergebnis findet man, daß eine Epidemie nur dann ausbricht, wenn die Anzahl der anfälligen Personen größer als β/α ist und daß die Krankheit schließlich mangels ansteckender Personen und nicht mangels anfälliger Personen zum Erlöschen kommt. Auf analoge Weise kann man ein Modell für die Ausbreitung des Trippers konstruieren, aus dem sich ergibt, daß sich die Anzahl der daran erkrankten Personen einem nicht verschwindenden stationären Zustand nähert [1.7].

Ähnliche Systeme von simultanen nichtlinearen Differentialgleichungen erster Ordnung erhält man bei der Abschätzung der Anzahl $y(t)$ der Haifische (Raubfische) und der Speisefische (Opferfische) $x(t)$ im Mittelmeer. Wären keine Haie da, dann würden sich die Speisefische nach MALTHUS nach (1.1.8) mit $\lambda < 0$, also nach $\dot{x} = ax$ vermehren. Die Anzahl der Beutetiere, die pro Zeiteinheit von y Räubern gefressen wird, ist offenbar durch bxy gegeben, so daß man für die jeweils noch vorhandene Anzahl von Speisefischen $x' = ax - bxy$ ansetzen kann (*Räuber-Beute-Modell* von LOTKA-VOLTERRA [2]), während die Veränderungsrate der Räuber durch $y' = -cy + exy$ gegeben ist. $-cy$ ist ihre natürliche Sterberate, die wir bei den Speisefischen vernachlässigt haben, und exy ist ihre zur jeweiligen Anzahl y und dem Futtervorrat x proportionale Wachstumsrate. Durch Einsetzen der speziellen Werte $x = c/e$ und $y = a/b$ in die beiden Gleichungen erhält man sofort $x' = y' = 0$, d.h. eine *Gleichgewichtslösung*. Ähnliche Modelle, Gleichungen und Lösungen kann man für den Einsatz von Insektenvertilgungsmitteln [2], für den mathematischen Beweis für das biologische Ausleseprinzip durch Wettbewerb (struggle of life) [1] angeben, wobei sich meistens nach Ablauf einer langen Zeit ein Gleichgewichtszustand ergibt, bei dem z.B. eine der konkurrierenden Arten ausgerottet ist [1.8].

Natürlich gibt es auch Fälle, in denen das betreffende Modell sogleich zu einer Differentialgleichung zweiter Ordnung führt. Typische Beispiele findet man in der Punktmechanik oder in der Theorie elektrischer Schwingungen. Da nach dem NEWTONschen Bewegungsgesetz die Masse eines Körpers multipliziert mit seiner Beschleunigung gleich ist der Summe der auf ihn wirkenden Kräfte, kann man leicht für verschiedene Bewegungen Modellgleichungen aufstellen. Ein interessantes Beispiel wäre etwa die Bewegung einer *Wünschelrute*, deren Ausschlag Folge der *ideomotorischen Triggerung* der KOHNSTAMM-*Instabilität* des musculus fl. carpi ulnaris des Unterarms ist [1.10]. Für den Fall eines Fallschirmspringers kann die Bewegungsgleichung leicht aufgestellt werden. Da die Schwerkraft durch $-g$ und der Luftwiderstand durch av^2 angesetzt werden kann, wobei a eine von Luftdichte und Körperform des Springers abhängige konstante Größe und v die Fallgeschwindigkeit ist, ist es möglich, für den Fall eines Fallschirmspringers längs der Fallinie zur Erde die Gleichung

$$m\ddot{x} = -g + av^2(t) \tag{1.3.7}$$

anzuschreiben. Die Ableitung des Ortes $x(t)$ nach der Zeit wird üblicherweise durch einen Punkt bezeichnet. Auch für elektrische Schwingungskreise lassen sich Differentialgleichungen zweiter Ordnung ableiten. Betrachten wir z.B. den in Abb. 1 dargestellten Schwingungskreis. Da nach der zweiten KIRCHHOFF*schen Regel* in einem geschlossenen Stromkreis die Summe über alle Spannungen Null ist, können wir den Ansatz machen:

$$E(t) - L\frac{\mathrm{d}I(t)}{\mathrm{d}t} - RI(t) - \frac{Q(t)}{C} = 0. \tag{1.3.8}$$

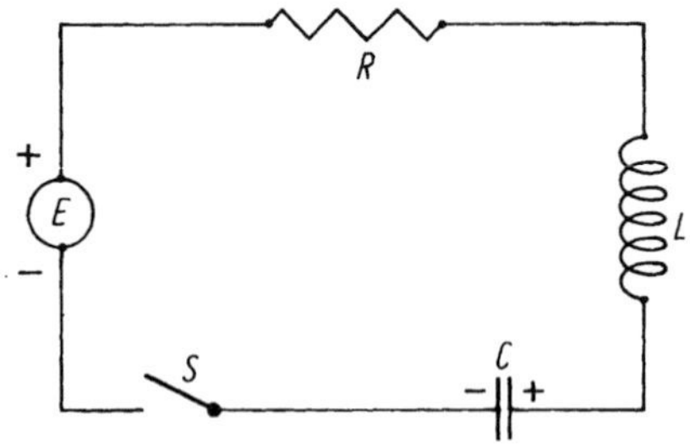

Abb. 1. Ein Schwingungskreis

Hierin ist $E(t)$ die *eingeprägte Spannung* (EMK, Generator, Batterie) und $L\mathrm{d}I/\mathrm{d}t$ ist die an der Selbstinduktivität L durch den Strom $I(t)$ erregte Gegenspannung. Der Spannungsabfall am Widerstand R ist nach dem OHMschen Gesetz durch $-RI(t)$ gegeben, und die Gegenspannung, die der Kondensator C durch seine Ladung $Q(t)$ erzeugt, ist $-Q(t)/C$. Da der im Kreis fließende Strom an allen Stellen der Masche den gleichen Wert hat, muß der Ladungsabfluß $-\dot{Q}(t)$ vom Kondensator auch gleich $I(t)$ sein, oder $Q = \int I\mathrm{d}t$. Setzen wir dies in (1.3.8), so erhalten wir

$$L\frac{\mathrm{d}^2Q(t)}{\mathrm{d}t^2} + R\frac{\mathrm{d}Q(t)}{\mathrm{d}t} + \frac{Q(t)}{C} = E(t). \tag{1.3.9}$$

Würden wir $Q(t)$ eliminieren und differenzieren, so ergäbe sich unter der (nicht immer ganz richtigen) Annahme, daß L und C konstante Größen sind, die Form

$$L\frac{\mathrm{d}^2I(t)}{\mathrm{d}t^2} + R\frac{\mathrm{d}I(t)}{\mathrm{d}t} + \frac{I(t)}{C} = \frac{\mathrm{d}E(t)}{\mathrm{d}t}. \tag{1.3.10}$$

Ergibt das Problem, daß Ladung oder Strom zu zwei verschiedenen Zeiten vorgegebene Werte annehmen sollen, so liegt wieder ein Randwertproblem einer gewöhnlichen Differentialgleichung zweiter Ordnung vor. Selbstverständlich können auch bei gewöhnlichen Differentialgleichungen noch höherer Ordnung Randwertprobleme auftreten, wobei dann bei einer Gleichung der Ordnung n an n verschiedenen Punkten Bedingungen erfüllt werden können. Als Beispiel betrachten wir die einfache Differentialgleichung $y'''(x) = 0$, die die Lösung

$$y(x) = ax^2 + bx + c \tag{1.3.11}$$

besitzt, wie durch Differenzieren und Einsetzen leicht zu verifizieren ist. Für die Berechnung der Integrationskonstanten a, b, c gibt es nun, je nach dem vorliegenden Problem, mehrere Möglichkeiten:

Anfangswertproblem	$x_0 = x_1 = x_2,$	$y(x_0),\ y'(x_0),\ y''(x_0),$
Anfangs-Randwertproblem	$x_0 = x_1 \neq x_2,$	$y(x_0),\ y'(x_0),\ y(x_2),$
Anfangs-Randwertproblem	$x_0 = x_1 \neq x_2,$	$y(x_0),\ y'(x_0),\ y'(x_2),$
Randwertproblem	$x_0 = x_1 \neq x_2,$	$y(x_0),\ y'(x_0),\ y(x_2),$
Randwertproblem	$x_0 \neq x_1 \neq x_2,$	$y(x_0),\ y(x_1),\ y(x_2).$

Verlangt man etwa

$$\begin{array}{llll} x_0 = x_1 = x_2 = 0, & y(x_0) = 0, & y'(x_0) = 0, & y''(x_0) = 4, \\ x_0 = x_1 = 0, \quad x_2 = 1, & y(x_0) = 0, & y'(x_0) = 0, & y(x_2) = 4, \\ x_0 = 0,\ x_1 = 1,\ x_2 = 2, & y(x_0) = 0, & y(x_1) = 0, & y(x_2) = 4, \end{array}$$

so erhält man

$$\begin{array}{lll} a = 2.00, & b = 0, & c = 0, \\ a = 4.00, & b = 0, & c = 0, \\ a = 2.00, & b = -2, & c = 0. \end{array}$$

Hingegen könnte das Randwertproblem $x_0 = 1$, $x_1 = 2$, $x_3 = 3$, $y(x_0) = y(x_1) = y(x_2) = 0$ durch (1.3.11) nicht gelöst werden, da die Funktion $y(x)$ vom 2. Grad ist und daher nur zwei Nullstellen besitzt. Man darf also nicht glauben, daß jedes Randwertproblem einer *gewöhnlichen* Differentialgleichung eine Lösung besitzt. Etwas anders ist allerdings die Situation bei *partiellen* Differentialgleichungen, mit denen wir uns im nächsten Abschnitt beschäftigen werden.

Eine für den Naturwissenschaftler und Techniker wichtige Eigenschaft von vielen (gewöhnlichen und partiellen) Differentialgleichungen ist die Tatsache, daß gewisse Differentialgleichungen bei speziellen Koordinatentransformationen unverändert (*forminvariant*) bleiben. Wenn man z.B. die NEWTONsche Bewegungsgleichung einer *Translation* längs der x-Achse unterwirft, so erhält man eine in der Form unveränderte Gleichung und gleichzeitig die Aussage, daß der *Impuls* des Massenpunktes m bei dieser Transformation konstant bleibt, d.h. er wird *erhalten*. Hinter diesem interessanten Umstand, daß bei einer Translation des Koordinatensystems der Impuls einem *Erhaltungssatz* genügt, steht das berühmte Theorem von EMMY NOETHER [1.9]. Dieses besagt in etwa, daß dann, wenn eine Differentialgleichung forminvariant ist gegenüber einer Transformation, ein Erhaltungssatz für eine physikalische Größe existiert, deren Art mit den geometrischen Eigenschaften der Koordinatentransformation zusammenhängt. Ist eine Differentialgleichung der Physik invariant gegenüber Drehungen des Koordinatensystems, so folgt daraus der Satz von der Erhaltung des Drehimpulses. Einen Beweis des Theorems, der die Kenntnis der Variationsrechnung und anderer Konzepte voraussetzt, können wir hier nicht bringen. Ein anderes Beispiel ist der *Energiesatz* der Mechanik, der sich ergibt, wenn Differentialgleichungen invariant sind gegenüber einer Translation längs der Zeitachse. In diesem Zusammenhang und in Erweiterung des Energiesatzes der Mechanik auf einen allgemeinen, auch andere Energieformen wie z.B. Wärme erfassenden Energiesatz hat EDDINGTON eine interessante Überlegung angestellt. Würden intelligente, Physik treibende Eidechsen existieren, so wären vermutlich ihr Zeitgefühl und ihre Zeitmessung als Wechselblüter von der Außentemperatur T abhängig. Für eine solche *Eidechsenphysik*, in der $t = t(T)$ gilt, gibt es aber keinen Energiesatz der Mechanik! Trotzdem würden alle Aussagen der Eidechsenphysik mit der Realität und mit den Ergebnissen der menschlichen Physik übereinstimmen, da die Differentialgleichungen der Eidechsenphysik eben anders aussähen. In der Mechanik würden von $t(T)$ abhängige neue Terme hinzutreten.

Modelle und die sich daraus ergebenden Naturgesetze hängen eben grundlegend von der willkürlichen Wahl der Art der Koordinatensysteme und der Zeitmessung ab, die der Naturwissenschaftler verwendet. Schon POINCARÉ hat in seinem Discours de la Méthode darauf hingewiesen, daß es für eine Gruppe von Naturerscheinungen immer mehrere in gleicher Weise "richtige" Modelle und Theorien geben kann. Ob man sich etwa für die spezielle Relativitätstheorie oder die Theorie ellipsoidaler Wellen nach DIVE entscheidet, hängt von ästhetischen Momenten, dem MACHschen Prinzip der Denkökonomie und vorwiegend davon ab, ob die eine oder die andere Modellvorstellung sich auf weitere Gebiete der Physik (z.B. spezielle auf allgemeine Relativitätstheorie) ausdehnen und anwenden läßt.

1.4 Partielle Differentialgleichungen als Modelle

Felder, Skalare und Vektoren, Kontinuitätsgleichung, LAPLACE- und POISSON-Gleichung, Wellengleichung, Eigenwerte und Eigenfunktionen, Charakteristiken, Typen partieller Differentialgleichungen

Unter einem *Feld* versteht man in den Naturwissenschaften ein Raumgebiet, in dem naturwissenschaftlich-technische Größen in jedem Raumpunkt meßbar sind. Ein Feld kann den Charakter eines *Skalars* haben, d.h. in jedem Raumpunkt ist nur eine Meßgröße erfaßbar. So ist ein *Temperaturfeld* $T(x, y, z, t)$ ein Skalar, der nicht nur von den Ortskoordinaten x, y, z, sondern auch von der Zeit t abhängen kann. Hängt T explizit von der Zeit t ab, so spricht man von einem *instationären* oder zeitlich variablen Feld; es ist dann $\partial T/\partial t \neq 0$. Sind an einem Raumpunkt mehrere zusammengehörende Größen, z.B. die drei Komponenten K_x, K_y, K_z eines Vektors, meßbar, so spricht man von einem *Vektorfeld* *

$$\vec{K}(x, y, z) = K_x(x, y, z) \cdot \vec{e}_x + K_y(x, y, z) \cdot \vec{e}_y + K_z(x, y, z) \cdot \vec{e}_z, \tag{1.4.1}$$

und bei mehr als drei Komponenten spricht man (bei Vorliegen gewisser Transformationseigenschaften) von einem *Tensorfeld*. Beide Typen von Feldern können auch von der Zeit abhängen. Da somit zwei, drei oder vier unabhängige Variable und ein oder mehrere abhängige Variable, z.B. die in (1.4.1) auftretenden *Vektorfeldkomponenten*, zu behandeln sind, werden Felder durch partielle Differentialgleichungen beschrieben. Auch für diese gilt das im Abschnitt 1.3 besprochene NOETHER-*Theorem*.

Eine einfache partielle Differentialgleichung erster Ordnung erhält man z.B. aus dem Satz von der *Erhaltung der Masse* (oder der elektrischen Ladung). Sei etwa in einem Raumgebiet von der Größe V Materie oder elektrische Ladung mit der Dichte $\rho(x, y, z, t)$ verteilt, dann ist die gesamte Ladung Q durch Integration über das Raumgebiet V leicht zu gewinnen:

$$Q(t) = \int_V \rho(x, y, z, t) \mathrm{d}\tau. \tag{1.4.2}$$

*$\vec{e}_x$ etc. sind die Einheitsbasisvektoren des cartesischen Koordinatensystems.

Wenn nun Ladung durch die Oberfläche F des Gebietes mit der Geschwindigkeit $\vec{v}(x,y,z,t)$ aus dem Gebiet abfließt, dann verringert sich naturgemäß Q, und es muß gelten

$$\frac{\mathrm{d}Q(t)}{\mathrm{d}t} = \dot{Q} = \int\limits_V \frac{\partial}{\partial t}\rho(x,y,z,t)\mathrm{d}\tau = -\int\limits_F \rho\vec{v}(x,y,z,t)\mathrm{d}\vec{f}, \tag{1.4.3}$$

wobei $\mathrm{d}\tau$ bzw. $\mathrm{d}\vec{f}$ das Raum- bzw. Flächendifferential bezeichnet. Da ρ im Integranden auch von den Ortskoordinaten abhängt, schreiben wir nun eine partielle Differentiation nach t. Nach dem GAUSSschen Satz der Vektorrechnung gilt nun

$$\int\limits_F \rho\vec{v}\mathrm{d}\vec{f} = \int\limits_V \mathrm{div}(\rho\vec{v})\mathrm{d}\tau, \tag{1.4.4}$$

wobei div ein Differentialoperator ist, der in cartesischen Koordinaten die Form

$$\mathrm{div}\vec{K}(x,y,z) = \frac{\partial K_x(x,y,z)}{\partial x} + \frac{\partial K_y(x,y,z)}{\partial y} + \frac{\partial K_z(x,y,z)}{\partial z} \tag{1.4.5}$$

hat. Er bedeutet physikalisch die lokale *Quelldichte.* Aus (1.4.3) folgt nun durch Einsetzen

$$\frac{\partial}{\partial t}\int\limits_V \rho(x,y,z,t)\mathrm{d}\tau = \int\limits_V \frac{\partial\rho}{\partial t}\mathrm{d}\tau = -\int\limits_V \mathrm{div}(\rho\vec{v})\mathrm{d}\tau. \tag{1.4.6}$$

Da zwei Integrale nur dann einander gleich sind, wenn die beiden Integrationsgebiete und die Integranden gleich sind, folgt sofort

$$\frac{\partial\rho}{\partial t} + \mathrm{div}(\rho\vec{v}) = 0, \tag{1.4.7}$$

was üblicherweise als *Kontinuitätsgleichung* bezeichnet wird. Da der Operator div der Produktregel der Differentialrechnung gehorcht, kann (1.4.7) auch in der Form

$$\frac{\partial\rho}{\partial t} + \rho\,\mathrm{div}\,\vec{v} + \vec{v}\,\mathrm{grad}\,\rho = 0 \tag{1.4.8}$$

geschrieben werden. Hier ist grad der *Gradientenoperator* oder *vektorielle Differentiationsoperator*, der in cartesischen Koordinaten die Form

$$\mathrm{grad}\,\rho \equiv \nabla\rho = \frac{\partial\rho}{\partial x}\vec{e}_x + \frac{\partial\rho}{\partial y}\vec{e}_y + \frac{\partial\rho}{\partial z}\vec{e}_z \tag{1.4.9}$$

besitzt. Der Operator ∇ heißt üblicherweise auch *Nabla-Operator*. Da der Operator div die lokale Quelldichte einer Größe mißt, beschreibt div grad den lokalen Überschuß. Für einen Skalar gilt div grad = Δ. Dies ist der LAPLACE-*Operator*, der für einen Skalar in cartesischen Koordinaten die Form

$$\Delta U(x,y,z,t) = \frac{\partial^2 U}{\partial x^2} + \frac{\partial^2 U}{\partial y^2} + \frac{\partial^2 U}{\partial z^2} \tag{1.4.10}$$

annimmt. Er enthält auch für zeitabhängige Skalare keine Ableitung nach der Zeit. In der Elektrodynamik wird gezeigt, daß das *elektrostatische Potential* $U(x, y, z)$ im ladungsfreien Raum der LAPLACE-Gleichung

$$\Delta U = 0 \tag{1.4.11}$$

genügt, während bei Vorhandensein einer elektrischen Raumladung ρ die POISSON-*Gleichung*

$$\Delta U = \rho(x, y, z) \tag{1.4.12}$$

gilt, d.h. der lokale Überschuß an Potential ist gleich der lokalen elektrischen Ladungsdichte. Man kann übrigens die Lösungen der linearen inhomogenen Gleichung (1.4.12) auf die Lösungen der homogenen Gleichung (1.4.11) zurückführen, da die Lösung der inhomogenen Gleichung aus der Addition einer partikulären Lösung der inhomogenen Gleichung und der allgemeinen Lösung der homogenen Gleichung besteht. Auf die Randwertprobleme, die z.B. durch (1.4.11) dadurch entstehen, daß an einem vorgegebenen Rand R das Potential U vorbestimmte Werte annehmen soll, werden wir in späteren Abschnitten ausführlich eingehen.

In der *Elastomechanik* wird für die Schwingungen eines elastischen Mediums, z.B. einer Saite oder einer Membran, die D'ALEMBERT*sche Wellengleichung* abgeleitet, die auch in der Elektrodynamik und in der Akustik auftaucht. Im dreidimensionalen Raum lautet sie

$$\Delta u - \frac{1}{c_{Ph}^2}\frac{\partial^2 u}{\partial t^2} = 0, \tag{1.4.13}$$

wobei c_{Ph} die *Phasengeschwindigkeit* der betreffenden Wellenbewegung und $u(x, y, z, t)$ die Schwingungsamplitude ist. Ebenso wie die LAPLACE-Gleichung (1.4.11) ist (1.4.13) eine *lineare homogene partielle Differentialgleichung*. In cartesischen Koordinaten x, y, z hat der LAPLACE-Operator (1.4.10) bei seinen Ableitungen konstante Koeffizienten gleich 1. Da nun der Satz gilt, daß *lineare homogene partielle Differentialgleichungen mit konstanten Koeffizienten immer durch* e-*Potenz-Ansätze gelöst werden können*, ist es möglich, für (1.4.11) und (1.4.13) den Ansatz $\exp(ik_x x + ik_y y + ik_z z + i\omega t)$ zu machen*. Hierin ist ω eine *Kreisfrequenz* und k_x, k_y, k_z sind die Komponenten des *Wellenvektors* $\vec{k}$, in dessen Richtung sich die betreffende Welle fortpflanzt. (Der Ausdruck in der Exponentialfunktion kann daher auch als $\vec{k} \cdot \vec{r}$ geschrieben werden, wenn $\vec{r}$ den Ortsvektor

$$\vec{r} = x \cdot \vec{e}_x + y \cdot \vec{e}_y + z \cdot \vec{e}_z \tag{1.4.14}$$

bezeichnet.) Setzt man den Ansatz in (1.4.13) ein, so erhält man mit $k^2 = k_x^2 + k_y^2 + k_z^2$ nach Kürzung der e-Potenz den Ausdruck

$$\frac{\omega}{k} = c_{Ph}, \tag{1.4.15}$$

*i ist die imaginäre Einheit $i = \sqrt{-1}$, $i^2 = -1$.

was allgemein als Definition der *Phasengeschwindigkeit* c_{Ph} bezeichnet wird. Andere Zusammenhänge zwischen ω und k, die vom Medium, in dem sich die betreffende Welle fortpflanzt, abhängen, werden wir später kennenlernen. Der Zusammenhang $\omega(k)$ wird dann als *Dispersionsrelation* bezeichnet. Beim Vorliegen von Randbedingungen kommt es vor, daß die k_i durch die Form des Randes festgelegt werden. Es liegt dann nur für bestimmte Werte von ω eine Lösung des Randwertproblems vor. Solche Werte eines Parameters, für die ein Randwertproblem eine Lösung besitzt, nennt man *Eigenwerte*. Die zu einem Eigenwert gehörenden Lösungsfunktionen heißen dann *Eigenfunktionen*.

Zwecks Vereinfachung der Rechnungen betrachten wir nun den LAPLACE-Operator in zwei Raumdimensionen. Wie man sich durch Einsetzen überzeugen kann, besitzt die *zweidimensionale* LAPLACE-*Gleichung*

$$\Delta u \equiv \frac{\partial^2 u}{\partial x^2} + \frac{\partial^2 u}{\partial y^2} = u_{xx} + u_{yy} = 0 \tag{1.4.16}$$

die Lösung

$$u(x,y) = f(x+iy) + g(x-iy), \tag{1.4.17}$$

wobei f und g beliebig wählbare zweimal differenzierbare Funktionen der Argumente sind. In der Theorie der *konformen Abbildung* zur Lösung von zweidimensionalen Randwertproblemen der Elektrostatik werden wir dies später mit Vorteil verwenden.

Wenn wir andererseits die zweidimensionale Wellengleichung

$$\frac{\partial^2 u}{\partial x^2} - \frac{1}{c_{Ph}^2}\frac{\partial^2 u}{\partial t^2} = 0 \tag{1.4.18}$$

betrachten, so finden wir, daß diese die *Schwingungen einer Saite* beschreibende Gleichung die Lösung (D'ALEMBERT-*Lösung*)

$$u(x,t) = f(x + c_{Ph}t) + g(x - c_{Ph}t) \tag{1.4.19}$$

besitzt. Auch hier sind wieder f und g beliebige zweimal differenzierbare Funktionen des Arguments. Die Aggregate $x \pm iy = const$ bzw. $x \pm c_{Ph}t = const$, die in der x, iy-Ebene (GAUSS*sche Ebene*) bzw. in der x, t-Ebene Gerade darstellen, nennt man *Charakteristiken*. An der Stelle von durch die Randbedingungen zu bestimmende Integrationskonstanten treten also bei partiellen Differentialgleichungen *willkürlich wählbare*, durch die Randbedingungen zu bestimmende Funktionen auf. Die Lösungsmannigfaltigkeit partieller Differentialgleichungen ist daher viel größer als die von gewöhnlichen Differentialgleichungen.

Tritt anstelle von (1.4.16) eine Form $au_{xx} + bu_{yy}$ auf, so weiß man, daß das Medium, das die Differentialgleichung beschreibt, *anisotrop* ist, wenn die Koeffizienten a und b voneinander verschieden sind. Sind a oder b nicht konstant, sondern vom Ort abhängig, dann ist das Medium inhomogen.

Es ist daher von Interesse, den Fall der *allgemeinen linearen inhomogenen partiellen Differentialgleichung zweiter Ordnung* mit variablen Koeffizienten zu betrachten. Diese lautet:

$$\begin{aligned} &a(x,y)u_{xx} + b(x,y)u_{xy} + c(x,y)u_{yy} \\ &+ p(x,y)u_x + q(x,y)u_y + r(x,y)u + s(x,y) = 0. \end{aligned} \tag{1.4.20}$$

(Anstelle der Koordinate y könnte auch die Zeit t genommen werden.) Wir werden uns später mit ihr noch eingehender beschäftigen. Vergleicht man (1.4.20) mit (1.4.16) bzw. (1.4.18), so ergibt sich für die führenden Koeffizienten a, b, c

$$\begin{aligned} (1.4.16): \quad & a = 1,\, b = 0,\, c = 1, \\ & \text{komplexe Charakteristiken } x \pm iy = const, \\ (1.4.18): \quad & a = 1,\, b = 0,\, c = -1/c_{Ph}^2, \\ & \text{reelle Charakteristiken } x \pm c_{Ph}t = const. \end{aligned}$$

Partielle Differentialgleichungen mit *komplexen Charakteristiken* nennt man Gleichungen vom *elliptischen Typ*, und bei *reellen Charakteristiken* spricht man von Gleichungen vom *hyperbolischen Typ*. Liegt der Fall $a = 1$ (oder *const*), $b = 0$ und $c = 0$ vor, wie beispielsweise bei der *Wärmeleitungs-* (oder der *Diffusions*)*gleichung*

$$\frac{\partial^2 T}{\partial x^2} = \alpha \frac{\partial T}{\partial t}, \tag{1.4.21}$$

dann spricht man vom *parabolischen Typ*, der nur eine Schar von reellen Charakteristiken besitzt. Sind die führenden Koeffizienten Funktionen der unabhängigen Variablen, so wie in (1.4.20), dann kann der Typ der Differentialgleichung ortsabhängig sein. Bei der Behandlung von Randwertproblemen partieller Differentialgleichungen wird diese Typenunterscheidung eine große Rolle spielen.

2 Randwertprobleme gewöhnlicher Differentialgleichungen

2.1 Einfache lineare Differentialgleichungen

Schwingungsgleichung, Methode der Variation der Konstanten, Resonanz, Randwertproblem, Dämpfung, allgemeine lineare homogene und inhomogene Differentialgleichung zweiter und höherer Ordnung, WRONSKI-Determinante

Wir betrachten zunächst die einfache Schwingungsgleichung in der erweiterten Form $y'' + \alpha^2 y = 0$. Da diese homogen und linear ist und konstante Koeffizienten besitzt, können wir in Analogie zu Seite 16 einen Exponentialansatz machen. Mit $y = \exp(\beta x)$ folgt sofort $\beta^2 + \alpha^2 = 0$, d.h. $\beta = \pm\, i\alpha$, man macht also besser gleich den Ansatz

$$y = \exp(i\alpha x) \equiv \cos \alpha x + i \sin \alpha x. \tag{2.1.1}$$

Ist x mit der Zeit zu identifizieren, dann nennt man üblicherweise α die *Eigenfrequenz* der Schwingung. Jede lineare Differentialgleichung gehorcht dem *Superpositionsprinzip*, d.h. wenn y_1 und y_2 partikuläre Lösungen sind, dann ist auch $y = y_1 + y_2$ eine Lösung, wie man durch Einsetzen leicht beweisen kann. Für eine homogene lineare Gleichung gilt weiter, daß auch Ay eine Lösung ist, wenn y eine Lösung ist – auch dies kann man durch Einsetzen leicht zeigen. Wir schreiben daher in Übereinstimmung mit (1.2.3) Seite 5 als Lösung

$$y = A \cos \alpha x + B \sin \alpha x \tag{2.1.2}$$

an. Wie im Abschnitt 1.2 gezeigt, kann man damit dann viele, allerdings nicht alle Randwertprobleme lösen. Da die Differentialgleichung von zweiter Ordnung ist, treten als Folge der zweimaligen Integration zwei Integrationskonstante A, B auf.

Ist die Differentialgleichung inhomogen, d.h. gilt

$$y'' + \alpha^2 y = f(x), \tag{2.1.3}$$

dann ist zwar das Superpositionsprinzip noch gültig, aber eine Lösung kann nicht mehr mit einem Faktor multipliziert werden. $f(x)$ stellt eine Schwingungserregung von außen (*Fremderregung*) dar. Für die allgemeine Lösung von inhomogenen linearen Differentialgleichungen gilt der Satz, daß die allgemeine *Lösung der inhomogenen Differentialgleichung gegeben ist durch die Superposition der allgemeinen Lösung der zugehörenden homogenen Gleichung und einer partikulären Lösung der inhomogenen Gleichung.* Letztere gewinnt man mittels der Methode der *Variation der Konstanten*, d.h. man ersetzt in der partikulären Lösung $A \cos \alpha x$ der homogenen Gleichung die Konstante A durch eine Funktion $A(x)$ und geht mit dem Ansatz

$$y = A(x) \cos \alpha x \tag{2.1.4}$$

in (2.1.3) ein. Man erhält

$$A'' \cos \alpha x - 2A' \alpha \sin \alpha x = f(x). \tag{2.1.5}$$

Dies ist eine inhomogene Differentialgleichung für $A(x)$, die wir nach der gleichen Methode lösen. Wir betrachten daher zunächst die homogene Gleichung

$$A'' - 2\alpha A' \tan \alpha x = 0, \tag{2.1.6}$$

die wir durch die Definition $A' = u$ in eine Differentialgleichung erster Ordnung für $u(x)$ überführen. Zur Lösung von $u' - 2\alpha u \tan \alpha x = 0$ separieren wir die Variablen $u(x)$ und x so, daß mit $u' = \mathrm{d}u/\mathrm{d}x$

$$\frac{\mathrm{d}u}{u} = 2\alpha \tan \alpha x \mathrm{d}x \tag{2.1.7}$$

entsteht. Integration ergibt [8]

$$\ln u(x) = 2\alpha \int \tan \alpha x \mathrm{d}x = -2 \ln \cos \alpha x + \ln C, \tag{2.1.8}$$

wobei wir die Integrationskonstante aus Zweckmäßigkeitsgründen als $\ln C$ schreiben. Aus (2.1.8) folgt

$$u = C \exp \left(2\alpha \int \tan \alpha x \mathrm{d}x \right) = C / \cos^2 \alpha x. \tag{2.1.9}$$

Um nun die inhomogene Gleichung (2.1.5) zu lösen, machen wir wieder einen Ansatz zur Variation der Konstanten und setzen $A' = u = C(x)/\cos^2 \alpha x$ in (2.1.5) ein. Man erhält

$$\frac{\mathrm{d}C}{\mathrm{d}x} = C' = f(x) \cos \alpha x, \tag{2.1.10}$$

was für das jeweilige $f(x)$ zu integrieren ist:

$$C(x) = \int f(x) \cos \alpha x \mathrm{d}x. \tag{2.1.11}$$

Da $A' = u$, folgt

$$A(x) = \int u(x) \mathrm{d}x = \int \cos^{-2} \alpha x \left[\int f(x) \cos \alpha x \mathrm{d}x \right] \mathrm{d}x, \tag{2.1.12}$$

und die allgemeine Lösung der ursprünglichen Gleichung (2.1.3) wird dann

$$y(x) = \int \left[\int f(x) \cos \alpha x \mathrm{d}x \right] \cos^{-2} \alpha x \mathrm{d}x \cos \alpha x + A \cos \alpha x + B \sin \alpha x. \tag{2.1.13}$$

Man sieht, daß schon relativ einfache Differentialgleichungen zu einem größeren Rechenaufwand führen. Der erste Term von (2.1.13) ist eine partikuläre Lösung der inhomogenen Gleichung (2.1.3), und die zwei letzten Terme stellen die schon bekannte allgemeine Lösung (2.1.2) der homogenen Gleichung dar. Die partikuläre Lösung kann man, wenn man die Variable x mit der Zeit identifiziert, als den *Einschwingvorgang* und die allgemeine Lösung als die *Dauerschwingung* auffassen. Da die partikuläre Lösung keinen freien Parameter besitzt, kann man sie allein nicht dazu verwenden, eine Randbedingung zu erfüllen. Man kann dies nur mit der allgemeinen Lösung tun, wie wir etwas später zeigen werden. Zunächst jedoch noch eine Vorbemerkung: angesichts der Struktur von (2.1.12) könnte man auf den Gedanken kommen, versuchsweise $f(x) = \cos \alpha x$ zu setzen. Das Ergebnis ist dann eine mit x unendlich wachsende partikuläre Lösung, da dann *Resonanz* vorliegt, d.h. die Frequenz α der *Erregerschwingung* ist gleich der *Eigenfrequenz* α. Würde jedoch (2.1.3) einen Term mit y' enthalten, dann würde als Folge der Dämpfung (s. später) die *Resonanzamplitude* y endlich bleiben. Wie man nämlich leicht verifiziert, besitzt z.B. die Gleichung

$$y'' + \alpha^2 y = A \sin \beta x + D, \quad \alpha \neq \beta, \tag{2.1.14}$$

wo A, D gegebene Konstante, α die Eigenfrequenz und β die Erregerfrequenz sind, die allgemeine Lösung

$$y = \frac{A}{\alpha^2 - \beta^2} \sin \alpha x + \frac{D}{\alpha^2} + B \sin(\alpha x - \delta), \quad \alpha \neq \beta, \tag{2.1.15}$$

wo B und δ wählbare Integrationskonstante sind. (Hierbei wurde das Additionstheorem der trigonometrischen Funktionen verwendet.) Durch Bestimmung von B und δ kann man nun Zweipunkt-(Randwert-)probleme lösen. Für $\alpha = \beta$ (*Resonanzfall*) erhält man mit

$$f(x) = G \cos \alpha x \tag{2.1.16}$$

und

$$\int \cos^2 \alpha x \mathrm{d}x = \frac{1}{2} x + \frac{1}{4\alpha} \sin 2\alpha x \tag{2.1.17}$$

nach (2.1.11) sofort

$$C(x)/G = \frac{x}{2} + \frac{1}{4\alpha} \sin 2\alpha x. \tag{2.1.18}$$

Setzt man dies in (2.1.12) ein, erhält man mit $\sin 2\alpha x = 2 \sin \alpha x \cos \alpha x$ und dem Integral [8]

$$\int \frac{x}{\cos^2 \alpha x} \mathrm{d}x = \frac{x}{\alpha} \tan \alpha x + \frac{1}{\alpha^2} \ln \cos \alpha x \tag{2.1.19}$$

den Ausdruck

$$A(x)/G = \frac{1}{2} \frac{x}{\alpha} \tan \alpha x, \tag{2.1.20}$$

so daß mit (2.1.4) nun die allgemeine Lösung von (2.1.3) im Falle $\alpha = \beta$ die Form

$$y(x) = \frac{G}{2\alpha} x \sin \alpha x + B \sin(\alpha x - \delta) \tag{2.1.21}$$

annimmt. Mit wachsendem x wächst y über alle Grenzen, so daß im Falle $\alpha = \beta$ eine Randbedingung nicht erfüllt werden kann. Solche mit x wachsende Glieder werden gelegentlich als *säkular* bezeichnet und spielen in der Störungsrechnung eine Rolle. Für $\alpha \neq \beta$ kann jedoch eine in der Form

$$y_0 = y(x_0), \quad y_1 = y(x_1) \tag{2.1.22}$$

oder

$$y_0 = y(x_0), \quad y_1' = y'(x_1) \tag{2.1.23}$$

gegebene Randbedingung für die Differentialgleichung (2.1.14) erfüllt werden. Setzt man (2.1.22) in (2.1.15) ein, so erhält man die zwei Bedingungen

$$y_0 = \frac{A}{\alpha^2 - \beta^2} \sin \alpha x_0 + \frac{D}{\alpha^2} + B \sin(\alpha x_0 - \delta), \tag{2.1.24}$$

$$y_1 = \frac{A}{\alpha^2 - \beta^2} \sin \alpha x_1 + \frac{D}{\alpha^2} + B \sin(\alpha x_1 - \delta) \tag{2.1.25}$$

für die Berechnung der Integrationskonstanten B und δ. (A, D, α, β sind gegeben.) Hat das zu untersuchende Gebilde einen Dämpfungsmechanismus, dann tritt an die Stelle des durch (2.1.3) beschriebenen *fremderregten harmonischen Oszillators* die Schwingungsgleichung für den *gedämpften harmonischen Oszillator*

$$y'' + \rho y' + \omega_0^2 y = 0 \quad bzw. \quad K \exp(i\omega x). \tag{2.1.26}$$

ρ ist der Dämpfungsfaktor, und ω_0 nennen wir die Eigenfrequenz des Oszillators, K ist die konstante Amplitude der äußeren erregenden Kraft. Da die homogene, den *freien Oszillator* beschreibende Gleichung zuerst zu lösen und linear ist sowie konstante Koeffizienten ρ, ω_0^2 besitzt, machen wir für eine partikuläre Lösung den Ansatz

$$y(x) = A \exp(i\omega x), \quad \omega_0 \neq \omega \tag{2.1.27}$$

und erhalten durch Einsetzen in die homogene Gleichung den Ausdruck

$$\omega^2 = \omega_0^2 - \rho i \omega_0. \tag{2.1.28}$$

Da ω komplex wird, enthält (2.1.27) auch einen dämpfenden Term $\exp(-\omega_i x)$, wo ω_i der Imaginärteil des komplexen ω sei. Ein Term $\exp(+\omega_i x)$ heißt *negative Dämpfung* und führt zu einer wachsenden Schwingungsamplitude $y(x)$.

Variation der Konstanten $A \to A(x)$ liefert mit (2.1.28) in Analogie zu (2.1.6) die homogene Differentialgleichung

$$A'' + 2A' i\omega_0 = 0. \tag{2.1.29}$$

Um daran zu erinnern, daß es sich bei (2.1.26) z.B. um die Schwingungen eines Massenpunktes m handelt, und um an die physikalische Schreibweise ($x \to t$)

anzuschließen, schreiben wir (2.1.26) in der Form

$$m\ddot{y} + \rho\dot{y} + ay = 0. \tag{2.1.30}$$

Zur Lösung machen wir den Ansatz $y = Ae^{\lambda t}$ und erhalten damit die *charakteristische Gleichung*

$$\lambda^2 + \frac{\rho}{m}\lambda + a = 0 \tag{2.1.31}$$

mit der bekannten Lösung

$$\lambda_{1,2} = -\frac{\rho}{2m} \pm \sqrt{\frac{\rho^2}{4m^2} - a}. \tag{2.1.32}$$

Man hat nun drei Fälle zu unterscheiden:

1. $\rho^2 > 4am$, λ_1, λ_2 sind reell, die Reibung überwiegt die Rückstellkraft ay, die Lösung lautet $y = A\exp(\lambda_1 t) + B\exp(\lambda_2 t)$.

2. $\rho^2 < 4am$, λ_1, λ_2 sind komplex, es kommt zu einer gedämpften Schwingung, die mit $\lambda_{1,2} = -\omega_1 \pm i\omega_2$ bzw. mit Hilfe der Eigenfrequenz $\omega_0^2 = a/m$ und $\omega_1 = \rho/2m$, $\omega_2 = \sqrt{\omega_0^2 - \rho^2/4m^2}$ in der Form

$$y = \exp(-\omega_1 t)(A\cos\omega_2 t + B\sin\omega_2 t) \tag{2.1.33}$$

   geschrieben werden kann.

3. $\rho^2 = 4am$, reelle Doppelwurzel $\lambda = -\rho/2m$, *aperiodischer Kriechfall*, die Lösung lautet $y = A\exp(-\rho t/2m)$ und hat nur die eine Integrationskonstante A. Es liegt eine *Mehrfachwurzel* von (2.1.31) vor.

Um in diesem Fall der Mehrfachwurzel die zweite Lösung zu finden, verwenden wir wieder die Methode der *Variation der Konstanten.* Der Ansatz

$$y = A(t)\exp(\lambda t) \tag{2.1.34}$$

führt nun zu

$$\ddot{A} + \left(2\lambda + \frac{\rho}{m}\right)\dot{A} + A\left(\lambda^2 + \lambda\frac{\rho}{m} + \frac{a}{m}\right) = 0, \tag{2.1.35}$$

so daß wegen (2.1.31) das dritte und wegen $\lambda = -\rho/2m$ das zweite Glied verschwindet und aus $\ddot{A} = 0$ sofort $A = C_1 t + C_2$ folgt. Die allgemeine, zwei Integrationskonstante C_1, C_2 enthaltende Lösung lautet demnach

$$y = (C_1 t + C_2)\exp(-\rho t/2m). \tag{2.1.36}$$

Nach diesen Vorbereitungen wenden wir uns nun der *allgemeinen linearen Differentialgleichung zweiter Ordnung* zu [9]. Diese lautet

$$p_0(x)y'' + p_1(x)y' + p_2(x)y = f(x), \tag{2.1.37}$$

wobei p_0, p_1, p_2 und f vorgegebene stetige Funktionen sind, wobei p_0 nirgends verschwindet. Auch hier behandeln wir zunächst die homogene Gleichung. Sei

$$y(x) = C_1 y_1(x) + C_2 y_2(x) \tag{2.1.38}$$

die allgemeine Lösung der homogenen Gleichung und sei $y_0(x)$ ein partikuläres Integral der inhomogenen Gleichung, dann hat die allgemeine Lösung von (2.1.37) die Form

$$y(x) = C_1 y_1(x) + C_2 y_2(x) + y_0(x). \tag{2.1.39}$$

Um die partikuläre Lösung $y_0(x)$ zu finden, setzen wir nach der Methode der *Variation der Konstanten* an

$$y_0(x) = C_1(x) y_1(x) + C_2(x) y_2(x). \tag{2.1.40}$$

Da wir nun zwei neue Funktionen statt einer zur Verfügung haben, können wir zwei zusätzliche Forderungen

$$C_1'(x) y_1(x) + C_2'(x) y_2(x) = 0 \tag{2.1.41}$$

$$C_1'(x) y_1'(x) + C_2'(x) y_2'(x) = f(x)/p_0(x), \tag{2.1.42}$$

stellen. Man erhält dann aus (2.1.40) mit (2.1.41)

$$y_0' = C_1 y_1' + C_2 y_2', \tag{2.1.43}$$

und mit (2.1.42) ergibt sich

$$y_0'' = C_1 y_1'' + C_2 y_2'' + f(x)/p_0(x). \tag{2.1.44}$$

Da (2.1.38) laut Voraussetzung eine Lösung der homogenen Gleichung ist, kann man sich durch Einsetzen von (2.1.40), (2.1.43), (2.1.44) in (2.1.37) leicht überzeugen, daß (2.1.40) tatsächlich eine Lösung der inhomogenen Gleichung (2.1.37) ist. Wir dürfen daher die zwei noch unbekannten Funktionen $C_1(x), C_2(x)$ aus (2.1.41) und (2.1.42) gewinnen. Man erhält

$$\begin{aligned} C_1'(x) &= \frac{-y_2(x) f(x)}{p_0(x)\,(y_1(x) y_2'(x) - y_1'(x) y_2(x))}, \\ C_2'(x) &= \frac{y_1(x) f(x)}{p_0(x)\,(y_1(x) y_2'(x) - y_1'(x) y_2(x))} \end{aligned} \tag{2.1.45}$$

sowie durch Integration im Intervall x_0 bis x

$$C_1(x) = \int_{x_0}^{x} \frac{-y_2(\xi) f(\xi)}{p_0(\xi) W(\xi)} \mathrm{d}\xi, \quad C_2(x) = \int_{x_0}^{x} \frac{y_1(\xi) f(\xi)}{p_0(\xi) W(\xi)} \mathrm{d}\xi.$$

Der im Nenner auftretende Ausdruck

$$W(x) = y_1(x)y_2'(x) - y_1'(x)y_2(x) = \begin{vmatrix} y_1(x) & y_2(x) \\ y_1'(x) & y_2'(x) \end{vmatrix} \tag{2.1.46}$$

heißt WRONSKI-*Determinante*. Wenn sie für beliebiges x verschwindet, so sind die beiden Lösungen $y_1(x), y_2(x)$ voneinander *linear abhängig*, d.h. es gilt

$$C_1(x)y_1 + C_2(x)y_2 = 0, \tag{2.1.47}$$

wenn die triviale Lösung $C_1 = C_2 = 0$ ausgeschlossen wurde. Durch Integration von (2.1.45) kann man dann die Funktionen $C_1(x)$ und $C_2(x)$ und bei Kenntnis von y_1 und y_2 die Lösung (2.1.39) bestimmen. Die partikuläre Lösung y_0 lautet dann

$$y_0(x) = \int\limits_{x_0}^{x} \frac{y_1(\xi)y_2(x) - y_1(x)y_2(\xi)}{W(\xi)} \cdot \frac{f(\xi)}{p_0(\xi)} \mathrm{d}\xi. \tag{2.1.48}$$

Ist nur eine partikuläre Lösung bekannt, so kann man die zweite Lösung der homogenen Differentialgleichungen durch zwei Integrationen gewinnen [9, 10, 11]. Sei y_1 eine Lösung, dann ist, wie man sich durch Einsetzen überzeugen kann, auch

$$y_2(x) = y_1(x) \int \frac{\exp\left[-\int (p_1(x)/p_0(x))\mathrm{d}x\right]}{y_1^2(x)} \mathrm{d}x \tag{2.1.49}$$

eine Lösung.

Wie man nun für allgemeine und spezielle Koeffizientenfunktionen p_0, p_1, p_2 die Lösungen von (2.1.37) gewinnt, werden wir im Detail in den folgenden Abschnitten besprechen.

Von Interesse ist jedoch noch, daß Dämpfungsterme abgespalten bzw. wegtransformiert werden können. So kann in (2.1.37) durch den Ansatz

$$y(x) = z(x) \exp\left(-\frac{1}{2}\int \frac{p_1(x)}{p_0(x)} \mathrm{d}x\right) \tag{2.1.50}$$

das y'-Glied wegtransformiert werden. Durch Einsetzen erhält man

$$p_0(x)z'' + \left(p_2 - \frac{1}{4}\frac{p_1^2(x)}{p_0(x)}\right) z = f(x) \exp\left(\frac{1}{2}\int \frac{p_1(x)}{p_0(x)} \mathrm{d}x\right). \tag{2.1.51}$$

In der transformierten Gleichung für z fehlt nun tatsächlich der Dämpfungsterm. Die homogene Gleichung kann damit in der Form

$$z''(x) + I(x)z(x) = 0$$

geschrieben werden, wobei die *Invariante*

$$I(x) = \frac{p_2(x)}{p_0(x)} - \frac{1}{4}\frac{p_1^2(x)}{p_0^2(x)}$$

ein Charakteristikum für die Klassifikation der Differentialgleichung ist. Die allgemeinen Lösungen von zwei Differentialgleichungen mit gleicher Invariante unterscheiden sich nämlich nur durch einen Faktor.

Gelegentlich kommen in Naturwissenschaft und Technik auch lineare Differentialgleichungen von höherer Ordnung als der zweiten vor. Handelt es sich um homogene Gleichungen mit konstanten Koeffizienten, so können sie durch Exponentialansätze gelöst werden. Sind die Gleichungen inhomogen oder liegen Mehrfachwurzeln vor, so können sie durch die Methode der Variation der Konstanten gelöst werden. Wir bringen einige Beispiele. Die Gleichung

$$y'''' - y''' - 3y'' + 5y' - 2y = 0, \quad y = A\exp(x) + B\exp(-2x) \tag{2.1.52}$$

ist ein Fall, bei dem eine Differentialgleichung n-ter Ordnung in ihrer e-Potenz-Lösung nicht n Integrationskonstante besitzt. Der Ansatz $y = \exp(ax)$ führt nämlich zu $a^4 - a^3 - 3a^2 + 5a - 2 = 0$, was als Lösungen die dreifache Wurzel $a = 1, 1, 1$ und $a = -2$ hat. n Integrationskonstante treten nur dann auf, wenn die partikulären Lösungen $y_1(x), y_2(x), \ldots$ voneinander *linear unabhängig* sind, d.h. wenn die Bedingung $\sum_i c_i y_i = 0$ nur dann gilt, wenn alle $c_i = 0$ sind. So sind $\exp(x)$ und $\exp(-x)$ voneinander linear unabhängig, weil $c_1\exp(x) + c_2\exp(-x) = 0$ nur für $c_1 = c_2 = 0$ für alle x erfüllt werden kann. Hingegen gilt $c_1\exp(x) + 2c_2\exp(x) + c_3\exp(-x) = 0$ für $c_1 = 2, c_2 = -1, c_3 = 0$, d.h. diese drei Lösungen sind *linear abhängig*. Die vier Integrationskonstanten enthaltende Lösung von (2.1.52) lautet vielmehr $y(x) = c_1\exp(x) + c_2 x\exp(x) + c_3 x^2\exp(x) + c_4\exp(-2x)$. Eine notwendige und hinreichende Bedingung dafür, daß n Lösungen voneinander linear unabhängig sind, ist durch das Nichtverschwinden der WRONSKI-*Determinante*

$$W = \begin{vmatrix} y_1 & y_2 & y_3 & \cdots & y_n \\ y_1' & y_2' & y_3' & \cdots & y_n' \\ \cdots & \cdots & \cdots & \cdots & \cdots \\ y_1^{(n-1)} & y_2^{(n-1)} & y_3^{(n-1)} & \cdots & y_n^{(n-1)} \end{vmatrix} \neq 0 \tag{2.1.53}$$

gegeben, wobei $y_1^{(n-1)}$ die $(n-1)$-te Ableitung bezeichnet. Diese Aussage gilt übrigens auch für lineare Differentialgleichungen mit nicht konstanten Koeffizienten, also z.B. die allgemeinste lineare Differentialgleichung der Ordnung n

$$p_0(x)y^{(n)}(x) + p_1(x)y^{(n-1)}(x) + \ldots p_n(x)y(x) = f(x), \tag{2.1.54}$$

die nach den gleichen Methoden wie (2.1.37) behandelt werden kann.

Ein weiteres Beispiel einer homogenen Gleichung höherer Ordnung wäre

$$y''' - 6y'' + 12y' - 8y = 0. \tag{2.1.55}$$

Der Leser wird freundlichst eingeladen, die allgemeine Lösung

$$y = C_1\exp(2x) + C_2 x\exp(2x) + C_3 x^2\exp(2x) \tag{2.1.56}$$

zur Übung selbst abzuleiten, wobei es einfach wäre, zu zeigen, daß nach dem *Superpositionsprinzip* jede der drei partikulären Lösungen schon allein eine Lösung ist.

Ein inhomogenes Beispiel einer Differentialgleichung dritter Ordnung wäre

$$y''' - y'' - y' + y = 8x \exp(-x), \tag{2.1.57}$$

deren partikuläre Lösung

$$y = (x-1)e^x + (x+1)^2 e^{-x} \tag{2.1.58}$$

der Leser ableiten möge. Ein weiteres Beispiel ist $y'' - 3y' + 2y = \exp(5x)$. Seine allgemeine Lösung ist $y = C_1 \exp(x) + C_2 \exp(2x) + \exp(5x)/12$.

Bei diesen inhomogenen linearen Differentialgleichungen mit konstanten Koeffizienten ist es auch nicht schwierig, Randwertprobleme zu lösen. So hat z.B. $y'' + y' - 6y = 8\exp(3x)$ die allgemeine Lösung $y = A\exp(2x) + B\exp(-3x) + 4\exp(3x)/3$. Die Randwertaufgabe $y(0) = 0$, $y'(1) = 3$ führt zu $0 = A + B + 4/3$ und $3 = 2A\exp(2) - 3B\exp(3) + 4\exp(3)$; aus diesen zwei linearen Gleichungen sind die Integrationskonstanten A, B zu berechnen.

2.2 Lösungsmethoden für lineare Differentialgleichungen

Etwas aus der Funktionentheorie, Methode von FROBENIUS, Indexgleichung und Rekursionsformeln, Gleichungen mit ein bis vier Singularitäten

Da wir aus dem vorhergehenden Abschnitt wissen, daß wir inhomogene lineare Differentialgleichungen immer dann lösen können, wenn wir Lösungen der zugehörenden homogenen Differentialgleichung besitzen, wollen wir uns nun nur mehr mit homogenen linearen Differentialgleichungen befassen. Wir führen unsere Untersuchungen gleich für *komplexe Variable* $z = x + iy$ durch, da sich zeigen wird, daß sich dann mit den Methoden der *Funktionentheorie* [2.1, 2.2] gut anwendbare Verfahren ergeben. Wir bringen (2.1.37) durch $f(x) = 0$ und Division durch $p_0(z)$ auf die Form

$$y''(z) + p_1(z)y'(z) + p_2(z)y(z) = 0, \tag{2.2.1}$$

die wir mit funktionentheoretischen Methoden lösen werden.

Zunächst daher einige Wiederholungen aus der Funktionentheorie. Eine Funktion $f(z)$ der komplexen Variablen z heißt an der Stelle z_0 *analytisch*, wenn sie an $z = z_0$ und einer gewissen kleinen Umgebung komplex differenzierbar ist. Sie läßt sich dann an der Stelle z_0 in eine TAYLOR-*Reihe* entwickeln. Hat sie diese Eigenschaft in der ganzen *komplexen* (GAUSSschen) *Zahlenebene*, so nennt man sie eine *ganze Funktion*. Existiert $f'(z_0)$ jedoch nicht, dann nennt man z_0 einen *singulären Punkt* (*Singularität*). Die Eigenschaft der Differenzierbarkeit in der komplexen Ebene verlangt, daß dies für jede Richtung in der komplexen Zahlenebene gilt, vgl. Abb. 2. Zerlegt man die komplexe Funktion $f(z) = u(x,y) + iv(x,y)$ in Real- und Imaginärteil, dann kann man für die komplexe Differentiation in der (reellen) x-Richtung in Analogie zu (1.1.2) anschreiben:

$$\lim_{\Delta z \to 0} \frac{\Delta f}{\Delta z} = \lim_{\Delta x \to 0} \left(\frac{\Delta u}{\Delta x} + i \frac{\Delta v}{\Delta x} \right) = \frac{\partial u}{\partial x} + i \frac{\partial v}{\partial x},$$

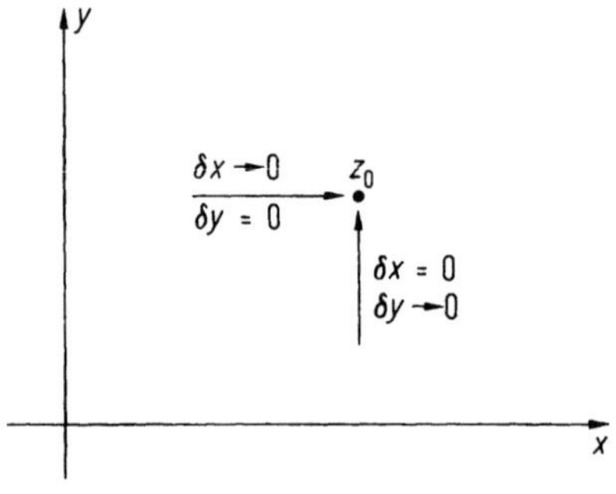

Abb. 2. Differentiation in der komplexen Zahlenebene

während für die (imaginäre) y-Richtung

$$\lim_{\Delta z\to 0}\frac{\Delta f}{\Delta z}=\lim_{\Delta y\to 0}\left(-i\frac{\Delta u}{\Delta y}+\frac{\Delta v}{\Delta y}\right)=-i\frac{\partial u}{\partial y}+\frac{\partial v}{\partial y}$$

gilt. Soll nun der Differentiationsprozeß in der z-Ebene richtungsunabhängig sein, dann müssen die CAUCHY-RIEMANN-*Gleichungen*

$$\frac{\partial u}{\partial x}=\frac{\partial v}{\partial y},\quad \frac{\partial u}{\partial y}=-\frac{\partial v}{\partial x} \tag{2.2.2}$$

gelten. Man kann sich leicht davon überzeugen, daß z.B. $f(z)=u(x,y)+iv(x,y)=z^2$, also $u=x^2-y^2$, $v=2xy$ eine *ganze Funktion*, daß aber $f(z)=z^*=x-iy$, $u=x, v=-y$ nicht analytisch ist.

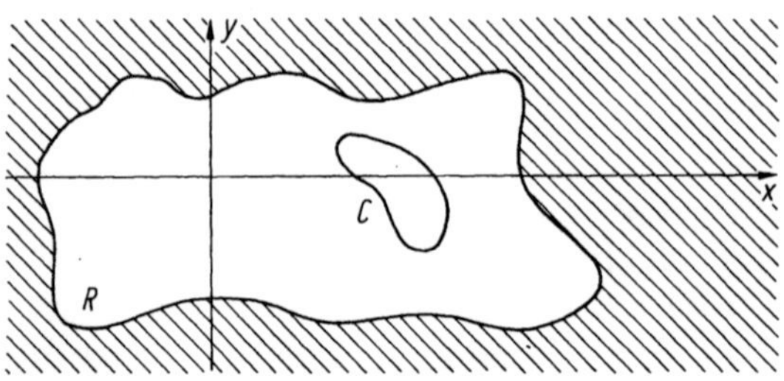

Abb. 3. Integration in der komplexen Ebene

Führt man längs eines geschlossenen Weges C (vgl. Abb. 3) innerhalb eines einfach zusammenhängenden Gebietes R ein Linienintegral über eine in R überall analytische Funktion durch, so erhält man den CAUCHY-*Integralsatz*

$$\oint_C f(z)\mathrm{d}z=0. \tag{2.2.3}$$

Ein einzelner Punkt z_0, an dem die Funktion zwar in seiner Umgebung, aber nicht in ihm selbst analytisch ist, heißt *singulärer Punkt* (*Singularität*). Läßt sich dort die Funktion $f(z)$ in eine LAURENT-*Reihe*

$$f(z) = \sum_{n=-\infty}^{\infty} a_n (z - z_0)^n \tag{2.2.4}$$

entwickeln und ist $a_n = 0$ für $n < -m < 0$, $a_{-m} \neq 0$, so nennt man den singulären Punkt z_0 einen *Pol* (oder einen *regulären singulären Punkt*) der Ordnung m. Wenn wir (2.1.37) betrachten, wo $p_0(z)$ noch vorkommt, so sind die Ausdrücke $(z-z_0)^m p_0(z)$, $(z-z_0)^{m-1} p_1(z)$ etc. dann bei z_0 analytisch. Solche Pole kommen in den Lösungen vor, denn das *Theorem von* LIOUVILLE besagt, daß eine überall endliche und analytische Funktion eine Konstante ist. Punkte, die weder analytisch noch regulär singulär sind, heißen *irregulär singulär* oder *wesentlich singulär.* Umschließt der Weg C eines Linienintegrals einen Pol an der Stelle z_0, dann gilt

$$\oint_C f(z)\mathrm{d}z = 2\pi i a_{-1}, \tag{2.2.5}$$

wobei der Koeffizient a_{-1} des Terms $(z - z_0)^{-1}$ der LAURENT-Reihe das *Residuum* an der Stelle z_0 (des Pols) genannt wird.

Eine Differentialgleichung(2.2.1) heißt vom FUCHS*schen Typ*, wenn sie einschließlich des Punktes $z = \infty$ nur Pole besitzt, d. h. daß $p_1(z)$ und $p_2(z)$ bis auf Pole überall *regulär*, d.h. *rationale Funktionen* sind. Damit der Punkt ∞ höchstens einen Pol besitzt, müssen dort p_1 höchstens einen Pol erster Ordnung und p_2 einen maximal zweiter Ordnung aufweisen. Dies bedeutet, daß $zp_1(z)$ und $z^2 p_2(z)$ für $z \to \infty$ regulär sind. Damit kann man ganz allgemein ansetzen

$$p_1(z) = \sum_{l=1}^{L} \frac{A_l}{z - a_l}, \; p_2(z) = \sum_{l=1}^{L} \left(\frac{B_l}{(z - a_l)^2} + \frac{C_l}{z - a_l} \right), \; \sum_{l}^{L} C_l = 0. \tag{2.2.6}$$

Gleichungen vom FUCHS*schen Typ* löst man nach der *Methode von* FROBENIUS [9, 13 – 15, 2.1, 2.2] mittels eines die Singularitäten "abspaltenden" Reihenansatzes:

$$y(z) = z^\rho \sum_{\nu=0}^{\infty} c_\nu z^\nu \quad \text{mit} \quad c_0 \neq 0. \tag{2.2.7}$$

Eine solche Reihe nennt man FROBENIUS-*Reihe*, und ρ heißt ihr *Index.* Eine TAYLOR-Reihe ist demnach ein Spezialfall einer FROBENIUS-Reihe. Da die Partialbruchzerlegungen (2.2.6) für die weitere Rechnung unpraktisch sind, entwickeln wir [9] für $L = 1$

$$p_1(z) = \frac{1}{z} \sum_{\nu=0}^{\infty} \alpha_\nu z^\nu, \quad p_2(z) = \frac{1}{z^2} \sum_{\nu=0}^{\infty} \beta_\nu z^\nu. \tag{2.2.8}$$

Da die Potenzreihe (2.2.7) konvergiert, darf sie unter dem Summenzeichen gliedweise differenziert werden. Man erhält

$$y'(z) = \rho z^{\rho-1}\sum_{\nu=0}^{\infty} c_\nu z^\nu + z^\rho \sum_{\nu=0}^{\infty} \nu c_\nu z^{\nu-1},$$
$$y''(z) = \rho(\rho-1)z^{\rho-2}\sum_{\nu=0}^{\infty} c_\nu z^\nu + 2\rho z^{\rho-1}\sum_{\nu=0}^{\infty} c_\nu \nu z^{\nu-1} + z^\rho \sum_{\nu=0}^{\infty} \nu(\nu-1)c_\nu z^{\nu-2}.$$

Setzt man dies und (2.2.8) in (2.2.1) ein, so ergibt sich

$$\sum_{\nu=0}^{\infty} z^{\nu+\rho-2}\left[\rho(\rho-1)c_\nu + 2\rho\nu c_\nu + \nu(\nu-1)c_\nu + \alpha_0\rho c_\nu + \alpha_0\nu c_\nu + \beta_0 c_\nu\right]$$
$$+\sum_{\nu=1}^{\infty} z^{\nu+\rho-2}\left[\alpha_\nu c_\nu + \alpha_\nu c_\nu \nu + \beta_\nu c_\nu\right] = 0.$$

Da eine Potenzreihe nur verschwindet, wenn alle ihre Koeffizienten verschwinden, müssen die [ ]-Ausdrücke verschwinden. Für $\nu = 0$ erhalten wir wegen $c_0 \neq 0$ daraus die *charakteristische* Gleichung (*determinierende Gleichung, Indexgleichung*)

$$\rho^2 + \rho(\alpha_0 - 1) + \beta_0 = 0, \tag{2.2.9}$$

aus welcher der Index ρ zu berechnen ist. Wenn diese Gleichung zwei Lösungen ρ_1 und $\rho_2 \neq \rho_1$ besitzt, erhalten wir als Lösung ein Fundamentalsystem. Allerdings kann im Fall $\rho_2 = \rho_1 - n$ ($n = 0$ oder eine natürliche Zahl) bei Vorliegen einer Lösung y_1 die zweite Lösung y_2 mit einer wesentlichen (logarithmischen) Singularität behaftet sein

$$y_2(z) = Ay_1(z)\ln z + z^{\rho_2}\sum_{\nu=0}^{\infty} a_\nu z^\nu. \tag{2.2.10}$$

Wir werden dies später (siehe Seite 33) ableiten.

An einem praktischen Beispiel wollen wir das Verfahren noch genauer erläutern. Es möge die BESSEL-*Gleichung* im reellen Gebiet zu lösen sein. Diese Differentialgleichung wird sich in den Kapiteln über Randwertprobleme partieller Differentialgleichungen öfters ergeben. Sie lautet:

$$y'' + \frac{1}{x}y' + \left(1 - \frac{n^2}{x^2}\right)y = 0. \tag{2.2.11}$$

Damit gilt $p_1 = 1/x$ und $p_2 = (1 - n^2/x^2)$. Durch Einsetzen der reellen Form von (2.2.7) in (2.2.11) erhält man

$$\sum_{\nu=0}^{\infty} x^{\nu+\rho-2}c_\nu\left\{\rho(\rho-1) + 2\rho\nu + \nu(\nu-1) + \rho + \nu - n^2\right\} + \sum_{\nu=0}^{\infty} x^{\nu+\rho}c_\nu = 0. \tag{2.2.12}$$

Da eine Potenzreihe nur dann verschwinden kann, wenn ihre Koeffizienten einzeln verschwinden, können wir z.B. für die niedrigste Potenz, das ist für $\nu = 0$ der Term $x^{\rho-2}$, aus der ersten Summe von (2.2.12) die Indexgleichung erhalten: $c_0(\rho^2 - n^2) = 0$ liefert wegen $c_0 \neq 0$ sofort

$$\rho = \pm n. \tag{2.2.13}$$

Eine weitere Rechenweise lernen wir im Abschnitt 4.13 kennen. Um (2.2.12) auch für $\nu \neq 0$ auszuwerten, fassen wir durch den Ersatz $\nu \to \nu - 2$ die beiden Summen zusammen und erhalten

$$\sum_{\nu=0} x^{\nu+\rho-2} \left\{ c_\nu \left[\rho^2 + 2\rho\nu + \nu^2 - n^2 \right] + c_{\nu-2} \right\} = 0,$$

so daß sich die *zweigliedrige Rekursionsformel*

$$c_\nu = \frac{-c_{\nu-2}}{\nu(\nu+2\rho)} = \frac{-c_{\nu-2}}{\nu(\nu+2n)} \tag{2.2.14}$$

ergibt. c_0 bleibt hier noch unbestimmt. Das Ergebnis (2.2.13) wurde durch Nullsetzen des Koeffizienten der niedrigsten Potenz, nämlich $x^{\rho-2}$, gewonnen. Durch das Verschwinden des Koeffizienten der nächsthöheren Potenz, nämlich $x^{\rho-1}$, d.h. für $\nu = 1$, da $\nu+\rho-2 = \rho-1$ dies ergibt, folgt aus (2.2.12) $c_1 \left[\rho(\rho-1) + 2\rho + \rho + 1 - n^2\right] = 0$ und $c_1 = 0$. Damit ergibt sich aber aus (2.2.14), daß $c_1 = c_3 = c_5 = \ldots 0$, d.h. die BESSEL-Funktionen, die (2.2.11) lösen, werden nur durch gerade Potenzen $\nu = 0, 4, 6 \ldots$ dargestellt, sie sind also *symmetrische* Funktionen. Dies hätte man auch schon früher zeigen können, da die Differentialgleichung (2.2.11) beim Ersatz $x \to -x$ invariant bleibt. Die Größe c_0 wird bei der Normierung der BESSEL-Funktionen bestimmt, vgl. Seite 60.

Der Leser wird eingeladen, zur Übung die folgenden Differentialgleichungen nach der Methode von FROBENIUS zu lösen [5, 13, 15, 27, 2.1]:

Gleichung	Lösung	Indexgleichung
$y'' + \omega^2 y = 0$	$y = \frac{a_1}{\omega} \sin \omega x,$	$\rho(\rho-1) = 0$
$y'' + \frac{1}{x} y' - \left(1 + \frac{n^2}{x^2}\right) y = 0$	$y = \mathrm{J}_n(ix) = \mathrm{I}_n(x)$	$\rho^2 = \pm n^2$
$y'' - \frac{6}{x^2} y = 0$	$y = C_1 x^3 + C_2 x^{-2},$	$\rho^2 - \rho = 6$
$y'' - 6y/x^3 = 0$	wesentl. Singularität bei $x = 0,$	$-6a_0 = 0$
$y'' + \frac{1}{x} y' - \frac{a^2}{x^2} y = 0$	$y = C_1 x^a + C_2 x^{-a},$	$\rho^2 = a^2$
$y'' + \frac{x+1}{2x} y' + \frac{3}{2x} y = 0$	$c_\nu = -\frac{\rho+\nu+2}{(\rho+\nu)(2\rho+2\nu-1)} c_{\nu-1}, \nu \geq 1,$	$\rho(2\rho-1) = 0$
$y'' - \frac{1}{2x} y' + \frac{x^2+1}{2x^2} y = 0$	$c_\nu = -\frac{c_{\nu-2}}{(\rho+\nu)(2\rho+2\nu-3)+1}, \nu \geq 2,$	$(\rho-1)(\rho-2) = 0$
$y'' + \frac{2}{3x} y' + \frac{xy}{3} = 0$	$c_\nu = -\frac{c_{\nu-3}}{(\rho+\nu)(3\rho+3\nu-1)}, \nu \geq 3,$	$\rho(3\rho-1) = 0$
$y'' - xy' + ny = 0$	$c_{\nu+2} = \frac{-(n-\nu)c_\nu}{(\nu+1)(\nu+2)}, \nu = 0, 1, \ldots,$	$\rho = 0$

wobei man mit den Festsetzungen $c_0 = 1$, $c_1 = 0$ und $c_0 = 0$, $c_1 = 1$ zwei Lösungen erhält. Da $c_{\nu+2}/c_\nu$ für $\nu \to \infty$ gegen Null strebt, sind die Reihendarstellungen *konvergent*. Bezüglich der Bezeichnung J_n, siehe Seite 59.

Hat eine Differentialgleichung im Endlichen keine reellen singulären Punkte wie beispielsweise

$$y'' + \frac{xy'}{1+x^2} - \frac{y}{1+x^2} = 0, \tag{2.2.15}$$

dann kann man sie durch eine Potenzreihe mit $\rho = 0$ (TAYLOR-Reihe) lösen. Der Ansatz $y = \sum_{\nu=0}^{\infty} c_\nu x^\nu$ führt nach Einsetzen in (2.2.15) und Nullsetzen der Koeffizienten der einzelnen Potenzen zu $c_3 = c_5 = c_7 = \ldots 0$ und zur *zweigliedrigen Rekursionsformel* [15] für gerade ν

$$c_\nu = -\frac{\nu - 3}{\nu} c_{\nu-2}. \tag{2.2.16}$$

In analoger Weise erhält man [15]

für die Gleichung	eine *dreigliedrige Rekursionsformel*
$y'' - x^2 y' - y = 0$	$c_{\nu+2} = \frac{(\nu-1)c_{\nu-1} + c_\nu}{(\nu+1)(\nu+2)} \quad \nu \geq 1$
$y'' + (x-1)y' + y = 0$	$c_{\nu+2} = -\frac{c_\nu + c_{\nu+1}}{\nu+2}.$

Auch die Gleichung

$$y'' + \left(n + \frac{1}{2} - \frac{1}{4}x^2\right) y = 0$$

führt zu einer dreigliedrigen Rekursionsformel

$$(\nu+1)(\nu+2)c_{\nu+2} + \left(n + \frac{1}{2}\right) c_\nu - \frac{1}{4} c_{\nu-2} = 0.$$

Man kann sie jedoch durch die Substitution $y = v \exp(-x^2/4)$ in $v'' - xv' + nv = 0$ überführen, die eine zweigliedrige Rekursionsformel hat, vgl. Seite 31. Durch Transformationen ist es also offenbar gelegentlich möglich, von drei- zu zweigliedrigen Rekursionsformeln zu gelangen.

Es können natürlich auch inhomogene singularitätenfreie Gleichungen mit einfachen Potenzreihenansätzen ($\rho = 0$) gelöst werden. Einige Beispiele wären [15]

$y'' - 2x^2 y' + 4xy = x^2 + 2x + 2$	$c_{\nu+2} = \frac{2(\nu-3)}{(\nu+1)(\nu+2)} c_{\nu-1} \quad \nu \geq 3$
$y'' + x^2 y = 1 + x + x^2$	$c_\nu = -\frac{c_\nu - 4}{\nu(\nu-1)}.$

Sind jedoch die beiden Wurzeln ρ_1, ρ_2 der Indexgleichung gleich oder unterscheiden sie sich nur durch eine natürliche Zahl, dann kann in der Lösung eine logarithmische Singularität der Art (2.2.10) auftreten. Da die eine Lösung die Form $y' = z^{\rho_1} P_1(z)$ hat, wobei $P_1(z)$ eine für $z = 0$ nicht verschwindende reguläre, nach dem bisher besprochenen Verfahren zu gewinnende Lösung y_1 ist, können wir mit Hilfe von (2.1.49) die zweite Lösung y_2 von (2.2.1) ableiten. Wegen $p_0 = 1$ hat man

$$y_2(z) = y_1(z) \int \frac{\exp\left(-\int p_1 \mathrm{d}z\right)}{y_1^2} \mathrm{d}z. \tag{2.2.17}$$

Setzt man in das innere Integral für p_1 den Ausdruck (2.2.8) ein und integriert, dann erhält man

$$\exp\left(-\int p_1(z)\mathrm{d}z\right) = \exp\left(-\alpha_0 \ln z - \alpha_1 z - \frac{1}{2}\alpha_2 z^2 - \dots\right)$$
$$= z^{-\alpha_0} P_2(z),$$

wobei P_2 wieder eine für $z = 0$ verschwindende reguläre Potenzreihe ist. Daher nimmt der Integrand in (2.2.17) die Form

$$\frac{1}{y_1^2}\exp\left(-\int p_1 \mathrm{d}z\right) = z^{-2\rho_1-\alpha_0} P_1^{-2}(z) P_2(z) = z^{-n-1} P_3(z)$$

an, wobei $2\rho_1 + \alpha_0 = n + 1$ gesetzt wurde. Für die Wurzeln der Indexgleichung (2.2.9) gilt natürlich immer $\rho_1 + \rho_2 = 1 - \alpha_0$ und $\rho_1\rho_2 = \beta_0$. Wenn die reguläre Potenzreihe $P_3(z)$ die Form $\sum_\nu \gamma_\nu z^\nu$ hat, dann nimmt das Integral in (2.2.17) die Form

$$\int z^{-n-1} P_3(z)\mathrm{d}z = \sum_{\nu=0}^{\infty} \frac{\gamma_\nu z^{\nu-n}}{\nu - n} + \gamma_n \ln z, \quad \nu \neq n$$

an. Damit ist die Form der Lösung (2.2.10), siehe Seite 30, bewiesen. Als Beispiel betrachten wir nach [9] die EULER-*Differentialgleichung*

$$y'' + \frac{a}{x}y' + \frac{b}{x^2}y = 0, \tag{2.2.18}$$

als deren Indexgleichung man

$$\rho^2 + (a-1)\rho + b = 0 \tag{2.2.19}$$

erhält. Ist $\rho_1 \neq \rho_2$, dann lautet die Lösung

$$y = C_1 x^{\rho_1} + C_2 x^{\rho_2}. \tag{2.2.20}$$

Ist jedoch $\rho_1 = \rho_2 = \rho$, dann gilt

$$y = C_1 x^\rho + C_2 x^\rho \ln x. \tag{2.2.21}$$

Da die Stelle ∞ wesentlich singulär ist, gehört (2.2.18) nicht zum FUCHS*schen Typ*. Es gibt übrigens auch eine EULER-*Differentialgleichung* n-ter Ordnung

$$x^n \frac{\mathrm{d}^n y}{\mathrm{d}x^n} + a_1 x^{n-1} \frac{\mathrm{d}^{n-1} y}{\mathrm{d}x^{n-1}} + \dots + a_{n-1} x \frac{\mathrm{d}y}{\mathrm{d}x} + a_n y = f(x),$$

die durch die Transformation $x = \exp t$ in eine Differentialgleichung mit konstanten Koeffizienten verwandelt werden kann [13].

Einige weitere Beispiele, bei denen $\rho_1 = \rho_2$ gilt, sind [15]

$$y'' + \frac{1}{x}y' - \frac{1}{x}y = 0, \quad \rho_1 = \rho_2 = 0, \quad c_\nu = \frac{c_{\nu-1}}{(\rho+\nu)^2}, \quad \nu \geq 1$$

mit der Lösung

$$
\begin{aligned}
y =& C_1 y_1 + C_2 y_2 = (C_1 + C_2 \ln x)\left[1 + x + \frac{1}{(2!)^2}x^2 + \ldots\right] \\
&- 2C_2 \left[x + \frac{1}{(2!)^2}\left(1 + \frac{1}{2}\right)x^2 + \ldots\right].
\end{aligned}
$$

Eine ganz analog aufgebaute Lösung erhält man von

$$y'' + \frac{1}{x}y' + xy = 0 \quad \text{mit} \quad \rho_1 = \rho_2 = 0$$

und

$$c_\nu = -\frac{c_{\nu-3}}{(\rho+\nu)^2}, \quad c_0 = 1, \quad c_1 = c_2 = 0$$

oder von

$$y'' - \frac{2}{x}y' + \frac{2y}{x^2} = \frac{1}{x} + \ln|x| + x,$$

die

$$y = Ax + Bx^2 - x\ln|x| + x^2 \cdot \left[\frac{1}{2}(\ln|x|)^2 - \ln|x|\right] + x^3/2$$

liefert [13].

Unterscheiden sich die beiden Lösungen durch eine natürliche Zahl, ist also $\rho_2 - \rho_1 = n$, dann erhält man ebenfalls Lösungen der Art (2.2.10). So hat $y'' - \frac{3}{x}y' + y = 0$ die Wurzeln $\rho_1 = 0$, $\rho_2 = 4$ und führt zur Rekursionsformel [15]

$$c_\nu = -\frac{c_{\nu-2}}{(\rho+\nu-4)(\rho+\nu)}, \quad \nu \geq 2.$$

Die Gleichung $y'' + (x-1)y'/x - y/x = 0$ hat $\rho_1 = 0$, $\rho_2 = 2$ und ergibt die Rekursionsformel

$$c_\nu = -\frac{\rho+\nu-2}{(\rho+\nu-2)(\rho+\nu)}c_{\nu-1}.$$

Die Singularitäten, die eine Differentialgleichung der Form (2.2.1) hat, sind ein hervorragendes Mittel der Klassifikation. Ihre Lage kann allerdings durch Transformation der unabhängigen Variablen z verlegt werden! Wenn die Koeffizientenfunktionen die Form

$$
\begin{aligned}
p_1(z) &= \frac{1}{2}\left[\frac{m_1}{z-a_1} + \frac{m_2}{z-a_2} + \ldots + \frac{m_{n-1}}{z-a_{n-1}}\right], \\
p_2(z) &= \frac{1}{4}\left[\frac{A_0 + A_1 z + \ldots + A_l z^l}{(z-a_1)^{m_1}(z-a_2)^{m_2}\ldots(z-a_{n-1})^{m_{n-1}}}\right]
\end{aligned}
\tag{2.2.22}
$$

haben, so spricht man von einer BÔCHER-*Differentialgleichung*. Praktisch alle in Naturwissenschaft und Technik vorkommenden Randwertprobleme werden durch eine solche Differentialgleichung $n \leq 4$, $l \leq 3$, $m_3 \leq 2$, $m_2 = 2$, $m_1 = 1$ beschrieben. Wir untersuchen daher [2.3] die Lösungen von

$$\begin{aligned} y''(z) &+ \frac{1}{2}\left[\frac{1}{z-a_1} + \frac{2}{z-a_2} + \frac{2}{z-a_3}\right] y'(z) \\ &+ \frac{1}{4}\left[\frac{A_0 + A_1 z + A_2 z^2 + A_3 z^3}{(z-a_1)(z-a_2)^2(z-a_3)^2}\right] y(z) = 0 \end{aligned} \tag{2.2.23}$$

(HEINE-*Gleichung*). Offenbar hat diese Differentialgleichung vier Singularitäten: einen Pol erster Ordnung, zwei Pole zweiter Ordnung und einen Pol im Unendlichen.

Wir besprechen zunächst Differentialgleichungen, deren Lösung nur *eine reguläre Singularität* aufweist [2.3]. Wir betrachten

$$y'' + \frac{1}{2}\left[\frac{m_1}{z-a_1}\right] y' + \frac{1}{4}\left[\frac{A_0}{(z-a_1)^{m_1}}\right] y = 0. \tag{2.2.24}$$

Vergleicht man mit (2.2.6), so folgt $L = 1$, $C_1 = 0$, $m_1 = 2$, $A_1 = 1$, $B_1 = A_0/4$ und damit die schon früher (siehe Seite 33) behandelte EULER-*Differentialgleichung* (2.2.18) für $a_1 = 0$. Für $m_1 = 0$ und $A_0 = 4p^2$ erhält man aus (2.2.24) die Schwingungsgleichung (siehe Seite 19), die für $p = \alpha = 0$ in die einfachste lineare homogene Differentialgleichung zweiter Ordnung

$$y'' = 0 \tag{2.2.25}$$

übergeht. Man nennt dies auch die *kanonische Form*. (2.2.24) hat in $z = \infty$ einen Pol maximal vierter Ordnung und (2.2.25) einen Pol erster Ordnung. Einen Pol sechster Ordnung in ∞ hat [2.3]

$$y'' + \frac{1}{2}\left[\frac{m_1}{z-a_1}\right] y' + \frac{1}{4}\left[\frac{A_0 + A_2 z^2}{(z-a_1)^{m_1}}\right] y = 0. \tag{2.2.26}$$

Mit den speziellen Werten $m_1 = 0$, $A_0 = 4M$, $A_2 = 4N$ erhält man

$$y'' + \left[M + Nz^2\right] y = 0, \tag{2.2.27}$$

was für $M = 0$, $N = q^2$ in eine spezielle Form der BESSEL-Differentialgleichung

$$y'' + q^2 z^2 y = 0 \tag{2.2.28}$$

und für $M = q^2(p + \frac{1}{2})$, $N = -q^4/4$ in die WEBER-*Differentialgleichung*

$$y'' + \left[q^2\left(p + \frac{1}{2}\right) - q^4 z^2/4\right] y = 0, \tag{2.2.29}$$

übergeht.

Auch durch Transformation gewonnene neue Differentialgleichungen können die gleiche Anzahl von Singularitäten haben, die allerdings an anderen Stellen liegen. So geht z.B. (2.2.25) durch $z = 1/u$ wegen

$$\frac{\mathrm{d}y}{\mathrm{d}z} = \frac{\mathrm{d}y}{\mathrm{d}u} \cdot \frac{\mathrm{d}u}{\mathrm{d}z} = -\frac{\mathrm{d}y}{\mathrm{d}u}\frac{1}{z^2},$$

$$\frac{\mathrm{d}^2y}{\mathrm{d}z^2} = \frac{\mathrm{d}}{\mathrm{d}z}\left(-\frac{\mathrm{d}y}{\mathrm{d}u}\frac{1}{z^2}\right) = \frac{2}{z^3}\frac{\mathrm{d}y}{\mathrm{d}u} - \frac{1}{z^2}\frac{\mathrm{d}^2y}{\mathrm{d}u^2}\left(-\frac{1}{z^2}\right) = 0$$

in

$$\frac{\mathrm{d}^2y}{\mathrm{d}u^2} + \frac{2}{u}\frac{\mathrm{d}y}{\mathrm{d}u} = 0, \quad y = C_1 + C_2/u$$

über. Die Gleichung

$$y'' + \frac{2}{z-a}y' = 0$$

hat einen Pol an der Stelle $z = a$ und die Lösungen

$$y_1 = 1, \quad y_2 = \frac{1}{z-a}.$$

Gleichungen, die einen *irregulären* (*wesentlichen*) *singulären Punkt* haben, sind z.B. $y'' - ky = 0$ (singulär bei $z \to \infty$) oder

$$y'' + \frac{2}{z-a}y' - \frac{k^2}{(z-a)^4}y = 0,$$

singulär bei $z = a$; ihre Lösungen sind

$$y_1 = \exp\left(k/(z-a)\right), \quad y_2 = \exp\left(-k/(z-a)\right).$$

Die BÔCHER-Differentialgleichungen mit *zwei regulären Singularitäten* haben die Form [2.3]

$$y'' + \frac{1}{2}\left[\frac{4}{z-a_1}\right]y' + \frac{1}{4}\left[\frac{A_2z^2}{(z-a_1)^4}\right]y = 0 \tag{2.2.30}$$

oder

$$y'' + \frac{1}{2}\left[\frac{2}{z-a_1}\right]y' + \frac{1}{4}\left[\frac{A_0 + A_2z^2 + A_4z^4}{(z-a_1)^2}\right]y = 0. \tag{2.2.31}$$

Eine einfache Gleichung mit zwei Polen an den Stellen 0 und ∞ ist

$$y'' + \frac{1+a}{z}y' = 0, \quad y_1 = 1, \quad y_2 = z^{-a}.$$

Für $a = 0$ wird $y_2 = \ln z$.

Eine Gleichung mit einem regulären und einem *irregulären singulären Punkt* (Pol bei $z = 0$, in ∞ irregulär) ist z.B. die *konfluente hypergeometrische Gleichung*

$$y'' + \frac{c-z}{z}y' - ay = 0,$$

auf die wir in (2.3.5) später noch zurückkommen. Zwei irreguläre singuläre Punkte (in $0, \infty$) hat die MATHIEU-*Gleichung* (2.2.39). In (2.2.30) und (2.2.31) sind für uns wichtige, später noch genauer zu besprechende Differentialgleichungen enthalten:

$$y'' + \frac{2}{z}y' - \frac{p(p+1)}{z^2}y = 0, \tag{2.2.32}$$

$$y'' + \frac{1}{z}y' + \left(\kappa^2 z^2 + q^2 - p^2/z^2\right)y = 0 \tag{2.2.33}$$

(BESSEL-*Wellengleichung*),

$$y'' + \frac{1}{z}y' + \left(q^2 - p^2/z^2\right)y = 0 \tag{2.2.34}$$

(BESSEL-*Gleichung*),

$$y'' + \frac{1-2\alpha}{z}y' + \left[\left(\beta\gamma z^{\gamma-1}\right)^2 + \frac{\alpha^2 - p^2\gamma^2}{z^2}\right]y = 0 \tag{2.2.35}$$

(*verallgemeinerte* BESSEL-*Gleichung* [2.4] mit der Lösung $y = z^\alpha Z_p(\beta z^\gamma)$, wo Z_p eine Zylinderfunktion ist). Die Ausdrücke (2.2.6) können nun nicht mehr direkt auf die Formen (2.2.30) bzw. (2.2.31) angepaßt werden.

BÔCHER-Differentialgleichungen mit *drei regulären Singularitäten* (z.B. zwei Pole erster Ordnung im Endlichen und ein Pol vierter Ordnung in ∞) haben die Form [2.3]

$$y'' + \frac{1}{2}\left[\frac{1}{z-a_1} + \frac{1}{z-a_2}\right]y' + \frac{1}{4}\left[\frac{A_0 + A_1 z + A_2 z^2}{(z-a_1)(z-a_2)}\right]y = 0 \tag{2.2.36}$$

oder mit zwei Polen zweiter Ordnung und einem Pol vierter Ordnung

$$\begin{aligned} y'' &+ \frac{1}{2}\left[\frac{2}{z-a_1} + \frac{2}{z-a_2}\right]y' \\ &+ \frac{1}{4}\left[\frac{A_0 + A_1 z + A_2 z^2 + A_3 z^3 + A_4 z^4}{(z-a_1)^2(z-a_2)^2}\right]y = 0. \end{aligned} \tag{2.2.37}$$

Auch diese Gleichungen enthalten spezielle für Physik und Technik bedeutsame Gleichungen, wie z.B.

$$y'' + \frac{1}{2}\frac{2z - a_1 - a_2}{(z-a_1)(z-a_2)}y' - \frac{p^2 z + q^2}{(z-a_1)(z-a_2)}y = 0 \tag{2.2.38}$$

(BAER-*Gleichung*) oder mit $z = \cos^2 u$

$$\frac{\mathrm{d}^2 y}{\mathrm{d}u^2} + (\lambda - 2q\cos 2u)\,y = 0 \tag{2.2.39}$$

(MATHIEU-*Gleichung*), während in (2.2.37) u.a. die Gleichung

$$y'' + \frac{2z}{z^2-1}y' + \left[\frac{\kappa^2 a^2 (z^2-1) - p(p+1)}{z^2-1} - \frac{q^2}{(z^2-1)^2}\right] y = 0, \quad (2.2.40)$$

LEGENDRE-*Wellengleichung*, die für $\kappa = 0$ in die LEGENDRE-*Gleichung* (2.3.11) übergeht, enthalten ist. Aber auch die nach (2.2.6) mit $L = 2$ anzuschreibende Gleichung [9]

$$\begin{aligned} & y'' + \left(\frac{A_1}{z-a_1} + \frac{A_2}{z-a_2}\right) y' \\ & + \left(\frac{B_1}{(z-a_1)^2} + \frac{B_2}{(z-a_2)^2} + \frac{C_1 (a_1 - a_2)}{(x-a_1)(x-a_2)}\right) y = 0 \end{aligned} \quad (2.2.41)$$

hat drei Pole, nämlich bei a_1, $a_2 \,(\neq a_1)$ und bei ∞. Sie kann durch eine Transformation auf die Form der *hypergeometrischen Differentialgleichung*

$$y'' + \frac{c-(a+b+1)z}{z(1-z)}y' - \frac{ab}{z(1-z)}y = 0 \quad (2.2.42)$$

gebracht werden [9]. Diese hat Pole in 0, 1 und ∞, und deren Indizes sind $\rho_1 = 0$, $\rho_2 = 1-c$; $\bar{\rho}_1 = 0$, $\bar{\rho}_2 = c-a-b$ (bei 1) und $\tilde{\rho}_1 = a$, $\tilde{\rho}_2 = b$.

Neben der HEINE-Gleichung (2.2.23) gibt es noch einige weitere Differentialgleichungen, die *vier reguläre Singularitäten* besitzen, z.B.

$$\begin{aligned} & y'' + \frac{1}{2}\left[\frac{1}{z} - \frac{1}{z-a_2} + \frac{1}{z-a_3}\right] y' \\ & + \frac{1}{4}\left[\frac{(a_2^2 + a_3^2)\, q - p(p+1)\, z + \kappa^2 z^2}{z(z-a_2)(z-a_3)}\right] y = 0 \end{aligned} \quad (2.2.43)$$

(LAMÉ-*Wellengleichung*) oder für $\kappa = 0$ die LAMÉ-*Gleichung* und die WANGERIN-*Gleichung*

$$\begin{aligned} & y'' + \frac{1}{2}\left[\frac{1}{z-a_1} + \frac{1}{z-a_2} + \frac{2}{z-a_3}\right] y' \\ & + \frac{1}{4}\left[\frac{A_0 + A_1 z + A_2 z^2}{(z-a_1)(z-a_2)(z-a_3)^2}\right] y = 0. \end{aligned} \quad (2.2.44)$$

Sie ist eine Spezialform der PAPPERITZ-*Gleichung* [7], die die allgemeinste Gleichung mit drei Polen im Endlichen darstellt.

Einen anderen Zugang zu Gleichungen mit vier Polen ($L = 3$ in (2.2.6)) kann man durch die RIEMANN-*Differentialgleichung* [9] bekommen, die wir jedoch nicht weiter behandeln wollen, da man sie in die hypergeometrische Differentialgleichung(2.2.42) transformieren kann. Da letztere in verschiedenen Formen bei vielen Randwertproblemen auftritt, werden wir uns mit ihr im nächsten Abschnitt beschäftigen.

Abschließend soll jedoch noch eine in der Physik öfter gebrauchte Näherungsmethode zur Lösung linearer Differentialgleichungen kurz erwähnt werden: die *WKB*-

Methode (Methode nach WENTZEL, KRAMERS, BRILLOUIN [5, 21]). Die Methode ist zur raschen näherungsweisen Lösung von Gleichungen der Art

$$y'' + f(x)y = 0 \tag{2.2.45}$$

geeignet. Als "lokale Näherung" wird die WKB-Methode auch in der Theorie der Wellenausbreitung in inhomogenen Medien verwendet und entspricht dort der *geometrisch-optischen Näherung*. Sie ist damit für Wellenlängen, die klein sind gegenüber den maßgeblichen Abmessungen des betreffenden Systems, gut geeignet. Zur Lösung von (2.2.45) macht man den Ansatz $y = \exp(i\phi(x))$ und erhält

$$-(\phi')^2 + i\phi'' + f = 0. \tag{2.2.46}$$

Man nimmt nun in erster Näherung an, daß ϕ'' klein ist ($|\phi''| \ll f$) und vernachlässigt werden kann – physikalisch entspricht dies der Annahme, daß die Inhomogenität des Mediums sich längs einer Wellenlänge nicht ändert – dann ist

$$\phi'(x) = \pm\sqrt{f(x)}, \quad \phi(x) = \pm\int\sqrt{f(x)}\mathrm{d}x,$$

und durch Iteration erhält man die zweite Näherung

$$\phi'' \approx \frac{1}{2}f^{-1/2}f', \quad \phi'^2 \approx f \pm \frac{i}{2}\frac{f'}{\sqrt{f}}, \quad \phi \approx \pm\int\sqrt{f(x)}\mathrm{d}x + \frac{i}{4}\ln f,$$

so daß schließlich die genäherte Lösung von (2.2.45) die Form hat

$$y(x) \approx f^{-1/4}\left[C_1\exp\left(i\int\sqrt{f(x)}\mathrm{d}x\right) + C_2\exp\left(-i\int\sqrt{f(x)}\mathrm{d}x\right)\right]. \tag{2.2.47}$$

2.3 Differentialgleichungen der Physik und Technik

Funktionen und Differentialgleichungen von KUMMER, GEGENBAUER, TRICOMI, WHITTAKER, LEGENDRE, Polynome von LEGENDRE, JACOBI, GEGENBAUER, TSCHEBYSCHEFF, LAGUERRE, HERMITE u.a., RODRIGUEZ-Formeln und erzeugende Funktionen, Lösungen

Die *hypergeometrische Differentialgleichung* (2.2.42), die meist in der Form

$$z(1-z)y'' + [c - (a+b+1)z]y' - aby = 0 \tag{2.3.1}$$

angeschrieben wird, kann als *Urahn* vieler in Physik und Technik auftretenden Differentialgleichungen angesehen werden, wodurch sich zwischen deren Lösungsfunktionen gewisse Analogien und Verwandtschaften ergeben, die man bei der Lösung von Randwertproblemen ausnützen kann. Für uns sind daher weniger die von GAUSS gefundenen Lösungen (*hypergeometrische Funktionen*) von (2.3.1), sondern eher deren Spezialisierungen von Interesse. Nach der Methode von FROBENIUS erhält man eine der geometrischen Reihe analoge Reihe, die *hypergeometrische Reihe*, die in der Symbolik $F(a, b; c; z)$ angeschrieben, die hypergeometrischen Funktionen darstellt. Ihre Rekursionsformel ist zweigliedrig. Mit ihr erhält man

$$\begin{aligned}F(a,b;c;z) = 1 + \frac{ab}{1!\,c}z + \frac{a(a+1)b(b+1)}{2!\,c(c+1)}z^2 \\ + \frac{a(a+1)\dots(a+n-1)b(b+1)\dots(b+n-1)}{n!c(c+1)\dots(c+n-1)}z^n + \dots,\end{aligned} \tag{2.3.2}$$

so daß die allgemeine Lösung von (2.3.1) in der Form

$$y = AF(a,b;c;z) + Bz^{1-c}F(a-c+1,\; b-c+1;\; 2-c;\; z) \tag{2.3.3}$$

geschrieben werden kann (A ist eine beliebige Konstante). Es ist dies die Lösung bei $z = 0$, vgl. die Bemerkung $\rho_1 = 0$, $\rho_2 = 1-c$ nach (2.2.42). In der Umgebung von $z = 1$ lautet die Lösung

$$\begin{aligned}y =& AF(a,b;a+b-c+1;1-z) \\ &+ B(1-z)^{c-a-b}F(c-a,c-b;c-a-b+1;1-z),\end{aligned} \tag{2.3.4}$$

wenn $a+b-c \neq 0$ und nicht gleich einer ganzen Zahl ist. Es gilt dann nämlich $\rho_1 = 0$, $\rho_2 = c-a-b$. Die hypergeometrische Reihe konvergiert absolut für $|z| < 1$ und kann in vielen Fällen analytisch fortgesetzt werden. Durch Transformation der Variablen z kann man die singulären Punkte verlegen, z.B. auf die Standardlagen $0, 1, \infty$, und durch Transformation der abhängigen Variablen y kann man die Indizes abändern [7, 9]. Diese sind $\rho_1 = 0$, $\rho_2 = 1-c$ an der Stelle 0, $\rho_1 = 0$, $\rho_2 = c-a-b$ an der Stelle 1 und $\rho_1 = a$, $\rho_2 = b$ im Unendlichen.

Für spezielle Werte der Parameter a, b, c in (2.3.1) erhält man [7, 9, 16, 17,18] viele wichtige Differentialgleichungen der Physik und Technik, deren Lösungen bei den Randwertproblemen eine fundamentale Rolle spielen. Neben der Wahl spezieller Werte von a, b, c kann man zwei der drei singulären Punkte z.B. in ∞ durch $b \to \infty$ zusammenfließen lassen, wodurch eine Differentialgleichung mit einer irregulären und einer restlichen regulären singulären Stelle ($z = 0$) entsteht. Sie führt den Namen *konfluente hypergeometrische* oder KUMMER-*Gleichung*. Weiter kann man an Hand der allgemeinen Form der hypergeometrischen Reihe zeigen [9], daß diese abbricht, also in ein *Polynom* übergeht, wenn a oder b in (2.3.1) eine negative ganze Zahl oder Null ist, vgl. später.

Wir behandeln zunächst die KUMMER-Differentialgleichung (*konfluente hypergeometrische Differentialgleichung*)

$$y'' + \frac{(c-z)}{z}y' - ay = 0. \tag{2.3.5}$$

Ihre Lösung wird als KUMMER-*Funktion* $M(a;c;z)$ bezeichnet. Der FROBENIUS-Ansatz (2.2.7), siehe Seite 29, führt zur *Indexgleichung*

$$\rho\,(\rho + c - 1) = 0 \tag{2.3.6}$$

und für $\rho = 0$ zur zweigliedrigen Rekursionsformel [9]

$$c_\nu = \frac{a+\nu-1}{(c+\nu-1)\nu}c_{\nu-1}, \quad c_0 = 1, \tag{2.3.7}$$

während $\rho = 1 - c$ die Rekursionsformel

$$c_\nu = \frac{a - c + \nu}{(1 - c + \nu)\nu} c_{\nu-1}, \quad c_0 = 1 \tag{2.3.8}$$

ergibt.

Eine andere auch nur zweiparametrige Differentialgleichung ist

$$y'' + \left(-\frac{1}{4} + \frac{\kappa}{z} + \frac{1/4 - \mu^2}{z^2}\right) y = 0, \tag{2.3.9}$$

die WHITTAKER-*Differentialgleichung*, die durch die WHITTAKER-*Funktionen* W oder $M\left(\mu - \kappa + \frac{1}{2}; 2\mu + 1; z\right)$ und $M\left(-\mu - \kappa + \frac{1}{2}; -2\mu + 1; z\right)$ gelöst wird [16, 18]. $M(a; 1 + a - c; -1/z)$ ist damit verwandt und heißt TRICOMI-*Funktion* [17].

Eine andere zweiparametrige Verwandte von (2.3.1) ist die GEGENBAUER-*Differentialgleichung* [7]

$$y'' + \frac{2(\alpha + 1)}{z^2 - 1} z y' - \frac{n(n + 2\alpha + 1)}{z^2 - 1} y = 0, \tag{2.3.10}$$

deren Lösungen ebenfalls durch spezielle hypergeometrische Funktionen (GEGENBAUER-Funktionen) gegeben ist. Manche Differentialgleichungen mit nur einem Parameter, wie z.B. die BESSEL-*Differentialgleichung* (2.2.11), Seite 30, werden gelegentlich auch als *doppelt konfluent* bezeichnet.

Wir geben nun eine Übersicht über die aus der hypergeometrischen Differentialgleichung folgenden Polynome und Funktionen. Da wir diese nur für die Lösung von Randwertproblemen verwenden werden, begnügen wir uns mit einer Zusammenfassung und verweisen sonst auf die Spezialliteratur [7, 9, 17, 18, 2.5].

Bei Randwertproblemen mit sphärischer Geometrie werden wir die LEGENDRE-*Differentialgleichung*

$$\begin{aligned} &\frac{d^2 y(\vartheta)}{d\vartheta^2} + \cot\vartheta \frac{dy(\vartheta)}{d\vartheta} + l(l+1) y(\vartheta) - \frac{m^2}{\sin^2\vartheta} y(\vartheta) = 0, \\ &y''(x) - \frac{2x}{1 - x^2} y'(x) + \frac{l(l+1)}{1 - x^2} y - \frac{m^2}{(1 - x^2)^2} y(x) = 0 \end{aligned} \tag{2.3.11}$$

antreffen, wobei $x = \cos\vartheta$ und ϑ der Polarwinkel in Kugelkoordinaten sein wird. Die Lösungen von (2.3.11) werden oft als *Kugelfunktionen* bezeichnet. Wir behandeln zunächst den einfacheren Fall $m = 0$, d.h. wir lösen

$$y'' - \frac{2x}{1 - x^2} y' + \frac{l(l+1)}{1 - x^2} y = 0. \tag{2.3.12}$$

Wie man bemerkt, ist (2.3.12) ein Spezialfall der GEGENBAUER-Gleichung (2.3.10). Man sieht dieser Gleichung an, daß sie an den Stellen $x = \pm 1$ Pole besitzt. Sie führt zur Rekursionsformel $c_{\nu+2}(\nu + 2)(\nu + 1) = c_\nu(\nu^2 + \nu - l^2 - l)$. Macht man die Substitution $x = 1 - 2\xi$, so erhält man $\xi = -(x - 1)/2$ und

$$\frac{dy}{dx} = \frac{dy}{d\xi} \frac{d\xi}{dx} = \frac{dy}{d\xi}\left(-\frac{1}{2}\right), \quad \frac{d^2 y}{dx^2} = \frac{d}{dx} \frac{dy}{d\xi}\left(-\frac{1}{2}\right) = -\frac{1}{2} \frac{dy^2}{d\xi^2}\left(-\frac{1}{2}\right),$$

$$1 - x^2 = 1 - (1 - 2\xi)^2 = 4\xi^2 - 4\xi$$

und die neue Gleichung

$$\xi(1 - \xi)y'' + (1 - 2\xi)y' + l(l + 1)y = 0, \tag{2.3.13}$$

wobei $'$ nun die Ableitung nach ξ bedeutet. Diese Gleichung ist der Spezialfall [18] $a = l+1$, $b = -l$, $c = 1$ mit Pol an der Stelle $x = 1, \xi = 0$ der hypergeometrischen Differentialgleichung (2.3.1), so daß als Lösung sich nach (2.3.3) der Ausdruck

$$y(x) = AF(l + 1, -l; 1; -(x - 1)/2) \tag{2.3.14}$$

ergibt. Diese Lösung, eine auch mit $\mathcal{P}_\nu(x)$ bezeichnete Funktion, wird LEGENDRE-*Funktion* erster Art oder *transzendente Kugelfunktion* genannt. Da am Pol $x = 1$, $\xi = 0$, $\rho_2 = c - a - b = 0$ und $\rho_1 = 0$ gilt, fallen beide Lösungen (2.3.3) zusammen. Es gilt ja auch $a - c + 1 = a$, $b = b - c + 1$, $c = 2 - c$. Ist aber, wie sich bei sphärischen Randwertproblemen herausstellen wird, l sehr oft eine positive ganze Zahl, dann wird (2.3.14) ein Polynom (LEGENDRE-*Polynom*). Aus dem allgemeinen Glied der hypergeometrischen Reihe (2.3.2) ersieht man nämlich, daß der Koeffizient der $(n+1)$-ten Potenz z^{n+1} den Faktor $(b+n)$ enthält. Da nun in der Reihendarstellung (2.3.14) $b = -l$ ist, bricht die Summe in (2.3.2) bei $n = l$ ab. Die Rekursionsformel für die Koeffizienten c_ν versagt für $\nu = l$. Die Reihe $F(l+1, -l; 1; \xi)$ geht in ein Polynom $P_l(\xi)$ vom l-ten Grad in ξ über. Rechnet man auf $x = \cos\vartheta$ um, so gilt $-1 \leq x \leq 1$, und man erhält die LEGENDRE-*Polynome*

$$\begin{aligned} P_0(x) &= 1, \quad P_1(x) = x = \cos\vartheta, \\ P_2(x) &= \frac{1}{2}\left(3x^2 - 1\right) = \frac{1}{4}\left(3\cos 2\vartheta + 1\right), \\ P_3(x) &= \frac{1}{2}\left(5x^3 - 3x\right) = \frac{1}{8}\left(5\cos 3\vartheta + 3\cos\vartheta\right), \end{aligned} \tag{2.3.15}$$

die (2.3.12) befriedigen. Für gerades l ist P_l ein gerades und für $l =$ ungerade ein ungerades Polynom, woraus mit $P_l(1) = 1$ für alle l $(-1)^l P_l(-cos\vartheta) = P_l(\cos\vartheta)$ folgt. Die Polynome P_l lassen sich auch noch durch die RODRIGUEZ-*Formel*

$$P_l(x) = \frac{1}{2^l l!}\frac{\mathrm{d}^l}{\mathrm{d}x^l}\left(x^2 - 1\right)^l \tag{2.3.16}$$

oder mit Hilfe ihrer *erzeugenden Funktion* f darstellen:

$$f(x, u) \equiv \left(1 - 2ux + u^2\right)^{-1/2} = \sum_{l=0}^{\infty} P_l(x)u^l. \tag{2.3.17}$$

Solchen Ausdrücken begegnet man bei Randwertproblemen des elektrostatischen Potentials, vgl. Seite 149.

Die Funktionentheorie gestattet es, die LEGENDRE-Polynome durch Integrale darzustellen. Da für eine analytische Funktion nach (2.2.3) nur Pole einen von Null verschiedenen Beitrag zu einem geschlossenen Linienintegral liefern, kann man anstelle von (2.2.5) eine analytische Funktion und auch ihre n-te Ableitung durch ein Linienintegral

$$f(z)=\frac{1}{2\pi i}\oint_C\frac{f(t)}{t-z}\mathrm{d}t,\quad f^{(n)}(z)=\frac{n!}{2\pi i}\oint_C\frac{f(t)}{(t-z)^{n+1}}\mathrm{d}t \tag{2.3.18}$$

darstellen (CAUCHY-*Integralformel*). Setzt man $f(t)=(1-t^2)^n$, so gilt

$$P_n(z)=\frac{(-1)^n}{2^n n!}\frac{\mathrm{d}^n}{\mathrm{d}z^n}\left[\left(1-z^2\right)^n\right]=\frac{(-1)^n}{2^{n+1}\pi i}\oint\frac{\left(1-t^2\right)^n}{(t-z)^{n+1}}\mathrm{d}t. \tag{2.3.19}$$

Setzt man $z\to x=\cos\vartheta$, $0<\vartheta<\pi$, $t=\cos\vartheta+i\sin\vartheta\exp(i\varphi)$, $-\pi\le\varphi\le\pi$, so durchläuft der komplexe Punkt t in der komplexen Ebene einen Kreis vom Radius $\sin\vartheta$ im Uhrzeigersinn um den Punkt $x=\cos\vartheta$. Da $t-x=i\sin\vartheta\exp(i\varphi)$, $\mathrm{d}t=-\sin\vartheta\exp(i\varphi)\mathrm{d}\varphi$, $1-t^2=-2i\exp(i\varphi)\sin\vartheta(\cos\vartheta+i\sin\vartheta\cos\varphi)$ gilt, folgt aus (2.3.19) die LAPLACE*sche Integraldarstellung*

$$P_n(\cos\vartheta)=\frac{1}{\pi}\int_0^\pi(\cos\vartheta+i\sin\vartheta\cos\varphi)^n\mathrm{d}\varphi. \tag{2.3.20}$$

In Analogie dazu kann man auch die LEGENDRE-Funktion erster Art durch

$$\mathcal{P}_\nu(x)=\frac{1}{\pi}\int_0^\pi\left(x+\sqrt{x^2-1}\cos t\right)^\nu\mathrm{d}t,\quad x\ge 1 \tag{2.3.21}$$

darstellen [17]. Man kann auch für die hypergeometrische Funktion eine *Integraldarstellung* gewinnen [7, 9]:

$$F(a,b;c;z)=\frac{\Gamma(c)}{\Gamma(b)\Gamma(c-b)}\int_0^1 t^{b-1}(1-t)^{c-b-1}(1-tz)^{-a}\mathrm{d}t \tag{2.3.22}$$

für $\mathrm{Real}(c)>\mathrm{Real}(b)>0$, $|\arg(1-z)|<\pi$, $|z|<1$ (EULER-*Integral*). Die *Gammafunktion* ist dabei durch

$$\Gamma(z)=\int_0^\infty \mathrm{e}^{-t}t^{z-1}\mathrm{d}t;\quad \Gamma(z+1)=z\Gamma(z) \tag{2.3.23}$$

definiert. Sie besitzt Pole für $z=-l$ für $l=0,1,2\ldots$.

Die LEGENDRE-*Polynome* besitzen die Eigenschaft der *Orthogonalität*, d.h. es gilt (siehe auch Seite 59)

$$\int_{-1}^1 P_n(x)P_m(x)=\frac{1}{2n+1}\delta_{nm}, \tag{2.3.24}$$

wobei $\delta_{nm} = 0$ für $n \neq m$, $\delta_{nm} = 1$ für $n = m$ das KRONECKER-*Symbol* ist. Diese Eigenschaft, die auch andere Polynome und Funktionen besitzen (oder durch ein *Orthogonalisierungsverfahren* erlangen können, vgl. Seite 58), wird sich bei den Randwertproblemen als wesentlich erweisen.

Da eine Differentialgleichung zweiter Ordnung zwei Lösungen hat und wir bisher Polynome oder die LEGENDRE-Funktion erster Art gefunden haben, muß eine weitere Lösung gesucht werden (LEGENDRE-*Funktion* zweiter Art). Durch den Urahn, die hypergeometrische Differentialgleichung, sind Funktionen im Komplexen miteinander verwandt. Dem cos entspricht der cosh, der LEGENDRE-*Funktion* erster Art $\mathcal{P}_\nu$ "entspricht" die *zweite Art* ("hyperbolischer Typ")

$$Q_\nu(x) = \int_0^\infty \left(x + \sqrt{x^2 - 1}\cosh t\right)^{-\nu-1} \mathrm{d}t, \quad x \geq 1, \tag{2.3.25}$$

was der Leser mit (2.3.21) vergleichen möge. Tatsächlich ist

$$y = C_1 \mathcal{P}_\nu(\S) + \mathcal{C}_\in \mathcal{Q}_\nu(\S) \tag{2.3.26}$$

die allgemeine Lösung von (2.3.11) [17]. Für spezielle Parameterwerte gibt es durch die Verwandtschaft bedingte Ausartungen. $P_0 = 1$, $P_1 = \cos\vartheta$, $Q_0 = \operatorname{arccoth} x = \frac{1}{2}\ln[(1+x)/(1-x)]$ etc, $P_{-1/2}, Q_{-1/2}$ werden *elliptische Integrale* etc.

Wir kehren nun zu der allgemeinen LEGENDRE-*Differentialgleichung* (2.3.11) zurück. Auch sie läßt sich mit der FROBENIUS-Methode lösen. Als Ergebnis erhält man die *zugeordneten (assoziierten)* LEGENDRE-*Polynome* bzw. *zugeordneten Kugelfunktionen* [18] vom Grad l und der Ordnung $m \leq l$

$$P_l^m = \frac{\left(1-x^2\right)^{m/2}}{2^l l!} \frac{\mathrm{d}^{l+m}\left(x^2-1\right)^l}{\mathrm{d}x^{l+m}} \tag{2.3.27}$$

(RODRIGUEZ-*Formel*). Ferner gilt

$$\begin{aligned}
P_1^1(x) &= -\left(1-x^2\right)^{1/2} = -\sin\vartheta, \\
P_2^1(x) &= -3\left(1-x^2\right)^{1/2} x = -\frac{3}{2}\sin 2\vartheta, \\
P_2^2(x) &= 3\left(1-x^2\right) = \frac{3}{2}\left(1-\cos 2\vartheta\right), \\
P_3^1(x) &= -\frac{3}{2}\left(1-x^2\right)^{1/2}\left(5x^2-1\right) = -\frac{3}{8}\left(\sin\vartheta + 5\sin 3\vartheta\right),
\end{aligned} \tag{2.3.28}$$

etc. [18], und

$$\int_{-1}^{+1} P_l^m P_k^m \mathrm{d}x = 0 \quad \text{für} \quad l \neq k, \tag{2.3.29}$$

$$\int_{-1}^{+1} P_l^m P_l^m \mathrm{d}x = \frac{2}{2l+1} \frac{(l+m)!}{(l-m)!}, \quad \int_{-1}^{+1} P_l^m P_l^{-m} \mathrm{d}x = \frac{(-1)^m}{2l+1} \tag{2.3.30}$$

(Orthogonalität).

Ihrer Bedeutung halber sollen noch einige Polynome wie GEGENBAUER-*Polynome* $C_n^\nu(x)$ und *Funktionen*, die der Gleichung (2.3.10) genügen [7], [9], erwähnt werden. Sie heißen auch *ultrasphärische Polynome* und sind ebenso wie die für die Numerik wichtigen TSCHEBYSCHEFF-*Polynome* oder die LEGENDRE-*Polynome* Spezialfälle der JACOBI-*Polynome*. Letztere genügen der Differentialgleichung

$$\left(1-x^2\right) y_n'' + [\alpha - \beta - (\alpha+\beta+2)x]y_n' + n(n+\alpha+\beta+1)y_n = 0. \tag{2.3.31}$$

Diese Gleichung kann mittels der schon bekannten Transformation der unabhängigen Variablen $x = 2\xi - 1$, vgl. Seite 41, in die hypergeometrische Differentialgleichung übergeführt werden, so daß auch die JACOBI-Polynome

$$P_n(x;\alpha,\beta) = \frac{(-1)^n}{2^n n!(1+x)^\alpha (1-x)^\beta} \frac{\mathrm{d}^n}{\mathrm{d}x^n} \left[(1+x)^{n+\alpha} (1-x)^{n+\beta}\right] \tag{2.3.32}$$

(RODRIGUEZ- Formel) als hypergeometrische Funktion dargestellt werden können. Sie sind im Intervall $-1 \leq x \leq +1$ ebenso wie die LEGENDRE- und GEGENBAUER-Polynome bezüglich gewisser *Gewichtsfunktionen* (Seite 57) orthogonal, vgl. auch Seite 58 (*Orthogonalisierungsmethode*). Ihre erzeugende Funktion

$$\frac{2^{\alpha+\beta}}{\sqrt{1-2xu+u^2}\left(1+u+\sqrt{..}\right)^\alpha \left(1-u+\sqrt{..}\right)^\beta} = \sum_{n=0}^{\infty} P_n(x;\alpha,\beta)u^n \tag{2.3.33}$$

dürfte kaum physikalische Bedeutung besitzen. (Für $\alpha = \beta = 0$ geht dies in die erzeugende Funktion für die GEGENBAUER-Polynome C_n^ν über.) Ein Vergleich von (2.3.31) mit (2.3.12) zeigt, daß die mit den GEGENBAUER-Polynomen verwandten LEGENDRE-Polynome für $\alpha = \beta = 0$ aus den JACOBI-Polynomen hervorgehen. Um die GEGENBAUER-Polynome C_n^α zu erhalten, hat man in (2.3.31) $\alpha = \beta$ zu setzen. Ihre RODRIGUEZ-*Formel* lautet [2.5]

$$\begin{aligned} C_n^\nu(x) &= \frac{(-1)^n (2\nu+n-1)!(\nu-1/2)!}{(2\nu-1)!(\nu+n-1/2)!n!} \\ &\quad \cdot \left(1-x^2\right)^{1/2-\nu} \frac{\mathrm{d}^n}{dx^n} \left(1-x^2\right)^{\nu+n-1/2}. \end{aligned} \tag{2.3.34}$$

Ein Vergleich mit (2.3.27) zeigt, daß die assoziierten LEGENDRE-Polynome durch die GEGENBAUER-Polynome ausgedrückt werden können [7, 2.6].

Für die Praxis wichtiger sind die TSCHEBYSCHEFF-*Polynome*, da sie in der Numerik viel für die Darstellung transzendenter Funktionen verwendet werden. Auch sie lassen sich als hypergeometrische Funktionen

$$T_n(x) = \frac{(-1)^n}{2^n} F\left(-n, n; \frac{1}{2}; \frac{x+1}{2}\right), \quad n = 0,\, 1,\, 2 \ldots \tag{2.3.35}$$

$$U_n(x) = (-1)^n (n+1) F\left(-n, n+2; \frac{3}{2}; \frac{x+1}{2}\right), \quad n = 0, 1, 2 \ldots \tag{2.3.36}$$

darstellen [9, 18] und sind orthogonal bezüglich der *Gewichtsfunktionen* $(1-x^2)^{-1/2}$ bzw. $\sqrt{1-x^2}$. Man erhält sie auch durch $\alpha = \beta = \pm 1/2$ aus (2.3.31), (2.3.10); sie sind somit Spezialfälle der GEGENBAUER- bzw. JACOBI-Polynome. Für $\alpha = \beta = -1/2$ erhält man die RODRIGUEZ-*Formel*

$$T_n(x) = \frac{(-1)^n \sqrt{1-x^2}}{1.3 \ldots (2n-1)} \frac{\mathrm{d}^n}{\mathrm{d}x^n} \left[\left(1-x^2\right)^{n-1/2}\right] = \frac{n}{2^{n+1}} C_n^0(x), \tag{2.3.37}$$

und die TSCHEBYSCHEFF-*Differentialgleichung* lautet

$$\left(1-x^2\right) T_n'' - x T_n' + n^2 T_n = 0. \tag{2.3.38}$$

Transformiert man durch $x = \cos \vartheta$, so erhält man

$$T_n(\cos \vartheta) = \frac{1}{2^n} \cos n\vartheta, \quad T_n(x) = \frac{1}{2^n} \cos(n \arccos x). \tag{2.3.39}$$

Die erzeugende Funktion ist

$$\frac{1-ux}{1-2ux+u^2} = \sum_{n=0}^{\infty} T_n(x) u^n. \tag{2.3.40}$$

Für $\alpha = \beta = +\frac{1}{2}$ erhält man [2.6]

$$U_n(x) = \frac{(-1)^n (n+1)}{1.3 \ldots (2n+1)\sqrt{1-x^2}} \frac{\mathrm{d}^n}{\mathrm{d}x^n} \left[\left(1-x^2\right)^{n+1/2}\right] = C_n^1(x) \tag{2.3.41}$$

und

$$\left(1-x^2\right) U_n'' - 3x U_n' + n(n+2) U_n = 0 \tag{2.3.42}$$

sowie

$$U_n(\cos \vartheta) = \frac{\sin(n+1)\vartheta}{\sin \vartheta}, \quad U_n(x) = \frac{\sin\left[(n+1) \arccos x\right]}{\sin(\arccos x)}. \tag{2.3.43}$$

Die erzeugende Funktion ist nun

$$\frac{1}{1-2xu+u^2} = \sum_{n=0}^{\infty} U_n(x) u^n. \tag{2.3.44}$$

Im einzelnen erhält man [18] die Polynome erster bzw. zweiter Art und die TSCHEBYSCHEFF-Funktionen zweiter Art $\bar{U}$

$$\begin{array}{lll}
T_0(x) = 1 & U_0(x) = 1 & \bar{U}_0(x) = 0 \\
T_1(x) = x & U_1(x) = 2x & \bar{U}_1(x) = \sqrt{1-x^2} \\
T_2(x) = 2x^2 - 1 & U_2(x) = 4x^2 - 1 & \bar{U}_2(x) = \sqrt{1-x^2} \cdot 2x \\
T_3(x) = 4x^3 - 3x & U_3(x) = 8x^3 - 4x & \bar{U}_3(x) = \sqrt{1-x^2} \cdot \\
 & & \quad \cdot (4x^2 - 1) \\
T_4(x) = 8x^4 - 8x^2 + 1 & U_4(x) = 16x^4 - 12x^2 + 1 & \bar{U}_4(x) = \sqrt{1-x^2} \cdot \\
 & & \quad \cdot (8x^3 - 4x) \\
T_5(x) = 16x^5 - 20x^3 + 5x & U_5(x) = 32x^5 - 32x^3 + 6x & \bar{U}_5(x) = \sqrt{1-x^2} \cdot \\
 & & \quad \cdot (16x^4 - 12x^2 + 1) \\
T_n(1) = 1 & U_n(1) = 1 & \bar{U}_n(1) \;\; = 0 \\
T_n(-1) = (-1)^n & U_n(-1) = \mp(n+1) & \bar{U}_n(-1) \;\; = 0.
\end{array} \tag{2.3.45}$$

Es gelten schließlich die Orthogonalitätsrelationen [18]

$$\int_{-1}^{+1} \frac{T_m(x)T_n(x)}{\sqrt{1-x^2}} \mathrm{d}x = \begin{cases} 0 & \text{für} \quad m \neq n, \\ \pi/2 & \text{für} \quad m = n \neq 0, \\ \pi & \text{für} \quad m = n = 0, \end{cases} \tag{2.3.46}$$

und

$$\int_{-1}^{+1} \frac{U_m(x)U_n(x)}{\sqrt{1-x^2}} \mathrm{d}x = \begin{cases} 0 & \text{für} \quad m \neq n, \\ \pi/2 & \text{für} \quad m = n \neq 0, \\ \pi & \text{für} \quad m = n = 0, \end{cases} \tag{2.3.47}$$

die wir später ableiten werden (Seite 58).

Während die Polynome von LEGENDRE, JACOBI und GEGENBAUER für beliebiges Argument x definiert sind, sind die TSCHEBYSCHEFF-Polynome (2.3.39) nur im Bereich $-1 \leq x \leq 1$ definiert, doch werden in der Praxis alle vier genannten Polynome nur in diesem Intervall verwendet. Es gibt aber auch aus der hypergeometrischen Differentialgleichung folgende Polynome, die in einem größeren Intervall verwendet werden. Beispielsweise sind die LAGUERRE-*Polynome* $L_n(x)$ im Intervall $0 \leq x \leq \infty$ orthogonal. Sie gehorchen der Differentialgleichung der *assoziierten* LAGUERRE-*Polynome* vom Grad n

$$xL_n''(x) + (1 + k - \alpha x)L_n'(x) + \alpha n L_n(x) = 0 \tag{2.3.48}$$

und werden durch die RODRIGUEZ-*Formel*

$$L_n^k(x;\alpha) = L_n(x;\alpha,k) = \frac{\mathrm{e}^{\alpha x} x^{-k}}{n!} \frac{\mathrm{d}^n}{\mathrm{d}x^n} \left(\mathrm{e}^{-\alpha x} x^{n+k}\right) \tag{2.3.49}$$

dargestellt. Sie können auch durch KUMMER-*Funktionen* ausgedrückt werden. Für $\alpha = 1$ ist ihre erzeugende Funktion

$$\frac{\mathrm{e}^{-xu/(1-u)}}{(1-u)^{k+1}} = \sum_{n=0}^{\infty} L_n^k(x) u^n. \tag{2.3.50}$$

Für $k = 0$ erhält man die gewöhnlichen LAGUERRE-Polynome. Im einzelnen gilt für $\alpha = 1$

$$\begin{aligned}
&L_0(x) = 1, && L_0^k(x) = 1 \\
&L_1(x) = -x + 1, && L_1^k(x) = -x + kx \\
&L_2(x) = \frac{x^2}{2} - 2x + 1, && L_2^k(x) = \frac{x^2}{2} - (k+2)x + \frac{k+2)(k+1)}{2} \\
&L_n^k(x) = \sum_{m=0}^{\infty} (-1)^m \frac{(n+k)!}{(n-m)!(k+m)!m!} x^m, && k = 0, 1, \ldots n.
\end{aligned} \tag{2.3.51}$$

Die Orthogonalität ist mit Hilfe einer Gewichtsfunktion durch

$$\int_0^{\infty} \mathrm{e}^{-x} x^k L_n^k(x) L_m^k(x) \mathrm{d}x = \frac{(n+k)!}{n!} \delta_{mn} \tag{2.3.52}$$

gegeben. Jede Funktion $f(x)$, die im Intervall $0 \leq x \leq \infty$ quadratisch integrierbar ist, läßt sich nach

$$f(x) = \sum_{n=0}^{\infty} c_n \mathrm{e}^{-x/2} x^{k/2} L_n^k(x) \tag{2.3.53}$$

entwickeln, wobei $n!(n+k)!c_n = \int_0^{\infty} f(x) \exp(-x/2) x^{k/2} L_n^k(x) \mathrm{d}x$ ist.

Für die Anwendungen sind die HERMITE-*Polynome* $H_n(x;\alpha)$ noch interessanter, da sie im Argumentintervall $-\infty \leq x \leq \infty$ definiert und orthogonal sind. Ihre Differentialgleichung lautet

$$H_n'' - 2\alpha x H_n' + 2\alpha n H_n = 0; \tag{2.3.54}$$

sie läßt sich auf die hypergeometrische Differentialgleichung zurückführen. Die Rekursionsformel lautet $c_{\nu+2} \cdot (\nu+2)(\nu+1) = -2a_\nu(n-\nu)$. Ihre RODRIGUEZ-*Formel* lautet

$$H_n(x;\alpha) = (-1)^n \exp(\alpha x^2) \frac{\mathrm{d}^n}{\mathrm{d}x^n} \exp(-\alpha x^2), \quad n = 0, 1, 2 \ldots, \tag{2.3.55}$$

und im einzelnen erhält man für $\alpha = 1$

$$\begin{aligned}
H_0 &= 1 \\
H_1 &= 2x \\
H_2 &= 4x^2 - 2 \\
H_3 &= 8x^3 - 12x \\
H_4 &= 16x^4 - 48x^2 + 12 \\
H_5 &= 32x^5 - 160x^3 + 120x \\
H_6 &= 64x^6 - 480x^4 + 720x^2 - 120 \\
H_7 &= 128x^7 - 1344x^5 + 3360x^3 - 1680x.
\end{aligned} \tag{2.3.56}$$

Bei manchen Autoren werden die HERMITE-Polynome mit dem Faktor $2^{n/2}$ und x mit $\sqrt{2}$ multipliziert. Die HERMITE-Polynome können auch durch die WEBER-Funktionen (2.2.29) ausgedrückt werden [2.3]. Die erzeugende Funktion ist

$$\exp\left(2\alpha x u - \alpha u^2\right) = \sum_{n=0}^{\infty} \frac{u^n}{n!} H_n(x;\alpha), \tag{2.3.57}$$

und die Orthogonalitätsrelationen lauten

$$\int_{-\infty}^{+\infty} \exp(-\alpha x^2) H_n(x;\alpha) H_m(x;\alpha) \mathrm{d}x = \delta_{nm} (2\alpha)^n n! \sqrt{\pi/\alpha}. \tag{2.3.58}$$

Geht man mit dem Ansatz

$$H_n(x;\alpha) = \sqrt{(2\alpha)^n n! \sqrt{\pi}} \exp\left(\xi^2/2\right) h_n(\xi), \tag{2.3.59}$$

wobei $\xi = \sqrt{\alpha} x$, in (2.3.54) ein, so erhält man [9] die Differentialgleichung für die HERMITE-*Orthogonalfunktionen*

$$h_n''(\xi) + \left(1 + 2n - \xi^2\right) h_n(\xi) = 0, \tag{2.3.60}$$

deren Lösung durch

$$h_n(\xi) = \frac{\exp\left(-\xi^2/2\right)}{\sqrt{2^n n! \sqrt{\pi}}} H_n(\xi;1) \tag{2.3.61}$$

gegeben ist. Die h_n sind Spezialfälle von KUMMER-Funktionen. Die Funktionen h_n sind deshalb für praktische Anwendungen wichtig, weil jede quadratisch integrierbare Funktion $f(x)$ mit ihrer Hilfe in eine Reihe entwickelt werden kann:

$$f(x) = \sum_{n=0}^{\infty} c_n h_n(x), \quad c_n = \int_{-\infty}^{+\infty} f(x) h_n(x) \mathrm{d}x, \tag{2.3.62}$$

wobei $\int_{-\infty}^{\infty} h_n h_m \mathrm{d}x = 0$ für $n \neq m$ verwendet wurde.

Es existieren noch weitere Polynome, die jedoch für die Anwendungen nur geringe Bedeutung haben:
die POCHHAMMER-*Polynome*, die als Koeffizienten in hypergeometrischen Reihen auftreten [17]

$$y_n = \prod_{j=0}^{n=1} (x + j), \quad n = 1, 2, 3$$

die BERNOULLI-*Polynome* [17], definiert durch

$$\frac{u \exp(xu)}{\exp u - 1} = \sum_{n=0}^{\infty} B_n(x) \frac{u^n}{n!},$$

die im Bereich $0 \leq x \leq 1$ niemals den Wert der zugehörenden BERNOULLI-*Zahl* B_n überschreiten ($|B_n(x)| \leq |B_n|$), und die EULER-*Polynome* [17], die durch

$$\frac{2\exp(xu)}{1+\exp u} = \sum_{n=0}^{\infty} E_n(x)\frac{u^n}{n!}$$

bestimmt werden. Schließlich wären noch *harmonische Polynome* in x, y zu erwähnen, die ΔU befriedigen und gelegentlich bei Randwertproblemen Verwendung finden, vgl. Abschnitt 5.4. Allgemein ist ein harmonisches Polynom n-Grades als der Realteil bzw. Imaginärteil eines komplexen Polynoms $z^n = (x+iy)^n$ definiert. Damit hat man, wenn P den Realteil und Q den Imaginärteil bezeichnet,

$$\begin{aligned} P_1 &= x, & Q_1 &= y, \\ P_2 &= x^2 - y^2, & Q_2 &= 2xy, \\ P_3 &= x^3 - 3xy^2, & Q_3 &= 3x^2y - y^3, \\ P_4 &= x^4 - 6x^2y^2 + y^4, & Q_4 &= 4x^3y - 4xy^3. \end{aligned}$$

Es gibt aber auch nichtharmonische Polynome, beispielsweise $x^2 + 2xy - y^2$ oder $ax^3 + bx^2y - 3axy^2 - by^3/3$, die Lösungen der LAPLACE-Gleichung sind.

2.4 Randwertprobleme und Eigenwerte

Randwertprobleme allgemeiner linearer Gleichungen zweiter Ordnung, GREEN-Funktion, selbstadjungierte Gleichungen, orthogonale Funktionen und Polynome, Eigenwertprobleme

Wir wollen nun ein erstes Randwertproblem einer gewöhnlichen linearen Differentialgleichung zweiter Ordnung lösen. Wir betrachten zunächst die inhomogene Gleichung

$$y'' + p_1(x)y' + p_2(x)y = f(x), \tag{2.4.1}$$

da wir durch Division durch $p_0(x)$ die allgemeine Gleichung (2.1.37), Seite 23, auf diese Form bringen können. Die allgemeine Lösung der Differentialgleichung (2.4.1) soll nun so bestimmt werden, daß die allgemeinsten linearen Randbedingungen

$$\alpha_1 y(x_0) + \alpha_2 y'(x_0) = \rho_1, \tag{2.4.2}$$

$$\beta_1 y(x_1) + \beta_2 y'(x_1) = \rho_2 \tag{2.4.3}$$

erfüllt werden. (Die hier verwendeten Größen ρ haben mit den Indizes der Differentialgleichung nichts zu tun!) $\alpha_1, \alpha_2, \beta_1, \beta_2$ sind vom physikalischen Problem gegebene Konstante. Das Problem ist inhomogen, da sowohl die Differentialgleichung als auch die Randbedingungen inhomogen sind. Wir untersuchen nun, ob wir dieses allgemeine Problem etwas vereinfachen können. Die Lösung von (2.4.1) wird jedenfalls nach Abschnitt 2.1, Formel (2.1.39), Seite 24, die Form

$$y(x) = C_1 y_1(x) + C_2 y_2(x) + y_0(x) \tag{2.4.4}$$

haben. Die Erfüllung der Randbedingungen (2.4.2), (2.4.3) verlangt daher

$$\begin{aligned}
C_1(\alpha_1 y_1(x_0) + \alpha_2 y_1'(x_0)) + C_2(\alpha_1 y_2(x_0) + \alpha_2 y_2'(x_0)) \\
= \rho_1 - \alpha_1 y_0(x_0) - \alpha_2 y_0'(x_0), \\
C_1(\beta_1 y_1(x_1) + \beta_2 y_1'(x_1)) + C_2(\beta_1 y_2(x_1) + \beta_2 y_2'(x_1)) \\
= \rho_2 - \beta_1 y_0(x_1) - \beta_2 y_0'(x_1).
\end{aligned}$$

Dieses inhomogene lineare Gleichungssystem für die zwei Unbekannten C_1, C_2 ist nur dann eindeutig (und damit für alle rechten Seiten) lösbar, wenn

$$\begin{vmatrix} \alpha_1 y_1(x_0) + \alpha_2 y_1'(x_0) & \alpha_1 y_2(x_0) + \alpha_2 y_2'(x_0) \\ \beta_1 y_1(x_1) + \beta_2 y_1'(x_1) & \beta_1 y_2(x_1) + \beta_2 y_2'(x_1) \end{vmatrix} \neq 0, \tag{2.4.5}$$

gilt. Wären die C_1, C_2 bestimmenden Gleichungen homogen, dann müßte hingegen die Determinante verschwinden, damit eine nichttriviale Lösung für C_1, C_2 gefunden werden kann. Das zugehörige homogene Problem ($f(x) = 0, \rho_1 = \rho_2 = 0$) besitzt jedenfalls immer die triviale Lösung $u(x) \equiv 0$ und keine weitere, wenn (2.4.5) gilt. Das inhomogene Randwertproblem (2.4.1), (2.4.2), (2.4.3) ist damit dann eindeutig lösbar, wenn das zugehörige homogene Problem nur die triviale Lösung besitzt, vgl. Seite 7. Ist das inhomogene Problem eindeutig lösbar, so hat das zugehörige homogene Problem nur die triviale Lösung. Ist das homogene Problem nichttrivial lösbar, so ist das inhomogene Problem nur für spezielle Randwertprobleme und nicht mehr eindeutig lösbar. Wenn man z.B. $y'' + y = 0$ betrachtet, so ist das homogene Problem $y(0) = 0$, $y(2\pi) = 0$ mit $\sin x$ lösbar, doch das inhomogene Problem $y(0) = 0$, $y(2\pi) = 1$ ist nicht lösbar. Der Fall $\rho_1 = \rho_2 = 0$, $f(x) \neq 0$ stellt ein inhomogenes Problem dar, das manchmal als *halbhomogen* bezeichnet wird [2]. Die Möglichkeit der *Homogenisierung* von inhomogenen Randbedingungen werden wir kurz erläutern. Man kann nämlich durch eine Transformation eine homogene Differentialgleichung mit inhomogenen Randbedingungen in eine inhomogene Differentialgleichung mit homogenen Randbedingungen überführen. Allerdings kann man keines dieser beiden inhomogenen Probleme voll homogenisieren, d.h. keine homogene Differentialgleichung mit homogenen Randbedingungen erhalten. Sei $\mathcal{L}\{y\} = g$ eine inhomogene lineare Differentialgleichung und macht man den Ansatz [20] $y = z + \eta$, wo η eine partikuläre Lösung von $\mathcal{L}\{y\} = g$ ist, so erhält man für z die homogene Gleichung $\mathcal{L}\{z\} = 0$. Die Randbedingungen für z sind dann inhomogen. Erfüllt η inhomogene Randbedingungen $\eta_{Rand} = \mathcal{R}\{\eta\} = \gamma$, aber ist η keine Lösung der Differentialgleichung, so wird die inhomogene Randbedingung durch $y = z + \eta$ homogen, denn aus $\mathcal{R}\{z + \eta\} = \mathcal{R}\{z\} + \mathcal{R}\{\eta\} = \gamma$ folgt $\mathcal{R}\{z\} = 0$. Die Differentialgleichung für z ist dann inhomogen. So kann man die inhomogene Differentialgleichung $y'' - y = 1$ mit der inhomogenen Randbedingung $y(0) = 1$, $y(1) = 2$ durch $y = z - 1$ in die homogene Differentialgleichung $z'' - z = 0$ mit den Randbedingungen $z(0) = 2$, $z(1) = 3$ überführen. Umgekehrt führt die Transformation $y = z + x + 1$ zur inhomogenen Differentialgleichung $z'' - z = x + 2$ mit den homogenen Randbedingungen $z(0) = 0$, $z(1) = 0$. Eine volle Homogenisierung einer inhomogenen Differentialgleichung mit inhomogenen Randbedingungen in eine homogene Differentialgleichung mit homogenen Randbedingungen ist jedoch nicht möglich.

Weiter kann man ein inhomogenes *Randwertproblem* einer linearen (homogenen oder inhomogenen) Differentialgleichung n-ter Ordnung in ein *Anfangswertproblem verwandeln*: aus $\mathcal{L}\{y\} = g(x)$ mit den Randwerten z.B. $y(a) = y_a$, $y(b) = y_b$ kann man das zweifache Anfangswertproblem $\mathcal{L}\{y_1\} = g(x)$ mit $y_1(a) = y_a$, $y_1'(a) = 0$ und $\mathcal{L}\{y_2\} = 0$ mit $y_2(a) = 0$, $y_2'(a) = 1$ gewinnen und $y_1(b)$, $y_2(b)$ berechnen. Die Lösung des Anfangswertproblems $y(a) = y_a$, $y'(a) = y_a'$ der ursprünglichen Gleichung ist dann durch $y(x) = y_1(x) + y_a' y_2(x)$ gegeben. Berechnet man y_a' aus dem Ausdruck $y_1(b) + y_a' y_2(b) = y_b$, so erhält man die Lösung des ursprünglichen Randwertproblems.

Um zu zeigen, daß das inhomogene Randwertproblem der allgemeinen inhomogenen Gleichung gelöst werden kann, betrachten wir nun

$$y'' + p_1(x)y' + p_2(x)y = f(x), \tag{2.4.6}$$

setzen aber zunächst zur leichteren Rechnung $\alpha_2 = \beta_2 = 0$, d.h. die Randbedingungen lauten

$$y(x_0) = \rho_1 \qquad y(x_1) = \rho_2. \tag{2.4.7}$$

Aus der Gleichung (2.4.5) folgt dann mit $\alpha_1 = 1, \alpha_2 = 0, \beta_1 = 1, \beta_2 = 0$ die *Lösbarkeitsbedingung*

$$M \equiv y_1(x_0)y_2(x_1) - y_2(x_0)y_1(x_1) \neq 0. \tag{2.4.8}$$

Nun ist sicherlich (2.4.4) eine Lösung auch von (2.4.6). Sie gilt nicht nur für jedes x, sondern auch für x_0 und x_1 nach (2.4.7). Man kann daher anschreiben

$$\begin{aligned} &C_1y_1(x) + C_2y_2(x) + y_0(x) - y(x) = 0, \\ &C_1y_1(x_0) + C_2y_2(x_0) + y_0(x_0) - \rho_1 = 0, \\ &C_1y_1(x_1) + C_2y_2(x_1) + y_0(x_1) - \rho_2 = 0. \end{aligned} \tag{2.4.9}$$

Das stellt ein System von drei linearen Gleichungen für die zwei Unbekannten C_1, C_2 dar. Dieses ist aber nur dann lösbar, wenn die Determinante

$$\begin{vmatrix} y_1(x) & y_2(x) & y_0(x) - y(x) \\ y_1(x_0) & y_2(x_0) & y_0(x_0) - \rho_1 \\ y_1(x_1) & y_2(x_1) & y_0(x_1) - \rho_2 \end{vmatrix} \tag{2.4.10}$$

verschwindet. Nur in diesem Fall führt nämlich nach Auflösung der ersten zwei Gleichungen des Systems (2.4.9) die dritte Gleichung zu keinem Widerspruch. Die Berechnung der Determinante (2.4.10), z.B. nach der *Regel von* SARRUS, ergibt unter Verwendung von (2.4.8) die Lösung $y(x)$ von (2.4.6)

$$
\begin{aligned}
y(x) = {} & \rho_1 \frac{y_1(x)y_2(x_1) - y_2(x)y_1(x_1)}{M} - \rho_2 \frac{y_1(x)y_2(x_0) - y_2(x)y_1(x_0)}{M} \\
& + y_0(x) + y_0(x_1)\frac{y_1(x)y_2(x_0) - y_2(x)y_1(x_0)}{M} \\
& - y_0(x_0)\frac{y_2(x)y_1(x_1) - y_1(x)y_2(x_1)}{M} .
\end{aligned}
\tag{2.4.11}
$$

Diese Lösung hat nun genau die Struktur von (2.4.4), wie man sich durch Umformen leicht überzeugen kann, denn die Größen ρ_1, ρ_2, $y_1(x_0)$, $y_1(x_1)$, $y_2(x_0)$, $y_2(x_1)$, $y_0(x_0)$, $y_0(x_1)$ können ja zu den Konstanten C_1, C_2 zusammengefaßt werden, z.B.

$$C_1 = [\rho_1 y_2(x_1) - \rho_2 y_2(x_0) + y_0(x_1)y_2(x_0) + y_0(x_0)y_2(x_1)]\,/M.$$

Außerdem erfüllt (2.4.11) auch die Randbedingungen (2.4.7), wie man sich durch Einsetzen von x_0 bzw. x_1 in (2.4.11) unter Berücksichtigung von (2.4.8) leicht überzeugen kann.

Da wir die partikuläre Lösung $y_0(x)$ mit Hilfe von (2.1.48), siehe Seite 25, ausdrücken können, ist es möglich, die allgemeine Lösung (2.4.4) nur durch $y_1(x)$, $y_2(x)$ auszudrücken. Wir müssen nur für $y_0(x)$ noch (2.1.48)

$$y_0(x) = \int_{x_0}^{x} \frac{y_1(\xi)y_2(x) - y_1(x)y_2(\xi)}{W(\xi)} \cdot \frac{f(\xi)}{p_0(\xi)} \mathrm{d}\xi \tag{2.4.12}$$

schreiben. Hier sind wir, damit das Auftreten von p_0 klar wird, wieder zur Form (2.1.37) zurückgekehrt. Außerdem wollen wir die allgemeine Lösung der homogenen Gleichung $C_1 y_1(x) + C_2 y_2(x)$ vom partikulären von $f(x)$ abhängigen Integral der inhomogenen Gleichung trennen. Aus (2.4.11), (2.4.8) erhalten wir so

$$
\begin{aligned}
y(x) = {} & \frac{\rho_1 y_2(x_1) - \rho_2 y_2(x_0)}{y_1(x_0)y_2(x_1) - y_2(x_0)y_1(x_1)} y_1(x) \\
& + \frac{\rho_2 y_1(x_0) - \rho_1 y_1(x_1)}{y_1(x_0)y_2(x_1) - y_2(x_0)y_1(x_1)} y_2(x) + \int_{x_0}^{x_1} G(x,\xi) f(\xi) \mathrm{d}\xi .
\end{aligned}
\tag{2.4.13}
$$

Die in der partikulären Lösung neu auftretende Größe $G(x,\xi)$ nennt man GREEN-*Funktion*. Sie wird wie folgt berechnet. Zunächst gilt nach (2.4.11) für die drei letzten das partikuläre Integral darstellenden Glieder nach (2.4.12)

$$y_0(x_0) = \int_{x_0}^{x_0} \frac{y_1(\xi)y_2(x_0) - y_1(x_0)y_2(\xi)}{W(\xi)} \frac{f(\xi)}{p_0(\xi)} d\xi = 0,$$

$$y_0(x_1) = \int_{x_0}^{x_1} \frac{y_1(\xi)y_2(x_1) - y_1(x_1)y_2(\xi)}{W(\xi)} \frac{f(\xi)}{p_0(\xi)} d\xi,$$

so daß die drei letzten Glieder von (2.4.11) die Form

$$\int_{x_0}^{x} \frac{y_1(\xi)y_2(x) - y_1(x)y_2(\xi)}{W(\xi)} \frac{f(\xi)}{p_0(\xi)} d\xi + \frac{y_1(x)y_2(x_0) - y_2(x)y_1(x_0)}{M}$$

$$\cdot \int_{x_0}^{x_1} \frac{y_1(\xi)y_2(x_1) - y_1(x_1)y_2(\xi)}{W(\xi)} \frac{f(\xi)}{p_0(\xi)} d\xi$$

annehmen. Da $\int_{x_0}^{x_1} = \int_{x_0}^{x} + \int_{x}^{x_1}$, können wir dies mit der temporären Abkürzung $f(\xi)/(W(\xi)p_0(\xi)) = A$ auch in der Form

$$\int_{x_0}^{x} [y_1(\xi)y_2(x) - y_1(x)y_2(\xi)]\, Ad\xi$$

$$+\int_{x_0}^{x} [y_1(x)y_2(x_0) - y_2(x)y_1(x_0)] \cdot [y_1(\xi)y_2(x_1) - y_1(x_1)y_2(\xi)]\, Ad\xi/M$$

$$+\int_{x}^{x_1} [y_1(x)y_2(x_0) - y_2(x)y_1(x_0)] \cdot [y_1(\xi)y_2(x_1) - y_1(x_1)y_2(\xi)]\, Ad\xi/M$$

schreiben. Man zieht nun zunächst die beiden Integrale $\int_{x_0}^{x}$ in ein Integral zusammen und erhält für dieses wegen

$$\begin{aligned} &[y_1(x)y_2(x_1) - y_1(x_1)y_2(x)][y_1(\xi)y_2(x_1) - y_1(x_1)y_2(\xi)] \\ &\quad + M[y_1(\xi)y_2(x) - y_1(x)y_2(\xi)] \\ &= [y_1(x)y_2(x_1) - y_1(x_1)y_2(x)] \cdot [y_1(\xi)y_2(x_0) - y_1(x_0)y_2(\xi)] \end{aligned}$$

den gleichen Integranden für das Integral $\int_{x_0}^{x}$ und das Integral $\int_{x}^{x_1}$, so daß man nun auf $\int_{x_0}^{x_1}$ zusammenziehen kann. Man erhält so

$$G(x,\xi) = \begin{cases} [y_1(x)y_2(x_1) - y_1(x_1)y_2(x)][y_1(\xi)y_2(x_0) \\ \quad -y_1(x_0)y_2(\xi)]/MW(\xi)p_0(\xi) \quad \text{für} \quad x_0 \le \xi \le x \le x_1, \\ \\ [y_1(x)y_2(x_0) - y_1(x_0)y_2(x)][y_1(\xi)y_2(x_1) \\ \quad -y_1(x_1)y_2(\xi)]/MW(\xi)p_0(\xi) \quad \text{für} \quad x_0 \le x \le \xi \le x_1. \end{cases} \tag{2.4.14}$$

Die GREEN-*Funktion* ist im Gebiet $x_0 \le \xi$, $\xi_1 \le x_1$ stetig und eine Lösung der homogenen Differentialgleichung (2.4.6). Ihre Ableitung erfüllt die *Sprungrelation*

$$\left.\frac{\partial G}{\partial x}\right|_{x=\xi+0} - \left.\frac{\partial G}{\partial x}\right|_{x=\xi-0} = \frac{1}{p_0(\xi)}.$$

Sie verschwindet in den Randpunkten, d.h. $G(x_0,\xi) = G(x_1,\xi) = 0$, und erfüllt somit die zugehörenden homogenen Randbedingungen. Unter bestimmten, später noch zu besprechenden Bedingungen ist sie in x, ξ sehr oft (aber nicht immer) symmetrisch, d.h. $G(x,\xi) = G(\xi,x)$.

Liegen andere Randbedingungen als (2.4.7) vor, z.B.

$$y(x_0) = \alpha, \qquad y'(x_1) = \beta, \tag{2.4.15}$$

dann lautet die Lösung

$$\begin{aligned} y(x) = & \frac{[\alpha y_2'(x_1) - \beta y_2(x_0)]y_1(x) - [\alpha y_1'(x_1) - \beta y_1(x_0)]y_2(x)}{y_1(x_0)y_2'(x_1) - y_1'(x_1)y_2(x_0)} \\ & + \int_{x_0}^{x_1} G(x,\xi)\, f(\xi)\mathrm{d}\xi, \end{aligned} \tag{2.4.16}$$

$$G(x,\xi) = \begin{cases} [y_1(x)y_2'(x_1) - y_1'(x_1)y_2(x)][y_1(\xi)y_2(x_0) \\ -y_1(x_0)y_2(\xi)]/NW(\xi)p_0(\xi) \quad \text{für} \quad x_0 \le \xi \le x \le x_1 \\ \\ [y_1(x)y_2(x_0) - y_1(x_0)y_2(x)][y_1(\xi)y_2'(x_1) \\ -y_1'(x_1)y_2(\xi)]/NW(\xi)p_0(\xi) \quad \text{für} \quad x_0 \le x \le \xi \le x_1, \end{cases} \tag{2.4.17}$$

wobei der Nenner in (2.4.16) mit N bezeichnet wurde. Lineare Differentialgleichungen höherer Ordnung können auch bei allgemeinen Randbedingungen mittels der GREEN-Funktion gelöst werden [9]. So führt etwa die *lineare Differentialgleichung n-ter Ordnung* $p_0y^{(n)} + p_1y^{(n-1)} + \cdots p_ny = f(x)$ zu einer WRONSKI-*Determinante*

$$W(\xi) = \begin{vmatrix} y_1(\xi), & \cdots & y_n(\xi) \\ y_1'(\xi), & \cdots & y_n'(\xi) \\ \cdots & \cdots & \cdots \\ y_1^{(n-1)}(\xi), & \cdots & y_n^{(n-1)}(\xi) \end{vmatrix} \neq 0$$

und die Randbedingungen

$$\begin{matrix} y(x_0) = a_0, & y'(x_0) = a_1, & \cdots & y^{(r)}(x_0) = a_r \\ y(x_1) = b_0, & y'(x_1) = b_1, & \cdots & y^{(s)}(x_i) = b_s \end{matrix} \qquad r + s = n - 2$$

zu einer Lösung $C_1y_1(x) + \cdots + C_ny_n(x) + y_0(x)$. Auch Randbedingungen der Art

$$a_iy(x_0) + b_iy'(x_0) + c_iy(x_1) + d_iy'(x_1) = 0 \quad \text{etc}$$

können erfaßt werden.

Wir wenden uns nun typischen *Eigenwertproblemen* zu. Sehr viele Randwertprobleme der Physik und Technik führen zu Differentialgleichungen zweiter Ordnung, die einen physikalisch bedeutsamen Parameter enthalten. Es zeigt sich dann, daß bei vorgegebenen Randwerten die Gleichung nur für bestimmte Werte dieses Parameters eine Lösung besitzt. Diese charakteristischen von der Randbedingung abhängigen Werte nennt man *Eigenwerte*, vgl. Seite 17. Sie treten bei den STURM-LIOUVILLE-*Problemen selbstadjungierter* Differentialgleichungen zweiter Ordnung auf. (Differentialgleichungen ungerader Ordnung sind NICHT selbstadjungiert.)

Wir betrachten die Differentialgleichung (2.4.6), die wir mit Hilfe des linearen Differentialoperators $\mathcal{L}$ zweiter Ordnung so schreiben:

$$\mathcal{L}y(x) = f(x). \tag{2.4.18}$$

Da wir schon wissen, daß es genügt, die homogene Gleichung zu lösen, beschränken wir uns auf

$$\mathcal{L}y(x) = 0. \tag{2.4.19}$$

Man nennt

$$\begin{aligned}\bar{\mathcal{L}}y &= \frac{\mathrm{d}^2}{\mathrm{d}x^2}(p_0y) - \frac{\mathrm{d}}{\mathrm{d}x}(p_1y) + p_2y \\ &= p_0y'' + (2p_0' - p_1)y' + (p_0'' - p_1' + p_2)y\end{aligned}$$

den zu (2.4.19) *adjungierten* Differentialoperator. Wenn eine Differentialgleichung mit ihrer adjungierten identisch ist, dann heißt sie *selbstadjungiert.* Die Bedingungen für $\mathcal{L} = \bar{\mathcal{L}}$ sind offenbar $2p_0' - p_1 = p_1$ und $p_0'' - p_1' + p_2 = p_2$, woraus als einzige (notwendige und hinreichende) Bedingung

$$\frac{\mathrm{d}p_0(x)}{\mathrm{d}x} = p_1(x) \tag{2.4.20}$$

folgt. Jede homogene Differentialgleichung der Form (2.4.6) kann man durch die Transformation

$$y = p_0 z(x) \exp\left(-\int \frac{p_1}{p_0}\mathrm{d}x\right) \tag{2.4.21}$$

(die nicht mit (2.1.50) zu verwechseln ist!) in die selbstadjungierte Form bringen. Wir schreiben diese in veränderter Bezeichnungsweise als

$$\frac{\mathrm{d}}{\mathrm{d}x}\left[p(x)\frac{\mathrm{d}y}{\mathrm{d}x}\right] + [q(x) + \lambda w(x)]\, y(x) = 0, \tag{2.4.22}$$

in welcher Form die STURM-LIOUVILLE-Eigenwertprobleme oft auftreten. Auch die Schreibweise

$$\mathcal{L}y(x) + \lambda w(x)y(x) = 0, \tag{2.4.23}$$

wo wieder $w(x)$ eine bekannte Funktion (*Gewichtsfunktion*), λ eine aus den Randbedingungen zu bestimmende Konstante und $\mathcal{L}$ durch den reellen Operator

$$\mathcal{L}y = \frac{\mathrm{d}}{\mathrm{d}x}\left[p(x)\frac{\mathrm{d}y}{\mathrm{d}x}\right] + q(x)u(x) \tag{2.4.24}$$

gegeben ist, wird verwendet. Sind y_i, y_j Lösungen, die auch komplex sein können, dann kann man den Ausdruck

$$y_j^*\mathcal{L}y_i - y_i\mathcal{L}y_j^* = \left(\lambda_j^* - \lambda_i\right) w y_i y_j^*$$

bilden, den man im Bereich $x_0 \leq x \leq x_1$ integriert:

$$\int_{x_0}^{x_1} y_j^* \mathcal{L} y_i \mathrm{d}x - \int_{x_0}^{x_1} y_i \mathcal{L} y_j^* \mathrm{d}x = (\lambda_j^* - \lambda_i) \int_{x_0}^{x_1} y_i y_j^* w \mathrm{d}x. \tag{2.4.25}$$

Da $\mathcal{L}$ als selbstadjungierter Operator *hermitesch* ist, d.h. daß

$$\int_{x_0}^{x_1} y_j^* \mathcal{L} y_i \mathrm{d}x = \int_{x_0}^{x_1} y_i \mathcal{L} y_j^* \mathrm{d}x$$

gilt, folgt für $i = j$ wegen des Nichtverschwindens des Integrals auf der rechten Seite von (2.4.25), daß $\lambda_j^* = \lambda_j$ gelten muß, d.h. die *Eigenwerte* λ_j *von selbstadjungierten Differentialgleichungen sind immer reell.* Wenn hingegen $i \neq j$, $\lambda_i \neq \lambda_j$ ist, dann gilt nach (2.4.25)

$$\int_{x_0}^{x_1} w(x) y_i(x) y_j^*(x) \mathrm{d}x = 0. \tag{2.4.26}$$

Diese Eigenschaft bezeichnet man als *Orthogonalität.* Die Lösungen eines selbstadjungierten Randwertproblems werden demnach durch *orthogonale Funktionen* beschrieben. w heißt die *Gewichtsfunktion.* Sie kann durch Wahl eines multiplikativen Faktors a_i (der sich infolge der Homogenität der Differentialgleichung herauskürzt) so abgeändert werden, daß

$$\int_{x_0}^{x_1} a_i^2 w(x) y_i^2(x) \mathrm{d}x = 1 \tag{2.4.27}$$

ist, was man als *Normierung* bezeichnet. Damit erhält man

$$\frac{1}{a_i} = \sqrt{\int_{x_0}^{x_1} w(x) y_i^2(x) \mathrm{d}x}$$

und kann (2.4.26), (2.4.27) zusammenfassen in

$$\int_{x_0}^{x_1} w(x) y_i(x) y_j(x) \mathrm{d}x = \delta_{ij} / a_i^2. \tag{2.4.28}$$

Diese Eigenschaft nennt man *orthonormiert.*

Da der Beweis, daß ein hermitescher Operator $\mathcal{L}$ selbstadjungiert ist, für die Praxis irrelevant ist, übergehen wir ihn und verweisen auf die Spezialliteratur [7, 9, 19, 2.1]. Ebenso übergehen wir den Beweis des folgenden Satzes: *Die normierten Eigenfunktionen eines Randwertproblems einer selbstadjungierten Differentialgleichung bilden ein vollständiges System von Orthogonalfunktionen* z_ν *im Intervall* $x_0 \leq x \leq x_1$, *d.h. daß Reihen* $\sum_\nu c_\nu z_\nu$ *in gleichmäßig konvergenter Weise eine im Intervall stetige und stückweise differenzierbare Funktion* (die z.B. durch die Randbedingung gegeben wurde) *exakt* (durch unendlich viele Glieder) *darstellen.* Die GREEN-Funktion eines selbstadjungierten Randwertproblems ist immer in x, ξ symmetrisch. (Bezüglich eines Beweises siehe etwa [4].)

Einige der im Abschnitt 2.3 besprochenen Funktionen und Polynome sind von sich aus orthogonal. Die durch eine RODRIGUEZ-Formel (2.3.16), (2.3.27), (2.3.32), (2.3.37), (2.3.49), (2.3.65) darstellbaren Polynome sind orthogonal. Wenn Polynome nicht orthogonal sind, kann man sie mit Hilfe des *Orthogonalisierungsverfahrens* von SCHMIDT orthogonalisieren [4, 7, 16, 2.1, 2.5].

Wir gehen nach [2.1] vor. Es sollen Polynome $y_i(x)$ gesucht werden, die bei geeigneter Wahl von a_i^2 die Bedingung (2.4.28) erfüllen. Wir benötigen Hilfspolynome $\psi_n(x)$, die orthogonal und nicht normiert, und zugehörige $\varphi_n(x)$, die orthogonal und normiert sein mögen. Neben der allgemeinen Rechnung führen wir als Beispiel die Orthogonalisierung von $y_n(x) = x^n$, $n = 0, 1, 2 \ldots$ im Intervall $-1 \le x \le 1$ mit der Gewichtsfunktion $w(x) = 1$ durch. (Die Gewichtsfunktion wird meist von der Differentialgleichung her bestimmt, vgl. (2.4.23), Seite 56.) Wir setzen nach SCHMIDT an: $n = 0$, $\psi_0(x) = y_0(x)$; $y_0 = 1 = \psi_0$. Indem wir ψ_0 normieren, erhalten wir

$$\varphi_0(x) = \psi_0(x) \Big/ \sqrt{\int_{x_0}^{x_1} \psi_0^2 w \mathrm{d}x}; \quad \varphi_0 = \psi_0/\sqrt{2} = 1/\sqrt{2}.$$

Für $n = 1$ lautet der Ansatz

$$\psi_1(x) = y_1(x) + a_{10}\varphi_0(x); \quad \psi_1(x) = x + a_{12}/\sqrt{2},$$

da ja $y_1(x) = x$. Nun soll ψ_1 orthogonal zu φ_0 sein, d.h.

$$\int \psi_1 \varphi_0 w \mathrm{d}x = \int y_1 \varphi_0 w \mathrm{d}x + a_{10} \int \varphi_0^2 w \mathrm{d}x = 0,$$

so daß wegen der Normierung von φ_0

$$a_{10} = -\int y_1 \varphi_0 w \mathrm{d}x, \qquad a_{10} = -\int_{-1}^{1} \frac{x}{\sqrt{2}} \mathrm{d}x = 0$$

folgt. Die Normierung von ψ_1 verlangt

$$\varphi_1(x) = \psi_1(x) \Big/ \sqrt{\int_{x_0}^{x_1} \psi_1^2 w \mathrm{d}x}; \quad \varphi_1(x) = \sqrt{3/2}x, \ a_{20} = -\sqrt{2/3},$$

und allgemein gilt

$$\varphi_i(x) = \psi_i(x) \Big/ \sqrt{\int_{x_0}^{x_1} \psi_i^2(x) w(x) \mathrm{d}x}$$

$$\varphi_2(x) = x^2 + a_{20}/\sqrt{2} + a_{21}\sqrt{3/2}x, \quad a_{21} = 0,$$

wobei der Ansatz

$$\psi_i(x) = y_i + a_{i0}\varphi_0 + a_{i1}\varphi_1 + \cdots + a_{ii-1}\varphi_{i-1}$$

gemacht wurde. Damit ergibt sich

$$a_{ij} = -\int y_i \varphi_j w \mathrm{d}x.$$

Das Beispiel ergibt schließlich

$$\varphi_n(x) = \sqrt{\frac{2n+1}{2}} P_n,$$

wobei P_n die LEGENDRE-Polynome sind, vgl. (2.3.24). Mit diesen Rechnungen sind somit auch die Orthogonalitätsformeln (2.3.24), (2.3.29), (2.3.46), (2.3.47), (2.3.52), (2.3.53), (2.3.58), siehe Seiten 43 bis 49, ableitbar. Bei gegebener Gewichtsfunktion kann man eine allgemeine RODRIGUEZ-*Formel* für alle Polynome ableiten [2.5]

$$Q_n(x) = A_n \frac{1}{w(x)} \frac{\mathrm{d}^n}{\mathrm{d}x^n} w(x) B^n(x), \tag{2.4.29}$$

wobei $B(x)$ ein angepaßter Ausdruck ist, z.B. $B = x^2 - 1$ für LEGENDRE-Polynome.

Wir wollen nun noch ein *Eigenwertproblem* lösen. Bei der Behandlung des Randwertproblems einer schwingenden kreisförmigen Membran tritt die uns schon bekannte BESSEL-Differentialgleichung (2.2.11), siehe Seite 30, in der Form

$$y'' + \frac{1}{x} y' + \left(\kappa^2 - \frac{n^2}{x^2}\right) y = 0 \tag{2.4.30}$$

auf, wo κ eine Konstante ist und wobei für eine am kreisförmigen Rand vom Radius R fest eingespannte Membran die Randbedingung

$$y(\kappa R) = 0 \tag{2.4.31}$$

gilt, vgl. Abschnitt 4.5. Außerdem darf am Nullpunkt die Schwingungsamplitude nicht singulär, also nicht unendlich, sondern endlich sein. Durch die Transformation $\xi = \kappa x$ bringt man (2.4.30) auf die Form (2.2.11). Die Rekursionsformel (2.2.14) liefert dann mit dem Ansatz (2.2.7), Seite 29, und mit $\rho = +n$ die Lösung

$$y(\xi/\kappa) = \mathrm{J}_n(\xi) = \sum_{\nu=0}^{\infty} \frac{(-1)^\nu}{\nu!(n+\nu)!} \left(\frac{\xi}{2}\right)^{n+2\nu}, \tag{2.4.32}$$

die als BESSEL-Funktion (erster Art) der Ordnung n bezeichnet wird. Eine zweite Lösung ergibt sich zwar formal nach (2.2.13) durch $\rho = -n$ in der Form

$$\mathrm{J}_{-n}(\xi) = \sum_{\nu=0}^{\infty} \frac{(-1)^\nu}{\nu!(-n+\nu)!} \left(\frac{\xi}{2}\right)^{-n+2\nu}, \tag{2.4.33}$$

sie ist jedoch nur definiert, wenn n keine natürliche Zahl ist, vgl. Seite 169. Eine Lösung der Art (2.2.10) (die sehr wohl existiert und später behandelt werden wird) muß hier wegen (2.4.31) ausgeschlossen werden. Obige Definitionen (2.4.32), (2.4.33) erhält man, indem man den noch unbestimmt gebliebenen Koeffizienten

$$c_0 = \frac{1}{2^n n!} \tag{2.4.34}$$

setzt, was einer Normierung entspricht und zu der einfachen Schreibweise (2.4.32) führt. Multipliziert man die BESSEL-Differentialgleichung (2.2.11) mit x, so erkennt man leicht ihre selbstadjungierte Form

$$xy'' + y' + (\kappa^2 x^2 - n^2)y/x = 0. \tag{2.4.35}$$

Mit $p_0 = x$, $p_1 = 1$ wird ja die Bedingung (2.4.20) erfüllt. Dies gilt natürlich auch für (2.4.30). Die Randbedingung (2.4.31), die jede Teillösung für jedes n erfüllen muß, ist nun ohne weiteres zu befriedigen. In der neuen Koordinate lautet sie

$$y(R) = \mathrm{J}_n(\kappa R) = 0. \tag{2.4.36}$$

Wir müssen also die Nullstellen der BESSEL-Funktionen $\mathrm{J}_n(\kappa R)$ kennen, die wir mit $j_{n\nu}$ bezeichnen wollen. Wir entnehmen sie aus Tabellen [2.4, 16] oder müssen sie durch numerische Auswertung der Reihen (2.4.32) oder andere (bessere) numerische Methoden [2.4] aus der Theorie der BESSEL-Funktionen gewinnen [18, 2.7, 2.8]. Beispielsweise findet man in [2.4] für die ν-te Nullstelle von $\mathrm{J}_0(j_{0\nu})$

$$\frac{j_{0\nu}}{\pi} = \nu - \frac{1}{4} + \frac{0.050\,661}{4\nu - 1} - \frac{0.053\,041}{(4\nu-1)^3} + \frac{0.262\,051}{(4\nu-1)^5} + \ldots \tag{2.4.37}$$

oder in [16] die folgenden Näherungswerte

$$\begin{array}{lll} n = 0 & j_{01} = 2.404\,825\,557\,7 & j_{02} = 5.520\,078\,110\,3 \\ n = 1 & j_{11} = 3.831\,71\ldots & j_{12} = 7.015\,59\ldots \end{array} \tag{2.4.38}$$

Damit folgt aber für den Eigenwert κ das Ergebnis $\kappa R = j_{01}, j_{02}, j_{11}$ etc., wo R wieder der Membranradius ist.

Die Orthogonalitätsrelationen (2.4.28) nehmen die Form

$$\int_0^1 x \mathrm{J}_n(j_{n\nu}x)\,\mathrm{J}_n(j_{n\mu}x)\,\mathrm{d}x = \delta_{\nu\mu}\frac{1}{2}\left[\mathrm{J}_{n+1}(j_{n\nu})\right]^2 \tag{2.4.39}$$

an, und jede im Intervall $0 \le x \le 1$ stetige und stückweise stetig differenzierbare Funktion $f(x)$, die auch noch in der Form $f(x)/[x^n(1-x)]$ stetig ist, läßt sich mit BESSEL-Funktionen nach

$$f(x) = \sum_{\nu=1}^{\infty} c_\nu \mathrm{J}_n(j_{n\nu}x) \tag{2.4.40}$$

mit

$$c_\nu = \frac{2}{[J'_n(j_{n\nu})]^2} \int_0^1 x f(x) J_n(j_{n\nu} x) dx$$

in eine gleichmäßig konvergente Reihe entwickeln.

Am Ende des Abschnitts 1.1, Seite 4, sagten wir, daß es bei Differentialgleichungen erster Ordnung (im allgemeinen) keine Randwertprobleme, bei denen die Lösung zwei Bedingungen erfüllen müsse, geben könne. Es kann allerdings ein Randwertproblem in der Form einer einzigen Gleichung vorliegen, z.B.

$$y(x_1) = \alpha y(x_0), \tag{2.4.41}$$

wobei die Differentialgleichung von erster Ordnung ist [10], z.B.:

$$y' + [f(x) + \lambda g(x)]y = h(x). \tag{2.4.42}$$

Für $h(x) = 0$ ist $y = C\exp(-\int_{x_0}^{x}(f + \lambda g)dx)$ eine Lösung von (2.4.42), und aus (2.4.41) folgt für den Eigenwert λ die Beziehung $-\int_{x_0}^{x_1}(f + \lambda g)dx = \ln\alpha$. Meist wird jedoch eine Beziehung der Art (2.4.41) als Nebenbedingung bezeichnet.

2.5 Nichtlineare Differentialgleichungen und ihre Phasenbilder

Allgemeine Formen, NEWTONsche Bewegungsgleichung, Gleichungen von VAN DER POL, LIÉNARD u.a., Stabilitätsanalyse, Phasenbilder und Grenzzyklen

Bei so manchen modernen Anwendungen in Physik und Technik, aber auch in anderen Gebieten treten nichtlineare Differentialgleichungen auf. So waren z.B. die schon auf den Seiten 10 und 11 erwähnten Differentialgleichungen für die Ausbreitung von Infektionskrankheiten (1.3.5) - (1.3.6), für das Räuber-Beute-Modell oder (1.3.7) für den Fallschirmspringer nichtlineare Differentialgleichungen. Bedauerlicherweise existiert keine allgemeine Theorie für die Lösung nichtlinearer Differentialgleichungen, und es gibt nur wenige allgemeine Regeln für die Lösung von allgemeinen Differentialgleichungen zweiter (oder höherer) Ordnung von der *impliziten Form*

$$F(y'', y', y, x) = f(x). \tag{2.5.1}$$

Wir betrachten nun einige Spezialfälle.

1. Die Variable x fehlt, und die Gleichung ist daher homogen:

$$F(y'', y', y) = 0. \tag{2.5.2}$$

Man setzt $p(y) = y'(x(y))$ und erhält

$$y''(x) = \frac{dp(y(x))}{dx} = \frac{dp}{dy}\frac{dy}{dx} = \frac{dp}{dy}p, \tag{2.5.3}$$

so daß man nun eine Differentialgleichung erster Ordnung für $p(y)$,

$$F\left(p\frac{\mathrm{d}p}{\mathrm{d}y}, y, p\right) = 0, \tag{2.5.4}$$

zu lösen hat [10, 13]. In dieser ist y die unabhängige und p die abhängige Variable. Gelingt es, von (2.5.4) eine Lösung $p = \mathrm{d}y/\mathrm{d}x = f(y, C) \neq 0$ zu finden, so kann man die Variablen trennen und integrieren:

$$\mathrm{d}x = \frac{\mathrm{d}y}{f(y,C)}, \quad x = \int \frac{\mathrm{d}y}{f(y,C)} + C_1. \tag{2.5.5}$$

Ist die Lösung in der Form $y = g(p, C)$ möglich, dann ist $x = \int \mathrm{d}y/p(y) = \int g'(p,C)\,\mathrm{d}p/p(y) + C_1$ oder $x = \int \mathrm{d}p/p(y) = y/p + \int y\mathrm{d}p/p^2 = y/p + \int g(p,C)$ $\mathrm{d}p/p^2 + C_1$ die Lösung. Fehlt in (2.5.2) außerdem noch y', gilt etwa $y'' = f(y)$, so kann man mit der *Methode des Energiesatzes*, siehe Seite 63, sofort integrieren. Differentialgleichungen, in denen die unabhängige Variable x nicht explizit erscheint, nennt man *autonom*. Als Beispiel verweisen wir auf die Pendelgleichung (2.5.29) Seite 67, die wir im Abschnitt 2.6 lösen werden. Auch die Schwingungsgleichung mit *quadratischer Dämpfung* $y'' + ay'^2 + by = 0$ läßt sich mit dieser Methode oder durch den Ansatz $v(y) = y'^2$ lösen.

2. Die abhängige Variable y fehlt, und mit $y' = p(x)$ schreibt man

$$F(p', p, x) = 0, \tag{2.5.6}$$

so daß abermals die Ordnung erniedrigt werden konnte. Man kann dann eine Lösung in der Form $p = f(x, C)$ oder $x = g(p, C)$ erhoffen. Durch Integration gewinnt man dann $y = p(x,C)\mathrm{d}x = \int f(x,C)\mathrm{d}x + C_1$ oder $y = \int p\mathrm{d}x = \int pg'(p,C)\mathrm{d}p + C_1$ oder $y = \int p\mathrm{d}x = px - \int x\mathrm{d}p = pg(p,C) - \int g(p,C)\mathrm{d}p + C_1$. Damit erhält man x bzw. y als Funktion des Parameters p.

3. Fehlen beide Variablen x und y, d.h. ist die Gleichung homogen,

$$y'' = f(y'), \tag{2.5.7}$$

so kann man das allgemeine Integral sofort in Parameterform niederschreiben: aus $p' = f(p)$ oder $\mathrm{d}x = \mathrm{d}p/f(p)$ bzw. $\mathrm{d}y = p\mathrm{d}x = p\mathrm{d}p/f(p)$ folgt

$$x = \int \frac{\mathrm{d}p}{f(p)} + C, \quad y = \int \frac{p}{f(p)}\mathrm{d}p + C_1. \tag{2.5.8}$$

Der Leser wird eingeladen, selbst folgende Lösungen abzuleiten [13]:

$$\begin{aligned}
&x^2y'' - y'^2 + 2xy' - 2x^2 = 0, && y = x^2/2 - x/C - \ln|Cx - 1|/C^2 + C_1,\\
&2x^2y'y'' - xy'' + y' = 0, && x = p/(p^2 + C),\\
&y = p^2/(p^2 + C) - 0.5\ln|p^2 + C| + C_1, &&\\
&y(y-1)y'' + y'^2 = 0, && x = Cy - C\ln|y| + C_1.
\end{aligned}$$

4. Hat eine Gleichung in allen Gliedern gleiche Potenzen von y, y', y'', also beispielsweise in y

$$xyy'' - xy'^2 + yy' = 0, \tag{2.5.9}$$

so heißt sie *gleichgradig* oder *homogen* (im Beispiel vom zweiten Grad). Sie kann durch Einführung einer neuen Variablen $u = y'/y$ in ihrer Ordnung erniedrigt werden.

Aus	$(xy''/y) - (y'/y)^2 x + (y'/y) = 0$
wird so	$x(u' + u^2) - xu^2 + u = 0$
mit den Lösungen	$xu = C_1 = xy', \quad y = C_1 x^C.$

Wie man sich an Hand dieser Beispiele überzeugen kann, gilt für nichtlineare Gleichungen das *Superpositionsprinzip* Seite 19 nicht mehr.

Erfreulicherweise treten viele in den Anwendungen vorkommende Differentialgleichungen nicht in der impliziten Form (2.5.1) auf, sondern explizit in der Art $y'' = f(x, y, y')$. Aber auch dann bieten sich immer noch gewisse Schwierigkeiten. Immerhin ist unter gewissen, hier in einer Anleitung für den Praktiker nicht im einzelnen zu diskutierenden Voraussetzungen die Existenz einer Lösung eines nichtlinearen Randwertproblems der Form

$$y'' = f(x, y, y'), \quad y(x_0) = \rho_1, \quad y(x_1) = \rho_2 \tag{2.5.10}$$

gesichert [10].

Wir behandeln nun einige typische nichtlineare Randwertprobleme aus verschiedenen Anwendungsgebieten. Die NEWTON*sche Bewegungsgleichung* führt schon im eindimensionalen Fall eines sich in einem vorgegebenen Kraftfeld $K(x)$ bewegenden Massenpunktes zu einem nichtlinearen Problem. Durch Multiplikation der Bewegungsgleichung mit $\dot{x} = \mathrm{d}x/\mathrm{d}t$ erhält man

$$m\ddot{x}\dot{x} \equiv m\frac{1}{2}\frac{\mathrm{d}}{\mathrm{d}t}\dot{x}^2 = K(x)\cdot\frac{\mathrm{d}x}{\mathrm{d}t}. \tag{2.5.11}$$

Diesen Ausdruck kann man sofort nach x integrieren, nachdem man formal das Differential $\mathrm{d}t$ "gekürzt" hat:

$$m\frac{1}{2}\dot{x}^2 \equiv m\frac{v^2}{2} = \int K(x)\mathrm{d}x + const \tag{2.5.12}$$

(*Integration mit Hilfe des Energiesatzes*). Mittels der Definition einer *potentiellen Energie* $U(x) = -\int K(x)\mathrm{d}x$ erhält man den *Energiesatz*

$$\frac{mv^2}{2} + U(x) = const = E_0, \tag{2.5.13}$$

woraus

$$v = \frac{\mathrm{d}x}{\mathrm{d}t} = \sqrt{\frac{2(E_0 - U(x))}{m}} \tag{2.5.14}$$

folgt, was durch Trennung der Variablen und Integration zu

$$\int \frac{\sqrt{m}}{\sqrt{2(E_0 - U(x))}}\mathrm{d}x = t - \tau \tag{2.5.15}$$

führt. Die zweite Integrationskonstante wurde mit τ bezeichnet. Soll nun der sich längs der Geraden x bewegende Körper zur gegebenen Zeit $t = t_0$ die Lage x_0 und soll er zur Zeit t den Punkt x_1 erreichen, dann liegt ein typisches Randwertproblem vor. Bei Kenntnis des Kraftfeldes $K(x)$ können aus den gegebenen

Werten von x_0 und x_1 die beiden Integrationskonstanten E_0 und τ bestimmt werden. Nimmt man z.B. eine lineare rücktreibende Kraft $K(x) = -ax$ an, so erhält man aus (2.5.13) den Energiesatz des harmonischen Oszillators

$$\frac{mv^2}{2} + \frac{ax^2}{2} = E_0, \tag{2.5.16}$$

und aus (2.5.15)

$$\sqrt{\frac{m}{2}}\int \frac{\mathrm{d}x}{\sqrt{E_0 - ax^2/2}} = \pm\sqrt{\frac{m}{a}}\arcsin\left(\frac{-\sqrt{a/2}x}{\sqrt{E_0}}\right) = t - \tau \tag{2.5.17}$$

folgt

$$x = \pm\sqrt{2E_0/a}\,\sin\omega_0(\tau - t), \tag{2.5.18}$$

wobei wir die Oszillatorfrequenz (*Eigenfrequenz*) $\omega_0 = \sqrt{a/m}$, vgl. Seite 19, eingeführt haben. Aus den Randbedingungen

$$x(t_0) = x_0, \qquad x(t_1) = x_1 \tag{2.5.19}$$

und (2.5.18) folgen dann durch Einsetzen die zwei Gleichungen

$$x_0 = \sqrt{2E_0/a}\sin\omega_0(\tau - t_0), \quad x_1 = \sqrt{2E_0/a}\sin\omega_0(\tau - t_1)$$

für die Integrationskonstanten E_0 und τ, vgl. (2.1.24), (2.1.25) auf Seite 22. Liegt ein anharmonischer Oszillator mit der Kraft $K(x) = -ax - bx^3$ vor (DUFFING-*Oszillator* [2.9, 2.10]), so kann man analog vorgehen.

Die Bewegungsgleichung eines Fallschirmspringers, siehe (1.3.7) auf Seite 11, enthält die unabhängige Variable t nicht und kann daher nach Fall 1 sofort in eine Differentialgleichung erster Ordnung vom Typ (2.5.4) übergeführt und durch Trennung der Variablen v, t gelöst werden. Der Leser möge die Lösung

$$g(t - \tau) = \frac{c}{2}\ln\frac{1 + v/c}{1 - v/c}, \quad c = \sqrt{g/a}$$

selbst herleiten und sich davon überzeugen, daß der Fallschirmspringer nach einer gewissen Falldauer ($t \to \infty$) eine konstante Fallgeschwindigkeit c erreicht, also nach Absprung aus einer gewissen Minimalhöhe praktisch nicht mehr beschleunigt wird.

Eine für das Verständnis von elektromagnetischen Schwingungen wichtige Gleichung ist die VAN DER POL-*Differentialgleichung*. Sie beschreibt *Selbsterregungsvorgänge* homogener, also nicht fremderregter Schwinger. Wir betrachten in Abb. 4 einen aus Radioröhre oder Transistor T bestehenden rückgekoppelten Schwingungskreis. Q ist die Ladung des Kondensators C, R ein OHM*scher Widerstand*, L die *Selbstinduktion* und M die *Gegeninduktion*. Mit V_a bezeichnen wir die *Anodenspannung*, E ist die EMK der Anodenbatterie und V_g ist die *Gitterspannung*. Die einzelnen Teilströme werden mit I_c, I_L und I_R bezeichnet, I ist der Gesamtstrom (Anodenstrom) durch T. Im Gegensatz zu späteren Ausführungen wird vorausgesetzt, daß L, M, C, R, E konstant sind. Nach den KIRCHHOFF*schen Regeln* liest man aus der Abb. 4

$$I = I_C + I_L + I_R, \tag{2.5.20}$$

$$V_g = M\frac{\mathrm{d}I_L}{\mathrm{d}t}, \tag{2.5.21}$$

$$V_a = E - L\frac{\mathrm{d}I_L}{\mathrm{d}t} \tag{2.5.22}$$

ab, und aus dem OHM*schen Gesetz* folgt

$$RI_R = L\frac{\mathrm{d}I_L}{\mathrm{d}t}, \qquad L\frac{\mathrm{d}I_L}{\mathrm{d}t} = \frac{Q}{C}. \tag{2.5.23}$$

Ferner gilt

$$\mathrm{d}Q/\mathrm{d}t = I_C. \tag{2.5.24}$$

Multipliziert man (2.5.23) mit C, differenziert man nach der Zeit t und setzt man für I_C nach (2.5.24) aus (2.5.20) und für I_R aus (2.5.23) ein, so erhält man

$$LC\frac{\mathrm{d}^2 I_L}{\mathrm{d}t^2} + \frac{L}{R}\frac{\mathrm{d}I_L}{\mathrm{d}t} + I_L = I. \tag{2.5.25}$$

Der durch T fließende Anodenstrom I hängt nun nach der BARKHAUSEN*schen Röhrenformel* mit der Gitterspannung V_g und der Anodenspannung V_a zusammen. Sei D der *Durchgriff der Röhre* und U ihre *Effektivspannung*, so gilt zunächst $U = V_g + DV_a$. Für den speziellen Wert E_0 von U wird der Elektronenstrom (Anodenstrom) gestoppt, wie die *Röhrenkennlinie* Abb. 5 zeigt. Diese hat einen Wendepunkt und kann daher in guter Näherung durch eine Funktion dritten Grades beschrieben werden:

$$I(U) = a(U - E_0) - \frac{b}{3}(U - E_0)^3, \quad a > 0,\, b > 0, \tag{2.5.26}$$

wobei a, b Konstante sind. Entwicklung von $U(V_g)$ in eine TAYLOR-*Reihe* gibt mit (2.5.21), (2.5.22)

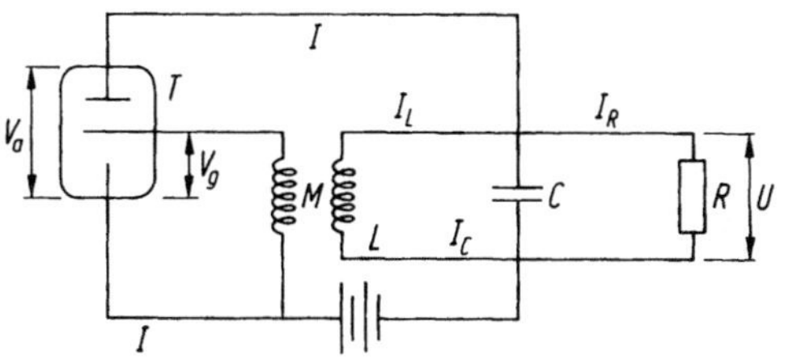

Abb. 4. Röhrenschwingkreis

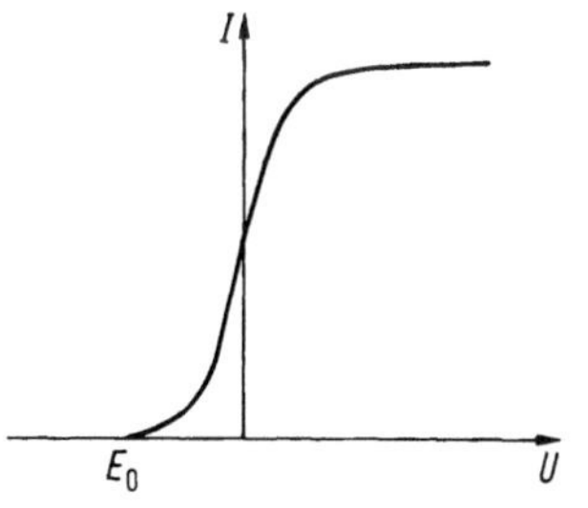

Abb. 5. Röhrenkennlinie

$$\begin{aligned} U &= V_g + \frac{\Delta V_g}{\Delta V_a} V_a = V_g + DV_a = \\ &= M\frac{\mathrm{d}I_L}{\mathrm{d}t} + DV_a = M\frac{\mathrm{d}I_L}{\mathrm{d}t} - DL\frac{\mathrm{d}I_L}{\mathrm{d}t} + DE. \end{aligned} \tag{2.5.27}$$

Setzt man nun U aus (2.5.27) in (2.5.26) und I aus (2.5.26) in (2.5.25) ein, so erhält man mittels der Substitutionen

$$E_0 = DE, \quad V = (M - DL)\frac{\mathrm{d}I_L}{\mathrm{d}t}, \quad t = \sqrt{LC}x,$$

$$-\mu = \frac{L}{R} \cdot \frac{1}{\sqrt{LC}} - a\frac{M - LD}{\sqrt{LC}}, \quad B = \frac{b(M_L D)}{\sqrt{LC}}, \quad y\sqrt{\mu/B} = V$$

zunächst eine umgeformte inhomogene Differentialgleichung für I_L, deren Inhomogenitätsglied (physikalisch: *Erregungsglied*) auf der rechten Seite Potenzen von V enthält. Drückt man I_L durch V aus und differenziert man die umgeformte Gleichung für I_L, so erhält man nach Durchführung aller Substitutionen für $V(\tau) \to y(x)$ die VAN DER POL-*Differentialgleichung*

$$y'' - \mu(1 - y^2)y' + y = 0. \tag{2.5.28}$$

Diese ist eine homogene autonome nichtlineare Differentialgleichung mit *negativer Dämpfung* $-\mu y'$, vgl. Seite 22. Energiequelle für die anwachsende Amplitude ist die Anodenbatterie. Für $y \to 1$ geht (2.5.28) in die ungedämpfte Gleichung über, so daß man vermuten könnte, daß bei Erreichung dieser Amplitude deren Anstieg aufhört. Derartige Untersuchungen kann man im *Phasenbild* einer Differentialgleichung durchführen. Bevor wir dazu und zu Lösungsmethoden für nichtlineare Gleichungen übergehen (siehe Abschnitt 2.6), wollen wir noch einige Bemerkungen zu Schwingungen machen und andere nichtlineare Gleichungen kennenlernen.

Im allgemeinen kommt es z.B. auf dem Gebiet der Elektrotechnik zu nichtlinearen Differentialgleichungen dann, wenn eine negative bzw. nichtlineare Strom–Spannungscharakteristik (Bogenlampe, Röhre) oder eine Hysteresiskurve (Ferromagnetika) vorliegt.
Schwingungserregung kann erfolgen durch

1. *Fremderregung* von außen, vgl. (2.1.3), Seite 19,
2. *Selbsterregung* durch negative Dämpfung,
3. *parametrische Erregung* durch einen von der unabhängigen Variablen abhängigen Parameter – die Schwingungsgleichung $y'' + f(x)y = 0$ ist dann *nichtautonom*, vgl. Seite 78.

Man müßte zwischen *schwingenden* und *periodischen* Lösungen viel schärfer unterscheiden, als man dies im üblichen Sprachgebrauch tut. Eine Lösung ist dann schwingend, wenn sie unendlich viele Nullstellen besitzt wie z.B. die Schwingungslösung (2.1.33), Seite 23; sie ist jedoch nur dann periodisch, wenn exakt $f(x+\tau) = f(x)$ gilt, wobei τ die Periode ist. Weitere Aussagen erhält man vom *Oszillationssatz* von STURM (erweitert von KLEIN). Wenn für das STURM-LIOUVILLE-*Problem* (2.4.22) die Randbedingungen $\alpha_1 y(a) + \alpha_2 y'(a) = 0$, $p_1 y(b) + \beta_2 y'(b) = 0$ gelten, dann besagt der Satz, daß für stetige nicht verschwindende $p(x), q(x)$ die Eigenwertaufgabe abzählbar viele reelle Eigenwerte $\lambda_0 < \lambda_1 < \lambda_2 \ldots < \lambda_n \ldots$ besitzt und daß die zum Eigenwert λ_n, $n = 0, 1, 2 \ldots$ gehörende Eigenfunktion im Intervall $a < x < b$ genau n Nullstellen besitzt.

Bevor wir zur Besprechung des Phasenbildes übergehen, wollen wir noch rasch einige weitere nichtlineare Differentialgleichungen ohne Ableitung anschreiben, die bei praktischen Anwendungen vorkommen:

1. Gleichung des *mathematischen Pendels* [2.11]

$$\varphi'' + \frac{g}{l} \sin \varphi = 0, \tag{2.5.29}$$

wobei g die Erdbeschleunigung, φ der Auslenkwinkel und l die Pendellänge sind. Liegen Dämpfung und parametrische Erregung vor, vgl. Seite 78, dann gilt [2.12]

$$\varphi'' + \rho\varphi' + \left(\frac{g}{l} + \frac{a}{l}\omega^2 \cos \omega t\right) \sin \varphi = 0, \tag{2.5.30}$$

wobei a die Beschleunigung des mit ω periodisch bewegten Aufhängepunktes ist.

2. Gleichung der *Seilkurve* (*Kettenlinie*) [20]

$$y'' - a\sqrt{1 + y'^2} = 0. \tag{2.5.31}$$

3. EMDEN-*Gleichung* einer *Gaskugel* [10, 2.14]

$$y'' + \frac{2}{x} y' + f(y) = 0. \tag{2.5.32}$$

4. LIÉNARD-*Gleichung* [2.15, 2.18]

$$y'' + h(y)y' + f(y) = 0. \tag{2.5.33}$$

5. LEVINSON-SMITH-*Gleichung* [2.15]

$$y'' + f(y, y')y' + g(y) = 0. \tag{2.5.34}$$

Insbesondere die beiden letzten Gleichungen sind so allgemein, daß sie fast alle in Anwendungen auftauchenden nichtlinearen Gleichungen erfassen.

Lösungsmethoden für nichtlineare Gleichungen (vgl. Abschnitt 2.6) sind besser verständlich, wenn man eine erste qualitative Übersicht über das Verhalten der Lösungen hat. Eine solche wird durch das *Phasenbild* in der y, y'- bzw. x, y-Ebene vermittelt. Um dieses zu untersuchen, ersetzen wir die in Frage stehende *autonome* Differentialgleichung zweiter Ordnung vom Typ (2.5.28), (2.5.29), (2.5.31) – (2.5.34) durch zwei Differentialgleichungen erster Ordnung

$$\frac{\mathrm{d}y}{\mathrm{d}t} = \dot{y} = P(x, y), \tag{2.5.35}$$

$$\frac{\mathrm{d}x}{\mathrm{d}t} = \dot{x} = Q(x, y), \tag{2.5.36}$$

wobei nun x, y die abhängigen Variablen und t die nicht explizit vorkommende unabhängige Variable seien. Formal geht der Übergang von der Differentialgleichung zweiter Ordnung, beispielsweise von der LIÉNARD-Gleichung (2.5.33) für $y(x)$, in zwei Differentialgleichungen erster Ordnung der Art (2.5.35), (2.5.36) so vor sich: Man ersetzt die frühere unabhängige Variable x durch die neue unabhängige Variable t; als neue von t abhängige Variable treten nun zwei neue Veränderliche $x(t), y(t) \neq y(x)$ auf, da man, von (2.5.33) ausgehend, die Bezeichnungsweise ändern muß. Man definiert durch $y(t) = \dot{x}(t) = Q(y)$ ein neues $y(t)$, und das alte wird nun als $x(t)$ bezeichnet. Dann gehen formal das alte $y'(x)$ in $\dot{x}(t)$ und das alte $y''(x)$ in $\dot{y}(t) = \ddot{x}(t) = P$ über. Aus (2.5.33) erhält man dann $y'(x) \to \dot{x}(t) = y(t) = Q(x,y) = y$ und $y''(x) \to \ddot{x}(t) = \dot{y}(t) = -h(x(t))\dot{x}(t) - f(x(t)) = -h(x(t))y(t) - f(x(t)) = P(x,y)$.

Gibt es Punkte x_0, y_0, in denen $\dot{x} = 0$, $\dot{y} = 0$ gilt, so ruhen diese. Sie werden *Gleichgewichtslagen* genannt und lassen sich nach (2.5.35), (2.5.36) durch

$$P(x_0, y_0) = 0, \quad Q(x_0, y_0) = 0 \tag{2.5.37}$$

aufsuchen. Wichtig ist nun zu wissen, wie sich die Lösungen bzw. die *Phasenkurven* $y(x)$ in der Nähe solcher *singulären (kritischen) Punkte* verhalten. Zu diesem Zweck entwickeln wir im Sinne der *linearisierten* NEUMANN*schen Stabilitätsanalyse* in der Nähe der Gleichgewichtslagen x_0, y_0 die in (2.5.35), (2.5.36) vorkommenden rechten Seiten in je eine TAYLOR-Reihe um x_0, y_0,

$$P(x,y) = \frac{\partial P}{\partial x}(x - x_0) + \frac{\partial P}{\partial y}(y - y_0) \tag{2.5.38}$$

und analog für Q. Da Singularitäten prinzipiell verlegt werden können, vgl. Seite 34, setzen wir $x_0 = y_0 = 0$. Einsetzen von Exponentialansätzen $x = A\exp(\lambda t)$, $y = B\exp(\lambda t)$ in (2.5.35), (2.5.36) unter Berücksichtigung von (2.5.38) liefert ein lineares homogenes Gleichungssystem für die *Partialamplituden* A, B:

$$A\lambda = Q_x A + Q_y B, \quad B\lambda = P_x A + P_y B.$$

Damit dieses System lösbar ist, muß seine Koeffizientendeterminante verschwinden. Dies liefert eine Bestimmungsgleichung für λ

$$\lambda_{1,2} = \frac{Q_x + P_y}{2} \pm \sqrt{\frac{(Q_x + P_y)^2}{4} - (Q_x P_y - P_x Q_y)}, \tag{2.5.39}$$

die in den Gleichgewichtslagen zu verwenden ist.

Je nach den Lösungen für λ ergeben sich sechs charakteristische Fälle, die nach dem Aussehen der Phasenraumkurven $y(x)$ den Verlauf dieser Kurven beschreibende Namen erhalten haben. Die *Differentialgleichung für die Phasenraumkurven*

$$\frac{\mathrm{d}y}{\mathrm{d}x} = y' = \frac{P(x,y)}{Q(x,y)}, \tag{2.5.40}$$

die aus (2.5.35), (2.5.36) folgt, kann ja z.B. numerisch integriert werden. Wir unterscheiden

a) beide Lösungen $\lambda_1, \lambda_2 \neq \lambda_1$ sind reell, keine Schwingungen:
   1) Abb. 6. $\lambda_1 < 0, \lambda_2 < 0$: *stabiler Knoten* (aperiodischer Kriechfall),
   2) Abb. 7. $\lambda_1 > 0, \lambda_2 > 0$: *instabiler Knoten* (exponentiell anwachsend),
   3) Abb. 8. sign $\lambda_1 \neq$ sign λ_2: *Sattelpunkt* (instabil),

b) die Lösungen λ sind komplex, Schwingungen möglich:
   4) Abb. 9. positive Realteile: *instabiler Brennpunkt* (schwingend anwachsend),
   5) Abb.10. negative Realteile: *stabiler Brennpunkt* (gedämpfte Schwingung),
   6) Abb.11. rein imaginär: *Zentrum* (periodische Schwingung).

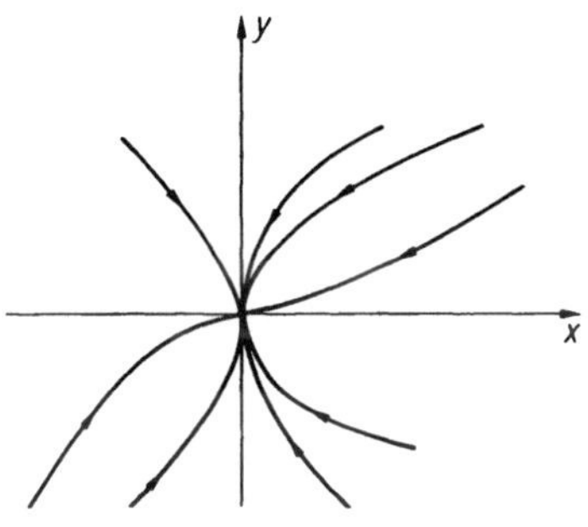

Abb. 6. Stabiler Knoten

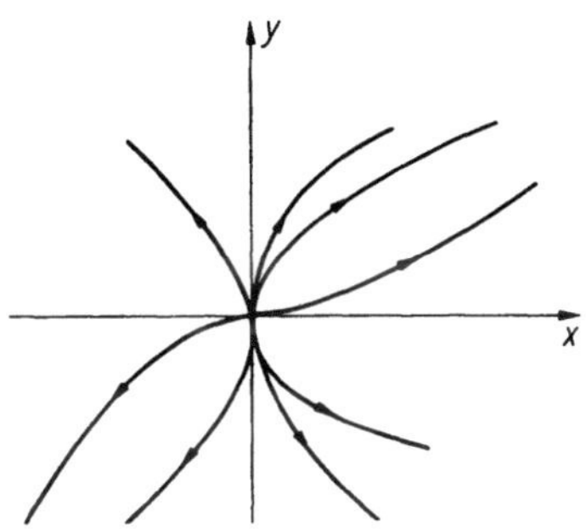

Abb. 7. Instabiler Knoten

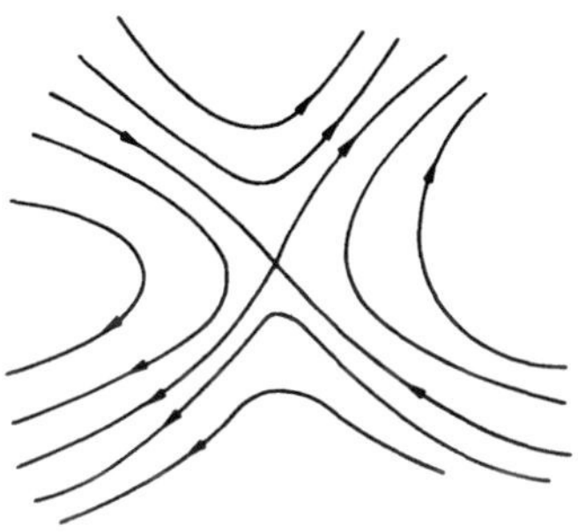

Abb. 8. Sattelpunkt

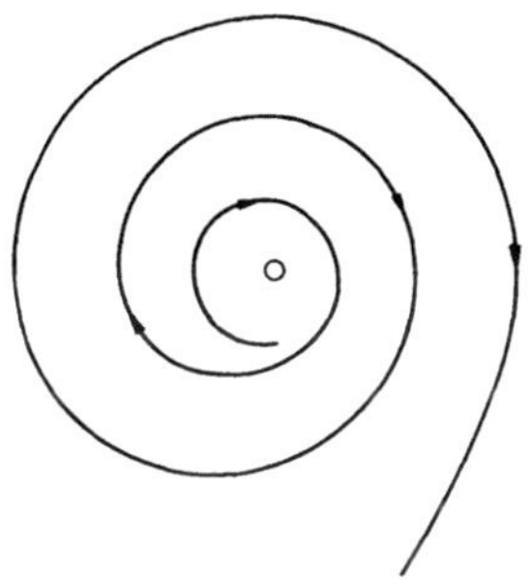

Abb. 9. Instabiler Brennpunkt

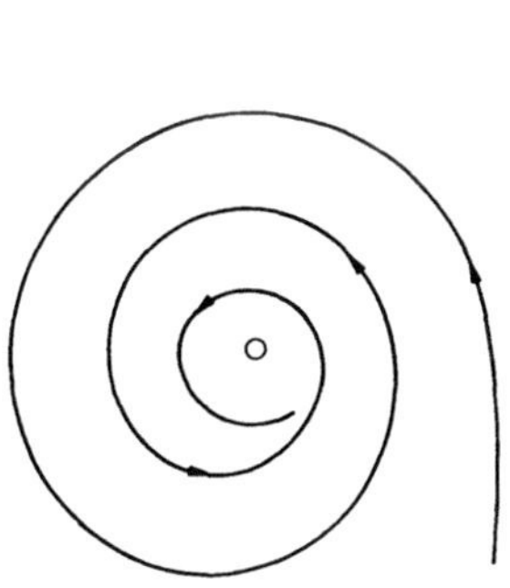

Abb. 10. Stabiler Brennpunkt

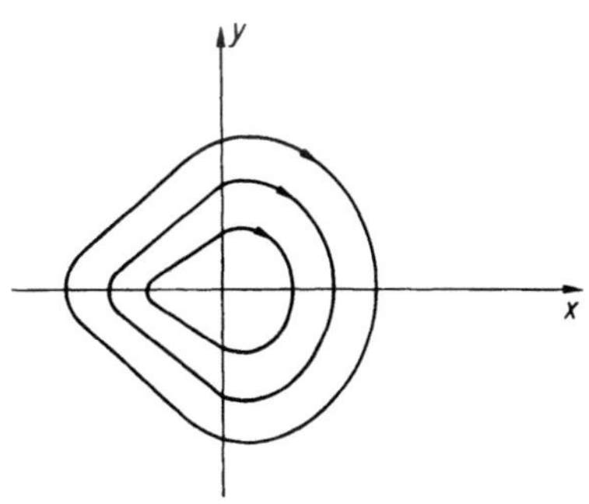

Abb. 11. Zentrum

Als Beispiel behandeln wir die Gleichung [2.16]

$$y'' + \left(-c_1 - c_2 y^2\right) y' - c_3 y - c_4 y^3 = 0, \qquad (2.5.41)$$

die sowohl die VAN DER POL-Gleichung (2.5.28), den DUFFING-Oszillator (Seite 64) und die LASHINSKY-Gleichung [2.17] erfaßt. Um die VAN DER POL-Gleichung zu erhalten, setzt man $c_1 = \mu$, $c_2 = 1$, $c_3 = -1$, $c_4 = 0$; für den DUFFING-Oszillator gilt $c_1 = 0$, $c_2 = 0$, $c_3 = -a$, $c_4 = -b$, und für die LASHINSKY-Gleichung hat man $c_1 = -\alpha$, $c_2 = 0$, $c_3 = a$, $c_4 = -b$ zu setzen. Aus (2.5.41) liest man $P = c_1 y + c_2 y x^2 + c_3 x + c_4 x^3$ und $Q = y$ ab und erhält aus (2.5.37) die zwei Gleichgewichtslagen

$$x_0 = 0, \quad y_0 = 0 \quad \text{und} \quad x_0 = \pm\sqrt{-c_3/c_4}, \quad y_0 = 0$$

und mit (2.5.39) die Bestimmungsgleichungen

$$\lambda^2 - c_1\lambda - c_3 = 0, \quad \lambda_{1,2} = (c_1/2) \pm \sqrt{c_1^2/4 + c_3} \quad \text{für} \quad x_0 = 0, \; y_0 = 0$$

sowie

$$\lambda^2 - (c_1 - c_2 c_3/c_4)\,\lambda + 2c_3 = 0 \quad \text{für} \quad x_0 = \sqrt{-c_3/c_4}, \; y_0 = 0,$$

$$\lambda_{1,2} = (c_1 - c_2 c_3/c_4)\,/2 \pm \sqrt{(c_1 - c_2 c_3/c_4)^2\,/4 - 2c_3},$$

was durch Verschiebung des singulären Punktes in den Ursprung durch die Transformation $v = x \pm \sqrt{-c_3/c_4}$ gewonnen wurde. Diese Verlegung ist notwendig, da $P_x = 2c_2 xy + c_3 + 3c_4 x^2$ für $c_4 \neq 0$ eine höhere Potenz als die erste enthält, was der linearisierten Theorie (2.5.38) widerspricht. Die Singularitäten müssen ja wegen $x_0 \to 0$ in (2.5.38) in den Ursprung verlegt werden. Die Stabilitätsdiskussion im Detail möge der Leser selbst durchführen. Man erhält z.B. für $c_3 > 0$ für jedes c_1 bei der ersten Gleichgewichtslage $x_0 = 0$, $y_0 = 0$ instabile Lösungen, und bei der zweiten Lage erhält man schwingende Lösungen, wenn $(c_1 - c_2 c_3/c_4)^2 - 8c_3 < 0$ ist.

An Hand dieser Überlegungen kann man auch recht einfach die für die Anwendungen wichtige Tatsache demonstrieren, daß es sehr oft möglich ist, durch Hinzufügen von nichtlinearen Gliedern linear instabile Gleichungen zu stabilisieren (*nichtlineare Stabilisierung*). Wir betrachten hierzu die Gleichung $y'' - y' + y = 0$, die nach Fall 4 eine instabil schwingende Lösung besitzt. Fügt man die Terme $-y^2 y' + 0.5y^3$ hinzu, so erhält man eine stabile nichtschwingende Lösung.

Eine weitere Methode, das Stabilitätsverhalten zu untersuchen, stellt die LJAPUNOW-*Funktion* V dar [2.18]. Wenn es möglich ist, eine positiv oder negativ definite Funktion V zu finden, derart, daß $\dot{V}$ längs der Phasenkurve definiert ist und in der Nähe des Nullpunktes, wohin die Singularität zu verlegen ist, das entgegengesetzte Vorzeichen von V hat, dann liegt (asymptotisch, d.h. für $t \to \infty$) *Stabilität* vor. Wir wollen dieses Verfahren auf die LIÉNARD-*Gleichung* (2.5.33) anwenden. Wir konstruieren analog zu (2.5.13) eine LJAPUNOW-Funktion $V(x, y)$

$$V = \frac{y'^2}{2} + \int_0^y f(y)\mathrm{d}y \tag{2.5.42}$$

und bilden

$$\dot{V} = \frac{\mathrm{d}V}{\mathrm{d}t} = \frac{\mathrm{d}}{\mathrm{d}t}\left[\frac{y'^2}{2} + \int_0^y f(y)\mathrm{d}y\right] = y'y'' + \frac{\mathrm{d}y}{\mathrm{d}t}\frac{\mathrm{d}}{\mathrm{d}y}\int_0^y f(y)\mathrm{d}y$$
$$= y'y'' + y'f(y) = y'\left[-f(y) - h(y)y' + f(y)\right] = -y'^2 h(y),$$

wobei in der eckigen Klammer y'' aus (2.5.33) eingesetzt wurde. Interessant ist, daß $f(y)$ nicht, wohl aber der Dämpfungsterm $h(y)y'$ eingeht. Eine Gleichgewichtslage der LIÉNARD-Gleichung ist offenbar durch $y = 0$, $y' = 0$ gegeben. Dort gilt $V = 0$, und für $h(y) = 0$ gilt $\dot{V} = 0$ (Stabilität), für $h(y) > 0$ bei $y = 0$ gilt $\dot{V} < 0$ (asymptotisch stabil), und für $h(y) < 0$ gilt $\dot{V} > 0$ (instabil in der *Nähe* des Ursprungs).

Uns interessiert bei einer Differentialgleichung nicht nur, ob ihre Lösung stabil ist, sondern vor allem auch, ob sie periodisch ist, was wir bei der VAN DER POL-Gleichung (2.5.28) vermuteten (Seite 66). Bei dieser Frage hilft das *Theorem von* LIÉNARD [2.15, 2.19]. Die nach ihm benannte Differentialgleichung (2.5.33) besitzt dann eine *periodische Lösung* (und einen *stabilen Grenzzykel*, siehe später), wenn die folgenden sieben hinreichenden, aber nicht notwendigen Bedingungen alle erfüllt sind:

1. f und h sind analytisch, und $h(0) = 0$,
2. $f(-y) = -f(y)$, d.h. f ist unsymmetrisch,
3. $yf(y) > 0$, d.h. es ist immer eine *Rückstellkraft* da,
4. $h(x) = h(-x)$, d.h. die Dämpfungsfunktion ist symmetrisch,
5. $h(0) < 0$ in der Nähe des Ursprungs,
6. $F(y) = \int_0^y f(y)\mathrm{d}y$ und $H(y) = \int_0^y h(y)\mathrm{d}y$ erfüllen

$$\lim_{y\to\infty} F(y) = \infty, \qquad \lim_{y\to\infty} H(y) = \infty,$$

7. $H(a) = 0$, und H wächst für $y > a$ monoton.

Mit diesem Wissen gehen wir jetzt an die Untersuchung der VAN DER POL-*Gleichung* (2.5.28). Ein Vergleich mit (2.5.33) zeigt $f(y) = y$, $h(y) = -\mu(1 - y^2)$, d.h. die VAN DER POL-Gleichung ist vom LIÉNARD-Typ, und die sieben Bedingungen sind erfüllt. Sie hat daher sicher periodische Lösungen, d.h. aber, daß sowohl $y(t)$ als auch $y'(t)$ im Phasenraum bestimmte Werte niemals überschreiten und innerhalb eines endlichen Gebietes, des *Grenzzykels*, verbleiben. Aussagen über die Existenz eines Grenzzykels und über die von periodischen Lösungen sind somit gleichlautend. Nach BENDIXSON ist die Existenz eines Grenzzykels an Hand von (2.5.40) leicht feststellbar. Bringt man diese Gleichung auf die Form $P\mathrm{d}x - Q\mathrm{d}y = 0$, so

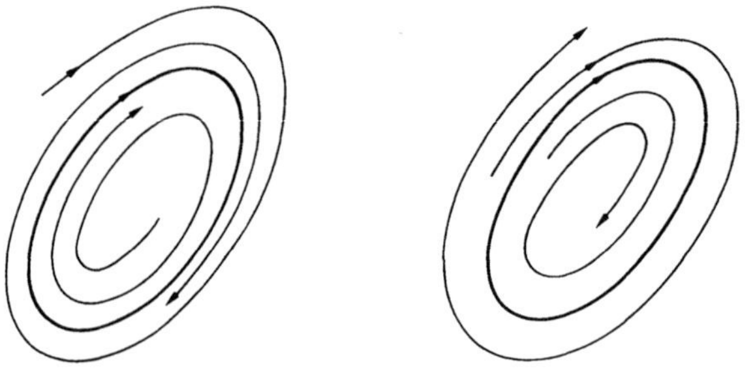

Abb. 12. Stabile und instabile Grenzzyklen

verschwindet das Ringintegral $\oint(P\mathrm{d}x - Q\mathrm{d}y) = 0$, so daß nach dem STOKES-*Satz* $\int \mathrm{rot}\vec{A}\mathrm{d}s = \int \mathrm{div}\vec{A}\mathrm{d}\vec{f}$ auch der Ausdruck

$$\int\left(\frac{\partial P}{\partial y} + \frac{\partial Q}{\partial x}\right)\mathrm{d}x\mathrm{d}y$$

verschwindet. Dies ist nur dann möglich, wenn in einem Gebiet $\partial P/\partial y + \partial Q/\partial x$ null ist. Wenn aber der Ausdruck $\partial P/\partial y + \partial Q/\partial x$ innerhalb eines Gebietes in der Phasenebene sein Vorzeichen nicht ändert, also nirgends null wird, dann kann es keinen Grenzzykel geben (*negatives Kriterium* von BENDIXSON). Es gibt stabile und instabile Grenzzyklen, vgl. Abb. 12 [2.20]. Man kann solche Grenzzyklen allerdings erst dann zeichnen, wenn man die Lösung der betreffenden Gleichung oder die von (2.5.40) kennt. Wie man Lösungen von nichtlinearen Gleichungen findet, werden wir im nächsten Abschnitt besprechen.

2.6 Lösung von nichtlinearen Differentialgleichungen

Pendel und andere nichtlineare Differentialgleichungen, Integration mittels des Energiesatzes, Methode der sukzessiven Näherung, säkulare Glieder, KRYLOW-BOGOLJUBOW-Methode, VAN DER POL-Gleichung, multiple time scales method, dynamische Stabilisierung, parametrische Resonanz

Bedauerlicherweise gibt es nur ganz wenige nichtlineare Differentialgleichungen, die geschlossen integrierbar sind und auf eine analytische Lösung führen. Eine davon ist die Pendelgleichung (2.5.29), Seite 67. Tritt Dämpfung oder zusätzliche parametrische Erregung auf wie in (2.5.30), dann muß man bereits zu Näherungsmethoden oder zu numerischen Methoden greifen. Da (2.5.29) von der Form der eindimensionalen NEWTONschen Bewegungsgleichung ist, läßt sie sich nach der Methode der *Integration mit Hilfe des Energiesatzes*, vgl. Seite 63, lösen. Wir multiplizieren daher (2.5.29) links mit $\dot{\varphi}$ und rechtsseitig mit $\mathrm{d}\varphi/\mathrm{d}t$ und erhalten

$$\dot{\varphi}\ddot{\varphi} = \frac{\mathrm{d}}{\mathrm{d}t}\frac{\dot{\varphi}^2}{2} = -\frac{\mathrm{d}\varphi}{\mathrm{d}t}\frac{g}{l}\sin\varphi. \tag{2.6.1}$$

Formales "Kürzen" des Differentials dt und Integration liefern

$$\frac{\dot{\varphi}^2}{2} = -\frac{g}{l}\int \sin\varphi \,\mathrm{d}\varphi = \frac{g}{l}\cos\varphi + C. \tag{2.6.2}$$

Die hier auftretende Integrationskonstante C bestimmen wir sofort aus der Forderung (*Anfangsbedingung* bzw erster Teil einer Randbedingung), daß beim größten Ausschlagwinkel α das Pendel zurückkehrt, also im Augenblick der Umkehr $\dot{\varphi} = 0$ ist. Daraus folgt $C = -g\cos\alpha/l$. Damit folgt aber aus (2.6.2)

$$\dot{\varphi} = \frac{\mathrm{d}\varphi}{\mathrm{d}t} = \sqrt{\frac{2g}{l}}\sqrt{\cos\varphi - \cos\alpha}. \tag{2.6.3}$$

Durch Trennung der Variablen φ und t erhält man daraus durch nachfolgende Integration

$$\int_0^{\varphi} \frac{\mathrm{d}(\varphi/2)}{\sqrt{\sin^2(\alpha/2) - \sin^2(\varphi/2)}} = \sqrt{\frac{g}{l}}t, \tag{2.6.4}$$

wobei die goniometrische Formel

$$\cos\varphi - \cos\alpha = 2\left(\sin^2\frac{\alpha}{2} - \sin^2\frac{\varphi}{2}\right) \tag{2.6.5}$$

benutzt wurde. Da wir bestimmt, also mit Angabe der Integrationsgrenzen integriert haben, tritt keine weitere additive Integrationskonstante auf; sie steckt im bestimmten Integral. Da ein ähnliches Integral wie in (2.6.4) bei der Berechnung der Bogenlänge bei Ellipsen auftritt, nennt man es *elliptisches Integral erster Gattung.* Man bringt dieses mit Hilfe der Definition des *elliptischen Moduls* $k = \sin(\alpha/2)$ sowie der neuen Variablen u und der folgenden Rechnungen

$$\sin(\varphi/2) = \sin(\alpha/2)\sin u = k\sin u,$$

$$\cos(\varphi/2) = \sqrt{1 - \sin^2(\varphi/2)} = \sqrt{1 - k^2\sin^2 u},$$

$$\mathrm{d}\sin(\varphi/2) = \cos(\varphi/2)\mathrm{d}(\varphi/2) = k\mathrm{d}\sin u = k\cos u\mathrm{d}u,$$

$$\mathrm{d}(\varphi/2) = \frac{k\cos u\mathrm{d}u}{\cos(\varphi/2)} \equiv \frac{k\cos u\mathrm{d}u}{\sqrt{1 - k^2\sin^2 u}}$$

auf die LEGENDRE-*Normalform*

$$\int_0^{u} \frac{\mathrm{d}u}{\sqrt{1 - k^2\sin^2 u}} = \sqrt{\frac{g}{l}}t. \tag{2.6.6}$$

Der Modul k, der vom größten Ausschlagwinkel α abhängt, legt die Energie fest, die am Anfang zur Zeit t_0 in das System gesteckt wird. Die zweite Integrationskonstante bestimmt man üblicherweise aus der zweiten Randbedingung, daß nach Ablauf eines Viertels der *Schwingungsperiode* τ das Pendel den Nullpunkt $\varphi = 0$

passiert, also φ von α bis 0 geht. Da das φ-Integral 0 bis α einem u-Intervall 0 bis $\pi/2$ entspricht, folgt aus (2.6.6) das *vollständige elliptische Integral erster Gattung*

$$K(k) \equiv \int_0^{\pi/2} \frac{\mathrm{d}u}{\sqrt{1-k^2\sin^2 u}} = \sqrt{\frac{g}{l}}\frac{\tau}{4} = \frac{\pi}{2}F\left(\frac{1}{2},\frac{1}{2};1;k^2\right). \tag{2.6.7}$$

Die Schreibweise ganz rechts soll daran erinnern, daß auch $K(k)$ als ausgeartete hypergeometrische Funktion anzusehen ist [18]. Die Umkehrfunktion $u(t)$ von (2.6.6) heißt *elliptische Amplitudenfunktion*

$$u = \mathrm{am}\left(\sqrt{\frac{g}{l}}\,t, k\right), \tag{2.6.8}$$

und

$$\sin u = \sin\mathrm{am}\left(\sqrt{\frac{g}{l}}\,t, k\right) = \mathrm{sn}\left(\sqrt{\frac{g}{l}}\,t, k\right) \tag{2.6.9}$$

wird als JACOBI- oder *elliptische Sinusfunktion* bezeichnet [16, 17, 18, 2.14, 2.22]. Sie gehört ebenfalls zur Familie der hypergeometrischen Funktionen und ist eine *doppelt periodische Funktion*, sie ist nämlich in der komplexen Zahlenebene in der reellen und imaginären Richtung periodisch, was man bei zweidimensionalen Randwertproblemen der Elektrostatik benutzen kann.

Wir sind nun in der Lage, die Lösung der Pendelgleichung in geschlossener Form niederzuschreiben:

$$\varphi = 2\arcsin\left[k\,\mathrm{sn}\left(\sqrt{\frac{g}{l}}\,t, k\right)\right]. \tag{2.6.10}$$

Entwickelt man (2.6.7), so erhält man

$$K(k) = \frac{\pi}{2}\left(1+\frac{k^2}{4}+\frac{9k^4}{64}+\ldots\right), \tag{2.6.11}$$

so daß

$$\tau = 2\pi\sqrt{\frac{l}{g}}\left(1+\frac{1}{4}\sin^2\frac{\alpha}{2}+\ldots\right) \tag{2.6.12}$$

folgt, d.h. das mathematische Pendel ist nicht *isochron*, seine Schwingungsdauer ist abhängig vom maximalen Ausschlag. (Das *Zykloidenpendel*, bei dem sich der Massenpunkt längs einer Zykloide und nicht längs eines Kreisbogens der Länge l bewegt, ist hingegen synchron [2.21].) Das Phasenbild der Differentialgleichung des Pendels zeigt infolge der Periodizität der Lösung geschlossene Kurven.

Eine weitere Methode, nichtlineare Differentialgleichungen zu lösen, stellen *Transformationen* dar. Beispielsweise kann die Gleichung

$$yy'' + ay'^2 + f(x)yy' + g(x)y^2 = 0 \tag{2.6.13}$$

durch die Transformation

$$y = u^{\frac{1}{1+a}} \tag{2.6.14}$$

in die lineare Gleichung

$$u'' + f(x)u' + (a+1)g(x)u = 0 \tag{2.6.15}$$

übergeführt werden [2.14]. Solche Transformationen können mit der Theorie der LIE-*Gruppen* [2.23, 2.24] gefunden werden, doch liegt diese außerhalb des Rahmens dieses Buches. Ein einfacheres Beispiel als (2.6.13) stellt die Gleichung

$$y'' + f(x)y' + g(y)y'^2 = 0 \tag{2.6.16}$$

dar, die durch $y' = u(x)v(y)$ transformiert werden kann [20]. Wenn man eine geschlossene Lösung einer nichtlinearen Differentialgleichung sucht, ist es zunächst zu empfehlen, in der Sammlung von KAMKE [10] nachzusehen.

Leider hilft dies öfters auch nicht, und man muß sich mit einer der zahlreichen *Näherungsmethoden* oder mit numerischen Verfahren begnügen. Nach POINCARÉ kann ja eine nichtlineare Differentialgleichung der Art $\ddot{x} + x = f(x, \dot{x}, t)$ durch eine Potenzreihe $x(t) = x_0(t) + x_1(t) + x_2(t)$ oder eine Reihe nach einem Kleinheitsparameter ϵ gelöst werden [2.15], wobei die x_i linearen Differentialgleichungen gehorchen. Um dies zu zeigen, betrachten wir eine schwach *anharmonische* fremderregte *Schwingung*, die durch

$$m\ddot{x} + kx - \epsilon x^2 = K_0 \cos \omega t \tag{2.6.17}$$

beschrieben wird. ϵ sei ein kleiner Parameter (< 1). Für die Lösung machen wir nach POINCARÉ den Potenzreihenansatz (*Methode der sukzessiven Näherung*)

$$x(t) = x_0(t) + \epsilon x_1(t) + \varepsilon^2 x_2(t) \tag{2.6.18}$$

und erhalten durch Einsetzen und Ordnen nach Potenzen des Störungsparameters ε

$$\varepsilon^0: \quad m\ddot{x}_0 + kx_0 = K_0 \cos \omega t, \quad x_0 = \frac{K_0}{k - m\omega^2} \cos \omega t = A \cos \omega t$$

$$\varepsilon^1: \quad m\ddot{x}_1 + kx_1 = x_0^2 = A^2 \cos^2 \omega t = A^2 \left(\frac{1}{2} + \frac{1}{2} \cos^2 \omega t \right),$$

so daß $x_1 \sim \cos 2\omega t$ (*erste Oberschwingung*) etc. Setzt man in $\ddot{x} + x + \varepsilon \dot{x} = 0$ den Ansatz $x = x_0 + \varepsilon x_1$ ein, so erhält man unter Vernachlässigung von ε^2 die Lösung $x_0 = A \cos t$, $x_1 = (A/2)t \sin(t + \varphi)$. Das mit t wachsende Glied heißt *säkulares Glied*, vgl. Seite 22, und muß durch die *Methode von* LINDSTEDT zum Verschwinden gebracht werden, wie wir später auf Seite 81 zeigen werden. Für Schwingungsgleichungen ist die *Mittelungsmethode von* KRYLOW *und* BOGOLJUBOW [2.13] besser geeignet. Wir betrachten eine Schwingungsgleichung der allgemeinen Form

$$\ddot{x} + \omega^2 x = -\mu f(x, \dot{x}), \tag{2.6.19}$$

wobei nun μ ein Kleinheitsparameter ist, und machen für die *generierende Lösung*, die harmonisch sein muß, den Ansatz

$$x(t) = A(t)\sin(\omega t + \varphi(t)), \tag{2.6.20}$$

$$\dot{x}(t) = \omega A(t)\cos(\omega t + \varphi(t)), \tag{2.6.21}$$

wobei die *Amplitude* $A(t)$ und die *Phase* $\varphi(t)$ noch unbestimmte Funktionen sind. Man differenziert nun (2.6.20) und setzt das Ergebnis dem $\dot{x}$ aus (2.6.21) gleich. Es ergibt sich so

$$\dot{A}(t) = -A(t)\dot{\varphi}(t)\cos(\omega t + \varphi)/\sin(\omega t + \varphi).$$

Nun bildet man $\ddot{x}$ durch Differenzieren von (2.6.21) und setzt in (2.6.19) ein, so daß sich

$$\dot{A}(t)\cos(\omega t + \varphi) - A(t)\dot{\varphi}(t)\sin(\omega t + \varphi) = -\frac{\mu}{\omega}f(x, \dot{x})$$

ergibt. Einsetzen von $\dot{A}$ liefert mit $\sin^2 + \cos^2 = 1$ die Gleichung

$$\frac{\mathrm{d}\varphi}{\mathrm{d}t} = \frac{\mu}{A\omega}f(x, \dot{x})\sin(\omega t + \varphi).$$

Analog erhält man

$$\frac{\mathrm{d}A}{\mathrm{d}t} = -\frac{\mu}{\omega}f(x, \dot{x})\cos(\omega t + \varphi).$$

Offensichtlich liegen zwei *Zeitskalen* vor: eine langsame (proportional μ), mit der A und φ sich ändern, und eine schnelle proportional ω. Mittelung über die schnelle Zeitskala über eine volle Periode ergibt

$$< \dot{\varphi} >= \frac{\mu}{A\omega} \cdot \frac{1}{2\pi}\int_0^{2\pi} f(x, \dot{x})\sin(\omega t + \varphi)\mathrm{d}\tilde{\varphi}, \tag{2.6.22}$$

wobei für x und $\dot{x}$ aus (2.6.20), (2.6.21) einzusetzen ist und A und φ, die langsam veränderlich sind, als constant angenommen werden. Da sich die Phase $\varphi(t)$ laut Voraussetzung langsam ändert, ist sie während einer raschen Periode 2π konstant, so daß $\tilde{\varphi} = \omega t + \varphi$ zu $\omega \mathrm{d}t = \mathrm{d}\tilde{\varphi}$ führt. Analog gilt

$$< \dot{A} >= -\frac{\mu}{\omega}\frac{1}{2\pi}\int_0^{2\pi} f(x, \dot{x})\cos(\omega t + \varphi)\mathrm{d}\tilde{\varphi}. \tag{2.6.23}$$

Interessant ist nun, daß für $f(x, \dot{x}) = f(\dot{x})$, wenn also die *Störung* nur aus einer nichtlinearen Dämpfung besteht, sich $< \varphi >= const$ ergibt, d.h. eine kleine nichtlineare Dämpfung ändert die Phase φ nicht, aber ändert die Amplitude A. Umgekehrt wird bei Fehlen einer Dämpfung, d.h. für $f(x, \dot{x}) = f(x)$, die Phase geändert, die Amplitude bleibt aber konstant.

Wir wollen nun dieses Verfahren auf die VAN DER POL-Gleichung (2.5.28), Seite 66 anwenden [2.30]. Man liest ab $f(x, \dot{x}) = (1 - x^2)\dot{x}$ und erhält sofort aus (2.6.23)

$$< \dot{A} >= -\frac{\mu}{2\pi}\int_0^{2\pi}(1 - A^2\sin^2\tilde{\varphi})A\cos\tilde{\varphi}\cdot\cos\tilde{\varphi}\mathrm{d}\tilde{\varphi},$$

wobei $\tilde{\varphi} = \omega t + \varphi$. Auswertung des Integrals gibt

$$< \dot{A} >= \frac{\overline{\mathrm{d}A}}{\mathrm{d}t} = \frac{\mu A}{2}\left(1 - \frac{A^2}{4}\right)$$

oder nach Multiplikation mit $2A \approx 2\overline{A}$

$$\frac{\mathrm{d}A^2}{\mathrm{d}t} = \mu A^2\left(1 - \frac{A^2}{4}\right). \tag{2.6.24}$$

Die Substitution $u = A^2$ führt auf eine durch *Separation der Variablen u, t* einfach zu integrierende Differentialgleichung erster Ordnung mit der Lösung

$$A(t) = \frac{A_0\exp(\mu t/2)}{\sqrt{1 + (A_0^2/4)[\exp(\mu t) - 1]}}. \tag{2.6.25}$$

Die Integrationskonstante A_0 ist hierbei so bestimmt, daß $A(t = 0) = A_0$. Interessanter ist, wie sich die Amplitude A und damit die Lösung der VAN DER POL-Gleichung für große Zeiten verhält, vgl. Seite 66. Um dies zu untersuchen, erweitern wir (2.6.25) mit $\exp(-\mu t/2)$ und bilden

$$\lim_{t\to\infty} A(t) = \lim_{t\to\infty}\frac{A_0\exp(\mu t/2)\exp(-\mu t/2)}{\sqrt{\exp(-\mu t) + A_0^2/4 - A_0^2\exp(-\mu t)/4}} = 2.$$

Die Amplitude der Dauerschwingung dieser nichtlinearen homogenen Gleichung (2.5.28) ist somit von einer Anfangsbedingung unabhängig. Diese kann in

$$x = 2\sin(t + \varphi)$$

nur durch die Phase φ berücksichtigt werden. Dies ist ein ganz anderes Verhalten als bei linearen homogenen Gleichungen.

Die Methode von KRYLOV und BOGOLJUBOW kann nur dann angewendet werden, wenn eine ungedämpfte harmonische generierende Lösung (2.6.20) existiert. Bei der LASHINSKY-Gleichung [2.17], vgl. Seite 70,

$$y'' + \alpha y' - ay + by^3 = 0 \tag{2.6.26}$$

ist das nicht der Fall. Die Instabilitätsanalyse nach Seite 70, die man am besten nach der Substitution $x = \sqrt{a}u/\sqrt{b}$, $\varepsilon = a/\alpha^2$, $\tau = t/\alpha$, also mit

$$\ddot{u} + \dot{u} - \varepsilon u + \varepsilon u^3 = 0 \tag{2.6.27}$$

durchführt, zeigt, daß für $\varepsilon < 1/8$ nichtlineare Sättigung einer monoton ansteigenden Lösung und für $\varepsilon > 1/8$ eine gedämpfte Schwingung auftritt [2.17]. Eine Untersuchung nach dem LIÉNARD-*Theorem*, Seite 71, zeigt auch, daß keine periodische Lösung existiert. Da der Dämpfungsterm hier groß ist (nicht mit einem kleinen ε multipliziert ist), versagt die KRYLOV-BOGOLJUBOW-Methode bei (2.6.27). Ein

POINCARÉ-*Ansatz* (2.6.18), vgl. Seite 75, führt jedoch zum Ziel. Man erhält, nach Potenzen von ε geordnet:

$$\begin{aligned} \ddot{u}_0 + \dot{u}_0 &= 0, \quad u_0 = A\exp(-\tau) + B \\ \ddot{u}_1 + \dot{u}_1 &= u_0 - u_0^3, \\ \ddot{u}_2 + \dot{u}_2 &= u_1 - 3u_0^2 u_1. \end{aligned}$$

Mit dem u_0 erhält man [2.17]

$$\begin{aligned} u_1 = &- A\tau\exp(-\tau) - \frac{A^3}{6}\exp(-3\tau) - \frac{3A^2B}{2}\exp(-2\tau) \\ &+ 3AB^2\tau\exp(-\tau) - (-B - B^3)\tau + C\exp(-\tau) + D. \end{aligned}$$

Hier stecken also Konvergenz verhindernde *säkulare Terme* drinnen. Da jedoch viel mehr, nämlich in u_1 vier Integrationskonstante auftreten, als für die Lösung von (2.6.27) benötigt werden, kann man nach der *Methode von* LINDSTEDT durch geeignete Wahl, hier $B = D = 0$, die säkularen Glieder zum Verschwinden bringen. Der Term $\tau\exp(-\tau)$ ist ausnahmsweise nicht säkular, da er wegen der Exponentialfunktion für $\tau \to \infty$ endlich bleibt.

Wenn die Nichtlinearität und allenfalls zusätzlich ein parametrischer Term $\omega^2(t)$ groß, die Dämpfung aber klein ist, dann kann man besser eine Störungsmethode für nichtharmonische Schwingungen analog zum KRYLOW-BOGOLJUBOW-Verfahren anwenden [2.25]. Die Methode stellt ein Mittelungsverfahren über elliptische Funktionen dar. Die FROUDE-*Gleichung* für die Rollbewegungen von Schiffen oder die LANGEVIN-*Gleichung* für die Bewegung eines Elektrons in einem periodischen elektrischen Feld hat die Form [2.26]

$$\ddot{x} + \omega^2 \sin lx = \varepsilon F(x, \dot{x}) \tag{2.6.28}$$

und hat bei verschwindender Dämpfung $\varepsilon = 0$ die Lösung

$$x(t) = \frac{2}{l}\arcsin\left[k\,\mathrm{sn}(\sqrt{l}\tilde{\varphi}, k)\right], \tag{2.6.29}$$

wobei $\tilde{\varphi} = \omega t + \varphi$. Beim Einschalten einer Dämpfung, $\varepsilon \neq 0$, wird Energie dissipiert, und der den Energie-Inhalt des Systems beschreibende *Modul* k muß sich ändern. Man erhält [2.25] so zu (2.6.23), (2.6.24) analoge Gleichungen für $\dot{k}$ und $\dot{\varphi}$.

Wir haben gesehen, daß die Mittelungsmethode auf dem Konzept von zwei Zeitskalen beruhen. Es liegt daher nahe, dieses Konzept zur *multiple time scales* method zu erweitern. Wir erläutern die Methode am Beispiel der *dynamischen Stabilisierung* eines *invertierten Pendels.* Die VAN DER POL-Gleichung wird in [2.15] behandelt. Wenn sich der Massenpunkt m eines mathematischen Pendels der konstanten Länge l oberhalb des mit $a\sin\omega t$ in der Lotrechten schwingenden Aufhängepunktes A befindet, vgl. Abb. 13, so würde das sich in instabiler Gleichgewichtslage befindende Pendel bei kleinster Abweichung ψ von der Lotrechten seitlich herabschwingen. Führt jedoch, grob gesprochen, die (sehr rasche) Schwingung des Aufhängepunktes mehr Energie dem Pendel zu (parametrische Erregung), als es durch seitliches Herausschwingen aus der instabilen Gleichgewichtslage $\psi = 0$

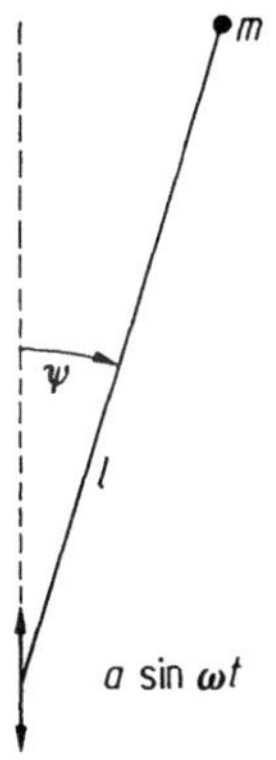

Abb. 13. Invertiertes Pendel

zur tiefsten Lage $\psi = \pi$ gewinnt, dann kann man das Pendel in einer schiefen Lage mit nicht zu großem ψ dynamisch in dieser Lage stabilisieren. Es gehorcht der Gleichung [2.27]

$$\ddot{\psi} - \frac{g}{l}\psi + \frac{a}{l}\omega^2\psi\cos\omega t = 0, \tag{2.6.30}$$

wenn man $\sin\psi \sim \psi$ setzt. Das Minuszeichen rührt im Vergleich zu (2.5.30), Seite 67, daher, daß φ und ψ in entgegengesetzter Richtung ab der Lotrechten gezählt werden; außerdem wurde jetzt der Dämpfungsterm vernachlässigt. Mit der Substitution $\varepsilon = a/l$, $g/l = \omega^2\varepsilon^2k^2$, durch die k bestimmt wird, und mit $\tau = \omega t$, $\psi = x$ erhält man aus (2.6.30) die nichtautonome *parametrisch erregte* Gleichung

$$\ddot{x} - \varepsilon^2k^2x + \varepsilon x\cos\tau = 0. \tag{2.6.31}$$

Der Parameter ε^2k^2 bestimmt das Anwachsen (das "Pumpen"), ε die Zeitskala der Schwingung. (2.6.31) ist eine MATHIEU-*Gleichung* der Art (2.2.39), Seite 37. Wir führen nun durch $\tau_0, \tau_1 = \varepsilon\tau_0,\ \tau_2 = \varepsilon^2\tau_0, \ldots, \mathrm{d}\tau_0/\mathrm{d}t = 1,\ \mathrm{d}\tau_1/\mathrm{d}t = \varepsilon,\ \mathrm{d}\tau_2/\mathrm{d}t = \epsilon^2, \ldots$ multiple Zeitskalen ein, so daß im Ansatz

$$x(\tau) = x_0(\tau_0,\tau_1,\tau_2\ldots) + \varepsilon x_1(\tau_0,\tau_1,\tau_2\ldots) + \varepsilon^2 x_2(\tau_0,\tau_1,\tau_2\ldots) + \ldots \tag{2.6.32}$$

alle Zeitskalen vorkommen und daher

$$\frac{\partial}{\partial\tau} = \frac{\partial}{\partial\tau_0} + \varepsilon\frac{\partial}{\partial\tau_1} + \varepsilon^2\frac{\partial}{\partial\tau_2} + \ldots \tag{2.6.33}$$

gilt. Einsetzen und Ordnen nach Potenzen von ε liefert

$$\frac{\mathrm{d}^2}{\mathrm{d}t^2} = \frac{\partial^2}{\partial\tau_0^2} + 2\varepsilon\frac{\partial^2}{\partial\tau_1\partial\tau_0} + \varepsilon^2\frac{\partial^2}{\partial\tau_1^2} + 2\varepsilon^2\frac{\partial^2}{\partial\tau_2\partial\tau_0} + \ldots,$$

$$\varepsilon^0: \quad \frac{\partial^2 x_0}{\partial \tau_0^2} = 0, \quad x_0(\tau_0, \tau_1, \tau_2 \ldots) = a(\tau_1, \tau_2, \ldots)\tau_0 + b(\tau_1, \tau_2 \ldots),$$

wobei wir zur Vermeidung des säkularen Terms $a = 0$ setzen,

$$\varepsilon^1: \quad 2\frac{\partial^2 x_0}{\partial \tau_1 \partial \tau_0} + \frac{\partial^2 x_1}{\partial \tau_0^2} + x_0 \cos \tau_0 = 0$$

$$\varepsilon^2: \quad \frac{\partial^2 x_0}{\partial \tau_1^2} + 2\frac{\partial^2 x_1}{\partial \tau_2 \partial \tau_0} + 2\frac{\partial^2 x_1}{\partial \tau_1 \partial \tau_0} + \frac{\partial^2 x_2}{\partial \tau_0^2} - k^2 x_0 + x_1 \cos \tau_0 = 0.$$

Mit $\partial b/\partial \tau_0 = 0$, $\cos \tau = \cos \tau_0$ erhält man

$$x_1 = b(\tau_1, \tau_2) \cos \tau_0,$$

$$x_2 = -2\frac{\partial x_0}{\partial \tau_1} \cos \tau_0 - \frac{x_0}{4} \sin^2 \tau_0 - \left(\frac{\partial^2 x_0}{\partial \tau_1^2} - k^2 x_0 + \frac{x_0}{2} \right) \frac{\tau_0^2}{2}.$$

Hierin muß der Klammerausdruck verschwinden, da sonst wieder ein säkularer Term auftritt. Dann erhält man aber

$$x_0 = b = c(\tau_2) \exp \left(\sqrt{k^2 - \frac{1}{2}} \tau_1 \right),$$

$$x_1 \quad = c(\tau_2) \exp \left(\sqrt{k^2 - \frac{1}{2}} \tau_1 \right) \sin \tau_0.$$

x_1 (und x_2) oszillieren und sind beschränkt (endlich), *wenn*

$$k^2 = \frac{gl}{\omega^2 a^2} < \frac{1}{2}, \quad \omega^2 > \frac{2gl}{a^2} \tag{2.6.34}$$

gilt. Erfolgt demgemäß die Schwingung des Aufhängepunktes mit der *Pumpfrequenz* ω rasch genug, so wird das invertierte (aufrecht stehende) Pendel *dynamisch stabilisiert*.

Für das Pendel, das in Normallage, also nach abwärts an einem oszillierenden Aufhängepunkt schwingt, gilt für kleine Auslenkungen

$$\ddot{x} + \varepsilon^2 k^2 x + \varepsilon x \cos \tau = 0. \tag{2.6.35}$$

Auch diese MATHIEU-Gleichung kann mit der multiple time scales method behandelt werden. Sie besitzt aber auch exakte geschlossene Lösungen, die (periodische) MATHIEU-*Funktionen* heißen [2.28] und die wir bei Randwertproblemen partieller Differentialgleichungen wieder treffen werden. Die Analyse zeigt [2.9, 2.29], daß für

$$\omega = \frac{2}{n}\Omega, \quad n = 1, 2, \ldots, \tag{2.6.36}$$

wo $\Omega = \sqrt{g/l}$ die Eigenfrequenz des nicht parametrisch erregten Pendels ist, *parametrische Resonanz* auftritt. Eine grobe Untersuchung mit der multiple time scales method oder eine tiefergehende, die man in der Speziallliteratur [2.28, 2.29] findet, zeigt weiter, daß die MATHIEU-Gleichung (2.6.35) nur für bestimmte Werte der

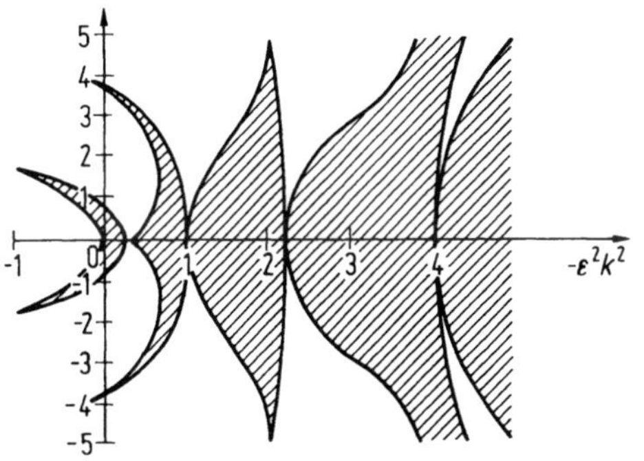

Abb. 14. Stabilitätskarte der MATHIEU-Gleichung (schraffiert = stabil)

Parameter $\varepsilon, -\varepsilon^2 k^2$ stabile Lösungen besitzt, vgl. Abb. 14, die die INCE-STRUTT-*Stabilitätskarte* zeigt. Auch die VAN DER POL-*Gleichung* kann mit der multiple time scales method behandelt werden; man erhält zu (2.6.25) analoge Ergebnisse. Mit den von G. SCHMIDT entwickelten Methoden des *iterativen* FOURIER-*Ansatzes* und der *äquivalenten Integrodifferentialgleichungen* [2.9, 2.10] kann man auch kompliziertere Schwingungsgleichungen wie z.B.

$$y'' + \lambda y - \gamma y \cos nx + \beta y' + by^2 y' - ey^3 = f(\omega, x) \tag{2.6.37}$$

etc. in guter Näherung lösen und *Resonanzkurven* (Amplitude $A(\omega)$) periodischer Lösungen aufstellen [2.9], vgl. Abb. 15 [2.30]. *Kippschwingungen von Trägern, Drehschwingungen rotierender Wellen, Biege-Torsionsschwingungen,* Bewegungsabläufe in einem *Gegenkolbenmotor*, Schwingungen von *mehrschichtigen Platten* und von Zylinderschalen und viele andere mechanische Probleme führen zu Differentialgleichungen (2.6.37) oder ähnlicher Art. Weitere Methoden zur Lösung ähnlicher Probleme sind die *Methode des harmonischen Gleichgewichts* [2.15] ("suche eine lineare Differentialgleichung derart, daß ihre Energieänderungsgeschwindigkeit gleich der der nichtlinearen Gleichung ist"), die in etwa mit der KRYLOW-BOGOL-

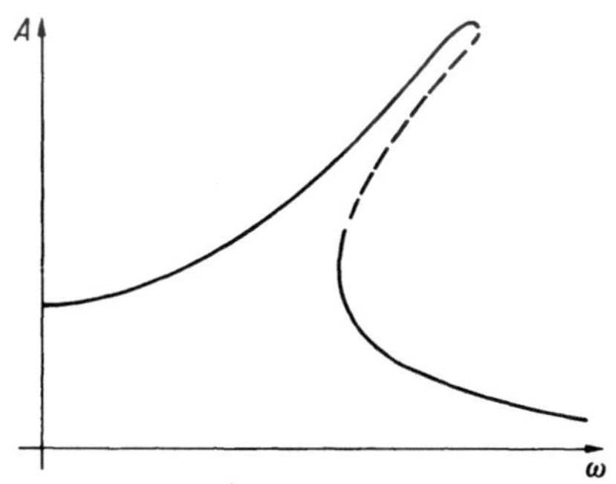

Abb. 15. Nichtlineare Resonanzkurve

JUBOW-Methode identisch ist, die *Methode der äquivalenten Linearisierung* [2.14] ("suche eine lineare Differentialgleichung derart, daß sie bis auf eine kleine Restfunktion die Lösung der nichtlinearen Gleichung beschreibt"), die RITZ-GALERKIN-PONTRJAGIN-*Methode* (*Quasilinearisierung*) [5, 2.14, 2.34] ("man mache die Restfunktion möglichst klein"), die *stroboskopische Methode* [2.15] ("schreibe die Gleichung in einem Polarkoordinatensystem und lasse dieses rotieren"), oder die *Methode der* LIE-*Reihen* nach GRÖBNER [9, 2.14, 2.31, 2.32, 2.33] ("forme die Differentialgleichung zweiter Ordnung in ein System von autonomen Differentialgleichungen erster Ordnung um und löse diese mittels LIE-Reihen"). Diese Methode ist allerdings nur für Anfangswertprobleme geeignet [9]. Sie hat sich aber bei der Lösung des *Dreikörperproblems* und in der *Störungsrechnung* der *Himmelsmechanik* hervorragend bewährt [2.36, 2.37], und das auf ihr beruhende Programm LIESE von H. KNAPP und G. WANNER (Computer Center Madison, Wisconsin, USA) war in der Lage, sich bei einem internationalen Wettrechnen bezüglich der Bahn des neunten Jupitersatelliten gegenüber anderen numerischen Methoden der Himmelsmechanik auszuzeichnen.

LIE-Reihen konnten auch mit Erfolg zur Lösung nichtlinearer partieller Differentialgleichungen erster Ordnung wie beispielsweise der HAMILTON-JACOBI-Gleichung verwendet werden. Auch Stabilitätsuntersuchungen solcher Differentialgleichungen wurden mit Hilfe von LIE-Reihen durchgeführt [2.31].

3 Wesentliche Eigenschaften partieller Differentialgleichungen

3.1 Lösbarkeit

Wohldefinierte Probleme, hyperbolische, elliptische und parabolische Differentialgleichungen, Probleme von CAUCHY, DIRICHLET und NEUMANN, Erniedrigung der Ordnung

Während bei partiellen Differentialgleichungen erster Ordnung nur *Anfangswertprobleme* (CAUCHY-*Probleme*) sinnvoll formuliert werden können [9], treten Randwertprobleme im eigentlichen Sinn erst bei Gleichungen zweiter Ordnung auf. Damit diese Randwertprobleme analytische Lösungen besitzen, müssen sie *wohldefiniert* sein, d.h. [4, 19]

1. ihre Lösung muß existieren und eindeutig sein,
2. die Lösung muß von den stetigen Randwerten eindeutig und stetig abhängen,
3. die Randkurven müssen stückweise glatt sein; es muß klar und festgelegt sein, in welchem Gebiet (Abhängigkeitsgebiet) die Lösung gelten soll.

So wird man z.B. auch fordern, daß die Lösung innerhalb des Lösungsgebietes mindestens zweimal stetig differenzierbar ist, d.h. daß die erste und die zweite Ableitung existieren und stetig sind und daß die Lösung an die Randwerte stetig anschließen soll. Die gegebenen Randfunktionen sollen in Randecken, wo zwei verschiedene Randkurven sich treffen, gleiche Werte haben, also stetig anschließen. Wie wir vor allem später sehen werden, gibt es in den Anwendungen viele Probleme, die nicht den obigen Forderungen genügen, aber trotzdem gelöst werden müssen (und können).

Um die Forderung der Lösbarkeit besser zu verstehen, betrachten wir die allgemeine inhomogene lineare partielle Differentialgleichung zweiter Ordnung in einem zweidimensionalen Raum x, y. Sie bestimmt zusammen mit Rand- oder Anfangsbedingungen eine Funktion $\psi(x,y)$ durch

$$\begin{aligned} a(x,y)\frac{\partial^2\psi}{\partial^2 x} + 2b(x,y)\frac{\partial^2\psi}{\partial x\partial y} + c(x,y)\frac{\partial^2\psi}{\partial y^2} + d(x,y)\frac{\partial\psi}{\partial x} \\ + e(x,y)\frac{\partial\psi}{\partial y} + g(x,y)\psi = h(x,y). \end{aligned} \tag{3.1.1}$$

Als *Rand* bezeichnen wir nun eine offene oder in sich geschlossene Kurve (bzw. im dreidimensionalen Raum x, y, z eine Fläche), längs der für die Funktion ψ gewisse *Randwerte* vom vorliegenden Problem gegeben sind. Die Lösung $\psi(x,y)$ stellt eine Fläche dar, auf der die Randkurve liegt. Bei einem Randwertproblem müssen zunächst die Randkurve (Randfläche) und auf ihr die stetigen endlichen und zweimal differenzierbaren Randwerte vorgegeben sein. PICCARD hat den Sachverhalt so ausgedrückt: Für im Gebiet G analytische Koeffizienten $a, b, \ldots$ in (3.1.1) besitzt (3.1.1) innerhalb des G umschließenden Randes R eine analytische Lösung des Randwertproblems ψ(Rand) = gegeben, wenn ψ (Rand) auf R glatt ist. Hat die Randkurve R Ecken, dann weist die Ableitung der Lösung ψ typische Singularitäten auf. Die zu lösende partielle Differentialgleichung ist meist in koordinatenfreier, also z.B. vektorieller Form vorgegeben. Man sucht sich dann jenes Koordinatensystem, das mit der Form des Randes am besten "zusammenpaßt", und transformiert dann die partielle Differentialgleichung in dieses Koordinatensystem – eine klassische Methode, die wir öfter verwenden werden.

Werden längs eines *offenen Randes* die Funktion ψ und ihre Normalableitung $\partial\psi/\partial\vec{n}$ gegeben, dann spricht man von einem CAUCHY-*Problem* oder einer *Anfangsbedingung.* Man kann mit Hilfe der Differenzenrechnung zeigen [7], daß die Vorgabe einer CAUCHY-Bedingung längs eines zweiten Randes oder längs eines in sich geschlossenen Randes zu einem überbestimmten Problem führt. Wird die Funktion an zwei Rändern, besser: an einem geschlossenen Rand vorgegeben, so spricht man von einem *Randwertproblem erster Art* oder einem DIRICHLET-*Problem.* Sind statt der Funktion ihre Ableitungen längs des Randes gegeben, so liegt ein *Randwertproblem zweiter Art* oder NEUMANN-*Problem* vor. Bezeichnet man symbolisch den Rand (Kurve oder Fläche) durch die Variable s (z.B. Bogenlänge) und die Normalableitung am Rand mit $'$, so kann man die Randbedingungen formal anschreiben:

$$\text{CAUCHY}: \quad \psi(s),\ \psi'(s) \quad \text{sind gegeben,} \tag{3.1.2}$$

wobei s auf den Wert am Rand hinweist.

$$\text{DIRICHLET}: \quad \psi(s_1),\ \psi(s_2) \quad \text{sind gegeben,} \tag{3.1.3}$$

$$\text{NEUMANN}: \quad \psi'(s_1),\ \psi'(s_2) \quad \text{sind gegeben.} \tag{3.1.4}$$

Auch gemischte Randbedingungen wie

$$\psi(s) = \alpha\psi(s) + \beta\psi'(s) \tag{3.1.5}$$

kommen vor. Sind die Randwerte null, so heißt die Randbedingung *homogen,* anderenfalls *inhomogen.*

Ist die Differentialgleichung homogen und sind die Randbedingungen homogen, so heißt das Problem homogen. Ist die Differentialgleichung homogen, sind aber die Randbedingungen inhomogen oder ist die Differentialgleichung inhomogen und sind die Randbedingungen homogen, so nennt man das Problem inhomogen oder *halbhomogen.* Sind Differentialgleichung und Randbedingungen inhomogen, dann heißt das Problem inhomogen. Der Vollständigkeit halber und weniger der Anwendbarkeit wegen soll erwähnt werden, daß es Verfahren (Konstruktion von Hilfsfunktionen [4, 9]) gibt, die es gestatten, inhomogene Randbedingungen zu *homogenisieren,* wobei dann die homogene Differentialgleichung inhomogen wird: Ein Problem $u_{xx} + u_{yy} = 0$, u (Rand) gegebene Funktion, kann in $\psi_{xx} + \psi_{yy} = f(x, y)$, ψ (Rand) $= 0$ übergeführt werden. Wir werden später bei einem einfachen Beispiel darauf zurückkommen, vgl. Abschnitt 4.1 Seite 126.

Es ist öfter möglich, durch eine Transformation der unabhängigen Variablen $x \to \xi$ Randbedingungen für die einer partiellen Differentialgleichung gehorchende Funktion $u(x, y)$ in Anfangsbedingungen zu verwandeln [3, 5] (vgl. auch Seite 52). Es mögen z.B. die Randbedingungen $u(0, y) = u(1, y) = 0$ und die Anfangsbedingungen $u(x, 0) = a \sin \pi x$, $u_y(x, 0) = 0$ vorliegen. Man führt nun eine neue Variable ξ statt x ein derart, daß die Lösung der Differentialgleichung in ξ eine ungerade periodische Funktion wird, $u(-\xi, y) = -u(\xi, y)$ (ungerade) und daß $u(\xi, y) = u(\xi+2, y)$ (periodisch mit Periode 2) gilt. Als Folge der Asymmetrie um die y-Achse ergibt sich $u(0, y) = -u(0, y)$, woraus sofort $u(0, y) = 0$ folgt. Eine Folge der Periodizität der unsymmetrischen Funktion ist $u(1, y) = -u(-1, y) = -u(1, y)$, so daß $u(1, y) = 0$. Es werden also die Randbedingungen $u(0, y) = u(1, y) = 0$ nach der Transformation automatisch erfüllt. Die Anfangsbedingungen lauten nun in neuer Form $u(\xi, 0) = a \sin \pi\xi$, $u_y(\xi, 0) = 0$.

Wir haben im Abschnitt 1.4, Seite 18, bereits gesehen, daß partielle Differentialgleichungen zweiter Ordnung (wie wir später sehen werden, sowohl lineare als auch nichtlineare) nach drei Typen klassifiziert werden können. Für die Differentialgleichung der *Charakteristiken* $y(x)$ einer Gleichung des Typs (1.4.20) oder (3.1.1) wird sich

$$a(x, y)\left(\frac{\mathrm{d}y}{\mathrm{d}x}\right)^2 - 2b(x, y)\frac{\mathrm{d}y}{\mathrm{d}x} + c(x, y) = 0 \tag{3.1.6}$$

ergeben, vgl. (3.2.42), Seite 96. Im Vergleich zu den Ausführungen auf Seite 18 und aus dem nächsten Abschnitt 3.2 sehen wir, daß wir definieren können:

$$b^2(x, y) > a(x, y)c(x, y) \quad \text{hyperbolischer Typ,} \tag{3.1.7}$$

$$b^2(x, y) < a(x, y)c(x, y) \quad \text{elliptischer Typ,} \tag{3.1.8}$$

$$b^2(x, y) = a(x, y)c(x, y) \quad \text{parabolischer Typ.} \tag{3.1.9}$$

Gemäß den Ergebnissen der Differenzenrechnung ergibt sich [7]:

Randbedingung / Typ	hyperbolisch	elliptisch	parabolisch
CAUCHY			
Rand offen	*lösbar*	unbestimmt	überbestimmt
Rand geschlossen	überbestimmt	überbestimmt	überbestimmt
DIRICHLET			
Rand offen	unbestimmt	unbestimmt	*lösbar*
Rand geschlossen	unbestimmt	*lösbar*	überbestimmt
NEUMANN			
Rand offen	unbestimmt	unbestimmt	*lösbar*
Rand geschlossen	unbestimmt	*lösbar*	überbestimmt

Für die Anwendungen wichtig ist noch der Satz, daß das DIRICHLET-Problem einer elliptischen Differentialgleichung für einen geschlossenen Rand immer eine im ganzen Bereich bestimmte analytische, also singularitätenfreie Lösung besitzt. Wenn daher bei einem elliptischen Randwertproblem zwei geschlossene Ränder vorliegen, dann ist zwar noch eine Lösung möglich, aber sie muß im allgemeinen außerhalb des von den Rändern eingeschlossenen Gebietes Singularitäten besitzen. Wenn man beispielsweise das Randwertproblem einer Kreisringmembran, die ja zwei geschlossene Ränder hat, lösen will, dann muß im ausgeschnittenen Teil eine Singularität in der Lösung angesetzt werden.

Liegt Lösbarkeit im Sinne der obigen Tabelle vor, dann besitzt ein Randwertproblem prinzipiell für einen "vernünftigen" Rand und für "vernünftige" Randwerte immer eine, schlimmstenfalls numerische Lösung. Wie diese gefunden wird und was in diesem Zusammenhang "vernünftig" bedeutet, wird uns im Rest dieses Buches beschäftigen.

So wie bei den gewöhnlichen Differentialgleichungen gibt es auch bei den partiellen Differentialgleichungen Möglichkeiten, in Einzelfällen, wenn ein Term fehlt, die Differentialgleichung zu vereinfachen. Wenn wir in (3.1.1) die Bezeichnungen

$$\psi_{xx} = r, \quad \psi_{xy} = s, \quad \psi_{yy} = t, \quad \psi_x = p, \quad \psi_y = q \tag{3.1.10}$$

einführen, wobei $\psi_{xx} = \psi_{xx}(x, y)$, $r = r(x, y)$ etc., dann nimmt die Differentialgleichung die Form

$$ar + 2bs + ct + dp + eq + g = h$$

an. Folgende Typen können dann vereinfacht bzw. in Systeme von partiellen Differentialgleichungen erster Ordnung übergeführt werden

$$r = \psi_{xx} = h/a, \quad s = \psi_{xy} = h/2b, \quad t = \psi_{yy} = h/c,$$

die sofort integriert werden können, vgl. (1.2.11) Seite 7, oder es liegen in

$$ar + dp = a\psi_{xx} + d\psi_x = h, \quad 2bs + dq = 2b\psi_{xy} + d\psi_y = h$$

lineare gewöhnliche Differentialgleichungen erster Ordnung für p oder q vor. Schließlich stellen auch

$$a\psi_{xx} + 2b\psi_{xy} + d\psi_x - h = ar + 2bs + dp - h = 0$$

u.a. lineare partielle Differentialgleichungen erster Ordnung für p oder q dar. Als Beispiel betrachten wir $2x\psi_{xx} - y\psi_{xy} + 2\psi_x - 4x^2y^2 = 0$, was auch als

$$2x\frac{\partial p}{\partial x} - y\frac{\partial p}{\partial y} + 2p - 4xy^2 = 0 \quad \text{für} \quad p(x, y) = \psi_x(x, y) \tag{3.1.11}$$

geschrieben werden kann. Das ist eine partielle Differentialgleichung erster Ordnung, die mit den Methoden des nächsten Abschnittes gelöst werden kann.

Es liegt daher die Idee nahe, ob man nicht partielle Differentialgleichungen zweiter Ordnung in solche erster Ordnung aufspalten und dann vielleicht leichter lösen könnte. Allerdings sind solche *Aufspaltungen* nicht eindeutig. Wir geben ein Beispiel anhand von (3.1.1), wobei wir $d = 0$, $e = 0$, $g = 0$ setzen und

$$a\psi_{xx} + 2b\psi_{xy} + c\psi_{yy} = h \tag{3.1.12}$$

betrachten. Nach der *Substitutionsmethode* setzen wir $\psi_x = u$, $\psi_y = v$ und erhalten mit $\psi_{xy} = \psi_{yx}$

$$\begin{aligned} &au_x + 2bu_y + cv_y = h, \\ &u_y - v_x = 0. \end{aligned} \tag{3.1.13}$$

Nun betrachten wir

$$a\psi_{xx} + c\psi_{yy} + \psi_x = 0. \tag{3.1.14}$$

Wir wenden die *Faktorisierungsmethode* an

$$\psi_x = u, \quad \psi_y = v \tag{3.1.15}$$

und erhalten aus (3.1.14)

$$\begin{aligned} &au_x + cv_y + u = 0, \\ &v_x - u_y = 0. \end{aligned} \tag{3.1.16}$$

Genau so gut wie (3.1.15) hätten wir aber auch setzen können

$$\psi_x = u, \quad \psi_x + \psi_y = v, \tag{3.1.17}$$

so daß

$$\begin{aligned} &au_x + cv_y - cu_y + u = 0, \\ &u_x + u_y - v_x = 0 \end{aligned} \tag{3.1.18}$$

entsteht. Diese Aufspaltungsmethode ist somit nicht eindeutig.

3.2 Charakteristiken partieller Differentialgleichungen

Klassifikation partieller Differentialgleichungen, Theorie der Charakteristiken von partiellen Differentialgleichungen erster und zweiter Ordnung, Anwendung auf die instationäre eindimensionale und stationäre zweidimensionale Gasströmung, Unterschall- und Überschallströmung

Obwohl wir mit einzelnen partiellen Differentialgleichungen erster Ordnung nur sehr selten zu tun haben werden, wollen wir uns zur Einleitung der Charakteristikentheorie kurz mit ihnen beschäftigen, da es für sie eine geschlossene Integrationstheorie gibt [3.3]. Auch treten in der Physik und Technik Randwertprobleme von Systemen von partiellen Differentialgleichungen erster Ordnung auf. Wir wollen zunächst einzelne partielle Differentialgleichungen erster Ordnung an Hand von Beispielen klassifizieren. Wie üblich, bedeuten die unteren Indizes partielle Differentiation $u_x = \partial u/\partial x$.

Linear mit konstanten Koeffizienten $\qquad u_t - u_x = 0, \qquad (3.2.1)$

linear mit variablen Koeffizienten	$u_t - x^2 u_x = 0,$	(3.2.2)
quasilinear (Ableitungen linear)	$u_t + u u_x = 0,$	(3.2.3)
Form eines Erhaltungssatzes, quasilinear	$u_t + F(u) u_x = 0,$	(3.2.4)
nichtlinear	$u_t + u_x^2 = 0,$	(3.2.5)
allgemein implizit nichtlinear	$G(u, u_t, u_x, x, t) = 0.$	(3.2.6)

Wir unterscheiden (vgl. Seite 7) folgende Lösungstypen: *vollständiges Integral* $u = u(x, y \ldots, a, b \ldots)$, enthält bei p unabhängigen Variablen p Integrationskonstante; durch Setzung $b = f(a)$, wo f eine beliebige, aber differenzierbare Funktion ist, kann der Übergang zum *allgemeinen Integral* $u = u(x, y, a, f(a))$ gemacht werden, das eine willkürliche Funktion enthält (bei Differentialgleichung n-ter Ordnung n Funktionen). Eliminiert man aus dem vollständigen Integral die beiden Konstanten, so ergibt sich das keine wählbare Größen mehr enthaltende *singuläre* (*partikuläre*) Integral, vgl. die Beispiele auf Seite 7.

LAGRANGE hat gezeigt, daß die allgemeine quasilineare partielle Differentialgleichung erster Ordnung

$$P(x, y, u) u_x + Q(x, y, u) u_y = R(x, y, u) \tag{3.2.7}$$

eine allgemeine Lösung in der impliziten Form

$$F(\varphi(x, y, u), \psi(x, y, u)) = 0 \tag{3.2.8}$$

besitzt, wobei F eine willkürliche differenzierbare Funktion ist und wo

$$\varphi(x, y, u) = a = const, \tag{3.2.9}$$

$$\psi(x, y, u) = b = const \tag{3.2.10}$$

zwei unabhängige Lösungen einer integrierbaren Kombination der LAGRANGEschen charakteristischen Differentialgleichung (Differentialgleichung der *charakteristischen Streifen*)

$$\frac{\mathrm{d}x}{P} = \frac{\mathrm{d}y}{Q} = \frac{\mathrm{d}u}{R} \quad \text{oder} \quad \frac{\mathrm{d}x}{\mathrm{d}s} = P, \quad \frac{\mathrm{d}y}{\mathrm{d}s} = Q, \quad \frac{\mathrm{d}u}{\mathrm{d}s} = R \tag{3.2.11}$$

sind. Die variablen (quasilinearen) Koeffizienten P, Q, R bestimmen im x, y, u-Raum ein MONGE*sches Richtungsfeld* in jedem Raumpunkt. Durch Integration von (3.2.11) erhält man Raumkurven, die man immer als Schnitt zweier Flächen $\varphi(x, y, u) = a$, $\psi(x, y, u) = b$ auffassen kann. Die Lösung von (3.2.7) ist eine Hyperfläche im dreidimensionalen Raum (bei p unabhängigen Variablen im $(p+1)$-dimensionalen Raum) und heißt *Integralfläche*.

Als erstes Beispiel behandeln wir (3.2.3) und lesen mit Hilfe von (3.2.7) ab, daß hier $P = 1$, $Q = u$, $R = 0$ gilt. Daraus erhält man

$$\frac{\mathrm{d}t}{\mathrm{d}s} = 1, \quad \frac{\mathrm{d}x}{\mathrm{d}s} = u, \quad \frac{\mathrm{d}u}{\mathrm{d}s} = 0 \to u = a = const, \tag{3.2.12}$$

während die erste Gleichung $t = s + c$ liefert. Da

$$\frac{\mathrm{d}x}{\mathrm{d}s} = \frac{\mathrm{d}x}{\mathrm{d}t}\frac{\mathrm{d}t}{\mathrm{d}s} = \frac{\mathrm{d}x}{\mathrm{d}t} = u \quad (\text{wegen}\,\mathrm{d}t = \mathrm{d}s),$$

folgt $x = ut + b$, da u als unabhängige Variable im dreidimensionalen x, t, u-Raum aufgefaßt wird. Die charakteristischen Streifen (*"Charakteristiken"*) sind demnach $\varphi = a = u$, $\psi = b = x - ut$, wo a, b Integrationskonstante sind. Die Lösung von (3.2.3) ist dann nach LAGRANGE gegeben durch

$$F(a,b) = F\left(\varphi(x,y,u), \psi(x,y,u)\right) = F(u, x - ut) = 0 \tag{3.2.13}$$

und stellt im x, t, u-Raum eine Fläche dar, die die charakteristischen Streifen trägt. Schneidet man $u(x,t) = a$ mit einer zur x, t-Ebene parallelen Ebene, so erhält man Projektionen der LAGRANGEschen Charakteristiken, die man *Grundcharakteristiken*, in der Physik einfach Charakteristiken nennt. Wählt man die beliebige Funktion $F(u, x - ut)$ so, daß man $u = G(x - ut)$ schreiben kann, wo G wieder eine beliebig wählbare Funktion ist, so sind $x - ut = const$ die Grundcharakteristiken, vgl. Seite 17. Mit Hilfe der eben gewonnenen Lösung können wir nun ein CAUCHY-*Problem* (manche Autoren sagen auch *Randwertproblem*) lösen. Sei für $t = 0$, also für den "Rand" $f(x)$ gegeben:

$$u(x,0) = f(x), \tag{3.2.14}$$

dann kann man durch sogenannte *Argumenterweiterung* $x \to x - ut$ die Lösung $u(x,t) = f(x - ut)$ ableiten, die (3.2.3) und (3.2.14) erfüllt: $u_t = f'(x - ut) \cdot (-u)$, $u_x = f'(x - ut) \cdot (1)$, $u_t + uu_x = 0 \to -f'u + uf' = 0$. (Man beachte, daß in f die Differentiation $'$ das gesamte Argument umfaßt, da $x - ut = b$ die unabhängige Variable φ von $F(\varphi, \psi)$ darstellt.) Mit der Lösung $u(x,t) = f(x+ct) + g(x-ct)$ der partiellen Differentialgleichung $u_{xx} = u_{tt}/c^2$ kann man z.B. die CAUCHY-Bedingung $u(0,x) = Ce^{-\alpha x^2}$ dadurch erfüllen, daß man $x \to x - ct$ ersetzt, so daß $u(x,t) = Ce^{-\alpha(x-ct)^2} = g(x - ct)$ eine Lösung wird, vgl. Seite 17.

Der Leser wird eingeladen, an Hand einiger Übungsbeispiele die Technik von LAGRANGE einzuüben und für selbst gestellte CAUCHY-Probleme eine Lösung zu finden. Es sei [15, 20]

1. $u_y + uu_y = 1$, $u = s + u_0$, $y = s + y_0$, $x = \int u \mathrm{d}s = (s^2/2) + u_0 s + x_0$, also $s = y - y_0$, $u = y + a$, $x = y^2/2 + ay + b$, wobei $a = -y_0 + u_0$, $b = x_0 - u_0 y_0$, $F(a,b) = F(u - y,\, x - y^2/2 - uy - y^2)$. Hier ist ein Weg zu Grundcharakteristiken nicht möglich.
2. $u_t + F(u)u_x = 0, \quad u = f(x - t \cdot F(u))$
3. $(x^2 - y^2 - u^2)u_x + 2xyu_y = 2xu$, $F(y/u, (x^2 + y^2 + u^2)/u) = 0$
4. $x^2 u_x + y^2 u_y + u^2 = 0$. Man finde die Lösungsfläche, die durch die Hyperbel $xy = x + y$, $u = 1$ hindurchgeht.
   Antwort: $2xy + u(x + y) - 3xyu = 0$.
5. Auch die lineare Differentialgleichung (3.1.11), die wir nun mit $p \to u$ so schreiben: $2xu_x - yu_y + 2u_x - 4xy^2 = 0$, kann mit der Methode (3.2.7) nach LAGRANGE gelöst werden:

$$\frac{\mathrm{d}x}{2x} = \frac{\mathrm{d}y}{-y} = \frac{\mathrm{d}u}{4xy^2 - 2u}, \qquad xy^2 = a = \varphi(x,y),$$

$$u/y^2 - 2x = b = \psi(x,y), \qquad u = 2xy^2 + y^2\varphi,$$

$$F(a,b) = F(\varphi,\psi) = F\Big(xy^2, \frac{u}{y^2} - 2x\Big).$$

6. $xu_x + yu_y = 0,\ u = a,\ y/x = b,\ u = \psi(b).$
7. $yu_x - xu_y = 0,\ u = F(x^2 + y^2).$
8. $u_x + u_y = 0,\ u = F(x - y).$
9. $xu_x - yu_y = 0,\ u = F(xy).$

Ist die partielle Differentialgleichung erster Ordnung voll nichtlinear und implizit, gilt also

$$F\left(u(x,y), u_x, u_y, x, y\right) = 0, \tag{3.2.15}$$

dann hat man nach CAUCHY-LAGRANGE diese Funktion F nach den fünf unabhängigen Variablen zu differenzieren und erhält für die *charakteristischen Streifen* [4, 9] (auch Gleichungen von CHARPIT genannt)

$$\begin{aligned} \frac{\mathrm{d}x}{F_{u_x}} &= \frac{\mathrm{d}y}{F_{u_y}} = \frac{\mathrm{d}u}{u_x F_{u_x} + u_y F_{u_y}} \\ &= \frac{\mathrm{d}u_x}{-u_x F_u - F_x} = \frac{\mathrm{d}u_y}{-u_y F_u - F_y}, \end{aligned} \tag{3.2.16}$$

bzw. ist $\mathrm{d}x/\mathrm{d}s = F_{u_x}$ etc. Das ist ein System von fünf gewöhnlichen Differentialgleichungen. Beweise und Ableitungen zu (3.2.16) findet der mathematisch interessierte Leser in [4, 9, 10, 11, 3.3, 3.4, 3.5]. Wir behandeln ein Beispiel [15]. Die Gleichung

$$F \equiv 16u_x^2u^2 + 9u_y^2u^2 + 4u^2 - 4 = 0$$

differenzieren wir und erhalten

$$F_x = 0, \quad F_y = 0, \quad F_u = (32u_x^2 + 18u_y^2)u + 8u,$$

$$F_{u_x} = 32u_xu^2, \quad F_{u_y} = 18u_yu^2.$$

Aus (3.2.16) folgt

$$\begin{aligned} \frac{\mathrm{d}x}{32u_xu^2} &= \frac{\mathrm{d}y}{18u_yu^2} = \frac{\mathrm{d}u}{32u_x^2u^2 + 18u_y^2u^2} \\ &= \frac{\mathrm{d}u_x}{-32u_x^3u - 18u_y^2uu_x - 8uu_x} = \frac{\mathrm{d}u_y}{-32u_x^2uu_y - 18u_y^3u - 8uu_y}. \end{aligned}$$

Multipliziert man die Nenner der fünf Brüche nacheinander mit jeweils 1, 0, $4u_x$, $4u$, 0, so erhält man den gemeinsamen Nenner N,

$$\begin{aligned} N =& 1(+32u_x u^2) + 4u_x(+32u_x^2u^2 + 18u_y^2u^2) \\ &- 4u(32u_x^3u + 18u_x u_y^2 u + 8u_x u) = 0, \end{aligned}$$

und dann

$$\mathrm{d}x + 4u_x \mathrm{d}u + 4u\mathrm{d}u_x = 0 = \mathrm{d}x + 4\mathrm{d}(u_x u).$$

Integration liefert $x + 4u_x u = a(const)$. Einsetzen von u_x in die Differentialgleichung gibt

$$(x-a)^2 + 9u_y^2 u + 4u^2 - 4 = 0,$$

und daraus erhält man die (unabhängige) Variable u_y, und weiter y, u und die Lösung der Differentialgleichung in der Form

$$\frac{x-a}{4} + \frac{(y-b)^2}{9/4} + u^2 = 1.$$

Weitere Beispiele wären [15, 20]

1. $ux^2 - xu_x - u_y = 0$,

   $$\frac{\mathrm{d}u_x}{-u_x} = \frac{\mathrm{d}u_y}{0} = \frac{\mathrm{d}x}{-2u_x + x} = \frac{\mathrm{d}y}{1} = \frac{\mathrm{d}u}{-2u_x^2 + xu_x + u_y},$$

   $\ln u_x = -y + \ln a$,

   $u_y = -xu_x + u_x^2 + u_x^2$ (aus der Differentialgleichung),

   $u = ax\exp(-y) - (1/2)a^2\exp(-2y) + b$.
2. $u_x^2 - u_y^2 - 1 = 0, \quad u = ax + \sqrt{a^2-1}\,y + b$.
3. $u - u_x^2 - u_y^2 = 0, \quad u = (x + ay + b)^2/4(1+a^2)$.
4. $u_x - u_y^2 = 0, \quad u = \left(54x^3 - 45xy + 2\sqrt{(9x^2-5y)^3}\right)/25$.
5. $u - u_x u_y = 0, \quad u = (x+a)(y+b)$.
6. $xu_x + yu_y + u_x u_y - u = 0, \quad u = ax + by + ab$.

Leider ist es nicht immer möglich, integrable Kombinationen von (3.2.16) zu finden.

Eine für den Physiker wichtige nichtlineare partielle Differentialgleichung erster Ordnung ist die JACOBI-*Differentialgleichung* der analytischen Mechanik. Die zu ihr gehörenden charakteristischen Differentialgleichungen sind die kanonischen Bewegungsgleichungen von HAMILTON.

Systeme von partiellen Differentialgleichungen erster Ordnung kommen in Physik und Technik vor und können nicht immer in Differentialgleichungen höherer Ordnung übergeführt werden. Die Kontinuitätsgleichung (1.4.8) und die EULERsche Bewegungsgleichung (Strömungsgleichung eines Gases) haben genau die Form von quasilinearen partiellen Differentialgleichungen erster Ordnung

$$\begin{aligned} a_{11}u_x + a_{12}v_x + b_{11}u_y + b_{12}v_y &= h_1(x,y), \\ a_{21}u_x + a_{22}v_x + b_{21}u_y + b_{22}v_y &= h_2(x,y), \end{aligned} \tag{3.2.17}$$

wobei $u(x,y)$, $v(x,y)$ die gesuchten abhängigen Variablen und die $a_{ik}(x,y,u,v)$, $b_{ik}(x,y,u,v)$ Funktionen der Variablen $x, y, u(x,y), v(x,y)$ sind. Führt man die Spaltenvektoren $\vec{u}, \vec{h}$ und die zwei Matrizen A, B

$$\vec{u} = \begin{pmatrix} u \\ v \end{pmatrix}, \quad A = \begin{pmatrix} a_{11} & a_{12} \\ a_{21} & a_{22} \end{pmatrix}, \quad B = \begin{pmatrix} b_{11} & b_{12} \\ b_{21} & b_{22} \end{pmatrix}, \quad \vec{h} = \begin{pmatrix} h_1 \\ h_2 \end{pmatrix} \tag{3.2.18}$$

ein, so kann man (3.2.17) in der Form

$$A\vec{u}_x + B\vec{u}_y = \vec{h} \tag{3.2.19}$$

schreiben.

Wir betrachten als Beispiel die Kontinuitätsgleichung (1.4.8), Seite 15, im eindimensionalen Fall und bei Vorhandensein von Gasquellen, z.B. bei einer Verbrennung von Benzin:

$$\rho_t + u\rho_x + \rho u_x = g(x,t). \tag{3.2.20}$$

Hier ist $\rho(x,t)$ die Gasdichte, $u(x,t)$ die Geschwindigkeit in der x-Richtung, und $g(x,t)$ ist eine Quellfunktion, die angibt, wieviel neues Gas pro Volumseinheit der eindimensionalen Fadenströmung pro Zeiteinheit zur Strömung hinzukommt. Bezeichnet man mit $p(x,t)$ den gasdynamischen Druck und sei $f(x,t)$ eine Impulsquelle, die die Vermehrung des Impulses durch z.B. bewegte Gasquellen g erfaßt, dann lautet die EULER*sche Bewegungsgleichung* [3.6] in unserem Fall

$$\rho u_t + \rho u u_x + p_x = f(x,t). \tag{3.2.21}$$

Da wir hier drei unabhängige Variable $u(x,t)$, $\rho(x,t), p(x,t)$ haben ($f(x,t)$, $g(x,t)$ sind gegeben), benötigen wir noch eine dritte Gleichung. Diese ist mit Rücksicht darauf, daß Gasströmungen bei hohen Drucken sehr rasch erfolgen, so daß die langsamen Wärmeaustauschvorgänge nur zu vernachlässigbaren Energieumsetzungen führen, durch das POISSON*sche Adiabatengesetz* [3.6] gegeben:

$$p = c\rho^\gamma. \tag{3.2.22}$$

c ist eine Konstante, γ ist der *Adiabatenkoeffizient.* Da die *Schallgeschwindigkeit* a, mit der sich Druckänderungen in einem Gas fortpflanzen, durch

$$a^2 = \frac{\mathrm{d}p}{\mathrm{d}\rho} = \frac{\gamma p}{\rho} \tag{3.2.23}$$

gegeben ist, können wir p durch sie ausdrücken, und (3.2.21) wird

$$\rho u_t + \rho u u_x + a^2\rho_x = f. \tag{3.2.24}$$

Um die Charakteristiken $\psi(x,y) = const$ bzw. $y = k(x) + const, \mathrm{d}y/\mathrm{d}x = k'$ von (3.2.19) zu finden, führen wir eine Transformation $u(x,y) \to u(x,\psi(x,y))$ durch.

Längs der charakteristischen Kurve gilt:

$$\begin{aligned}\frac{\mathrm{d}v}{\mathrm{d}x} &= v_x + v_y k',\\ \frac{\mathrm{d}u}{\mathrm{d}x} &= u_x + u_\psi \psi_x = \frac{\partial u}{\partial x} + \frac{\partial u}{\partial y}\cdot\frac{\mathrm{d}y}{\mathrm{d}x} = u_x + u_y k'.\end{aligned} \tag{3.2.25}$$

Setzt man dies für u_x und v_x in das System (3.2.17) ein, so erhält man

$$\begin{aligned} u_y(-a_{11}k' + b_{11}) + v_y(-a_{12}k' + b_{12}) &= h_1 - a_{11}\frac{\mathrm{d}u}{\mathrm{d}x} - a_{12}\frac{\mathrm{d}v}{\mathrm{d}x},\\ u_y(-a_{21}k' + b_{21}) + v_y(-a_{22}k' + b_{22}) &= h_2 - a_{21}\frac{\mathrm{d}u}{\mathrm{d}x} - a_{22}\frac{\mathrm{d}v}{\mathrm{d}x}.\end{aligned} \tag{3.2.26}$$

Wenn nun längs der charakteristischen Kurven $y(x)$ die Werte von u und v gegeben sind, dann kann man aus diesem System u_y und v_y längs der Kurven nach der CRAMER-*Regel* ausrechnen. Wir benötigen hierzu die Richtungsdeterminante [3.5]

$$R = \begin{vmatrix} a_{11}k' - b_{11} & a_{12}k' - b_{12} \\ a_{21}k' - b_{21} & a_{22}k' - b_{22} \end{vmatrix} = |Ay' - B| \tag{3.2.27}$$

und die zwei Verträglichkeitsdeterminanten [3.8]

$$V_1 = \begin{vmatrix} a_{11}k' - b_{11} & h_1 - a_{11}\mathrm{d}u/\mathrm{d}x - a_{12}\mathrm{d}v/\mathrm{d}x \\ a_{21}k' - b_{21} & h_2 - a_{21}\mathrm{d}u/\mathrm{d}x - a_{22}\mathrm{d}v/\mathrm{d}x \end{vmatrix}, \tag{3.2.28}$$

$$V_2 = \begin{vmatrix} a_{12}k' - b_{12} & h_1 - a_{11}\mathrm{d}u/\mathrm{d}x - a_{12}\mathrm{d}v/\mathrm{d}x \\ a_{22}k' - b_{22} & h_2 - a_{21}\mathrm{d}u/\mathrm{d}x - a_{22}\mathrm{d}v/\mathrm{d}x \end{vmatrix}. \tag{3.2.29}$$

Nun müssen wir folgende drei Fälle unterscheiden:

1. $R \neq 0$, man kann u_y, v_y berechnen. Es sind dann längs der charakteristischen Kurve $y(x)$ alle ersten Ableitungen u_k, v_k durch die längs $y(x)$ vorgegebenen Werte u, v bestimmt, und es gibt keine weiteren Lösungen.
2. $R = 0$, V_1 oder $V_2 = 0$, woraus V_2 oder $V_1 = 0$ folgt: Die beiden Gleichungen für u_y, v_y sind linear abhängig, und es gibt, was wir wollen, unendlich viele Lösungen für u_y, v_y, weil u_k, v_k als Bruch, z.B. R/V_1, bestimmt wird und beide Determinanten verschwinden müssen, um $0/0$ zu geben.
3. $R = 0$, $V_1 \neq 0$, oder $V_2 \neq 0$: Es gibt keine Lösungen für u_y, v_y.

Da u_y, v_y längs der charakteristischen Kurven unbestimmt bleiben sollen – sie sind ja durch die Differentialgleichungen festgelegt – und da wir Lösungen haben wollen, ist für die Anwendungen nur Fall 2 von Interesse. $R = 0$ definiert in der x, y-Ebene ein *Richtungsfeld.* Dort, wo für y' aus $R = 0$ nach (3.2.27) zwei reelle Richtungen erhalten werden, heißt das System *hyperbolisch.* Für unser System (3.2.20), (3.2.24) erhalten wir mit $x \to t$, $y \to x$, $u \to u$, $v \to \rho$ das Ergebnis

$$\begin{array}{llll} a_{11} = 0 & a_{12} = 1 & a_{21} = \rho & a_{22} = 0 \\ b_{11} = \rho & b_{12} = u & b_{21} = \rho u & b_{22} = a^2. \end{array}$$

Aus $R = 0$ folgt sofort mit $k'(x) = y'(x)$

$$y'^2 - 2y'u + u^2 - a^2 = 0 \tag{3.2.30}$$

oder

$$y' = u \pm a, \tag{3.2.31}$$

d.h. Wellenfortpflanzung in einer Strömung mit der Geschwindigkeit u erfolgt relativ zum außenstehenden Beobachter je nach der Ausbreitung stromabwärts oder stromaufwärts nach (3.2.31). Die inhomogenen Terme f, g kommen erst in den Verträglichkeitsbedingungen $V_1 = 0$, $V_2 = 0$ vor, die man erst bei der effektiven Lösung von CAUCHY-*Problemen* benötigt.

Das Verfahren läßt sich auch auf n abhängige Variable $u_i(x,y)$, $i = 1 \dots n$ ausdehnen. Schreibt man die Gleichungen in der Matrizenform

$$A\vec{u}_x + B\vec{u}_y - \vec{H} = 0 \tag{3.2.32}$$

und unterwirft man sie einer Transformation durch eine nichtdiagonale Matrix T_{ij}, wobei $|T_{ij}| \neq 0$ gelten muß (nichtverschwindende Determinante), dann erhält man $TA\vec{u}_x + TB\vec{u}_y - TH = 0$, und wenn man $TB = k'TA$ fordert, dann erhält man für die Charakteristiken

$$\sum_{k=1}^{n} \left(k_j' a_{ki} - b_{ki}\right) T_{jk} = 0, \tag{3.2.33}$$

d.h. (3.2.27) in erweiterter Form. Mit $TA = C$, $TH = D$ werden die Verträglichkeitsbedingungen

$$C\left(\vec{u}_x + k'\vec{u}_y\right) - D = 0. \tag{3.2.34}$$

Das sind die Differentialgleichungen in diagonalisierter (kanonischer) Form. Wir geben ohne Beweis den Satz:

Ist der Rang der Matrix Ak' gleich $n - r$, wo n die Anzahl der abhängigen Variablen $\vec{u}$ ist, dann gibt es r verschiedene Verträglichkeitsbedingungen (die man für graphisch-numerische Lösungsverfahren alle haben muß!). Auch die Erweiterung auf m unabhängige Variable $x, y, z, \dots$ ist bei n abhängigen Variablen $\vec{u} = u_1, u_2, \dots u_n$ möglich. Lauten die quasilinearen partiellen Differentialgleichungen

$$\sum_{j=1}^{n} \sum_{k=1}^{m} A_{ij}^{(k)} \frac{\partial u_j}{\partial x_k} + H_i(x_k, u_j) = 0, \tag{3.2.35}$$

wobei i der Gleichungsindex, $i = 1 \dots n$, j der Index der abhängigen Variablen, $j = 1 \dots n$ und k der Index der unabhängigen Variablen $k = 1 \dots m$ ist, dann werden die Charakteristiken, die bei drei Variablen x, y, z Flächen $\varphi(x,y,z) = const$ sind, durch eine partielle Differentialgleichung erster Ordnung vom Grad n dargestellt,

$$\left| \sum_{k=1}^{m} A_{ij}^{(k)} \lambda_k \right| = 0, \tag{3.2.36}$$

wobei die charakteristischen Richtungen durch

$$\lambda_k = \frac{\partial \varphi}{\partial x_k} \tag{3.2.37}$$

gegeben sind.

Rein formal kann man nun das Verfahren auch auf Systeme von quasilinearen partiellen Differentialgleichungen zweiter Ordnung erweitern [3.3] (oder für diese eigene ad hoc Ableitungen bringen, siehe später). Man erhält für ein System mit m unabhängigen Variablen x_k, $k = 1 \dots m$, $l = 1 \dots m$ für n abhängige Variable u_j, $j = 1 \dots n$ in der Form

$$\sum_{j=1}^{n} \sum_{k,l=1}^{m} A_{ij}^{(kl)}(x_k, u_j) \frac{\partial^2 u_j}{\partial x_k \partial x_l} + H\left(x_k, u_j, \frac{\partial u_j}{\partial x_l}\right) = 0, \quad i = 1 \dots m, \tag{3.2.38}$$

die Charakteristiken zweiter Ordnung in Form einer partiellen Differentialgleichung erster Ordnung vom Grad n^2

$$\left| \sum_{k,l=1}^{m} A_{ij}^{(kl)} \frac{\partial \varphi}{\partial x_k} \frac{\partial \varphi}{\partial x_l} \right| = 0, \tag{3.2.39}$$

welche man mittels der Charakteristikentheorie löst.

Statt nach (3.2.39) die allgemeine quasilineare partielle Differentialgleichung zweiter Ordnung mit $m = 2, n = 1, i = 1, j = 1$, $u_j = u$, $A_{11}^{11} = a_{11}$ etc. anzuschreiben, wählen wir eine zu (3.1.1) Seite 83 analoge Schreibweise

$$\begin{aligned} a(x,y,u)u_{xx} + 2b(x,y,u)u_{xx} + c(x,y,u)u_{yy} + p(x,y,u)u_x \\ + q(x,y,u)u_y + r(x,y,u)u + s(x,y) = 0, \end{aligned} \tag{3.2.40}$$

wobei $u_{xy} = u_{yx}$ beachtet wurde. Übertragen wir nun die bei partiellen Differentialgleichungen verwendete Schlußweise, so haben wir nun zwei Funktionen $\varphi(x,y) = const$, $\psi(x,y) = const$ als Charakteristiken zu erwarten, und längs der Charakteristiken werden nun die zweiten Ableitungen unbestimmt. Je nach dem, welchem Typ die Differentialgleichung angehört (vgl. Seite 85), muß eine verschiedene Transformation $x, y \to \xi, \eta$ vorgenommen werden:

$$\begin{array}{lll} \text{hyperbolisch} & \varphi(x,y) = \xi, & \psi(x,y) = \eta \\ \text{elliptisch} & \varphi(x,y) = \xi + i\eta, & \psi(x,y) = \xi - i\eta \\ \text{parabolisch} & \varphi(x,y) = \xi = \psi(x,y), & \eta = x. \end{array} \tag{3.2.41}$$

Mit $\xi = \varphi(x,y)$, $\eta = \psi(x,y)$ ergibt sich

$$u_x = u_\xi \varphi_x + u_\eta \psi_x, \quad \varphi_x = \xi_x, \quad u_y = u_\xi \varphi_y + u_\eta \psi_y,$$

$$u_{xx} = u_{\xi\xi}\varphi_x^2 + 2u_{\xi\eta}\varphi_x\psi_x + u_{\eta\eta}\psi_x^2 + u_\xi\varphi_{xx} + u_\eta\psi_{xx} \quad \text{etc.}$$

Faßt man zusammen, so erhält man

$$\begin{aligned}
&u_{\xi\xi}\left(a\varphi_x^2+b\varphi_x\varphi_y+c\varphi_y^2\right)^{\nearrow=0}\\
&+u_{\eta\eta}\left(a\psi_x^2+b\psi_x\psi_y+c\psi_y^2\right)^{\nearrow=0}\\
&+2u_{\xi\eta}\left(a\varphi_x\psi_x+b\left[\varphi_x\psi_y+\psi_x\varphi_y\right]/2+c\varphi_y\psi_y\right)^{\nearrow\neq 0}\\
&+2u_{\varphi}\left(a\varphi_{xx}+b\varphi_{xy}+c\varphi_{yy}\right)+2u_{\psi}\left(a\psi_{xx}+b\psi_{xy}+c\psi_{yy}\right)+\text{Rest}=0.
\end{aligned}$$

Nun sollen $\varphi(x,y)=\xi=const$, $\psi(x,y)=\eta=const$ die Charakteristiken sein, also $\mathrm{d}\varphi=\varphi_x\mathrm{d}x+\varphi_y\mathrm{d}y=0$, $\psi_x\mathrm{d}x+\psi_y\mathrm{d}y=0$. Damit *längs* der Charakteristiken die zweiten Ableitungen unbestimmt sind, müssen in der obigen transformierten Form ihre Koeffizienten verschwinden, sonst könnten die zweiten Ableitungen ja aus der Gleichung berechnet werden. Das Verschwinden der Koeffizienten führt nun zu den MONGE*schen Gleichungen*

$$\begin{aligned}
a\varphi_x^2+b\varphi_x\varphi_y+c\varphi_y^2 &= 0\\
a\psi_x^2+b\psi_x\psi_y+c\psi_y^2 &= 0,
\end{aligned}$$

oder, da aus $\varphi_x\mathrm{d}x+\varphi_y\mathrm{d}y$ sofort $\mathrm{d}y/\mathrm{d}x=y'=-\varphi_x/\varphi_y=-\psi_x/\psi_y$ folgt,

$$a(x,y,u)\left(\frac{\mathrm{d}y}{\mathrm{d}x}\right)^2-b(x,y,u)\frac{\mathrm{d}y}{\mathrm{d}x}+c(x,y,u)=0 \tag{3.2.42}$$

(Charakteristikengleichung der quasilinearen partiellen Differentialgleichung zweiter Ordnung) und zur *Normalform* der hyperbolischen Gleichung [3.3, 3.4]

$$u_{\xi\eta}=G\left(u,u_\xi,u_\eta,\xi,\eta\right). \tag{3.2.43}$$

Für die elliptische Gleichung erhält man die Normalform

$$u_{\xi\xi}+u_{\eta\eta}=G\left(u,u_\xi,u_\eta,\xi,\eta\right), \tag{3.2.44}$$

und für den parabolischen Typ folgt

$$u_{\xi\xi}=G\left(u,u_\xi,u_\eta,\xi,\eta\right). \tag{3.2.45}$$

Aus (3.2.42) folgt nun die Differentialgleichung für die Charakteristiken einer quasilinearen partiellen Differentialgleichung zweiter Ordnung

$$\frac{\mathrm{d}y}{\mathrm{d}x}=+\frac{b}{2a}\pm\sqrt{\frac{b^2}{4a^2}-\frac{c}{a}}. \tag{3.2.46}$$

Daraus erhält man für konstante Koeffizienten a,b,c sofort die auf den Seiten 18 und 85 erwähnten Ergebnisse.

In der *Gasdynamik*, der Theorie strömender Gase, erhält man [3.6] für das *Strömungspotential* $\Phi(x,y)$ (dessen Gradient die Strömungsgeschwindigkeit $\vec{u}=-\nabla\Phi$ ist) die gasdynamische Potentialgleichung, die im zweidimensionalen Fall x,y für stationäre Strömungen ($\partial\Phi/\partial t=0$) die Form einer quasilinearen Gleichung hat:

$$\Phi_{xx}\left(\bar{a}^2 - \Phi_x^2\right) + \Phi_{yy}\left(\bar{a}^2 - \Phi_y^2\right) + 2\Phi_{xy}\Phi_x\Phi_y = 0. \tag{3.2.47}$$

Hier ist $\bar{a}(x, y, \Phi_x, \Phi_y)$ die lokale Schallgeschwindigkeit. Wie man aus (3.2.46) leicht abliest, hat diese quasilinare Gleichung die Charakteristiken

$$\frac{\mathrm{d}y}{\mathrm{d}x} = \frac{\Phi_x\Phi_y}{\bar{a}^2 - \Phi_y^2} \pm \frac{1}{\bar{a}^2 - \Phi_y^2}\sqrt{4\Phi_x^2\Phi_y^2 - 4\left(\bar{a}^2 - \Phi_x^2\right)\left(\bar{a}^2 - \Phi_y^2\right)}. \tag{3.2.48}$$

Diese Gleichung kann nicht sofort integriert werden, da die Φ_x, Φ_y noch nicht bekannt sind. Diese gehorchen aber (3.2.47), deren Lösung von den jeweiligen Randbedingungen abhängt. Trotzdem kann man mit Hilfe von numerisch-graphischen Verfahren, siehe Abschnitt 6.5, das Problem lösen. (3.2.47) ist für $\Phi_x^2 + \Phi_y^2 = u^2 > \bar{a}^2$ hyperbolisch ("*Überschallströmung*") und für $u^2 < \bar{a}^2$ elliptisch ("*Unterschallströmung*"). Dieser Übergang ist für die Hochgeschwindigkeitsflugtechnik von enormer Bedeutung. Die Potentialgleichung ist also von *gemischtem* (örtlich variablem) *Typ*. Auch die TRICOMI-*Differentialgleichung* $u_{xx} + xu_{yy} = 0$ ist vom gemischten Typ, denn ihre Charakteristiken sind $y \pm 2/3(-x)^{3/2} = const$ für $x < 0$ und $y + 2/3(ix)^{3/2} = const$ für $x > 0$. Hingegen sind die EULER-*Differentialgleichung* $au_{xx} + 2bu_{xy} + cu_{yy} = 0$, wo a, b, c Konstante sind, ebenso $u_{xx} - u_{yy} = 0$ (hyperbolisch), $u_{xx} + u_{yy} = 0$ (elliptisch), $u_{xx} + 2u_{xy} + u_{yy} + x = 0$ (parabolisch) vom konstanten Typ, wovon sich der Leser selbst überzeugen möge. Es ist allerdings auch möglich, durch eine komplexe Transformation nach GARABEDIAN

$$z = x + iy, \quad z^* = x - iy, \quad U(z, z^*) = u\left(\frac{z + z^*}{2}, \frac{z - z^*}{2i}\right)$$

die Lösung u einer elliptischen Differentialgleichung , z.B. $\Delta u + au_x + bu_y + cu = 0$ in die Lösung U einer hyperbolischen Gleichung

$$U_{zz^*} + AU_z + BU_{z^*} + CU = 0$$

ins Komplexe fortzusetzen.

Abschließend sollen noch einige Bemerkungen zur allgemeinen partiellen Differentialgleichung zweiter Ordnung für $z(x, y)$

$$F(x, y, z, p, q, r, s, t) = 0 \tag{3.2.49}$$

gemacht werden, wobei in üblicher Weise $u_x = p$, $u_y = q$, $u_{xx} = r$, $u_{xy} = s$, $u_{yy} = t$ gesetzt wurde. Leider gestatten es partielle Differentialgleichungen zweiter Ordnung mit zwei unabhängigen Variablen nicht, das Aufsuchen der Lösungsmannigfaltigkeiten auf die Integration eines Systems gewöhnlicher Differentialgleichungen zurückzuführen. Der Grund dafür ist, daß ihre charakteristischen Streifen nicht durch ebenso viele Differentialgleichungen wie abhängige Variable festgelegt werden können. Eine allgemeine Integrationstheorie für partielle Differentialgleichungen zweiter Ordnung gibt es daher nicht. Man kann aber wie folgt vorgehen [3.6]. Man bildet

$$a = \frac{\partial F}{\partial z_{xx}}, \quad 2b = -\frac{\partial F}{\partial z_{xy}}, \quad c = \frac{\partial F}{\partial z_{yy}} \tag{3.2.50}$$

und verwendet (3.2.46). Wenn man z.B. (3.2.47) nach (3.2.49) in der Form $F = 0$ schreibt, so erhält man

$$a = \bar{a}^2 - \Phi_x^2, \quad b = -\Phi_x\Phi_y, \quad c = \bar{a}^2 - \Phi_y^2.$$

Einsetzen in (3.2.46) liefert wieder (3.2.48). Meist ist es jedoch bei Rand- und Anfangswertproblemen von nichtlinearen partiellen Differentialgleichungen notwendig, andere Lösungsmethoden als das Charakteristikenverfahren zu verwenden.

Die Charakteristikentheorie gestattet es, allgemeine Lösungen von partiellen Differentialgleichungen zweiter Ordnung zu finden. Wir geben einige Übungsbeispiele [4.7].

1. Man zeige, daß eine allgemeine Lösung der partiellen Differentialgleichung

$$u_{xy} - \frac{n}{x-y}u_x + \frac{m}{x-y}u_y = 0 \tag{3.2.51}$$

die Form

$$u(x,y) = \frac{\partial^{m+n-2}}{\partial x^{m-1}\partial y^{n-1}}\left(\frac{X(x)-Y(y)}{x-y}\right) \tag{3.2.52}$$

hat, wobei $X(x), Y(y)$ willkürliche Funktionen sind.

2. Die partielle Differentialgleichung

$$u_{tt} = x^2 u_{xx} + u/4 \tag{3.2.53}$$

hat die allgemeine Lösung $u(x,t) = \sqrt{x}\,F(\ln x - t)$, wobei F eine willkürliche Funktion ist.

3. Die Lösung des Systems partieller Differentialgleichungen

$$u_t = -\rho a v_x, \quad v_t = -\frac{a}{\rho}u_x \tag{3.2.54}$$

mit den Anfangsbedingungen $u(t=0,x) = 0$, $v(t=0,x) = 0$, $0 \le x \le l$ und den Randbedingungen $u(t,x=0) = 0$, $v(t,x=l) = \alpha(t)(1+\beta u) - 1$, $t \ge 0$, wobei a, β, ρ Konstante und $\alpha(t)$ eine gegebene Funktion sind, findet man durch Umformung von (3.2.54) zu einer partiellen Differentialgleichung zweiter Ordnung. Diese führt dann zur Lösung $u(x,t) = \varphi(t-x/a) - \varphi(t+x/a)$, $v(x,t) = [\varphi(t-x/a) + \varphi(t+x/a)]/\rho$, wobei $\varphi(x) = 0$ für $-l/a \le x \le l/a$ und

$$\rho(t+l/a) = \frac{\rho[\alpha(t)-1]}{1+\beta\rho\alpha(t)} + \frac{\beta\rho\alpha(t)-1}{1+\beta\rho\alpha(t)}\varphi(t-l/a)$$

gelten [4.7].

3.3 Separierbarkeit und krummlinige Koordinaten

Separationsansatz, geeignete Koordinatensysteme, Transformation von partiellen Differentialgleichungen auf neue Koordinaten, Separierbarkeit der HELMHOLTZ-Gleichung, *R*-Separation beim Torus, vektorielle HELMHOLTZ-Gleichung, Separation bei nichtlinearen Gleichungen

Unter *Separierbarkeit* einer partiellen Differentialgleichung versteht man den Umstand, daß es möglich ist, vermittels eines BERNOULLI*schen Produktansatzes* (*Separationsansatzes*), vgl. Seite 8,

$$u(x,y,z) = X(x) \cdot Y(y) \cdot Z(z) \tag{3.3.1}$$

eine homogene partielle Differentialgleichung in drei gewöhnliche Differentialgleichungen für die Funktionen $X(x), Y(y), Z(z)$ überzuführen. Setzt man beispielsweise $u = X(x) \cdot Y(y)$ in die zweidimensionale LAPLACE-*Gleichung* von Seite 120 $u_{xx} + u_{yy} = 0$ ein, so erhält man $X''(x)Y(y) + X(x)Y''(y) = 0$. Dividiert man durch $X(x) \cdot Y(y)$, so erhält man $X''/X + Y''/Y = 0$. Da der erste Term nur von x, der zweite nur von y abhängt, die Gleichung aber für jedes beliebige x, y gelten soll, muß man schließen, daß $X''/X = -Y''/Y = \lambda$ ist, wobei λ eine Konstante, die *Separationskonstante* ist. Damit hat man die gewöhnlichen Differentialgleichungen $X'' - \lambda X = 0$ und $Y'' + \lambda Y = 0$ gewonnen. Man kann dann ein Randwertproblem der partiellen Differentialgleichung beispielsweise längs der x-Achse $(y = 0)\, u(x,0) = f(x)$ mit den Methoden lösen, die wir bei Randwertproblemen gewöhnlicher Differentialgleichungen kennengelernt haben. Offenkundig hängt dieser Vorteil der Separierbarkeit vom Koordinatensystem ab: wird der Rand durch Ebenen oder Gerade beschrieben, so wird man wie in (3.3.1) cartesische Koordinaten x, y, z verwenden. Zwar kann man eine partielle Differentialgleichung unabhängig von der Form des Randes lösen, aber es ist bei einem Rand, der im benützten Koordinatensystem nicht durch eine Koordinatenlinie beschreibbar ist, dann nicht mehr möglich, das Randwertproblem mit Hilfe einer gewöhnlichen Differentialgleichung zu lösen. Ist beispielsweise längs des Kreises $x^2 + y^2 = R^2$ in der x, y-Ebene $z = 0$ als Randwertproblem $u(x, y, z = 0) = g(x, y)$ vorgegeben, dann kann man mit (3.3.1) zwar immer noch die partielle Differentialgleichung separieren, aber das Randwertproblem kann nicht mit Hilfe gewöhnlicher Differentialgleichungen gelöst werden. Kann man jedoch durch einen anderen Separationsansatz

$$u(x,y,z) \to u(r,\varphi,z) = R(r)\Phi(\varphi)Z(z) \tag{3.3.2}$$

die Separation der transformierten partiellen Differentialgleichung in Zylinderkoordinaten r, φ, z durchführen, dann ist längs des Kreises $r = R$ in der Ebene $z = 0$ die Erfüllung einer Randbedingung $u(r = R, \varphi, 0) = f(\varphi)$ leicht möglich.

Wir müssen uns daher überlegen, wie in koordinatenfreier Darstellung vorgelegte partielle Differentialgleichungen, also z.B. symbolisch $\Delta u = 0$, in verschiedene andere krummlinige Koordinatensysteme transformiert werden können, wie also z.B. der LAPLACE-*Operator* Δ, der in cartesischen Koordinaten die Form $\Delta u = u_{xx} + u_{yy} + u_{zz}$ hat, auf Zylinderkoordinaten oder andere Koordinaten zu transformieren ist und wann eine partielle Differentialgleichung in einem neuen Koordinatensystem separierbar ist. Es stellt sich nämlich heraus, daß die Eigenschaft der Separierbarkeit keine invariante Eigenschaft ist, sondern bei Transformationen verloren gehen kann.

Bei den Überlegungen, wie Differentialgleichungen in andere Koordinatensysteme transformiert werden, betrachten wir zunächst das Linienelement $\mathrm{d}s$, das nach dem pythagoräischen Lehrsatz in cartesischen Koordinaten x, y, z oder x_1, x_2, x_3 die Form

$$\mathrm{d}s^2 = \mathrm{d}x^2 + \mathrm{d}y^2 + \mathrm{d}z^2 = \sum_{i=1}^{3} \mathrm{d}x_i^2 \tag{3.3.3}$$

besitzt. (Hier ist mit $\mathrm{d}x^2 = (\mathrm{d}x)^2$ gemeint.) Geht man nun durch $x_i = x_i(q_k)$ zu neuen Koordinaten q_k über, so erhält man

$$\mathrm{d}x_i = \sum_{k=1}^{3} \frac{\partial x_i}{\partial q_k} \mathrm{d}q_k, \quad i = 1, 2, 3. \tag{3.3.4}$$

Dieser Ausdruck hängt nur von den neuen Koordinaten q_k ab, da ja die $x_i = x_i(q_k)$ Funktionen der q_k sind. Wenn das neue Koordinatensystem die Eigenschaft hat, daß der nur von den neuen Koordinaten q_k abhängige Ausdruck

$$\sum_{i=1}^{3} \frac{\partial x_i}{\partial q_l} \frac{\partial x_i}{\partial q_m} = 0, \quad \text{oder} \quad \vec{e}_l \vec{e}_m = 0, \quad l \neq m \tag{3.3.5}$$

verschwindet, dann nennt man das neue Koordinatensystem *orthogonal*, d.h. die drei Koordinatenlinien stehen aufeinander senkrecht (so wie bei cartesischen Koordinaten). Die $\vec{e}_l, \vec{e}_m$ sind die Basisvektoren des neuen Koordinatensystems. In der Folge werden wir uns nur mit *orthogonalen Koordinatensystemen* beschäftigen. Bei allen Transformationen $x_i \to q_l$ nehmen wir weiter an, daß auch eine Umkehrtransformation $q_l \to x_i$ möglich ist, d.h. daß für die JACOBI-*Determinante* (*Funktionaldeterminante*) $\det |\partial q_i / \partial x_k| \neq 0$ gilt. Für die Umkehrtransformation $q_l(x_i)$ gilt dann

$$\mathrm{d}q_l = \sum_{i=1}^{3} \frac{\partial q_l}{\partial x_i} \mathrm{d}x_i. \tag{3.3.6}$$

Da cartesische Koordinaten voneinander unabhängig sind, gilt für sie $\partial x_i / \partial x_k = \delta_{ik}$. Daher kann man diesen Ausdruck mit Hilfe der Kettenregel der Differentialrechnung auch so schreiben

$$\frac{\partial x_i}{\partial q_l} \frac{\partial q_l}{\partial x_k} = \delta_{ik} = \frac{\partial q_i}{\partial q_k}, \tag{3.3.7}$$

d.h. das KRONECKER-Symbol ist invariant, es ändert sich bei Koordinatentransformationen nicht. Setzt man $\mathrm{d}x_i$ aus (3.3.4) in (3.3.6) ein, so erhält man

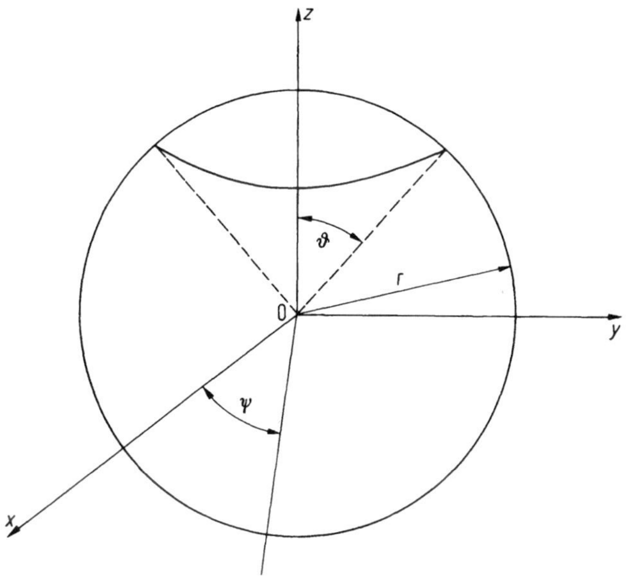

Abb. 16. Kugelkoordinaten

$$dq_l = \sum_{i=1}^{3} \frac{\partial q_l}{\partial x_i} \sum_{k=1}^{3} \frac{\partial x_i}{\partial q_k} dq_k = \sum_{i,k=1}^{3} \frac{\partial q_l}{\partial x_i} \frac{\partial x_i}{\partial q_k} dq_k = \delta_{lk} dq_k = dq_l,$$

wobei (3.3.7) benützt wurde. Quadriert man nun (3.3.4), so erhält man

$$dx_i^2 = \sum_{k,l=1}^{3} \frac{\partial x_i}{\partial q_k} \frac{\partial x_i}{\partial q_l} dq_k dq_l, \tag{3.3.8}$$

so daß mit der Abkürzung (*metrischer Fundamentaltensor*)

$$g_{kl} = \sum_{i=1}^{3} \frac{\partial x_i}{\partial q_k} \frac{\partial x_i}{\partial q_l} \tag{3.3.9}$$

das Linienelement in der Form

$$ds^2 = \sum_{k,l=1}^{3} g_{kl} dq_k dq_l = \sum_{i=1}^{3} dx_i^2 \tag{3.3.10}$$

angeschrieben werden kann. Als Beispiel betrachten wir die Transformation von cartesischen Koordinaten x, y, z auf Kugelkoordinaten r, ϑ, ψ. Den Zusammenhang zwischen den beiden Systemen ersieht man aus Abb. 16. Mit der Bezeichnung $q_1 = r$, $0 \leq r < \infty$, $q_2 = \vartheta, 0 \leq \vartheta \leq \pi$, $q_3 = \psi$, $0 \leq \psi < 2\pi$ gilt

$$\begin{aligned} x &= r\sin\vartheta\cos\psi, \\ y &= r\sin\vartheta\sin\psi, \\ z &= r\cos\vartheta. \end{aligned} \tag{3.3.11}$$

Die Koordinatenflächen sind nun nicht mehr Ebenen wie in cartesischen Koordinaten, sondern Kugelflächen, Kegelflächen oder Halbebenen:

$$\begin{array}{ll} x^2+y^2+z^2=r^2, & r = const, \\ \tan\vartheta = \sqrt{x^2+y^2}/z, & \vartheta = const, \\ \tan\psi = y/x, & \psi = const. \end{array} \tag{3.3.12}$$

Diese Ausdrücke oder

$$\begin{aligned} r &= +\sqrt{x^2+y^2+z^2}, \\ \vartheta &= \arccos z/r = \arccos\left(z/\sqrt{x^2+y^2+z^2}\right), \\ \psi &= \arctan y/x \end{aligned} \tag{3.3.13}$$

stellen die Umkehrfunktion $q_l(x_i)$ dar. Die in (3.3.4) – (3.3.8) auftretenden partiellen Differentialquotienten nehmen nun nach (3.3.11) die Form einer Matrix an:

$$M_{li} = \frac{\partial x_i}{\partial q_l} = \begin{pmatrix} \sin\vartheta\cos\psi & sin\vartheta\sin\psi & cos\vartheta \\ r\cos\vartheta\cos\psi & r\cos\vartheta\sin\psi & -r\sin\vartheta \\ -r\sin\vartheta\sin\psi & r\sin\vartheta\cos\psi & 0 \end{pmatrix}. \tag{3.3.14}$$

Da Kugelkoordinaten die Bedingungen (3.3.5) erfüllen, sind sie orthogonal. Die Determinante der Matrix (3.3.14) ergibt den Wert

$$g = \det\left|\frac{\partial x_i}{\partial q_k}\right| = r^4\sin^2\vartheta, \tag{3.3.15}$$

und der *metrische Fundamentaltensor* wird

$$g_{kl} = \begin{pmatrix} 1 & 0 & 0 \\ 0 & r^2 & 0 \\ 0 & 0 & r^2\sin^2\vartheta \end{pmatrix}; \tag{3.3.16}$$

er ist diagonal, d.h. die außerhalb der Hauptdiagonale stehenden Glieder g_{kl}, $k \neq l$ verschwinden alle. Nach (3.3.5), (3.3.9) bedeutet das $g_{kl} = 0$ für $k \neq l$, d.h. das Koordinatensystem ist orthogonal. Für die Differentiale und das Linienelement erhält man nach (3.3.4), (3.3.6)

$$\begin{aligned} dx &= \sin\vartheta\cos\psi\,dr + r\cos\vartheta\cos\psi\,d\vartheta - r\sin\vartheta\sin\psi\,d\psi \\ dy &= \sin\vartheta\sin\psi\,dr + r\cos\vartheta\sin\psi\,d\vartheta + r\sin\vartheta\cos\psi\,d\psi \\ dz &= \cos\vartheta\,dr - r\sin\vartheta\,d\vartheta \\ dr &= \sin\vartheta\cos\psi\,dx + \sin\vartheta\sin\psi\,dy + \cos\vartheta\,dz \\ d\vartheta &= \cos\vartheta\cos\psi\,dx + \cos\vartheta\sin\psi\,dy - \sin\vartheta\,dz \\ d\psi &= -\sin\psi\,dx + \cos\psi\,dy \end{aligned}$$

und

$$\begin{aligned} \mathrm{d}s^2 = \mathrm{d}x^2 + \mathrm{d}y^2 + \mathrm{d}z^2 &= \sum_{k,l} g_{kl}\mathrm{d}q_l\mathrm{d}q_k \\ &= \mathrm{d}r^2 + r^2\mathrm{d}\vartheta^2 + r^2\sin^2\vartheta\,\mathrm{d}\psi^2. \end{aligned} \tag{3.3.17}$$

Damit kann man auch die Länge des einzelnen Linienelements längs einer Koordinatenlinie ausrechnen, z.B. gilt für die ϑ-Koordinatenlinie $r = const$, $\mathrm{d}r = 0$, $\psi = const$, $\mathrm{d}\psi = 0$ und daher $\mathrm{d}s = r\mathrm{d}\vartheta$ und allgemein auf der q_k-Linie

$$\mathrm{d}s = \sqrt{g_{kk}}\,\mathrm{d}q_k, \tag{3.3.18}$$

da wir immer orthogonale Koordinatensysteme voraussetzen.

Hat man von einem neuen Koordinatensystem die Transformationsformeln und damit den Fundamentaltensor, so kann man partielle Differentialgleichungen leicht in das neue Koordinatensystem transformieren. Da in Physik und Technik oft mit Vektoranalysis [3.10, 3.11] gearbeitet wird, die Gleichungen also zunächst in koordinatenfreier Darstellung vorliegen, müssen wir die Transformation von *Basisvektoren*, vgl. Seite 15, und von *Differentialoperatoren* wie ∇, Δ, div etc, vgl. Seite 15, untersuchen. In cartesischen Koordinaten wird ein Vektor $\vec{K}$ nach (1.4.1) als

$$\vec{K} = K_x\vec{e}_x + K_y\vec{e}_y + K_z\vec{e}_z \tag{3.3.19}$$

angeschrieben, wobei die Basisvektoren $\vec{e}_x, \vec{e}_y, \vec{e}_z$ in cartesischen Koordinaten *Einheitsbasisvektoren* sind, also die Länge 1 haben und aufeinander senkrecht stehen, d.h. $\vec{e}_i \cdot \vec{e}_k = \delta_{ik}$. Führt man Kugelkoordinaten und in diesen Basisvektoren ein, so müssen diese nicht von vornherein Einheitsvektoren sein, man kann aber durch geeignete Normierung erreichen, daß $|\vec{e}_i| = 1$ gilt. Schreibt man den Vektor (3.3.19) auf Kugelkoordinaten um, so gilt

$$\vec{K} = K_r\vec{e}_r + K_\vartheta\vec{e}_\vartheta + K_\psi\vec{e}_\psi, \tag{3.3.20}$$

wobei $\vec{e}_r, \vec{e}_\psi, \vec{e}_\vartheta$ die Einheitsbasisvektoren in Kugelkoordinaten sind.

Da der Vektor $\vec{K}$ als koordinatenfreie Größe bei der Transformation des Koordinatensystems invariant bleiben muß, müssen sich sowohl seine Komponenten K_r, K_ψ, K_ϑ im neuen Koordinatensystem als auch die Einheitsbasisvektoren $\vec{e}_r, \vec{e}_\psi$, $\vec{e}_\vartheta$ ("entgegengesetzt den Komponenten") so transformieren, daß $\vec{K}$ ungeändert bleibt. Weiter ist zu beachten, daß z.B. in einem Kraftfeld $\vec{K}$ eine differentielle Verschiebung $\mathrm{d}\vec{r}$ die Leistung einer Arbeit $\vec{K}\mathrm{d}\vec{r}$ erfordert, deren Wert bei Wechsel des Koordinatensystems unverändert bleiben muß. Das bedeutet, daß auch $\mathrm{d}\vec{r}$ sich entgegengesetzt, *kontravariant*, zu den Vektorenkomponenten transformieren muß. Da $\mathrm{d}\vec{r}$ sich nach (3.3.4) transformiert und die Rücktransformation des $\mathrm{d}q_l$ nach (3.3.6) erfolgt, müssen sich die Basiseinheitsvektoren ganz analog zu den Linienelementen transformieren, damit der Vektor invariant bleibt. Um die Basisvektoren, die dem neuen System, z.B. den Kugelkoordinaten, angehören, deutlich zu kennzeichnen, versehen wir sie mit einer Tilde $\tilde{}$. Es gilt dann für den Übergang cartesisch → neues System

$$dx_i = \sum_{k=1}^{3} \frac{\partial x_i}{\partial q_k} dq_k, \qquad (3.3.4)$$

$$e_i = \sum_{k=1}^{3} \frac{\partial x_i}{\partial q_k} \frac{1}{\sqrt{g_{kk}}} \tilde{e}_k, \qquad (3.3.21)$$

$$K_i = \sum_{l=1}^{3} \frac{\partial q_l}{\partial x_i} \tilde{K}_l, \qquad (3.3.23)$$

neues System → cartesisch

$$dq_l = \sum_{i=1}^{3} \frac{\partial q_l}{\partial x_i} dx_i, \qquad (3.3.6)$$

$$\tilde{e}_l = \sum_{i=1}^{3} \frac{\partial q_l}{\partial x_i} e_i, \qquad (3.3.22)$$

$$\tilde{K}_l = \sum_{i=1}^{3} \frac{\partial x_i}{\partial q_l} \frac{1}{\sqrt{g_{ll}}} K_i. \qquad (3.3.24)$$

Da sich die Abstände nach (3.3.18) transformieren und unsere Basisvektoren Einheitsbasisvektoren sein sollen, ist es notwendig, das Differential ∂q_k mit $\sqrt{g_{kk}}$ zu multiplizieren. Im Falle der Kugelkoordinaten erhalten wir so die folgenden Formeln für die Transformation der Einheitsbasisvektoren (die Tilde ˜ bezeichnet wieder die Vektoren im neuen Koordinatensystem r, ϑ, ψ)

$$\begin{aligned} \vec{e}_x &= \sin\vartheta\cos\psi\,\tilde{e}_r + \cos\vartheta\cos\psi\,\tilde{e}_\vartheta - \sin\psi\,\tilde{e}_\psi, \\ \vec{e}_y &= \sin\vartheta\sin\psi\,\tilde{e}_r + \cos\vartheta\sin\psi\,\tilde{e}_\vartheta + \cos\psi\,\tilde{e}_\psi, \\ \vec{e}_z &= \cos\vartheta\,\tilde{e}_r - \sin\vartheta\,\tilde{e}_\vartheta \end{aligned} \qquad (3.3.25)$$

und umgekehrt

$$\begin{aligned} \tilde{e}_r &= \sin\vartheta\cos\psi\,\vec{e}_x + \sin\vartheta\sin\psi\vec{e}_y + cos\vartheta\,\vec{e}_z, \\ \tilde{e}_\vartheta &= \cos\vartheta\cos\psi\,\vec{e}_x + \cos\vartheta\sin\psi\,\vec{e}_y - \sin\vartheta\vec{e}_z, \\ \tilde{e}_\psi &= -\sin\psi\,\vec{e}_x + \cos\psi\,\vec{e}_y. \end{aligned} \qquad (3.3.26)$$

Hierbei haben wir von folgender Matrix Gebrauch gemacht

$$N_{il} = \frac{\partial q_l}{\partial x_i} = \begin{pmatrix} \sin\vartheta\cos\psi & \cos\vartheta\cos\psi & -\sin\psi \\ \sin\vartheta\sin\psi & \cos\vartheta\sin\psi & \cos\psi \\ \cos\vartheta & -\sin\vartheta & 0 \end{pmatrix}, \qquad (3.3.27)$$

wobei Ausdrücke in den Koordinaten x, y, z nach (3.3.11) in Kugelkoordinaten umgerechnet wurden. Für die cartesischen Vektorkomponenten erhält man aus $\sum_l N_{il} K_l$ mit (3.3.27) oder aus (3.3.23)

$$\begin{aligned} K_x &= K_r \sin\vartheta\cos\psi + K_\vartheta \cos\vartheta\cos\psi - K_y \sin\psi, \\ K_y &= K_r \sin\vartheta\sin\psi + K_\vartheta \cos\vartheta\sin\psi + K_\psi \cos\psi, \\ K_z &= K_r \cos\vartheta - K_\vartheta \sin\vartheta, \end{aligned}$$

während sich aus (3.3.24) bzw. aus $\sum_i M_{li}(g_{ll})^{-1/2} K_i$ die Vektorkomponenten in Kugelkoordinaten ergeben

$$\begin{aligned} K_r &= K_x \sin\vartheta\cos\psi + K_y \sin\vartheta\sin\psi + K_z \cos\vartheta, \\ K_\vartheta &= K_x \cos\vartheta\cos\psi + K_y \cos\vartheta\sin\psi - K_z \sin\vartheta, \\ K_\psi &= -K_x \sin\psi + K_y \cos\psi, \end{aligned}$$

wobei man je nach Bedarf K_r etc. als Funktionen von x, y, z oder von r, ϑ, ψ (und umgekehrt K_x, K_y, K_z als Funktionen von x, y, z oder r, ϑ, ψ) auffaßt, was später gewisse Vorteile bringen wird. So kann man z.B. mit cartesischen Komponenten $K_x(r, \vartheta, \psi)$ etc. als Funktionen von Kugelkoordinaten gewisse Rechnungen stark vereinfachen.

Wir gehen nun dazu über, Differentialoperatoren in andere Koordinatensysteme zu transformieren. Wir betrachten zunächst den vektoriellen Differentiationsoperator *Nabla* (1.4.9), der in cartesischen Koordinaten die Form

$$\nabla = \vec{e}_x \frac{\partial}{\partial x} + \vec{e}_y \frac{\partial}{\partial y} + \vec{e}_z \frac{\partial}{\partial z}; \quad \nabla U = \operatorname{grad} U \tag{3.3.28}$$

besitzt. Mit Hinblick auf (3.3.18), (3.3.26) können wir ihn sofort auf allgemeine Koordinaten

$$\nabla = \sum_{l=1}^{3} \frac{\vec{e}_l}{\sqrt{g_{ll}}} \frac{\partial}{\partial q_l}; \quad \nabla U = \operatorname{grad} U = \sum_{l=1}^{3} \frac{\vec{e}_l}{\sqrt{g_{ll}}} \frac{\partial U}{\partial q_l} \tag{3.3.29}$$

und auf Kugelkoordinaten umschreiben:

$$\nabla = \vec{e}_r \frac{\partial}{\partial r} + \vec{e}_\vartheta \frac{1}{r} \frac{\partial}{\partial \vartheta} + \vec{e}_\psi \frac{1}{r \sin\vartheta} \frac{\partial}{\partial \psi}. \tag{3.3.30}$$

Wird der Nabla-Operator in skalarer Multiplikation $\sum_{l=1}^{3}(\partial/\partial x_l)K_l$ auf einen Vektor angewendet, vgl. (1.4.5), dann muß natürlich berücksichtigt werden, daß auch die Einheitsvektoren ortsabhängig sind. Formal gilt zunächst für die *Divergenz* des Produktes eines Basisvektors $\vec{e}$ mit einer Vektorkomponente, die einen Skalar U darstellt,

$$\operatorname{div}(\vec{e}U) = U \operatorname{div} \vec{e} + \vec{e} \operatorname{grad} U, \quad \text{d.h.}$$

$$\operatorname{div} \vec{K} = \operatorname{div} \sum_l (\vec{e}_l K_l) = \sum_l (K_l \operatorname{div} \vec{e}_l + \vec{e}_l \operatorname{grad} K_l),$$

so daß also z.B. in Kugelkoordinaten

$$\begin{aligned} \operatorname{div} \vec{K} &= \operatorname{div}\,(K_r \vec{e}_r + K_\vartheta \vec{e}_\vartheta + K_\psi \vec{e}_\psi) \\ &= K_r \operatorname{div} \vec{e}_r + K_\vartheta \operatorname{div} \vec{e}_\vartheta + K_\psi \operatorname{div} \vec{e}_\psi \\ &\quad + \vec{e}_r \operatorname{grad} K_r + \vec{e}_\vartheta \operatorname{grad} K_\vartheta + \vec{e} \operatorname{grad} K_\psi \end{aligned}$$

folgt. Die Berechnung von $\operatorname{div} \vec{e}_r$ etc. könnten wir in Kugelkoordinaten durchführen, doch ist dies kompliziert, da im Ausdruck

$$\left(\vec{e}_r \frac{\partial}{\partial r} + \vec{e}_\vartheta \frac{1}{r} \frac{\partial}{\partial \vartheta} + \vec{e}_\psi \frac{\partial}{\partial \psi}\right) (\sin\vartheta \cos\psi \vec{e}_x + \sin\vartheta \sin\psi \vec{e}_y + \cos\vartheta \vec{e}_z)$$

Skalarprodukte der Art $\vec{e}_r \cdot \vec{e}_x$, $\vec{e}_r \cdot \vec{e}_y$ etc. auftreten, die erst berechnet werden müßten. Es ist daher einfacher, diese Ausdrücke in cartesischen Koordinaten zu berechnen. Beispielsweise erhält man nach (3.3.26) und (3.3.11)

$$\operatorname{div}\vec{e}_r = \left(\vec{e}_x\frac{\partial}{\partial x} + \vec{e}_y\frac{\partial}{\partial y} + \vec{e}_z\frac{\partial}{\partial z}\right)\left(\frac{x}{r}\vec{e}_x + \frac{y}{r}\vec{e}_\vartheta + \frac{z}{r}\vec{e}_\psi\right),$$

was wegen der Orthogonalität der cartesischen Koordinate ($\vec{e}_l\vec{e}_k = \delta_{lk}$) als

$$\operatorname{div}\vec{e}_r = \frac{\partial}{\partial x}\frac{x}{r} + \frac{\partial}{\partial y}\frac{y}{r} + \frac{\partial}{\partial z}\frac{z}{r} = \frac{2}{r}$$

geschrieben und leicht berechnet werden kann. Analog erhält man

$$\operatorname{div}\vec{e}_\vartheta = \frac{\cot\vartheta}{r}, \quad \operatorname{div}\vec{e}_\psi = 0.$$

Damit hat man in Kugelkoordinaten

$$\operatorname{div}\vec{K} = \frac{\partial K_r}{\partial r} + \frac{1}{r}\frac{\partial K_\vartheta}{\partial\vartheta} + \frac{1}{r\sin\vartheta}\frac{\partial K_\psi}{\partial\psi} + \frac{2}{r}K_r + \frac{1}{r}K_\vartheta\cot\vartheta. \tag{3.3.31}$$

Für beliebige Koordinaten findet man mit $g = \det|g_{kl}|$

$$\operatorname{div}\vec{K} = \nabla\cdot\vec{K} = \sum_{l=1}^{3}\frac{1}{\sqrt{g_{ll}}}\frac{\partial K_l}{\partial q_l} + \frac{1}{\sqrt{g}}\sum_l K_l\frac{\partial}{\partial q_l}\sqrt{\frac{g}{g_{ll}}}. \tag{3.3.32}$$

In analoger Weise kann man ableiten

$$\begin{aligned}\operatorname{rot}\vec{K} = \nabla\times\vec{K} =& K_1\operatorname{rot}\vec{e}_1 + K_2\operatorname{rot}\vec{e}_2 + K_3\operatorname{rot}\vec{e}_3 + [\operatorname{grad}K_1\times\vec{e}_1] \\ &+ [\operatorname{grad}K_2\times\vec{e}_2] + [\operatorname{grad}K_3\times\vec{e}_3]\end{aligned}$$

und erhält in Kugelkoordinaten für den Vektor $\operatorname{rot}\vec{K}$

$$(\operatorname{rot}\vec{K})_r = \frac{1}{r}\frac{\partial K_\psi}{\partial\vartheta} - \frac{1}{r\sin\vartheta}\frac{\partial K_\vartheta}{\partial\psi} + \frac{1}{r}K_\psi\cot\vartheta, \tag{3.3.33}$$

$$(\operatorname{rot}\vec{K})_\vartheta = \frac{1}{r\sin\vartheta}\frac{\partial K_r}{\partial\psi} - \frac{\partial K_\psi}{\partial r} - \frac{1}{r}K_\psi, \tag{3.3.34}$$

$$(\operatorname{rot}\vec{K})_\psi = \frac{\partial K_\vartheta}{\partial r} - \frac{1}{r}\frac{\partial K_r}{\partial\vartheta} + \frac{1}{r}K_\vartheta \tag{3.3.35}$$

und allgemein

$$\begin{aligned}(\nabla\times\vec{K})_1 =& \frac{1}{\sqrt{g_{22}}}\frac{\partial K_3}{\partial q_2} - \frac{1}{\sqrt{g_{33}}}\frac{\partial K_2}{\partial q_3} \\ &+ \frac{K_3}{\sqrt{g_{22}g_{33}}}\frac{\partial\sqrt{g_{33}}}{\partial q_2} - \frac{K_2}{\sqrt{g_{22}g_{33}}}\frac{\partial\sqrt{g_{22}}}{\partial q_3},\end{aligned} \tag{3.3.36}$$

$$\begin{aligned}(\nabla\times\vec{K})_2 =& \frac{1}{\sqrt{g_{33}}}\frac{\partial K_1}{\partial q_3} - \frac{1}{\sqrt{g_{11}}}\frac{\partial K_3}{\partial q_1} \\ &+ \frac{K_1}{\sqrt{g_{11}g_{33}}}\frac{\partial\sqrt{g_{11}}}{\partial q_3} - \frac{K_3}{\sqrt{g_{11}g_{33}}}\frac{\partial\sqrt{g_{33}}}{\partial q_1},\end{aligned} \tag{3.3.37}$$

$$
\begin{aligned}
(\nabla \times \vec{K})_3 = & \frac{1}{\sqrt{g_{11}}} \frac{\partial K_2}{\partial q_1} - \frac{1}{\sqrt{g_{22}}} \frac{\partial K_1}{\partial q_2} \\
& + \frac{K_2}{\sqrt{g_{11} g_{22}}} \frac{\partial \sqrt{g_{22}}}{\partial q_1} - \frac{K_1}{\sqrt{g_{11} g_{22}}} \frac{\partial \sqrt{g_{11}}}{\partial q_2} .
\end{aligned} \tag{3.3.38}
$$

Für den LAPLACE-*Operator* erhält man

$$
\Delta U = \operatorname{div} \operatorname{grad} U = \frac{1}{\sqrt{g}} \sum_{l=1} \frac{\partial}{\partial q_l} \frac{\sqrt{g}}{\sqrt{g_{ll}}} \frac{\partial U}{\partial q_l}, \tag{3.3.39}
$$

und für einen Vektor gilt

$$
\Delta \vec{K} = \operatorname{grad} \operatorname{div} \vec{K} - \operatorname{rot} \operatorname{rot} \vec{K}. \tag{3.3.40}
$$

Die Identität rot grad = 0 gilt natürlich auch in jedem Koordinatensystem. In cartesischen Koordinaten hat der Vektor $\Delta\vec{K}$ die folgenden Komponenten

$$
(\Delta \vec{K})_x = \frac{\partial^2 K_x}{\partial x^2} + \frac{\partial^2 K_x}{\partial y^2} + \frac{\partial^2 K_x}{\partial z^2}, \tag{3.3.41}
$$

$$
(\Delta \vec{K})_y = \frac{\partial^2 K_y}{\partial x^2} + \frac{\partial^2 K_y}{\partial y^2} + \frac{\partial^2 K_y}{\partial z^2}, \tag{3.3.42}
$$

$$
(\Delta \vec{K})_z = \frac{\partial^2 K_z}{\partial x^2} + \frac{\partial^2 K_z}{\partial y^2} + \frac{\partial^2 K_z}{\partial z^2}, \tag{3.3.43}
$$

doch in allen anderen Koordinatensystemen treten Kopplungen zwischen den Komponenten auf, z.B. gilt in Kugelkoordinaten

$$
\begin{aligned}
(\Delta \vec{K})_r = & \frac{\partial^2 K_r}{\partial r^2} + \frac{1}{r^2} \frac{\partial^2 K_r}{\partial \vartheta^2} + \frac{1}{r^2 \sin^2 \vartheta} \frac{\partial^2 K_r}{\partial \psi^2} + \frac{2}{r} \frac{\partial K_r}{\partial r} \\
& + \frac{\cot \vartheta}{r^2} \frac{\partial K_r}{\partial \vartheta} - \frac{2 K_r}{r^2} \\
& - \frac{2}{r^2} \frac{\partial K_\vartheta}{\partial \vartheta} - \frac{2 K_\vartheta \cot \vartheta}{r^2} - \frac{2}{r^2 \sin \vartheta} \frac{\partial K_\psi}{\partial \psi} .
\end{aligned} \tag{3.3.44}
$$

Wie man leicht feststellt, entsprechen die ersten fünf Terme genau ΔK_r, doch in den folgenden Termen treten unangenehme Kopplungen auf. In allgemeinen Koordinaten wird der Vektor $\Delta \vec{K}$ sehr unförmig, vgl. [2.3]. Es ist daher zweckmäßig, cartesische Vektorkomponenten als Funktionen der allgemeinen Koordinaten, z.B. von Kugelkoordinaten zu verwenden, die vektoriellen Gleichungen, in denen $\Delta \vec{K}$ vorkommt, auf diese Weise zu lösen und dann die cartesischen Koordinaten zum Zwecke der Erfüllung von Randbedingungen auf die den Randbedingungen angepaßten Koordinaten zu transformieren, vgl. Abschnitt 4.9. Andere Methoden verwenden Hilfsvektoren, z.B. den HERTZ- oder FITZGERALD-*Vektor* in der Elektrodynamik.

Bei vielen physikalischen und technischen Anwendungen taucht die HELMHOLTZ-Gleichung

$$\Delta U + k^2 U = 0 \tag{3.3.45}$$

auf. Da mit ihrer Lösung Randbedingungen an verschiedenen Rändern erfüllt werden müssen, ist es notwendig zu wissen, in welchen Koordinatensystemen (3.3.45) durch einen Produktansatz analog zu (3.3.1) separiert werden kann. Die Antwort auf diese Frage liefert die STÄCKEL-*Determinante* [7, 2.3]. Da die Theorie für die Anwendungen keine Bedeutung besitzt, gehen wir weiter nicht darauf ein, sondern fassen nur die wichtigsten Ergebnisse für (3.3.45) zusammen.

In drei Raumdimensionen sind die HELMHOLTZ-*Gleichung* und die LAPLACE-*Gleichung* in 11 Koordinatensystemen separierbar. Diese sind [2.3]

1. cartesische Koordinaten x, y, z,
2. Kreiszylinderkoordinaten (und ebene Polarkoordinaten r, ψ)

$$x = r\cos\psi, \quad y = r\sin\psi, \quad z = z, \tag{3.3.46}$$

3. elliptische Zylinderkoordinaten

$$x = e\cosh\eta\cos\psi, \quad y = e\sinh\eta\sin\psi, \quad z = z, \tag{3.3.47}$$

4. parabolische Zylinderkoordinaten

$$x = \left(\mu^2 - \nu^2\right)/2, \quad y = \mu\nu, \quad z = z, \tag{3.3.48}$$

5. Kugelkoordinaten r, ψ, ϑ, vgl. (3.3.11),
6. gestreckte Sphäroidkoordinaten

$$x = a\sinh\eta\sin\vartheta\cos\psi, \; y = a\sinh\eta\sin\vartheta\sin\psi, \; z = a\cosh\eta\cos\vartheta, \tag{3.3.49}$$

7. abgeplattete Sphäroidkoordinaten

$$x = a\cosh\eta\sin\vartheta\cos\psi, \; y = a\cosh\eta\sin\vartheta\sin\psi, \; z = a\sinh\cos\vartheta, \tag{3.3.50}$$

8. parabolische Koordinaten

$$x = \mu\nu\cos\psi, \quad y = \mu\nu\sin\psi, \quad z = \frac{1}{2}\left(\mu^2 - \nu^2\right), \tag{3.3.51}$$

9. Kegelkoordinaten

$$\begin{aligned} x^2 &= \left(\frac{r\vartheta\lambda}{bc}\right)^2, \quad y^2 = \frac{r^2(\vartheta^2 - b^2)(b^2 - \lambda^2)}{b^2(c^2 - b^2)}, \\ z^2 &= \frac{r^2(c^2 - \vartheta^2)(c^2 - \lambda^2)}{c^2(c^2 - b^2)}, \end{aligned} \tag{3.3.52}$$

10. Ellipsoidkoordinaten

$$\begin{aligned} x^2 &= \left(\frac{\eta\vartheta\lambda}{bc}\right)^2, \quad y^2 = \frac{(\eta^2 - b^2)(\vartheta^2 - b^2)(b^2 - \lambda^2)}{b^2(c^2 - b^2)}, \\ z^2 &= \frac{(\eta^2 - c^2)(c^2 - \vartheta^2)(c^2 - \lambda^2)}{c^2(c^2 - b^2)}, \end{aligned} \tag{3.3.53}$$

für Ellipsoide mit den Achsen a, b, c

$$\frac{x^2}{\eta^2} + \frac{y^2}{\eta^2 - b^2} + \frac{z^2}{\eta^2 - c^2} = 1, \tag{3.3.54}$$

11. Paraboloidkoordinaten

$$x^2 = \frac{4(\mu - b)}{(b-c)} \cdot (b-\nu)(b-\lambda), \quad y^2 = \frac{4(\mu - c)}{b-c} \cdot (c-\nu)(\lambda - c),$$
$$z = \mu + \nu + \lambda - b - c. \tag{3.3.55}$$

In *zwei* Raumdimensionen ist die Situation wesentlich besser:

1. Die LAPLACE-*Gleichung* ist mit Hilfe der ***konformen Abbildung***, vgl. Abschnitt 4.2, in unendlich vielen zweidimensionalen Koordinatensystemen separierbar, da jede komplex differenzierbare Funktion ein neues (zylindrisches) Koordinatensystem generiert. Ist das Problem um eine Achse symmetrisch, dann kann die konforme Abbildung auch im dreidimensionalen Raum Anwendung finden, vgl. Seite 142. Ebene elliptische Koordinaten behandeln wir in Abschnitt 5.2.
2. Zylindrische Koordinatensysteme gestatten in vielen Fällen auch die Separation der HELMHOLTZ-*Gleichung*.
3. Rotationssymmetrische Systeme wie beispielsweise *Toruskoordinaten*

$$\begin{array}{lll} x = a\sinh\eta\cos\psi/T, & & y = a\sinh\eta\sin\psi/T, \\ z = a\sin\vartheta/T, & & T = \cosh\eta - \cos\vartheta, \\ 0 \le \eta \le \infty, & -\pi < \vartheta \le +\pi, & 0 \le \psi < 2\pi, \end{array} \tag{3.3.56}$$

   lassen gelegentlich Separation zu. So ist die LAPLACE-Gleichung sehr wohl in Toruskoordinaten separierbar, die HELMHOLTZ-Gleichung jedoch nicht, vgl. aber [3.24]. Der einfache Separationsansatz (3.3.1), siehe Seite 99, führt jedoch bei der LAPLACE-Gleichung nicht zur Separation, der Ansatz muß durch *R-Separation* auf die Form $U_1(u_1)U_2(u_2)U_3(u_3)/R(u_1, u_2, u_3)$ erweitert werden, vgl. Abschnitt 4.1., wo auch *quasitoroidale Koordinaten* r, ϑ, φ behandelt werden.

Besondere Probleme ruft die *vektorielle* HELMHOLTZ-*Gleichung*

$$\operatorname{grad}\operatorname{div}\vec{K} - \operatorname{rot}\operatorname{rot}\vec{K} + k^2\vec{K} = \Delta\vec{K} + k^2\vec{K} = 0 \tag{3.3.57}$$

hervor, die in der Elektrodynamik auftritt. Sie ist immer separierbar in cartesischen Koordinaten, aber in Kreiszylinderkoordinaten und in einigen wenigen anderen Koordinatensystemen nur unter bestimmten Voraussetzungen, vgl. Abschnitt 4.9.

Alle gewöhnlichen Differentialgleichungen, die sich durch derartige Separationsansätze ergeben, gehören dem Typ von BÔCHER-Gleichungen (2.2.22), Seite 34, an.

Es soll jedoch nicht der Eindruck erweckt werden, daß nur lineare partielle Differentialgleichungen separierbar sind. In Einzelfällen sind auch nichtlineare partielle Differentialgleichung separierbar, wie die folgenden Beispiele zeigen. Die aus der Theorie anisotroper Gasströmungen stammende Gleichung [3.12]

$$u_{xx}u_{tt} - u_{xt}^2 = ku_x^n u_{xx}^{1+\gamma} \tag{3.3.58}$$

läßt sich durch den Ansatz

$$u(x,t) = x^m G(t) = F(x)G(t) \tag{3.3.59}$$

in

$$m(m-1)GG'' - m^2G'^2 = km^{n+\gamma+1}(m-1)^{1+\gamma}G^{n+\gamma+1} \tag{3.3.60}$$

überführen, wenn man

$$n(m-1) = 2\gamma - (\gamma - 1)m \tag{3.3.61}$$

setzt. Die Gleichung

$$u_t = (u^n u_x)_x = nu^{n-1}u_x^2 + u^n u_{xx}$$

läßt sich durch $u(x,t) = T(t)X(x)$ in gewöhnliche Differentialgleichungen

$$\begin{array}{rcrcl} T' & - & \lambda T^{n+1} & = & 0 \\ X''X' & + & XX'' - \lambda X & = & 0 \end{array}$$

überführen, wobei λ die Separationskonstante ist.

Auch der Ansatz $u = F(t) + x^p G(t)$ führt zu zwei gewöhnlichen Differentialgleichungen. Die JACOBI-Differentialgleichung der Mechanik ist ebenfalls nichtlinear, beispielsweise

$$\left(\frac{\partial S}{\partial x}\right)^2 + \left(\frac{\partial S}{\partial y}\right)^2 + \left(\frac{\partial S}{\partial z}\right)^2 = f(x).$$

Sie läßt sich durch $S_1(x) + S_2(y) + S_3(z)$ separieren.

3.4 Weitere Methoden zur Überführung partieller in gewöhnliche Differentialgleichungen

LAPLACE-Transformation, Integraltransformationen, Deltafunktion, Pseudo-LAPLACE-Operator, Ähnlichkeitstransformationen, Ansatz von BIRKHOFF, Integralgleichungen, elektromagnetische Drahtwellen, HILDEBRAND-Formel, BLASIUS-Problem, BOLTZMANN-Integrodifferentialgleichung, Momentenmethode, kritische Masse einer Atombombe

Neben der im letzten Abschnitt erwähnten Separationsmethode gibt es noch einige andere Verfahren, um partielle Differentialgleichungen in gewöhnliche Differentialgleichungen überzuführen. Einige davon, die für die praktischen Anwendungen interessant sind, wollen wir kurz besprechen.

Eine Methode ist die LAPLACE-*Transformation*, die weit verbreitet für die Lösung linearer gewöhnlicher Differentialgleichungen (aber auch z.B. für die Aufsummierung von Reihen) verwendet wird [3.14, 3.15, 20, 2, 1]. So wie alle Integraltransformationen besteht sie bei gewöhnlichen Differentialgleichungen der Form

$$p_0(z)w''(z) + p_1(z)w'(z) + p_2(z)w(z) = 0 \tag{3.4.1}$$

darin, daß man zur Lösung den Ansatz

$$w(z) = \int_{t_0}^{t_1} K(z,t)y(t)\mathrm{d}t \tag{3.4.2}$$

macht, wobei t eine neue komplexe oder reelle Variable ist, $K(z,t)$ heißt der *Kern der Integraltransformation.* Im speziellen sind u.a. in Integraltransformationen folgende Kerne mit Integrationsgrenzen betrachtet worden [3.16, 3.17, 3.18, 2.1]:

LAPLACE-Transformation	$\int_0^\infty \exp(-zt)$,	$\frac{1}{2\pi i}\int_{\gamma-i\infty}^{\gamma+i\infty} \exp(zt)$,
FOURIER-Transformation	$\int_{-\infty}^{+\infty} \exp(-izt)$,	$\frac{1}{2\pi}\int_{-\infty}^{+\infty} \exp(izt)$,
	oder $\cos(zt)$	bzw. $\sin(zt)$,
HANKEL-Transformation (vgl. Seite 224)	$\int_0^\infty tJ_n(zt)$,	$\int_0^{+\infty} zJ_n(zt)$,
MELLIN-Transformation	$\int_0^\infty t^{z-1}$,	$\frac{1}{2\pi i}\int_{\gamma-i\infty}^{\gamma+i\infty} z^{-t}$,
EULER-Transformation	$\int_{-\infty}^{+\infty} (z-t)^\mu$,	

wo J_n die BESSEL-Funktion und μ eine Konstante ist. Eine spezielle Anwendung der FOURIER-Transformation ist die WIENER-HOPF-Methode [21].

Diese Integraltransformationen haben verschiedene Integrationsgrenzen, die im Integralzeichen angegeben wurden. Kerne und Integrationsgrenzen der Umkehrtransformationen sind in der rechten Spalte angegeben. Die EULER-Transformation führt bei Anwendung auf die hypergeometrische Differentialgleichung zu Integraldarstellungen von deren Lösungen. Integraltransformationen werden daher auch für die Lösung gewöhnlicher linearer Differentialgleichungen benützt [7, 10]. Aus Platzmangel können wir hier die Theorie der Integraltransformationen nicht besprechen, doch soll an einem Beispiel kurz gezeigt werden, wie mit Hilfe der LAPLACE-Transformation eine partielle Differentialgleichung in eine gewöhnliche Differentialgleichung verwandelt werden kann. Wir betrachten (1.4.21) Seite 18 mit $\alpha = 1$, also

$$\frac{\partial^2 T}{\partial x^2} = \frac{\partial T}{\partial t}, \tag{3.4.3}$$

wobei wir als *Anfangsbedingung* $T(x,0) = \psi(x)$ wählen. Multipliziert man dies mit dem Kern der LAPLACE-Transformation und integriert man, so erhält man

$$\int_0^\infty \exp(-zt)\frac{\partial^2 T}{\partial x^2}\mathrm{d}t = \frac{\partial^2}{\partial x^2}\int_0^\infty \exp(-zt)T(x,t)\mathrm{d}t = \int_0^\infty \exp(-zt)\frac{\partial T}{\partial t}\mathrm{d}t. \quad (3.4.4)$$

Hierbei ist nach (3.4.2)

$$w(z,x) = \int_0^\infty \exp(-zt)T(x,t)\mathrm{d}t \quad (3.4.5)$$

die LAPLACE-Transformation von $T(x,t)$. Partielle Integration des in (3.4.5) rechts stehenden Integrals nach der bekannten Formel $\int u\mathrm{d}v = uv - \int v\mathrm{d}u$ liefert

$$\int_0^\infty \exp(-zt)\frac{\partial T}{\partial t}\mathrm{d}t = \left|\exp(-zt)T(x,t)\right|_0^\infty + \int_0^\infty zT(x,t)\exp(-zt)\mathrm{d}t.$$

Setzt man die Anfangsbedingung ein, so erhält man mit (3.4.5)

$$\int_0^\infty \exp(-zt)\,\frac{\partial T}{\partial t}\,\mathrm{d}t = -\psi(x) + zw(z,x).$$

Damit nimmt (3.4.4) die Form einer gewöhnlichen Differentialgleichung an:

$$\frac{\partial^2 w(z,x)}{\partial x^2} = \frac{\mathrm{d}^2 w(x;z)}{\mathrm{d}x^2} = zw(x;z) - \psi(x). \quad (3.4.6)$$

Hierin wurde die Zeit t hinausintegriert, und (3.4.6) ist als gewöhnliche Differentialgleichung für die Funktion $w(x)$ anzusehen; z ist ein Parameter. Interessant ist, daß durch dieses Verfahren die Anfangsbedingung $\psi(x)$ der partiellen Differentialgleichung (3.4.3) nun als inhomogenes Glied in der gewöhnlichen Differentialgleichung auftritt. Für $\psi = 0$ erhält man sofort für (3.4.6) die Lösung $w(x;z) = C_1(z)\exp(x)\sqrt{z}) + C_2(z)\exp(-x\sqrt{z})$. Mit Hilfe der von z abhängigen Integrationskonstanten C_1, C_2 kann man nun auch Randbedingungen der partiellen Differentialgleichung lösen. Sei etwa $T(0,t) = \varphi(t)$, $T(\infty,t) = 0$. Dann erhält man

$$w(0;z) = \int_0^\infty \exp(-zt)T(0,t)\mathrm{d}t = \int_0^\infty \exp(-zt)\varphi(t)\mathrm{d}t = \bar{w}(z)$$

und schließlich $C_1(z) = 0$, $C_2(z) = \bar{w}(z)$, so daß $w(x;z) = \bar{w}(z)\exp(-x\sqrt{z})$ nur noch bezüglich z rücktransformiert werden muß, um die Lösung $T(x,t)$ der partiellen Differentialgleichung samt Anfangs- und Randbedingungen zu erhalten.

Der Leser wird eingeladen, sich davon zu überzeugen, daß die sogenannte *Telegraphengleichung*

$$u_{xx} - au_{tt} - bu_t - cu = 0 \quad (3.4.7)$$

mit den Anfangsbedingungen $u(x,0) = 0$, $u_t(x,0) = 0$ und den Randbedingungen $u(0,t) = f_0(t)$, $u(l,t) = f_1(t)$ mittels LAPLACE-Transformation in

$$\frac{\mathrm{d}^2 w}{\mathrm{d}x^2} - \left(az^2 + bz + c\right) w = 0 \tag{3.4.8}$$

mit den Randbedingungen $w(0;z) = \bar{f}_0(z)$, $w(l;z) = \bar{f}_1(z)$ übergeführt werden kann [3.15].

Als weiteres Beispiel geben wir die Schwingungsgleichung einer gedämpften, an der Stelle x_0 mit der zeitlich variablen Kraft $f(t)$ gezupften Saite an [7]. Es sei

$$u_{tt} + 2\kappa u_t - c^2 u_{xx} = c^2 \delta(x - x_0) f(t), \quad t > 0. \tag{3.4.9}$$

Hier sind κ, c Konstante, und $\delta(x - x_0)$ ist die DIRAC-*Deltafunktion*, die Mathematiker lieber als Distribution bezeichnen, da sie den strengen Kriterien einer Funktion nicht genügt. Sie ist überall null, ausgenommen an der Stelle $x = x_0$, wo sie unendlich ist, aber so, daß

$$\int_{-\infty}^{+\infty} \delta(x)\mathrm{d}x = 1, \qquad \int_{-\infty}^{+\infty} f(x)\delta(x - x_0)\mathrm{d}x = f(x_0). \tag{3.4.10}$$

Mit Hilfe der LAPLACE-Transformation erhält man

$$\begin{aligned} &- c^2 \frac{\mathrm{d}^2 w}{\mathrm{d}x^2} + (z^2 + 2\kappa z) w(x,z) \\ &= c^2 \delta(x - x_0) F(z) + (p + 2\kappa) u(0,x) + u_t(0,x), \end{aligned}$$

wobei die letzten beiden Glieder rechts die Anfangsbedingungen zu (3.4.9) sind, und $F(z)$ ist die Transformierte von $f(t)$.

Eine weitere Methode, partielle Differentialgleichungen in gewöhnliche Differentialgleichungen überzuführen, stellen *Ähnlichkeitstransformationen* dar. Bei dieser Art von Transformationen wird ein Aggregat der unabhängigen Variablen x, y oder x, t oder x, y, z, t etc. zu einer neuen *Ähnlichkeitsvariablen* zusammengefaßt, z.B. (BOLTZMANN-*Transformation*)

$$\eta(x,t) = x^\alpha t^\beta. \tag{3.4.11}$$

Geht man damit in die Wärmeleitungsgleichung mit dem *Pseudo*-LAPLACE-*Operator*

$$\frac{\partial u}{\partial t} = \frac{\partial}{\partial x}\left[f(u(x,t))\frac{\partial u}{\partial x}\right] \tag{3.4.12}$$

ein, so erhält man für beliebige Funktionen $f(u)$ eine gewöhnliche Differentialgleichung, wenn man, soweit möglich, alles durch η ausdrückt:

$$u_x = \frac{\mathrm{d}u}{\mathrm{d}\eta}\frac{\partial \eta}{\partial x} = u'\alpha x^{\alpha-1}t^\beta, \quad u_t = u'\beta x^\alpha t^{\beta-1},$$

$$u_{xx} = \alpha(\alpha-1)x^{\alpha-2}t^\beta u' + \alpha^2 x^{2(\alpha-1)} t^{2\beta} u'',$$

$$\beta \frac{x^2}{t} \eta u' = \alpha(\alpha-1)\eta f(u) u' + \alpha^2 \eta^2 (f(u)u')'.$$

Hier sind alle Terme bis auf den von der linken Seite Funktionen nur von η; damit die Gleichung gilt, muß auch x^2/t eine Funktion von η sein, also z.B. $x^2/t = \eta = x^\alpha t^\beta$, also $\alpha = 2$, $\beta = -1$ oder $x^2/t = \eta^2 = x^{2\alpha}t^{2\beta}$, also $\alpha = 1$, $\beta = -1/2$ etc., und die BOLTZMANN-Transformation lautet

$$\eta = x/t^{1/2} \quad \text{oder} \quad x^2/t \quad \text{etc.,} \tag{3.4.13}$$

welche Kombination wir bei der Lösung von Randwertproblemen der Wärmeleitungsgleichung wieder treffen werden (siehe Seite 195).

Es gibt mehrere Methoden, solche *Ähnlichkeitstransformationen* zu finden [3.12, 3.19, 3.20, 3.21]. Ein großer Nachteil ist jedoch, daß man mit Lösungen, die mittels Ähnlichkeitstransformationen gefunden wurden, nur wenige spezielle oder gar keine Randbedingungen befriedigen kann – die jeweilige Ähnlichkeitstransformation legt bereits implizit fest, welche Randbedingungen erfüllt werden können.

Eine Methode, Ähnlichkeitstransformationen zu finden, ist der *Ansatz von* BIRKHOFF. Hat man beispielsweise ein System von $j = 1 \dots n$ partiellen Differentialgleichungen, das $i = 1 \dots m$ unabhängige und $j = 1 \dots n$ abhängige Variable x_i bzw. y_j enthält, so muß man stufenweise vorgehen. Man prüft zunächst, welche Art Ansatz zweckmäßig ist, indem man zunächst beide Variablensätze wie folgt transformiert:

$$\begin{aligned} \bar{x}_i &= a^{\alpha_i} x_i, \qquad i = 1 \dots m, \\ \bar{y}_j &= a^{\gamma_j} y_j, \qquad j = 1 \dots n. \end{aligned} \tag{3.4.14}$$

Man hat die Exponenten α_i, γ_j so zu wählen, daß das System der Gleichungen unter dieser Transformation invariant bleibt. Ist dabei $\alpha_1 \neq 0$, so setzt man

$$\begin{aligned} \eta_i &= \frac{x_i}{x_1^{\beta_i}} \quad \beta_i = \alpha_i/\alpha_1 \quad i = 2 \dots m, \\ f_j(\eta_2, \eta_3, \dots \eta_m) &= y_j(x_1, x_2 \dots x_m) / x_1^{\gamma_j/\alpha_1}, \quad j = 1 \dots n \end{aligned} \tag{3.4.15}$$

und erhält eine Reduktion von m Variablen $x_1 \dots x_m$ auf $m-1$ Variable $\eta_2 \dots \eta_m$ und wiederholt dann den Prozeß. Ergibt sich jedoch $\alpha_1 = 0$, so setzt man

$$\begin{aligned} &\bar{x}_1 = x_1 + \ln a, \quad \bar{x}_i = a^{\alpha_i} x_i, \quad i = 2, 3 \dots \quad \bar{y}_j = a^{\gamma_j} y_j, \\ &\eta_i = \frac{x_i}{\exp(\alpha_i x_i)}, \quad i = 2 \dots m, \quad f_j(\eta_2 \dots \eta_m) = \frac{y_i(x_1 \dots x_m)}{\exp(\gamma_j x_1)}. \end{aligned} \tag{3.4.16}$$

Wir zeigen dies an einem einfachen Beispiel. Es sei die nichtlineare partielle Differentialgleichung zweiter Ordnung

$$u^p(u_{xx} + u_{yy}) + pu^{p-1}\left(u_x^2 + u_y^2\right) - u_t = 0, \tag{3.4.17}$$

gegeben. Setzt man $\bar{x} = a^m x$, $\bar{y} = a^n y$, $\bar{t} = a^r t$, $\bar{u} = a^s u$, so erhält man aus der Forderung der Invarianz (alle Potenzen von a seien gleich), daß $2m-(p+1)s = 2n-(p+1)s = r-s$, somit mit der Wahl $r \neq 0$, $s/r = A$, $m/r = n/r = (1+pA)/2 = \alpha$ und daher

$$\xi = xt^{-\alpha}, \quad \eta = yt^{-\alpha}, \quad f(\xi, \eta) = \frac{u(x, y, t)}{t^A}.$$

Damit erhält man die neue partielle Differentialgleichung für $f(\xi,\eta)$

$$f^p\left[f_{\xi\xi}+f_{\eta\eta}\right]+pf^{p-1}\left[f_\xi^2+f_\eta^2\right]-Af+\alpha\left[\xi f_\xi+\eta f_\eta\right]=0. \tag{3.4.18}$$

Der nächste Schritt ist dann $\vartheta=\eta/\xi$, $\psi(\vartheta)=f(\xi,\eta)/\xi^{2/p}$, so daß man schließlich die gewöhnliche Differentialgleichung

$$\begin{aligned}&\psi^{p-1}\left[\left(1+\vartheta^2\right)\psi''+2\vartheta\left(1-\frac{2}{p}\right)\psi'+\frac{2}{p}\left(\frac{2}{p}-1\right)\psi\right]\\&\quad+p\psi^{p-2}\left[\psi'^2+\left(\frac{2}{p}\psi-\vartheta\psi'\right)^2\right]+\frac{1}{p}=0\end{aligned} \tag{3.4.19}$$

für $\psi(\vartheta)$ erhält.

Der Leser möge sich davon überzeugen, daß die Transformation $\eta=t/x$ die partielle Differentialgleichung $u_{xx}=u_{tt}+u_t^2$ in die gewöhnliche Differentialgleichung $(\eta^2-1)f''+\eta f'-f'^2=0$ für $f(\eta)$ überführt. Weitere Anwendungen findet man in [3.22].

Schließlich kann man auch durch wiederholte Integrationen eine partielle Differentialgleichung in eine *Integralgleichung* für eine Variable überführen und diese dann z.B. mittels mehrfacher Iteration lösen [3.12]. Elektromagnetische Wellen auf Drähten werden bei Vorhandensein eines vom elektrischen Feld E abhängigen nichtlinearen Widerstandes $R(E)$ pro Längeneinheit durch die Gleichungen

$$\frac{\partial I(x,t)}{\partial x}=-C\frac{\partial U(x,t)}{\partial t},\quad E=-\frac{\partial U}{\partial x},\quad E=R(E)I \tag{3.4.20}$$

beschrieben, wobei I die Stromstärke und C die (konstante) Leitungskapazität pro Längeneinheit bedeuten. Eliminiert man das Potential U aus (3.4.20), so erhält man $E=RI$, $I_{xx}=CE_t$. Auflösung nach E ergibt $E(x,t)=F(I(x,t))$, während zweimalige Integration der partiellen Differentialgleichung für I die Integralgleichung

$$I(x,t)=C\int_0^x\int_0^x E_t(x',t)\mathrm{d}x'\mathrm{d}x'+A(t)x+B(t) \tag{3.4.21}$$

liefert. Verwendet man die HILDEBRAND-*Formel*

$$\underbrace{\int_a^x\cdots\int_a^x}_{n\text{-mal}} f(x)\underbrace{\mathrm{d}x\ldots\mathrm{d}x}_{n\text{-mal}}=\frac{1}{(n-1)!}\int_a^x(x-x')^{n-1}f(x')\mathrm{d}x', \tag{3.4.22}$$

so erhält man aus (3.4.21)

$$I(x,t)=C\int_0^x(x-x')E_t(x',t)\mathrm{d}x'+A(t)x+B(t). \tag{3.4.23}$$

Diese Integralgleichung für I mit der Nebenbedingung $E(x,t) = F(I)$ kann man nun durch Iteration lösen

$$E_n = F(I_n), \quad I_{n+1} = C\int_0^x (x - x')E_{nt}\mathrm{d}x', \quad n = 1, 2, \ldots . \tag{3.4.24}$$

Als erste Näherung kann man $\int_0^\infty E(x,t)\mathrm{d}x = const$, $R(E) = R_0(E_0/E)^m$, $A(t) = B(t) = 0$ verwenden, so daß $E_n = [R_0 E_0^m I_n]^{1/(m+1)}$ folgt.

In ähnlicher Weise kann man das BLASIUS-*Problem* der Grenzschichttheorie

$$uu_x + vu_y = \nu u_{yy} = 0, \quad u_x + v_x = 0, \tag{3.4.25}$$

wobei $u(x,y)$, $v(x,y)$ die Geschwindigkeitskomponenten einer stationären ebenen Strömung und ν die Viskosität sind, mit den Randbedingungen

$$u(x,0) = 0, \quad v(x,0) = 0, \quad u(x,\infty) = u_0 \tag{3.4.26}$$

mit Hilfe der Ähnlichkeitstransformation

$$\eta = y\sqrt{u_0/\nu x}, \quad \psi = 2\sqrt{\nu x u_0}\, f(\eta) \tag{3.4.27}$$

lösen. Hier ist $\psi(x,y)$ die durch $u = \psi_y$, $v = -\psi_x$ bestimmte *Stromfunktion*. Man erhält dann aus (3.4.25)

$$f''' + ff'' = 0 \tag{3.4.28}$$

mit

$$f(0) = 0, \quad f'(0) = a, \quad a \geq 0, \quad f''(0) = 1. \tag{3.4.29}$$

Durch zweifache Integration erhält man die Integralgleichung

$$f(\eta) = \int_0^\eta\int_0^\eta f''(\eta)\mathrm{d}\eta\mathrm{d}\eta + b\eta + c, \tag{3.4.30}$$

die man durch Iteration lösen kann. Über Integralgleichungen und Methoden zu ihrer Lösung gibt es zahlreiche Literatur [3, 4, 19, 21, 23, 26, 2.1, 3.12, 6.3].

In den Anwendungen treten auch *Integrodifferentialgleichungen* auf. In der statistischen Thermodynamik und in der kinetischen Physik wird jedes einzelne Teilchen (Molekül, Atomkern, Elektron, Neutron) durch seine Ortskoordinaten x, y, z und seine Impulskoordinaten p_x, p_y, p_z durch die LIOUVILLE-*Gleichung* [2.16, 4.28] beschrieben. Beschränkt man sich bei der Betrachtung der Zusammenstöße zwischen den Teilchen auf Zweierstöße und auf Wechselwirkungskräfte kurzer Reichweite, so genügt die *Verteilungsfunktion* $f(x, y, z, p_x, p_y, p_z, t)$, die angibt, wieviele gleichartige Teilchen der Masse m zur Zeit t im sechsdimensionalen *μ-Raum* an x, y, z, p_x, p_y, p_z im Element $\Delta x\Delta y\Delta z$ mit den Impulsen $\Delta p_x\Delta p_y\Delta p_z$ vorhanden sind, der BOLTZMANN-Integrodifferentialgleichung [2.16, 3.23, 4.28]

$$\begin{aligned}&\frac{\partial f}{\partial t}+u_x\frac{\partial f}{\partial x}+u_y\frac{\partial f}{\partial y}+u_z\frac{\partial f}{\partial z}+K_x\frac{\partial f}{\partial u_x}+K_y\frac{\partial f}{\partial u_y}+K_z\frac{\partial f}{\partial u_z}\\&=\int|\vec{u}_2-\vec{u}_1|\Big\{f(\vec{x}_1,\vec{u}_1^*,t)\,f(\vec{x}_2,\vec{u}_2^*,t)-f(\vec{x}_1,\vec{u}_1,t)\,f(\vec{x}_2,\vec{u}_2,t)\Big\}\sigma\mathrm{d}\vec{u}_2,\end{aligned}\tag{3.4.31}$$

wobei nichtrelativistisches Verhalten, $p_i = mu_i$ und die Gültigkeit der Bewegungsgleichung $m\dot{\vec{u}} = \vec{K}$ angenommen wurde. Die Indizes 1, 2 beziehen sich auf die zwei zusammenstoßenden Teilchen, das Sternchen * bezeichnet die Teilchen, die noch nicht zusammengestoßen sind, und σ ist der von den Wechselwirkungskräften abhängige *Streuquerschnitt* [2.16, 4.25, 4.28]. Die Gleichung (3.4.31) kann man mit der *Momentenmethode* lösen [3.23, 4.28]. HILBERT machte den Ansatz

$$f = f_0 + \frac{\lambda}{l}f_1 + \left(\frac{\lambda}{l}\right)^2 f_2 + \ldots, \tag{3.4.32}$$

wobei λ die mittlere freie Weglänge zwischen zwei Zusammenstößen und l die Apparatabmessung bzw. jene charakteristische Länge ist, über welche sich die Verteilungsfunktion wesentlich ändert. Man erhält so Integralgleichungen für die f_0, f_1, f_2 etc, die nur dann lösbar sind, wenn fünf Integrabilitätsbedingungen erfüllt sind. Diese sind mit den hydrodynamischen Grundgleichungen Kontinuitätsgleichung, vektorielle Bewegungsgleichung und Energiesatz identisch. Diese kann man dadurch ableiten [2.16, 4.28], daß man (3.4.31) nacheinander mit dem Moment $m\vec{u}^r$, $r = 0, 1, 2$ multipliziert und über $\vec{u}$ integriert. So wird die Integrodifferentialgleichung (3.4.31) in fünf partielle Differentialgleichungen umgewandelt.

Eine Integrodifferentialgleichung tritt auch bei der Berechnung von Kernkraftreaktoren oder der Atombombe auf. In einer nuklearen Anordnung hängt die örtliche Dichte n der Neutronen vom Ort x, y, z, der Zeit t, von der Energie E der Neutronen und von den Winkeln ϑ, φ ihres Geschwindigkeitseinheitsvektors $\vec{e}$ ab [4.25, 5.5, 5.16]. $n(x, y, z, t, E, \vartheta, \varphi)$ wird durch

$$\begin{aligned}\frac{\partial n}{\partial t}&=-\vec{e}\sqrt{\frac{2E}{m}}\nabla n-\Sigma_A n\sqrt{\frac{2E}{m}}-\Sigma_s n\sqrt{\frac{2E}{m}}+\int_0^\infty\mathrm{d}E'\int_0^{2\pi}\!\!\int_0^{\pi}n\sqrt{\frac{2E'}{m}}\Sigma_{sp}\nu\sin\vartheta'\mathrm{d}\vartheta'\mathrm{d}\varphi'\\&+Q+\sum_{i=1}^{N}\frac{0.693}{\tau_i}\delta(E-E_i)\bar{n}_i+\int_0^\infty\mathrm{d}E'\int_0^{2\pi}\!\!\int_0^{\pi}\Sigma_s W n\sqrt{\frac{2E'}{m}}\sin\vartheta'\mathrm{d}\vartheta'\mathrm{d}\varphi'\end{aligned}\tag{3.4.33}$$

beschrieben [5.38]. Hierin bedeuten $\Sigma_A(x, y, z, t, E)$ den makroskopischen Absorptionsquerschnitt für Neutronen, $\Sigma_s(x, y, z, t, E)$ den Streuquerschnitt, $\Sigma_{sp}(x, y, z, t)$ den Spaltungsquerschnitt des U 235 oder Pu 239 etc., $Q(x, y, z, t, E)$ eine Fremdquelle (z.B. für das Anfahren); $\bar{n}_i(x, y, z, t)$ ist die Dichte der verzögerten Neutronen [4.25] der Energie E_i und τ_i ihre Verzögerungszeit, δ ist die DIRAC-Funktion (3.4.9), m ist die Neutronenmasse. $\nu(E, E', \vartheta, \vartheta', \varphi, \varphi') = 2.4$ bis 2.86 gibt an, wieviel Neutronen pro Spaltprozeß entstehen, und $W(E, E', \vartheta, \vartheta', \varphi, \varphi', x, y, z, t)$ ist die Bremswahrscheinlichkeit, die ein Maß dafür ist, daß ein Neutron der Energie E' und der Bewegungsrichtung ϑ', φ' nach dem Streuprozeß am Ort x, y, z zur Zeit t auf die

Energie $E < E'$ abgebremst wurde und sich in Richtung ϑ, φ weiterbewegt. Die Größen $m, \Sigma_A, \Sigma_s, \Sigma_{sp}, \nu, \tau_i, E_i$ und W sind bekannt, $n(x, y, z, t, E, \vartheta, \varphi)$ pro cm^3 ist gesucht und $\bar{n}_i$ gehorcht der Gleichung (β_i gibt den Prozentsatz der verzögerten Neutronen der Energie E_i pro Spaltung an)

$$\frac{\partial \bar{n}_i}{\partial t} = -\frac{0.693}{\tau_i}\bar{n}_i + \int_E^\infty \beta_i(x, y, z, E') \int_0^{2\pi}\int_0^{\pi} n\sqrt{\frac{2E'}{m}}\Sigma_{sp} \sin\vartheta' \mathrm{d}\vartheta' \mathrm{d}\varphi' \mathrm{d}E'. \quad (3.4.34)$$

Die Lösung erfolgt durch Reihenentwicklung von $n(x, y, z, \vartheta', \varphi')$, mit unbekannten Koeffizienten und der Größen wie Σ_s etc. mit bekannten Koeffizienten nach Kugelfunktionen, wobei wir uns auf den stationär-kritischen Fall ($\partial/\partial t = 0$, $\bar{n}_i = 0$, $Q = 0$) und auf die Eingruppentheorie ($E = const$) beschränken. Je nachdem, wie weit man die Entwicklungen treibt, erhält man verschiedene Näherungen [5.38] für das kritische Volumen eines Reaktors oder einer Atombombe. Dieses wird dadurch bestimmt, daß die Anzahl der durch die Oberfläche, beispielsweise einer Kugel, entweichenden Neutronen von der Kettenreaktion im Volumen erzeugt werden muß. Je nach der Näherung hat die Randbedingung eine andere Form. In nullter Näherung verlangt diese, daß die Neutronendichte n an der extrapolierten Oberfläche, d.h. bei einer Kugel vom Radius R bei $r = R + d$ vom Mittelpunkt verschwindet. d ist die vom Grad der Näherung abhängige Extrapolationslänge [4.25, 5.38]. Bricht man die Entwicklungen nach dem dritten Glied, d.h. nach $P_2(\cos\vartheta)$ ab („zweite transporttheoretische Näherung"), so erhält man für den kritischen Radius R_c einer sphärischen Anordnung [5.38]

$$\left(\frac{\pi}{R_c}\right)^2 = \frac{15\,(\Sigma_s + \nu\Sigma_{sp} - \Sigma)\,(\Sigma - b\Sigma_s)\left[\Sigma - \frac{1}{2}\Sigma_s(3c-1)\right]}{4\,(\Sigma - \Sigma_s - \nu\Sigma_{sp}) + 5\left[\Sigma - \frac{1}{2}\Sigma_s(3c-1)\right]}. \quad (3.4.35)$$

Hierbei bedeuten $\Sigma = \Sigma_A + \Sigma_{sp} + \Sigma_s$, $b = \overline{\cos\tilde{\Theta}}$, $c = \overline{\cos^2\tilde{\Theta}}$, wobei $\tilde{\Theta}$ der Streuwinkel ist und b sein gemittelter Wert $\approx 2/3M$ (M ist die Masse des schweren Streukerns, U 235 etc.), $c \approx 1/3$. Für 0.2 MeV Neutronen erhält man aus (3.4.35) für reines U 235 in zweiter Näherung $R = 8\,\mathrm{cm}$ und eine Atombombenmasse von 40 kg, was zu groß ist (Plutonium ca. 10 kg). Dies rührt daher, daß monoenergetische Neutronen angenommen und kein Neutronenreflektor in die Rechnung einbezogen wurde. Bei einer Anordnung mit Reflektor muß man die SERBER-WILSON-*Methode* verwenden [5.5], in der statt Randbedingungen Integralbedingungen verwendet werden müssen.

Auch durch Transformationen kann man gelegentlich eine partielle Differentialgleichung in eine gewöhnliche Differentialgleichung überführen, vgl. Abschnitt 6.3.

4 Randwertprobleme separierbarer linearer partieller Differentialgleichungen

4.1 LAPLACE- und POISSON-Gleichung in zwei Dimensionen

Potential eines Rechtecks, Homogenisierung von Randbedingungen, Lösung der POISSON-Gleichung, eingeschnittenes und ausgeschnittenes Rechteck, Potential für Kreis, Kreisring und Ellipse, toroidale Probleme

Im Kapitel 4 behandeln wir die klassischen, wohldefinierten Randwertprobleme, die im allgemeinen von Singularitäten freie analytische Lösungen besitzen.

Wenn sich ein *Vektorfeld* $\vec{K}(x,y,z)$ als Gradient eines Skalars U darstellen läßt, weil seine Rotation verschwindet, dann nennt man in der Physik diesen Skalar ein *Potential*. Für den Vektor $\operatorname{rot}\vec{K} \equiv \nabla \times \vec{K} = 0$ gilt in cartesischen Koordinaten

$$\begin{aligned}(\operatorname{rot}\vec{K})_x &\equiv (\nabla\times\vec{K})_x = \frac{\partial K_z(x,y,z)}{\partial y} - \frac{\partial K_y(x,y,z)}{\partial z},\\ (\operatorname{rot}\vec{K})_y &\equiv (\nabla\times\vec{K})_y = \frac{\partial K_x(x,y,z)}{\partial z} - \frac{\partial K_z(x,y,z)}{\partial x},\\ (\operatorname{rot}\vec{K})_z &\equiv (\nabla\times\vec{K})_z = \frac{\partial K_y(x,y,z)}{\partial x} - \frac{\partial K_x(x,y,z)}{\partial y}.\end{aligned} \tag{4.1.1}$$

Da die Rotation als *vektorielles (äußeres)* Produkt des Nablaoperators ∇ mit dem Vektor $\vec{K}$ definiert ist, steht das Ergebnis, die Rotation $\nabla \times \vec{K}$, formal senkrecht sowohl auf $\vec{K}$ als auch auf ∇. Multipliziert man das Ergebnis skalar mit ∇, so wird die *Divergenz* div gebildet, da diese ja als skalares Produkt des Nablaoperators mit einem Vektor (hier dem Vektor $\nabla \times \vec{K}$) definiert ist, vgl. Seite 15. Da nun das skalare Produkt zweier aufeinander senkrecht stehender Vektoren, ∇ und $\operatorname{rot}\vec{K}$, verschwindet, gilt für jedes $\vec{K}$, daß $\nabla \cdot \operatorname{rot}\vec{K} \equiv \operatorname{div}\operatorname{rot}\vec{K} = 0$ ist. Wenn für ein spezielles, rotationsfreies Vektorfeld $\operatorname{rot}\vec{K} = 0$ gilt, dann kann man für $\vec{K}$ den Ansatz machen $\vec{K} = \nabla U = \operatorname{grad} U$ (meist $K = -\operatorname{grad} U$), d.h.

$$K_x(x,y,z) = -\frac{\partial U}{\partial x}, \quad K_y(x,y,z) = -\frac{\partial U}{\partial y}, \quad K_z(x,y,z) = -\frac{\partial U}{\partial z}. \tag{4.1.2}$$

Setzt man dies in (4.1.1) ein, so sieht man, da immer

$$\frac{\partial^2 U}{\partial x \partial y} = \frac{\partial^2 U}{\partial y \partial x}, \quad \frac{\partial^2 U}{\partial x \partial z} = \frac{\partial^2 U}{\partial z \partial x}, \quad \frac{\partial^2 U}{\partial y \partial z} = \frac{\partial^2 U}{\partial z \partial y}$$

angenommen werden kann, daß die Bedingung $\operatorname{rot}\vec{K} = 0$ den Ansatz (4.1.2) ermöglicht. Außerdem gilt immer rot grad $U = \nabla \times (\nabla \cdot U) = 0$. Bildet man nun div grad

($\neq$ grad div, da div nur auf einen Vektor, grad nur auf einen Skalar angewendet werden kann), so erhält man aus (4.1.2)

$$\frac{\partial K_x}{\partial x} + \frac{\partial K_y}{\partial y} + \frac{\partial K_z}{\partial z} = \operatorname{div} \vec{K} = \frac{\partial}{\partial x}\frac{\partial U}{\partial x} + \frac{\partial}{\partial y}\frac{\partial U}{\partial y} + \frac{\partial}{\partial z}\frac{\partial U}{\partial z} = \Delta U \quad (4.1.3)$$

den LAPLACE-Operator. In Physik und Technik wird nun gezeigt, daß das elektrostatische oder das magnetostatische Potential, stationäre Temperaturverteilungen wie auch das *Geschwindigkeitspotential* einer (wirbelfreien) inkompressiblen Strömung durch die LAPLACE-Gleichung $\Delta U = 0$ bzw. wenn elektrische Ladungen (oder Gasquellen) mit der Dichte $\rho(x, y, z)$ vorhanden sind, durch die POISSON-Gleichung $\Delta U = \rho$ beschrieben werden. Lösungen der LAPLACE-Gleichung nennt man *harmonische Funktionen.*

Wir behandeln nun Randwertprobleme der LAPLACE- bzw. POISSON-Gleichung im zweidimensionalen Raum x, y. Nach COURANT [4.32] wird im Falle des zweidimensionalen Raumes die Existenz einer Lösung für jedes von einem glatten einfachen Rand beliebiger Form völlig umschlossene Gebiet garantiert. Als Gebiet wählen wir zunächst ein Rechteck, dessen Seiten a, b den Rand bilden, vgl. Abb. 17. Es mögen für die Lösung von

$$\Delta U \equiv U_{xx} + U_{yy} = 0 \quad (4.1.4)$$

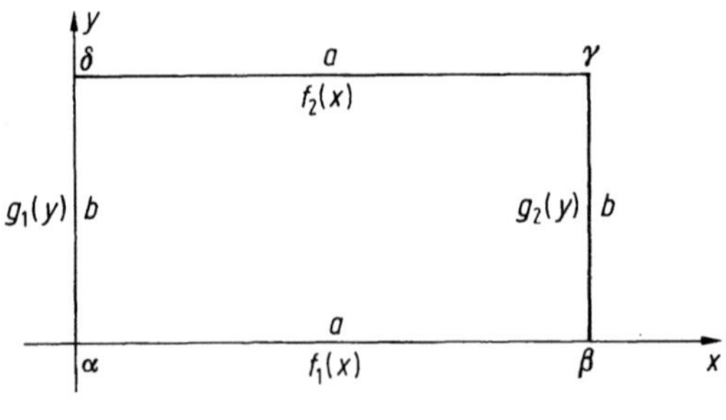

Abb. 17. Randwertproblem am Rechteck

die Randbedingungen

$$U(x, y = 0) = f_1(x), \quad 0 \le x \le a, \quad (4.1.5)$$

$$U(x, y = b) = f_2(x), \quad 0 \le x \le a, \quad (4.1.6)$$

$$U(x = 0, y) = g_1(y), \quad 0 \le y \le b, \quad (4.1.7)$$

$$U(x = a, y) = g_2(y), \quad 0 \le y \le b \quad (4.1.8)$$

gelten. Damit das Problem wohldefiniert ist, müssen die Randfunktionen $f_1(x)$, $f_2(x), g_1(y), g_2(y)$ stetig sein, doch müssen sie nicht der Differentialgleichung (4.1.4) genügen. Um Unstetigkeiten zu vermeiden, wird man in vielen Fällen verlangen, daß die Funktionen in den Ecken des Rechtecks stetig sind und daher gleiche Werte haben. Seien $\alpha, \beta, \gamma, \delta$ Konstante, die die Werte der Funktionen in den Ecken darstellen mögen, dann muß gelten

$$\begin{array}{ccccccccccc} f_1(0) & = & g_1(0) & = & \alpha, & f_2(a) & = & g_2(b) & = & \gamma, \\ f_1(a) & = & g_2(0) & = & \beta, & f_2(0) & = & g_1(b) & = & \delta. \end{array} \tag{4.1.9}$$

Wir lösen nun (4.1.4) durch den schon Seite 99 besprochenen Ansatz $U(x, y) = X(x)Y(y)$ und erhalten mit anderer Vorzeichenwahl und einer Separationskonstanten $\lambda \to p^2$

$$X''(x) + p^2 X(x) = 0, \tag{4.1.10}$$

$$Y''(y) - p^2 Y(y) = 0. \tag{4.1.11}$$

Die Lösungen dieser Differentialgleichungen sind, wie man sich durch Einsetzen überzeugt, durch

$$X(x) = \sum_m^\infty A_m \sin(p_m x + C_m), \tag{4.1.12}$$

$$Y(y) = \sum_n^\infty B_n \sinh(p_n y + C_n) \tag{4.1.13}$$

gegeben. Da die Konstanten $A_m, B_n, p_m, p_n, C_m, C_n$ noch unbestimmt sind - sie werden ja erst durch die Randbedingungen festgelegt - und daher zunächst beliebige Werte annehmen können und da (4.1.10), (4.1.11) linear sind, durften wir nach dem *Superpositionsprinzip* Summen anschreiben. Da die Differentialgleichungen homogen sind, konnte jede Teillösung mit einer beliebigen Integrationskonstanten A_m bzw. B_n (*"Partialamplitude"*) multipliziert werden. Die *Phasenkonstanten* C_m, C_n kann man mit Hilfe des Additionstheorems der Sinusfunktion

$$A_m \sin(p_m x + C_m) = A_m \sin p_m x \cos C_m + A_m \cos p_m x \sin C_m \tag{4.1.14}$$

in neue Partialamplituden $A_m \cos C_m = \bar{D}_m$, $A_m \sin C_m = \bar{E}_m$ umwandeln. Da die Differentialgleichung (4.1.10) von zweiter Ordnung ist, müssen ja für jede durch ein p_m definierte Lösung zwei Integrationskonstanten (A_m, C_m oder $\bar{D}_m, \bar{E}_m$) zur Verfügung stehen. Nun sind aber Aggregate der Form $A_i B_k \sin(p_i x + C_i) \sinh(p_k y + \bar{C}_k)$, $i \neq k$ keine Lösung von (4.1.4), so daß wir etwas umformen müssen, damit die zu gleichem p_k gehörenden Lösungen (4.1.12), (4.1.13) in der Summenbildung erscheinen. Wir schreiben daher die Lösung von (4.1.4) in der Form

$$U(x, y) = \sum_{k=0}^\infty D_k \sin(p_k x + C_k) \sinh(p_k y + \bar{C}_k) \tag{4.1.15}$$

an. Um nun die Unbekannten $D_k, p_k, C_k, \bar{C}_k$ aus den Randbedingungen zu bestimmen, wollen wir diese durch

$$U(0, y) = g_1(y) = f_1(0) = \alpha = 0, \tag{4.1.16}$$

$$U(a,y) = g_2(y) = f_1(a) = \beta = 0, \tag{4.1.17}$$

$$U(x,0) = f_1(x) \neq 0, \tag{4.1.18}$$

$$U(x,b) = f_2(x) = g_1(b) = \gamma = 0 = \delta \tag{4.1.19}$$

etwas vereinfachen. Wäre $f_1(x) = 0$, wären alle Randbedingungen also homogen, so erhielte man nur die triviale Lösung. Um nun die vereinfachten Randbedingungen durch (4.1.15) zu erfüllen, setzen wir

$$U(0,y) = \sum_{k=0}^{\infty} D_k \sin(C_k) \sinh\left(p_k y + \bar{C}_k\right) = 0, \tag{4.1.20}$$

was wir mit $C_k = 0$ erfüllen. Aus (4.1.17) folgt

$$U(a,y) = \sum_{k=0}^{\infty} D_k \sin(p_k a) \sinh\left(p_k y + \bar{C}_k\right) = 0, \tag{4.1.21}$$

was durch die Festlegung

$$p_k a = k\pi, \quad k = 0,1,2\ldots \quad p_k = \frac{k\pi}{a} \tag{4.1.22}$$

erfüllt werden kann. Die Separationskonstante p_k wird damit, wie bei vielen Randwertproblemen, von den Abmessungen des Randes abhängig. Nun betrachten wir (4.1.19). Man erhält

$$U(x,b) = \sum_{k=0}^{\infty} D_k \sin\frac{k\pi x}{a} \sinh\left(\frac{k\pi b}{a} + \bar{C}_k\right) = 0. \tag{4.1.23}$$

Dies läßt sich nur durch

$$\frac{k\pi b}{a} + \bar{C}_k = 0, \quad \bar{C}_k = -\frac{k\pi b}{a} \tag{4.1.24}$$

erfüllen, so daß schließlich zur Befriedigung von (4.1.18) die FOURIER-*Entwicklung* von $f_1(x)$

$$U(x,0) = \sum_{k=1}^{\infty} D_k \sin\frac{k\pi x}{a} \sinh\left(-\frac{k\pi b}{a}\right) = f_1(x) \tag{4.1.25}$$

verbleibt, die die Nebenbedingung $f_1(0) = 0$ automatisch erfüllt. Um die letzten Unbekannten, die FOURIER-*Entwicklungskoeffizienten*, zu finden, geht man wie folgt vor: Multiplikation mit $\sin(m\pi x/a)$ und Integration über x von 0 bis a gibt

$$\int_0^a f_1(x) \sin\frac{k\pi x}{a}\, \mathrm{d}x = \frac{a}{2} D_k \sinh\left(-\pi k b/a\right),$$

woraus D_k zu berechnen ist. Damit lautet die Lösung unseres Randwertproblems

$$U(x,y) = \sum_{k=1}^{\infty} \frac{2\sinh(k\pi b/a - k\pi y/a)}{a\sinh(\pi kb/a)} \cdot \int_0^a f_1(\xi)\sin(k\pi\xi/a)\,d\xi \cdot \sin(k\pi x/a). \tag{4.1.26}$$

Der Leser wird eingeladen, sich davon zu überzeugen, daß die Randbedingungen (4.1.5) - (4.1.8) zur folgenden Lösung führen:

$$\begin{aligned} U_1(x,y) = \frac{2}{a}\sum_{k=1}^{\infty} \Bigg\{ & \frac{\sinh(k\pi y/a)}{\sinh(k\pi b/a)} \int_0^a f_2(\xi)\sin(k\pi\xi/a)\,d\xi \cdot \sin(k\pi x/a) \\ & + \frac{\sinh((b-y)k\pi/a)}{\sinh(k\pi b/a)} \int_0^a f_1(\xi)\sin(k\pi\xi/a)\,d\xi \cdot \sin(k\pi x/a) \Bigg\} \\ + \frac{2}{b}\sum_{k=1}^{\infty} \Bigg\{ & \frac{\sinh(k\pi x/b)}{\sinh(k\pi a/b)} \int_0^b g_2(\eta)\sin(k\pi\eta/b)\,d\eta \cdot \sin(k\pi y/b) \\ & + \frac{\sinh((a-x)k\pi/b)}{\sinh(k\pi a/b)} \int_0^b g_1(\eta)\sin(k\pi\eta/b)\,d\eta \cdot \sin(k\pi y/b) \Bigg\}. \end{aligned}$$

Diese Lösung ist an den Ecken, wo $u \neq 0$ gegeben ist, nicht stetig. Setzt man jedoch die Gültigkeit von (4.1.9) voraus, sind also die Randwerte stetig, so gilt in der Bezeichnungsweise von (4.1.9) die folgende Lösung $U_2(x,y) = U_1(x,y) + U_0(x,y)$, wobei gilt

$$\begin{aligned} U_0(x,y) = {} & \cos\frac{\pi y}{2b}\left(\frac{\beta}{\sinh(\pi a/2b)}\sinh\frac{\pi x}{2b} + \frac{\alpha}{\sinh(\pi a/2b)}\sinh\frac{\pi}{2b}(a-x)\right) \\ & + \sin\frac{\pi y}{2b}\left(\frac{\gamma}{\sinh(\pi a/2b)}\sinh\frac{\pi x}{2b} + \frac{\delta}{\sinh(\pi a/2b)}\sinh\frac{\pi}{2b}(a-x)\right) \end{aligned}$$

und die Entwicklungskoeffizienten (Integrale) in U_1 nun abzuändern sind in

$$\int_0^a (f_2(\xi) - U_0(\xi,b))\sin(k\pi\xi/a)d\xi, \quad \int_0^a (f_1(\xi) - U_0(\xi,0))\sin(k\pi\xi/a)d\xi,$$

$$\int_0^b (g_2(\eta) - U_0(a,\eta))\sin(k\pi\eta/b)d\eta, \quad \int_0^b (g_1(\eta) - U_0(0,\eta))\sin(k\pi\eta/b)d\eta.$$

Der hier besprochene Weg ist der übliche. Es gäbe aber noch einen ganz anderen Weg, das Problem zu lösen, indem man die Randbedingungen *homogenisiert*, also statt (4.1.16) - (4.1.19) für $0 \le x \le a$, $0 \le y \le b$ die homogenen Randbedingungen

$$U(0,y) = U(a,y) = U(x,0) = U(x,b) = 0 \tag{4.1.27}$$

fordert. Dann wird jedoch nach den Ausführungen von Seite 51 die Gleichung (4.1.4) inhomogen, d.h. statt der homogenen LAPLACE-Gleichung hat man nun die inhomogene POISSON-Gleichung

$$\Delta U = \rho(x,y) \tag{4.1.28}$$

zu lösen, wobei jedoch ρ nicht vom physikalischen Problem als Ladungsdichte, sondern als Folge der inhomogenen Randbedingung (4.1.18) gegeben ist. Den Weg von $f_1(x), f_2(x), g_1(y), g_2(y)$ zu $\rho(x,y)$ wollen wir später besprechen. Zunächst behandeln wir das Problem, wie (4.1.28) mit den Randbedingungen (4.1.27) zu lösen ist.

Zur Lösung einer inhomogenen partiellen Differentialgleichung gibt es prinzipiell zwei verschiedene Wege:

1. man löst zuerst die homogene Gleichung und entwickelt den inhomogenen Term ρ nach den Lösungen der homogenen,
2. man sucht zunächst eine Funktion U, die die Randbedingungen erfüllt, und bestimmt die noch freien Entwicklungskoeffizienten daraus, daß die so konstruierte Funktion U die partielle Differentialgleichung erfüllt. Auf diesem Weg erhält man eine partikuläre Lösung, die zwar die inhomogene, nicht aber die homogene Differentialgleichung erfüllt.

Um dies zu demonstrieren, beginnen wir mit dem Weg 2. Die Differentialgleichung (4.1.28) ist inhomogen, die Randbedingungen sind homogen, das Problem ist daher inhomogen, vgl. Seite 7. (Manche Autoren nennen ein solches Problem auch *halbhomogen* [2]). Wir suchen nun eine Funktion $U(x,y)$, die (4.1.28) löst und (4.1.27) befriedigt. Da die gesuchte Funktion in $x=0$ und $x=a$ (für beliebiges y) verschwinden muß, setzen wir eine FOURIER-*Reihe* an:

$$U(x,y) = \sum_{\nu=1}^{\infty} c_\nu(y) \sin\frac{\nu\pi x}{a}. \tag{4.1.29}$$

Wir betrachten also primär die Randbedingungen und kümmern uns erst später um die Differentialgleichung. Multiplizieren wir (4.1.29) mit $\sin(\mu\pi x/a)$ und integrieren wir über x im Intervall $0 \le x \le a$, so erhalten wir wegen der *Orthonormierung* der sin-Funktionen

$$\int_0^a \sin\frac{\nu\pi x}{a} \sin\frac{\mu\pi x}{a}\, \mathrm{d}x = \frac{a}{2}\delta_{\nu\mu} \tag{4.1.30}$$

sofort die von y abhängigen FOURIER-*Koeffizienten*

$$c_\nu(y) = \frac{2}{a}\int_0^a U(x,y) \sin\frac{\nu\pi x}{a}\, \mathrm{d}x. \tag{4.1.31}$$

Wegen (4.1.27) muß $c_\nu(0) = c_\nu(b) = 0$ sein für jedes ν. Wir setzen nun an

$$c_\nu(y) = \sum_{\nu=1}^{\infty} \gamma_{\nu\mu} \sin \frac{\mu\pi y}{b} \tag{4.1.32}$$

und erhalten analog

$$\gamma_{\nu\mu} = \frac{2}{b} \int_0^b c_\nu(y) \sin \frac{\mu\pi y}{b} \, dy, \tag{4.1.33}$$

so daß sich insgesamt

$$U(x, y) = \sum_{\nu=1}^{\infty} \sum_{\mu=1}^{\infty} \gamma_{\nu\mu} \sin \frac{\nu\pi x}{a} \sin \frac{\mu\pi x}{b} \tag{4.1.34}$$

mit

$$\gamma_{\nu\mu} = \frac{4}{ab} \int_0^a \int_0^b U(x, y) \sin \frac{\nu\pi x}{a} \sin \frac{\mu\pi y}{b} \, dy dx \tag{4.1.35}$$

ergibt. Die Koeffizienten $\gamma_{\nu\mu}$ sind jedoch noch unbestimmt, da wir ja U noch nicht kennen! Offensichtlich erfüllt die Funktion (4.1.34) die Randbedingungen (4.1.27), doch muß sie auch die inhomogene Differentialgleichung (4.1.28) befriedigen.

Zur *Lösung linearer inhomogener partieller Differentialgleichungen* entwickelt man meist den inhomogenen Term in eine Reihe nach den Lösungen der zugehörenden homogenen Gleichung. In unserem Fall besitzen wir jedoch noch keine Lösungen der homogenen Gleichung, machen daher den mit den Randbedingungen verträglichen Ansatz

$$\rho(x, y) = \sum_{\nu=1}^{\infty} \sum_{\mu=1}^{\infty} d_{\nu\mu} \sin \frac{\nu\pi x}{a} \sin \frac{\mu\pi y}{b} \tag{4.1.36}$$

und erhalten, *falls* das vorgegebene $\rho(x, y)$ in R nicht zu pathologisch ist und in eine FOURIER-*Reihe* entwickelt werden kann [3.1, 3.2],

$$d_{\nu\mu} = \frac{4}{ab} \int_0^a \int_0^b \rho(x, y) \sin \frac{\mu\pi y}{b} \sin \frac{\nu\pi x}{a} \, dy dx. \tag{4.1.37}$$

Da $\rho(x, y)$ gegeben ist, lassen sich die $d_{\nu\mu}$ bestimmen. Wir benötigen aber noch die $\gamma_{\nu\mu}$ in (4.1.34). Wir berechnen hierzu $\rho(x, y)$, indem wir (4.1.34) in (4.1.28) einsetzen, und das Ergebnis wird dann mit (4.1.36) gleichgesetzt

$$\rho(x, y) = f(x, y) = U_{xx} + U_{yy}$$

$$= \sum_{\nu=1}^{\infty} \sum_{\mu=1}^{\infty} \sin \frac{\nu \pi x}{a} \sin \frac{\mu \pi y}{b} \cdot \gamma_{\nu\mu} \left[-\frac{\nu^2 \pi^2}{a^2} - \frac{\mu^2 \pi^2}{b^2} \right]$$

$$= \sum_{\nu=1}^{\infty} \sum_{\mu=1}^{\infty} d_{\nu\mu} \sin \frac{\nu \pi x}{a} \sin \frac{\mu \pi y}{b}.$$

Daraus folgt sofort

$$\gamma_{\nu\mu} = \frac{-a^2 b^2}{\pi^2 \left(a^2 \mu^2 + b^2 \nu^2 \right)} d_{\nu\mu}. \tag{4.1.38}$$

Damit ist das Randwertproblem (4.1.27), (4.1.28) gelöst:

$$U(x,y) = \sum_{\nu=1}^{\infty} \sum_{\mu=1}^{\infty} \frac{-a^2 b^2 d_{\nu\mu}}{\pi^2 \left(a^2 \mu^2 + b^2 \nu^2 \right)} \sin \frac{\nu \pi x}{a} \sin \frac{\mu \pi y}{b}, \tag{4.1.39}$$

d.h. (4.1.39) erfüllt die Differentialgleichung (4.1.28) und die Randbedingungen (4.1.27). (4.1.39) ist nur eine partikuläre Lösung der inhomogenen Differentialgleichung, da sie die zugehörige homogene Gleichung nicht erfüllt.

Wenn wir nach Weg 1 vorgehen würden, dann wäre $\rho(x, y)$ in (4.1.28) nach den Lösungen (4.1.15) der homogenen Gleichung (4.1.4) zu entwickeln, die sich von den Lösungen (4.1.34) der inhomogenen Gleichung (4.1.28) deutlich unterscheiden. Der Leser möge diesen Weg gehen und das Resultat mit (4.1.39) vergleichen. Im Abschnitt 4.3 werden wir ein Beispiel nach Weg 1 vorrechnen.

Wir wollen nun überlegen, wie man durch *Homogenisierung inhomogener Randbedingungen* einer homogenen partiellen Differentialgleichung zu homogenen Randbedingungen einer inhomogenen partiellen Differentialgleichung gelangen kann. Es gibt hierfür offenbar kein allgemein verwendbares Schema, sondern man muß sich im Einzelfall die entsprechenden Funktionen ad hoc konstruieren. Der Vorteil der Methode liegt darin, daß man eine inhomogene partielle Differentialgleichung nicht separieren kann und daher immer vorher die homogene Gleichung lösen oder den Weg 2 gehen muß. Liegen homogene Randbedingungen für eine inhomogene Gleichung vor, so muß man sich um die Lösungen der homogenen Differentialgleichung überhaupt nicht kümmern. Liegen homogene Randbedingungen für die LAPLACE-Gleichung vor, so erhält man nur die *triviale Lösung* $U(x, y) = 0$, siehe jedoch Abschnitt 5.1. Die Methode der *Homogenisierung* basiert auf dem Satz, daß die *allgemeine Lösung* U *einer inhomogenen Gleichung* (4.1.28) *aus der Superposition der Lösung* W *der homogenen Gleichung sowie einer partikulären Lösung* V *der inhomogenen Gleichung besteht.* Man kann für die Lösung von $\Delta U = f(x, y)$ den Ansatz $U = W + V$ machen und in $\Delta U = \Delta W + \Delta V = f(x, y)$ verlangen, daß $\Delta V = f(x, y)$ und $\Delta W = 0$. Dabei muß $V(\mathit{Rand}) = -W(\mathit{Rand})$ sein, da ja $U(\mathit{Rand}) = 0$ gilt. Die Konstruktion einer Funktion $V(x, y)$ derart, daß sie die inhomogenen Randbedingungen von $W(x, y)$ erfüllt und dann durch Anwendung des LAPLACE-Operators ΔV den inhomogenen Term $f(x, y)$ liefert, ist jedoch schon in einfachen Fällen sehr kompliziert. Bei GRÖBNER [4] finden wir ein Beispiel. Es wird eine Funktion $V(x, y)$ konstruiert, die im Inneren des Rechtecks stetig und zweimal differenzierbar ist und am Rand die inhomogenen Randbedingungen

$$V(0,y) = V(a,y) = V(x,b) = 0, \quad V(x,0) = 1 \tag{4.1.40}$$

erfüllt. Eine solche Funktion, die das leistet, ist gegeben durch

$$\begin{aligned} V(x,y) = {} & \frac{x}{x+y} + \frac{x-a}{x-y-a} - 2 + \frac{x}{a} + \frac{(a+2b)y}{b(a+b)} - \frac{2xy}{ab} \\ & + \frac{a-x}{a}\left[\frac{2y+a}{y+a} - \frac{(a+2b)y}{b(a+b)}\right] \\ & + \left[\frac{y}{y+a} + \frac{ay}{b(a+b)}\right] \cdot \left[\frac{a}{a+b} + \frac{x}{a} - \frac{x}{x+b} - \frac{x-a}{x-a-b}\right]. \end{aligned} \tag{4.1.41}$$

Rechnet man daraus $f(x,y) = \Delta V$ aus, so kann dann $\Delta U = f(x,y)$ mit den homogenen Randbedingungen $U(Rand) = 0$ angeschrieben und gelöst werden.

Zur Einübung dieser Verfahren werden dem Leser zwei Übungsbeispiele angeboten [4.7]:

1. Man löse $U_{xx} + U_{yy} = -2$ im Rechteck $R: \ 0 \le x \le a, \ -b/2 \le y \le b/2$ mit der homogenen Randbedingung $U(R) = 0$. Man setzt $U = V + W$ an, wobei V den Bedingungen $V(0,y) = 0$, $V(a,y) = 0$ genügen und die Form $V(x,y) = Ax^2 + Bx + C$ haben möge. W sei eine Lösung von $\Delta W = 0$, die am Rand die Werte $W(0,y) = 0$, $W(a,y) = 0$, $W(x,-b/2) = -V(x)$, $W(x,b/2) = -V(x)$ annehmen soll. Dann erhält man

$$U(x,y) = x(a-x) - \frac{8a^2}{\pi^3}\sum_n \frac{\cosh[(2n+1)\pi y/a] \cdot \sin[(2n+1)\pi x/a]}{(2n+1)^3 \cosh[(2n+1)\pi b/2a]}.$$

   Hingegen hat $U_{xx} + U_{yy} = -4$ die Lösung $U(x,y) = a^2 - (x^2 + y^2)$, die für $x^2 + y^2 = a$ die Bedingung $u(r = a, \varphi) = 0$ erfüllt.

2. Man löse $U_{xx} + U_{yy} = -xy$ für einen Kreis mit dem Mittelpunkt $x = 0$, $y = 0$ und dem Radius a mit der Randbedingung $u(r = a, \varphi) = 0$. Mit Hilfe des Ansatzes $U(x,y) = V + W = -(1/12)xy(x^2 + y^2) + W$, wobei $W_{xx} + W_{yy} = 0$, $W(r = a, \varphi) = -V(r = a, \varphi)$, erhält man in Polarkoordinaten

$$U(r,\varphi) = -\frac{r^3}{24}\sin 2\varphi + \frac{a^4}{48\pi}\int_{-\pi}^{+\pi} \sin 2t \frac{a^2 - r^2}{a^2 - 2ar\cos(t-\varphi) + r^2}\,\mathrm{d}t.$$

Eine weitere Möglichkeit, die inhomogene POISSON-Gleichung zu lösen, besteht darin, daß man die Methode der GREEN-Funktion heranzieht, vgl. die Ausführungen auf Seite 53. Für z.B. homogene Randbedingungen ($\rho_1 = \rho_2 = 0$) läßt sich ja die Lösung der inhomogenen Differentialgleichung (2.4.6), Seite 52, nach (2.4.13), Seite 53, in der Form $y = \int G(x,\xi)f(\xi)\mathrm{d}\xi$ anschreiben. Eine analoge Lösung muß auch im zweidimensionalen Fall existieren. Man leitet diese am besten auf folgendem Weg ab. Zur Lösung von (4.1.28) mit (4.1.27) setzen wir (4.1.29), welches die homogenen Randbedingungen $u(0,y) = u(a,y) = 0$ befriedigt, in (4.1.28) ein. Das Ergebnis ist

$$\Delta U = \sum_{\nu=1}^{\infty} \sin\frac{\nu\pi x}{a}\left[c_\nu''(y) - \frac{\nu^2\pi^2}{a^2}c_\nu(y)\right] = \rho(x,y). \tag{4.1.42}$$

Daraus sieht man, daß die eckige Klammer [ ] gewissermaßen die FOURIER-Koeffizienten der Funktion $\rho(x,y)$ darstellt, d.h. daß

$$c_\nu''(y) - \frac{\nu^2\pi^2}{a^2}c_\nu(y) = \frac{2}{a}\int_0^a \rho(x,y)\sin\frac{\nu\pi x}{a}\,\mathrm{d}x = g(y) \tag{4.1.43}$$

gilt. Damit haben wir aus der bekannten Funktion $\rho(x,y)$ die neue Funktion $g(y)$ gewonnen, und $Y(y) = c_\nu(y)$ genügt jetzt nicht mehr der homogenen Differentialgleichung (4.1.11), sondern der inhomogenen Differentialgleichung

$$c_\nu''(y) - \frac{\nu^2\pi^2}{a^2}c_\nu(y) = g_\nu(y), \tag{4.1.44}$$

deren Lösung $c_\nu(y)$ wegen (4.1.27) die Randbedingungen

$$U(0,y) = c_\nu(y), \quad c_\nu(0) = c_\nu(b) = 0, \quad \nu = 1,2,3 \tag{4.1.45}$$

befriedigen muß. Die Lösung hat nach Abschnitt 2.4 die Form

$$c_\nu(y) = \int_0^b G_\nu(y,\eta)g_\nu(\eta)\mathrm{d}\eta,$$

wobei die GREEN-Funktion G_ν

$$G_\nu(y,\eta) = \begin{cases} -\dfrac{a}{\nu\pi}\dfrac{\sinh(\nu\pi\eta/a)}{\sinh(\nu\pi b/a)}\sinh\dfrac{\nu\pi(b-y)}{a}, & 0 \le \eta \le y \le b \\[2ex] -\dfrac{a}{\nu\pi}\dfrac{\sinh(\nu\pi y/a)}{\sinh(\nu\pi b/a)}\sinh\dfrac{\nu\pi(b-\eta)}{a}, & 0 \le y \le \eta \le b \end{cases} \tag{4.1.46}$$

abgelesen werden kann. Man beachte die Bezeichnungsweise: mit $\rho(x,y)$ bezeichnen wir den vom Problem gegebenen inhomogenen Term der POISSON-Gleichung, während mit $f(x,y)$ jener inhomogene Term bezeichnet wird, der durch Homogenisierung inhomogener Randbedingungen einer homogenen Gleichung entsteht. Mit der GREEN-Funktion für das Rechteck mit homogenen Randbedingungen

$$G(x,y;\xi,\eta) = \frac{2}{a}\sum_{\nu=1}^{\infty} G_\nu(y,\eta)\sin\frac{\nu\pi x}{a}\sin\frac{\nu\pi\xi}{a} \tag{4.1.47}$$

kann man dann die Lösung von (4.1.27), (4.1.28) anschreiben:

$$U(x,y) = \sum_{\nu=1}^{\infty} c_\nu(y)\sin\frac{\nu\pi x}{a} = \int_0^a\int_0^b G(x,y;\xi,\eta)f(\xi,\eta)\mathrm{d}\xi\mathrm{d}\eta. \tag{4.1.48}$$

Auch für gemischte Randbedingungen der Art (3.1.5) kann man Lösungen von

(4.1.4) finden. GRÖBNER [9] gibt z.B. für die Randbedingungen $U(0,y) = T_1$, $U(a,y) = T_2$, $U_y(x,0) = k[U(x,0) - T_3]$ und $U_y(x,b) = k[U(x,b) - T_4]$, ($T_1 \ldots T_4$, k gegebene Konstante) für ein Rechteck $0 < x < a$, $0 < y < b$ die Lösung an, wobei die Randbedingungen durch den Ansatz $U(x,y) = U^*(x,y) + (T_2 - T_1)/a + T_1$ homogenisiert wurden, und $\Delta U = \Delta U^*$ gilt mit den neuen Randbedingungen $U^*(0,y) = 0$, $U^*(a,y) = 0$, $U_y^*(x,y) - kU^*(x,0) = \alpha x + \beta$, $U_y^*(x,b) - kU^*(x,b) = \alpha x + \gamma$, $\alpha = k(T_2 - T_1)/a$, $\beta = k(T_1 - T_3)$, $\gamma = k(T_1 - T_4)$. $\Delta U^* = 0$ wird dann durch einen Separationsansatz gelöst. Der Leser wird eingeladen zu zeigen, daß das Randwertproblem $\Delta U = 0$, $U(0,y) = A$, $U(a,y) = Ay$ für $0 \le x \le a$, $0 \le y \le b$, $\partial u(x, y = 0)/\partial y = 0$, $\partial u(x, y = b)/\partial y = 0$ die Lösung

$$\begin{aligned} U(x,y) &= A + A(b-2)x/2a \\ &\quad - 4Ab/\pi^2 \cdot \sum_{k=0}^{\infty} \frac{1}{(2k+1)^2} \cdot \frac{\sinh[(2k+1)\pi x/b]}{\sinh[(2k+1)\pi a/b]} \cos\frac{(2k+1)\pi y}{b} \end{aligned}$$

besitzt.

Man könnte nun daran denken, die LAPLACE- oder POISSON-Gleichung für andere, auch durch gerade Linien in cartesischen Koordinaten beschriebene Ränder, vgl. Abb. 18 [4.1, 4.2] oder Abb. 19, zu lösen. Bei dem in Abb. 18 gezeigten Rand erkennt man bei A eine einspringende Ecke mit dem Innenwinkel $\omega = 270°$, an der die Ableitung der längs des Randes gegebenen Funktion springen kann. Man könnte dieses Problem dadurch lösen, daß man innerhalb des kleinen Gebietes G oder der einspringenden Ecke Singularitäten ansetzt oder Variationsverfahren verwendet. Bei dem in Abb. 19 gezeigten Rand müßten die zwei Differentialgleichungen zweiter Ordnung für $X(x), Y(y)$, deren Lösungen jeweils zwei Integrationskonstanten

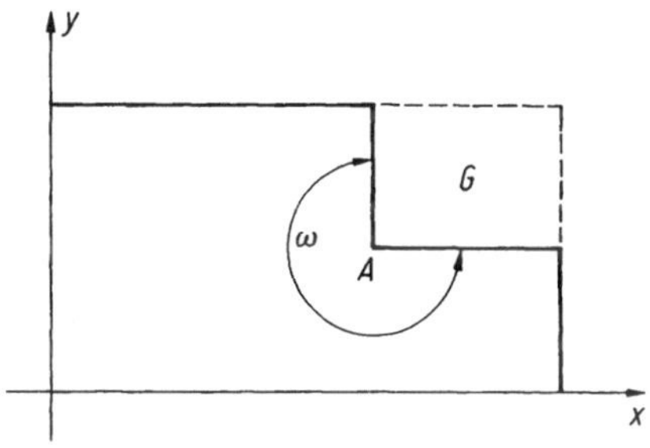

Abb. 18. Eingeschnittenes Rechteck

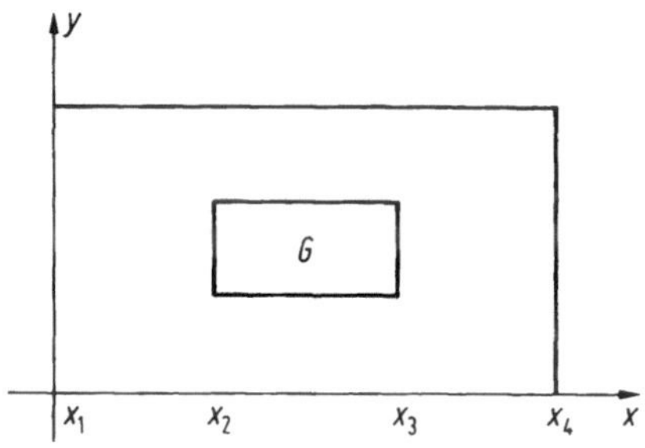

Abb. 19. Ausgeschnittenes Rechteck

haben, an vier Rändern x_1, x_2, x_3, x_4 Bedingungen erfüllen, was nicht möglich ist. Auch hier müßte man im Gebiet G mit Methoden der Variationsrechnung (s. Abschnitt 4.12) arbeiten oder Singularitäten ansetzen, vgl. Abschnitte 5.2, 5.3, 5.4. Beispielsweise ist

$$\ln[C_1^2(x^2 + y^2) + 2C_1C_2(x + y) + 2C_2^2] \quad \text{oder}$$

$$\ln\sqrt{[(x - x_0)^2 + (y - y_0)^2]/c^2}$$

eine Lösung von $\Delta U = 0$, die eine Singularität besitzt. Auch harmonische Polynome (vgl. Seite 50) könnten Verwendung finden, um Lösungen zu konstruieren. Manchmal ist es allerdings so, daß man mit einer Lösung die Randbedingungen exakt, aber die Differentialgleichung nur genähert oder umgekehrt die Differentialgleichung exakt, die Randbedingungen aber nur genähert erfüllen kann. Auf derartige Probleme kommen wir später zurück. Schließlich verweisen wir auf die konforme Abbildung, die im Abschnitt 4.2 besprochen wird und die eine weitere Methode zur Lösung von $\Delta u = 0$ in zweidimensionalen cartesischen Koordinaten darstellt.

Leichter sind Probleme am Kreis zu lösen. Da die Kreislinie $r = R = const$ nur einen Rand darstellt, kann man auch den zwei Ränder besitzenden *Kreisring* $r = b = const$, $b < R$ behandeln. Allerdings zeigt sich, daß dabei für $r = 0$, also außerhalb des Ringgebietes, eine Singularität erscheint. Transformiert man den LAPLACE-Operator auf ebene Polarkoordinaten r, φ

$$x = r\cos\varphi, \quad y = r\sin\varphi, \tag{4.1.49}$$

so erhält man nach den im Abschnitt 3.3 behandelten Methoden

$$U_{rr} + \frac{1}{r}U_r + \frac{1}{r^2}U_{\varphi\varphi} = 0. \tag{4.1.50}$$

Als Randbedingung am Kreis $r = R$ verlangen wir

$$U(r = R, \varphi) = f(\varphi), \quad U(r = 0, \varphi) = \text{regulär}. \tag{4.1.51}$$

Ein Separationsansatz

$$U(r, \varphi) = R_\nu(r) \cdot \Phi_\nu(\varphi) \tag{4.1.52}$$

führt zur EULER-Differentialgleichung (2.2.18) in der Form

$$r^2 R_\nu''(r) + rR_\nu'(r) - \lambda_\nu^2 R(r) = 0, \tag{4.1.53}$$

$$\Phi_\nu''(\varphi) + \lambda_\nu^2 \Phi_\nu(\varphi) = 0, \tag{4.1.54}$$

wobei aus Gründen der Eindeutigkeit $\Phi_\nu(0) = \Phi_\nu(2\pi)$ sein muß. Die *gleichgradige Differentialgleichung* (4.1.53) löst man mit dem Ansatz $R(r) = r^\alpha$, wodurch man die Indexgleichung

$$\alpha(\alpha - 1) + \alpha - \lambda_\nu^2 = 0, \tag{4.1.55}$$

also $\alpha = \pm\lambda_\nu = \nu$, erhält. Für (4.1.54) erhält man nämlich $\cos\lambda_\nu\varphi$ bzw. $\sin\lambda_\nu\varphi$, wobei wegen der Eindeutigkeit $\lambda_\nu = \nu$, $\nu = 1, 2\ldots$ gesetzt werden muß. Durchläuft φ jedoch nicht den vollen Bereich $0 \le \varphi \le 2\pi$, dann kann λ_ν beliebig sein (rational, irrational etc.). Da die bei $r = 0$ nicht regulären Lösungen $r^{-\nu}$ und $\ln r$ ausgeschlossen werden müssen, lautet die allgemeine Lösung von (4.1.50)

$$U(r, \varphi) = \frac{a_0}{2} + \sum_{\nu=1}^{\infty} c_\nu r^\nu \left(a_\nu \cos\nu\varphi + b_\nu \sin\nu\varphi\right). \tag{4.1.56}$$

Potenzen $r^{-\nu}$ sind ebenso wegen der Regularitätsforderung für $r = 0$ auszuschließen. (ν muß nicht eine natürliche Zahl sein, vgl. Abschnitt 5.4.) Aus (4.1.51) folgt

$$U(R,\varphi) = \frac{a_0}{2} + \sum_{\nu=0}^{\infty} c_\nu R^\nu (a_\nu \cos\nu\varphi + b_\nu \sin\nu\varphi) = f(\varphi), \tag{4.1.57}$$

so daß man die FOURIER-Koeffizienten aus

$$S\frac{a_\nu}{b_\nu} = \frac{1}{\pi}\int_0^{2\pi} f(\psi) \frac{\cos\nu\psi}{\sin\nu\psi} \mathrm{d}\psi, \quad a_0 = \frac{1}{\pi}\int_0^{2\pi} f(\psi)\mathrm{d}\psi \tag{4.1.58}$$

berechnen kann, wenn $c_\nu R^\nu = 1$, d.h. $c_\nu = R^{-\nu}$ ist, und die Lösung wird

$$U(r,\varphi) = \frac{a_0}{2} + \sum_{\nu=1}^{\infty} \left(\frac{r}{R}\right)^\nu (a_\nu \cos\nu\varphi + b_\nu \sin\nu\varphi). \tag{4.1.59}$$

Wegen $(r/R)^\nu$ konvergiert diese Reihe im *Inneren* des Kreises absolut. Für rationale ν treten logarithmische Singularitäten auf [4.30].

Eine Lösung für das *Äußere* des Kreises muß für $r \to \infty$ verschwinden und lautet daher

$$U(r,\varphi) = \frac{a_0}{2} + \sum_{\nu=1}^{\infty} \left(\frac{R}{r}\right)^\nu (a_\nu \cos\nu\varphi + b_\nu \sin\nu\varphi). \tag{4.1.60}$$

Die Lösung für das Kreisinnere kann man umformen: Setzt man in (4.1.59) aus (4.1.58) ein, so erhält man

$$\begin{aligned} U(r,\varphi) &= \frac{1}{2\pi}\left[\int_0^{2\pi} f(\psi)\mathrm{d}\psi + 2\sum_{\nu=1}^{\infty}\left(\frac{r}{R}\right)^\nu \int_0^{2\pi} f(\psi)(\cos\nu\varphi\cos\nu\psi + \sin\nu\varphi\sin\nu\psi)\mathrm{d}\psi\right] \\ &= \frac{1}{2\pi}\int_0^{2\pi} f(\psi)\left[1 + 2\sum_{\nu=1}^{\infty}\left(\frac{r}{R}\right)^\nu \cos\nu(\varphi-\psi)\right]\mathrm{d}\psi. \end{aligned} \tag{4.1.61}$$

Wegen der Summenformel der unendlichen geometrischen Reihe können wir mit $r/R = \rho$ schreiben

$$\frac{1}{1-\rho e^{i\varphi}} = \sum_{\nu=0}^{\infty} \rho^\nu e^{i\nu\varphi} = \sum_{\nu=0}^{\infty} \rho^\nu (\cos\nu\varphi + i\sin\nu\varphi), \tag{4.1.62}$$

und für den Realteil gilt

$$\sum_{\nu=0}^{\infty} \rho^\nu \cos\nu\varphi = \mathrm{Re}\frac{1}{1-\rho e^{i\varphi}} = \frac{1-\rho\cos\varphi}{1-2\rho\cos\varphi+\rho^2}. \tag{4.1.63}$$

Vergleicht man mit (2.3.17), Seite 42, so kann man den ganz rechts stehenden Ausdruck als die *Erzeugende* des Polynoms ρ^ν ansehen. Mit (4.1.63) kann man auch

$$1 + 2\sum_{\nu=1}^{\infty} \rho^{\nu} \cos \nu\varphi = \frac{1-\rho^2}{1 - 2\rho\cos\varphi + \rho^2} \tag{4.1.64}$$

ableiten [4]. Damit kann man die Lösung für das Innere des Kreises (4.1.61) in das POISSON-*Integral für den Kreis*

$$U(r,\varphi) = \frac{1}{2\pi}\int_0^{2\pi} \frac{R^2 - r^2}{R^2 - 2Rr\cos(\varphi-\psi) + r^2} f(\psi)\mathrm{d}\psi \tag{4.1.65}$$

umformen. Daraus kann man die GREEN-*Funktion* für den Kreis direkt ablesen.

Will man ein Randwertproblem für den *Kreisring* lösen, so muß man die Lösung mit der Singularität $r^{-\nu}$ an der Stelle $r = 0$ betrachten. Da ja jetzt diese Stelle außerhalb des physikalischen Gebietes liegt, kann man die Forderung der Regularität in (4.1.51) fallen lassen. Der Leser wird eingeladen, das Kreisringproblem mit (4.1.50) und $U(r = b) = 0,\ b < R$ sowie $U(r = R, \varphi) = f(\varphi)$ zu lösen. Auf ein ganz ähnliches Problem kommen wir im Abschnitt 5.2 zurück. Ein weiteres Übungsbeispiel wäre die Lösung von $\Delta\, U = 0$ in ebenen Polarkoordinaten für einen Kreisring mit den Radien R_1 und R_2 und den Randbedingungen $(\partial U/\partial r)_{r=R_1} = f_1(\varphi), U(r = R_2, \varphi) = f_2(\varphi)$. Die Lösung lautet [4.9, 4.7]

$$\begin{aligned}
U(r,\varphi) &= a_{02} + a_{01}R_1 \ln\frac{r}{R_2} \\
&+ \sum_{k=1}^{\infty} \frac{\left(a_{k1}R_2^{-k} + kR_1^{-k-1}a_{k2}\right) r^k + \left(kR_1^{k-1}a_{k2} - R_2^k a_{k1}\right) r^{-k}}{k\left(R_1^{k-1}R_2^{-k} + R_2^k R_1^{-k-1}\right)} \cos k\varphi \\
&+ \sum_{k=1}^{\infty} \frac{\left(b_{k1}R_2^{-k} + kR_1^{-k-1}b_{k2}\right) r^k + \left(kR_1^{k-1}b_{k2} - R_2^k b_{k1}\right) r^{-k}}{k\left(R_1^{k-1}R_2^{-k} + R_2^k R_1^{-k-1}\right)} \sin k\varphi,
\end{aligned}$$

wobei gilt

$$a_{01} = \frac{1}{2\pi}\int_{-\pi}^{+\pi} f_1(\varphi)\mathrm{d}\varphi, \qquad a_{k1} = \frac{1}{\pi}\int_{-\pi}^{+\pi} f_1(\varphi)\cos k\varphi \mathrm{d}\varphi,$$

$$a_{k2} = \frac{1}{\pi}\int_{-\pi}^{+\pi} f_2(\varphi)\cos k\varphi \mathrm{d}\varphi, \qquad a_{02} = \frac{1}{2\pi}\int_{-\pi}^{+\pi} f_2(\varphi)\mathrm{d}\varphi,$$

$$b_{k1} = \frac{1}{\pi}\int_{-\pi}^{+\pi} f_1(\varphi)\sin k\varphi \mathrm{d}\varphi, \qquad b_{k2} = \frac{1}{\pi}\int_{-\pi}^{+\pi} f_2(\varphi)\sin k\varphi \mathrm{d}\varphi.$$

Auch ein Kreisringesektor mit den Radien R_1, $R_2 > R_1$ und dem Zentriwinkel α kann mit den Randbedingungen $U(R_2, \varphi) = U_0,\ U(R_1, \varphi) = 0,\ U(r, 0) = 0,\ U(r, \alpha) = 0$ gelöst werden:

$$U(r,\varphi) = \frac{4U_0}{\pi}\sum_{n=0}^{\infty}\frac{(r/R_1)^{\gamma_n} - (R_2/r)^{\gamma_n}}{(R_2/R_1)^{\gamma_n} - (R_1/R_2)^{\gamma_n}} \cdot \frac{\sin(\gamma_n\varphi)}{2n+1}, \quad \gamma_n = \frac{2n+1}{\alpha}\pi.$$

Der Leser möge sich zur Übung selbst davon überzeugen, daß das Problem auch mit den allgemeineren Randbedingungen $u(r,0) = g_1(r)$, $u(r,\alpha) = g_2(r)$, z.B. $g_1(r) = \sin\beta r + \cos\beta r$, $g_2(r) = a + br + cr^2$ gelöst werden kann.

Ganz analog zum Kreis kann man auch Randwertprobleme der POISSON-Gleichung für eine Ellipse lösen. Transformiert man den LAPLACE-Operator auf elliptische Koordinaten (3.3.47), so erhält man

$$\Delta U = \frac{1}{g}(U_{\eta\eta} + U_{\psi\psi}) = f(\eta,\psi), \quad 0 \le \eta \le \eta_1, \quad 0 \le \psi \le 2\pi, \tag{4.1.66}$$

wobei $g(\eta,\psi) = a^2(\sinh^2\eta + \sin^2\psi) = a^2(\cosh^2\eta - \cos^2\psi)$. Als Randbedingungen seien gegeben $U(\eta_1,\psi) = \Phi(\psi)$ und

$$\begin{aligned} &U(\eta,0) = U(\eta,2\pi), \quad &U_\psi(\eta,0) = U_\psi(\eta,2\pi),\\ &U(0,\psi) = U(0,-\psi), \quad &U_\eta(0,\psi) = -U_\eta(0,-\psi). \end{aligned} \tag{4.1.67}$$

Mittels eines Separationsansatzes und einer FOURIER-Entwicklung von $\Phi(\psi)$ erhält man die Lösung [9]

$$U(\eta,\psi) = \frac{a_0}{2} + \sum_{\nu=1}^{\infty}\left[a_\nu\frac{\cosh\nu\eta}{\cosh\nu\eta_1}\cos\nu\psi + b_\nu\frac{\sinh\nu\eta}{\sinh\nu\eta_1}\sin\nu\psi\right]. \tag{4.1.68}$$

Auch in anderen Koordinatensystemen kann man analog vorgehen [2.3].

In Physik und Technik kommen auch gelegentlich, z.B. in der Plasmaphysik, bei Hohlraumresonatoren oder bei Magnetkernen, toroidale Probleme vor [4.24]. Durch R-Separation (vgl. Abschnitt 3.3), also mit dem Ansatz

$$U(\eta,\psi,\vartheta) = U_1(\eta)U_2(\psi)U_3(\vartheta)/R, \tag{4.1.69}$$

wo $R = \sqrt{T}$, vgl. (3.3.56), läßt sich der LAPLACE-Operator

$$\begin{aligned} \Delta U = &\frac{T^3}{a^2\sinh\eta}\left\{\frac{\partial}{\partial\eta}\left(\frac{\sinh\eta}{T}\frac{\partial U}{\partial\eta}\right)\right.\\ &\left.+\sinh\eta\frac{\partial}{\partial\vartheta}\left(\frac{1}{T}\frac{\partial U}{\partial\vartheta}\right)\right\} + \frac{T^2}{a^2\sinh^2\eta}\frac{\partial^2 U}{\partial\psi^2} \end{aligned} \tag{4.1.70}$$

separieren [2.3]. Die ψ-Abhängigkeit ist durch $\sin m\psi, \cos m\psi$ gegeben. Für axialsymmetrische, also zweidimensionale Probleme $\partial/\partial\psi = 0$, $m = 0$ erhält man dann die Lösung

$$U(\eta,\vartheta) = \left[A\mathcal{P}_{p-\frac{1}{2}}(\cosh\eta) + B\mathcal{Q}_{p-\frac{1}{2}}(\cosh\eta)\right]\left[C\sin p\vartheta + D\cos p\vartheta\right], \tag{4.1.71}$$

wobei $\mathcal{P}$ und $\mathcal{Q}$ verallgemeinerte (assoziierte) orthogonale LEGENDRE-*Funktionen* erster und zweiter Art sind, die der LEGENDRE-Gleichung (2.3.12), Seite 41 mit $l(l+1)$ durch $p^2 - 1/4$ ersetzt, genügen und wo $x = \cosh\eta$ ist. Für $m \neq 0$

gilt (2.3.11), so daß dann $\mathcal{P}^m_{p-1/2}$ etc. auftreten, vgl. (4.3.58) auf Seite 154. Die $\mathcal{P}^\mu_{\nu-1/2}(\cosh\eta), \mathcal{Q}^\mu_{\nu-1/2}(\cosh\eta)$ heißen auch *toroidale Funktionen* oder *Ringfunktionen.* Interessant ist ein Vergleich in der Schreibweise mit den Winkeln ϑ bzw. η. In (2.3.11) steht $\cot\vartheta$, $x = \cos\vartheta$, während in der entsprechenden Gleichung für $\mathcal{P}$ $(\cosh\eta)$ mit $x = \cosh\eta$ der Term $\coth\eta$ auftaucht. Mit der Lösung von (4.1.70) lassen sich dann in üblicher Weise Randwertprobleme der LAPLACE-Gleichung in zwei (bzw. drei) Dimensionen lösen, vgl. auch Abschnitt 4.3. Schließlich muß noch darauf verwiesen werden, daß in der Plasmaphysik für toroidale Gebiete mit kreisförmigem Querschnitt auch sogenannte *quasitoroidale Koordinaten* r, ϑ, φ verwendet werden [4.28]. Hierbei ist r der Abstand von der z-Achse, und φ (*toroidaler Winkel*) beschreibt den Umlauf des Torus um die z-Achse. ϑ ist der *poloidale Winkel,* der einen Umlauf um den in der r,z-Ebene liegenden kreisförmigen Torusquerschnitt (kleiner Radius a) beschreibt. Eine Separation dieses nur für Kreistori verwendbaren Koordinatensystems ist offenbar nicht möglich. Der LAPLACE-Operator hat nämlich die Form [4.29]

$$\begin{aligned} &\frac{\partial}{\partial r} r\,(1 - r\cos\vartheta)\,\frac{\partial U}{\partial r} \\ &+ \frac{\partial}{\partial\vartheta}\,\frac{(1 - r\cos\vartheta)}{r}\,\frac{\partial U}{\partial\vartheta} + \frac{r}{1 - r\cos\vartheta}\,\frac{\partial^2 U}{\partial\varphi^2} = 0, \end{aligned} \tag{4.1.72}$$

vgl. (4.1.70).

Probleme mit unendlich langen Zylindern führen auch auf zweidimensionale LAPLACE-Operatoren in ebenen Polarkoordinaten r, φ (4.1.50), während andererseits axialsymmetrische Probleme endlich langer Zylinder zu zweidimensionalen LAPLACE-Operatoren in den Koordinaten r, z führen. Wenn z.B. das elektrostatische Potential im Inneren eines Hohlzylinders vom Radius R und der Höhe l gefragt ist, so ist

$$\frac{\partial^2 U}{\partial r^2} + \frac{1}{r}\frac{\partial U}{\partial r} + \frac{\partial^2 U}{\partial z^2} = 0 \tag{4.1.73}$$

zu lösen, vgl. (4.1.50). Die Randbedingungen $U(R,0) = U_0, U(R,z) = U_0$, $U(R,l) = 0$ führen zur Lösung [25]

$$U(r,z) = U_0\left[1 - 2\sum_{n=1}^{\infty}\frac{\mathrm{J}_0(\gamma_n r/R)\cdot\sinh(\gamma_n z/R)}{\gamma_n \mathrm{J}_1(\gamma_n)\cdot\sinh(\gamma_n l/R)}\right], \tag{4.1.74}$$

wobei die γ_n die positiven Wurzeln von $\mathrm{J}_0(\gamma) = 0$ sind und wobei

$$\int_0^R r\mathrm{J}_0(\gamma_n r/a) = R^2\mathrm{J}_1(\gamma_n)/\gamma_n \tag{4.1.75}$$

verwendet wurde. Da der LAPLACE-Operator auch bei stationären Wärmeleitungsproblemen (vgl. Abschnitt 4.8) auftaucht, können alle in den Abschnitten 4.1, 4.2 und 4.3 gegebenen Lösungen auch für stationäre Wärmeleitungsprobleme $\partial/\partial t = 0$

umgeschrieben werden, vgl. (4.8.51), Seite 202. Gibt man beispielsweise für einen endlich hohen Zylinder $0 \le r \le R$, $0 \le z \le l$ die Randbedingungen

$$T(r,0) = f_0(r), \quad T(r,l) = f_1(r), \quad T(R,z) = \varphi(z) \tag{4.1.76}$$

vor, dann erhält man die Lösung [25]

$$\begin{aligned} T(r,z) = \frac{2}{l}\sum_{n=1}^{\infty}\frac{1}{\mathrm{I}_0(n\pi R/l)}\Bigg\{&\mathrm{I}_0\left(\frac{n\pi r}{l}\right)\int_0^l \varphi(\xi)\sin\left(\frac{n\pi\xi}{l}\right)\mathrm{d}\xi \\ &+\frac{n\pi}{l}\int_0^R \left[(-1)^n f_1(\rho) - f_0(\rho)\right]\rho G_n(r,p)\mathrm{d}\rho\Bigg\}\sin\frac{n\pi z}{l}, \end{aligned} \tag{4.1.77}$$

wobei die GREEN-*Funktion* durch

$$G_n(r,\rho) = \begin{cases} [\mathrm{K}_0(n\pi a/R)\mathrm{I}_0(n\pi r/l) & . \\ -\mathrm{I}_0(n\pi a/l)\mathrm{K}_o(n\pi r/l)]\,\mathrm{I}_0(n\pi\rho/l), & \rho \le r, \\ [\mathrm{K}_0(n\pi a/l)\mathrm{I}_0(n\pi\rho/l) & \\ -\mathrm{I}_0(n\pi a/l)\mathrm{K}_0(n\pi\rho/l)]\,\mathrm{I}_0(n\pi r/l), & \rho \ge r, \end{cases} \tag{4.1.78}$$

gegeben ist. Hier sind $\mathrm{I}_0, \mathrm{K}_0$ modifizierte BESSEL-*Funktionen*, vgl. Seite 31 und Seite 182. Der Leser möge sich davon überzeugen, daß auch der Ansatz mit sinh statt sin und J_0 statt I_0 zu einer Lösung führt. Für den speziellen Fall $f_0(r) = 0$, $f_1(r) = 0$, $\varphi(z) = T_0 = const$ erhält man daraus

$$T(r,z) = \frac{4T_0}{\pi}\sum_{n=0}^{\infty}\frac{\mathrm{I}_0\left([2n+1]\pi r/l\right)\sin\left[2n+1\right]\pi z/l}{\mathrm{I}_0\left([2n+1]\pi R/l\right)(2n+1)}. \tag{4.1.79}$$

Gilt jedoch $f_0(r) = 0$, $f_1(r) = T_0$, $\varphi(z) = 0$, dann erhält man

$$T(r,z) = 2T_0\sum_{n=1}^{\infty}\frac{\mathrm{J}_0\left(\gamma_n r/R\right)\sinh\left(\gamma_n z/R\right)}{\gamma_n \mathrm{J}_1\left(\gamma_n\right)\sinh\left(\gamma_n l/R\right)}, \tag{4.1.80}$$

wobei die γ_n durch $\mathrm{J}_0(\gamma) = 0$ gegeben sind. Ersetzt man bei gleichen Argumenten in (4.1.79) $\mathrm{I}_0 \to \mathrm{K}_0$, dann erhält man die Temperaturverteilung in einer unendlich großen Platte der Dicke l, in deren Mitte ($x = 0$, $y = 0$) ein zylindrisches Loch vom Radius R geschnitten wurde, längs dessen Mantel die Temperatur konstant auf T_0 gehalten wird.

Auch andere partielle Differentialgleichungen können in Spezialfällen auf den LAPLACE-Operator oder die POISSON-Gleichung in zwei Dimensionen führen. Für um die Polarachse symmetrische, also von ψ unabhängige Probleme der Potentialtheorie oder für stationäre Diffusionsprobleme in Kugelkoordinaten erhält man den LAPLACE-Operator in den Variablen r, ϑ.

4.2 Die konforme Abbildung zur Lösung von Randwertproblemen

Randwertprobleme der LAPLACE-Gleichung, SCHWARZ-CHRISTOFFEL-Verfahren, runde Ränder, logarithmisches Potential, umströmter Kreiszylinder mit Zirkulation, Quell-Senken-Verfahren, konforme Abbildung im dreidimensionalen Raum

Die konforme Abbildung ist eine Folge der CAUCHY-RIEMANN-*Gleichungen* (2.2.2), Seite 28. Differenziert man nämlich die erste Gleichung nach x und die zweite nach y, so erhält man

$$\frac{\partial^2 u}{\partial x^2} = \frac{\partial^2 v}{\partial x \partial y}; \quad \frac{\partial^2 u}{\partial y^2} = -\frac{\partial^2 v}{\partial y \partial x},$$

woraus sich sofort $\Delta u = 0$, $\Delta v = 0$ ergibt. Betrachtet man nun die Kurven $u(x,y) = const$, $v(x,y) = const$, also Lösungen der LAPLACE-Gleichung, dann zeigt sich [2.1, 2.2, 4.6], daß die Abbildung einer Kurve in der x,y-Ebene auf die u,v-Ebene konform ist, d.h. daß Winkel bei dieser Abbildung erhalten bleiben (isogonale oder *konforme Abbildung*). Außerdem stehen die Kurven $u(x,y) = const$ und $v(x,y) = const$ stets aufeinander senkrecht – sie sind *orthogonale Trajektorien.* Betrachten wir z.B. die Funktion

$$f(z) = \zeta(z) = z^2 = (x+iy)^2 = x^2 - y^2 + 2xiy = u(x,y) + iv(x,h),$$

so sehen die Bilder der ζ-Ebene und der z-Ebene wegen $u(x,y) = x^2 - y^2 = const$, $v = 2xy = const$ so aus, wie Abb. 20 zeigt. Im einzelnen geht die v-Achse

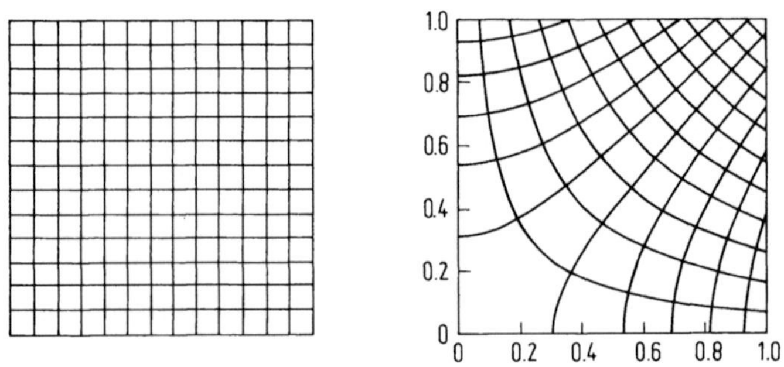

Abb. 20. **Konforme Abbildung $\zeta = z^2$**

$u = 0$ in die Geraden $y = \pm x$, die u-Achse $v = 0$ in die x- bzw. y-Halbachse des ersten Quadranten über. Jede der Kurven $u(x,y) = const = C_1$ oder $v(x,y) = const = C_2$ kann als Randkurve mit dem konstanten Potentialwert C_1 oder C_2 aufgefaßt werden. Die beiden Hyperbelscharen $u = const$ bzw. $v = const$ stehen in der z-Ebene senkrecht aufeinander.

Der Nachteil der Methode der konformen Abbildung, Randwertprobleme der LAPLACE-Gleichung zu lösen, besteht darin, daß man meist zuerst eine Funktion $\zeta(z)$ vorgeben muß und erst nachher erkennen kann, welches Randwertproblem (welche Randform) von ihr gelöst wird. Außerdem müssen die Werte am Rand immer konstant sein, d.h. Potentialverteilungen längs des Randes können nicht vorgegeben werden. Es konnten allerdings Verfahren entwickelt werden, die es in einem gewissen Rahmen gestatten, für vorgegebene Randformen Lösungsfunktionen zu finden. Für Ränder, die sich aus geraden Strecken zusammensetzen lassen, steht das *Verfahren* von SCHWARZ-CHRISTOFFEL zur Verfügung. Führt man nämlich im Beispiel (4.2.1) in der ζ-Ebene und in der z-Ebene Polarkoordinaten R, Φ bzw. r, φ ein, so erhält man

$$\zeta = R\exp(i\Phi) = z^2 = r^2\exp(2i\varphi), \tag{4.2.1}$$

woraus man erkennt, daß ein Punkt in der ζ-Ebene mit den Polarkoordinaten R (*Modul*) und Φ (*Argument*) in einem Punkt in der z-Ebene mit den Polarkoordinaten $r = \sqrt{R}$ und $\varphi = \Phi/2$ abgebildet wird. Durch (4.2.1) wird somit die obere Halbebene der ζ-Ebene in den ersten Quadranten der z-Ebene, die u-Achse in den rechten Winkel, bestehend aus positiver x- und positiver y-Halbachse, abgebildet. Aus Abb. 20 ist auch offensichtlich, daß die Ableitung $dz/d\zeta = \pm 1/2\sqrt{\zeta}$ an der Stelle $z = 0$ in der z-Ebene springt, ihr Argument ändert sich bei $x = 0$, $y = 0$ schlagartig um $\pi/2$. Würde man $\zeta(z) = (z - z_0)^2$ verwenden, so würde der Sprung an der Stelle z_0 stattfinden.

Um die Formel von SCHWARZ-CHRISTOFFEL, die die reelle u-Achse $v = 0$ der ζ-Ebene auf einen gegebenen Polygonzug der z-Ebene abzubilden vermag, wobei die obere ζ-Halbebene ($v > 0$) in das Polygoninnere übergeht, abzuleiten, betrachten wir

$$\frac{dz}{d\zeta} = A(\zeta - \zeta_1)^{-\alpha_1}, \quad (\zeta_1 \text{ reell}). \tag{4.2.2}$$

Das Argument (auch *Phase* genannt) dieser Ableitung ist durch (vgl. Abb. 21)

$$\arg\left(\frac{dz}{d\zeta}\right) = \begin{cases} \arg A - \alpha_1\pi & \text{für} \quad \zeta < \zeta_1 \\ \arg A & \phantom{\text{für}} \quad \zeta > \zeta_1 \end{cases} \tag{4.2.3}$$

gegeben, da $\arg(A \cdot C) = \arg A + \arg C$ und $\arg(\zeta - \zeta_1)^{-\alpha_1} = -\alpha_1$ gilt. Wenn

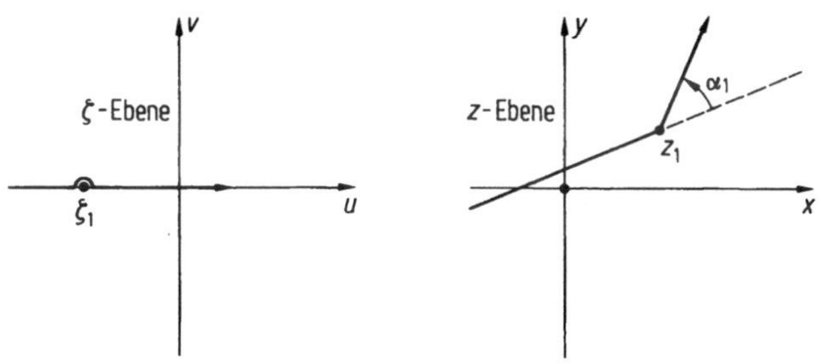

Abb. 21. SCHWARZ-CHRISTOFFEL-Abbildung

sich nämlich der Punkt ζ längs der u-Achse in der positiven Richtung, also nach rechts bewegt, dann gilt $\arg(\zeta - \zeta_1) = \pi$ für $\zeta < \zeta_1$. Wenn jedoch ζ den Punkt ζ_1 überschreitet, dann gilt $\arg(\zeta - \zeta_1) = 0$ für $\zeta > \zeta_1$. Beim Überschreiten von ζ_1

springt somit das Argument der Ableitung $\mathrm{d}z/\mathrm{d}\zeta$ um den Betrag $\alpha_1\pi$. Man kann sich das auch so klarmachen: Im Bereich links von ζ_1, das auf der reellen Achse liegt, ist die Phase von $\mathrm{d}\zeta$ null. (Alle reellen Größen haben naturgemäß die Phase $\Phi = 0$ oder $\Phi = \pi$, da nur für diese Werte die komplexe Größe $\zeta = R\exp(i\Phi) = R\cos\Phi + iR\sin\Phi$ reell ist.) Die Phase der komplexen Größe $\mathrm{d}z$ ist jedoch sicher nicht null, sondern sie erleidet nach Abb. 21 einen Sprung. Damit folgt aber der Ansatz (4.2.2).

Macht man nun den Ansatz von SCHWARZ-CHRISTOFFEL

$$\frac{\mathrm{d}z}{\mathrm{d}\zeta} = A(\zeta-\zeta_1)^{-\alpha_1}(\zeta-\zeta_2)^{-\alpha_2}\dots(\zeta-\zeta_n)^{-\alpha_n}, \tag{4.2.4}$$

so gilt für ein geschlossenes Polygon in der z-Ebene mit n-Ecken an den Stellen z_i mit den Außenwinkeln α_i

$$\sum_{i=1}^{n}\alpha_i\pi = 2\pi, \tag{4.2.5}$$

da die (innere und die äußere) Winkelsumme eines konvexen n-Ecks 2π ist. Integration von (4.2.4) liefert

$$z = A\int(\zeta-\zeta_1)^{-\alpha_1}(\zeta-\zeta_2)^{-\alpha_2}\dots(\zeta-\zeta_n)^{-\alpha_n}\mathrm{d}\zeta + B. \tag{4.2.6}$$

Die komplexe Konstante A gestattet es, das Polygon in der z-Ebene zu drehen, und mittels B kann man eine Verschiebung des Polygons erreichen. Da die ζ_i auf der reellen Achse liegen, sind sie reell. Um eine mögliche Verwirrung zu vermeiden, sei erwähnt, daß manche Autoren [21] für die Abbildung der z-Ebene auf die ζ-Ebene, in der sich ein Polygon mit den Eckpunkten a_1, a_2 etc. und den äußeren Winkeln $\pi s_2, \pi s_2$ etc. befindet, die SCHWARZ-CHRISTOFFEL-Formel in der Form

$$\frac{\mathrm{d}\zeta}{\mathrm{d}z} = A(z-a_1)^{s_1}(z-a_2)^{s_2}\dots(z-a_n)^{s_n}$$

schreiben. Das Integral (4.2.6) enthält unter Berücksichtigung der Nebenbedingung (4.2.5) $2n+3$ reelle Größen (n Werte ζ_i und $n-1$ Werte α_i, sowie zwei komplexe Konstante A, B). Da das Polygon in der z-Ebene durch die Angabe von n komplexen Koordinaten z_i, also durch $2n$ reelle Größen festgelegt wird, können in (4.2.6) drei reelle Parameter $\zeta_1, \zeta_2, \zeta_3$ so frei gewählt werden, daß das sich ergebende Integral möglichst einfach wird.

Wir behandeln zunächst ein einfaches Beispiel: es möge die obere Halbebene der ζ-Ebene auf den halbunendlichen Streifen $0 \le x \le \infty$, $0 \le y \le a$, vgl. Abb. 22, abgebildet werden, so daß auf den Rändern dieses Streifens die Randbedingungen $u = const$, $v = const$ erfüllt werden.
Man liest leicht ab

$$\begin{aligned}
\zeta_1 &= -1, & \angle &= \pi/2, & \alpha_1 &= 1/2,\\
\zeta_2 &= +1, & \angle &= \pi/2, & \alpha_1 &= 1/2,\\
\zeta_3 &= \infty, & \angle &= \pi, & \alpha_1 &= 1.
\end{aligned}$$

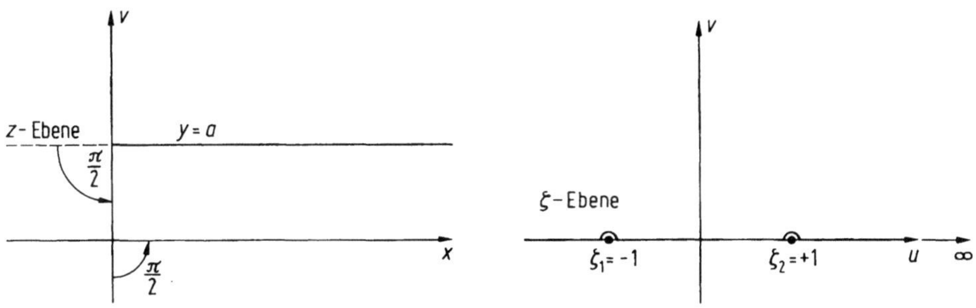

Abb. 22. Randwertproblem eines Streifens

Damit erhält man aus (4.2.6)

$$\begin{aligned} z &= A\int(\zeta+1)^{-1/2}(\zeta-1)^{-1/2}\mathrm{d}\zeta + B \\ &= A\ \mathrm{arccosh}\zeta + B, \end{aligned} \tag{4.2.7}$$

so daß

$$\zeta = \cosh\frac{z-B}{A} \tag{4.2.8}$$

folgt. Um diese Lösung dem Streifen nach Abb. 22 anzupassen, müssen wir fordern

$$\begin{aligned} \zeta_1 &= -1 \quad \rightarrow \quad z = ia, \qquad x = 0, \quad y = a, \\ \zeta_2 &= +1 \quad \rightarrow \quad z = 0, \qquad x = 0, \quad y = 0, \end{aligned}$$

woraus $B = 0$ und $A = a/\pi$ folgt. Die Funktion $\zeta = \cosh \pi z/a$ bildet demnach die obere ζ-Halbebene auf den Streifen laut Abb. 22 in der z-Ebene ab. Mit Hilfe des Additionstheorems für cosh erhält man

$$\begin{aligned} \zeta &= \cosh\left[\frac{\pi}{a}(x+iy)\right] = \cosh\frac{\pi x}{a}\cdot\cosh\frac{\pi iy}{a} + \sinh\frac{\pi x}{a}\cdot\sinh\frac{\pi iy}{a} \\ &= \cosh\frac{\pi x}{a}\cdot\cos\frac{\pi y}{a} + i\sinh\frac{\pi x}{a}\cdot\sin\frac{\pi y}{a} = u(x,y) + iv(x,y). \end{aligned}$$

Der Rand des Streifens ist gegeben durch $v = 0$, und zwar folgt dies für $x = 0$ ebenso wie für $y = 0$ bzw. $y = a$. Abb. 23 zeigt links die Potentiallinien $v(x, y) = const$ und rechts die Feldlinien $u(x, y) = const$.

Als weiteres Beispiel bringen wir die Abbildung auf ein Rechteck in der z-Ebene. Mit $\zeta_1 = -1/k$, $\zeta_2 = -1$, $\zeta_3 = 1$, $\zeta_4 = 1/k$, $0 \le k \le 1$ erhält man das elliptische Integral erster Art F (LEGENDRE-Normalintegral erster Gattung)

$$z = \int\frac{\mathrm{d}\zeta}{\sqrt{(1-\zeta^2)(1-k^2\zeta^2)}} = \mathrm{sn}^{-1}(\zeta, k), \tag{4.2.9}$$

welches die inverse Funktion (Umkehrfunktion) sn^{-1} der *elliptischen Funktion* sn von JACOBI ist, vgl. Seite 75. Mit Hilfe von (4.2.9) wird die obere ζ-Halbebene in

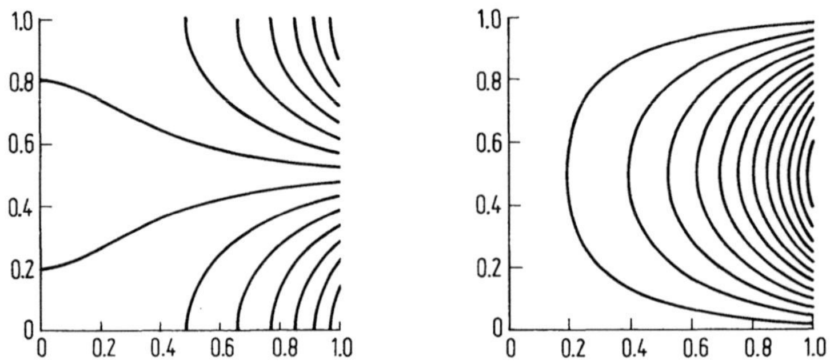

Abb. 23. Randwertproblem des Streifens für $a = 1$

ein sich in der reellen und in der imaginären Richtung periodisch wiederholendes Rechteck in der z-Ebene abgebildet, vgl. Abb. 24. Zahlreiche andere Probleme ähnlicher Art findet man in [7, 2.1, 2.2].

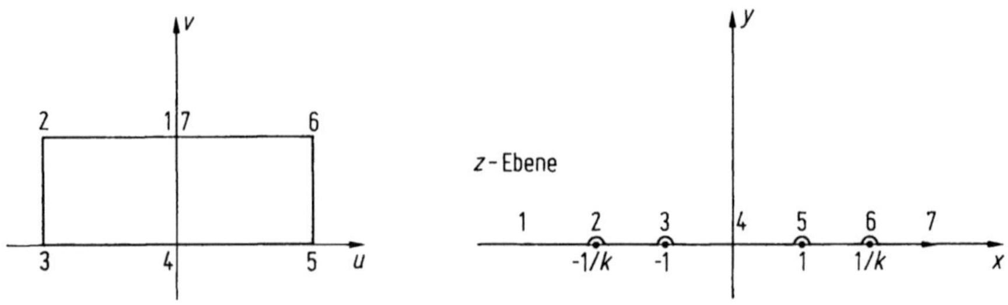

Abb. 24. Konforme Abbildung durch elliptisches Integral

Für nicht geradlinig verlaufende Ränder gibt es leider kein derartiges allgemeines Verfahren wie das von SCHWARZ-CHRISTOFFEL. Man kann z.B. einfache Funktionen vorgeben und untersuchen. So beschreibt z.B. das sogenannte *logarithmische Potential*

$$\begin{aligned}\zeta(z) &= \frac{q}{2\pi}\ln z = \frac{q}{2\pi}\ln re^{i\varphi} = \frac{q}{2\pi}(\ln r + i\varphi)\\ &= \frac{q}{2\pi}\left(\ln\sqrt{x^2+y^2} + i\arctan\frac{y}{x}\right)\end{aligned} \tag{4.2.10}$$

offensichtlich durch $u = (q/2\pi)\ln\sqrt{x^2+y^2} = const$ kreisförmige Potentiallinien um eine *Punktquelle* der Stärke q, und $v = i\varphi = const$ beschreibt die von der Punktquelle ausgehenden radialen Feldlinien. Eine Doppelquelle der Stärke q an den Stellen $+a$ bzw. $-a$ wird durch

$$\zeta(z) = \frac{q}{2\pi}\ln\frac{z+a}{z-a} \tag{4.2.11}$$

beschrieben. Durch den Übergang $a \to 0$, $q \to \infty$ erhält man daraus das Potential

$\zeta(z) = -R^2/z$ eines Dipols, mit dessen Hilfe man nach Überlagerung mit einer *Parallelanströmung* $-V_0 z$ von links, also mit

$$\zeta(z) = -V_0 z - V_0 R^2/z = -V_0 \cdot (x + iy) - \frac{V_0 R^2 (x - iy)}{x^2 + y^2} \tag{4.2.12}$$

die Umströmung eines Kreises vom Radius R beschreiben kann. Das *Strömungsfeld* $\vec{V}$ (nicht zu verwechseln mit dem Imaginärteil v von ζ) ist durch

$$V_x = -\frac{\partial u}{\partial x} = +V_0\left(1 + R^2 \frac{y^2 - x^2}{(x^2 + y^2)^2}\right), \; V_y = -\frac{\partial u}{\partial y} = \frac{2V_0 y R^2 x}{(x^2 + y^2)^2}. \tag{4.2.13}$$

gegeben. Es besitzt in den Punkten $x = \pm R$, $y = 0$ *Staupunkte*, in denen die Geschwindigkeit $V_x = 0$, $V_y = 0$ wird. Die *Randbedingung* der *Strömungslehre*, daß an einer Wand (die eine *Stromlinie* $v(x, y) = const$ sein muß) die Normalkomponente $\vec{V}_n$ der Geschwindigkeit verschwinden muß, wird längs des Kreisumfangs $x^2 + y^2 = R^2$ und längs der x-Achse $y = 0$ mit $const = 0$ durch den Imaginärteil $v(x, y) = -V_0 y + (V_0 R^2 y)/(x^2 + y^2) = 0$ erfüllt. Durch vorgegebene *Quell-Senken-Verteilungen* $q(z)$ kann man verschiedene Profile "aufblasen" [3.9, 4.3].

Die Funktion

$$\zeta(z) = -V_0 z - V_0 R^2/z - (i\Gamma/2\pi) \cdot \ln z \tag{4.2.14}$$

beschreibt die Umströmung eines Kreises (eines unendlich langen auf der z-Ebene senkrecht stehenden Kreiszylinders), wobei eine *Zirkulation* $\Gamma = \oint \vec{V} ds \neq 0$ (bei $\operatorname{rot} \vec{V} = 0$) auftritt. Wie in der Strömungslehre inkompressibler Medien gezeigt wird, führt diese Zirkulation zum Auftreten einer bei $\Gamma = 0$ nicht vorhandenen Kraft K senkrecht zur Anströmungsrichtung, die als *Auftrieb* bezeichnet und durch die Formel von KUTTA-JOUKOWSKY

$$K_y = \rho \Gamma V_x(x = \infty) \tag{4.2.15}$$

berechnet werden kann. ρ ist die Dichte des Mediums, Γ ist durch das jeweilige Zylinderprofil (Zylinderquerschnittsform) gegeben. Durch eine Serie weiterer Abbildungen, die auf (4.2.14) angewendet werden, kann man dann auch Randwertprobleme von *Tragflügelprofilen* berechnen (JOUKOWSKY-Profile, KARMAN-TREFFTZ-Profile etc.) [3.9, 4.3 - 4.5].

Sowohl $\zeta = const/z$ als auch (4.1.60) stellen Lösungen von $\Delta U = 0$ für das Äußere eines Kreises vom Radius R dar; $const/z$ ist auch eine Lösung für das Kreisinnere. In der allgemeinen Lösung (4.1.60) muß daher auch die Lösung $\zeta = u + iv$, $u = -R^2 x/(x^2 + y^2), v = R^2 y/(x^2 + y^2)$, die man aus (4.2.12) abliest, enthalten sein. Tatsächlich erhält man diese mit $a_0 = 0$, $b_\nu = 0$, $\nu = 1$, $\cos\varphi = x/r$, $a_1 = -RV_0^2$ bzw. mit $a_0 = 0$, $a_\nu = 0$, $\nu = 1$, $\sin\varphi = y/r$, $b_1 = RV_0^2$. Die mit Hilfe dieser konformen Abbildung gewonnene Lösung stellt somit von (4.1.60) die partikuläre Lösung für die spezielle Randbedingung $U(r = R, \varphi) = 0$ dar. Ganz allgemein ist jedoch der Vergleich von Lösungen der LAPLACE-Gleichung nach der Separationsmethode des Abschnitts 4.1 mit den Lösungen nach der Methode der konformen Abbildung nicht so einfach. So haben wir in Abschnitt 4.1 für einen

Kreissektor mit dem Radius 1 und dem Zentriwinkel α für $u(1,\varphi) = u_0$, $u(r,o) = u(r,\alpha) = 0$ die Lösung

$$u(r,\varphi) = \frac{4u_0}{\pi} \sum_{\pi}^{\infty} r^{\gamma_n} \frac{\sin \gamma_n \varphi}{2n+1}$$

kennengelernt. Hierbei wurde $\gamma_n = (2n+1)\pi/\alpha$ gesetzt.

$$(\text{Beachte}: \sum_n \sin \frac{(2n+1)\pi\varphi}{\alpha} \cdot \frac{1}{2n+1} = \frac{\pi}{4}.)$$

Mittels konformer Abbildung der ζ-Halbebene auf den Kreissektor erhält man

$$\zeta = \left(\frac{1+z^\alpha}{1-z^\alpha}\right)^2 = \left(\frac{1+r^\alpha e^{i\varphi\alpha}}{1-r^\alpha e^{i\varphi\alpha}}\right)^2,$$

was mittels $\exp(i\varphi\alpha) = \cos\alpha\varphi + i\sin\alpha\varphi$ mit der obigen Lösung verglichen werden kann. Offensichtlich liegen bei der konformen Lösung andere Randbedingungen vor.

Da bei stationären Wärmeleitungsproblemen (Abschnitt 4.8) ebenfalls der LAPLACE-Operator auftritt, kann man für zweidimensionale stationäre Wärmeleitungsprobleme ebenfalls die konforme Abbildung verwenden. Das Problem einer Röhre vom Radius R mit der Temperatur T_0, die in der Tiefe h (x-Achse) unterhalb der ebenen Erdoberfläche (Ebene $x = 0$), die die Temperatur $T(0) = 0$ haben möge, vergraben ist, läßt sich auch durch konforme Abbildungen lösen [25]. Indem man durch

$$\zeta = \frac{z-c}{z+c}, \quad c = \sqrt{h^2 - R^2} \tag{4.2.16}$$

die Halbebene auf den kreisförmigen Röhrenquerschnitt abbildet, erhält man

$$T(x,y) = \frac{T_0}{\ln[(h+c)/R]} \ln\left\{\frac{\sqrt{(x^2-c^2+y^2)^2+4c^2y^2}}{(x-c)^2+y^2}\right\}, \tag{4.2.17}$$

was für $x = 0$ (Erdoberfläche) $T(0,y) = 0$ ergibt ($\ln 1 = 0$).

Durch einen Trick kann man die konforme Abbildung auch für spezielle dreidimensionale Randwertprobleme verwenden [7]. Wenn man im reellen $R3, x, y, z$ eine komplexe Ebene E einführt, die auf der reellen x, y-Ebene senkrecht steht und deren Spur in der x, y-Ebene den Winkel α mit der x-Achse bildet, vgl. Abb. 25, dann ist eine komplex differenzierbare Funktion $\varphi(z \pm i\xi)$ eine Lösung von $\Delta\varphi = \varphi_{zz} + \varphi_{\xi\xi}$. Diese Lösung kann man mit Hilfe der Transformation $\xi = x\cos\alpha + y\sin\alpha$ in $\varphi(z \pm i\xi) = \varphi(z \pm i[x\cos\alpha + y\sin\alpha]) = \varphi(x,y,z,\alpha)$ in eine von den drei Variablen x, y, z abhängige Funktion überführen, z.B. $\varphi(x,y,z) = (z+i\xi)^2 = z^2 - x^2\cos^2\alpha - y^2\sin^2\alpha - 2xy\cos\alpha\sin\alpha + i2z\xi$. Dies gilt für jedes α. Man kann daher über α integrieren und erhält

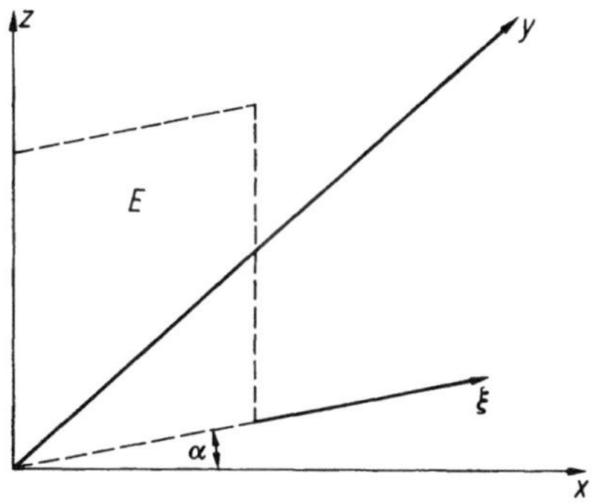

Abb. 25. Konforme Abbildung im $R3$

$$\varphi(x,y,z)=\int_0^{2\pi}F(z\pm i\xi)f(\alpha)\mathrm{d}\alpha=\int_0^{2\pi}F(z\pm i[x\cos\alpha+y\sin\alpha])f(\alpha)\mathrm{d}\alpha.\quad(4.2.18)$$

Die Funktion $f(\alpha)$ ist dabei aus den dreidimensionalen Randbedingungen zu gewinnen, z.B. $f(\alpha)=\cos\alpha$ für rotationssymmetrische Koordinatensysteme. F ist eine beliebige analytische Funktion, deren Real- und Imaginärteil getrennt der Differentialgleichung $\varphi_{xx}+\varphi_{yy}+\varphi_{zz}=0$ genügt. Das Integral (4.2.18) ist eine Verallgemeinerung von Integraldarstellungen, wie wir sie bereits im Abschnitt 2.3 gelegentlich kennengelernt haben und wie sie bei der Lösung von Randwertproblemen auftreten.

4.3 LAPLACE- und POISSON-Gleichung in drei Dimensionen

Gravitationsgesetz, Sätze von GAUSS und GREEN, Mittelwertsatz und Potentialtheorie der Kugel, Methode der elektrischen Bilder, POISSON-Integral, Kugelflächenfunktionen, Multipolmomente, allgemeines Feldbestimmungsproblem, zylindrische Probleme

Die *Potentialtheorie* wird durch die Differentialgleichungen von LAPLACE und POISSON beschrieben. Ihr Problem besteht darin, aus vorgegebenen Quellenverteilungen ρ (Massenverteilungen, elektrische Ladungen, Quellen von radioaktiver Strahlung etc.) oder aus den Randbedingungen an Körpern (vorgegebene Potentialwerte) mit Hilfe der Differentialgleichungen Lösungen U zu finden, aus denen Felder (Gravitationsfelder, elektrostatische Felder, Geschwindigkeitsfelder etc.) vermittels ∇U berechnet werden können, vgl. Abschnitt 4.1. Bezüglich der Existenz solcher Lösungen verweisen wir auf [4.32]. Im dreidimensionalen Raum gibt es unlösbare Probleme, d.h. die wirkliche Annahme der Randwerte in allen Randpunkten bei vorgeschriebenen stetigen Randwerten kann nicht erwartet werden.

Unter Zugrundelegung einer euklidischen Metrik wirkt nach dem NEWTON*schen Gravitationsgesetz* auf einen Punkt $P(x,y,z)$ (*Aufpunkt*) mit der Masse m im Abstand $r=\sqrt{(x-\xi)^2+(y-\eta)^2+(z-\zeta)^2}$ von einem Massenzentrum (*Quellpunkt*) $Q(\xi,\eta,\zeta)$ mit der Masse M eine anziehende potentielle Energie

$$U(x,y,z) = -\gamma\frac{mM}{r}. \tag{4.3.1}$$

Hier ist γ die *Gravitationskonstante.* Wie man sich leicht durch Einsetzen überzeugt, genügt U der LAPLACE-Gleichung. Auch die elektrostatische potentielle Energie zwischen zwei punktförmigen Ladungen gehorcht $\Delta U = 0$. Sind Ladungen q oder Massen m kontinuierlich verteilt (ausgedehnte Körper), dann kann man formal durch den Übergang $\mathrm{d}q = \rho\mathrm{d}\tau$, $\mathrm{d}m = \rho\mathrm{d}\tau$ (4.3.1) umschreiben (eine Ableitung dieser Formel folgt später, vgl. (4.3.45)) in

$$U(x,y,z) = -\gamma M\int\frac{\rho}{r}\mathrm{d}\tau = -\gamma M\iiint\frac{\rho(\xi,\eta,\zeta)\mathrm{d}\xi\mathrm{d}\eta\mathrm{d}\zeta}{\sqrt{(x-\xi)^2+(y-\eta)^2+(z-\zeta)^2}}, \tag{4.3.2}$$

wobei dann die POISSON-Gleichung

$$\Delta U = -const\;\rho \tag{4.3.3}$$

gilt. Der Wert von *const* hängt vom verwendeten Maßsystem ab, z.B. $const = 1$ oder 4π).

Um nun für eine vorgegebene Ladungs- oder Massenverteilung das Potential in einem beliebigen Aufpunkt (außerhalb oder innerhalb des Quellgebietes) zu berechnen, betrachten wir zunächst den GAUSS*schen Satz* der Vektorrechnung (siehe Seite 15)

$$\int\vec{A}(x,y,z)\mathrm{d}\vec{f} = \int\mathrm{div}\,\vec{A}(x,y,z)\mathrm{d}\tau, \tag{4.3.4}$$

der für ein einem Potential genügendes Feld $\vec{A} = -\mathrm{grad}\,U$ wegen $\mathrm{div\,grad} = \Delta$, vgl. Seite 15, in

$$\int\mathrm{grad}\,U\mathrm{d}\vec{f} = \int\Delta U\mathrm{d}\tau \tag{4.3.5}$$

übergeht. Setzt man $\vec{A} = V\mathrm{grad}\,U$ ein, so erhält man den ersten GREEN*schen Satz*

$$\int\vec{A}\mathrm{d}\vec{f} = \int V\mathrm{grad}\,U\mathrm{d}\vec{f} = \int(V\Delta U + \mathrm{grad}\,V\cdot\mathrm{grad}\,U)\mathrm{d}\tau. \tag{4.3.6}$$

Schreibt man ihn mit Vertauschung von U und V, also mit $\vec{A} = U\mathrm{grad}\,V$ nochmals an und subtrahiert man von (4.3.6), so erhält man den *zweiten* GREEN*schen Satz*

$$\int(V\nabla U - U\nabla V)\mathrm{d}\vec{f} = \int(V\Delta U - U\Delta V)\mathrm{d}\tau. \tag{4.3.7}$$

Mit Hilfe dieses Satzes wird es möglich sein, aus Ladungsverteilungen ρ oder aus den Werten des Potentials an Rändern Lösungen der LAPLACE- bzw. POISSON-Gleichung zu finden. Zur Ableitung der benötigten Formeln benötigen wir noch den GAUSS*schen Mittelwertsatz* der Potentialtheorie. Nach Einführung von Kugelkoordinaten r, ψ, ϑ kann der Mittelwert des Potentials $U(r,\psi,\vartheta)$ über eine Kugeloberfläche durch

$$\bar{U}(r) = \frac{1}{4\pi}\int_0^{2\pi}\int_0^{\pi} U(r,\vartheta,\psi)\sin\vartheta \mathrm{d}\vartheta \mathrm{d}\psi \tag{4.3.8}$$

ausgedrückt werden. Bildet man nun hiervon die Ableitung nach r, so erhält man mit Hilfe von (4.3.5)

$$\frac{\mathrm{d}\bar{U}}{\mathrm{d}r} = \frac{1}{4\pi}\int_0^{2\pi}\int_0^{\pi} \frac{\partial U}{\partial r}\sin\vartheta \mathrm{d}\vartheta \mathrm{d}\psi = \frac{1}{4\pi}\int \Delta U \mathrm{d}\tau. \tag{4.3.9}$$

Ist keine Raumladung ρ vorhanden, so gilt $\Delta U = 0$; dann ist der Mittelwert des Potentials über eine Kugeloberfläche unabhängig vom Radius (Mittelwertsatz der Potentialtheorie). Dann wird aber auch der räumliche Mittelwert

$$\frac{3}{4\pi R^3}\int_0^R r^2 \mathrm{d}r \cdot \left[\int_0^{2\pi}\int_0^{\pi} U(r,\vartheta,\psi)\sin\vartheta \mathrm{d}\vartheta \mathrm{d}\psi\right] = \bar{U} \tag{4.3.10}$$

unabhängig vom Kugelradius und ist gleich dem Oberflächenwert. Daher ist auch der Wert im Mittelpunkt der Kugel gleich dem Oberflächenmittelwert.

Wir wenden nun den zweiten GREENschen Satz auf ein beliebig geformtes Gebiet S an, in dem sich eine Raumladungsverteilung ρ befindet. Innerhalb von S wählen wir unseren Aufpunkt P und schlagen um ihn eine Kugel mit dem später gegen Null strebenden Radius ε, vgl. Abb. 26. Die Oberfläche des Gebietes S besteht demnach

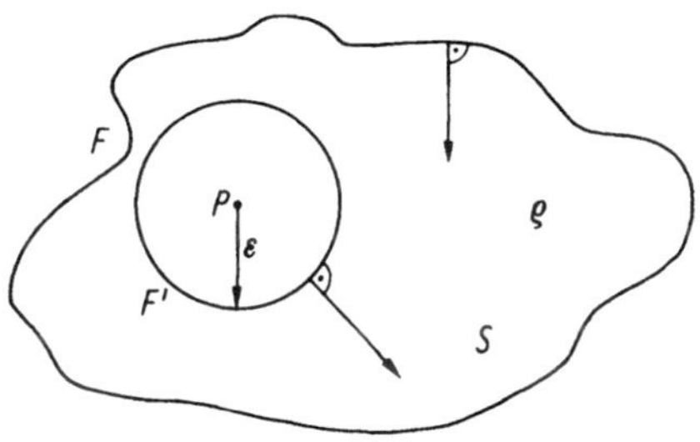

Abb. 26. Herleitung der Formel von GREEN

aus zwei Teilen, F und F'. Die Flächennormale sei für beide Teile nach innen gerichtet (Minuszeichen!). Setzen wir im zweiten GREENschen Satz (4.3.7) $V = 1/r$ und verstehen wir unter U das der POISSON-Gleichung gehorchende Potential, dann gilt

$$\begin{aligned} &-\int_F \left(\frac{1}{r}\nabla U - U\nabla\frac{1}{r}\right)\mathrm{d}\vec{f} - \int_{F'} \left(\frac{1}{r}\nabla U - U\nabla\frac{1}{r}\right)\mathrm{d}\vec{f} \\ &= \int_S \frac{1}{r}\Delta U \mathrm{d}\tau - \int_{Kugel} \frac{1}{r}\Delta U \mathrm{d}\tau - \int_S U\Delta\frac{1}{r}\mathrm{d}\tau - \int_{Kugel} U\Delta\frac{1}{r}\mathrm{d}\tau, \end{aligned} \tag{4.3.11}$$

wobei das zweite Raumintegral rechts im Grenzübergang $\varepsilon \to 0$ wegen $1/r \approx 1/\varepsilon$, $\mathrm{d}\tau \sim r^2 \sim \varepsilon^2$ und die letzten zwei Integrale wegen $\Delta(1/r) = 0$ verschwinden. Weiter verschwindet auch das Oberflächenintegral $(1/r) \cdot \nabla U \cdot r^2$ über die Kugel für $r \to \varepsilon \to 0$. Wegen $-\nabla(1/r) = 1/r^2$ wird mit Hinblick auf den GAUSSschen Mittelwertsatz für die Kugel

$$\int_0^{2\pi}\int_0^{\pi} U\nabla\left(\frac{1}{r}\right) r^2 \sin\vartheta \mathrm{d}\psi = \iint_{F'} U\frac{1}{r^2}r^2 \sin\vartheta \mathrm{d}\vartheta \mathrm{d}\psi = \bar{U} \cdot 4\pi, \tag{4.3.12}$$

so daß sich aus (4.3.11), (4.3.10) für den Mittelpunkt $P(x, y, z)$ der kleinen Kugel $\varepsilon \to 0$, dem *innerhalb* des Gebietes S liegenden Aufpunkt, das Potential

$$U(x,y,z) = \frac{1}{4\pi}\int_F\left(\frac{1}{r}\nabla U_F - U_F\nabla\frac{1}{r}\right)\mathrm{d}\vec{f} + \int_S \frac{\rho}{r}\mathrm{d}\tau \tag{4.3.13}$$

ergibt (GREEN-*Formel*) [4.8]. Das Potential U_F ist hierbei die Potentialverteilung an der Oberfläche F des Gebietes S, und ∇ stellt hier die Ableitung normal zur Oberfläche dar; $\rho(\xi, \eta, \zeta)$ ist die Raumladung innerhalb S, und $\mathrm{d}\tau = \mathrm{d}\xi\,\mathrm{d}\eta\,\mathrm{d}\zeta$, r ist der Abstand von Aufpunkt und Quellpunkt.

Um für einen Aufpunkt *außerhalb* des Gebietes S die Lösung zu erhalten, ersetzen wir in (4.3.7) $V \to G(\vec{r}, \vec{r}\,')$ und erhalten analog [4.8]

$$\begin{aligned} U(\vec{r}) = {} & \frac{1}{4\pi}\int_F\left(G(\vec{r},\vec{r}\,')\frac{\partial U(\vec{r}\,')}{\partial \vec{n}} - U(\vec{r}\,')\frac{\partial G(\vec{r},\vec{r}\,')}{\partial \vec{n}}\right)\mathrm{d}\vec{f} \\ & + \int_S \rho(\vec{r}\,')G(\vec{r},\vec{r}\,')\mathrm{d}\tau'. \end{aligned} \tag{4.3.14}$$

Hier haben wir der Kürze halber $\vec{r}\,' = (\xi, \eta, \zeta)$ für die Koordinaten der Quellpunkte bzw. für die Punkte an der Oberfläche F des Gebietes G geschrieben. $G(\vec{r}, \vec{r}\,')$ nennt man die GREEN-*Funktion*, die der Gleichung

$$\Delta G(\vec{r}, \vec{r}\,') = -4\pi\delta(\vec{r} - \vec{r}\,') \tag{4.3.15}$$

genügen möge, sonst aber je nach den Randbedingungen auf S gewählt werden kann. δ ist die DIRAC-*Deltafunktion*, vgl. Seite 113. Für eine DIRICHLET-*Randbedingung* setzt man zweckmäßigerweise $G(\vec{r}, \vec{r}\,') = 0$ für r auf F, und für eine NEUMANN-*Randbedingung* $\partial G/\partial \vec{n} = 0$. Es kann auch gezeigt werden, daß diese GREEN-Funktion symmetrisch ist, $G(\vec{r}, \vec{r}\,') = G(\vec{r}\,', \vec{r})$, d.h. Aufpunkt und Quellpunkt können miteinander vertauscht werden. Dies ist eine Folge davon, daß $\Delta U = 0$ eine selbstadjungierte partielle Differentialgleichung ist [4.9]. Für die GREEN-Funktion wird auch gelegentlich die symbolische Schreibweise $G(\vec{r}, \vec{r}\,') = G(P, Q) = G(Q, P)$ verwendet. Q sei der Ort der Ladung (Quellpunkt), P ein beliebiger Aufpunkt. Aus der Betrachtung von (4.3.2), (4.3.3) bzw. (4.3.13), (4.3.14) erkennt man, daß die GREEN-Funktion für eine Punktladung durch die Definition $1/r = 1/\sqrt{(x-\xi)^2 + (y-\eta)^2 + (z-\zeta)^2}$ gegeben ist, wenn die Koordinaten des Aufpunktes $\vec{r}$ mit x, y, z, die des Quellpunktes $\vec{r}'$ mit ξ, η, ζ bezeichnet werden. Da die LAPLACE-Gleichung linear ist, können die Lösungen U und U_1 im Aufpunkt $P(x, y, z)$ für zwei Punktladungen an den Orten ξ, η, ζ bzw. ξ_1, η_1, ζ_1:

$$\begin{aligned} U &= \frac{e}{r}, \quad r^2 = (x-\xi)^2 + (y-\eta)^2 + (z-\zeta)^2, \quad |r| = \overline{QP}, \\ U_1 &= -\frac{e_1}{r_1}, \quad r_1^2 = (x-\xi_1)^2 + (y-\eta_1)^2 + (z-\zeta_1)^2, \quad |r_1| = \overline{Q'P} \end{aligned} \tag{4.3.16}$$

superponiert werden. Die Gesamtlösung $eG = U + U_1$ soll für ein DIRICHLET-Problem am Rand, charakterisiert durch P_k, verschwinden, also $G = 0$, oder $e/r_k = e_1/r_{k1}$. Die hierdurch mit (4.3.16) beschriebene Fläche $F(x, y, z) = 0$ ist eine Kugeloberfläche [4.9]. Der Mittelpunkt O der Kugel liegt im Ursprung des Koordinatensystems auf der Verbindungsgeraden zwischen e und e', und für den Kugelradius R gilt $R^2 = r_0 \cdot r_{01}$, vgl. Abb. 27. Daraus folgt aber auch wegen der Ähnlichkeit der Dreiecke OQP und $OQ'P$, daß $r_0/r_k = R/r_{k1}$ und $e_1/e = r_{k1}/r_k = R/r_0 = r_{01}/R$ gilt. Da die Ladung e innerhalb der Kugel, e' (*Spiegelladung* mit entgegengesetztem Vorzeichen) außerhalb liegt, spricht man auch von einer Spiegelung von e an der Kugeloberfläche (*Methode der elektrischen Bilder, Abbildung durch reziproke Radien*).

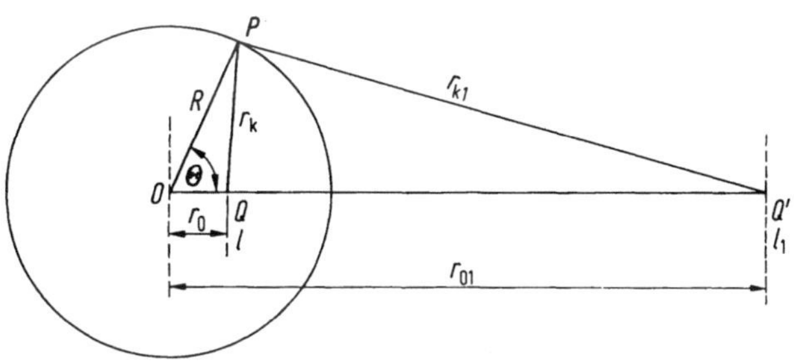

Abb. 27. Potential einer Kugelfläche

Wir können nun das von einer Kugelfläche im Innen- und Außenraum hervorgerufene Potential U in einem beliebigen Aufpunkt $P \neq P_k$ berechnen, wobei wir die Art, wie die Ladung e (innen) oder e_1 (außen) die Potentialverteilung U_F auf der Kugeloberfläche erzeugt, gar nicht betrachten. Zunächst gilt in einem beliebigen, in Abb. 27 nicht gezeichneten Aufpunkt P für das innere DIRICHLET-Randwertproblem

$$eG = U + U_1 = \frac{e}{r_{QP}} - \frac{e_1}{r_{1Q'P}} = eG(P, Q) \tag{4.3.17}$$

(die im Kugelinneren sitzende positive Ladung e erzeugt die Potentialverteilung), während für das äußere Problem (die positive Ladung e_1 sitzt außerhalb der Kugel)

$$eG = \frac{e_1}{r_{1Q'P}} - \frac{e}{r_{QP}} = eG(P, Q_1) \tag{4.3.18}$$

anzusetzen ist. Führt man nun für die drei Punkte

Aufpunkt	$P(x,y,z) \neq P_k$	$\rightarrow$	$P(r,\vartheta,\psi)$
Quellpunkt von e	$Q(\xi,\eta,\zeta)$	$\rightarrow$	$Q(r_0,\vartheta_0,\psi_0)$
Quellpunkt von e_1	$Q(\xi_1,\eta_1,\zeta_1)$	$\rightarrow$	$Q(r_{01},\vartheta_{01},\psi_{01})$

Kugelkoordinaten r,ϑ,ψ ein, so liest man aus Abb. 27 ab:

$$r_{QP}^2 = r^2 + r_0^2 - 2rr_0\cos\Theta. \tag{4.3.19}$$

Liegt P auf der Kugeloberfläche, ist also $P = P_k$, $r = R$, dann gilt

$$r_{QP}^2 = r_k^2 = R^2 + r_0^2 - 2Rr_0\cos\Theta. \tag{4.3.20}$$

Nach den Regeln der sphärischen Trigonometrie ist hierbei

$$\cos\Theta = \cos\vartheta\cos\vartheta_0 + \sin\vartheta\sin\vartheta_0\cos(\psi - \psi_0). \tag{4.3.21}$$

Liegen Aufpunkt P und Quellpunkt Q mit dem Ursprung O in einer Ebene, so gilt

$$\cos\Theta = \cos\vartheta. \tag{4.3.22}$$

Weiter hat man

$$r_{1Q'P}^2 = r^2 + r_{01}^2 - 2rr_{01}\cos\Theta, \tag{4.3.23}$$

was wegen $r_{01} = R^2/r_0$ in

$$r_{1Q'P}^2 = r^2 + R^4/r_0^2 - 2rR^2/r_0^2\cdot\cos\Theta \tag{4.3.24}$$

übergeht. Einsetzen von (4.3.19), (4.3.23) in (4.3.17) und von $\partial G/\partial\vec{n} = \partial G/\partial r$ für $r = R$ in die DIRICHLET-Lösung (4.3.13), $\rho = 0$, $U(P) = \int U_F\partial G/\partial\vec{n}\mathrm{d}f$, $\mathrm{d}f = R^2\sin\vartheta\mathrm{d}\vartheta\mathrm{d}\psi$ gibt mit $e = -1/4\pi$ (Problem des Maßsystems und $e_1/e = R/r_0$, $r_{k1} = Rr_k/r_0$) das POISSON-*Integral für die Kugel* mit Radius R

$$4\pi U(r) = R^3\left(1 - \frac{r_0^2}{R^2}\right)\int\limits_0^{2\pi}\int\limits_0^{\pi}\frac{U_F(\vartheta,\psi)\sin\vartheta\mathrm{d}\vartheta\mathrm{d}\psi}{(R^2 + r_0^2 - 2r_0R\cos\Theta)^{3/2}}, \tag{4.3.25}$$

mit dessen Hilfe im Innenraum einer Kugel, auf deren Oberfläche als Randbedingung eine Potentialverteilung $U_F(\vartheta,\psi)$ vorgegeben ist, das Potential, also die Lösung von $\Delta U = 0$ in einem beliebigen Aufpunkt P berechnet werden kann. Man vergleiche mit (4.1.65). Das Ergebnis (4.3.25) ist von ϑ,ψ des Aufpunktes unabhängig und hängt nur vom Abstand r des Aufpunktes P vom Kugelmittelpunkt O ab. Setzt man in (4.3.18) statt in (4.3.17) ein, so erhält man in analoger Weise das Ergebnis für den Außenraum

$$4\pi U(P) = R^3\left(\frac{r_{01}^2}{R^2} - 1\right)\int\limits_0^{2\pi}\int\limits_0^{\pi}\frac{U_F(\vartheta,\psi)\sin\vartheta\mathrm{d}\vartheta\mathrm{d}\psi}{(R^2 + r_{01}^2 - 2Rr_{01}\cos\Theta)^{3/2}}. \tag{4.3.26}$$

Das Potential $U(P)$, das ein ebener *Doppelpol* im Aufpunkt P erzeugt, kann aus Abb. 28 direkt abgelesen werden:

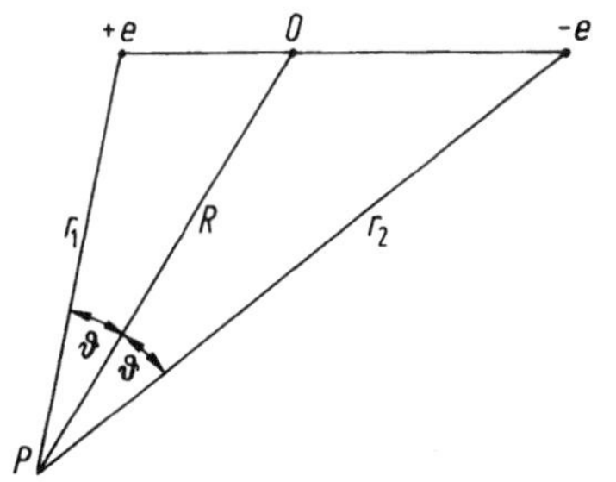

Abb. 28. Potential eines Doppelpols ($P, +e, -e$ liegen in einer Ebene)

$$U = \frac{e}{r_1} - \frac{e}{r_2}, \tag{4.3.27}$$

$$r_1 = r\left(1 + \frac{R}{r} - \frac{2R}{r}\cos\vartheta\right)^{1/2}, \tag{4.3.28}$$

$$r_2 = r\left(1 + \frac{R}{r} + \frac{2R}{r}\cos\vartheta\right)^{1/2}. \tag{4.3.29}$$

Für $r > R$ kann man entwickeln

$$\left(1 + \frac{R}{r} - \frac{2R}{r}\cos\vartheta\right)^{-1/2} = \sum_{k=0}^{\infty}\left(\frac{R}{r}\right)^k P_k(\cos\vartheta), \tag{4.3.30}$$

was mit (2.3.17), Seite 42, übereinstimmt. Damit kann die *erzeugende Funktion* des LEGENDRE-Polynoms P_k physikalisch gedeutet werden.

Randwertprobleme der Potentialtheorie können auch durch Separation der LAPLACE- bzw. POISSON-Gleichung gelöst werden, wobei wir in sphärischer Geometrie die assoziierten LEGENDRE-*Polynome* zu erwarten haben. Da auch für lineare partielle Differentialgleichungen der Satz gilt, daß die Lösung der inhomogenen Gleichung eine Superposition von Lösungen der homogenen und der inhomogenen darstellt, behandeln wir zunächst die LAPLACE-Gleichung, und zwar in Kugelkoordinaten. Setzt man in (3.3.39) für Kugelkoordinaten (3.3.11) ein, so erhält man den LAPLACE-*Operator in Kugelkoordinaten*

$$\Delta U = \frac{\partial^2 U}{\partial r^2} + \frac{2}{r}\frac{\partial U}{\partial r} + \frac{1}{r^2 \sin\vartheta}\frac{\partial}{\partial\vartheta}\sin\vartheta\frac{\partial U}{\partial\vartheta} + \frac{1}{r^2\sin^2\vartheta}\frac{\partial^2 U}{\partial\psi^2}. \tag{4.3.31}$$

Der Separationsansatz $U(r,\vartheta,\psi) = R(r)\Theta(\vartheta)\Psi(\psi)$ führt nach Einsetzen in (4.3.31) und Division durch $R\Theta\Psi$ zu

$$r^2\left(\frac{R''}{R} + \frac{2}{R}\frac{R'}{r}\right) + \frac{1}{\Theta}\frac{1}{\sin\vartheta}\frac{\partial}{\partial\vartheta}\sin\vartheta\frac{\partial\Theta}{\partial\vartheta} + \frac{1}{\sin^2\vartheta\Psi}\frac{\partial^2\Psi}{\partial\psi^2} = 0. \tag{4.3.32}$$

Da dies für Funktionen $R(r), \Theta(\vartheta), \Psi(\psi)$ gelten muß, kann (4.3.32) nur durch die Annahme erfüllt werden, daß sowohl die Klammer als auch der Rest von (4.3.32) gleich $\pm\, const$ ist. Wir setzen $const = \pm\, l(l+1)$ und erhalten mit $R' = \mathrm{d}R/\mathrm{d}r$

$$R''(r) + \frac{2}{r}R'(r) - \frac{l(l+1)}{r^2}R(r) = 0, \tag{4.3.33}$$

$$\left(\frac{1}{\Theta}\frac{1}{\sin\vartheta}\frac{\partial}{\partial\vartheta}\sin\frac{\partial\Theta}{\partial\vartheta}\right)\sin^2\vartheta + \frac{1}{\Psi}\frac{\vartheta^2\Psi}{\partial\psi^2} + l(l+1) = 0. \tag{4.3.34}$$

Abermalige Separation mit $\pm\, m^2$ liefert mit $\partial/\partial\vartheta \to \mathrm{d}/\mathrm{d}\vartheta$

$$\frac{1}{\sin\vartheta}\frac{\mathrm{d}}{\mathrm{d}\vartheta}\sin\vartheta\frac{\mathrm{d}\Theta}{\mathrm{d}\vartheta} + l(l+1)\Theta - \frac{m^2}{\sin^2\vartheta}\Theta = 0 \tag{4.3.35}$$

und

$$\Psi'' + m^2\Psi = 0. \tag{4.3.36}$$

Die Lösung von (4.3.36) lautet

$$\Psi(\psi) = \exp(\pm\, im\psi) \quad \text{bzw.} \quad \cos m\psi, \quad \sin m\psi, \tag{4.3.37}$$

und (4.3.33) wird nach (4.1.53) durch r^l, r^{-l-1} gelöst. Durch $\cos\vartheta = x$, $-\sin\vartheta\mathrm{d}\vartheta = \mathrm{d}x$ geht (4.3.35) in die LEGENDRE-*Differentialgleichung* (2.3.11), Seite 41, über, deren Lösungen die assoziierten LEGENDRE-Polynome (2.3.27) sind. Das Produkt $\Theta \cdot \Psi = Y(\vartheta, \psi)$ wird gelegentlich auch als LAPLACE-*Kugelflächenfunktion* bezeichnet.

Damit lautet die allgemeine Lösung von (4.3.32)

$$U(r,\vartheta,\psi) = \sum_{l=0}^{\infty}\sum_{m=-\infty}^{\infty}\left(a_l^m r^l + b_l^m r^{-l-1}\right)\cdot N P_l^m(\cos\vartheta)\mathrm{e}^{im\psi}. \tag{4.3.38}$$

Die a_l^m, b_l^m sind Partialamplituden, N ist ein Normierungsfaktor, vgl. (2.3.30), Seite 45. Da man zeigen kann, daß jede eindeutige und endliche Funktion von ϑ, ψ sich nach LAPLACE-*Kugelflächenfunktionen* entwickeln läßt, können wir nun auch die inhomogene POISSON-*Gleichung* lösen, indem wir ρ nach den Lösungen der homogenen Gleichung bezüglich ϑ, ψ entwickeln:

$$\rho(r,\psi,\vartheta) = \sum_{l,m}\rho_{lm}(r)P_l^m(\cos\vartheta)\mathrm{e}^{im\psi}. \tag{4.3.39}$$

Multiplikation von (4.3.39) mit $P_l^{-m}(\cos\vartheta)\mathrm{e}^{-im\psi}$, Integration und Verwendung von (2.3.30), Seite 45, ergeben wegen $\mathrm{d}x = -\sin\vartheta\mathrm{d}\vartheta$, $\int\sin\vartheta\mathrm{d}\vartheta\psi = 4\pi$ sofort

$$\rho_{lm}(r) = \iint\rho(r,\psi,\vartheta)P_l^{-m}(\cos\vartheta)\mathrm{e}^{-im\psi}\sin\vartheta\mathrm{d}\vartheta\mathrm{d}\psi\frac{2l+1}{(-1)^m 8\pi}. \tag{4.3.40}$$

Einsetzen des Ansatzes für

$$U = \sum_{l=0}^{\infty} \sum_{m=-l}^{\infty} U_{lm}(r) P_l^m(\cos\vartheta) \mathrm{e}^{im\psi} \tag{4.3.41}$$

anstelle von (4.3.38) und von (4.3.39) in $\Delta U = -4\pi\rho$ gibt nach Multiplikation mit den orthogonalen Funktionen und Integration

$$\frac{1}{r^2}\frac{\mathrm{d}}{\mathrm{d}r} r^2 \frac{\mathrm{d}U_{lm}(r)}{\mathrm{d}r} - \frac{l(l+1)}{r^2} U_{lm}(r) = -(-1)^m (2l+1)\rho_{lm}. \tag{4.3.42}$$

Das ist eine gewöhnliche lineare inhomogene Differentialgleichung, die wir nach (2.1.37), Seite 23, lösen. Die Lösung der homogenen Gleichung ist durch (4.3.38) gegeben. Damit erhält man für die WRONSKI-Determinante nach (2.1.46) den Ausdruck

$$W = r^l(-l-1)r^{-l-2} - lr^{l-1}r^{-l-1} = -(2l+1)r^{-2}. \tag{4.3.43}$$

Setzt man dies und (4.3.38) in (2.1.48) ein, so erhält man die partikuläre Lösung von (4.3.42)

$$U_{lm}(r) = (-1)^m \left(r^l \int_r^{\infty} \rho_{lm}(r') r'^{-l+1} \mathrm{d}r' + r^{-l-1} \int_0^r \rho_{lm}(r') r'^{l+2} \mathrm{d}r' \right). \tag{4.3.44}$$

Unter Verwendung der Additionstheoreme der Kugelfunktionen [16, 17] und von (4.3.21) kann man [22] diese Lösung auf die Form (4.3.2)

$$U(r,\vartheta,\psi) = \int_0^{\infty}\int_0^{\pi}\int_0^{2\pi} \frac{r'^2 \rho(r',\vartheta',\psi')}{\sqrt{r^2 + r'^2 - 2rr'\cos\Theta}} \mathrm{d}\psi' \sin\vartheta' \mathrm{d}\vartheta' \tag{4.3.45}$$

bringen, wobei wir nun in Polarkoordinaten r', ϑ', ψ' statt ξ, η, ζ geschrieben haben. ρ ist durch (4.3.39) gegeben, und $\Theta(\vartheta' = \vartheta_0,\ \psi' = \psi_0)$ wird durch (4.3.21) bestimmt. Die bei solchen Reihenentwicklungen auftretenden Größen

$$p_{lm} = \iint r'^l P_l^m(\cos\vartheta') \mathrm{e}^{+im\psi} \rho(r',\vartheta',\psi') \sin\vartheta' \mathrm{d}\vartheta' \mathrm{d}\psi' \tag{4.3.46}$$

werden als *Multipolmomente* (in Kugelkoordinaten) bezeichnet. Multipolmomente noch allgemeinerer Art spielen bei so manchen Problemen der Praxis eine große Rolle, z.B. wenn man die γ-Strahlenbelastung berechnen will, der eine Person ausgesetzt ist, die in einem aus Ziegel, Granit, Gipsplatten oder Schlackenbeton errichteten Gebäude lebt. Die Bestrahlung ist die Folge des Uran-, Thorium-, Radium- oder Kaliumgehaltes der Baumaterialien [4.14].

Mit den hier beschriebenen Methoden ist es möglich, das allgemeine *Feldbestimmungsproblem* der Potentialtheorie zumindest theoretisch zu lösen: gegeben ist die Verteilung und Form der vorhandenen Körper (Leiter, Dielektrika) und *entweder* die Verteilung der wahren Ladungen bzw. Massen *oder* das Potential U_F auf den Körperflächen. Gesucht wird das Potential U (bzw. das Feld), das für $r \to \infty$ verschwindet, an Leiteroberflächen $U = const$ liefert und überall stetig und endlich ist (*Hauptproblem der Elektrostatik*). Da die Grundgleichungen linear sind, kann man das Feld in einzelne für sich selbst existierende Bestandteile zerlegen und dann die Lösungen überlagern. Bezüglich spezieller Techniken und Begriffe (*verallgemeinerte Kapazitäten, Potentialkoeffizienten*) müssen wir auf die Spezialliteratur der Elektrizitätslehre verweisen [4.8, 4.10 – 4.13].

Der Leser ist eingeladen, sich selbst von den Lösungen der folgenden Randwertprobleme zu überzeugen:

1. Eine homogene ($\rho = const$) geladene Kugel vom Radius R wirkt so wie eine Punktladung $Q = 4\pi R^3\rho/3r$ nach außen. Im Inneren der Ladungswolke ($r < R$) gilt $|\vec{E}| = 4\pi\rho/3$, außen $|\vec{E}| = Q/r^2$.
2. Eine ebene kreisförmige mit der Flächenladung $\sigma = e/4\pi R\sqrt{R^2 - r^2}$ versehene Scheibe mit dem Radius R erzeugt im Aufpunkt P, der sich im Abstand p senkrecht oberhalb des Scheibenmittelpunktes befindet, das Potential
$$U(P) = -\frac{Q}{4R}\arcsin\frac{-r^2 + R^2 - p^2}{\sqrt{R^4 + p^4 - R^2p^2}} \quad \text{für} \quad 0 \le r \le R.$$
3. Ein Kugelkondensator mit der Ladung Q, bestehend aus zwei ineinander geschachtelten konzentrischen Kugelflächen der Radien $a, b > a$, hat die Kapazität $C = Q/(V_a - V_b) = ab/(a - b)$, wenn die äußere Kugelfläche $r = b$ geerdet ist ($V_b = 0$).
4. Für eine ebene Diode $\mathrm{d}^2U/\mathrm{d}x^2 = -4\pi\rho$, deren Elektroden den Abstand a haben, ist zu zeigen, daß ein aus der Kathode $x = 0$ austretender Elektronenstrom der Dichte $j = \rho\sqrt{2eU(x)/m}$ zu einer homogenen nichtlinearen Gleichung $U'' = const\ U^{-1/2}$ führt. Wenn die Randbedingung für die an der Stelle $x = a$ befindliche Anode $U(a) = U_a$ lautet, dann führt der Ansatz $U = const\ x^n$ zu einer Lösung $U(x) = const\ j^{2/3}x^{4/3}$ und nach Einsetzen der Randbedingung zum LANGMUIR-*Gesetz*
$$j = \frac{U_a^{3/2}\sqrt{2e}}{9\pi a^2\sqrt{m}}, \tag{4.3.47}$$
m, e sind Masse bzw. Ladung der Elektronen. Bei Zylindergeometrie erhält man für den Gesamtstrom
$$I = 1.465\cdot 10^{-5}\frac{l}{R}U^{3/2}, \tag{4.3.48}$$
wobei I in Ampere und U in Volt gemessen wird und l die Zylinderlänge sowie R der Radius des Zylinders (Abstand der Anode = Blechzylinderfläche von dem die Zylinderachse einnehmenden Kathodendraht) sind.
5. In Zylinderkoordinaten r, z, φ lautet nach (3.3.39) die LAPLACE-Gleichung
$$\frac{1}{r}\frac{\partial}{\partial r}r\frac{\partial U}{\partial r} + \frac{\partial^2 U}{\partial z^2} + \frac{1}{r^2}\frac{\partial^2 U}{\partial \varphi^2} = 0 \tag{4.3.49}$$
und hat je nach den Randbedingungen und den verwendeten Separationskonstanten die Lösungen [2.3]

$$U(r,z,\varphi) = (A\mathrm{J}_n(qr) + B\mathrm{N}_n(qr)) \cdot \left(Ce^{qz} + De^{-qz}\right) \cdot (E\sin p\varphi + F\cos p\varphi)\,, \tag{4.3.50}$$

wobei $A\ldots F$ Konstante sind; J_n bzw. N_n sind die durch (2.2.11), (2.2.34) definierten BESSEL-*Funktionen* (J_n oder $\mathrm{N}_n = \mathrm{Y}_n$), N_n heißt auch NEUMANN-*Funktion*, vgl. (4.5.21) in Abschnitt 4.5; p^2 und $-q^2$ sind die Separationskonstanten, und

$$U(r,z,\varphi) = (A\mathrm{J}_n(iqr) + B\mathrm{N}_n(iqr)) \cdot (C\sin qz + D\cos qz) \cdot (E\sin p\varphi + F\cos p\varphi)\,, \tag{4.3.51}$$

wobei $\mathrm{J}_n(iqr) = \mathrm{I}(qr)$, $\mathrm{N}_n(iqr) = \mathrm{K}(qr)$ die *modifizierten* BESSEL-*Funktionen* (vgl. Seite 31) sind, die für imaginäres Argument reelle Werte haben. Für die Praxis eventuell interessant können auch die Spezialfälle $p^2 = 0$

$$U(r,z,\varphi) = (A\mathrm{I}_0(qr) + B\mathrm{K}_0(qr)) \cdot (C\sin qz + D\cos qz) \cdot (E + F\varphi) \tag{4.3.52}$$

und $p^2 = q^2 = 0$

$$U(r,z,\varphi) = (A + B\ln r)(C + Dz)(E + F\varphi) \tag{4.3.53}$$

sein. Auch in Kugelkoordinaten gibt es analoge Lösungen, die der Leser eingeladen ist, selbst zu finden.

6. Für zwei Massenpunkte mit den Massen m_1, m_2, die den Abstand $2a$ voneinander haben, wird im Aufpunkt $P(x,y,z)$ das Gravitationspotential $U(x,y,z) = m_1 m_2(1/r_1 + 1/r_2)$ erzeugt, wobei

$$r_1 = \sqrt{(x-a)^2 + y^2 + z^2}, \quad r_2 = \sqrt{(x+a)^2 + y^2 + z^2}$$

gilt. Der Ursprung des Koordinatensystems liegt in der Mitte der Verbindungslinie zwischen den Massenpunkten. Man berechne das Gravitationsfeld ΔU und integriere die *Differentialgleichungen für die Kraftlinien*

$$\frac{\mathrm{d}x}{\partial U/\partial x} = \frac{\mathrm{d}y}{\partial U/\partial y} = \frac{\mathrm{d}z}{\partial U/\partial z}. \tag{4.3.54}$$

Man erhält als Ergebnis $z = C_1 y$, $(x-a)/r_1 + (x+a)/r_2 = C_2$, wobei C_1, C_2 Konstante sind [20].

7. Das NEUMANN-*Problem* (*zweite Randwertaufgabe*) mit Θ nach (4.3.21)

$$\left(\frac{\partial U}{\partial r}\right)_{r=R} = f(\vartheta_0,\psi_0) = \sum_{n=1}^{\infty} Y_n(\vartheta_0,\psi_0),$$
$$Y_n(\vartheta_0,\psi_0) = \frac{2n+1}{4\pi}\int_0^{2\pi}\int_0^{\pi} f(\vartheta,\psi)P_n(\cos\Theta)\sin\vartheta\mathrm{d}\vartheta\mathrm{d}\psi \tag{4.3.55}$$

für die Kugel vom Radius R wird für $r < R$ mit dem Ansatz

$$U(r,\vartheta,\psi) = \sum_{n=1}^{\infty} \frac{R}{n}\left(\frac{r}{R}\right)^n Y_n(\vartheta,\psi) \tag{4.3.56}$$

und für $r > R$ mit

$$U(r,\vartheta,\psi) = -R\sum_{n=0}^{\infty}\frac{1}{n+1}\left(\frac{R}{r}\right)^{n+1} Y_n(\vartheta,\psi) \tag{4.3.57}$$

gelöst [20].

8. In toroidalen Koordinaten (vgl. Abschnitt 4.1) lautet die Lösung der LAPLACE-Gleichung [2.3, 4.24]

$$\begin{aligned} U(\eta,\vartheta,\psi) &= \left[A\mathcal{P}^m_{p-1/2}(\cosh\eta) + B\mathcal{Q}^m_{p-1/2}(\cosh\eta)\right] \\ &\quad\cdot [C\sin p\vartheta + D\cos p\vartheta]\cdot[E\sin m\psi + F\cos m\psi]\,, \end{aligned} \tag{4.3.58}$$

wobei die verallgemeinerten Kugelfunktionen $\mathcal{P},\mathcal{Q} = y$ der LEGENDRE-*Gleichung* (2.3.11) in der Form

$$\frac{\mathrm{d}^2y(\eta)}{\mathrm{d}\eta^2} + \coth\eta\frac{\mathrm{d}y(\eta)}{\mathrm{d}\eta} + \left(\frac{1}{4} - p^2 - \frac{m^2}{\sinh^2\eta}\right)y(\eta) = 0 \tag{4.3.59}$$

genügen, da nun $x = \cosh\eta$ ist. In [4.24] findet man auch Lösungen für einen Torus mit CASSINI-*Kurven* als Querschnitt statt eines Kreises.

9. Stationäre Wärmeleitungsprobleme, vgl. Abschnitt 4.8, führen ebenfalls zu Lösungen der LAPLACE- oder der POISSON-Gleichung. Beispielsweise [25] kann man für eine Kugel vom Radius R die Temperaturverteilung $T(r,\vartheta)$, die nicht von φ abhängt, unter der Annahme berechnen, daß in ihr Wärmeenergie $q = const$ laufend erzeugt wird und durch Abfluß aus der Oberfläche im stationären Gleichgewicht die Vermehrung kompensiert wird, so daß die Randbedingung nach (4.8.3) die Form $\lambda T_r(R,\vartheta) + \alpha T(R,\vartheta) = f(\vartheta)$ hat, wo $f(\vartheta)$ beliebig ist. Die Lösung von $\lambda\Delta T = -q$ lautet

$$\begin{aligned} T(r,\vartheta) &= \frac{q}{6\lambda}(R^2 - r^2) + \frac{qR}{3\alpha} + \frac{\lambda}{2\alpha}\int_0^\pi f(\vartheta)\sin\vartheta\mathrm{d}\vartheta \\ &+ \frac{R}{2}\sum_{n=1}^{\infty}\frac{2n+1}{R\alpha/\lambda + n}\left(\frac{r}{R}\right)^n P_n(\cos\vartheta)\int_0^\pi f(\vartheta)P_n(\cos\vartheta)\sin\vartheta\mathrm{d}\vartheta \end{aligned} \tag{4.3.60}$$

und kann z.B. durch Homogenisierung der Randbedingung gewonnen werden.

10. Auch für einen Kugelsektor vom Zentriwinkel 2α ist für die Randbedingung $T(R,\vartheta) = f(\vartheta)$

$$f(\vartheta) = \begin{cases} T_0, & 0 \le \vartheta < \alpha, \\ 0, & \alpha < \vartheta \le \pi \end{cases} \tag{4.3.61}$$

eine Lösung von

$$\frac{\partial}{\partial r}\left(r^2\frac{\partial T(r,\vartheta)}{\partial r}\right) + \frac{1}{\sin\vartheta}\frac{\partial}{\partial\vartheta}\left(\sin\vartheta\frac{\partial T(r,\vartheta}{\partial\vartheta}\right) = 0 \tag{4.3.62}$$

möglich. Man entwickelt

$$
\begin{aligned}
T(r,\vartheta) &= \sum_{n=1}^{\infty} c_n \left(\frac{r}{R}\right)^n P_n(\cos\vartheta), \\
T(R,\vartheta) &= f(\vartheta) = \sum_{n=1}^{\infty} c_n P_n(\cos\vartheta), \qquad 0 \le \vartheta \le \pi,
\end{aligned}
\tag{4.3.63}
$$

so daß

$$
c_n = \frac{2n+1}{2} \int_0^{\pi} f(\vartheta) P_n(\cos\vartheta) \sin\vartheta \mathrm{d}\vartheta = \frac{2n+1}{2} T_0 \int_{\cos\alpha}^{1} P_n(x) \mathrm{d}x \tag{4.3.64}
$$

gilt. Man erhält für $n = 0$

$$
\int_{\cos\alpha}^{1} P_0(x) \mathrm{d}x = 1 - \cos\alpha. \tag{4.3.65}
$$

Für beliebige $n \neq 0$ verwendet man die Rekursionsformel

$$
(2n+1) P_n(x) = P'_{n+1}(x) - P'_{n-1}(x), \tag{4.3.66}
$$

so daß

$$
\int_{\cos\alpha}^{1} P_n(x) \mathrm{d}x = \frac{1}{2n+1} \left[P_{n-1}(\cos\alpha) - P_{n+1}(\cos\alpha) \right], \quad n = 1, 2 \ldots \tag{4.3.67}
$$

und damit

$$
\begin{aligned}
T(r,\vartheta) = \frac{T_0}{2} \Bigg\{ & 1 - \cos\alpha \\
& - \sum_{n=1}^{\infty} \left[P_{n+1}(\cos\alpha) - P_{n-1}(\cos\alpha) \right] \left(\frac{r}{R}\right)^n P_n(\cos\alpha) \Bigg\}
\end{aligned}
\tag{4.3.68}
$$

ist.

4.4 Die schwingende Saite

D'ALEMBERT-Lösung, Argumenterweiterung, BERNOULLI-Lösung, Eigenwerte und Eigenfunktionen, gedämpfte und fremderregte Saitenschwingungen, GREEN-Funktion der Saitengleichung, Sprungrelation, Integralgleichung der Saite, unendlich lange und inhomogene Saite

Elastische Wellen in begrenzten Körpern erreichen bei fehlender oder schwacher Dämpfung die Körperoberfläche und werden dort wegen der Änderung der Fortpflanzungsgeschwindigkeit reflektiert. Durch Überlagerung der einfallenden und der reflektierten Welle entsteht eine *stehende Welle*, deren Wellenlänge von den Abmessungen des Körpers abhängt. Die Details der Wellenausbreitung hängen allerdings auch von den Randbedingungen an der Körperoberfläche ab. Es ist nicht gleichgültig, ob die Oberfläche frei schwingen kann oder eingespannt ist und ruht. Als Saite bezeichnet man einen zylindrischen Körper mit geringem Durchmesser (Draht), dessen *Biegesteifigkeit* vernachlässigt werden kann. In der Elastizitätstheorie [3, 7, 9, 20, 22, 2.11, 4.15] wird für die in der x-Achse liegende Saite für *Longitudinalschwingungen* (Auslenkungen in der x-Richtung) die D'ALEMBERT-*Wellengleichung*

$$\frac{\partial^2 u(x,t)}{\partial t^2} = \frac{E}{\rho} \frac{\partial^2 u(x,t)}{\partial x^2} \tag{4.4.1}$$

abgeleitet. Hier ist ρ die als konstant angenommene Liniendichte der Saite, und E ist der Elastizitätsmodul. In der Ableitung wurde die Gültigkeit des linearen HOOKE*schen Elastizitätsgesetzes* angenommen. Für größere Auslenkungen ergibt sich nach CARRIER [4.16] eine nichtlineare partielle Differentialgleichung. Analog erhält man für *Transversalschwingungen* (Auslenkungen senkrecht zur x-Achse)

$$\frac{\partial^2 v(x,t)}{\partial t^2} = \frac{p}{\rho} \frac{\partial^2 v(x,t)}{\partial x^2}, \tag{4.4.2}$$

wo p die Spannung ist, unter der die Saite steht. Führt man durch $c_l = \sqrt{E/\rho}$ bzw. $c_t = \sqrt{p/\rho}$ die Phasengeschwindigkeit ein und schreibt dafür c, dann kann man, wenn man $w(x,t)$ statt u bzw. v schreibt, beide Arten von Schwingungen mit Hilfe der *Saitengleichung*

$$\frac{1}{c^2} \frac{\partial^2 w}{\partial t^2} = \frac{\partial^2 w}{\partial x^2} \tag{4.4.3}$$

beschreiben. Diese hyperbolische partielle Differentialgleichung ist von der Form (1.4.18), Seite 18, und besitzt nach (1.4.19) die allgemeine Lösung

$$w(x,t) = f(x+ct) + g(x-ct). \tag{4.4.4}$$

Wir wollen nun (4.4.4) an die Randbedingungen

$$\begin{aligned} x &= 0, & w(0,t) &= 0, \\ x &= l, & w(l,t) &= 0 \end{aligned} \tag{4.4.5}$$

anpassen. Diese bedeuten, daß die Saite der Länge l am Anfang ($x = 0$) und am Ende ($x = l$) fest eingespannt ist. (Eine am Ende elastisch befestigte Saite wird in [7] behandelt). Da (4.4.3) neben der unabhängigen Variablen x noch die ebenfalls unabhängige Variable t enthält, können wir noch weitere Bedingungen vorgeben. Diese sind *Anfangsbedingungen*, da (4.4.3) hyperbolisch ist, vgl. die Ausführungen Seiten 85 ff. Wir geben vor

$$\begin{aligned} t &= 0, & w(x,0) &= h(x), \\ t &= 0, & w_t(x,0) &= H(x), \end{aligned} \tag{4.4.6}$$

wobei $h(x)$ und $H(x)$ beliebige (integrierbare) Funktionen sein sollen. Setzt man $t = 0$ in (4.4.4) ein, so erhält man

$$w(x,0) = f(x) + g(x) = h(x) \tag{4.4.7}$$

und

$$w_t(x,0) = [cf'(x+ct) - cg'(x-ct)]_{t=0} = c\,(f'(x) - g'(x)) = H(x). \tag{4.4.8}$$

Integriert man dies und addiert es zu (4.4.7), so erhält man für die noch unbekannte Funktion

$$f(x) = \frac{1}{2}h(x) + \frac{1}{2c}\int H(x)\mathrm{d}x, \tag{4.4.9}$$

während Subtraktion

$$g(x) = \frac{1}{2}h(x) - \frac{1}{2c}\int H(x)\mathrm{d}x \tag{4.4.10}$$

liefert. Durch *Argumenterweiterung* (vgl. Seite 89) $x \to x \pm ct$ ergibt sich aus (4.4.4), (4.4.9), (4.4.10) die Lösung

$$w(x,t) = \frac{1}{2}\left[h(x+ct) + h(x-ct) + \frac{1}{c}\int\limits_{x-ct}^{x+ct} H(x)\mathrm{d}x\right], \tag{4.4.11}$$

die die Anfangsbedingungen (4.4.6) befriedigt. Um nun auch die Randbedingungen (4.4.5) zu erfüllen, setzen wir $x = 0$ ein:

$$2w(0,t) = h(ct) + h(-ct) + \frac{1}{c}\int\limits_{-ct}^{+ct} H(x)\mathrm{d}x = 0. \tag{4.4.12}$$

Damit dies erfüllt werden kann, muß die Willkürlichkeit der Funktionen $h(x), H(x)$ durch $h(-ct) = -h(ct), H(-x) = -H(x)$ eingeschränkt werden, d.h. beide Funktionen müssen ungerade (unsymmetrisch) sein. Um auch die zweite Randbedingung zu befriedigen, muß man nach dem STEFAN*schen Trick* die Lösungsfunktionen über den Rand $x < 0$, $x > l$ beidseits fortsetzen und $h(l-x) = -h(l+x)$, $H(l-x) = -H(l+x)$ verlangen.

Da die Saitengleichung (4.4.3) eine homogene lineare partielle Differentialgleichung mit konstanten Koeffizienten ist, kann sie auch durch einen Exponentialansatz gelöst werden, vgl. Seite 16, doch wollen wir gleich einen BERNOULLIschen Separationsansatz $w(x,t) = X(x)\cdot T(t)$ versuchen, der zu

$$c^2\frac{X''}{X} = \frac{T''}{T} = const = -\omega^2 \tag{4.4.13}$$

führt. Die Lösungen hiervon sind

$$\begin{aligned} T(t) &= A\sin\omega t + B\cos\omega t, \\ X(x) &= C\sin\frac{\omega}{c}x + D\cos\frac{\omega}{c}x. \end{aligned} \tag{4.4.14}$$

Nun ist es leicht, zunächst die Randbedingungen (4.4.5) zu erfüllen: aus $u = 0$ für $x = 0$ folgt $D = 0$, und aus $u = 0$ für $x = l$ folgt die unsymmetrische Lösung

$$X(x) = C \sin \frac{n\pi x}{l}, \quad n = 1, 2, \ldots \tag{4.4.15}$$

(*Eigenfunktionen*). Damit werden aber wegen (4.4.13) auch die *Eigenwerte* ω_n festgelegt

$$\omega_n = \frac{n\pi c}{l}, \tag{4.4.16}$$

und die Lösung lautet mit $C = 1$

$$w(x,t) = \sum_{n=0}^{\infty} (A_n \sin \omega_n t + B_n \cos \omega_n t) \sin \frac{n\pi x}{l}. \tag{4.4.17}$$

Um nun noch die Anfangsbedingungen (4.4.6) zu befriedigen, müssen wir in FOURIER-*Reihen* entwickelbare Funktionen.$h(x), H(x)$ vorgeben:

$$t = 0, \quad w(x,0) = h(x) = \sum_{n=0}^{\infty} B_n \sin \frac{n\pi x}{l}, \tag{4.4.18}$$

$$t = 0, \quad w_t(x,0) = H(x) = \sum_{n=0}^{\infty} A_n \omega_n \sin \frac{n\pi x}{l}. \tag{4.4.19}$$

Eine freie, d.h. nicht von außen dauernd angeregte, an beiden Enden eingespannte Saite schwingt demgemäß nach einer zur Zeit $t = 0$ über ihre Länge verteilten Auslenkung (4.4.6) nach (4.4.17) oder (4.4.4).

Wird die Saite durch eine zeitlich periodische äußere Kraft (Fremdkraft) $K(x,t) = K_0(x) \sin \omega t$ andauernd erregt, dann ist [2.11, 4.15] die Saitengleichung in der folgendens Form anzuschreiben

$$\begin{gathered} \frac{\partial^2 w}{\partial x^2} - \frac{1}{c^2} \frac{\partial^2 w}{\partial t^2} = K_0(x) \sin \omega t, \quad \textit{oder} \ \sum_n K_n \sin \frac{\pi n x}{l} \sin \omega t \\ \text{mit } K_n = \frac{2}{l} \int_0^l K_0(x) \sin \frac{\pi n x}{l} \mathrm{d}x \end{gathered} \tag{4.4.20}$$

(*erzwungene Schwingung*). Da wir wissen, daß die Lösung dieser Gleichung aus der allgemeinen Lösung der homogenen Gleichung und einem partikulären Integral der inhomogenen Gleichung besteht, setzen wir für letzteres an

$$w(x,t) = U(x) \sin \omega t, \tag{4.4.21}$$

was ein Mitschwingen der Saite mit der äußeren Kraft bedeutet. Einsetzen in (4.4.20) liefert

$$U''(x) + \frac{\omega^2}{c^2} U(x) = K_0(x), \tag{4.4.22}$$

was mit (2.1.3), Seite 19, übereinstimmt und mit der dort gegebenen Methode gelöst werden kann. Man erhält so

$$\sum_n \sin\frac{\pi n x}{l}\left\{-A_n\frac{\pi^2 n^2}{l^2}+\frac{\omega^2}{c^2}A_n+K_n\right\}=0 \qquad \text{oder}$$

$$A_n=\frac{c^2K_n}{\omega_n^2-\omega^2}, \tag{4.4.23}$$

also *Resonanz* für $\omega = \omega_n$, d.h. wenn die Frequenz ω der erregenden Kraft gleich einer der Eigenfrequenzen ω_n der Saite ist. (Über Brücken müssen daher Marschkolonnen "ohne Tritt" marschieren, da bei Gleichschritt die Erregerfrequenz ω mit einer Eigenfrequenz zusammenfallen könnte, so daß sehr intensive Brückenschwingungen oder der Einsturz verursacht werden könnte, vgl. Seite 181). Der Leser wird höflichst eingeladen, sich zu überlegen, wie die Lösungen $w(x,t)$ für gedämpfte freie Saitenschwingungen (Ansatz $w = \exp(-\delta t)\cos\omega t\cdot\varphi(x)$, [4.15])

$$\frac{1}{c^2}\frac{\partial^2 w^2}{\partial t^2}=\frac{\partial^2 w}{\partial x^2}-k\frac{\partial w}{\partial t} \tag{4.4.24}$$

oder für gedämpfte erzwungene Schwingungen [23]

$$\frac{1}{c^2}\frac{\partial^2 w}{\partial t^2}=\frac{\partial^2 w}{\partial x^2}-k\frac{\partial w}{\partial t}+f(x)\cos\omega t \tag{4.4.25}$$

(Ansatz $w(x,t) = g(x)\cos\omega t + h(x)\sin\omega t$ [4.15]) aussehen können. Man vergleiche mit der mittels LAPLACE-Transformation gefundenen Lösung von (3.4.9). Auch Schwingungen von *Orgelpfeifen* genügen der Wellengleichung, nur sind an einem offenen Ende die Randbedingungen anders. An einem geschlossenen Ende gilt $u(0,t) = 0$, doch am offenen Ende $x = l$ gilt $u_x(l,t) = 0$.

Wir wollen uns nun noch überlegen, was eine stationäre Lösung $\partial/\partial t = 0$ oder $\omega = 0$ der Saitengleichung physikalisch bedeutet. Aus (4.4.3) folgt sofort $w(x) \to G(x)$, $G''(x) = 0$ und

$$G(x) = ax + b. \tag{4.4.26}$$

Da uns die triviale Lösung $a = b = 0$ nicht interessiert, wir aber die Randbedingungen (4.4.5) erfüllen müssen, müssen wir eine an der Stelle ξ unstetige Lösung akzeptieren:

$$G(x;\xi)=\begin{cases} G_0x/\xi & \text{für} \quad 0\le x\le \xi, \\ G_0(x-l)/(\xi-l) & \text{für} \quad \xi\le x\le l. \end{cases} \tag{4.4.27}$$

Diese Lösung beschreibt offenbar die am Orte $x = \xi$ mit der "Kraftstärke" G_0 statisch herausgezogene Saite, die somit im gespannten Zustand die Form eines Dreiecks einnimmt. Diese durch eine *Punktkraft* hervorgerufene Lösung $G(x,\xi)$ besitzt alle Eigenschaften einer GREEN-Funktion:

1. Sie ist symmetrisch, $G(x,\xi) = G(\xi,x)$.

2. Sie genügt der homogenen Differentialgleichung, zu der sie gehört, bzw. $G'' = \delta(x-\xi)$, wo δ die DIRAC-*Deltafunktion* ist.
3. Ihr erster Differentialquotient befriedigt in $x = \xi$ die *Sprungrelation*

$$\left(\frac{\mathrm{d}G}{\mathrm{d}x}\right)_{\underset{\longrightarrow}{x=\xi}} - \left(\frac{\mathrm{d}G}{\mathrm{d}x}\right)_{\underset{\longleftarrow}{x=\xi}} = G_0\left(\frac{1}{\xi} - \frac{1}{\xi - l}\right), \tag{4.4.28}$$

vgl. (2.4.14) auf Seite 54, wobei man meist durch Wahl von $G_0 = -\xi(\xi - l)/l$ den Sprung auf 1 normiert.

Wenn aber $G(x,\xi)$ eine Einheitskraft an der Stelle $x = \xi$ darstellt, dann müßte man doch durch Multiplikation mit einer lokalen beliebig variablen Kraftstärke $f(\xi)$ und Integration über die ganze Länge der Saite Lösungen aufbauen können, d.h.

$$w(x) = \int_0^l G(x,\xi)f(\xi)\mathrm{d}\xi \tag{4.4.29}$$

muß eine Lösung der stationären fremderregten Saitengleichung $w''(x) = -f(x)$ sein, wovon sich der Leser durch Einsetzen unter Beachtung von $G''(x) = 0$ und (4.4.28) selbst überzeugen möge [4.15].

Es drängt sich nun die Frage auf, ob es auch für die schwingende Saite analoge Lösungen gibt. Geht man mit $\omega^2/c^2 = \lambda \neq 0$ in die ortsabhängige Gleichung (4.4.13) $w'' + \lambda w = 0$ ein und setzt man für die beliebige Funktion $f(x) = \lambda w(x)$, dann erhält man aus (4.4.29) die *Integralgleichung der Saite* [23]

$$w(x) = \lambda \int_0^l G(x,\xi)w(\xi)\mathrm{d}\xi. \tag{4.4.30}$$

In diesem Zusammenhang heißt $G(x,\xi)$ auch *Kern der Integralgleichung*. Diese hat den Vorteil, in den Integrationsgrenzen die Randbedingungen bereits zu enthalten und auf relativ leichtem Weg zu allgemeinen Aussagen zu verhelfen. Seien z.B. die zu λ_ν bzw. λ_μ gehörenden Eigenfunktionen $w_\nu(x)$ bzw. $w_\mu(x)$, dann befriedigen beide (4.4.30). Bildet man die Identität

$$\lambda_\mu \int_0^l w_\mu(\xi) \cdot w_\nu(\xi)\mathrm{d}\xi = \lambda_\mu \int_0^l w_\mu(\xi) \cdot \int_0^l \lambda_\nu G(x,\xi)w_\nu(x)\mathrm{d}x,$$

vertauscht dann ν mit μ und bildet so eine zweite Identität, so ergibt Subtraktion

$$(\lambda_\mu - \lambda_\nu)\int_0^l w_\nu(\xi)w_\mu(\xi)\mathrm{d}\xi = 0, \tag{4.4.31}$$

d.h. die *Eigenfunktionen sind orthogonal.* In der Folge kann man auch beweisen, daß die Eigenwerte immer *reell* sind. Weiter kann man beweisen [4.15, 21], daß der Kern in eine *Bilinearform* der Eigenfunktionen entwickelt werden kann:

$$G(x,\xi) = \sum_\nu \frac{w_\nu(x)w_\nu(\xi)}{\lambda_\nu} = \frac{2}{l}\sum_\nu \frac{\sin\frac{\nu\pi x}{l}\sin\frac{\nu\pi\xi}{l}}{\nu^2\pi^2/l^2}. \tag{4.4.32}$$

Der Leser wird eingeladen, für eine an beiden Enden $x = 0$ und $x = l$ fixierte Saite die zeitabhängige Lösung zu finden, wenn die an der Stelle $x = \xi$ um G_0 angehobene Saite ($u(\xi, 0) = G_0$) zur Zeit $t = 0$ ohne Anfangsgeschwindigkeit ($u_t(\xi, 0) = 0$) losgelassen wird:

$$u(x,t) = \frac{2G_0}{\pi^2}\frac{l^2}{\xi(l-\xi)}\sum_{n=1}^{\infty}\frac{1}{n^2}\sin\frac{n\pi\xi}{l}\sin\frac{n\pi x}{l}\cos\frac{n\pi c}{l}t. \tag{4.4.33}$$

Wird die an beiden Enden $x = -l$ und $x = +l$ eingespannte Saite zur Zeit $t = 0$ mit der Geschwindigkeit v_0 in der Mitte ($x = 0$) angeschlagen, so daß $u(x, 0) = 0$, $u_t(x,0) = v_0$ für $|x| < \varepsilon$, aber $u_t(x, 0) = 0$ für $\varepsilon < |x| \le l$ gilt, dann erhält man durch späteren Grenzübergang $\varepsilon \to 0$ die Lösung [25]

$$u(x,t) = \frac{4v_0}{\pi c}\sum_{n=0}^{\infty}\frac{1}{2n+1}\cos\frac{2n+1}{2l}\pi x\sin\frac{2n+1}{2l}\pi ct. \tag{4.4.34}$$

Die *unendlich* lange Saite, die Randbedingungen im Unendlichen erfüllen muß, ist für die Praxis von geringem Interesse. Zu erwähnen ist jedoch, daß durch den Übergang $l \to \infty$ die Summen über n in (4.4.17) in Integrale und das diskrete Eigenwertproblem (4.4.16) in ein *kontinuierliches* Eigenwertspektrum übergeht [7, 22], vgl. die entsprechenden Rechnungen für eine Membran im Abschnitt 4.5.

Inhomogene Saiten, deren Spannung $p(x)$ und deren Liniendichte $\rho(x)$ ortsabhängig sind, werden durch

$$\frac{\partial}{\partial x}\left(p(x)\frac{\partial u}{\partial x}\right) = \rho(x)\frac{\partial^2 u}{\partial t^2} \tag{4.4.35}$$

beschrieben und können ebenfalls durch einen Separationsansatz gelöst werden [19]. Die Gleichung (4.4.35) ist von der Art (2.4.22). Wenn man etwa

$$\frac{\partial}{\partial x}\left(p(x)\frac{\partial u}{\partial x}\right) - q(x)u = \rho(x)\frac{\partial^2 u}{\partial t^2} \tag{4.4.36}$$

mit den Randbedingungen

$$\begin{aligned} \alpha u(0,t) + \beta\frac{\partial u(0,t)}{\partial x} &= 0, \\ \gamma u(l,t) + \delta\frac{\partial u(l,t)}{\partial x} &= 0 \end{aligned} \tag{4.4.37}$$

und den Anfangsbedingungen

$$u(x,0) = \varphi_0(x), \qquad \frac{\partial u(x,0)}{\partial t} = \varphi_1(x), \qquad 0 \le x \le l \tag{4.4.38}$$

lösen will [4.7], so macht man den Separationsansatz $u(x, t) = T(t) \cdot X(x)$ und fordert

$$\alpha X(0) + \beta X'(0) = 0, \qquad \gamma X(l) + \delta X'(l) = 0. \tag{4.4.39}$$

Diese Forderung ist notwendig, damit der Separationsansatz die Randbedingungen (4.4.37) erfüllt. Für $X(x)$ und $T(t)$ erhält man

$$\frac{\mathrm{d}}{\mathrm{d}x}\left(p(x)\frac{\mathrm{d}X}{\mathrm{d}x}\right) + (\lambda\rho(x) - q(x))\,X = 0,$$
$$T''(t) + \lambda T(t) = 0.$$

Der Leser möge sich selbst davon überzeugen, daß $T_n(t) = A_n \cos\lambda t + B_n \sin\lambda t$ (λ : Separationskonstante) zur Lösung $u(x,t) = \sum_n (A_n \cos\lambda_n t + B_n \sin\lambda_n t) X_n(x)$ führt, die die Anfangsbedingungen $u(x,0) = \varphi_0(x) = \sum_n A_n X_n(x)$, $\partial u(x,0)/\partial t = \varphi_1(x) = \sum_n \lambda_n B_n X_n(x)$ befriedigt, und daß $A_n = \int_0^l \rho(x)\varphi_0(x) X_n(x)\mathrm{d}x, B_n = (1/\lambda)\int_0^l \rho(x)\varphi_1(x)X_n(x)\mathrm{d}x$ gilt.

4.5 Schwingungen von Membranen. Die HELMHOLTZ-Gleichung

Rechteckige Membran, Mehrfacheigenwerte, Entartung, Dreiecksmembran, Knotenlinien als Membranrand, Kreis- und Kreisringmembran, unendlich große und elliptische Membran, Satz von FLOQUET

Unter einer *Membran* versteht man in der Physik einen ebenen oder sehr leicht gekrümmten extrem dünnen flächenhaften Körper (eine “Haut”), deren *Biegesteifigkeit* vernachlässigt werden kann. In der Elastizitätstheorie [3, 7, 9, 20, 22, 2.11, 4.15] wird für Membranschwingungen die D'ALEMBERT-Gleichung in zwei Raumdimensionen abgeleitet:

$$\Delta u = \frac{1}{c^2}\frac{\partial^2 u}{\partial t^2}, \tag{4.5.1}$$

wobei die Phasengeschwindigkeit c für Transversalschwingungen wie bei der Saite durch $\sqrt{p/\rho}$ gegeben ist. Der Separationsansatz für periodische Schwingungen $u(x,y,t) = w(x,y)\sin(\omega t + \delta)$ führt zur zweidimensionalen HELMHOLTZ-*Gleichung*

$$\Delta w(x,y) + \omega^2/c^2 \cdot w(x,y) = 0. \tag{4.5.2}$$

Liegt eine an den Rändern $x = \pm\, a/2$, $y = \pm\, b/2$ eingespannte rechteckige Membran der Abmessungen $a \times b$ vor, so lauten die Randbedingungen

$$\begin{aligned} w(\pm\, a/2, y) &= 0 \quad \text{für} \quad x = \pm\, a/2,\\ w(x, \pm\, b/2) &= 0 \quad \text{für} \quad y = \pm\, b/2. \end{aligned} \tag{4.5.3}$$

In diesem Fall liegt der Ursprung des Koordinatensystems im Membranmittelpunkt. Ein BERNOULLIscher Separationsansatz führt dann sofort zur allgemeinen Lösung

$$u(x,y,t) = \sum_{m,n} A_{mn} \cos\frac{n\pi x}{a} \cos\frac{m\pi y}{b} \sin(\omega_{mn}t + \delta_{mn}), \tag{4.5.4}$$

wobei $n, m = 1, 3, \ldots$. Die Partialamplituden A_{mn} werden durch FOURIER-Reihenentwicklung der Anfangsbedingung $u(x,y,0) = g(x,y)$ bestimmt. Einsetzen von (4.5.4) in (4.5.1) liefert die Eigenwerte

$$\omega_{mn}^2 = c^2\left(\frac{n^2\pi^2}{a^2} + \frac{m^2\pi^2}{b^2}\right). \tag{4.5.5}$$

Liegt die linke untere Ecke der Membran im Ursprung, so treten anstelle der cos-Funktionen infolge leichter Abänderung der Randbedingungen die sin-Funktionen auf. Als Beispiel möge sich der Leser davon überzeugen, daß die Anfangsbedingungen $u(x,y,0) = g(x,y)$ und $u_t(x,y,0) = 0$ zur Lösung [25]

$$u(x,y,t) = \sum_{m,n=0}^{\infty} A_{mn} \cos\left(\frac{2n+1}{2a}\pi x\right) \cos\left(\frac{2m+1}{2b}\pi y\right) \cdot \cos(\omega_{mn}\pi t)$$

mit

$$A_{mn} = \frac{4}{ab}\int_0^a\int_0^b g(x,y)\cos\left(\frac{2n+1}{2a}\pi x\right)\cos\left(\frac{2m+1}{2b}\pi y\right) dxdy$$

führen, wenn die Membran die Lage $-a \leq x \leq a$, $-b \leq y \leq b$ hat und nun

$$\omega_{mn}^2 = c^2\left[\left(\frac{2n+1}{2a}\right)^2 + \left(\frac{2m+1}{2b}\right)^2\right]$$

gilt. Bei homogenen Randbedingungen stehen die Entwicklungskoeffizienten A_{mn} zur Befriedigung einer Anfangsbedingung zur Verfügung. Sind die Randbedingungen inhomogen, so kann man sie homogenisieren, oder man löst zuerst das Randwertproblem von (4.5.2) und löst dann durch Überlagerung der so gewonnenen Lösungen das Anfangswertproblem. Entartet das Rechteck durch $a = b$ zu einem Quadrat, dann nimmt (4.5.5) die Form

$$\omega_{mn}^2 = c^2\pi^2(n^2 + m^2)/a^2 \tag{4.5.6}$$

an. Es gehören dann zwei Eigenfunktionen zum selben (*"mehrfachen"*) *Eigenwert*, beispielsweise

$$\cos\frac{5\pi x}{a}\cos\frac{3\pi y}{a} \quad \text{und} \quad \cos\frac{3\pi x}{a}\cos\frac{5\pi y}{a} \tag{4.5.7}$$

(*entartetes Eigenwertproblem*). Die Linien, längs denen eine Membran ständig in Ruhe bleibt, nennt man *Knotenlinien*. Sie sind für (4.5.4) durch Gerade, die zur x- bzw. y-Achse parallel sind, gegeben. Längs der geschlossenen Knotenlinien kann man eine Membran zerschneiden und erhält die Lösungen einer kleineren Membran (*Teilgebiet* des Membrangebietes). Diese Teilgebiete gehören zu höheren Frequenzen; das Gebiet, das zur Grundschwingung, dem tiefsten Eigenwert ω, gehört, kann natürlich nicht mehr unterteilt werden (Satz von COURANT [4.17]). Dieser Satz wird bei der Besprechung von Kollokationsmethoden im Abschnitt 5.3 eine gewisse Rolle spielen.

Entartete Eigenwertprobleme wie (4.5.7) bieten aber die Möglichkeit, Knotenlinien zu finden, die mit den jeweiligen Koordinatenlinien, hier beim cartesischen Koordinatensystem zu den Achsen parallele Gerade, nicht zusammenfallen. So beschreibt z.B. die Überlagerung der degenerierten Eigenfunktionen einer quadratischen Membran

$$w(x,y) = \sin\frac{2\pi x}{a}\sin\frac{\pi y}{a} + \sin\frac{\pi x}{a}\sin\frac{2\pi y}{a}$$

eine *Dreiecksmembran*, da $w(x,y) = 0$, d.h.

$$2\sin\frac{\pi x}{a}\sin\frac{\pi y}{a}\left(\cos\frac{\pi x}{a} + \cos\frac{\pi y}{a}\right) = 0$$

nicht nur die geraden Knotenlinien $\sin(\pi x/a) = 0$ oder $\sin(\pi y/a) = 0$ liefert, sondern auch

$$2\cos\frac{\pi}{2a}(x+y)\cos\frac{\pi}{2a}(x-y) = 0, \quad \text{also} \quad x+y=a \quad \text{oder} \quad x-y=a.$$

Diese Knotenlinien sind Diagonalen der quadratischen Membran, die daher in zwei Dreiecksmembranen aufgeschnitten werden kann. Für den Eigenwert eines gleichseitigen Dreiecks $0 < y < x\sqrt{3}$, $y < \sqrt{3}(1-x)$ erhält man $16\pi^2(m^2+n^2-mn)$, $n,m = 0, \pm 1, \ldots$ [4.63]. Die Superposition

$$w(x,y) = A_{mn}\sin\frac{m\pi x}{a}\sin\frac{n\pi y}{a} + A_{nm}\sin\frac{n\pi x}{a}\sin\frac{m\pi y}{a} \tag{4.5.8}$$

liefert aber auch verschiedene in sich geschlossene krumme Knotenlinien [4.18], vgl. Abb. 29. Für diese wurde in (4.5.8) $m = 1, n = 3, A_{31} = \pm A_{13}$ gesetzt. Die Gleichung $A_{13}[\sin(\pi x/a)\sin(3\pi y/a) \pm \sin(3\pi x/a)\sin(\pi y/a)] = 0$ wurde mittels $\sin 3\alpha = \sin\alpha\cos 2\alpha + \cos\alpha\sin 2\alpha$ und danach mit $\sin 2\alpha = 2\sin\alpha\cos\alpha$ und $2\cos^2\alpha = 1+\cos^2\alpha$ in $\cos(2\pi x/a) + \cos(2\pi y/a) + 1 = 0$ und $\cos(2\pi x/a) - \cos(2\pi y/a) = 0$ umgeformt. Der vorletzte Ausdruck liefert dann mit $a = 1$ Abb. 29.

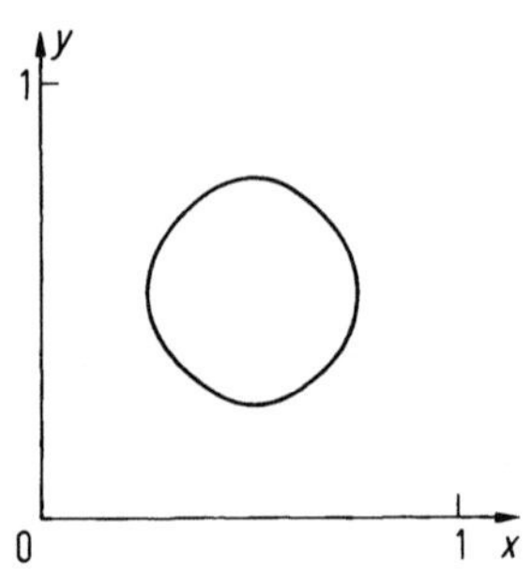

Abb. 29. Membran nach (4.5.8) für $a = 1$

Schließlich kann man sich bei Beschränkung auf nur zwei (nicht entartete) Eigenfunktionen (was einen Verzicht auf allgemeine Anfangsbedingungen bedeutet) von Form und Abmessungen der Membran lösen und mit Hilfe der von Separationskonstanten freien Lösung [4.18]

$$u(x,y,t) = \left[A\cos\frac{\omega x}{c} + B\cos\left(\sqrt{\frac{\omega^2}{c^2} - \beta^2}\, x\right)\cos\beta y\right]\mathrm{e}^{i\omega t} \tag{4.5.9}$$

untersuchen, welche Membranformen die Knotenlinien

$$y(x) = \frac{1}{\beta}\arccos\left[\frac{-(A/B)\cdot\cos(\omega x/c)}{\cos\left(\sqrt{\omega^2/c^2 - \beta^2}\, x\right)}\right] \tag{4.5.10}$$

beschreiben. Durch Wahl der freien Parameter $\beta, \omega, A/B$ ist eine gewisse Variation gegeben, vgl. Abschnitt 5.3.

Diese Überlegungen legen auch die Frage nahe, welche Membranform zum tiefsten Eigenwert führt. Der *Satz von* FABER gibt die Antwort [4.19]: die Kreismembran.

Um diese zu behandeln, führen wir in der x, y-Ebene Polarkoordinaten ein, so daß (4.5.2) nun die Form

$$\frac{\partial^2 w(r,\varphi)}{\partial r^2} + \frac{1}{r}\frac{\partial w(r,\varphi)}{\partial r} + \frac{1}{r^2}\frac{\partial^2 w(r,\varphi)}{\partial \varphi^2} + \frac{\omega^2}{c^2}w(r,\varphi) = 0 \tag{4.5.11}$$

annimmt. Der übliche Separationsansatz $w(r,\varphi) = U(\varphi)\cdot V(r)$ ergibt

$$U(\varphi) = A\cos p\varphi + B\sin p\varphi \tag{4.5.12}$$

und die BESSEL-Differentialgleichung (2.2.11), Seite 30, in der Form

$$V''(r) + \frac{1}{r}V'(r) + \left(\frac{\omega^2}{c^2} - \frac{p^2}{r^2}\right)V(r) = 0. \tag{4.5.13}$$

Die Lösung des homogenen Randwertproblems $V(r = R) = 0$ für eine Kreismembran vom Radius R wurde bereits auf Seite 60 gegeben. Da jedoch die BESSEL-Differentialgleichung auf Seite 30 nur kurz behandelt wurde, wollen wir nun etwas detaillierter auf sie eingehen. Einen ersten Überblick über den Verlauf der Kurven bekommen wir, indem wir die Punkte $r = 0$ und $r \to \infty$ untersuchen.

Für $r \approx 0$, d.h. $1/r$ und $1/r^2$ sind sehr groß, können wir zunächst noch keine Schlüsse ziehen, da ja p oder ω^2/c^2 sehr groß sein kann. Wir entfernen daher mittels der Transformation $u = \omega r/c$ das ω und erhalten mit $\mathrm{d}V/\mathrm{d}r = \mathrm{d}V/\mathrm{d}u\cdot\mathrm{d}u/\mathrm{d}r$

$$\frac{\mathrm{d}^2V(u)}{\mathrm{d}u^2} + \frac{1}{u}\frac{\mathrm{d}V(u)}{\mathrm{d}u} + \left(1 - \frac{p^2}{u^2}\right)V(u) = 0. \tag{4.5.14}$$

Für kleine u können wir nun die Eins gegenüber p^2/u^2 vernachlässigen, so daß

$$\frac{\mathrm{d}^2V(u)}{\mathrm{d}u^2} + \frac{1}{u}\frac{\mathrm{d}V}{\mathrm{d}u} - \frac{p^2}{u^2}V(u) = 0 \tag{4.5.15}$$

für große Argumente gilt. Das ist eine EULER-*Differentialgleichung* (2.2.18) mit der Lösung (2.2.20). Für kleine Argumente verhalten sich somit die BESSEL-Funktionen wie

$$V(u) = \mathrm{J}_p(u) \sim u^p, \qquad \mathrm{J}_p(r) \sim r^p \quad \text{bzw.} \quad r^{-p}.$$

Damit erhält man als Lösung von (4.5.11) den Ausdruck

$$w(r,\varphi) = \sum_p A_p \mathrm{J}_p\left(\frac{\omega}{c}r\right)[a_p \sin p\varphi + b_p \cos p\varphi]\,. \tag{4.5.16}$$

Die Partialamplituden A_p sind hierbei noch unbestimmt, da die homogenen Randbedingungen bereits durch die Nullstellen der BESSEL-Funktion erfüllt werden. Bei homogenen Randbedingungen kann man daher die A_p dazu verwenden, um ein Anfangswertproblem zu lösen. Wird etwa verlangt, daß die Lösung von (4.5.11) die Anfangswerte $w(r,\varphi,0) = f(r,\varphi)$, $w_t(r,\varphi,0) = h(r,\varphi)$ erfüllt, dann kann man in der zeitabhängigen Lösung $\sum_p(a_p \cos\omega_p t + b_p \sin\omega_p t)w_p(r,\varphi)$ die Koeffizienten aus FOURIER-Entwicklungen von $f(r,\varphi)$, $h(r,\varphi)$ bestimmen. Liegen neben den Anfangsbedingungen noch inhomogene Randbedingungen $w(r,\varphi,t)_R = g(r,\varphi)$ vor, dann macht man zunächst den Ansatz $w(r,\varphi,t) = v(r,\varphi)\exp(i\omega t)$ und gelangt zu (4.5.2). Seien nun $v_p(r,\varphi)$ die Eigenfunktionen von (4.5.2), die mit den gegebenen Randbedingungen gefunden wurden, dann lautet die der Anfangsbedingung zu unterwerfende Lösung $w(r,\varphi,t) = v_p(r,\varphi) + \sum_p(a_p\cos\omega_p t + b_p \sin\omega_p t)\cdot v_p$, wobei a_p, b_p so zu bestimmen sind, daß für $t=0$ der Ausdruck $w(r,\varphi,0) - v_p(r,\varphi)$ gleich Null ist, vgl. auch die Ausführungen Seite 168, die homogene Randbedingungen mit Anfangsbedingungen (4.5.25) behandeln. Ein anderer Weg wäre die Homogenisierung der Randbedingungen. Diese Methode haben wir bereits bei der LAPLACE-Gleichung in Abschnitt 4.1 mit Erfolg verwendet.

Für sehr große Argumente $r \to \infty$, $u \to \infty$ geht (4.5.14) in die Schwingungsgleichung $V'' + V = 0$ über, so daß wir schließen, daß BESSEL-Funktionen von großem (reellen) Argument oszillieren und daß sie sich für sehr große Argumente wie sin, cos verhalten, z.B. $\mathrm{J}_p(x) \approx \sqrt{2}\cos[x - \pi(2p+1)/4]/\sqrt{\pi x}$. Interessant ist in diesem Zusammenhang, daß BESSEL-Funktionen mit halbzahliger Ordnung p (*sphärische* BESSEL-*Funktionen*) im ganzen reellen Argumentbereich exakt durch trigonometrische Funktionen ausgedrückt werden können:

$$\mathrm{J}_{1/2}(x) = \sqrt{\frac{2}{\pi x}}\sin x, \qquad \mathrm{J}_{l+1/2} = \sqrt{\frac{2}{\pi}}x^{l+1/2}\left(-\frac{1}{x}\frac{\mathrm{d}}{\mathrm{d}x}\right)^l \frac{\sin x}{x}. \tag{4.5.17}$$

Für BESSEL-Funktionen gibt es zahlreiche Formeln. Es sind Additionstheoreme, z.B. $\mathrm{J}_{n+1} + \mathrm{J}_{n-1} = 2n\mathrm{J}_n/r$, $\mathrm{J}_n' = n\mathrm{J}_n/r - \mathrm{J}_{n+1}$, Integraldarstellungen wie

$$\mathrm{J}_p(x) = \frac{1}{\pi}\int_0^\pi \cos(x\sin\varphi - p\varphi)\mathrm{d}\varphi \tag{4.5.18}$$

oder für die Praxis wichtige BESSEL-*Reihen* wie für ebene Polarkoordinaten r, φ

$$e^{ikr\sin\varphi} = \sum_{m=-\infty}^{+\infty} A_m \mathrm{J}_m(kr)e^{im\varphi} \tag{4.5.19}$$

oder für Kugelkoordinaten

$$e^{ikr\cos\vartheta} = \frac{1}{\sqrt{kr}} \sum_{l=0}^{\infty} B_l \mathrm{J}_{l+1/2}(kr) P_l(\cos\vartheta) \tag{4.5.20}$$

bekannt [7, 16, 18, 22, 23, 2.4], vgl. auch die Ableitungen in Abschnitt 4.9, Seiten 226 f.

Um nun das homogene Randwertproblem der *Kreisringmembran*, die zwei Ränder $r = R_1$, $R_2 > R_1$ besitzt, für $R_1 \le r \le R_2$ zu lösen, benötigen wir eine zweite Lösung, z.B. (2.4.33) oder eine mit einer Singularität behaftete von der Art (2.2.10), die jetzt zulässig wäre, da ja der singuläre Punkt $r = 0$ ausgeschnitten ist. Die Theorie der BESSEL-Funktionen zeigt, daß für *ganzzahliges* n die zweite Lösung (2.4.33) wegen $\mathrm{J}_{-n}(x) = (-1)^n \cdot \mathrm{J}_n(x)$ nicht linear unabhängig ist, so daß wir auf Lösungen vom Typ (2.2.10) zurückgreifen müssen. Man kommt so zu den BESSEL-*Funktionen zweiter Art* (NEUMANN-*Funktion* N_p oder Y_p, die wir bereits in (4.3.50) verwendet haben)

$$\mathrm{N}_\nu(x) = \frac{\mathrm{J}_\nu(x)\cos\pi\nu - \mathrm{J}_{-\nu}(x)}{\sin\pi\nu}, \tag{4.5.21}$$

wobei ν nicht ganzzahlig ist. Für $\nu = p =$ eine ganze Zahl wird (4.5.21) ein unbestimmter Ausdruck. Anwendung der Regel von L'HOSPITAL und der Grenzübergang $\nu \to p$ liefern [23] eine die neue Funktion durch J_p ausdrückbare Darstellung analog zu (2.2.10)

$$\mathrm{N}_p(x) = \frac{2}{\pi}\left(0.557 + \ln\frac{x}{2}\right) \cdot \mathrm{J}_p + \dots, \tag{4.5.22}$$

die auch mit Hilfe von (2.1.49) gewonnen werden kann.

Für die *Kreisringmembran* wird man nun zur Befriedigung der beiden Randbedingungen

$$\begin{aligned} A\mathrm{J}_p\left(\frac{\omega}{c}R_1\right) + B\mathrm{N}_p\left(\frac{\omega R_1}{c}\right) &= 0, \\ A\mathrm{J}_p\left(\frac{\omega}{c}R_2\right) + B\mathrm{N}_p\left(\frac{\omega R_2}{c}\right) &= 0 \end{aligned} \tag{4.5.23}$$

zu schreiben haben. Dies stellt für die Partialamplituden A, B ein System von zwei linearen homogenen Gleichungen dar, das bekanntlich dann und nur dann lösbar ist, wenn die Koeffizientendeterminante

$$\mathrm{J}_p\left(\frac{\omega R_1}{c}\right)\mathrm{N}_p\left(\frac{\omega R_2}{c}\right) - \mathrm{N}_p\left(\frac{\omega}{c}R_1\right)\mathrm{J}_p\left(\frac{\omega}{c}R_2\right) = 0 \tag{4.5.24}$$

verschwindet. Aus dieser transzendenten Gleichung, für deren Lösung es Tabellen gibt [16, 2.4], berechnet man ω (c, R_1, R_2 sind ja bekannt). Mit der Kenntnis der

Eigenfrequenz ω ist das Problem gelöst, und die Lösung kann nach Berechnung von A/B aus (4.5.23) gemäß (4.5.12), (4.5.13) angeschrieben werden.

Um Anfangsbedingungen für die Kreismembran zu erfüllen, müssen wir auf (4.5.1) zurückgreifen. Nehmen wir z.B. an, daß eine am Rand festgehaltene Kreismembran vom Radius R im Ursprung kegelförmig zur Höhe h angehoben und zur Zeit $t = 0$ mit der Geschwindigkeit Null losgelassen wird. Die entsprechende, von φ unabhängige Anfangsbedingung lautet dann

$$
\begin{aligned}
u(r,\varphi,t=0) &= \frac{h(R-r)}{R}, \\
\frac{\partial u(r,\varphi,t=0)}{\partial t} &= 0.
\end{aligned}
\tag{4.5.25}
$$

Beachtet man die nach (2.4.38) durch $\omega_{\nu p} = j_{\nu p}^2 c/R$ gegebenen Eigenwerte und bezeichnet man die zugehörigen Lösungen von (4.5.11), (4.5.13) mit $w_{\nu p}$, so wird man zur Lösung des Anfangswertproblems von (4.5.1) den Ansatz (2.4.40)

$$
\begin{aligned}
u(r,\varphi,t) &= \sum_{\nu,p} A_{\nu p} w_{\nu p} \sin\left(\omega_{\nu p} t + \delta_{\nu p}\right) \\
&= \sum_{\nu,p} A_{\nu p} \mathrm{J}_p \left(\frac{\omega_{\nu p}}{c} r\right) \cos p\varphi \sin\left(\omega_{\nu p} t + \delta_{\nu p}\right)
\end{aligned}
\tag{4.5.26}
$$

machen, wobei wir später $p = 0$ setzen werden. Aus (4.5.25) folgt $\cos\delta_{\nu p} = 0$, $\delta_{\nu p} = \pi/2$, $\sin\delta_{\nu p} = 1$. Setzt man die erste Bedingung (4.5.25) in (4.5.26) ein, so erhält man nach Multiplikation mit orthogonalem $w_{\mu l}$ und Integration

$$
\int_0^{2\pi}\int_0^R \frac{h(R-r)}{R} w_{\mu l} r \mathrm{d}r \mathrm{d}\varphi = \sum_{\nu,p} A_{\nu p} \int_0^{2\pi}\int_0^R w_{\nu p} w_{\mu l} r \mathrm{d}r \mathrm{d}\varphi. \tag{4.5.27}
$$

Wegen der Orthogonalitätsrelationen (2.4.39), (4.1.30) verschwinden alle Integrale bis auf

$$
\int_0^R \mathrm{J}_p \left(\frac{\omega_{\nu p}}{c} r\right) \mathrm{J}_p \left(\frac{\omega_{\nu p}}{c} r\right) r \mathrm{d}r = \frac{1}{2} \mathrm{J}_{p+1}^2 \left(\frac{\omega_{\nu p}}{c} R\right), \tag{4.5.28}
$$

$$
\int_0^{2\pi} \cos^2 p\varphi \mathrm{d}\varphi = \pi. \tag{4.5.29}
$$

Damit ergibt sich aus (4.5.27)

$$
\int_0^{2\pi}\int_0^R \frac{h(R-r)}{R} \mathrm{J}_p \left(\omega_{\nu p} \frac{r}{c}\right) \cos p\varphi r \mathrm{d}r \mathrm{d}\varphi = A_{\nu p} \frac{\pi}{2} \mathrm{J}_{p+1}^2 \left(\frac{\omega_{\nu p}}{c} R\right), \tag{4.5.30}
$$

woraus man die Entwicklungskoeffizienten $A_{\nu p}$ berechnen kann ($A_{\nu p} \neq 0$, wenn

$p = 0$). Das allgemeine Anfangswertproblem einer allseits eingespannten Kreisringmembran mit den Radien R_1, R_2, $u(r,0) = f(r)$, $u_t(r,0) = g(r)$ führt bei Unabhängigkeit von φ zur Lösung

$$u(r,t) = \frac{2}{R_2^2} \sum_{n=1}^{\infty} \frac{k_n^2 \mathrm{Z}_n(r)}{4/\pi^2 - R_1^2 \mathrm{Z}_n'^2(R_1)} \left[\cos\left(\frac{k_n ct}{R_2}\right) \cdot \int_{R_1}^{R_2} \rho f(\rho) \mathrm{Z}_n(\rho) \mathrm{d}\rho \right.$$

$$\left. + \frac{R_2}{k_n c} \sin\left(\frac{k_n ct}{R_2}\right) \int_{R_1}^{R_2} \rho g(\rho) \mathrm{Z}_n(\rho) \mathrm{d}\rho \right],$$

wobei $\mathrm{Z}_0(r) = \mathrm{J}_0(kr/R_2)\mathrm{N}_0(k) - \mathrm{J}_0(k)\mathrm{N}_0(kr/R_2)$ ist und die k_n die zu Z gehörenden Wurzeln von $\mathrm{Z}_n(R_1) = 0$ sind, vgl. (4.5.24). Die Entwicklungskoeffizienten, die bei dieser homogenen Randwertaufgabe auftreten, wurden in obiger Lösung aus den Anfangsbedingungen $f(r), g(r)$ bereits ausgerechnet und eingesetzt. Hat man ein inhomogenes zeitunabhängiges Randwertproblem zu lösen, so kann man die Entwicklungskoeffizienten für die Entwicklung gegebener Randwerte verwenden, man vergleiche mit der Rechenweise auf den Seiten 121 ff.

Wird eine Membran dauernd periodisch mit ω fremderregt (Mikrofon, Luftstrom), so ist (4.5.1) durch die *inhomogene Wellengleichung*

$$\Delta u = \frac{1}{c^2} \frac{\partial^2 u}{\partial t^2} + K(x,y) \sin \omega t \tag{4.5.31}$$

zu ersetzen. Der Ansatz für eine partikuläre Lösung wird dann lauten

$$\begin{aligned} u(x,y,t) &= \sin \omega t \sum_{\nu,p} w_{\nu p}(x,y) A_{\nu p}, \\ K(x,y) &= \sum_{\nu,p} K_{\nu p} w_{\nu p}(x,y), \end{aligned} \tag{4.5.32}$$

wobei $w_{\nu p}$ Lösungen der homogenen Gleichung sind. Der Leser möge sich selbst davon überzeugen, daß man eine zu (4.4.23) analoge Resonanzformel

$$A_{\nu p} = \frac{c^2 K_{\nu p}}{\omega^2 - \omega_{\nu p}^2} \tag{4.5.33}$$

erhält. Sind die Membranschwingungen gedämpft, so tritt in (4.5.31) analog zu (4.4.25) noch ein Term $k\partial u/\partial t$ hinzu. Der Leser wird eingeladen, für eine Kreismembran vom Radius R, die an ihrer gesamten Oberfläche durch $K(t) = K_0 \sin(\omega t + \varphi)$ zu Schwingungen angeregt wird, die Lösung [25, 5.42]

$$u(r,t) = -\frac{K_0}{\omega^2} \left[1 - \frac{J_0(\omega r/c)}{\mathrm{J}_0(\omega R/c)} \right] \sin(\omega t + \delta)$$

zu verifizieren.

Wir haben schon bei der Behandlung der schwingenden Saite auf Seite 161 darauf hingewiesen, daß bei der unendlich langen Saite das diskrete Eigenwertspektrum kontinuierlich wird. Der Fall der unendlich großen Kreismembran, die wir für $\partial/\partial\varphi = 0$ behandeln wollen, ist jedoch interessanter. Als Anfangsbedingung geben wir wieder ein Anheben wie in (4.5.25) vor, doch allgemeiner

$$\begin{aligned} u(r, t=0) &= u_0(r), \\ \frac{\partial u(r, t=0)}{\partial t} &= 0. \end{aligned} \tag{4.5.34}$$

Zur Lösung von (4.5.13) mit $p = 0$ machen wir anstelle von (4.5.26) mit $\omega^2/c^2 = \kappa^2$ den *Integralansatz*

$$u(r, t) = \int_0^\infty A(\kappa) \mathrm{J}_0(\kappa r) \cos \kappa ct \mathrm{d}\kappa, \tag{4.5.35}$$

der mit

$$u_0(r) = \int_0^\infty A(\kappa) \mathrm{J}_0(\kappa r) \mathrm{d}\kappa \tag{4.5.36}$$

beide Anfangsbedingungen (4.5.34) erfüllt. Wir bestimmen nun den Entwicklungskoeffizienten $A(\kappa)$, indem wir die Differentialgleichung für $u(r) = \mathrm{J}_0(\kappa r)$ zweimal anschreiben und nach Multiplikation addieren:

$$\begin{aligned} &\left(\frac{1}{r}\frac{\mathrm{d}}{\mathrm{d}r} r \frac{\mathrm{d}}{\mathrm{d}r} + \kappa^2\right) \mathrm{J}_0(\kappa r) = 0 \qquad \cdot \mathrm{J}_0(\lambda r) \\ &\left(\frac{1}{r}\frac{\mathrm{d}}{\mathrm{d}r} r \frac{\mathrm{d}}{\mathrm{d}r} + \lambda^2\right) \mathrm{J}_0(\lambda r) = 0 \qquad \cdot (-\mathrm{J}_0(\kappa r)) \end{aligned} \tag{4.5.37}$$

$$\frac{\mathrm{d}}{\mathrm{d}r} r \left[\mathrm{J}_0(\lambda r) \frac{\mathrm{d}\mathrm{J}_0(\kappa r)}{\mathrm{d}r} - \mathrm{J}_0(\kappa r) \frac{\mathrm{d}\mathrm{J}_0(\lambda r)}{\mathrm{d}r}\right] = \left(\lambda^2 - \kappa^2\right) \mathrm{J}_0(\kappa r) \mathrm{J}_0(\lambda r) r.$$

Damit ist gezeigt, daß der in (4.5.37) rechter Hand stehende Term als Differentialausdruck geschrieben werden kann. Wenn man nun (4.5.36) beidseits mit $r\mathrm{J}_0(\lambda r)$ multipliziert und dann über $\mathrm{d}r$ integriert, so erhält man

$$\int_0^\infty u_0(r) r \mathrm{J}_0(\lambda r) \mathrm{d}r = \int_0^\infty \int_0^\infty A(\kappa) \mathrm{J}_0(\kappa r) \mathrm{d}\kappa \cdot r \mathrm{J}_0(\lambda r) \mathrm{d}r, \tag{4.5.38}$$

wobei man nun mit Hilfe von (4.5.37) auch

$$\begin{aligned} &\int_0^\infty u_0(r) r \mathrm{J}_0(\lambda r) \mathrm{d}r \\ &= \lim_{R\to\infty} \int_0^\infty A(\kappa) \frac{R}{\lambda^2 - \kappa^2} \left[\mathrm{J}_0(\lambda R) \frac{\mathrm{d}\mathrm{J}_0(\kappa R)}{\mathrm{d}R} - \mathrm{J}_0(\kappa R) \frac{\mathrm{d}\mathrm{J}_0(\lambda R)}{\mathrm{d}R}\right] \mathrm{d}\kappa \end{aligned} \tag{4.5.39}$$

schreiben kann. Da nun $R \to \infty$ streben soll, verwenden wir für die BESSEL-Funktion die asymptotische Entwicklung von Seite 166 in der Form

$$\mathrm{J}_p(\kappa R) = \sqrt{2}\,\frac{\cos[\kappa R - (p+1/2)\pi/2]}{\sqrt{\kappa\pi R}} \tag{4.5.40}$$

und erhalten für $p = 0$

$$\begin{aligned}\int_0^\infty u_0(r) r \mathrm{J}_0(\lambda r)\mathrm{d}r = \lim_{R\to\infty} \frac{1}{\pi}\int_0^\infty &\frac{A(\kappa)}{(\lambda^2-\kappa^2)\sqrt{\kappa\lambda}} \\ &\cdot\left[\frac{\sin(\kappa-\lambda)R}{\kappa-\lambda} - \frac{\cos(\kappa+\lambda)R}{\kappa+\lambda}\right]\mathrm{d}\kappa,\end{aligned} \tag{4.5.41}$$

wobei das Additionstheorem der trigonometrischen Funktionen verwendet wurde. Der erste Term rechter Hand beschreibt eine Resonanz im kontinuierlichen Spektrum bei $\kappa = \lambda$. Die rechte Seite von (4.5.41) geht in $A(\kappa)/\kappa$ über, da der cos-Term sich bei der Integration herausmittelt und die Resonanzstelle $\kappa = \lambda$ einen überragenden Beitrag liefert. Da für das DIRICHLET-*Integral* $\int_0^\infty (\sin z)/z \cdot \mathrm{d}z = \pi/2$ gilt, ergibt sich

$$A(\kappa) = \kappa \int_0^\infty u_0(r) r \mathrm{J}_0(\kappa r)\mathrm{d}r, \tag{4.5.42}$$

vgl. (4.5.36). Mit (4.5.36) erhält man die BESSEL-*Integraldarstellung* einer Funktion

$$u_0(r) = \int_0^\infty \kappa \int_0^\infty u_0(r') r' \mathrm{J}_0(\kappa r')\mathrm{J}_0(\kappa r)\mathrm{d}r'\mathrm{d}\kappa. \tag{4.5.43}$$

Setzt man (4.5.42) in (4.5.35) ein, so erhält man die Lösung für die unendlich große Membran

$$u(r,t) = \int_0^\infty \kappa \int_0^\infty u_0(r') r' \mathrm{J}_0(\kappa r')\mathrm{d}r' \mathrm{J}_0(\kappa r)\cos\kappa c t \mathrm{d}\kappa. \tag{4.5.44}$$

Wellen in einem sehr großen Teich oder *Oberflächenspannungswellen* von Flüssigkeitshäuten gehorchen ebenfalls (4.5.1) und können daher auch durch (4.5.38) beschrieben werden, da die Gleichung für Minimalflächen auf die Form (4.5.1) gebracht werden kann.

Hat man endlich Membranen beliebiger Form zu behandeln, so wird man ein auf die Membranform passendes Koordinatensystem verwenden, z.B. elliptische Zylinderkoordinaten (3.3.47) für eine elliptische Membran. Allerdings ist bei der HELMHOLTZ-Gleichung (4.5.2) die Auswahl nicht sehr groß, da diese nur für die elf Koordinatensysteme (3.3.46), Seite 108, separierbar ist. Sollte daher z.B. eine Membran vorliegen, die durch eine CASSINI-*Kurve*

$$\begin{aligned}\left(x^2+y^2\right)^2-2c^2\left(x^2-y^2\right)+c^4-a^4=0,\\ r^4-2c^2r^2\cos^2\varphi+c^4-a^4=0\end{aligned} \tag{4.5.45}$$

berandet wird, so muß man zur Berechnung der Eigenfrequenzen ganz andere Methoden (numerische, Variationsverfahren, Kollokationsverfahren) heranziehen, mit denen wir uns in späteren Kapiteln beschäftigen werden.

Für eine *elliptische Membran* der Exzentrizität e führt man in der x, y-Ebene mittels (3.3.47) elliptische Koordinaten ξ, $0 \leq \xi < \infty$ und η, $0 \leq \eta < 2\pi$ ein, wobei für festgehaltenes ξ die Halbachsen der Ellipsenscharen durch

$$a = e\cosh\xi, \qquad b = e\sinh\xi \tag{4.5.46}$$

beschrieben werden. Für die Beschreibung der orthogonalen Hyperbelscharen ist η festzuhalten. Für die HELMHOLTZ-Gleichung erhält man für $w(\xi, \eta)$

$$w_{\xi\xi}+w_{\eta\eta}+e^2\kappa^2\left(\cosh^2\xi-\cos^2\eta\right)w=0, \tag{4.5.47}$$

wobei wieder $\omega^2/c^2 = \kappa^2$ gesetzt wurde. Der übliche Separationsansatz $w(\xi, \eta) = X(\xi)H(\eta)$ führt nun zu

$$\begin{aligned}&X''-\left(p^2+e^2\kappa^2\cosh^2\xi\right)X=0,\\ &H''+\left(p^2-e^2\kappa^2\cos^2\eta\right)X=0,\end{aligned} \tag{4.5.48}$$

wobei p^2 die Separationskonstante ist. Der Eigenwert κ sowie p werden nun so bestimmt, daß man fordert, daß $H(\eta)$ eine periodische Funktion $H(\eta) = H(-\eta)$ mit der Periode 2π ist und daß die homogene Randbedingung $X(\xi_1) = 0$ auf der Ellipse $\xi = \xi_1$ erfüllt wird [2, 7, 16, 20, 2.4, 2.29]. Die MATHIEU-*Funktionen* nach (2.2.39) oder $H(\eta)$ werden meist mit se, ce bezeichnet, wobei die *Stabilitätskarte* Abb. 14, Seite 81, zwischen zwei Klassen von Lösungen unterscheidet. Von gelegentlicher Bedeutung für die Praxis ist auch der Satz von FLOQUET [2], der aussagt, daß eine Differentialgleichung (2.2.1) mit stetigen periodischen Koeffizienten $p_1(z)$, $p_2(z)$ mit gleicher Periode $\omega > 0$ mindestens eine periodische Lösung $y(x+\omega) = sy(x)$ besitzt. Sei

$$\begin{aligned}y_1(x+\omega)=a_{11}y_1(x)+a_{12}y_2(x),\\ y_2(x+\omega)=a_{21}y_1(x)+a_{22}y_2(x)\end{aligned} \tag{4.5.49}$$

eine Fundamentallösung von (2.2.1), dann ist s eine Lösung von

$$s^2-\left(a_{11}+a_{22}\right)s+a_{11}a_{22}-a_{12}a_{21}=0. \tag{4.5.50}$$

Schreibt man $s = e^{r\omega}$, dann nennt man r den FLOQUET-*Exponenten.* Wenn in Differentialgleichungen zweiter Ordnung der Art (4.5.48) anstatt der cos-Funktion eine allgemeinere periodische Funktion auftritt, so spricht man von einer HILL-*Differentialgleichung,* die erstmals bei der Bewegung des Mondes gefunden wurde.

4.6 Schwingungen von Stäben und Platten

Gleichung für die elastische Verschiebung, Differentialgleichungen für Längs-, Biege- und Torsionsschwingungen von Stäben und Platten, verschiedene Randbedingungen und Lösungen, Eigenwertgleichungen, Geschlechtsbestimmung von Babies als Randwertproblem

Saite und Membran sind dünne Körper und dadurch gekennzeichnet, daß definitionsgemäß ihre Biegesteifigkeit vernachlässigt wird. Bei dickeren "eindimensionalen" oder "zweidimensionalen" Körpern kann diese Vernachlässigung nicht mehr aufrecht erhalten werden, man spricht dann von *Stäben* oder *Balken* (mit z.B. quadratischem, rechteckigem oder rundem Querschnitt) sowie von *Platten* (ebene Gebilde) oder von *Schalen* (gekrümmt). Je nachdem, welche statischen Belastungen oder Schwingungen man betrachtet, werden in der Elastizitätstheorie [3, 7, 9, 20, 22, 2.11, 4.15, 4.20] verschiedene partielle Differentialgleichungen abgeleitet. Hat man statische, also zeitunabhängige Belastungen im Auge, dann gilt $\partial/\partial t = 0$, so daß die Statik als Spezialfall der Dynamik angesehen werden kann.

Die allgemeine Bewegungsgleichung für den *Verschiebungsvektor* $\vec{u}(x,y,z,t)$ in einem unbegrenzten isotropen homogenen elastischen Medium lautet [4.20]:

$$\rho\frac{\partial^2\vec{u}}{\partial t^2} = \frac{E}{2(1+\mu)}\Delta\vec{u} + \frac{E}{2(1+\mu)(1-2\mu)}\,\mathrm{grad}\,\mathrm{div}\,\vec{u} + \vec{F}. \tag{4.6.1}$$

Diese Gleichung wird für die Beschreibung von elastischen Wellen verwendet. Hier ist ρ die Dichte des Mediums, E der YOUNG*sche Elastizitätsmodul* des Mediums, μ die POISSON*sche Zahl* (*Querkontraktionskoeffizient*), und $\vec{F}$ beschreibt Volumskräfte, z.B. die Schwerkraft $\rho\vec{g}$. Der Ausdruck $G = E/2(1+\mu)$ wird auch als *Schub-* (*Torsions-*)*Modul* bezeichnet. Aus Gleichung (4.6.1) kann man jedoch wegen der *Oberflächenbedingungen* eines elastischen Körpers (z.B. Druck an der Oberfläche = Außendruck) nur sehr schwer und umständlich die Bewegungsgleichungen für *begrenzte* Körper, wie Stäbe oder Platten, ableiten. Man verwendet daher zur Ableitung meist die *Variationsrechnung*. Die wichtigsten auf diese Art abgeleiteten Gleichungen sind:
Für Stäbe und Balken erhält man

- *Längsschwingungen* (*Dehnungsschwingungen*) eines mit der x-Achse zusammenfallenden Stabes des Querschnitts q

$$\frac{\partial^2 u(x,t)}{\partial t^2} = \frac{E}{\rho}\frac{\partial^2 u(x,t)}{\partial x^2} + \frac{1}{q}f(x,t). \tag{4.6.2}$$

  Hier ist u die x-Komponente des Verschiebungsvektors $\vec{u}$ und $-f(x,t)$ eine auf die Längeneinheit bezogene Fremdkraft.

- *Biegeschwingungen* (*Transversalschwingungen*) eines in der x-Achse liegenden Stabes

$$\frac{\partial^2 u(x,t)}{\partial t^2} = -\frac{EI}{\rho q}\frac{\partial^4 u(x,t)}{\partial x^4} + \frac{1}{\rho q}f(x,t), \tag{4.6.3}$$

wobei jetzt u eine Auslenkung senkrecht zur x-Achse, also u_y oder u_z, darstellt. Bei Dämpfung tritt noch ein Term $-const\ \partial\vec{u}/\partial t$ auf der rechten Seite hinzu. I ist das durch

$$I_y = \iint y^2 \mathrm{d}f \quad \text{bzw.} \quad I_z = \iint z^2 \mathrm{d}f \tag{4.6.4}$$

definierte jeweilige *Biegemoment*. Hier ist über den auf der x-Achse senkrecht stehenden Querschnitt zu integrieren. Für einen Balken mit rechteckigem Querschnitt, Seitenlänge a in der y-Richtung, b in der z-Richtung, folgt

$$I_y = \int_{-a/2}^{+a/2} \int_{-b/2}^{+b/2} y^2 \mathrm{d}z\mathrm{d}y = \frac{a^3 b}{12} \quad (a), \qquad I_z = \frac{ab^3}{12} \quad (b), \tag{4.6.5}$$

und für kreisförmigen Querschnitt vom Radius R erhält man nach einer anderen Berechnungsweise als (4.6.4) den Wert

$$I = \frac{R^4 \pi}{4}. \tag{4.6.6}$$

Wenn ein Stab der Länge l im Schwerefeld lotrecht steht und die Biegeschwingungen von seinem Eigengewicht beeinflußt werden, dann gilt [20]

$$\frac{\partial^2 u(x,t)}{\partial t^2} = -\frac{EI}{\rho q} \frac{\partial^4 u(x,t)}{\partial x^4} - \left[\frac{P}{\rho q} + g(l-x)\right] \frac{\partial^2 u}{\partial x^2} + g\frac{\partial u}{\partial x}. \tag{4.6.7}$$

Hier ist g die Schwerebeschleunigung und P eine am oberen Stabende ($x = l$) lotrecht angreifende Kraft.

- *Torsionsschwingungen* eines um die x-Achse sich verdrehenden Stabes

$$\frac{\partial^2 u(x,t)}{\partial t^2} = \frac{G}{\rho} \frac{\partial^2 u}{\partial x^2}, \tag{4.6.8}$$

wobei u nun der *Verdrillungswinkel* (*Torsionswinkel*) ist; $G = E/2(1+\mu)$ ist der *Torsionsmodul* (*Scherungsmodul*) des elastischen Mediums.

Für *Biegeschwingungen* einer Platte der Dicke $2h$ liefert die Elastizitätstheorie die *Plattengleichung*

$$\frac{\partial^2 u}{\partial t^2} = -\frac{Eh^2}{3\rho(1-\mu^2)} \Delta\Delta u. \tag{4.6.9}$$

Die bisher behandelten Gleichungen gelten nur für schwache Abweichungen vom kraftfreien Ruhezustand. Bei stärkerer Biegung dünner Platten kommt man zu gekoppelten nichtlinearen partiellen Differentialgleichungen vierter Ordnung [4.20], die nicht einmal in den einfachsten Fällen exakt gelöst werden können. Ähnliches gilt für *Schalen*, das sind Platten, die schon in ihrem natürlichen Zustand gebogen sind. Bei ihnen gehen in die Gleichungen die Krümmungsradien ein [4.21].

Um Lösungen der vorhandenen Gleichungen zu erhalten, benötigen wir noch *Randbedingungen*. Da es sich zum Teil um partielle Differentialgleichungen vierter Ordnung handelt, können nun bis zu vier Bedingungen vorgeschrieben werden. Ist ein Stab oder eine Platte am Rand $\mathcal{R}$ *eingespannt*, dann verschwinden dort die Auslenkung u und ihre ersten Ableitungen. Für ein *freies* Ende ($x = l$) eines nach (4.6.2) *Longitudinalschwingungen* ausführenden Stabes gilt

$$u_x(l,t) = 0, \tag{4.6.10}$$

während für das *eingespannte* Ende ($x = 0$) natürlich

$$u(0,t) = 0 \tag{4.6.11}$$

gelten muß. Dazu können noch zwei Anfangsbedingungen

$$u(x,0) = h(x), \qquad u_t(x,0) = g(x) \tag{4.6.12}$$

treten. Ist ein nach (4.6.3) *Biegeschwingungen* vollführender Stab der Länge l an einem Ende ($x = 0$) fest *eingespannt*, am anderen Ende ($x = l$) aber *frei*, dann gilt

$$u(0,t) = 0, \qquad u_x(0,t) = 0, \tag{4.6.13}$$

$$u_{xx}(l,t) = 0, \qquad u_{xxx}(l,t) = 0 \tag{4.6.14}$$

mit Anfangsbedingungen

$$u(x,0) = h(x), \qquad u_t(x,0) = g(x), \tag{4.6.15}$$

wobei $h(x)$ und $g(x)$ gegebene Funktionen sind. Liegt der Stab am Ende ($x = l$) *frei* auf einer Unterlage *auf*, dann gilt

$$u(l,t) = 0, \qquad u_{xx}(l,t) = 0. \tag{4.6.16}$$

Für *Torsionsschwingungen* eines Stabes nach (4.6.8) gilt analog für die *eingespannte* Stelle $u(0,t) = 0$, während für das *freie* Ende, an dem kein Torsionsmoment auftritt,

$$u_x(l,t) = 0 \tag{4.6.17}$$

gilt. Ist jedoch am freien Ende ($x = l$) ein Körper mit dem Trägheitsmoment Θ befestigt, dann gilt

$$GIu_x(l,t) = -\Theta u_{tt}(l,t). \tag{4.6.18}$$

Bei Platten spielen *Longitudinalschwingungen*, bei denen die Platte eben bleibt, praktisch kaum eine Rolle, doch ist z.B. die Verformung einer Kreisplatte vom Radius R, die sich um die zentral gelegene zur Plattenebene senkrechte Achse gleichmäßig dreht ($\omega = const$), von technischer Bedeutung. Nach [4.20] ergibt sich aus einer zu (4.6.1) analogen Gleichung folgende radiale Dehnung:

$$u(r) = \frac{\rho\omega^2(1-\mu^2)}{8E} r \left(\frac{3+\mu}{1+\mu} R^2 - r^2 \right). \tag{4.6.19}$$

Ist eine Platte, die nach (4.6.9) Biegeschwingungen vollführt, allseits *eingespannt*, dann gilt

$$u(\mathcal{R},t) = 0, \qquad \frac{\partial u(\mathcal{R},t)}{\partial n} = 0, \tag{4.6.20}$$

ist sie aber gestützt (*frei aufliegend*), dann gilt

$$u(\mathcal{R},t) = 0, \qquad \frac{\partial^2 u(\mathcal{R},t)}{\partial n^2} = 0. \tag{4.6.21}$$

Hierbei bedeutet – in beliebigen Koordinaten – $\partial/\partial n$ die Normalableitung am Rand $\mathcal{R}$ (senkrecht zum Rand).

Wir wollen nun einige Schwingungen von Stäben und Platten diskutieren, bevor wir statische Probleme behandeln. Für *Längsschwingungen* eines Stabes gilt mit $E/\rho = c^2$ nach (4.6.2) die Saitengleichung (4.4.1) bzw. (4.4.20), deren Lösungen wir direkt übernehmen können, wenn beide Stabenden nach (4.4.5) bzw. (4.6.11) fest eingespannt sind. Auch die Anfangsbedingungen (4.4.6) bzw. (4.6.15) können direkt übernommen werden. Ist jedoch der Stab nur an einem Ende ($x = 0$) eingespannt und am Ende ($x = l$) frei, dann gelten bei Longitudinalschwingungen die Randbedingungen (4.6.10), (4.6.11). Der Leser möge sich davon überzeugen, daß dann anstelle von (4.4.16) die *Eigenfrequenzen* durch

$$\omega_n = (2n-1)\pi c/2l \tag{4.6.22}$$

gegeben sind [20]. Der Rechnungsgang ist etwa der folgende:
Der Ansatz $u(x,t) = X(x)T(t)$ führt zur Eigenwertaufgabe $X'' + k^2 X = 0$ mit $X(x=0) = 0$, $(\partial X/\partial x)_{x=l} = 0$, was leicht durch $\sin k_n x$ mit $k_n = (2n-1)\pi x/2l$ gelöst werden kann. Die Lösung $u(x,t) = \sum_{n=1}^{\infty} \sin k_n x (A_n \cos ck_n t + B_n \sin ck_n t)$ ergibt dann aus der Entwicklung von $h(x)$ und $g(x)$ die Koeffizienten A_n, B_n.

Ist am freien Stabende $x = l$ gemäß der Randbedingung

$$mu_{tt}(l,t) = -Equ_x(l,t) \tag{4.6.23}$$

eine Masse m angehängt [20] und sei $u(x,0) = h(x) = u_0 x/l$ und $u_t(x,0) = 0$ (anfängliche Auslenkung), dann liefert der Produktansatz $X(x) \cdot T(t)$ die Lösung

$$u(x,t) = \frac{4u_0}{l} \sum_{n=1}^{\infty} \cos(ck_n t) \, \frac{\sin k_n l \sin k_n x}{k_n (2k_n l + \sin 2k_n l)}, \tag{4.6.24}$$

wobei die k_n Lösungen von

$$\cot kl = mk/\rho q \tag{4.6.25}$$

sind. Setzt man in (4.6.2) für $f(x,t) = \rho q g$, also die Schwerkraft g ein, so erhält man [20] mit den gleichen Anfangs- und Randbedingungen $u(x,0) = u_0 x/l$, $u_t(x,0) = 0$, $u(0,t) = 0$, $u(l,t) = 0$ die Lösung

$$u(x,t) = \frac{2}{l} \sum_{n=1}^{\infty} \left[(-1)^{n+1} \frac{u_0}{l k_n^2} - \frac{g}{c^2 k_n^3} \right] \sin k_n x \cos ck_n t - \frac{\rho g}{E} \left(\frac{x^2}{2} - lx \right), \tag{4.6.26}$$

wobei $k_n = (2n-1)\pi/2l$ ist. Der Leser möge die lotrechten Longitudinalschwingungen eines am Ende $x = 0$ aufgehängten Balkens der Länge l untersuchen, der unter dem Einfluß der Schwerkraft g unter den Anfangsbedingungen $u(0,x) = 0$, $u_t(0,x) = 0$ schwingt [25]

$$u(x,t) = \frac{16gl^2}{\pi^3c^2}\sum_{n=0}^{\infty}\frac{1-\cos\left(\frac{2n+1}{2l}\pi ct\right)}{(2n+1)^3}\cdot\sin\left(\frac{2n+1}{2l}\pi x\right).$$

Wird die Schwere vernachlässigt ($g = 0$), werden aber die Anfangsbedingungen $u(x,0) = h(x)$, $u_t(x,0) = g(x)$ gegeben, dann gilt

$$u(x,t) = \frac{2}{l}\sum_{n=0}^{\infty}\left[\cos\left(\frac{2n+1}{2l}\pi ct\right)\int_0^l h(\xi)\sin\left(\frac{2n+1}{2l}\pi\xi\right)\mathrm{d}\xi + \frac{2l}{(2n+1)\pi c}\right.$$
$$\left.\cdot\sin\left(\frac{2n+1}{2l}\pi ct\right)\int_0^l g(\xi)\sin\left(\frac{2n+1}{2l}\pi\xi\right)\mathrm{d}\xi\right]\sin\left(\frac{2n+1}{2l}\pi x\right).$$

Für *Torsionsschwingungen* eines Stabes mit den Randbedingung (4.6.11) und (4.6.17) erhält man aus (4.6.8) genau die Lösung (4.6.24), wobei jedoch $c^2 = G/\rho$ ist. u_0 ist der anfängliche Verdrillungswinkel. Gilt jedoch am Ende des Stabes die Randbedingung (4.6.18), dann gilt zwar nach wie vor die Lösung (4.6.24), doch werden nun die k_n durch die positiven Nullstellen von $\cot kl = \Theta k/\rho I$ zu ersetzen sein.

Bei *Biegeschwingungen* eines *Stabes* müssen wir erstmals eine partielle Differentialgleichung vierter Ordnung lösen. Für einen Stab der Länge l in der x-Richtung und dem rechteckigen Querschnitt mit den Seiten a (y-Richtung) und b (z-Richtung) muß man für Biegeschwingungen $u_y = u$ in der y-Richtung (4.6.5a) verwenden und erhält dann aus (4.6.3) bei freier Schwingung die homogene partielle Differentialgleichung

$$\frac{1}{c^2}\frac{\partial^2 u}{\partial t^2} + \frac{\partial^4 u}{\partial x^4} = 0, \qquad c^2 = \frac{EI_y}{\rho q}, \quad \text{Dimension von } c\text{: m}^2/\text{s}. \tag{4.6.27}$$

Als die vier Randbedingungen für Biegeschwingungen verwenden wir

- eingespanntes Ende, vgl. (4.6.13)

$$u(x_0,t) = 0, \qquad u_x(x_0,t) = 0; \tag{4.6.28}$$

- freies Ende an der Stelle x_0 (kein Biegemoment, keine Biegekraft), vgl. (4.6.14)

$$u_{xx}(x_0,t) = 0, \qquad u_{xxx}(x_0,t) = 0; \tag{4.6.29}$$

- frei auf einer Stütze an der Stelle x_0 aufliegendes Ende (kein Biegemoment vorhanden), vgl. (4.6.16)

$$u(x_0,t) = 0, \qquad u_{xx}(x_0,t) = 0; \tag{4.6.30}$$

- freies Ende mit angebrachter Masse m

$$mu_{tt}(x_0,t) = EIu_{xxx}(x_0,t). \tag{4.6.31}$$

Der Produktansatz $u(x,t) = X(x)T(t)$ liefert mit der Separationskonstanten ω^2/c^2 einerseits die Lösung $T(t)$ von (4.4.14) und andererseits

$$c^2 X''''(x) - \omega^2 X(x) = 0. \tag{4.6.32}$$

Durch Exponentialansatz, vgl. Seite 19, erhält man als allgemeines Integral

$$\begin{aligned} X(x) = & A\left(\cos\sqrt{\omega/c}\,x + \cosh\sqrt{\omega/c}\,x\right) \\ & + B\left(\cos\sqrt{\omega/c}\,x - \cosh\sqrt{\omega/c}\,x\right) \\ & + C\left(\sin\sqrt{\omega/c}\,x + \sinh\sqrt{\omega/c}\,x\right) \\ & + D\left(\sin\sqrt{\omega/c}\,x - \sinh\sqrt{\omega/c}\,x\right). \end{aligned} \tag{4.6.33}$$

Nun verlangt die Randbedingung (4.6.28) für $x_0 = 0$, daß $A = 0$ und $C = 0$ ist, während (4.6.28) für die Stelle $x_0 = l$ die Erfüllung von

$$\begin{aligned} u(l,t) = & B\left(\cos\sqrt{\omega/c}\,l - \cosh\sqrt{\omega/c}\,l\right) \\ & + D\left(\sin\sqrt{\omega/c}\,l - \sinh\sqrt{\omega/c}\,l\right) = 0, \end{aligned} \tag{4.6.34}$$

$$\begin{aligned} u_x(l,t) = & -\frac{\omega}{c}B\left(\sin\sqrt{\omega/c}\,l + \sinh\sqrt{\omega/c}\,l\right) \\ & + \frac{\omega}{c}D\left(\cos\sqrt{\omega/c}\,l - \cosh\sqrt{\omega/c}\,l\right) = 0 \end{aligned} \tag{4.6.35}$$

verlangt. Dies sind zwei homogene lineare Gleichungen für B und D, die dann und nur dann eine nichttriviale Lösung besitzen, wenn die Koeffizientendeterminante verschwindet. Dies liefert die *Eigenwertgleichung*

$$\cos\sqrt{\omega/c}\,l \cdot \cosh\sqrt{\omega/c}\,l - 1 = 0, \tag{4.6.36}$$

deren numerische Lösung $\sqrt{\omega/c}\,l = 4.730,\ 7.853,\ 10.996$ etc. ergibt.

Ist der Stab an beiden Enden *frei aufliegend*, dann erhält man durch Einsetzen von (4.6.33) in die Randbedingungen (4.6.30) ebenfalls $A = C = 0$ und die Eigenwertgleichung $\sin(\sqrt{\omega/c}\,l) = 0$, so daß $\omega = \pi^2 c/l^2$ ist.

Ist der Stab einseitig *eingespannt*, am anderen Ende aber *frei*, dann erhält man mit (4.6.33) und (4.6.28), (4.6.29) die *Eigenwertgleichung*

$$\cos\sqrt{\omega/c}\,l \cdot \cosh\sqrt{\omega/c}\,l + 1 = 0, \tag{4.6.37}$$

deren Lösungen 1.875, 4.694, 7.855 etc. sind. Ist der Stab einseitig *eingespannt*, am anderen Ende aber *frei aufliegend*, dann liefert (4.6.33) mit (4.6.28), (4.6.30) die *Eigenwertgleichung*

$$\tanh\sqrt{\omega/c}\,l - \tan\sqrt{\omega/c}\,l = 0. \tag{4.6.38}$$

Ist der Stab schließlich nach (4.6.31) einseitig mit der Masse m *belastet*, am anderen Ende aber *eingespannt*, dann erhält man [20]

$$\begin{aligned} 1 &+ \frac{1}{\cos(\sqrt{\omega/c}\,l)\cosh(\sqrt{\omega/c}\,l)} \\ &- \varepsilon\sqrt{\omega/c}\,l\left(\tan\sqrt{\omega/c}\,l - \tanh\sqrt{\omega/c}\,l\right) = 0, \end{aligned} \tag{4.6.39}$$

wobei $\varepsilon = m/\rho q l$ ist.

Wenn die Gleichung (4.6.27) für die Biegungsschwingungen eines Stabes inhomogen ist, also die Form (4.6.3) hat und die Anfangsbedingungen (4.6.15) gelten, dann wird man im Sinne der Ausführungen der Seite 124 die Lösung nach den Eigenfunktionen des homogenen Problems entwickeln: $u(x,t) = \sum_n T_n(t) \cdot X_n(x)$, vgl. jedoch die Bemerkung am Ende dieses Abschnittes bezüglich Platten. Setzt man den Produktansatz in (4.6.3) ein, so erhält man durch Einsetzen von X'''' aus (4.6.32) die gewöhnliche lineare inhomogene Differentialgleichung

$$\sum_{n=1}^{\infty} \left(T_n''(t) + \omega_n^2 T_n(t)\right) X_n(x) = f(x,t)/\rho q, \tag{4.6.40}$$

die man mit der orthogonalen Funktion $X_m(x)$ multipliziert und von $x = 0$ bis $x = l$ integriert. Man erhält so

$$T_n''(t) + \omega_n^2 T_n(t) = \frac{\int\limits_0^l f(x,t) X_n(x) \mathrm{d}x}{\rho q \int\limits_0^l X_n^2(x) \mathrm{d}x} = b_n(t). \tag{4.6.41}$$

Die Anfangsbedingungen (4.6.15) werden dann durch

$$\begin{aligned} u(x,0) &= h(x) = \sum_{n=1}^{\infty} T_n(0) \cdot X_n(x), \\ u_t(x,0) &= g(x) = \sum_{n=1}^{\infty} T_n'(0) \cdot X_n(x) \end{aligned} \tag{4.6.42}$$

erfüllt, d.h. es muß gelten

$$T_n(0) = \frac{\int\limits_0^l h(x) X_n(x) \mathrm{d}x}{\int\limits_0^l X_n^2(x) \mathrm{d}x}, \qquad T_n'(0) = \frac{\int\limits_0^l g(x) X_n(x) \mathrm{d}x}{\int\limits_0^l X_n^2(x) \mathrm{d}x}, \tag{4.6.43}$$

so daß die allgemeine Lösung von (4.6.41) nach den Ausführungen von Abschnitt 2.1 die Form annimmt:

$$T_n(t) = T_n(0)\cos\omega_n t + \frac{T_n'(0)}{\omega_n}\sin\omega_n t + \frac{1}{\omega_n}\int\limits_0^t b_n(\tau)\sin\omega_n(t-\tau)\mathrm{d}\tau. \tag{4.6.44}$$

Die Lösung der inhomogenen Schwingungsgleichung ist dann durch

$$
\begin{aligned}
u(x,t) = \sum_{n=1}^{\infty} \frac{X_n(x)}{\int\limits_0^l X_n^2(x)\mathrm{d}x} & \left[\cos\omega_n t \int\limits_0^l h(\xi)X_n(\xi)\mathrm{d}\xi \right. \\
& \left. + \frac{1}{\omega_n} \sin\omega_n t \int\limits_0^l g(\xi)X_n(\xi)\mathrm{d}\xi \right] \\
& + \frac{1}{\rho q} \sum_{n=1}^{\infty} \frac{X_n(x)}{\omega_n \int\limits_0^l X_n^2(x)\mathrm{d}x} \int\limits_0^t \int\limits_0^l f(\xi,\tau)X_n(\xi)\sin\omega_n(t-\tau)\mathrm{d}\xi\mathrm{d}\tau
\end{aligned} \tag{4.6.45}
$$

gegeben. Der erste Term stellt die durch die Anfangsbedingungen bewirkte freie, der zweite die erzwungene Schwingung dar. Die $X_n(x)$ sind die Lösungen von (4.6.32), die sich für die jeweiligen Randbedingungen (4.6.28)-(4.6.31) ergeben. Ist die Schwingungsgleichung homogen, also $f(x,t) = 0$ und sind die Randbedingungen (4.6.20) durch $u(0,t) = u(l,t) = 0$, $u_{xx}(0,t) = u_{xx}(l,t) = 0$ und die Anfangsbedingungen (4.6.15) $u(0,x) = h(x)$, $u_t(0,x) = g(x)$ gegeben, dann gilt [25]

$$
\begin{aligned}
u(x,t) = \frac{2}{l}\sum_{n=1}^{\infty} & \left[\cos\left(\frac{n^2\pi^2 ct}{l^2}\right) \int\limits_0^l h(\xi)\sin\left(\frac{n\pi\xi}{l}\right)\mathrm{d}\xi \right. \\
& \left. + \frac{l^2}{n^2\pi^2 c}\sin\left(\frac{n^2\pi^2 ct}{l^2}\right) \int\limits_0^l g(\xi)\sin\left(\frac{n\pi\xi}{l}\right)\mathrm{d}\xi \right] \sin\frac{n\pi x}{l}.
\end{aligned}
$$

Wie sieht die Lösung aus, wenn im Intervall $x_1 < x < x_2$ die Kraft $f(t)$ angreift?

$$
\begin{aligned}
u(x,t) = & \frac{2l^2c^2}{\pi^3 EI}\sum_{n=1}^{\infty}\left(\cos\frac{n\pi x_1}{l} - \cos\frac{n\pi x_2}{l}\right)\frac{1}{n^3}\sin\frac{n\pi x}{l} \\
& \cdot \int\limits_0^l f(\tau)\sin\frac{n^2\pi^2c^2}{l^2}(t-\tau)\mathrm{d}\tau, \qquad 0 \le x \le l.
\end{aligned}
$$

Ein für die Praxis wichtiges Beispiel ist der Fall einer sich über einen beiderseits frei aufliegenden Träger (z.B. Brücke längs der x-Achse) mit konstanter Geschwindigkeit v_0 bewegenden Einzellast P [20]. Es gilt dann bei Verteilung der Last P auf die kleine Strecke ε die folgende Belastungsfunktion

$$
f(x,t) = \begin{cases} P/\varepsilon & v_0 t \le x \le v_0 t + \varepsilon \\ 0 & 0 \le x < v_0 t, \quad v_0 t + \varepsilon \le l, \end{cases} \tag{4.6.46}
$$

da

$$\int_0^l f(x,t)\mathrm{d}t = \int_{v_0 t}^{v_0 t+\varepsilon} P/\varepsilon \cdot \mathrm{d}x = P$$

ist. Nach einiger Rechnung, die der Leser zur Übung selbst durchführen möge, erhält man als Lösung für die Durchbiegung senkrecht zur x-Achse

$$u(x,t) = \frac{2P}{\rho q l} \sum_{n=1}^{\infty} \frac{\sin(n\pi x/l)}{\omega_n^2 - \bar{\omega}_n^2} \left(\sin \bar{\omega}_n t - \bar{\omega}_n \sin(\omega_n t)/\omega_n\right), \tag{4.6.47}$$

wobei die ω_n die Eigenfrequenzen des Trägers

$$\omega_n = \frac{n^2\pi^2}{l^2}\sqrt{\frac{EI}{\rho q}}$$

sind und $\bar{\omega}_n = n\pi v_0/l$ die erregenden Kreisfrequenzen darstellen. Für $v_0 = n\pi \cdot \sqrt{EI}/l\sqrt{\rho q}$ tritt somit Resonanz mit der Eigenfrequenz ω_n auf. Die auf diese Weise stark angeregte Eigenschwingung kann zu einem Bruch des Trägers, z.B. einer Brücke, führen, vgl. Seite 269.

Nachdem wir Längsschwingungen von Platten bereits besprochen haben, sind noch deren *Biegeschwingungen*, die durch (4.6.9) beschrieben werden, zu behandeln. In cartesischen Koordinaten lautet diese Gleichung für eine Auslenkung $u(x,y,t)$ senkrecht zur Platte (x,y-Ebene) der Dicke $2h$

$$\begin{aligned} \frac{\partial^2 u(x,y,t)}{\partial t^2} &= -c^2\left[\frac{\partial^4 u(x,y,t)}{\partial x^4} + 2\frac{\partial^4 u(x,y,t)}{\partial x^2 \partial y^2} + \frac{\partial^4 u(x,y,t)}{\partial y^4}\right], \\ c^2 &= \frac{Eh^2}{3\rho(1-\mu^2)}, \end{aligned} \tag{4.6.48}$$

(wobei die Dimension von c $\mathrm{m^2 s^{-1}}$ ist), aus der man mit (4.6.5) durch $\mu = 0$ die Gleichung (4.6.3) für die Biegeschwingungen eines Stabes ableiten kann. Als Randbedingung ergeben sich in Analogie zu (4.6.28), (4.6.30)

für die eingespannte Platte	$u = 0,$	$\dfrac{\partial u}{\partial n} = 0,$	(4.6.49)
für die aufliegende Platte	$u = 0,$	$\Delta u = 0,$	(4.6.50)
für die freie Platte	$u = 0,$	$\Delta u = 0.$	(4.6.51)

Eine Separation $X(x) \cdot Y(y) \cdot T(t)$ befriedigt für eine Platte $a \times b$ die Gleichung (4.6.48) und die Randbedingungen (4.6.51) in der Form

$$\begin{aligned} u(x,y,t) = &\sum_{n=1}^{\infty}\sum_{m=1}^{\infty} \sin\frac{n\pi x}{a} \sin\frac{m\pi n}{b} \\ &\cdot \left(A_{nm}\cos\omega_{nm}t + B_{nm}\sin\omega_{nm}t\right), \end{aligned} \tag{4.6.52}$$

wenn die linke untere Ecke der Platte im Ursprung liegt. Die A_{nm}, B_{nm} werden durch die Anfangsbedingungen oder im Falle einer periodischen Fremderregung durch deren FOURIER-Reihe bestimmt. Durch Einsetzen der Lösung in die Plattengleichung erhält man die *Eigenwertgleichung*

$$\omega_{nm}^2 = \frac{Eh^2\pi^4}{3\rho(1-\mu^2)}\left(\frac{n^2}{a^2}+\frac{m^2}{b^2}\right)^2. \tag{4.6.53}$$

Für die Berechnung der Biegeschwingungen einer *eingespannten Kreisplatte* vom Radius R schreibt man (4.6.9) in ebenen Polarkoordinaten an und erhält mit dem Separationsansatz $u(r,\varphi,t) = \Phi(\varphi)T(t)R(r)$ und dem Operator

$$\Delta = \frac{\partial^2}{\partial r^2} + \frac{1}{r}\frac{\partial}{\partial r} + \frac{1}{r^2}\frac{\partial^2}{\partial \varphi^2}$$

$$\Phi(\varphi) = A\cos n\varphi + B\sin n\varphi, \tag{4.6.54}$$

$$T(t) = C\cos\lambda t + D\sin\lambda t \tag{4.6.55}$$

die radiale Gleichung

$$\left(\frac{\mathrm{d}^2}{\mathrm{d}r^2}+\frac{1}{r}\frac{\mathrm{d}}{\mathrm{d}r}-\frac{n^2}{r^2}+\lambda k^2\right)\left(\frac{\mathrm{d}^2}{\mathrm{d}r^2}+\frac{1}{r}\frac{\mathrm{d}}{\mathrm{d}r}-\frac{n^2}{r^2}-\lambda k^2\right)R(r) = 0, \tag{4.6.56}$$

wobei $k^2 = 3\rho(1-\mu^2)/Eh^2$ ist. Da die beiden Operatoren nacheinander angewendet werden können, kann man dies als zwei getrennte gewöhnliche Differentialgleichungen zweiter Ordnung auffassen, wobei die gesuchte, aus vier Teillösungen bestehende Funktion einmal dem einen, dann dem anderen Operator genügen muß. Der erste Operator liefert nach (4.5.13) als Lösung BESSEL- und NEUMANN-Funktionen $\mathrm{J}_n(\sqrt{\lambda}\,kr)$, $\mathrm{N}_n(\sqrt{\lambda}\,kr)$, und der zweite Operator liefert BESSEL- und NEUMANN-Funktionen von imaginären Argumenten d.h. nach Seite 31 $\mathrm{J}_n(i\sqrt{\lambda}\,kr) = \mathrm{I}_n(\sqrt{\lambda}\,kr)$, $\mathrm{N}_n(i\sqrt{\lambda}\,kr) = \mathrm{K}_n(\sqrt{\lambda}\,kr)$ (*modifizierte* BESSEL-*Funktionen*). Für axiale Symmetrie ($\partial/\partial\varphi = 0$, $n = 0$) ergeben dann die Randbedingungen (4.6.49) nach Superposition der vier radialen Teillösungen das homogene lineare Gleichungssystem

$$\begin{aligned} A\mathrm{J}_0(\sqrt{\lambda}\,kR) + B\mathrm{I}_0(\sqrt{\lambda}kR) &= 0, \\ -C\mathrm{J}_1(\sqrt{\lambda}\,kR) + D\mathrm{I}_1(\sqrt{\lambda}kR) &= 0 \end{aligned} \tag{4.6.57}$$

für die Partialamplituden A, B, C, D, vgl. die Schlußweise auf Seite 178. Bei der Ableitung von (4.6.57) wurden

$$\frac{\mathrm{d}}{\mathrm{d}r}\mathrm{J}_0(\sqrt{\lambda}\,kr) = -\sqrt{\lambda}k\mathrm{J}_1(\sqrt{\lambda}\,kr) \tag{4.6.58}$$

und analoge Beziehungen für die modifizierten Funktionen verwendet. Das Verschwinden der Determinante von (4.6.57) liefert dann die *Eigenwertgleichung*

$$\mathrm{J}_0(\sqrt{\lambda}kR)\mathrm{I}_1(\sqrt{\lambda}\,kR) + \mathrm{J}_1(\sqrt{\lambda}kR)\mathrm{I}_0(\sqrt{\lambda}\,kR) = 0, \tag{4.6.59}$$

deren Lösungen $\sqrt{\lambda}\,kR = 3.190,\ 6.306,\ 9.425$ z.B. in [2.4] tabelliert sind. Für das allgemeine Anfangswertproblem

$$u(r,0) = h(r), \qquad u_t(r,0) = g(r) \tag{4.6.60}$$

der am Rand fest eingespannten Kreisplatte ($u(r = R, t) = 0$, $u_r(r = R, t) = 0$) vom Radius R erhält man die Lösung [25]

$$u(r,t) = \frac{1}{R^2} \sum_{n=1}^{\infty} \frac{Z_n(r)}{\mathrm{I}_0^2(\gamma_n)\mathrm{J}_0^2(\gamma_n)} \left[\cos\left(\frac{\gamma_n^2 ct}{R^2}\right) \int_0^R \rho h(\rho) Z_n(\rho) \mathrm{d}\rho \right.$$
$$\left. + \frac{R^2}{c\gamma_n^2} \sin\left(\frac{\gamma_n^2 ct}{R^2}\right) \int_0^R \rho g(\rho) Z_n(\rho) \mathrm{d}\rho \right], \tag{4.6.61}$$

wobei

$$Z_\gamma(r) = \mathrm{J}_0\left(\gamma \frac{r}{R}\right) \mathrm{I}_0(\gamma) - \mathrm{J}_0(\gamma) \mathrm{I}_0\left(\gamma \frac{r}{R}\right) \tag{4.6.62}$$

ist und γ_n die n-te Wurzel von $Z'_\gamma(R) = 0$ darstellt. Bei der Ableitung von (4.6.6) wurde

$$\int_0^R Z_n^2(\rho)\rho \mathrm{d}\rho = \frac{R^6}{4} \left\{ Z_n''^2 - Z_n' \frac{\mathrm{d}}{\mathrm{d}r} \left[\frac{1}{r} \frac{\mathrm{d}}{\mathrm{d}r} \left(r \frac{Z_n}{\mathrm{d}r} \right) \right] - \frac{Z_n' Z_n''}{\gamma_n} - Z_n' Z_n''' \right\}_{r=R}$$
$$= R^2 \mathrm{I}_0^2(\gamma_n) \mathrm{J}_0^2(\gamma_n)$$

verwendet [25].

Wird eine allseits eingespannte Kreisplatte der Dicke h vom Radius R durch eine gleichmäßig verteilte Kraft $f(t) = q \sin(\omega t + \varphi)$ zu Schwingungen erregt, so ist nach [25] die Lösung

$$u(r,t) = \frac{q}{\omega^2 \rho h}$$
$$\cdot \left[\frac{\mathrm{I}_1\left(\frac{\sqrt{\omega}R}{c}\right) \mathrm{J}_0\left(\frac{\sqrt{\omega}r}{c}\right) + \mathrm{J}_1\left(\frac{\sqrt{\omega}R}{c}\right) \mathrm{I}_0\left(\frac{\sqrt{\omega}r}{c}\right)}{\mathrm{I}_1\left(\frac{\sqrt{\omega}R}{c}\right) \mathrm{J}_0\left(\frac{\sqrt{\omega}R}{c}\right) + \mathrm{J}_1\left(\frac{\sqrt{\omega}R}{c}\right) \mathrm{I}_0\left(\frac{\sqrt{\omega}R}{c}\right)} - 1 \right] \tag{4.6.63}$$
$$\cdot \sin(\omega t + \varphi).$$

Mit den bisher behandelten Beispielen sind allerdings die Schwingungsprobleme von Balken und Platten bei weitem nicht erfaßt. Beispielsweise gibt ORTNER [4.31] Fundamentallösungen für die TIMOSHENKO-Gleichung

$$\frac{EI}{\rho q} \frac{\partial^4 u}{\partial x^4} - \frac{1}{q} \left(1 + \frac{E}{G\kappa}\right) \frac{\partial^4 u}{\partial x^2 \partial t^2} + \frac{\partial^2 u}{\partial t^2} + \frac{\rho I}{G q \kappa} \frac{\partial^4 u}{\partial t^4} = 0 \tag{4.6.64}$$

an, die Transversalschwingungen von Balken und Stäben beschreibt, vgl. (4.6.3). Hier ist κ der TIMOSHENKO-*Scherkoeffizient.* Erzwungene Schwingungen freier Rechteckplatten befolgen (4.6.9), (4.6.48) mit einem Erregungsglied $f(x, y, t)$

$$\frac{\partial^2 u}{\partial t^2} = -\frac{Eh^2}{3\rho(1-\mu^2)} \Delta\Delta u + f(x,y) \exp(i\omega t) \tag{4.6.65}$$

und könnten durch $u(x, y, t) = w(x, y) \exp(i\omega t)$ gelöst werden, wobei allerdings eine Entwicklung von $w(x, y)$ nach den Eigenfunktionen des zugehörigen Problems möglich ist, aber u.U. zu unendlich dimensionalen Matrizeneigenwertproblemen führt [4.40].

Differentialgleichungen vierter Ordnung wie beispielsweise $\Delta\Delta\psi = 0$, wobei ψ die Stromfunktion der Bewegung eines kleinen Körpers in einer zähen Flüssigkeit (Schleim, Blut) ist, können auch in ganz anderen Gebieten zu interessanten Randwertproblemen führen. So hat TAYLOR gezeigt [4.27], daß die durch Schwanzbewegungen hervorgerufene Fortbewegung von *Spirochäten* im Blut oder von *Samenfäden* im Vaginalschleim durch ein Randwertproblem der erwähnten partiellen Differentialgleichungen vierter Ordnung bestimmt wird. Da die Geschwindigkeit der Fortbewegung durch die Randbedingung festgelegt wird und da physiologische Forschungen es nahelegen, daß der durch die Fortbewegungsgeschwindigkeit bestimmte Befruchtungszeitpunkt bei der Geschlechtsbestimmung eine Rolle spielt, würde die TAYLOR-*Randbedingung* das Geschlecht eines *Embryos* festlegen.

4.7 Statik von Stäben und Platten, Thermoelastizität

Balkenbiegung, Knicklast einer Säule, Belastung von Eisenbahnschwellen, Biegung von belasteten Platten, Thermo- und Visko-Elastizität

Während die statische (stationäre) Lösung der Saitengleichung, vgl. Seite 159, zwar mathematisch von Interesse war, ist sie jedoch für die Praxis von geringer Bedeutung, da das Tragen von Lasten Körper mit Biegesteifigkeit erfordert. In diesen Fällen ist es infolge der Oberflächenbedingungen der Elastizitätstheorie (Zitate siehe Seiten 156, 173) meistens nicht möglich, durch die Annahme $\partial/\partial t = 0$ von den dynamischen Gleichungen zu den Gleichungen der Statik zu gelangen. Es werden daher z.B. die Dehnung eines Drahtes, die Gleichung der Kettenlinie, die radiale Pressung eines Zylinders, die Scherung eines Würfels oder die Torsion eines Zylinders etc. nicht durch Integration von Differentialgleichungen, sondern durch ad hoc-Überlegungen und Ansätze für den *Spannungstensor* bzw. den *Deformationstensor* berechnet. Durch ähnliche Ansätze erhält man für einen rechteckigen *Balken* (Höhe a, Breite b), der in der z-Achse liegt und bei $z = 0$ eingespannt ist, für die Biegung in der x-Richtung (vgl. Abb. 30) eine Differentialgleichung. Unter verschiedenen Annahmen, wie

1. es existiere eine neutrale nicht gedehnte Schicht (*elastische Linie*),
2. die Balkenquerschnitte stehen auch nach der Biegung auf der elastischen Linie senkrecht,
3. die Querschnitte (parallel zur x, y-Ebene) bleiben eben, sie werden nicht verwölbt, doch können sie deformiert werden (z.B. aus dem Rechteck wird ein aus Kreisbögen bestehendes Viereck),

kann man für $u_x(z)$, was die Balkenbiegung in die negative x-Richtung beschreibt, die Differentialgleichung der *elastischen Linie* ableiten:

$$\frac{\mathrm{d}^2 u_x(z)}{\mathrm{d}z^2} = \frac{P}{EI}(z-l). \tag{4.7.1}$$

Diese Gleichung kann man formal mit $g = 0$, $F = 0$ bzw. $P = 0$ durch zweimalige Integration in der Form $EIu'' = c_1 + c_2 z$ aus (4.6.3) bzw. (4.6.7) gewinnen. P ist hier die am Balkenende $z = l$ angreifende Last, E ist der Elastizitätsmodul, und die Biegesteifigkeit ist durch

$$I = \int_{-a/2}^{+a/2} x^2 b \mathrm{d}x = \frac{a^3 b}{12} \tag{4.7.2}$$

gegeben, vgl. (4.6.5a), während für einen kreisförmigen Balkenquerschnitt (4.6.6) gilt. Durch zweimalige Integration von (4.7.1) nach z erhält man

$$u_x(x,z) = \frac{P}{EI}\frac{z^3}{2\cdot 3} - \frac{Pl}{EI}\frac{z^2}{2} + c_1(x)z + c_2(x). \tag{4.7.3}$$

Da der Balken die Randbedingungen ("Anfangsbedingung")

$$\text{Einspannung bei} \quad z = 0: \quad \begin{cases} u_x(x,0) = 0, \\ \dfrac{\partial u_x(x,0)}{\partial z} = 0 \end{cases} \tag{4.7.4}$$

erfüllen muß, folgt $c_1(x) = c_2(x) = 0$. Setzt man dies in (4.7.3) für $z = l$ ein, so erhält man die Senkung des Balkenendes, den *Biegepfeil*

$$u_x(l) = -\frac{Pl^3}{3EI} = -\frac{4Pl^3}{a^3 Eb}, \tag{4.7.5}$$

so daß ein Balken möglichst hochkantig sein soll (großes a), damit er sich wenig durchbiegt. Man kann auch zeigen, daß unter der Nebenbedingung, daß möglichst wenig Material verwendet werden soll, ein Doppel-T-Balken (I) am günstigsten ist. Für die Durchbiegung in der Mitte ($x = l/2$) eines beiderseits eingespannten Balkens unter dem Einfluß seines Eigengewichtes erhält man $u(l/2) = ql^4/384IE$, für den beidseits aufliegenden Balken gilt $u(l/2) = 5ql^4/384IE$, während für den

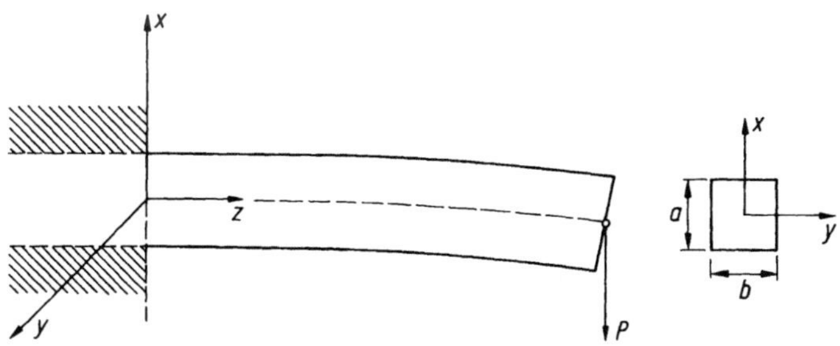

Abb. 30. Balkenbiegung

bei $x = 0$ eingespannten und am Ende $x = l$ freien Balken $u(l) = ql^4/8EI$ folgt [4.20]. q ist der Balkenquerschnitt. Ist ein gewichtsloser, an seinen Enden eingespannter und unter axialem Druck P stehender Balken auf seiner ganzen Länge $(-l/2 \leq x \leq +l/2)$ mit der Kraft $p(x)$ belastet und ist aus technischen Gründen die Biegesteifigkeit $I(x)$ ortsabhängig, dann hat man für das örtliche *Biegemoment* $M(x)$ die Gleichung $M''(x)+PM(x)/EI(x) = -p(x)$ zu lösen. Mit $I(x) = I_0/(1+(x/l)^2)$, $P = EI_0/l^2$, $\xi = x/l$, $y = M/l^2p$ erhält man für konstante Werte von p das Randwertproblem $y'' + (1+x^2)\,y = -1$, $y(-1) = y(1) = 0$. [26]. Die homogene (zuerst zu lösende) Form ist übrigens eine lineare Differentialgleichung zweiter Ordnung der Art $f(x)y'' - (f'(x) + f(x)g(x)y') + f^2(x)h(x)y = 0$, die durch $y(x) = -u'(x)/[u(x)f(x)]$ in eine RICCATI-*Differentialgleichung* (erster Ordnung) transformiert werden kann.

Wird für den Spannungstensor ein etwas modifizierter Ansatz gemacht [4.20, 2.12], dann wird die Differentialgleichung der *elastischen Linie* nichtlinear:

$$\frac{\mathrm{d}^2u_x(z)}{\mathrm{d}z^2}\,\frac{EI}{(1+u_x'^2)^{2/3}} = P(z-l). \tag{4.7.6}$$

Die statische *Knickung* $\vec{u} = u_y$ oder u_z einer in der x-Achse lotrecht stehenden schweren *Säule* durch seitliche Biegung unter ihrem Eigengewicht oder einer Last kann man mit Hilfe von (4.6.7) behandeln. Vernachlässigt man zunächst eine von der Säule zu tragende Last ($P = 0$), dann erhält man

$$\frac{\partial^2 u(x,t)}{\partial t^2} = -\frac{EI}{\rho q}\,\frac{\partial^4 u(x,t)}{\partial x^4} - g(l-x)\frac{\partial^2 u}{\partial x^2} + g\frac{\partial u}{\partial x} \tag{4.7.7}$$

und wegen $\partial/\partial t = 0$ die sofort integrable Form

$$EIu''''(x) + \rho g q\frac{\mathrm{d}}{\mathrm{d}x}\left[(l-x)u'(x)\right] = 0 \tag{4.7.8}$$

oder nach Integration mit Nullsetzung der Integrationskonstanten

$$EIu'''(x) + \rho g q(l-x)u'(x) = 0. \tag{4.7.9}$$

Hat die Säule eine Last P zu tragen, dann folgt aus (4.6.7) die Gleichung

$$EIu''''(x) + \rho g q(l-x)u''(x) - \rho g q u'(x) + Pu''(x) = 0, \tag{4.7.10}$$

während bei Vernachlässigung des Eigengewichtes ($g = 0$) die Gleichung

$$EIu''''(x) + Pu''(x) = 0 \quad \text{bzw.} \quad EIu''(x) + Pu(x) = 0 \tag{4.7.11}$$

folgt.

Um jene Last bzw. jenes Eigengewicht zu finden, unter der bzw. dem eine Säule einknickt (EULER-*Knicklast*), müssen die Gleichungen (4.7.9) – (4.7.11) mit den entsprechenden Randbedingungen gelöst werden. Die an der Stelle $x = 0$ eingespannte Säule führt zur Randbedingung (4.6.13), also im statischen Fall $u(0) = u'(0) = 0$, während am freien Ende (4.6.14), also $u''(l) = 0$ gilt. Durch die Transformation $u' = v$, $A = \rho g q/EI$ erhält man aus (4.7.9) die Gleichung

$$v'' + A(l-x)v = 0, \tag{4.7.12}$$

die durch die Substitution $\xi = 2\sqrt{A}\,(l-x)^{3/2}/3$ und $v = w(\xi)\sqrt{\xi}$ in die BESSEL-*Gleichung*

$$w''(\xi) + \frac{1}{\xi}w'(\xi) + \left(1 - \frac{1}{9\xi^2}\right)w(\xi) = 0 \tag{4.7.13}$$

übergeht [20]. Nach Seite 59 hat diese die Lösung

$$w(\xi) = C_1 \mathrm{J}_{1/3}(\xi) + C_2 \mathrm{J}_{-1/3}(\xi). \tag{4.7.14}$$

Aus $u''(l) = 0$ folgt $C_1 = 0$. Aus dem Wert von $u(0)$ folgt ferner $C_2 = 0$, also $u = const$ (stabiles Gleichgewicht der nicht seitlich ausgebogenen Säule), *wenn*

$$\mathrm{J}_{-1/3}\left(\frac{2}{3}A^{1/2}l^{2/3}\right) = 0 \tag{4.7.15}$$

nicht erfüllt ist. Ist jedoch für spezielle Werte von A, l, d.h. von ρ, q, EI, die Eigengewicht und Steifigkeit der Säule beschreiben, die *Knickbedingung* (4.7.15) erfüllt, dann kann man aus der ersten Nullstelle 1.87 von $\mathrm{J}_{-1/3}$ die Knicklänge l_k ausrechnen [20]:

$$l_k = \left(\frac{1.87 \cdot 3}{2}\right)^{2/3} \cdot \sqrt[3]{\frac{EI}{\rho g q}}. \tag{4.7.16}$$

Für Gleichung (4.7.11) folgt als Knickbedingung

$$l_k = \pi \sqrt[2]{\frac{EI}{P}}. \tag{4.7.17}$$

Will man die Knickung mit Berücksichtigung von Eigengewicht und Last behandeln, dann muß man (4.7.10) lösen. Als Randbedingungen für diese Gleichung vierter Ordnung treten nun auf [20]

feste Einspannung	$u(0)$	$= u'(0) = 0,$		(4.7.18)
freies Ende	$u''(l)$	$= u'''(l) = 0,$		(4.7.19)
freies Ende mit Last P	$u''(l)$	$= 0,$	$EIu'''(l) = P,$	(4.7.20)
frei gelagert	$u(0)$	$= 0,$	$u''(0) = 0.$	(4.7.21)

Die Lösung von (4.7.10) ist nur mittels Störungsrechnung möglich, vgl. (4.11.49).

Wird ein Stab, z.B. eine elastisch am Untergrund gelagerte Eisenbahnschwelle nicht nur in einem Punkt durch eine Kraft P belastet, sondern wirkt auf ihrer ganzen Länge eine verteilte Last $p(x)$, dann hat man [3] anstelle von (4.7.11) die Gleichung

$$EIu''''(x) + ku(x) = p(x), \tag{4.7.22}$$

wobei $ku(x)$ die elastische Gegenkraft des Untergrundes erfaßt. Da die Schwelle zwei freie Enden hat, gelten die Randbedingungen (4.7.19) für $x = 0$ und $x = l$.

Die Lösung erfolgt mit den auf den Seiten 19 ff beschriebenen Methoden.

Auch die Gleichung für die statische Auslenkung $u(\xi)$ einer Talsperrenmauer mit trapezförmigem Querschnitt, vgl. Abb. 31, ist linear und von vierter Ordnung. Sei $\alpha = (D_u - D_0)/h$, $\xi = x/h$, $\kappa = 12h^4/D_0^2R^2$, R der Radius des als Zylinder

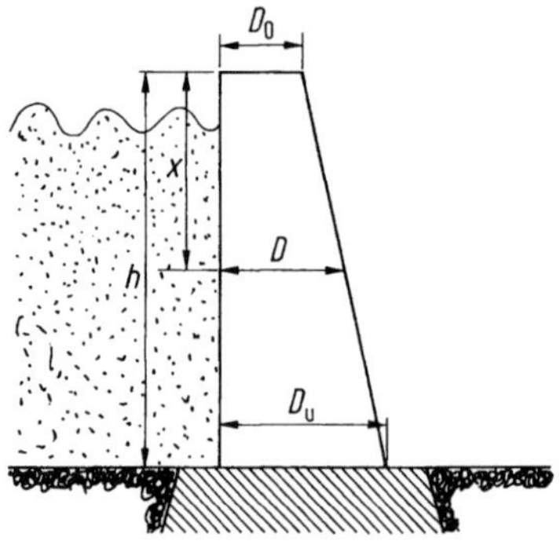

Abb. 31. Talsperrenmauer

gedachten Wasserbehälters , dann gilt [3]

$$(1 + \alpha\xi^2)\,\frac{\mathrm{d}^4u(\xi)}{\mathrm{d}\xi^4} + 6\alpha(1 + \alpha\xi)\frac{\mathrm{d}^3u(\xi)}{\mathrm{d}\xi^3} + 6\alpha^2\frac{\mathrm{d}^2u}{\mathrm{d}\xi^2} + \kappa u = 0. \tag{4.7.23}$$

Der Leser wird eingeladen, diese Gleichung nach der Methode von FROBENIUS (Seite 29 ff) zu lösen [3].

Probleme der statischen *Torsion* von Stäben und Zylindern spielen bei den Anwendungen eine geringere Rolle als Biegungen, doch sind z.B. Torsionsschwingungen und statische Belastungen von *Wellen* für die Anwendungen wichtig, vgl. [2.9].

Probleme der statischen Belastung, der Beulung und *Knickung* von *Platten* und *Schalen* sind bei den Anwendungen von Bedeutung. Die Ausbiegung einer an den Rändern $x = \pm a$ gestützten und bei $y = \pm b$ frei gelagerten rechteckigen Platte der Abmessungen $2a \times 2b$ wird nach (4.6.9) bzw. (4.6.48) mit $\partial/\partial t = 0$ beschrieben [20]. Der Leser wird eingeladen, sich davon zu überzeugen, daß eine Superposition der Funktionen $\mathit{cosh}\alpha_\nu y \cos\alpha_\nu x$, $\sinh\alpha_\nu y \cos\alpha_\nu x$, wobei $\alpha_\nu = (2\nu - 1)\pi/2a$, $\nu = 1, 2\ldots$, die *biharmonische Gleichung* $\Delta\Delta u = 0$ und die entsprechenden Randbedingungen erfüllt [20]. Ist die Platte allseitig aufliegend, so treten je nach ihrer Lage zum Ursprung nur sin- oder cos-Funktionen auf.

Eine Lösung von $\Delta u = 0$ nennt man eine *harmonische Funktion*, eine Lösung von $\Delta\Delta u = 0$ heißt *biharmonisch*. Jede Lösung von $\Delta u = 0$ ist auch eine Lösung von $\Delta\Delta u = 0$. *Harmonische Funktionen* sind z.B. $\sin x \cosh y$ u.ä., $\ln\sqrt{x^2 + y^2}$, $\ln\left[c_1^2(x^2 + y^2) + 2c_1c_2(x + y) + 2c_2^2\right]$, sowie harmonische Polynome, vgl. Seite 50. *Biharmonische Funktionen* sind beispielsweise die ersten bis dritten Potenzen von x oder y, ferner xy, x^2y, x^3y, xy^2, xy^3, $x^2 - y^2$, $x^4 - y^4$, $\cos\lambda x \cosh\lambda y$, $\cosh\lambda x \cos\lambda y$, $x\cos\lambda x \cosh\lambda y$, $x\cosh\lambda x \cos\lambda y$, $y\cos\lambda x \cosh\lambda y$, $y\cosh\lambda x \cos\lambda y$ etc. Sind v, w harmonische Funktionen, dann sind $xv + w$ und $(x^2 + y^2)v + w$ biharmonisch. Auch $(x^2 + y^2)\ln\sqrt{x^2 + y^2}$ ist biharmonisch.

Eine mit der *verteilten Last* $p(x, y)$ belastete Platte der Dicke h wird nach der Gleichung

$$\frac{Eh^2}{3\rho(1-\mu^2)}\Delta\Delta u(x, y) = p(x, y) \tag{4.7.24}$$

verbogen. Für eine *Kreisplatte* hat man demnach bei Axialsymmetrie

$$u''''(r) + \frac{2}{r}u'''(r) - \frac{1}{r^2}u''(r) + \frac{1}{r^3}u'(r) = p(r)M, \tag{4.7.25}$$

wobei $M = 3\rho((1-\mu^2)/Eh^2$ sei und $u = u(x, y)$ die Auslenkung aus der Plattenebene beschreibt; ρ ist hier die Dichte. Gemäß Seite 33 stellt (4.7.25) eine inhomogene EULER-*Gleichung* vierter Ordnung dar, deren homogene Form wir durch die Substitution $r = \exp\bar{\rho}$ in

$$u''''(\bar{\rho}) - 4u'''(\bar{\rho}) + 4u''(\bar{\rho}) = 0 \tag{4.7.26}$$

überführen. Diese besitzt vier partikuläre Lösungen, die nach Rücktransformation die Form

$$u(r) = c_1 + c_2 \ln r + c_3 r^2 + c_4 r^2 \ln r \tag{4.7.27}$$

annehmen. *Variation der Konstanten* c_4 (vgl. Seite 24) liefert für eine Lastverteilung $p(r)$, die der homogenen Gleichung genügt, die allgemeine Lösung

$$u(r) = c_1 + c_2 \ln r + c_3 r^2 + c_4 r^2 \ln r + r^4 p(r)M/64, \tag{4.7.28}$$

die nun die Randbedingungen

- Durchbiegung im Mittelpunkt

$$u(0) = \text{endlich}, \qquad u''(0) = \text{endlich}, \tag{4.7.29}$$

- eingespannter Rand

$$u(R) = 0, \qquad u'(R) = 0 \tag{4.7.30}$$

erfüllen muß, so daß $c_2 = c_4 = 0$ und

$$u(r) = Mp(r)\left(R^4 - 2R^2r^2 + r^4\right)/64 \tag{4.7.31}$$

folgt. Daraus ergibt sich im Mittelpunkt der *Biegepfeil*

$$u(0) = p(0)R^4M/64. \tag{4.7.32}$$

Der Leser wird eingeladen, das Randwertproblem (4.6.50) für eine am Rand frei aufliegende, mit $p(x, y)$ belastete rechteckige Platte $a \times b$, deren linke untere Ecke im Ursprung eines cartesischen Koordinatensystems liegt, zur Übung zu lösen. Als Ergebnis [23] erhält man (4.6.52) mit

$$A_{nm} = \frac{a_{nm}M}{\pi^4\left(\frac{n^2}{a^2} + \frac{m^2}{b^2}\right)^2}, \tag{4.7.33}$$

wenn

$$p(x,y) = \sum_{n=1}^{\infty} \sum_{m=1}^{\infty} a_{nm} \sin \frac{n\pi x}{a} \sin \frac{m\pi y}{b} \tag{4.7.34}$$

gilt. Liegt jedoch die Platte nicht am ganzen Rand frei auf, ist sie z.B. längs der zur y-Achse parallelen Geraden frei, dann sind die $\sin(m\pi y/b)$ durch die hyperbolischen Funktionen zu ersetzen, vgl. die analogen Überlegungen Seite 177 ff.

Deformationen von *Schalen*, also schon im unbelasteten Zustand gebogenen Platten, sind viel schwieriger zu behandeln, da bei einer Platte die Dehnung (vgl. Seite 175) beim Biegen viel kleiner ist als die Biegung selbst und daher vernachlässigt werden kann. Bei einer Schale ist dies nicht der Fall, so daß die elastostatischen Gleichungen kompliziert und nichtlinear werden [4.20].

In der Praxis sind oft Deformationen mit einer Temperaturveränderung verbunden: es führen Temperaturveränderungen zu speziellen Deformationen, z.B. durch Ausdehnung, oder fest eingespannte Körper werden unter Spannungen (*Wärmespannungen*) gesetzt. Da nun *thermische Ausdehnungskoeffizienten* α in der Elastizitätstheorie auftreten [20, 4.20], werden die Grundgleichungen erweitert. Bei ungleichmäßiger Erwärmung $T(x, y, z)$ eines elastischen Mediums ist z.B. im Falle der Statik ($\partial/\partial t = 0$) die Gleichung (4.6.1) durch die Gleichgewichtsbedingung

$$\frac{1-2\mu}{2(1+\mu)}\Delta\vec{u} + \frac{1}{2(1+\mu)}\operatorname{grad}\operatorname{div}\vec{u} = \alpha \operatorname{grad} T \tag{4.7.35}$$

zu ersetzen. Auch hier wieder müssen bei der Behandlung begrenzter Körper die Oberflächenbedingungen berücksichtigt werden. So gibt KNESCHKE [20] für einen achsensymmetrischen Spannungszustand die Gleichungen

$$\begin{aligned} &\Delta u_r(r,z) - \frac{u_r(r,z)}{r^2} \\ &+\frac{1}{1-2\mu}\frac{\partial}{\partial r}\left(\frac{\partial u_r(r,z)}{\partial r} + \frac{u_r(r,z)}{r} + \frac{\partial u_z(r,z)}{\partial z}\right) = \frac{2(1+\mu)}{(1-2\mu}\alpha\frac{\partial T}{\partial r}, \end{aligned} \tag{4.7.36}$$

$$\begin{aligned} &\Delta u_z(r,z) + \frac{1}{1-2\mu}\frac{\partial}{\partial z}\left(\frac{\partial u_r(r,z)}{\partial r} + \frac{u_r(r,z)}{r} + \frac{\partial u_z(r,z)}{\partial z}\right) \\ &= \frac{2(1+\mu)}{(1-2\mu}\alpha\frac{\partial T}{\partial z}, \end{aligned} \tag{4.7.37}$$

an. Um praktische Probleme zu lösen, ist es dann aber doch meist notwendig, anstelle der Verschiebung $\vec{u}$ die Elemente des Spannungs- und Deformationstensors zu berechnen. Aber auch in diesem Fall muß man zuerst die Wärmeleitungsgleichung lösen, vgl. Abschnitt 4.8.

Noch komplizierter werden die Probleme der Elastizitätstheorie eines *visko-elastischen Mediums* [4.22]. In diesem treten plastische Fließvorgänge auf, insbesondere wenn durch starke Spannungen die Elastizitätsgrenze überschritten wird. Es nimmt dann ohne weitere Zunahme der Spannung die Deformation weiter zu.

4.8 Wärmeleitungs- und Diffusionsprobleme

Rand- und Anfangsbedingungen der Wärmeleitungsgleichung, Temperaturwellen, Ausbreitung von Wärme in Stab, Halbraum, Kugel, Zylinder und in Platten, Homogenisierung von Randbedingungen, Wärmepol und GREEN-Funktion, Wärmedämmung von Gebäuden und Solarenergie, thermoelastische Probleme, Theta-Funktionen, Diffusion von Molekülen und von Neutronen

Wärmeenergie kann auf vier verschiedene Arten transportiert werden: durch *Wärmestrahlung*, durch *Konvektion*, d.h. durch Transport heißer Materie, durch *Wärmeleitung* (in fester, flüssiger oder gasförmiger Materie, in der eine Temperaturdifferenz besteht) und durch *Wärmeübergang* an Grenzflächen, d.h. durch gleichzeitige Leitung und Konvektion. Der Wärmeinhalt Q eines Volumselementes $d\tau$ eines Körpers ist durch $Q = \rho c T d\tau$ gegeben, wobei ρ die Dichte, $T(x, y, z, t)$ die jeweilige örtliche Körpertemperatur und c die spezifische Wärme [J/(kg· grd)] ist. Nach der Erfahrung ist der Wärmestrom durch $\lambda\nabla T$ gegeben, wo λ [J/(mh grd)] die *Wärmeleitfähigkeit* bezeichnet. Da aus einem Gebiet G durch dessen Oberfläche F nur soviel thermische Energie hinausströmen kann, wie in G enthalten ist, muß

$$\frac{\partial}{\partial t}\int_G \rho c T(x,y,z,t) d\tau = \lambda \int_F \nabla T(x,y,z,t) d\vec{f}$$

gelten. Mit Hilfe des GAUSS-schen Satzes (1.4.4) erhält man daraus die *Wärmeleitungsgleichung*

$$\rho c \frac{\partial T(x,y,z,t)}{\partial t} = \nabla(\lambda \nabla T(x,y,z,t)) = \lambda \Delta T(x,y,z,t), \qquad (4.8.1)$$

wobei dies nur für $\lambda = const$ gilt, vgl. (3.4.12) Seite 113. Eine Temperaturabhängigkeit von λ führt zu einer nichtlinearen Gleichung, vgl. Abschnitt 6.1. Sind im Bereich G Wärmequellen $q(x, y, z, t)$ vorhanden, dann ist Gleichung (4.8.1) zu erweitern:

$$\frac{\partial T}{\partial t} = \frac{\lambda}{\rho c}\Delta T + \frac{q}{\rho c}. \qquad (4.8.2)$$

Der Ausdruck $\lambda/\rho c$ wird auch mit a abgekürzt und heißt *Temperaturleitfähigkeit*. Die Randbedingungen, denen allgemeine Lösungen von (4.8.1) zu unterwerfen sind, ergeben sich aus der jeweiligen physikalischen Situation: An der Oberfläche von Körpern wird entweder die Temperatur $T(x, y, z, t)$ (DIRICHLET-*Problem*) oder der Wärmezufluß $\lambda\nabla T(x, y, z, t)$ (NEUMANN-*Problem*) oder beides vorgegeben. Bei Konvektionsproblemen tritt eine gemischte Randbedingung der Art (3.1.5) auf (NEWTON'*sches Abkühlungsgesetz*):

$$\lambda \nabla T + \alpha(T - T_0) = 0, \qquad (4.8.3)$$

wo α die von Strömungsvorgängen abhängige *Wärmeübergangszahl* [J/(m^{2}h grd)] und T_0 die konstante Außentemperatur ist. Erfolgt die Abkühlung nicht durch Abtransport heißen Materials, sondern durch Abstrahlung, dann gilt nach dem STEFAN-BOLTZMANN-*Gesetz* $\alpha \approx 4\sigma T^3$ (σ Strahlungskonstante). Die parabolische Gleichung (4.8.2) kann nach Seite 85 nur für offene Ränder gelöst werden und benötigt, da sie bezüglich der Zeit nur von erster Ordnung ist, nur *eine Anfangsbedingung*, z.B.

$$T(x, y, z, 0) = f(x, y, z). \tag{4.8.4}$$

Ein sachgemäß gestelltes Anfangsrandwertproblem der eindimensionalen instationären Wärmeleitungsgleichung $\rho c T_t(x,t) = \lambda T_{xx}(x,t) + q(x)$ ist also z.B. durch $T(x,0) = \varphi(x)$, $T(a,t) = \psi_a(t)$, $T(b,t) = \psi_b(t)$ definiert, wobei dann noch die Verträglichkeitsbedingungen $\varphi(a) = \psi_a(0)$, $\varphi(b) = \psi_b(0)$ erfüllt sein müssen. Fehlen die Randbedingungen ψ_a, ψ_b, so ist die parabolische Wärmeleitungsgleichung nicht eindeutig lösbar und daher nicht wohldefiniert. Dem steht jedoch nicht entgegen, daß spezielle Lösungen existieren, vgl. (4.8.39).

Als erstes eindimensionales Beispiel behandeln wir das Eindringen der täglichen und jährlichen Temperaturschwankungen $T(x,t)$ in eine ebene, beidseits unendlich ausgedehnte Erdoberfläche, deren Eindringtiefe mit x bezeichnet wird. Da (4.8.1) homogen und linear ist und konstante Koeffizienten hat, können wir sowohl einen Separationsansatz $T(x,t) = g(x) \cdot f(t)$ als auch einen Exponentialansatz machen. Der Ansatz

$$T(x,t) = g(x) \exp i\omega t \tag{4.8.5}$$

liefert

$$g''(x) - \frac{i\omega}{a} g(x) = 0, \tag{4.8.6}$$

was durch $g(x) = A\exp(\alpha x)$ gelöst wird. Somit erhält man

$$T(x,t) = A\exp(-\sqrt{i\omega/a}\,x) \exp i\omega t. \tag{4.8.7}$$

Eine Superposition solcher Lösungen muß nun die folgenden Rand- und Anfangsbedingungen befriedigen:

an der Oberfläche $x = 0$:	$T(0,t) = f(t)$ (periodisch),
zur Zeit $t = 0$:	$T(x,0) = T_0$ oder $G(x)$.

Da mittels $\exp(i\alpha) = \cos\alpha + i\sin\alpha$ für $\alpha = \pi/2$ leicht $\sqrt{i} = (1+i)/\sqrt{2}$ gezeigt werden kann, bringt man (4.8.7) auf die Form

$$T(x,t) = A\exp(-\sqrt{\omega/2a}\,x) \exp(i\omega(t - x/\sqrt{2a\omega})). \tag{4.8.8}$$

Diese Lösung beschreibt somit eine gedämpfte in die Erde eindringende *Temperaturwelle.* Tagungsschwankungen (ω groß) haben große, Jahresschwankungen besitzen kleinere Dämpfung und dringen daher tiefer ein. Die Phasengeschwindigkeit $c_{Ph} = \sqrt{2a\omega}$ ist von der Frequenz ω abhängig, es liegt somit *Dispersion* vor. Um die Randbedingung zu befriedigen, schreiben wir $T(0,t) = A\cos\omega t + B\sin\omega t$ und entwickeln $f(t)$ in eine FOURIER-Reihe. Ebenso kann man mit $G(x)$ verfahren. Aus der Temperaturleitfähigkeit von Erde ($a \approx 2 \cdot 10^{-3} \mathrm{cm}^{-2} \mathrm{s}^{-1}$) kann man abschätzen, daß die Mittagstemperatur eines Tages bis zur Mitternacht ca 20 cm in den Boden eingedrungen ist und daß sich im Winter die Sommertemperaturen in einigen Metern Tiefe befinden. Für die Frage, wie tief man Wasserleitungen eingraben soll (ca 1.20 m), damit sie im Winter nicht einfrieren, hat dies praktische Bedeutung.

Um die Ausbreitung der Wärme in einem am Mantel wärmeisolierten ($\partial T/\partial n = 0$) *Stab* der Länge l zu berechnen, an dessen Enden zeitliche Temperaturverläufe vorgegeben sind, lösen wir die eindimensionale Wärmeleitungsgleichung $T_t = aT_{xx}$ wieder mit dem gleichen Separationsansatz $g(x)f(t)$ und erhalten nach Variablentrennung durch die Separationskonstante $-k^2$ die zwei Gleichungen

$$g''(x) + k^2 g(x) = 0, \qquad g(x) = A \sin kx + C \cos kx, \tag{4.8.9}$$

$$f'(t) + ak^2 f(t) = 0, \qquad f(t) = B \exp(-ak^2 t), \tag{4.8.10}$$

die nun mit den Bedingungen

$$T(0,t) = T_1(t), \tag{4.8.11}$$

$$T(l,t) = T_2(t), \tag{4.8.12}$$

$$T(x,0) = G(x) \tag{4.8.13}$$

zu lösen sind. Die Methode der Separation hat sich bisher bei homogenen Randbedingungen bewährt, vgl. die Abschnitte 4.4 bis 4.6. Wir wollen daher gemäß den Ausführungen Seiten 51 und 123 die inhomogenen Randbedingungen (4.8.11), (4.8.12) *homogenisieren*. Zu diesem Zweck setzen wir

$$v(x,t) = T(x,t) - T_1(t) - [T_2(t) - T_1(t)]\, x/l, \tag{4.8.14}$$

so daß die Randbedingungen für die Hilfsfunktion $v(x,t)$ homogen werden:

$$v(0,t) = T(0,t) - T_1(t) = 0, \quad v(l,t) = 0. \tag{4.8.15}$$

Einsetzen von $T(x,t)$ aus (4.8.14) in die eindimensionale Wärmeleitungsgleichung liefert die nun inhomogene Differentialgleichungen für $v(x,t)$

$$v_{xx}(x,t) = v_t + T_1'(t) + [T_2'(t) - T_1'(t)]\, x/l. \tag{4.8.16}$$

Aus der Anfangsbedingung (4.8.13) wird nun

$$v(x,0) = G(x) - T_1(0) - [T_2(0) - T_1(0)]\, x/l. \tag{4.8.17}$$

Der neue Separationsansatz $v(x,t) = \sum_\nu \varphi_\nu(x)\psi_\nu(t)$ zur Lösung der inhomogenen Differentialgleichung (4.8.16) liefert

$$\sum_{\nu=1}^{\infty} (\varphi_\nu''(x)\psi_\nu(t) - \varphi_\nu(x)\psi_\nu'(t)) = T_1'(t) + [T_2'(t) - T_1'(t)]\, x/l. \tag{4.8.18}$$

Da nun homogene Randbedingungen vorliegen, setzen wir in (4.8.9)

$$g(x) \to \varphi_\nu(x) = \sin\frac{\nu\pi x}{l}, \quad k_\nu = \frac{\nu\pi}{l}, \tag{4.8.19}$$

so daß (4.8.18) nun die Form

$$-\sum_{\nu=1}^{\infty}\varphi_\nu(x)\left[k_\nu^2\psi_\nu(t)+\psi_\nu'(t)\right] = T_1'(t) + \left[T_2'(t) - T_1'(t)\right]x/l$$

erhält. Dies stellt eine Entwicklung der rechts stehenden Funktion nach den orthogonalen $\varphi_\nu(x)$ dar, wobei die linke eckige Klammer die FOURIER-Koeffizienten darstellt:

$$\psi_\nu'(t) + k_\nu^2\psi_\nu(t) = -\frac{2}{l}\int_0^l \{T_1'(t) + [T_2'(t) - T_1'(t)]\,x/l\}\sin k_\nu x \mathrm{d}x. \tag{4.8.20}$$

Da die rechte Seite dieser Gleichung von den Randbedingungen (4.8.11), (4.8.12) her bekannt ist, stellt sie eine inhomogene lineare Differentialgleichung für $\psi_\nu(t)$ dar. Bevor wir sie auflösen, berücksichtigen wir noch die Anfangsbedingung (4.8.17) die nun in der Form

$$\begin{aligned} v(x,0) &= G(x) - T_1(0) - [T_2(0) - T_1(0)]\,x/l \\ &= \sum_{\nu=1}^{\infty}\varphi_\nu(x)\psi_\nu(0) \end{aligned} \tag{4.8.21}$$

anzuschreiben ist. Daraus lassen sich die $\psi_\nu(0)$ als FOURIER-Koeffizienten berechnen:

$$\psi_\nu(0) = \frac{2}{l}\int_0^l \sin(k_\nu x)v(x,0)\mathrm{d}x. \tag{4.8.22}$$

Damit lautet die Lösung der Differentialgleichung (4.8.20):

$$\begin{aligned} \psi_\nu(t) = \psi_\nu(0)\exp\left(-k_\nu^2 t\right) - \frac{2}{l}\int_0^t \exp\left[-k_\nu^2(t-\tau)\right]\mathrm{d}\tau\int_0^l \sin k_\nu x \\ \cdot\left[T_1'(t) + (T_2'(t) - T_1'(t))\right]x/l\mathrm{d}x. \end{aligned} \tag{4.8.23}$$

Mit Hilfe dieser Funktionen $\psi_\nu(t)$ kann man nun die Lösung des ursprünglichen Problems der Ausbreitung der Wärme in einem Stab anschreiben:

$$T(x,t) = T_1(t) + [T_2(t) - T_1(t)]\,x/l + \sum_{\nu=1}^{\infty}\psi_\nu(t)\sin\frac{\nu\pi x}{l}. \tag{4.8.24}$$

Falls der Mantel des Stabes nicht isoliert ist und daher Wärme an die Umgebung abgibt, kann dies in einer Randbedingung oder durch die Gleichung (4.8.2) in der Form

$$\frac{\partial T}{\partial t} = \frac{\lambda}{\rho c}\frac{\partial^2 T}{\partial x^2} - \frac{\alpha}{\rho c}T \tag{4.8.25}$$

erfaßt werden. Durch die Transformation $\tilde{T} = T\exp(-\alpha t/\rho c)$ erhält man wieder die alte Gleichung.

Wir behandeln nun einen einseitig unendlich langen Stab, d.h. bei eindimensionaler Betrachtungsweise einen Halbraum. Um $aT_{xx}(x,t) = T_t(x,t)$ für diesen Fall zu lösen, verwenden wir die Randbedingung (4.8.11) mit $T_1 = 0$ und geben für $x = l \to \infty$ nichts vor. Als Anfangsbedingung geben wir vor, daß der Halbraum zur Zeit $t = 0$ überall die konstante Anfangstemperatur T_0 haben möge. Wie wir durch Ausprobieren sehen werden, lassen diese Bedingungen eine *Ähnlichkeitslösung* zu, d.h. wir transformieren nach (3.4.13), Seite 114, auf

$$\eta = \frac{x}{2\sqrt{\tau}}, \quad \tau = \frac{\lambda}{\rho c}t = at. \tag{4.8.26}$$

Damit erhält man die gewöhnliche Differentialgleichung

$$\frac{\mathrm{d}^2T(\eta)}{\mathrm{d}\eta^2} = -2\eta\frac{\mathrm{d}T(\eta)}{\mathrm{d}\eta}, \tag{4.8.27}$$

die wir durch $T'(z) = u(z)$ lösen, $u = A\exp(-z^2)$, so daß

$$T(x,t) = T(\eta) = A\int_0^{-\eta}\exp(-\eta^2)\mathrm{d}\eta = A\frac{\sqrt{\pi}}{2}\Phi\left(\frac{x}{2}\sqrt{\frac{\rho c}{\lambda t}}\right) + B, \tag{4.8.28}$$

wobei Φ das Gauss-*Fehlerintegral* und A, B Integrationskonstante sind, die aus den Rand- und Anfangsbedingungen mit $\Phi(0) = 0$, $\Phi(\infty) = 1$ folgen:

$$\begin{aligned} T(0,t) &= T_1 = 0 \to B = 0, \\ T(x,0) &= T_0 = A\sqrt{\pi}/2 \quad \text{für} \quad x > 0. \end{aligned} \tag{4.8.29}$$

Auch der andere Ansatz $\eta = x^2/4\tau$ nach (3.4.13) führt zu einer sinnvollen Lösung mit bisher noch unbekannten Rand- und Anfangsbedingungen, die wir jedoch ausgehend von (4.8.9), (4.8.10) mit der Separationskonstanten k^2 in der Form

$$T(x,t) = A\exp(-ak^2t)\cos[k(x-\beta)] \tag{4.8.30}$$

ableiten wollen. Da die Wärmeleitungsgleichung linear ist und da die Integrationskonstanten A, β beliebig gewählt werden können, erweitern wir (4.8.30) durch Superposition zu

$$T(x,t) = \int_{-\infty}^{+\infty}\int_0^{\infty} A(\beta)\cos[k(x-\beta)]\exp(-ak^2t)\mathrm{d}\beta\mathrm{d}k. \tag{4.8.31}$$

Die hier auftretende willkürliche Funktion $A(\beta)$ soll nun so gewählt werden, daß die Anfangsbedingung (4.8.13) erfüllt wird, d.h. daß

$$G(x) = \int_{-\infty}^{+\infty} \int_{0}^{\infty} A(\beta) \cos[k(x-\beta)] \mathrm{d}\beta \mathrm{d}k \tag{4.8.32}$$

ist. Das ist eine FOURIER-*Integraldarstellung* von $G(x)$. Unter sehr weitgehenden Bedingungen läßt sich ja eine Funktion durch ein Integral der Art

$$G(x) = \frac{1}{\pi} \int_{-\infty}^{+\infty} \int_{0}^{\infty} G(\beta) \cos[k(x-\beta)] \mathrm{d}\beta \mathrm{d}k \tag{4.8.33}$$

darstellen. Durch Vergleich von (4.8.32) und (4.8.33) folgt

$$A(\beta) = \frac{1}{\pi} G(\beta). \tag{4.8.34}$$

Setzt man $A(\beta)$ aus (4.8.34) in (4.8.31) ein, so ergibt sich

$$T(x,t) = \frac{1}{\pi} \int_{-\infty}^{+\infty} \int_{0}^{\infty} G(\beta) \cos[k(x-\beta)] \exp(-ak^2 t) \mathrm{d}\beta \mathrm{d}k. \tag{4.8.35}$$

Die Integration über k gibt unter Verwendung der MOIVRE-*Formeln* für den cos

$$\begin{aligned} J &\equiv \frac{1}{2} \int_{0}^{\infty} [\exp(ikx - ik\beta) + \exp(-ikx + ik\beta)] \exp(-ak^2 t) \mathrm{d}k \\ &= \frac{1}{2} \exp[-(x-\beta)/4at] \left\{ \int_{0}^{\infty} \exp\left\{ -\left[k\sqrt{at} - \frac{i(x-\beta)}{2\sqrt{at}}\right]^3 \right\} \mathrm{d}k \right. \\ &\left. + \int_{0}^{\infty} \exp\left\{ -\left[k\sqrt{at} + \frac{i(x-\beta)}{2\sqrt{at}}\right] \right\} \mathrm{d}k \right\}. \end{aligned} \tag{4.8.36}$$

Unter Verwendung der Hilfsgrößen

$$\xi = k\sqrt{at} - \frac{i(x-\beta)}{2\sqrt{at}}, \qquad \eta = k\sqrt{at} + \frac{i(x-\beta)}{2\sqrt{at}} \tag{4.8.37}$$

kann man (4.8.36) umformen in

$$J = \frac{\sqrt{\pi}}{2\sqrt{at}} \exp[-(x-\beta)^2/4at], \tag{4.8.38}$$

da $\int_0^\infty \exp(-\xi^2)\mathrm{d}\xi = \sqrt{\pi}/2$ ist. Damit erhält man aus (4.8.35) als weitere Lösung der instationären eindimensionalen Wärmeleitungsgleichung

$$T(x,t) = \frac{1}{2\sqrt{a\pi t}} \int_{-\infty}^{+\infty} G(\beta) \exp\left[-(x-\beta)^2/4at\right] \mathrm{d}\beta. \tag{4.8.39}$$

Wir wenden dieses Ergebnis auf einige Beispiele an. Wenn die Temperatur zur Zeit $t = 0$ im ganzen Raum gleich Null und nur in einer sehr dünnen Schicht δ in der Nähe der Ebene $x = 0$ von Null verschieden und gleich T_0 ist, dann spricht man von einer Punktquelle oder einem *Wärmepol* an der Stelle $x = 0$. (Eleganter ist es, die DIRAC-*Deltafunktion* zu verwenden, siehe Seite 113.) Mit $G(\beta) = T_0$ ergibt (4.8.39) die Lösung

$$\begin{aligned} T(x,t) &= \frac{1}{2\sqrt{a\pi t}} \int\limits_{-\delta/2}^{+\delta/2} T_0 \exp[-(x-\beta)^2/4at] \mathrm{d}\beta \\ &= \frac{T_0\delta}{2\sqrt{a\pi t}} \exp(-x^2/4at). \end{aligned} \tag{4.8.40}$$

Die Abb. 32 zeigt, wie sich die Wärme mit wachsender Zeit im Körper ausbreitet und die Temperaturverteilung immer flacher wird. Die Funktion (4.8.40) kann

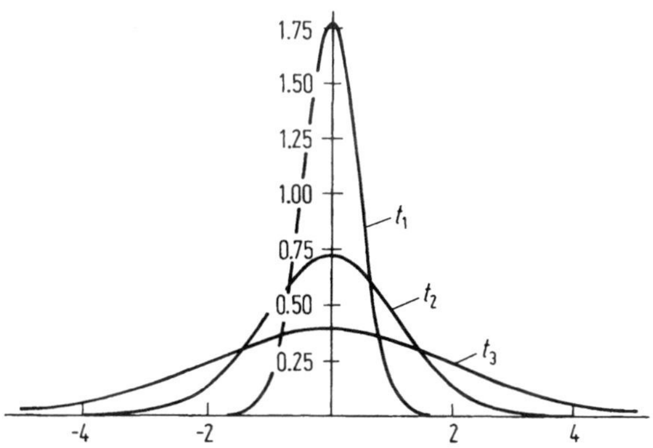

Abb. 32. Wärmepol ($t_3 > t_2 > t_1$)

auch als GREEN-*Funktion* der Wärmeleitungsgleichung angesprochen werden. Im zweidimensionalen Fall sind x^2 durch $r^2 = x^2 + y^2$ und $2\sqrt{a\pi t}$ durch $4a\pi t$ und im dreidimensionalen Fall sind x^2 durch $r^2 = x^2 + y^2 + z^2$ und $2\sqrt{a\pi t}$ durch $(4a\pi t)^{3/2}$ zu ersetzen. Auf diese Weise können Lösungen der Wärmeleitungsgleichung durch Überlagerung von Wärmequellen aufgebaut werden. Andererseits kann man natürlich auch immer mit Separationsansätzen zum Ziel kommen.

Der Leser wird eingeladen, zur Übung das Abkühlungsproblem einer zur Zeit $t = 0$ heißen Platte der Dicke l mit der Anfangstemperatur $T(x, 0) = f(x)$ zu lösen [20]. Mit den Randbedingungen der Konvektionskühlung (4.8.3), also

$$\lambda \frac{\partial T(0)}{\partial x} - \alpha T(0) = 0, \quad \lambda \frac{\partial T(l)}{\partial x} + \alpha T(l) = 0, \tag{4.8.41}$$

führt der Ansatz $T(x, t) = u(x)g(t)$ zur Lösung

$$\begin{aligned} T(x,t) = & 2\sum_{\nu=1}^{\infty} \exp(-ak_\nu^2 t) \\ & \cdot \left(\frac{(k_\nu\lambda}{\alpha}\cos k_\nu x + \sin k_\nu x\right) \Big/ \left[\left(\frac{k_\nu^2\lambda^2}{\alpha^2}+1\right)l + \frac{2\lambda}{\alpha}\right] \\ & \cdot \int_0^l f(x)\left(\frac{k_\nu\lambda}{\alpha}\cos k_\nu x + \sin k_\nu x\right) \mathrm{d}x, \end{aligned} \tag{4.8.42}$$

wobei die Eigenwerte k_ν durch die *Eigenwertgleichung*

$$\cot kl = \frac{1}{2}\left(\frac{k\lambda}{\alpha} - \frac{\alpha}{\lambda k}\right) \tag{4.8.43}$$

bestimmt werden. Liegt eine Platte der spezifischen Wärme c, der Dichte ρ und der Dicke $l = 2a$ so, daß ihre beiden Oberflächen bei $x = -a$ und $x = +a$ liegen und besitzen diese zur Zeit $t = 0$ die Temperatur null ($\lambda \to 0$), während die Platte selbst gleichmäßig T_0 hat, dann gilt [20, 25]

$$T(x,t) = \frac{4T_0}{\pi}\sum_{\nu=0}^{\infty}\frac{(-1)^\nu}{2\nu+1}\exp\left[-\left(\frac{2\nu+1}{2a}\pi\right)^2\frac{\lambda t}{c\rho}\right]\cos\left(\frac{2\nu+1}{2a}\pi x\right).$$

Wenn eine Platte an der Oberfläche $x = 0$ nach (4.8.3) Wärme verliert und an der Seite $x = l$ auf konstanter Temperatur T_0 gehalten wird, die sie auch zur Zeit $t = 0$ hatte, dann gilt [25]

$$\begin{aligned} & T(x,t) \\ & = T_0\left[\frac{\lambda+\alpha x}{\lambda+\alpha l} - 2\sum_{\nu=1}^{\infty}\frac{\cos k_\nu}{k_\nu - \frac{1}{2}\sin 2k_\nu}\exp(-k_\nu^2\lambda t/c\rho l^2)\sin\frac{k_\nu l - k_\nu x}{l}\right], \end{aligned}$$

wobei die k_ν die Wurzeln von $\tan k = -k\lambda/l\alpha$ sind.

Für den stationären, also zeitunabhängigen Wärmeverlust beipielsweise durch eine Hauswand kann man mit Hilfe des *Wärmedurchgangskoeffizienten* ("k-Wert") einen Ausdruck für den Wärmeverluststrom $I = Fk(T_1 - T_4)$ anschreiben. Sei T_1 die Rauminnentemperatur, T_2 die Temperatur an der Innenseite der Hauswand, T_3 an deren Außenseite und T_4 die Außentemperatur, dann gelten die folgenden Randbedingungen: Wärmeübergang an der Innenseite $\alpha_1(T_1 - T_2) = \lambda(T_2 - T_3)/d$, wo d die Wanddicke ist, und Wärmeübergang an der Außenseite $\lambda(T_2 - T_3)/d = \alpha_2(T_3 - T_4)$. Der k-Wert ist dann durch

$$\frac{1}{k} = \frac{1}{\alpha_1} + \frac{d}{\lambda} + \frac{1}{\alpha_2}$$

gegeben. Würde die Abkühlung nur durch Wärmestrahlung erfolgen, so wäre der Wärmefluß an der Oberfläche durch das STEFAN-BOLTZMANN-Strahlungsgesetz $e\sigma T^4$ gegeben, wobei σ die Strahlungskonstante $5.6697 \cdot 10^{-8} W/m^2\mathrm{K}^4$ und e das Emissionsvermögen des Wandmaterials ist.

Für die Abkühlung einer *Kugel* vom Radius R mit der Anfangsbedingung $T(r,0) = f(r)$ sowie der entsprechenden Randbedingung $(\lambda T_r + \alpha T)_{r=R} = 0$ für $t > 0$ erhält man entsprechend (wobei der k-Wert sich von der Separationskonstanten k unterscheidet!)

$$\tan kR = \frac{\lambda kR}{\lambda - R\alpha} \tag{4.8.44}$$

und die Lösung

$$T(r,t) = \frac{2}{R}\sum_{\nu=1}^{\infty} \exp(-ak_\nu^2 t)\frac{k_\nu^2 R^2 + (\alpha R/\lambda - 1)^2}{k_\nu^2 R^2 + \alpha R(\alpha R/\lambda - 1)/\lambda}\frac{\sin k_\nu r}{r} \cdot \int_0^R r f(r) \sin k_\nu r \mathrm{d}r. \tag{4.8.45}$$

Wird die Kugel jedoch dadurch abgekühlt, daß an ihrer Oberfläche die Temperatur auf Null gehalten wird ($\lambda \to 0$), dann gilt

$$T(r,t) = \frac{2}{Rr}\sum_{\nu=1}^{\infty} \exp(-\nu^2\pi^2 at/R^2) \sin\left(\frac{\nu\pi r}{R}\right) \int_0^R r f(r) \sin(\nu\pi r/R) \mathrm{d}r.$$

Ist jedoch die Anfangstemperatur $T(r,0) = T_0$, dann gilt mit (4.8.3) [25]

$$T(r,t) = \frac{2T_0 R}{r}\frac{\alpha R}{\lambda - \alpha R}\sum_{\nu=1}^{\infty} \cos k_\nu \frac{\sin(k_\nu r/R)}{k_\nu - \frac{1}{2}\sin^2 k_\nu} \exp\left(-k_\nu^2 t\lambda/c\rho R^2\right),$$

und die k_ν sind hier durch $\tan k = k\lambda/(\lambda - R\alpha)$ gegeben, vgl. mit (4.8.44), in dem eine andere Methode verwendet wurde, um die Argumente von sin dimensionslos zu machen.

Ist die Kugel außen mit einem Mantel aus Isoliermaterial umgeben, dann ist die für die Praxis der Wärmespeicherung wichtige Aufgabe schon recht kompliziert [4.26]. Leider wird daher oft eine Näherungslösung [4.23]

$$T(t) = T_a + (T_0 - T_a)\exp(-\alpha t)$$

verwendet, die bei Langzeitspeicherung von Wärme zu falschen Ergebnissen und unrealistischen wirtschaftlichen Schlußfolgerungen führt. T_0 ist die Anfangstemperatur des erwärmten Körpers, T_a die Außentemperatur und α ein vom Material und den Kugelabmessungen abhängiger Parameter. Schon nach einigen Wochen beträgt der Fehler der Näherungslösung 25 % [4.26]. Bei exakter Formulierung ist nämlich die Temperatur an der Oberfläche der Kugel vom Radius R, die mit einer sphärischen Isolierschicht der Dicke $b - R$ umgeben ist, nicht nur von den Abmessungen, sondern auch von den Dichten, spezifischen Wärmen und den Wärmeleitfähigkeiten der Kugel und des Isoliermaterials abhängig. CARSLAW [4.26, 4.45] gibt mit Hilfe der LAPLACE-*Transformation* die Lösung des Anfangs-

Randwertproblems

$$\begin{aligned}
&T_1(r=R)=T_2(r=R), && t>0,\\
&\lambda_1\frac{\partial T_1}{\partial r}=\lambda_2\frac{\partial T_2}{\partial r}, && r=R,\ t>0,\\
&T_2(r=b)=0,\ t>0, && T_1=T_0=T_2,\ t=0,
\end{aligned}$$

wobei sich der Index 1 auf die innere Kugel und der Index 2 auf die Isolierschale beziehen. Die Wärmeleitungsgleichungen für T_i, $i=1,2$, lauten $\partial T_i/\partial t = a_i\partial^2 T_i/\partial r^2$ für $t>0$, $0<r<R$ bzw. $R<r<b$. Die exakte Lösung ist

$$T_1=\frac{2bT_0}{r}\sum_{n=1}^{\infty}\frac{1}{F(\alpha_n)}\sin r\alpha_n\sin R\alpha_n\sin k(b-R)\alpha_n\exp\left(-a_1\alpha_n^2 t\right),$$

$$T_2=\frac{2bT_0}{r}\sum_{n=1}^{\infty}\frac{1}{F(\alpha_n)}\sin^2 R\alpha_n\sin k(b-R)\alpha_n\exp\left(-a_1\alpha_n^2 t\right),$$

wobei $k=\sqrt{a_1/a_2}$ und α_n die Wurzeln von $\lambda_2\{kR\alpha\cot(b-R)\alpha+1\}+\lambda_1\{R\alpha\cot R\alpha-1\}=0$ sind und $F(\alpha_n)$ gegeben ist durch

$$\begin{aligned}
F(\alpha_n)=&\sigma R\alpha_n\sin^2 k\alpha_n(b-R)+k(b-R)\alpha_n\sin^2 R\alpha_n\\
&+\frac{1-k\sigma}{kR\alpha_n}\sin^2 R\alpha_n\sin^2 k(b-R)\alpha_n
\end{aligned}$$

und $\sigma=\lambda_1/k\lambda_2$.

In zylindrischer Geometrie ist ein von JOULE-*Wärme* innen geheizter und nach außen durch Konvektion stetig Wärme abgebender unendlich langer Draht von Interesse. Nach (4.8.2) gilt im thermischen Gleichgewicht

$$\lambda\frac{1}{r}\frac{\mathrm{d}}{\mathrm{d}r}r\frac{\mathrm{d}T}{\mathrm{d}r}=\sigma E^2, \tag{4.8.46}$$

wo σ die elektrische Leitfähigkeit des Drahtes und E das angelegte elektrische Feld ist. Als Lösung erhält man

$$T=T_0-\frac{\sigma E^2}{4\lambda}r^2. \tag{4.8.47}$$

Analoge Probleme, gekoppelt mit Strömungsvorgängen, spielen bei Wärmeaustauschern und bei der Kühlung von Kernkraftwerken [4.25] eine wichtige Rolle. Viele weitere für die Praxis wichtige Beispiele findet man in [4.23].

Auch das Aufheizen von Kochgut durch elektrische Widerstände im Inneren von zylindrischen Töpfen kann mit (4.8.2) berechnet werden [20]. Es sei q die Dichte der zugeführten Wärme. Mit der Anfangsbedingung $T(r,0)=0$ und den Randbedingungen für ein an $z=0$ und $z=l$ isoliertes Gefäß

$$T(0,t)=\text{endlich},\qquad \left[\lambda\frac{\partial T(r,t)}{\partial r}+\alpha T(r,t)\right]_{r=R}=0 \tag{4.8.48}$$

sowie mit dem Ansatz

$$T(r,t) = T_1(r) + u(r)\exp\left(-ak^2 l\right)$$

für ein zylindrisches Gefäß vom Radius R und der Höhe l erhält man [20]

$$\begin{aligned} T(r,t) =& \frac{Rq}{2\alpha} + \frac{q}{4\lambda}\left(R^2 - r^2\right) \\ & - \frac{2R^2 q}{\lambda} \sum_{\nu=1}^{\infty} \frac{\mathrm{J}_0\left(\frac{k_\nu}{R} r\right) \exp\left(-a\frac{k_\nu^2}{R^2} t\right)}{k_\nu^3 \left[\frac{k_\nu \lambda}{\alpha} \mathrm{J}_0\left(k_\nu\right) + \mathrm{J}_1\left(k_\nu\right)\right]}, \end{aligned} \tag{4.8.49}$$

wobei die Werte der Separationskonstanten k_ν durch die Eigenwertgleichung

$$\alpha R \mathrm{J}_0(k) - k\lambda \mathrm{J}_1(k) = 0 \tag{4.8.50}$$

bestimmt werden. Für $t \to \infty$ strebt die Lösung (4.8.49) einer stationären Lösung der Form (4.8.47) zu. Üblicherweise erfolgt das Erhitzen eines Kochtopfes von unten, d.h. es gelten die folgenden Rand- und Anfangsbedingungen: für $0 \le r \le R$, $0 \le z \le l$ sei $T(r,z,0) = 0$ und $T(r,l,t) = T_0\, const$, wo $z = l$ die untere Bodenfläche darstellt. Am Zylindermantel sowie an der anderen Deckfläche wird man $T = 0$ annehmen. Man erhält dann [25]

$$\begin{aligned} T(r,z,t) =& T_0 \left[\frac{z}{l} + \frac{2}{\pi} \sum_{m=1}^{\infty} \frac{(-1)^m}{m} \frac{\mathrm{I}_0(m\pi r/l)}{\mathrm{I}_0(m\pi R/l)} \sin\left(\frac{m\pi z}{l}\right)\right. \\ & + 4\pi \sum_{m,n=1}^{\infty} \frac{(-1)^m m}{(m\pi)^2 + k_\nu^2 l^2/R^2} \\ & \left. \cdot \exp\left[-\left(m^2\pi^2 + k_n^2 l^2/R^2\right)\lambda t/c\rho l^2\right] \frac{\mathrm{J}_0\left(k_n r/R\right)}{k_n \mathrm{J}_1\left(k_n\right)} \sin(m\pi z/l)\right], \end{aligned}$$

wobei die k_n die Nullstellen von $\mathrm{J}_0(k) = 0$ sind. Die Lösung wurde durch Homogenisierung der Randbedingungen mittels $T = T_0 z/l + \tilde{T}$ abgeleitet. Wird ein Zylinder vom Radius R auf die Temperatur T_0 erhitzt und dann ab $t = 0$ durch Festhalten der Temperatur auf Null an seiner Oberfläche abgekühlt, dann gilt

$$T(r,t) = 2T_0 \sum_{n=1}^{\infty} \frac{\exp\left(-k_n^2 \lambda t/c\rho R^2\right)}{k_n \mathrm{J}_1(k_n)} \mathrm{J}_0\left(k_n r/R\right),$$

wobei die k_n bestimmt sind durch $\mathrm{J}_0(k) = 0$.

Auch die Temperatur des von *Solarkollektoren* durch Sonnenenergie aufgewärmten Wassers hängt von den Randbedingungen ab. Wenn auf einen Kollektor, idealisiert durch ein Blech, das zwei Röhren wärmeleitend verbindet, $I = 700\, W/\mathrm{m}^2$ einfallen, das Wasser in den Röhren $T_R = 30°\,\mathrm{C}$ erreichen soll, und die Umgebungstemperatur $T_0 = 10°\,\mathrm{C}$ beträgt, dann sind der Wärmeübergangskoeffizient $\alpha = 4\, W/\mathrm{m}^2\,\mathrm{K}$ und die Wärmeleitfähigkeit $\lambda = 400\, W/\mathrm{m\,K}$ maßgebliche Parameter. Der Röhrenabstand sei $2a = 0.08\,\mathrm{m}$, und die Dicke der Röhrenwand sei $d = 0.005$ m. In der y-Richtung sei der ebene Kollektor unendlich lang, in der x-Richtung erfolgt die Wärmeleitung im Blech der Breite $2a$. Dann lauten die Randbedingungen $T(x=0) = T(2a) = T_R$, $(\mathrm{d}T/\mathrm{d}x)_{x=0} = 0$, und für den Wärmestrom gilt $\lambda T''(x) - (\alpha/\mathrm{d})(T - T_0) + I/d = 0$. Nach Lösung der inhomogenen Gleichung zweiter Ordnung bestimmt man die zwei Integrationskonstanten aus den Randbedingungen und erhält die Lösung

$$T(x) = T_0 + \frac{I}{\alpha} + \left(T_R - T_0 - \frac{I}{\alpha}\right)\frac{\cosh\sqrt{\frac{\alpha}{\lambda d}}(a-x)}{\cosh\sqrt{\frac{\alpha}{\lambda d}}a},$$

die bei $x = a$ (Blechmitte) ein $T_{max} = 30.25°$ C besitzt.

Stationäre Lösungen $(\partial/\partial t = 0)$ treten unter anderem bei thermoelastischen Problemen auf, vgl. Seite 190. Da stationäre Lösungen der Gleichung $\Delta T = 0$ gehorchen, können alle in den Abschnitten 4.1, 4.2 und 4.3 angegebenen Lösungen auch auf Lösungen der stationären Wärmeleitungsgleichung umgeschrieben werden, vgl. Seite 154. Die stationäre Wärmeleitungsgleichung in Zylinderkoordinaten r, z ist z.B. aus (4.8.2) leicht zu gewinnen:

$$\frac{\partial^2 T(r,z)}{\partial r^2} + \frac{1}{r}\frac{\partial T(r,z)}{\partial r} + \frac{\partial^2 T(r,z)}{\partial z} = 0. \tag{4.8.51}$$

Für die Randbedingungen

$$\frac{\partial T(R,z)}{\partial r} = 0, \quad \lambda\frac{\partial T(0,r)}{\partial z} - \alpha T(0,r) = 0, \quad T(r,h) = f(r), \tag{4.8.52}$$

die sich auf eine Kreisplatte vom Radius R und der Dicke h beziehen, wird man den Ansatz [20]

$$\begin{aligned} T(r,z) =& B_0\left(\frac{\lambda}{\alpha} + z\right) \\ &+ \sum_{\nu=1}^{\infty} B_\nu\left(\frac{\lambda k_\nu}{\alpha R}\cosh\frac{k_\nu z}{R} + \sinh\frac{k_\nu z}{R}\right)\mathrm{J}_0\left(\frac{k_\nu r}{R}\right) \end{aligned} \tag{4.8.53}$$

machen. Damit kann man $f(r)$ nach diesen Funktionen entwickeln. Für $f(r) = T_0 = const$ ist die Lösung von r unabhängig und lautet

$$T(z) = \frac{T_0\alpha}{\lambda + \alpha h}\left(z + \frac{\lambda}{\alpha}\right). \tag{4.8.54}$$

Mit diesem Ausdruck (oder mit $T(r,z)$) kann man nun in (4.7.36), (4.7.37), Seite 190 eingehen und erhält dadurch eine Lösung des thermoelastischen Problems [20] und z.B. die Aussage, daß sich die Platte der Wärmeeinströmung entgegenwölbt. Für die Deformation u eines ungleichmäßig erwärmten Zylinders mit der vorgegebenen Temperaturverteilung $T(r)$ erhält man [4.20]

$$u(r) = \alpha\frac{1+\mu}{3(1-\mu)}\left[\frac{1}{r}\int_0^r T(r)\mathrm{d}r + (1-2\mu)\frac{r}{R^2}\int_0^R T(r)r\mathrm{d}r\right]. \tag{4.8.55}$$

α ist hier wie in (4.7.36) der Wärmeausdehnungskoeffizient.

Andere stationäre Lösungen findet man in den Abschnitten 4.1 – 4.3. In Zylindergeometrie geben wir folgende zwei Beispiele [25]. Es ist für einen Zylinder der Länge l und vom Radius R, dessen beide Enden auf der Temperatur Null gehalten werden und dessen Mantel die Temperatur T_0 hat, die Temperaturverteilung auszurechnen. Das Ergebnis wurde bereits in (4.1.79) gebracht. Sind jedoch die Zylinderenden nicht leitend und gilt am Mantel die Temperaturverteilung $T(R,z) = f(z)$, dann hat man

$$T(r,z) = \frac{1}{l}\int_0^l f(z)\mathrm{d}z + \frac{2}{l}\sum_{n=1}^{\infty}\frac{\mathrm{I}_0(n\pi r/l)}{\mathrm{I}_0(n\pi R/l)}\cos\left(\frac{n\pi z}{l}\right)\int_0^l f(z)\cos\frac{n\pi z}{l}\mathrm{d}z.$$

Man vergleiche dieses Ergebnis mit (4.1.77). Ist der Zylinder unendlich lang, gilt also $T_{rr} + T_r/r + T_{\varphi\varphi}/r^2 = 0$ für die stationäre Lösung und lautet die Randbedingung $T(r = R, \varphi) = T_0$ für $0 \le \varphi \le \pi$, dann hat man

$$T(r,\varphi) = \frac{T_0}{2} + 2T_0\sum_{n=1}^{\infty}\frac{1}{(2n-1)\pi}\left(\frac{r}{R}\right)^{2n-1}\sin(2n-1)\varphi, \quad n = 1,3,5.$$

Stellt man sich einen dünnen *Torus* vom großen Radius R als einen gekrümmten, in sich geschlossenen Stab der Länge $l = 2\pi R$ vor, so daß eine Temperaturverteilung $T(x)$ einschließlich aller ihrer Ableitungen eine in x mit der Periode l periodische Funktion ist, dann kann man die Toruskoordinaten (3.3.56) vermeiden und vom Ansatz (4.8.30) ausgehen. Durch Superposition kommt man dann zu FOURIER-*Reihen*darstellungen der *elliptischen Thetafunktionen* von JACOBI [24].

Die FICK-*Diffusionsgleichung* für die örtlich und zeitlich variable Konzentration $c(x,y,z,t)$ von in flüssigen oder gasförmigen Medien gelösten Stoffen

$$\frac{\partial c}{\partial t} = D\Delta c, \tag{4.8.56}$$

wo D der *Diffusionskoeffizient* ist, oder die *Neutronendiffusionsgleichung* für die Streuung an Fremdatomen [4.25]

$$\frac{\partial n}{\partial t} = D\Delta n + q, \tag{4.8.57}$$

wo $n(x,y,z,t)$ die lokale Neutronendichte und q ein durch Spaltprozesse des U 235 hervorgerufener Quellterm ist, sowie die FERMI-*Altersgleichung* für die Neutronenbremsung [4.25]

$$\frac{\partial \bar{q}}{\partial t} = \Delta\bar{q}, \tag{4.8.58}$$

wo $\bar{q}(x,y,z,t,E)$ die energieabhängige Bremsdichte ist, sind von der Form der

Wärmeleitungsgleichung, so daß deren Lösungen in die Lösungen von (4.8.56) – (4.8.58) direkt umgeschrieben werden können.

4.9 Randwertprobleme des Elektromagnetismus

Grundgleichungen, HERTZ- und FITZGERALD-Vektoren, komplexe Feldstärke, Resonatoren und Wellenleiter, Torusprobleme, Skineffekt, Abstrahlung, Reflexion von Radiowellen an der Erdoberfläche, WATSON- und HANKEL-Transformation, Integralansätze

Die elektromagnetischen Erscheinungen werden durch die MAXWELL-*Gleichungen* beschrieben, die wegen ihres Vektorcharakters und der gegenseitigen Kopplung zu Randwertproblemen führen, die etwas schwieriger sind als die bisher behandelten. In den Lehrbüchern der Elektrodynamik [4.8, 4.10 – 4.13, 4.33 – 4.35, 4.39] werden die Gleichungen im SI-Maßsystem wie folgt angeschrieben:

$$\operatorname{rot}\vec{H} = \frac{\partial \vec{D}}{\partial t} + \vec{j}, \qquad \vec{D} = \varepsilon\varepsilon_0\vec{E}, \tag{4.9.1}$$

$$\operatorname{rot}\vec{E} = -\frac{\partial \vec{B}}{\partial t}, \qquad \vec{B} = \mu\mu_0\vec{H}, \tag{4.9.2}$$

$$\operatorname{div}\vec{D} = \rho, \qquad \operatorname{div}\left(\varepsilon\varepsilon_0\vec{E}\right) = \rho, \tag{4.9.3}$$

$$\operatorname{div}\vec{B} = 0, \qquad \operatorname{div}\vec{H} = 0, \tag{4.9.4}$$

$$\vec{j} = \sigma\vec{E}. \tag{4.9.5}$$

Die Feldkonstanten $\varepsilon_0 = 0.885\,418\,5{\cdot}10^{-11}$ As/Vm und $\mu_0 = 1.256\,637{\cdot}10^{-6}$ Vs/Am rühren vom SI-Maßsystem her. Die vektoriellen Differentialoperatoren rot und div wurden im Abschnitt 3.3, Seite 105, besprochen. $\vec{H}$ ist die *magnetische Feldstärke* (gelegentlich auch *magnetische Erregung* genannt), die in der SI-Einheit Ampere pro Meter (A/m) gemessen wird. $\vec{D}$ ist die *elektrische Erregung* (*elektrische Verschiebung*), (As/m^2 oder Coulomb/m^2), $\vec{j}$ die *Stromdichte* in Leitern (A/m^2). $\vec{E}$ ist das *elektrische Feld* (V/m), $\vec{B}$ die *magnetische Induktion* (*magnetische Flußdichte* oder *Magnetfeld*) (Vs/m^2 = Weber/m^2) und ρ die räumliche *elektrische Ladungsdichte*. σ ist die *elektrische Leitfähigkeit*, ε die *Dielektrizitätskonstante* und μ die *magnetische Permeabilität*, die wir vorläufig beide als konstant annehmen.

Aus den Gleichungen (4.9.1) – (4.9.2) lassen sich auch die Randbedingungen für das elektromagnetische Feld ableiten (vgl. z.B. [4.35]), die je nachdem, ob die Oberfläche (der Rand) eines Körpers elektrisch leitend oder isolierend ist, verschieden aussehen [4.34]. Wir bezeichnen hierbei zum Rand tangentiale Komponenten mit dem Index t und Normalkomponenten mit n. Ziffern beziehen sich auf die zwei durch den Rand getrennten Gebiete. Es ergibt sich

$$E_{t1} = E_{t2}, \tag{4.9.6}$$

$$D_{n1} - D_{22} = \sigma_w = \varepsilon_1 E_{n1} - \varepsilon_2 E_{n2}, \tag{4.9.7}$$

$$B_{n1} = B_{n2} = \mu_1 H_{n1} = \mu_2 H_{n2}, \tag{4.9.8}$$

$$H_{t1} = H_{t2} \tag{4.9.9}$$

$$j_{n1} - j_{n2} = \frac{\partial \sigma_w}{\partial n}, \tag{4.9.10}$$

$$D_{t2}\varepsilon_1 = D_{t1}\varepsilon_2, \tag{4.9.11}$$

$$B_{t2}\mu_1 - B_{t1}\mu_2 = \mu_1\mu_2 j_F. \tag{4.9.12}$$

Für einen Leiter mit unendlich großer Leitfähigkeit gilt $E_t = 0$, $B_n = 0$, $H_{t2} - H_{t1} = j_F$. σ_w ist die *Flächendichte* der wahren elektrischen Ladung an der Oberfläche, und j_F ist eine (sehr dünne) *Oberflächenstromdichte.*

Es ist auch üblich und nützlich, die *elektromagnetischen Potentiale* $\vec{A}, U$ einzuführen. Aus (4.9.4) folgt ja sofort der Ansatz

$$\vec{B} = \operatorname{rot} \vec{A}. \tag{4.9.13}$$

Setzt man dies in (4.9.2) ein, so erhält man

$$\operatorname{rot}\left(\vec{E} + \frac{\partial \vec{A}}{\partial t}\right) = 0.$$

Da die Rotation eines durch einen Gradienten darstellbaren Vektors verschwindet, können wir weiter den Ansatz machen:

$$\vec{E} = -\nabla U - \frac{\partial \vec{A}}{\partial t}. \tag{4.9.14}$$

Multipliziert man (4.9.1) mit $\mu_0\mu$ und setzt (4.9.13), (4.9.14) ein, so erhält man

$$\begin{aligned} &\operatorname{rot}\operatorname{rot} \vec{A} + \mu\mu_0\varepsilon\varepsilon_0 \frac{\partial^2 \vec{A}}{\partial t^2} + \mu\mu_0\varepsilon\varepsilon_0 \operatorname{grad} \frac{\partial U}{\partial t} \\ &= \operatorname{grad} \operatorname{div} \vec{A} - \Delta \vec{A} + \mu\mu_0\varepsilon\varepsilon_0 \frac{\partial^2 \vec{A}}{\partial t^2} + \mu\mu_0\varepsilon\varepsilon_0 \frac{\partial}{\partial t} \operatorname{grad} U = \mu\mu_0 j \end{aligned} \tag{4.9.15}$$

und analog aus (4.9.3) wegen div grad= Δ

$$\Delta U + \operatorname{div} \frac{\partial \vec{A}}{\partial t} = -\frac{\rho}{\varepsilon\varepsilon_0}. \tag{4.9.16}$$

Wie man sich leicht überzeugt [4.10], sind $\vec{A}$ und U auch dann noch Lösungen von (4.9.15) und (4.9.16), wenn man sie der LORENTZ-*Eichung*

$$\frac{1}{c^2}\frac{\partial U}{\partial t} + \operatorname{div} \vec{A} = 0 \tag{4.9.17}$$

unterwirft. Dann aber gelten folgende inhomogene Wellengleichungen für die elektromagnetischen Potentiale:

$$\Delta\vec{A} - \frac{1}{c^2}\frac{\partial^2\vec{A}}{\partial t^2} = -\mu\mu_0\vec{j}, \tag{4.9.18}$$

$$\Delta U - \frac{1}{c^2}\frac{\partial^2 U}{\partial t^2} = -\frac{q}{\varepsilon\varepsilon_0}. \tag{4.9.19}$$

Üblicherweise schreibt man statt $\mu\mu_0\varepsilon\varepsilon_0 = 1/c^2$, wo c die Phasengeschwindigkeit elektromagnetischer Wellen (*Lichtgeschwindigkeit*) in dem durch $\varepsilon\mu$ charakterisierten Medium (MAXWELL-*Relation*) ist. Diese zwei partiellen Differentialgleichungen zweiter Ordnung sind leichter zu lösen als das System (4.9.1) – (4.9.4). Übt man die Operation div auf (4.9.1) aus, so erhält man mit (4.9.3) den Satz von der *Erhaltung der elektrischen Ladung*

$$\frac{\partial\rho}{\partial t} = \operatorname{div}\vec{j} = 0. \tag{4.9.20}$$

Die Gleichungen (4.9.18), (4.9.19) benötigen noch immer vier skalare Größen, die drei Vektorkomponenten von $\vec{A}$ und U, um das elektromagnetische Feld zu beschreiben. Durch Einführung des HERTZ-*Vektors* $\vec{Z}$ gelingt es, das MAXWELL-Feld durch eine vektorielle Feldfunktion zu beschreiben, die keiner weiteren Nebenbedingung genügt, und mit der LORENTZ-Eichung verträglich ist. Man setzt üblicherweise als Definition für $\vec{Z}$

$$\frac{\partial\vec{Z}}{\partial t} = c^2\vec{A}, \quad \operatorname{div}\vec{Z} = -U \tag{4.9.21}$$

und erhält dann aus (4.9.13), (4.9.14)

$$\begin{aligned} \vec{B} &= \frac{1}{c^2}\operatorname{rot}\frac{\partial\vec{Z}}{\partial t}, \\ \vec{E} &= -\frac{1}{c^2}\frac{\partial^2\vec{Z}}{\partial t^2} + \operatorname{grad}\operatorname{div}\vec{Z}. \end{aligned} \tag{4.9.22}$$

Setzt man U und $\vec{A}$ aus (4.9.21) in (4.9.18) und (4.9.19) ein, so ergibt sich

$$\begin{aligned} \frac{1}{c^2}\frac{\partial}{\partial t}\left[\Delta\vec{Z} - \frac{1}{c^2}\frac{\partial^2\vec{Z}}{\partial t^2}\right] &= -\mu\mu_0\vec{j}, \\ \operatorname{div}\left[\Delta\vec{Z} - \frac{1}{c^2}\frac{\partial^2\vec{Z}}{\partial t^2}\right] &= \frac{\rho}{\varepsilon\varepsilon_0}. \end{aligned} \tag{4.9.23}$$

$\vec{Z}$ kann man über $\vec{A}$ nach (4.9.18) und (4.9.21) aus $\vec{j}$ berechnen. Akzeptiert man die Einschränkung, daß auch der HERTZ-Vektor der Wellengleichung genügt, so erhält man für strom- und ladungsfreie Räume

$$\begin{aligned} \Delta\vec{Z} &= \frac{1}{c^2}\frac{\partial^2\vec{Z}}{\partial t^2}, \\ \Delta\vec{Z} - \sigma\mu\frac{\partial\vec{Z}}{\partial t} &= \frac{1}{c^2}\frac{\partial^2\vec{Z}}{\partial t^2}, \end{aligned} \tag{4.9.24}$$

wobei die zweite Formel für ein leitendes Medium gilt. Analoge Ergebniss erhält man mit dem FITZGERALD-*Vektor* $\vec{G}$, der durch

$$\vec{E} = -\frac{1}{c^2}\mathrm{rot}\,\frac{\partial\vec{G}}{\partial t}, \quad \vec{B} = -\frac{1}{c^2}\frac{\partial^2\vec{G}}{\partial t^2} + \mathrm{grad}\;\mathrm{div}\,\vec{G} \tag{4.9.25}$$

definiert wird. Er gehorcht ebenfalls der Wellengleichung (4.9.24). Eine allgemeine Lösung der MAXWELL-Gleichungen ist dann

$$\begin{aligned} \vec{E} &= -\frac{1}{c^2}\mathrm{rot}\,\frac{\partial\vec{G}}{\partial t} - \frac{1}{c^2}\frac{\partial^2\vec{Z}}{\partial t^2} + \mathrm{grad}\;\mathrm{div}\,\vec{Z}, \\ \vec{B} &= \frac{1}{c^2}\mathrm{rot}\,\frac{\partial\vec{Z}}{\partial t} - \frac{1}{c^2}\frac{\partial^2\vec{G}}{\partial t^2} + \mathrm{grad}\;\mathrm{div}\,\vec{G}. \end{aligned} \tag{4.9.26}$$

Andererseits kann man auch aus den MAXWELL-Gleichungen Wellengleichungen für die zwei Felder $\vec{E}$ und $\vec{B}$ ableiten. rot angewendet auf (4.9.2) und $\mu\mu_0\frac{\partial}{\partial t}$ angewendet auf (4.9.1) liefert mit (4.9.3)

$$\Delta\vec{E} - \frac{1}{c^2}\frac{\partial^2\vec{E}}{\partial t^2} = \mathrm{grad}\,\frac{\rho}{\varepsilon\varepsilon_0} + \mu\mu_0\frac{\partial\vec{j}}{\partial t}, \tag{4.9.27}$$

und analog

$$\Delta\vec{B} - \frac{1}{c^2}\frac{\partial^2\vec{B}}{\partial t^2} = -\mu\mu_0\,\mathrm{rot}\,\vec{j}. \tag{4.9.28}$$

Durch Zusammenfassung [4.34, 4.36] von $\vec{E}$ und $\vec{B}$ zu einem komplexen elektromagnetischen Feld $\vec{F}$ durch

$$\vec{F} = \vec{E} - ic\vec{B} \tag{4.9.29}$$

erhält man aus (4.9.1), (4.9.2)

$$\mathrm{rot}\,\vec{F} = \frac{-i}{c}\frac{\partial\vec{F}}{\partial t} - ic\mu\mu_0\vec{j}, \tag{4.9.30}$$

und aus (4.9.3), (4.9.4) ergibt sich

$$\mathrm{div}\,\vec{F} = \rho/\varepsilon\varepsilon_0. \tag{4.9.31}$$

Anwendungen des Operators rot und später von $\partial/\partial t$ auf (4.9.30) gibt mit (4.9.30), (4.9.31)

$$\Delta\vec{F} - \frac{1}{c^2}\frac{\partial^2\vec{F}}{\partial t^2} = \frac{\mathrm{grad}\,\rho}{\varepsilon\varepsilon_0} + \mu\mu_0\frac{\partial\vec{j}}{\partial t} + ic\mu\mu_0\mathrm{rot}\,\vec{j}. \tag{4.9.32}$$

Bei gewissen Rechnungen ist diese Form der vektoriellen Wellengleichung für das komplexe elektromagnetische Feld $\vec{F}$ von Vorteil gegenüber (4.9.27), (4.9.28).

Die elektromagnetischen Randwertprobleme kann man grob (und nicht vollständig) einteilen in

1. Wellen in Hohlkörpern (*Resonatoren*) und in *Wellenleitern*,
2. Wellen längs Drähten,
3. Abstrahlung von Wellen,
4. Wechselwirkung von Wellen mit Hindernissen: Brechung – Reflexion – Streuung – Beugung.

Probleme mit Resonatoren sind relativ einfach zu lösen. Vor allem sind Probleme in cartesischen Koordinaten mit cartesischen Komponenten einfach, da dann der vektorielle LAPLACE-Operator für die l-te Komponente ($l = x, y, z$) die Form $(\Delta\,\vec{E})_l = \Delta\,E_l$ annimmt. Enthält ein quaderförmiger aus guten Leiterflächen gebildeter Hohlraum weder Ladung ρ noch einen Leitungsstrom $\vec{j}$ im Inneren und nimmt man, was in der Elektrodynamik fast immer möglich ist, eine periodische Zeitabhängigkeit $\sim \exp(i\omega t)$ an, so erhält man aus (4.9.27) für die l-te cartesische Komponente $E_x(x,y,z)$, $E_y(x,y,z)$, $E_z(x,y,z)$

$$\frac{\partial^2 E_l(x,y,z)}{\partial x^2} + \frac{\partial^2 E_l(x,y,z)}{\partial y^2} + \frac{\partial^2 E_l(x,y,z)}{\partial z^2} + k^2 E_l(x,y,z) = 0, \quad (4.9.33)$$

wobei $k = \omega/c$ die *Wellenzahl* bedeutet. Hat der Quader die Abmessungen a, b, d, so folgen mit Hinblick auf $E_t = 0$ nach (4.9.6) die Lösungen

$$E_x(x,y,z) = E_x^0 \cos\frac{m\pi}{a}x \sin\frac{n\pi}{b}y \sin\frac{p\pi}{d}z, \quad m = 0,1,\ldots, \quad (4.9.34)$$

$$E_y(x,y,z) = E_y^0 \sin\frac{m\pi}{a}x \cos\frac{n\pi}{b}y \sin\frac{p\pi}{d}z, \quad n = 0,1,\ldots, \quad (4.9.35)$$

$$E_z(x,y,z) = E_z^0 \sin\frac{m\pi}{a}x \sin\frac{n\pi}{b}y \cos\frac{p\pi}{d}z, \quad p = 0,1,\ldots, \quad (4.9.36)$$

wobei die E_l^0 konstante Feldstärkenamplituden sind. Diese Lösung erfüllt die folgenden Randbedingungen, vgl. Abb. 33.

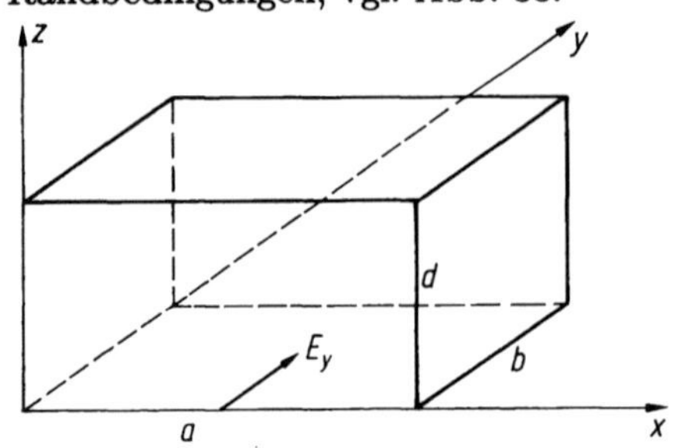

Abb. 33. Quaderförmiger Hohlraumresonator

In der x, z-Ebene, beschrieben durch $y = 0$, müssen die Tangentialkomponenten $E_x(x, 0, z)$ und $E_z(x, 0, z)$ verschwinden, und es darf nur die Normalkomponente $E_y(x, 0, z)$ von Null verschieden sein. Entsprechendes gilt für die Ebenen $x = 0$ und $z = 0$. Genau diese Randbedingungen werden von den Lösungen (4.9.34) - (4.9.36) erfüllt. Setzt man letztere in (4.9.33) ein, so erhält man die *Eigenwertgleichung* des Resonators für die Frequenz ω

$$\frac{\omega^2}{c^2} = k^2 = \pi^2 \left(\frac{m^2}{a^2} + \frac{n^2}{b^2} + \frac{p^2}{d^2} \right). \tag{4.9.37}$$

Gewisse Lösungen der Wellengleichung (4.9.33) beschreiben *longitudinale* elektromagnetische Wellen ($\vec{E}$ liegt in der Fortpflanzungsrichtung), die der Erfahrung nach nur in ladungserfüllten Räumen $\rho \neq 0$ vorkommen (Plasmen, Festkörper, Elektrolyte). Diese Lösungen müssen daher durch die Nebenbedingung (4.9.3) ausgeschlossen werden. Mit $\varepsilon = \mu = 1$ für Vakuum oder Luft erhält man aus (4.9.3) für $\rho = 0$ die Nebenbedingung $\operatorname{div} \vec{E} = \partial E_x/\partial x + \partial E_y/\partial y + \partial E_z/\partial z = 0$. Setzt man die Lösungen ein, so erhält man für jede Wahl von m, n, p

$$E_x^0 \frac{m\pi}{a} + E_y^0 \frac{n\pi}{b} + E_z^0 \frac{p}{d} = 0, \tag{4.9.38}$$

d.h. es existieren also im Quader nur zwei voneinander unabhängige Vektoren $\vec{E}_l^0$, also nur zwei z.B. *transversale Polarisationsrichtungen.* Longitudinale elektromagnetische Wellen, wie sie im Festkörper oder in Plasmen auftreten, werden in Luft und nichtelektrolytischen Flüssigkeiten durch $\operatorname{div} \vec{E} = 0$ unterdrückt. Die Berechnung der Eigenfrequenz *zylindrischer Hohlraumresonatoren* ist wegen der Komponentenkopplung schon schwieriger. Schreibt man beispielsweise (4.9.27) wieder für eine Zeitabhängigkeit $\exp(i\omega t)$ für den Hohlraum ($\rho = 0$, $\vec{j} = 0$) in Zylinderkoordinaten r, z, φ an, so erhält man [2.3] nach (3.3.57) für die ebenfalls in Zylinderkoordinaten angeschriebenen Komponenten des elektrischen Feldes aus der vektoriellen HELMHOLTZ-Gleichung für die von r, z, φ abhängigen Größen

$$\begin{aligned}
\left(\Delta \vec{E}\right)_r &\equiv \frac{\partial^2 E_r}{\partial r^2} + \frac{1}{r}\frac{\partial E_r}{\partial r} + \frac{1}{r^2}\frac{\partial^2 E_r}{\partial \varphi^2} + \frac{\partial^2 E_r}{\partial z^2} - \frac{2}{r^2}\frac{\partial E_\varphi}{\partial \varphi} - \frac{E_r}{r^2} = -k^2 E_r, \\
\left(\Delta \vec{E}\right)_z &\equiv \frac{\partial^2 E_z}{\partial r^2} + \frac{1}{r}\frac{\partial E_z}{\partial r} + \frac{1}{r^2}\frac{\partial^2 E_z}{\partial \varphi^2} + \frac{\partial^2 E_z}{\partial z^2} \equiv \Delta E_z = -k^2 E_z, \\
\left(\Delta \vec{E}\right)_\varphi &\equiv \frac{\partial^2 E_\varphi}{\partial r^2} + \frac{1}{r}\frac{\partial E_\varphi}{\partial r} + \frac{1}{r^2}\frac{\partial^2 E_\varphi}{\partial \varphi^2} + \frac{\partial^2 E_\varphi}{\partial z^2} + \frac{2}{r^2}\frac{\partial E_r}{\partial \varphi} - \frac{E_\varphi}{r^2} = -k^2 E_\varphi.
\end{aligned} \tag{4.9.39}$$

Diese Kopplung macht es schwierig, die vektorielle HELMHOLTZ-Gleichung in anderen als cartesischen Koordinaten zu lösen. Während wir auf HERTZ- und FITZGERALD-Vektoren später zurückkommen werden, sollen hier andere Wege beschritten werden. Da der zylindrische Resonator eine endliche Höhe h haben soll, verlangen die Randbedingungen an seinen Enden $z = 0$ und $z = h$, daß die Tangentialkomponenten dort verschwinden, d.h. die z-Abhängigkeit aller Komponenten muß durch $\sin p\pi z/h$ bzw. $\cos \frac{2p+1}{2h}\pi z$ gegeben sein, so daß man die z-Abhängigkeit für alle Komponenten in allen drei Gleichungen (4.9.39) absepararieren kann. Definiert man einen zur z-Achse senkrechten *transversalen* LAPLACE-Operator $\Delta_t = \Delta - \partial^2/\partial z^2$, so kann man (4.9.39) schreiben

$$\Delta_t \vec{E} + \left(k^2 - p^2\pi^2/h\right)\vec{E} = 0. \tag{4.9.40}$$

Zweckmäßig ist weiter die Aufspaltung des elektrischen (und des magnetischen) Feldes in eine longitudinale Komponente $\vec{E}_z$ und eine transversale Komponente $\vec{E}_t$. Diese ist am Rand $z = 0$, $z = h$ tangential und muß dort verschwinden.

Um jedoch die Rechnungen für zylindrische Gebilde beliebigen Querschnitts und sowohl für allseits geschlossene Gebiete (*Resonatoren*) als auch für offene oder unendlich lange Zylinder (*Wellenleiter*) gleichzeitig durchführen zu können, gehen wir wie folgt vor. Wir schreiben für $\vec{j} = 0$ unter Verwendung von (3.3.36) – (3.3.38) die MAXWELL-Gleichungen (4.9.1), (4.9.2) unter Annahme einer Zeitabhängigkeit $\exp(i\omega t)$ und einer Abhängigkeit $\exp(i\gamma z)$ längs der Zylinderachse für allgemeine Zylinderkoordinaten $q_1, q_2, q_3 = z, g_{33} = 1, g_{11}, g_{22}$ unabhängig von z, an:

$$\frac{1}{\sqrt{g_{22}}}\frac{\partial B_z}{\partial q_2} - i\gamma B_2 = \frac{i\omega}{c^2}E_1, \tag{4.9.41}$$

$$i\gamma B_1 - \frac{1}{\sqrt{g_{11}}}\frac{\partial B_z}{\partial q_1} = \frac{i\omega}{c^2}E_2, \tag{4.9.42}$$

$$\frac{1}{\sqrt{g_{11}}}\frac{\partial B_2}{\partial q_1} - \frac{1}{\sqrt{g_{22}}}\frac{\partial B_1}{\partial q_2} = \frac{i\omega}{c^2}E_z, \tag{4.9.43}$$

$$\frac{1}{\sqrt{g_{22}}}\frac{\partial E_z}{\partial q_2} - i\gamma E_2 = -i\omega B_1, \tag{4.9.44}$$

$$i\gamma E_1 - \frac{1}{\sqrt{g_{11}}}\frac{\partial E_z}{\partial q_1} = -i\omega B_2, \tag{4.9.45}$$

$$\frac{1}{\sqrt{g_{11}}}\frac{\partial E_2}{\partial q_1} - \frac{1}{\sqrt{g_{22}}}\frac{\partial E_1}{\partial q_2} = -i\omega B_z. \tag{4.9.46}$$

Wir können nun aus (4.9.42) $E_2(q_1, q_2)$ durch $B_1(q_1, q_2)$ und $B_z(q_1, q_2)$ ausdrücken und in (4.9.44) einsetzen etc. Dann erhält man die FOCK-*Gleichungen*:

$$\begin{aligned} B_1(q_1,q_2) &= \frac{i}{\omega^2-\gamma^2c^2}\left(\frac{\omega}{\sqrt{g_{22}}}\frac{\partial E_z}{\partial q_2} + \frac{\gamma c^2}{\sqrt{g_{11}}}\frac{\partial B_z}{\partial q_1}\right), \\ B_2(q_1,q_2) &= \frac{i}{\omega^2-\gamma^2c^2}\left(-\frac{\omega}{\sqrt{g_{11}}}\frac{\partial E_z}{\partial q_1} + \frac{\gamma c^2}{\sqrt{g_{22}}}\frac{\partial B_z}{\partial q_2}\right), \end{aligned} \tag{4.9.47}$$

$$\begin{aligned} E_1(q_1,q_2) &= \frac{-ic^2}{\omega^2-\gamma^2c^2}\left(\frac{\omega}{\sqrt{g_{22}}}\frac{\partial B_z}{\partial q_2} - \frac{\gamma}{\sqrt{g_{11}}}\frac{\partial E_z}{\partial q_1}\right), \\ E_2(q_1,q_2) &= \frac{ic^2}{\omega^2-\gamma^2c^2}\left(\frac{\omega}{\sqrt{g_{11}}}\frac{\partial B_z}{\partial q_1} + \frac{\gamma}{\sqrt{g_{22}}}\frac{\partial E_z}{\partial q_2}\right), \end{aligned} \tag{4.9.48}$$

wobei E_z und B_z aus den zylindrischen, für E_z, B_z skalaren HELMHOLTZ-Gleichungen mit $(\Delta E)_z = \Delta E_z$ etc. zu berechnen sind. Aus (4.9.39) erhält man beispielsweise mit $\sim \exp(-i\gamma z)$ für eine laufende Welle in einem unendlich langen Kreiszylinder vom Radius R die BESSEL-Gleichung (2.2.34) und damit

$$E_z(r, z, \varphi, t) = E_z^0 \exp(i\omega t - i\gamma z) \cdot \cos m\varphi \cdot \mathrm{J}_m\left(\sqrt{k^2 - \gamma^2}\, r\right). \qquad (4.9.49)$$

Da E_z als Tangentialkomponente für $z = R$ verschwinden muß, wird die *Eigenfrequenzgleichung* $\sqrt{k^2 - \gamma^2}\, R = j_{mn}$, vgl. Seite 60. Kleinere Frequenzen als die durch $\sqrt{\omega_c^2/c^2 - \gamma^2}\, R = 2.4048$ gegebene *Abschneidefrequenz* (*cut-off-Freqenz*) können sich im Wellenleiter nicht fortpflanzen. Die Lösungen zerfallen nach den FOCK-Gleichungen offenbar in zwei Typen:

1. *transversale elektrische Welle* (TE-Welle), E_z verschwindet, $B_n(Rand) = 0$, die vier Komponenten B_1, B_2, E_1, E_2 werden aus (4.9.47), (4.9.48) bestimmt.
2. *transversale magnetische Welle* (TM-Welle), B_z verschwindet überall, $E_t(Rand) = 0$, die transversalen Komponenten E_1, E_2, B_1, B_2 werden aus E_z berechnet.

Da die Randbedingungen für die beiden Wellentypen verschieden sind, werden im allgemeinen die Eigenfrequenzen verschieden sein. Die oben angeführten Schlüsse lassen sich auch direkt aus den Wellengleichungen ziehen. Diese werden jedoch auch durch eine rein transversale elektromagnetische Welle, $E_z = 0$, $B_z = 0$, die TEM-*Welle* (LECHER-*Welle*) befriedigt, die es aber im Wellenleiter nach den FOCK-Formeln nicht geben kann, da sie die Randbedingungen nicht erfüllt. Liegen jedoch andere Randbedingungen vor, z.B. bei einem Hohlleiter mit Innendraht (*Koaxialkabel*), dann kann die TEM-Welle existieren. Auch der unstetige Übergang zweier Koaxialleiter mit verschiedenem Außendurchmesser und ähnliche Probleme können behandelt werden [7, 4.37].

Der Leser wird eingeladen, zur Übung aus (4.9.47), (4.9.48) das Feld in einem zylindrischen Wellenleiter oder Resonator abzuleiten und dann für einen rechteckigen, einen kreisförmigen und einen elliptischen Querschnitt anzuschreiben:

TM ("*E-Welle*")

$$E_x = -fi\gamma\frac{m\pi}{a}\cos\frac{m\pi x}{a}\sin\frac{n\pi y}{b},$$
$$E_y = -fi\gamma\frac{n\pi}{b}\sin\frac{m\pi x}{a}\cos\frac{n\pi y}{b},$$
$$E_z = f\pi^2\left(\frac{m^2}{a^2} + \frac{n^2}{b^2}\right)\sin\frac{m\pi x}{a}\sin\frac{n\pi y}{b},$$
$$B_x = fik\frac{n\pi}{b}\sin\frac{m\pi x}{a}\cos\frac{n\pi y}{b},$$
$$B_y = -fik\frac{m\pi}{a}\cos\frac{m\pi x}{a}\sin\frac{n\pi y}{b},$$
$$B_z = 0,$$

TE ("*H-Welle*"),

$$E_x = fik\frac{n\pi}{b}\cos\frac{m\pi x}{a}\sin\frac{n\pi y}{b},$$
$$E_y = -fik\frac{m\pi}{a}\sin\frac{m\pi x}{a}\cos\frac{n\pi y}{b},$$
$$E_z = 0,$$
$$B_x = fi\gamma\frac{m\pi}{a}\sin\frac{m\pi x}{a}\cos\frac{n\pi y}{b},$$
$$B_y = fi\gamma\frac{n\pi}{b}\cos\frac{m\pi x}{a}\sin\frac{n\pi y}{b},$$
$$B_z = f\pi^2\left(\frac{m^2}{a^2} + \frac{n^2}{b^2}\right)\cos\frac{m\pi x}{a}\cos\frac{n\pi y}{b},$$

wobei wir in üblicher Weise eine harmonische Zeitabhängigkeit annehmen, so daß

$$f = \exp(i\omega t - i\gamma z), \quad k = \omega/c, \quad \text{und} \quad \gamma^2 = k^2 - \frac{m^2\pi^2}{a^2} - \frac{n^2\pi^2}{b^2}.$$

Der Faktor $i = \exp(i\pi/2)$ zeigt eine relative zeitliche Phasenverschiebung zwischen den Komponenten an. Für einen Kreiszylinder vom Radius R bzw. einen zylindrischen Resonator erhält man für die TM-Welle

Wellenleiter	Resonator der Höhe h
$E_r = -i\nu f \frac{j_{mn}}{R} \cos m\varphi \, \mathrm{J}_m'\left(j_{mn}\frac{r}{R}\right),$	$E_r = A\mathrm{J}_m'\left(j_{mn}\frac{r}{R}\right)\cos m\varphi \sin\frac{n\pi z}{h}\mathrm{e}^{i\omega t},$
$E_\varphi = i\nu f \frac{m}{r} \sin m\varphi \, \mathrm{J}_m\left(j_{mn}\frac{r}{R}\right),$	$E_\varphi = B\frac{1}{r}\mathrm{J}_m\left(j_{mn}\frac{r}{R}\right)\sin m\varphi \sin\frac{n\pi z}{h}\mathrm{e}^{i\omega t},$
$E_z = \frac{j_{mn}^2}{R^2} f \cos m\varphi \, \mathrm{J}_m\left(j_{mn}\frac{r}{R}\right),$	$E_z = C\mathrm{J}_m\left(j_{mn}\frac{r}{R}\right)\cos m\varphi \cos\frac{n\pi z}{h}\mathrm{e}^{i\omega t},$
$B_r = -ikf\frac{m}{r} \sin m\varphi \, \mathrm{J}_m\left(j_{mn}\frac{r}{R}\right),$	$B_r = M\frac{1}{r}\mathrm{J}_m\left(j_{mn}\frac{r}{R}\right)\sin m\varphi \cos\frac{n\pi z}{h}\mathrm{e}^{i\omega t},$
$B_\varphi = -ikf\frac{j_{mn}}{R} \cos m\varphi \, \mathrm{J}_m'\left(j_{mn}\frac{r}{R}\right),$	$B_\varphi = N\mathrm{J}_m'\left(j_{mn}\frac{r}{R}\right)\cos m\varphi \cos\frac{n\pi z}{h}\mathrm{e}^{i\omega t},$
$B_z = 0,$	$B_z = P\frac{1}{r}\mathrm{J}_m'\left(j_{mn}\frac{r}{R}\right)\sin m\varphi \sin\frac{n\pi z}{h}\mathrm{e}^{i\omega t},$

wobei $\nu^2 = k^2 - j_{mn}^2/R^2$, $k = \omega/c$. Die j_{mn} sind wieder die n-ten Nullstellen der BESSEL-Funktion J_m. Bei der Lösung für den Resonator kann man jeden $\cos m\varphi$ durch $\sin m\varphi$ und jeden $\sin m\varphi$ durch $\cos m\varphi$ ersetzen und erhält wieder eine Lösung. Infolge von $\operatorname{div}\vec{E} = 0$ sind die Amplituden (analog zu (4.9.38)) wie folgt miteinander verknüpft [25]:

$$Aj_{mn}/R + Cn\pi/h = Aj_{mn}/R \pm B/m = 0,$$

$$M = -(\pm Cm - Bn\pi/l)/ik, \quad N = -\left(An\pi/l - Cj_{mn}/R\right)/ik,$$

$$P = -\left(Bj_{mn}/R \pm Am\right)/ik.$$

Die Lösungen für den zylindrischen Wellenleiter gelten nur für $r < R$. Im Außenraum $r > R$ sind die BESSEL-Funktionen J_m durch die HANKEL-*Funktionen* zu ersetzen, die ebenfalls Lösungen von BESSEL-Gleichungen sind und die später besprochen werden.

Verwendet man cartesische Vektorkomponenten, die von krummlinigen Koordinaten, beispielsweise r, z, φ abhängen, so fällt die Komponentenkopplung fort. Man könnte dann (4.9.39) in der Form $(\Delta\vec{E})_l = \Delta\vec{E}_l$ schreiben. Hat man so die cartesischen Komponenten gewonnen, dann kann man die krummlinigen Komponenten nach den Methoden von Abschnitt 3.3, etwa Seite 105, berechnen.

Probleme in *Torusgeometrie* sind besonders unangenehm, da weder die skalare noch die vektorielle HELMHOLTZ-Gleichung separierbar ist. Man behilft sich mit Kollokationsmethoden (Abschnitt 5.3) oder geht wie folgt in komplexer Rechenweise vor [4.36]. Wir drücken F_φ und F_r durch cartesische Komponenten aus:

$F_\varphi = -F_x \sin\varphi + F_y \cos\varphi$, $F_r = F_x \cos\varphi + F_y \sin\varphi$. Differenziert man beide Komponenten nach φ, so erhält man

$$\frac{\partial F_\varphi}{\partial \varphi} = -\frac{\partial F_x}{\partial \varphi} \sin\varphi + \frac{\partial F_y}{\partial \varphi} \cos\varphi - F_r, \tag{4.9.50}$$

$$\frac{\partial F_r}{\partial \varphi} = \frac{\partial F_x}{\partial \varphi} \cos\varphi + \frac{\partial F_y}{\partial \varphi} \sin\varphi + F_\varphi. \tag{4.9.51}$$

Wendet man nun den LAPLACE-Operator auf F_φ an, so erhält man wegen $\Delta F_x = -k^2 F_x$, $\Delta F_y = -k^2 F_y$, $\Delta \sin\varphi = -\frac{1}{r^2}\sin\varphi$, $\Delta\cos\varphi = -\frac{1}{r^2}\cos\varphi$ die Gleichung

$$\begin{aligned} \Delta F_\varphi &= -k^2 F_\varphi - \frac{1}{r^2} F_\varphi - \frac{2}{r^2}\left(\frac{\partial F_x}{\partial \varphi}\cos\varphi + \frac{\partial F_y}{\partial \varphi}\sin\varphi\right) \\ &= -k^2 F_\varphi - \frac{1}{r^2}F_\varphi - \frac{2}{r^2}\frac{\partial F_r}{\partial \varphi} + \frac{2}{r^2}F_\varphi. \end{aligned} \tag{4.9.52}$$

Ganz analog kann man mit ΔF_r auch

$$\Delta F_r = -k^2 F_r + \frac{1}{r^2}F_r + \frac{2}{r^2}\frac{\partial F_\varphi}{\partial \varphi} \tag{4.9.53}$$

gewinnen. Wegen der Eindeutigkeitsforderung $\vec{F}(r,z,\varphi+2\pi) = \vec{F}(r,z,\varphi)$ muß man eine φ-Abhängigkeit $\sim \exp(im\varphi)$ annehmen und erhält dann mit $\Delta = \Delta_t - m^2/r^2$ aus (4.9.52)

$$\frac{r^2}{2}\left(\Delta_t F_\varphi + k^2 F_\varphi - \frac{1}{r^2}F_\varphi - \frac{m^2}{r^2}F_\varphi\right) = -imF_r, \tag{4.9.54}$$

wobei die transversalen Koordinaten q_1, q_2 noch frei wählbar sind. Der Torus nach Abb. 34 kann daher in der q_1, q_2-Ebene noch beliebige Querschnittsformen haben. Setzt man F_r aus (4.9.54) in (4.9.53) ein, so erhält man

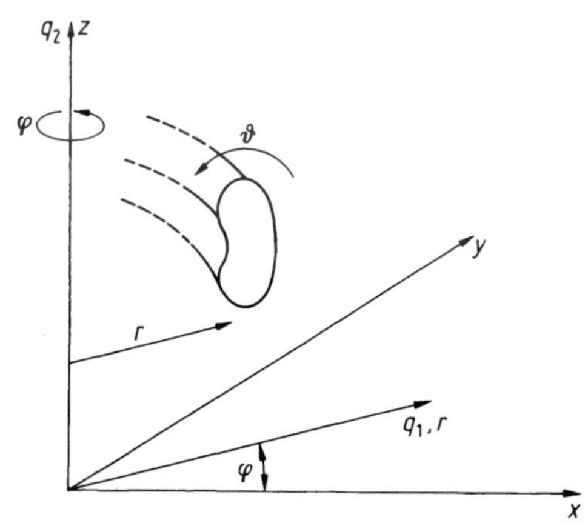

Abb. 34. Torusgeometrie

$$\begin{aligned}&\left(\Delta_t - \frac{m^2+1}{r^2} + k^2\right)\left(\Delta_t - \frac{m^2-1}{r^2} + k^2\right)F_\varphi - \frac{4m^2}{r^4}F_\varphi \\ &= \left(\Delta_t - \frac{1}{r^2}(m+1)^2 + k^2\right)\left(\Delta_t - \frac{1}{r^2}(m-1)^2 + k^2\right)F_\varphi = 0.\end{aligned} \tag{4.9.55}$$

Damit ist die Kopplung gleichzeitig für $\vec{E}$ und $\vec{B}$ aufgehoben. Entsprechend der Argumentation bei der Plattengleichung (4.6.56) liegen somit zwei Lösungen vor, so daß $F_\varphi(q_1, q_2) = C_1 F_\varphi^+ + C_2 F_\varphi^-$ gilt, wobei

$$\left(\Delta_t + k^2 - \frac{(m \pm 1)^2}{r^2}\right)F_\varphi^\pm = 0. \tag{4.9.56}$$

Die Partialamplituden (Integrationskonstanten) C_1, C_2 müssen aus den MAXWELL-Gleichungen bestimmt werden. Zu diesem Zweck führen wir jetzt transversale Koordinaten $q_1 = r$, $q_2 = z$ ein und erhalten für eine z-Abhängigkeit $\sim \exp(i\gamma z)$ aus (4.9.56)

$$\frac{\mathrm{d}^2 F_\varphi^\pm}{\mathrm{d}r^2} + \frac{1}{r}\frac{\mathrm{d}F_\varphi^\pm}{\mathrm{d}r} + \left(k^2 - \gamma^2\right)F_\varphi^\pm - \frac{(m \pm 1)^2}{r^2}F_\varphi^\pm = 0. \tag{4.9.57}$$

Damit erhält man

$$F_\varphi(r, z) = \left[C_1 Z_{m+1}\left(\sqrt{k^2-\gamma^2}\, r\right) + C_2 Z_{m-1}\left(\sqrt{k^2-\gamma^2}\, r\right)\right]\exp(i\gamma z), \tag{4.9.58}$$

wobei Z ein Aggregat von Zylinderfunktionen ist, das für den Innenraum aus BESSEL- und NEUMANN-Funktionen, für den Außenraum aus HANKEL-Funktion besteht. Summationen über m bzw. über verschiedene in k enthaltene Eigenwerte wurden hierbei unterdrückt. Berücksichtigt man $\sim \exp(im\varphi)$ in (4.9.30), so erhält man eine Art von FOCK-Gleichungen:

$$\begin{aligned}F_r(r, z, \varphi, t) = &\frac{A_{mk}\exp(i\omega t + im\varphi)}{r^2k^2 - m^2} \\ &\cdot \left(im\frac{\partial rF_\varphi(r,z)}{\partial r} - rk\frac{\partial rF_\varphi(r,z)}{\partial z}\right),\end{aligned} \tag{4.9.59}$$

$$\begin{aligned}F_z(r, z, \varphi, t) = &\frac{A_{mk}\exp(i\omega t + im\varphi)}{r^2k^2 - m^2} \\ &\cdot \left(im\frac{\partial rF_\varphi(r,z)}{\partial z} + rk\frac{\partial rF_\varphi(r,z)}{\partial r}\right).\end{aligned} \tag{4.9.60}$$

In diesen Gleichungen zeigt sich die für bestimmte Radien in toroidalen Gefäßen auftretende Resonanz. Den Zusammenhang zwischen den A_{mk} und C_1, C_2 erhält man aus (4.9.31). Die Felder erhält man aus (4.9.29). Um nun mittels der gewonnenen Lösung die Randbedingungen auf einer Torusfläche beliebigen Querschnitts zu befriedigen, kann man entweder durch geeignet Wahl der Parameter A_{mk}, C_1, C_2, γ die gewünschte Torusfläche erzeugen oder mit Kollokation arbeiten, vgl. Abschnitt 5.3. Die Eigenfrequenz ω des Torus kann man entweder vorgeben und dann mittels

A_{mk} etc. eine ganze Klasse von zu diesem ω passenden Torusflächen bestimmen, oder man gibt die Torusfläche vor und berechnet ω und die zur Darstellung der Fläche notwendigen Parameter A_{km} etc., beispielsweise durch die Kollokationsmethode.

Da für eine gut leitende Toruswand die Randbedingung $B_n = 0$ gilt, sind die $\vec{B}$-Feldlinien parallel zur Wand. Liegt beispielsweise für eine gegebene Anregungsfrequenz $\omega = kc$ eine Lösung in der Form

$$B_\varphi(r,z,\varphi) = \sum_{m,l}\left[a_{ml}\mathrm{J}_m\left(\sqrt{k^2-\gamma_l^2}\,r\right) + b_{ml}\mathrm{N}_m\left(\sqrt{k^2-\gamma_l^2}\,r\right)\right] \cdot \cos\gamma_l z\cos m\varphi \tag{4.9.61}$$

und analog für $B_r(r,z,\varphi)$, $B_z(r,z,\varphi)$ und allenfalls $\vec{E}$ vor, wobei die aus $\operatorname{div}\vec{B} = 0$ folgenden linearen Beziehungen zwischen den a_{ml}, b_{mk} zu berücksichtigen sind, so kann man durch Integration der Feldliniengleichungen für $0 \le \varphi \le n \cdot 2\pi$

$$\frac{\mathrm{d}r}{B_r} = \frac{\mathrm{d}z}{B_z} = \frac{r\mathrm{d}\varphi}{B_\varphi} \quad \text{bzw.} \quad \frac{\mathrm{d}z}{\mathrm{d}\varphi} = \frac{rB_z}{B_\varphi}, \quad \frac{\mathrm{d}r}{\mathrm{d}\varphi} = \frac{rB_r}{B_\varphi} \tag{4.9.62}$$

für vorzugebende bzw. zu variierende Parameter a_{ml}, b_{ml}, γ_l die Torusoberfläche berechnen, vgl. Abb. 35. Um beispielsweise in der Meridionalebene r, z für $\varphi_0 = 0 = 2\pi$ den Querschnitt zu berechnen, muß die Integration (4.9.62) n-mal durchgeführt

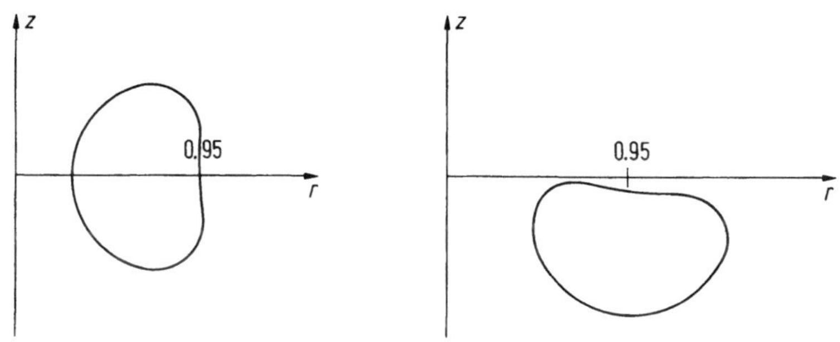

Abb. 35. Dreidimensionaler Torusresonator

und jedesmal, wenn die Feldlinie die Meridionalebene φ_0 durchsticht, der Durchstichpunkt markiert werden. Die Gesamtheit der Durchstichpunkte gibt dann die Querschnittskurven von Abb. 35. Normalerweise trifft die umlaufende Feldlinie niemals wieder einen Durchstichpunkt, der schon früher markiert wurde. Wenn jedoch nach n vollen Umläufen ($n = 1, 2, \ldots; n \neq \infty$) ein bereits markierter Punkt getroffen wird, so liegt eine *resonante Fläche* vor, was z.B. in der Plasmaphysik große Bedeutung besitzt [2.27, 4.28]. Unter $\vec{B}$ nach (4.9.61) kann man sowohl Wellenfelder als auch ein ein Plasma einschließendes statisches Magnetfeld verstehen.

Da die Wände von Wellenleitern meist leitend sind, entstehen dort gewisse Energieverluste durch JOULE-(OHM)-Wärme. Wir wollen solche durch Leitfähigkeit verursachte Verluste nun an Hand der Fortpflanzung *elektromagnetischer Wellen längs Drähten* untersuchen. Setzt man das OHM*sche Gesetz* (4.9.5), $\rho = 0$ und die harmonische Zeitabhängigkeit $\exp(i\omega t)$ in (4.9.27) ein, so erhält man in Zylinderkoordinaten für Axialsymmetrie $\partial/\partial\varphi = 0$ für die cartesische Komponente $E_z(r,z)$ wegen $(\Delta\vec{E}(r,z))_z = \Delta E_z(r,z)$ die *Telegraphengleichung*

$$\Delta E_z(r,z) + k^2 E_z - \mu\mu_0 i\omega\sigma E_z = 0. \tag{4.9.63}$$

Sie beschreibt eine gedämpfte längs der z-Richtung fortlaufende $(\exp(i\gamma z))$, bei endlich langen Drähten und geeigneten Randbedingungen stehende $(\cos\frac{\pi z}{h})$, elektromagnetische Welle. Wenn wir eine laufende Welle betrachten, so haben wir

$$\frac{\mathrm{d}^2 E_z(r)}{\mathrm{d}r^2} + \frac{1}{r}\frac{\mathrm{d}E_z(r)}{\mathrm{d}r} + \left(k^2 - \gamma^2 - \mu\mu_0 i\omega\sigma\right) E_z(r) = 0 \tag{4.9.64}$$

zu lösen. Da die Lösung *innerhalb* eines Drahtes (Kreiszylinder mit Radius R) für $r = 0$ endlich sein muß, können wir als Lösung von (4.9.64) nur BESSEL-Funktionen J_m ansetzen. (Die NEUMANN-Funktion (4.5.21) ist ja nach (4.5.22) bei $r = 0$ singulär.) Für $r \to \infty$, also außerhalb des Drahtes $(r > R)$, schwingen die BESSEL-Funktionen, Seite 166. Aus physikalischen Gründen (begrenzte Energie) müssen jedoch die vom Draht abgestrahlten elektromagnetischen Felder asymptotisch für $r \to \infty$ verschwinden. Außerhalb des Drahtes gilt $\sigma = 0$. Die Lösung von (4.9.64) für $\sigma = 0$, die für $r \to 0$ wie $r^{-1/2}$ verschwindet, heißt HANKEL-*Funktion.* Genau so wie eine laufende Welle $\exp(\pm i\psi) = \cos\psi \pm i\sin\psi$ durch zwei stehende Wellen in cartesischen Koordinaten und umgekehrt eine stehende Welle durch zwei (gegeneinander) laufende Wellen dargestellt werden kann, muß es aufgrund der Verwandtschaft über den *Urahn* (2.3.1), vgl. Seite 39, auch eine analoge Beziehung zwischen den stehenden zylindrischen Wellen $\mathrm{J}_m, \mathrm{N}_m$ und den laufenden zylindrischen Wellen H_m geben. Diese werden durch die HANKEL-*Funktion* erster und zweiter Art dargestellt:

$$\mathrm{H}_m^{(1)} = \mathrm{J}_m + i\mathrm{N}_m, \quad \mathrm{H}_m^{(2)} = \mathrm{J}_m - i\mathrm{N}_m. \tag{4.9.65}$$

Sie sind als Superposition von J_m und N_m ebenfalls Lösungen der BESSEL-Gleichung. Für reelles Argument haben sie komplexe Werte, für imaginäre Argumente sind $i^{m+1}\mathrm{H}_m^{(1)}(iy)$ und $i^{-(m+1)}\mathrm{H}_p^{(2)}(-iy)$ jedoch reell. Die Bedeutung der HANKEL-Funktionen für die Anwendung besteht darin, daß sie die einzigen Zylinderfunktionen sind, die für unendlich großes komplexes Argument verschwinden. $\mathrm{H}^{(1)}$ verschwindet, wenn der Imaginärteil des Arguments positiv, $\mathrm{H}^{(2)}$ dagegen, wenn er negativ ist. An der Drahtoberfläche $r = R$ müssen die bekannten Randbedingungen erfüllt werden. Um das Verhalten der elektromagnetischen Felder im Drahtinneren zu untersuchen, setzen wir $E_z = j_z/\sigma$ aus (4.9.5) in (4.9.64) ein:

$$\frac{\mathrm{d}^2 j_z(r)}{\mathrm{d}r^2} + \frac{1}{r}\frac{\mathrm{d}j_z(r)}{\mathrm{d}r} + \left(k^2 - \gamma^2 - \mu\mu_0 i\omega\sigma\right) j_z(r) = 0.$$

Nach (2.2.34) lautet die Lösung

$$j_z(r) = \mathrm{J}_0\left(\sqrt{k^2 - \gamma^2 - \mu\mu_0 i\omega\sigma}\, r\right). \tag{4.9.66}$$

Das ist eine BESSEL-Funktion von komplexem Argument. Für einen unendlich langen Draht gilt $\partial/\partial z = 0$, $\gamma = 0$. Für kleine Frequenzen, beispielsweise bei technischem Wechselstrom, kann der *Verschiebungsstrom* $\partial\vec{D}/\partial t$ in (4.9.1) vernachlässigt werden, so daß $k^2 \approx 0$ gilt, und (4.9.66) wird $\mathrm{J}_0\left(\sqrt{-i}\sqrt{\mu\mu_0\omega\sigma}\, r\right)$. Diese komplexe BESSEL-Funktion wird meist in Real- und Imaginärteil aufgespalten:

$$\begin{aligned} &\mathrm{Re}\left[\mathrm{J}_0\left(\exp[-i\pi/4]\sqrt{\mu\mu_0\omega\sigma}\, r\right)\right] = \mathrm{ber}\left(\sqrt{\mu\mu_0\omega\sigma}\, r\right), \\ &\mathrm{Im}[\mathrm{J}_0] = \mathrm{bei}\left(\sqrt{\mu\mu_0\omega\sigma}\, r\right), \end{aligned} \tag{4.9.67}$$

wobei $\exp(-i\pi/4) = -i$ verwendet wird, und analog

$$\begin{aligned} &\mathrm{Re}\left[\mathrm{N}_0\left(\exp[-i\pi/4]\sqrt{\mu\mu_0\omega\sigma}\, r\right)\right] = \mathrm{ker}\left(\sqrt{\mu\mu_0\omega\sigma}\, r\right), \\ &\mathrm{Im}[\mathrm{N}_0] = \mathrm{kei}\left(\sqrt{\mu\mu_0\omega\sigma}\, r\right). \end{aligned} \tag{4.9.68}$$

Diese hier eingeführten Funktionen geben reelle Werte und führen den Namen KELVIN-*Funktionen.* Physikalisch führt diese Lösung dazu, daß ein Draht einem Wechselstrom einen größeren Widerstand entgegensetzt als dem Gleichstrom. Dies rührt daher, daß parallele Ströme sich durch ihre Magnetfelder beeinflussen und die Wechselstromfäden nach außen gedrängt werden und nur in einer dünnen Außenhaut fließen, während das Drahtinnere fast stromlos ist (*Skineffekt*).

Wie die bisherigen Rechnungen gezeigt haben, vermag schon ein einfacher Draht als *Antenne* zu wirken und elektromagnetische Felder abzustrahlen. Wir wollen diese Abstrahlung mit Hilfe des HERTZ-Vektors in Kugelkoordinaten r, ϑ, ψ genauer untersuchen. Um eine *Skalarisierung* von (4.9.24) zu erreichen, können wir entweder cartesische Komponenten $Z_l(r, \vartheta, \psi)$ verwenden oder einen speziellen Ansatz machen. Durch Verwendung cartesischer Komponenten erhält man $(\Delta\vec{Z})_x = \Delta Z_x$, und mit $\sim \exp(i\omega t)$ folgt nach (3.3.39), (4.3.31), (4.9.24)

$$\frac{\partial^2 Z_x}{\partial r^2} + \frac{2}{r}\frac{\partial Z_x}{\partial r} + \frac{\partial^2 Z_x}{r^2\partial\vartheta^2} + \frac{\cot\vartheta}{r^2}\frac{\partial Z_x}{\partial\vartheta} + \frac{1}{r^2\sin^2\vartheta}\frac{\partial^2 Z_x}{\partial\psi^2} + k^2 Z_x = 0 \tag{4.9.69}$$

und analog für $Z_y(r, \vartheta, \psi)$ und $Z_z(r, \vartheta, \psi)$, aus denen dann mittels der Transformationsformel Seite 104 die sphärischen Komponenten berechnet werden.

Die zweite Methode besteht darin, mit dem Ansatz $Z_r(r, \vartheta, \psi) = r \cdot w(r, \vartheta, \psi)$, $Z_\vartheta = Z_\varphi = 0$ in (4.9.22) oder (4.9.24) einzugehen,

$$\begin{aligned} E_r &= k^2 rw + \frac{\partial}{\partial r}\frac{\partial rw}{\partial r}, & B_r &= 0, \\ E_\vartheta &= \frac{1}{r}\frac{\partial^2 rw}{\partial\vartheta\partial r}, & B_\vartheta &= \frac{i\omega}{c^2}\frac{1}{r\sin\vartheta}\frac{\partial rw}{\partial\psi}, \\ E_\psi &= \frac{1}{r\sin\vartheta}\frac{\partial^2 rw}{\partial\psi\partial r}, & B_\psi &= -\frac{i\omega}{c^2}\frac{1}{r}\frac{\partial rw}{\partial\vartheta}, \end{aligned} \tag{4.9.70}$$

wobei (3.3.30) und (3.3.31) verwendet wurden. Man schreibt nun die r-Komponente der MAXWELL-Gleichung (4.9.1) in Kugelkoordinaten an

$$\frac{1}{r\sin\vartheta}\left[\frac{\partial}{\partial\vartheta}(\sin\vartheta B_\psi) - \frac{\partial B_\vartheta}{\partial\psi}\right] = \frac{i\omega}{c^2}E_r \tag{4.9.71}$$

und setzt aus (4.9.70) ein:

$$\frac{\partial^2 w}{\partial r^2}+\frac{2}{r}\frac{\partial w}{\partial r}+\frac{1}{r^2}\frac{\partial^2 w}{\partial\vartheta^2}+\frac{\cot\vartheta}{r^2}\frac{\partial w}{\partial\vartheta}+\frac{1}{r^2\sin^2\vartheta}\frac{\partial^2 w}{\partial\psi^2} \equiv \Delta w = -k^2 w. \tag{4.9.72}$$

Die Lösung von (4.9.72) ist nach dem Ansatz (4.3.32), Seite 149, gegeben durch

$$w(r,\vartheta,\psi) = P_l^m(\cos\vartheta)\mathrm{e}^{\pm\, im\psi}R_l(r), \quad m,l = 0.1.2\ldots, \tag{4.9.73}$$

wobei die $R_l(r)$ jetzt nicht mehr durch (4.3.33), sondern durch

$$R_l'' + \frac{2}{r}R_l' + \left(k^2 - \frac{l(l+1)}{r^2}\right)R_l = 0 \tag{4.9.74}$$

definiert sind. Vergleicht man dies mit (2.2.35), so erkennt man, daß die sogenannten *sphärischen* BESSEL-*Funktionen*

$$R_l(r) = (r)^{-1/2}\mathrm{J}_{l+1/2}(kr) \tag{4.9.75}$$

die Lösung darstellen. Statt J kann auch eine andere Zylinderfunktion Lösung sein. Da BESSEL-Funktionen mit halbzahliger Ordnung, die auch nach (4.5.17) durch trigonometrische Funktionen ausgedrückt werden können, stehenden Wellen entsprechen, wir aber laufende Wellen erwarten, setzen wir als Lösung von (4.9.74) HANKEL-*Funktionen* mit halbzahliger Ordnung bzw.

$$R_l(r) = r^l\left(\frac{1}{r}\frac{\mathrm{d}}{\mathrm{d}r}\right)^l\frac{\exp(\pm\, ikr)}{r}, \quad \text{bzw.} \quad const\ \mathrm{H}_{1/2}^{(1),(2)}(kr) \tag{4.9.76}$$

an. Das ist eine Art RODRIGUEZ-*Formel* und liefert für eine auslaufende Welle bei $\exp(+i\omega t)$

$$\begin{aligned} R_0(r) &= \frac{\exp(-ikr)}{r}, \\ R_1(r) &= R_0'(r) = \frac{\exp(-ikr)}{r}\left(ik - \frac{1}{r}\right), \\ R_2(r) &= R_1'(r) - \frac{1}{r}R_1(r) = \frac{\exp(-ikr)}{r}\left(-k^2 - \frac{3ik}{r} + \frac{3}{r^2}\right). \end{aligned} \tag{4.9.77}$$

Unter Zuhilfenahme des Additionstheorems (vgl. Seite 166)

$$R_l' = R_{l+1} + \frac{l}{r}R_l \tag{4.9.78}$$

kann man dann zeigen, daß (4.9.76) die Differentialgleichung (4.9.74) erfüllt. Die durch (4.9.70) – (4.9.76) beschriebenen Lösungen kann man einfach als sphärische Multipollösungen klassifizieren:

$l = 0$ zentrisch-symmetrische Kugelwelle,
$l = 1$ Dipolstrahlung (HERTZ-Dipol),
$l = 2$ Quadrupolantenne.

Für die Dipolstrahlung gilt mit $f = \exp(i\omega t - ikr)$

$$\begin{aligned} E_r &= fE_r^0 \left(\frac{1}{r^3} + \frac{ik}{r^2}\right) \cos\vartheta, \\ E_\vartheta &= f\frac{E_r^0}{2} \left(\frac{1}{r^3} + \frac{ik}{r^2} - \frac{k^2}{r}\right) \sin\vartheta, \\ B_\psi &= fB_\psi^0 \left(\frac{1}{r^3} + \frac{ik}{r}\right) \sin\vartheta. \end{aligned} \tag{4.9.79}$$

Wenn elektromagnetische Wellen bei ihrer Ausbreitung auf Hindernisse stoßen, kommt es zu einer Wechselwirkung mit dem bestrahlten Gegenstand. Die hierbei auftretenden Randwertprobleme lassen sich in

- Reflexion und Streuung,
- Beugung bei nur leichter Ablenkung der Welle,
- Brechung beim Eindringen in das Hindernis

einteilen. Ein ganz besonders interessantes Randwertproblem tritt bei der Reflexion von Radiowellen an der gekrümmten Erdoberfläche auf [24]. Ein HERTZ-Dipol möge im Quellpunkt S im Abstand b vom Erdmittelpunkt Radiowellen ausstrahlen, und wir wollen die im Aufpunkt P zu beobachtende Strahlung wissen, vgl. Abb. 36. Es sei R der Erdradius. Wir nennen dann das Gebiet $r > R$ den Außenraum, und $r < R$ sei der Innenraum. Das Feld im Punkt P setzt sich dann zusammen aus dem direkt vom Dipol empfangenen Anteil w_{pr} und aus der an der Erdoberfläche reflektierten (gestreuten, gebeugten) Welle w_{sec}. Um zu einer für beliebigen Aufpunkt P geltenden Lösung zu kommen, wollen wir w_{pr} und w_{sec} mit unbestimmten

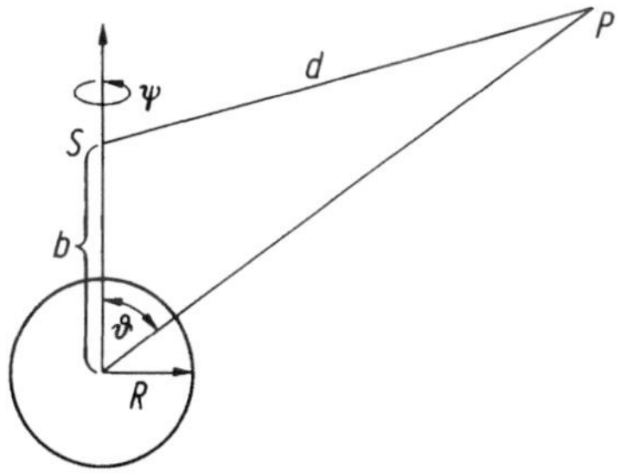

Abb. 36. Strahlende Dipolantenne oberhalb der Erdoberfläche

Koeffizienten nach Eigenfunktionen der allgemeinen Lösung entwickeln und dann die Koeffizienten mit Hilfe der Randbedingungen bestimmen. Wir nehmen Axialsymmetrie $\partial/\partial\psi = 0$, $m = 0$ an und schreiben nach (4.9.73), (4.9.76) für den Außenraum

$$\begin{aligned} w_{pr}(r,\vartheta) &= \frac{\exp(-ikd)}{-ikd} \\ &= \sum_l C_l \sqrt{\frac{\pi}{2kr}} \mathrm{H}^{(2)}_{l+1/2}(kr) P_l(\cos\vartheta) \text{ für } r > R \end{aligned} \tag{4.9.80}$$

mit $d = \sqrt{r^2 + b^2 - 2rb\cos\vartheta}$. Die HANKEL-Funktion $\mathrm{H}^{(2)}_{l+1/2}$ beschreibt ja ebenso wie $\exp(-ikr)$ eine auslaufende Welle, die für $r \to \infty$ verschwindet (*Ausstrahlungsbedingung* als Randbedingung für unendlich). Für eine Zeitabhängigkeit $\exp(+i\omega t)$ lautet die Ausstrahlungsbedingung

$$\lim_{r\to\infty} \left(\frac{\partial w}{\partial r} + ikw \right) = 0.$$

Im Raum zwischen Sender S und Erdoberfläche $R \le r \le b$ bilden sich infolge Reflexionen an der Erdoberfläche stehende Wellen aus, so daß

$$w_{sec}(r,\vartheta) = \sum_l D_l \sqrt{\frac{\pi}{2kr}} \mathrm{J}_{l+1/2}(kr) P_l(\cos\vartheta), \quad R \le r \le b \tag{4.9.81}$$

gelten muß. An der Grenzfläche (Luft an Luft) am Rand $r = b$ muß w gemäß den Randbedingungen stetig sein, d.h. man kann aus $w_{pr}(b,\vartheta) = w_{sec}(b,\vartheta)$ eine Relation zwischen den C_l und D_l gewinnen:

$$\begin{aligned} \frac{\exp(-ikd(r=b))}{-ikd(r=b)} &= \sum_l C_l \sqrt{\frac{\pi}{2kb}} \mathrm{H}^{(2)}_{l+1/2}(kb) P_l(\cos\vartheta) \\ &= \sum_l D_l \sqrt{\frac{\pi}{2kb}} \mathrm{J}^{(2)}_{l+1/2}(kb) P_l(\cos\vartheta). \end{aligned} \tag{4.9.82}$$

Multiplikation von (4.9.80) mit $P_n(\cos\vartheta)$ und Integration von -1 bis +1 über $\mathrm{d}\cos\vartheta$ gibt unter Verwendung von (2.3.24) für den Außenraum $r > R$ die Relation

$$\frac{2l+1}{2} \int_{-1}^{+1} \frac{\mathrm{e}^{-ikd}}{-ikd} P_l(\cos\vartheta) \mathrm{d}\cos\vartheta = \sqrt{\frac{\pi}{2kr}} C_l \mathrm{H}^{(2)}_{l+1/2}(kr), \tag{4.9.83}$$

woraus die C_l zu berechnen sind. Damit sind nach (4.9.82) auch die D_l bestimmbar. Die zwei zuletzt abgeleiteten Beziehungen gelten für $r \ge R$ für jeden Wert von r oder b, also auch für $b \to \infty$. Dann erhält man aber für große b

$$d = b\sqrt{\frac{r^2}{b^2} + 1 - \frac{2r}{b}\cos\vartheta} = b - r\cos\vartheta \tag{4.9.84}$$

und

$$\frac{\mathrm{e}^{-ikd}}{-ikd} = \frac{\mathrm{e}^{-ikb}}{-ikb} \mathrm{e}^{ikr\cos\vartheta}. \tag{4.9.85}$$

Für große Argumente der BESSEL- und HANKEL-Funktionen von halbzahliger Ordnung kann man asymptotische Darstellungen der Art (4.5.17) verwenden [16, 22]:

$$\sqrt{\frac{\pi}{2kb}}\mathrm{J}_{l+1/2}(kb) \approx \frac{1}{kb}\sin\left(kb - \frac{l\pi}{2}\right)$$
$$= \frac{1}{kb}\,\frac{(-i)^l}{2c}\left(\mathrm{e}^{ikb} - \mathrm{e}^{-ikb}(-1)^l\right).$$

Weitere etwas umfangreiche Rechnungen führen dann schließlich unter Verwendung der Randbedingungen der Stetigkeit von E_ϑ, B_ϑ und von $\partial(rw)/\partial r$ an der Grenze $r = R$ sowie der Annahme einer unendlich gut leitenden Erdoberfläche, also $E_t(r = R) = 0$, $w(r = R) = 0$, zum Ausdruck [24, 4.39]

$$w_{sec}(r,\vartheta) = \sum_{l=0}^{\infty} \frac{(2l+1)kP_l(\cos\vartheta)\sqrt{\pi/2kr}\mathrm{H}^{(2)}_{l+1/2}(kr)}{4\pi i\left[\sqrt{\pi/2kR}\mathrm{H}^{(2)}_{l+1/2}(kR) + kR\frac{\mathrm{d}}{\mathrm{d}r}\left(\sqrt{\pi/2kr}\mathrm{H}^{(2)}_{l+1/2}(kr)\right)_{r=R}\right]}. \tag{4.9.86}$$

Dieses Ergebnis ist für praktische Rechnungen deshalb kaum, aber mathematisch sehr interessant, weil es für kR (Erdradius durch Wellenlänge) $> 1\,000$ äußerst langsam konvergiert. Mehr als 1000 Glieder wären notwendig, um brauchbare Ergebnisse zu erhalten. Diese Situation führt uns nun zur WATSON-*Transformation* und dem Problem der Darstellung von Funktionen und von Lösungen von Differentialgleichungen durch Integrale. Die WATSON-Transformation besteht darin, die Reihe (4.9.86) in ein komplexes Integral überzuführen und dies zu berechnen. Es soll hierzu die Reihe in ein komplexes Integral solcher Bauart übergeführt werden, daß die Summe seiner Residuen, vgl. (2.2.5), mit der Reihe (4.9.86) identisch wird. Mit den Abkürzungen

$$\begin{aligned}\zeta_l(kr) &= \sqrt{\frac{\pi}{2kr}}\mathrm{H}^{(2)}_{l+1/2}(kr),\\ \xi_l(kr) &= \sqrt{\frac{\pi}{2kr}}\mathrm{H}^{(2)}_{l+1/2}(kr) + kR\frac{\mathrm{d}}{\mathrm{d}r}\left(\sqrt{\frac{\pi}{2kr}}\mathrm{H}^{(2)}_{l+1/2}(kr)\right)_{r=R}\end{aligned} \tag{4.9.87}$$

schreiben wir (4.9.86) um in

$$\begin{aligned}w_{sec}(r,\vartheta) &= \sum_{l=0}^{\infty}\frac{(2l+1)kP_l(-\cos\vartheta)\zeta_l(kr)(-1)^l}{4\pi i\xi_l(kR)}\\ &\to \int\frac{(2\nu+1)kP_\nu(-\cos\vartheta)(-1)^\nu\zeta_l(kr)}{2i\sin\nu\pi\xi_\nu(kR)}\mathrm{d}\nu,\end{aligned} \tag{4.9.88}$$

wobei wir die Formeln von Seite 42 herangezogen und die natürliche Zahl l durch die komplexe Zahl ν, die Summe über l durch ein Integral über ν ersetzt haben. Die Nullstellen des hinzugefügten Nenners $\sin\nu\pi$ liefern uns die benötigten Pole, und die LEGENDRE-Polynome $P_l(\cos\vartheta)$ wurden durch die hypergeometrische Funktion $F\left(-\nu,\ \nu+1,\ 1\,\frac{1-\cos\vartheta}{2}\right)$, vgl. (2.3.14), ersetzt. Das so erzeugte komplexe Integral

(4.9.88) kann nun mit der *Residuenmethode* oder der *Sattelpunktmethode* ausgewertet werden, was nach längeren Rechnungen [24, 4.39] für die Felderregung $w(R,\vartheta)$ an der Erdoberfläche das Ergebnis

$$w(R,\vartheta)=\frac{\sqrt{2i}}{kR}\sum_{m}^{3}\frac{2\nu_m+1}{\sqrt{\pi\nu_m\sin\vartheta}}\exp\left[i\left(\nu_m+\frac{1}{2}\right)\vartheta\right]A^{-2} \tag{4.9.89}$$

liefert, wobei $A^2=(4m+1)^{2/3}(3\pi/4kR)^{2/3}\exp(-2i\pi/3)$ ist und die ν_m durch

$$\nu_m=kR\left[1+\frac{(4m+1)^{2/3}}{2}\left(\frac{3\pi}{4kR}\right)^{2/3}e^{i\pi/3}\right]$$

gegeben sind. Von (4.9.89) genügen nun zwei bis drei Glieder, um brauchbare Ergebnisse zu erhalten. Der Faktor $\sin^{-1/2}\vartheta$ in (4.9.89) bewirkt übrigens, daß bei den Antipoden des Senderortes die Wellenintensität wieder ansteigt. (Das entspricht dem POISSON-*Fleck* der Beugungstheorie.)

Es konnte nicht Aufgabe dieses Randwertproblemen gewidmeten Buches sein, alle Einzelheiten der Auswertung von (4.9.88) zu bringen, doch sollte auf die Bedeutung der Integraldarstellungen hingewiesen werden.

Zum Abschluß dieses Abschnittes wollen wir aber doch Beispiele für Integraldarstellungen von Funktionen und für Lösungen von Differentialgleichungen durch Integralansätze, vgl. (4.5.35), anführen. Zunächst behandeln wir die Integraldarstellungen von Zylinderwellen mit Hilfe ebener Wellen, vgl. Abb. 37. Wir betrachten eine ebene Welle, deren Front unter dem Winkel α auf eine Zylin-

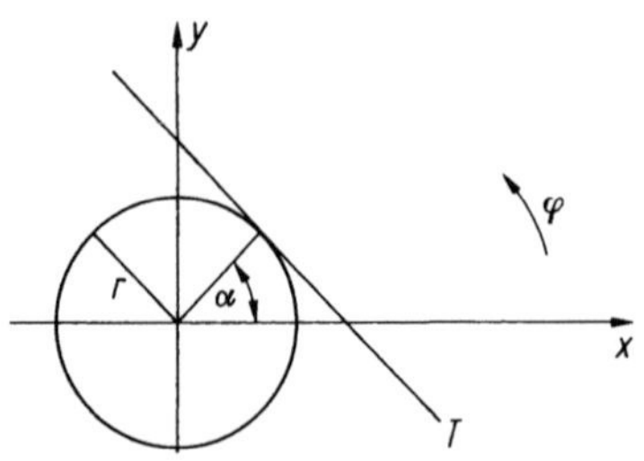

Abb. 37. Darstellung von Zylinderwellen durch ebene Wellen

derfläche vom Radius r auffällt. Die Welle mit der Wellenzahl k wird durch $u(x,y)=A\exp[ik(x\cos\alpha+y\sin\alpha)]$ beschrieben. Mit $x=r\cos\varphi$, $y=r\sin\varphi$ erhalten wir dann in ebenen Polarkoordinaten r,φ die Darstellung

$$u(r,\varphi)=A\exp[ikr\cos(\varphi-\alpha)]. \tag{4.9.90}$$

Integration über alle α von 0 bis 2π, was einem Herumführen der Tangentialebene T rund um die Zylinderfläche entspricht, ergibt mit $A=C_n\exp(in\alpha)$

$$u(r,\varphi)=C_n\int_0^{2\pi}\exp[ikr\cos(\varphi-\alpha)]e^{in\alpha}d\alpha, \tag{4.9.91}$$

was eine Lösung der HELMHOLTZ-Gleichung in ebenen Polarkoordinaten (4.5.11) sein muß, d.h.

$$u(r,\varphi) = \mathrm{e}^{ikr\cos\varphi} = \sum_{n=-\infty}^{\infty} A_n \mathrm{J}_n(kr)\mathrm{e}^{in\varphi}, \tag{4.9.92}$$

vergl. (4.5.19). Multiplikation mit $\mathrm{e}^{-im\varphi}$, Integration von 0 bis 2π über φ und Division durch 2π ergibt

$$A_n \mathrm{J}_n(kr) = \frac{1}{2\pi}\int_0^{2\pi} \mathrm{e}^{ikr\cos\varphi - in\varphi}\mathrm{d}\varphi, \tag{4.9.93}$$

vergl. (4.5.18). Durch Entwickeln des Integrals nach Potenzen von r und Vergleich mit den Potenzreihen (2.4.33) findet man $A_n = 1$, und damit wird (4.9.93) eine Darstellung einer Zylinderwelle durch ebene Wellen, vgl. (4.5.18). Derartige Entwicklungen werden in verschiedenen Gebieten benötigt. Wenn man in (4.9.91) $\alpha = \varphi + z$ setzt und komplexe Werte zuläßt, so stellt das entstehende Integral $\int \exp(ikr\cdot\cos z)\exp(in\varphi)\exp(inz)\mathrm{d}z$ eine Formel für BESSEL-Funktionen ($\alpha = -\pi/2$), aber auch je nach dem Integrationsweg im Komplexen auch für HANKEL-Funktionen dar [4.9, 4.34]. Mit Hilfe von Näherungen für große Argumente kann man mittels der *Sattelpunktmethode* zur Berechnung komplexer Integrale Formeln der Art (4.5.17) und asymptotische Darstellungen erhalten.

In gänzlich analoger Weise, nämlich indem man die Tangentialebene T um eine Kugel herumführt, erhält man die Darstellung einer stehenden Kugelwelle durch ebene Wellen,

$$\frac{1}{4\pi}\int_0^{\pi}\int_0^{2\pi} \mathrm{e}^{ikr\cos\vartheta}\sin\vartheta\mathrm{d}\varphi\mathrm{d}\vartheta = \frac{\sin(kr)}{r} \tag{4.9.94}$$

oder bei komplexer Integration von $-\pi/2 + i\infty$ bis $+\pi/2 - i\infty$ die einer laufenden Kugelwelle $\exp(ikr)/ikr$. Umgekehrt wird eine ebene Welle $\exp(ikz)$, die sich beispielsweise in der z-Richtung ausbreitet,

$$\exp(ikr\cos\vartheta) = \sum_{n=0}^{\infty}(2n+1)i^n P_n(\cos\vartheta)\sqrt{\frac{\pi}{2kr}}\mathrm{J}_{n+1/2}(kr) \tag{4.9.95}$$

mittels Kugelwellen dargestellt.

Mit Hilfe von (4.9.92) kann man beispielsweise Randwertprobleme der Ausbreitung elektromagnetischer Wellen in VLASOV-*Plasmen* [4.28, 2.16] behandeln, oder mittels (4.9.95) kann das Problem der Reflexion ebener Lichtwellen durch einen sphärischen Spiegel behandelt werden [4.9]. Es muß wieder die aus einfallender Welle u_{pr} und reflektierter Welle (innen u_1, außen u_2) superponierte Gesamtlösung die HELMHOLTZ-Gleichung und die Randbedingungen erfüllen. Am Spiegel, Öffnungswinkel $\alpha, r = R$, muß gelten

$$E_\vartheta = 0, \quad \frac{\partial}{\partial r}(u_{pr} + u_1) = 0, \quad \frac{\partial}{\partial r}(u_{pr} + u_2) = 0, \quad |\vartheta| < \alpha \tag{4.9.96}$$

(das Feld bricht im metallischen Spiegel zusammen). Am Übergang Innenraum – Außenraum ($r = R$, $|\vartheta| > \alpha$) gilt aus Stetigkeitsgründen (für E_ϑ bzw. B_φ)

$$u_1 = u_2, \quad \frac{\partial u_1}{\partial r} = \frac{\partial u_2}{\partial r}. \tag{4.9.97}$$

Die Lösungen u_{pr} nach (4.9.95) sowie die Entwicklungen von u_1 und u_2 nach den $\mathrm{J}_{n+1/2}, P_n$ enthalten unbekannte Entwicklungskoeffizienten A_n, B_n, die aus den Randbedingungen zu gewinnen sind. Da bei $n = 0 \dots N$ insgesamt $2N$ Unbekannte mit Hilfe von nur vier Randbedingungen gefunden werden müssen, wird man die Unbekannten durch ein *Optimierungsverfahren*, beispielsweise mit der *Methode der kleinsten Quadrate*, zu berechnen haben [4.9].

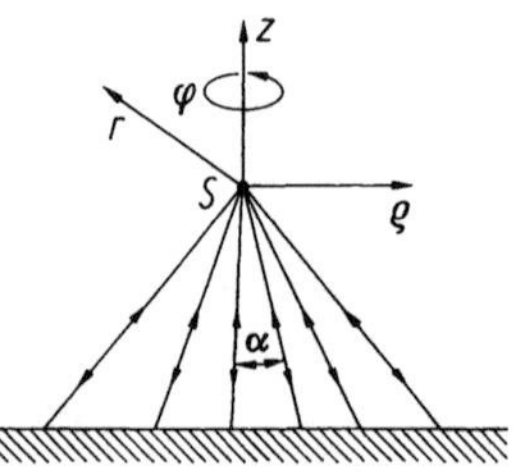

Abb. 38. Reflexion von ebener Erdoberfläche

Als Beispiel für die Lösung einer partiellen Differentialgleichung, etwa der HELMHOLTZ-Gleichung, durch einen Integralansatz betrachten wir die in Abb. 38 dargestellte Reflexion von Radiowellen an einer ebenen Erdoberfläche. (Ein anderes Beispiel haben wir schon mit (4.2.18) kennengelernt.) Aus Abb. 38 ist ersichtlich, daß man das Feld zwischen einem Sender $S(z = 0)$ auch durch Aufsummieren aller von S ausgehenden Strahlen $-\frac{\pi}{2} \leq \alpha \leq +\frac{\pi}{2}$ beschreiben kann. Bei axialsymmetrischer Anordnung ($\partial/\partial\varphi = 0$) kann man für die von S ausgehende Kugelwelle daher ansetzen

$$u(r, z) = \frac{\exp(ikr)}{r} = \int_0^\infty F(\lambda)\mathrm{J}_0(\lambda\rho)\exp(\pm\mu z)\mathrm{d}\lambda, \quad r^2 = \rho^2 + z^2, \tag{4.9.98}$$

wobei ρ der Radius in Zylinderkoordinaten und r in Kugelkoordinaten ist. Als Folge der HELMHOLTZ-Gleichung gilt $\lambda^2 = k^2 + \mu^2$. Am Ort der Antenne $S\,(z = 0)$ folgt eine Integralgleichung für $F(\lambda)$: $\exp(ik\rho)/\rho = \int_0^\infty F(\lambda)\mathrm{J}_0(\lambda\rho)\mathrm{d}\lambda$. Da bei einem kontinuierlichen Eigenwertspektrum *Orthogonalitätsrelationen* nichts nützen, kann man die unbekannte Amplitudenfunktion $F(\lambda)$ nur durch BESSEL-FOURIER- oder HANKEL-Transformation, vgl. Seiten 111 und 171, erhalten. Für die HANKEL-Transformation gelten die Formeln

$$f(\rho) = \int_0^\infty \sigma F(\sigma) \mathrm{J}_n(\sigma\rho) \mathrm{d}\sigma = \mathcal{H}\{F\},$$
$$F(\sigma) = \int_0^\infty \rho f(\rho) \mathrm{J}_n(\sigma\rho) \mathrm{d}\rho, \tag{4.9.99}$$

so daß das Doppelintegral eine Funktion $f(\rho)$ darstellt:

$$f(\rho) = \int_0^\infty \int_0^\infty f(\rho') \mathrm{J}_n(\sigma\rho) \mathrm{J}_n(\sigma\rho') \rho' \sigma \mathrm{d}\rho' \mathrm{d}\sigma.$$

So erhält man mit Hilfe der Integraldarstellung [4.9] von $\mathrm{J}_0(\lambda\rho)$ als Lösung

$$F(\lambda) = \int_0^\infty \rho \left(\frac{\mathrm{e}^{ik\rho}}{\rho} \right) \mathrm{J}_0(\lambda\rho) \mathrm{d}\rho = \frac{\lambda}{\sqrt{\lambda^2 - k^2}} = \frac{\lambda}{\mu}, \tag{4.9.100}$$

so daß

$$\frac{\exp(ikr)}{r} = \int_0^\infty \mathrm{J}_0(\lambda\rho) \exp(-\mu z) \frac{\lambda \mathrm{d}\lambda}{\mu}$$

für jedes z nach (4.9.98) gilt.

4.10 Brechung, Reflexion, Streuung und Beugung von Wellen

Wechselwirkung elektromagnetischer Wellen mit Hindernissen, FRESNEL-Formeln, absorbierende Schichten, Streuung und Beugung, Eikonalgleichung, optische Abbildungsfehler, KIRCHHOFF- und SOMMERFELD-Beugung, inhomogenes Medium, AIRY-Funktion

Das einfachste Randwertproblem, bei dem eine elektromagnetische Welle bei ihrer Fortpflanzung auf ein Hindernis trifft, besteht in der Brechung und Reflexion einer ebenen Welle, beispielsweise einer Lichtwelle, an einer unendlich ausgedehnten ebenen Fläche. Diese sei die Trennfläche zwischen einem Gebiet I, erfüllt von einem Medium I mit der Dielektrizitätskonstanten ε_1, und dem Gebiet II mit dem Medium II, in das die Welle teilweise eindringt, vgl. Abb. 39.

Die Trennfläche zwischen den Medien ist mit der x, y-Ebene identisch, die ebene Welle fällt unter dem Einfallswinkel ϑ zum Lot auf die Trennfläche ein, ihr Normalenvektor (der "Strahl") wird mit $\vec{n}$ bezeichnet. Die Randbedingungen verlangen nun die Stetigkeit der Tangentialkomponente, wobei wir mit $'$ die Feldstärken der reflektierten Welle und mit $''$ die der in das Medium II eindringenden (und gebrochenen) Welle bezeichnen. Die Feldstärken der ursprünglichen einfallenden Welle erhalten keine weitere Bezeichnung. Da die x- und y-Komponente der einfallenden und der reflektierten Welle zur Trennebene tangential liegen und da im

Gebiet I das Feld sowohl der einfallenden als auch der reflektierten Welle vorhanden ist, gilt

$$E_x + E'_x = E''_x, \quad E_y + E'_y = E''_y, \tag{4.10.1}$$

$$H_x + H'_x = H''_x, \quad H_y + H'_y = H''_y, \tag{4.10.2}$$

$$\vec{E} = \vec{E}_0 \exp(i\omega t) \exp\left(-i\omega \frac{\vec{n}\vec{r}}{c_0} n_1\right), \tag{4.10.3}$$

$$\vec{E}' = \vec{E}'_0 \exp(i\omega' t) \exp\left(-i\omega' \frac{\vec{n}'\vec{r}}{c_0} n_1 + i\delta'\right), \tag{4.10.4}$$

$$\vec{E}'' = \vec{E}''_0 \exp(i\omega'' t) \exp\left(-i\omega'' \frac{\vec{n}''\vec{r}}{c_0} n_2 + i\delta''\right), \tag{4.10.5}$$

und durch Einsetzen in die MAXWELL-Gleichungen folgt

$$\vec{H} = \sqrt{\frac{\varepsilon}{\mu}} \left[\vec{n} \times \vec{E}\right]. \tag{4.10.6}$$

Hierbei ist $c_0 = 1/\sqrt{\varepsilon_0 \mu_0}$ die Lichtgeschwindigkeit im Vakuum, n_1 bzw. n_2 sind die *Brechungsindizes* der Medien I bzw. II, wobei dann $c_i = c_0/n_i$ die Lichtgeschwindigkeit im betreffenden Medium ist, $\vec{n}$ sind die Normalenvektoren ("Strahlrichtungen"), $\vec{r}$ ist der Ortsvektor und ε, μ sind die jeweiligen vom Medium abhängigen Parameter Dielektrizitätskonstante und magnetische Permeabilität. Bei den Ansätzen (4.10.3) - (4.10.5) haben wir angenommen, daß beide Medien nicht elektrisch leitend sind. Aus (4.10.1) folgt sofort, daß die Frequenzen bei Brechung und Reflexion ungeändert bleiben, $\omega = \omega' = \omega''$, und daß für die Phasendifferenzen $\delta - \delta'$ bzw. $\delta - \delta''$ entweder 0 oder π gelten muß. Weiter folgt aus den Randbedingungen

$$\frac{\vec{n}\vec{r}}{c} n_1 = \frac{\vec{n}'\vec{r}}{c} n_1 = \frac{\vec{n}''\vec{r}}{c} n_2. \tag{4.10.7}$$

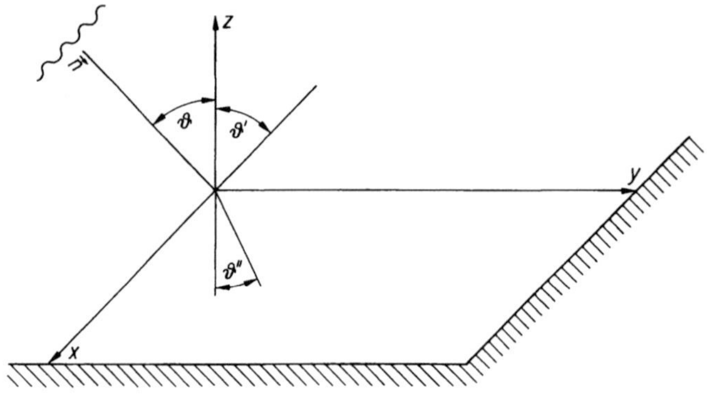

Abb. 39. Brechung und Reflexion

Führt man im Auftreffpunkt des Strahls auf die Trennfläche nach (3.3.11) Kugelkoordinaten für den Einheitsvektor $\vec{n}$ ein, so erhält man aus (4.10.7) wegen

$$\begin{aligned} \vec{n}\vec{r} &= x\sin\vartheta + z\cos\vartheta, \\ \vec{n}\,'\vec{r} &= x\sin\vartheta'\cos\psi' + y\sin\vartheta'\sin\psi' - z\cos\vartheta', \\ \vec{n}\,''\vec{r} &= x\sin\vartheta''\cos\psi'' + y\sin\vartheta''\sin\psi'' + z\cos\vartheta'' \end{aligned} \tag{4.10.8}$$

sofort die Aussagen $\psi' = \psi'' = 0$, $\cos\vartheta = \cos\vartheta'$, $\sin\vartheta = \sin\vartheta'$, $n_1\sin\vartheta' = n_2\sin\vartheta''$; das bedeutet:

1. einfallender Strahl $\vec{n}$ und reflektierter Strahl $\vec{n}\,'$ liegen (mit dem Lot) in einer Ebene,
2. einfallender Strahl $\vec{n}$ und gebrochener Strahl $\vec{n}\,''$ liegen (mit dem Lot) in einer Ebene,
3. der Reflexionswinkel ϑ' ist gleich dem Einfallswinkel ϑ,
4. der Brechungswinkel ϑ'' ist durch das *Brechungsgesetz von* SNELLIUS (1637) aus dem Einfallswinkel ϑ und den Brechungsindizes zu berechnen:

$$\sin\vartheta'' = \frac{n_1}{n_2}\sin\vartheta. \tag{4.10.9}$$

Die Randbedingungen liefern aber noch weitere physikalische Ergebnisse. Die Einfallsebene ist durch das Lot und den einfallenden Strahl $\vec{n}_1$ definiert; als *Schwingungsebene* bezeichnet man jene Ebene, in der das Lot und der elektrische Vektor $\vec{E}$ liegen, denn diese Ebene kann experimentell festgestellt werden (Photographie). Nach (4.10.6) steht in einer ebenen Welle der Vektor $\vec{H}$ senkrecht auf $\vec{E}$ und $\vec{n}$. Diese Ebene nennt man *Polarisationsebene.* Man zerlegt nun $\vec{E}$, $\vec{E}\,'$ und $\vec{E}\,''$ in Komponenten $E_\perp$, $E'_\perp$, $E''_\perp$ normal zur Einfallsebene und in Komponenten $E_\parallel$, $E'_\parallel$, $E''_\parallel$ parallel zur Einfallsebene:

$$\begin{aligned} E_\parallel\cos\vartheta &= E_x, & -E''_\parallel\cos\vartheta &= E'_x, & E''_\parallel\cos\vartheta'' &= E''_x, \\ -E_\parallel\sin\vartheta &= E_z, & -E''_\parallel\sin\vartheta &= E'_z, & -E''_\parallel\sin\vartheta'' &= E''_z. \end{aligned} \tag{4.10.10}$$

Setzt man dies und gleicherweise für $\vec{H}$ (mit (4.10.6)) in die Randbedingungen (4.10.1), (4.10.2) ein, so erhält man unter Verwendung von einigen goniometrischen Formeln wie $\sin 2\vartheta = 2\sin\vartheta\cos\vartheta$ und von (4.10.9) die FRESNEL-*Formeln*

$$E'_\parallel = E_\parallel\frac{\tan(\vartheta - \vartheta'')}{\tan(\vartheta + \vartheta'')}, \tag{4.10.11}$$

$$E'_\perp = -E_\perp\frac{\sin(\vartheta - \vartheta'')}{\sin(\vartheta + \vartheta'')}, \tag{4.10.12}$$

$$E''_\parallel = E_\parallel\frac{2\sin\vartheta''\cos\vartheta}{\sin(\vartheta + \vartheta'')\cos(\vartheta - \vartheta'')}, \tag{4.10.13}$$

$$E''_{\perp} = E_{\perp} \frac{2 \sin \vartheta'' \cos \vartheta}{\sin(\vartheta + \vartheta'')}, \tag{4.10.14}$$

die die Amplitudenverhältnisse bei Brechung und Reflexion einer ebenen Welle beim Auftreffen auf einen unendlich großen ebenen Isolator beschreiben. Das Minuszeichen in (4.10.12) zeigt den Phasensprung um π an, den beide elektrische Komponenten bei der Reflexion an einem *optisch dichteren* Medium ($n_2 > n_1$, Lichtgeschwindigkeit also kleiner als in I) erleiden. Bei Reflexion am *optisch dünneren* Medium erfolgt jedoch kein Phasensprung. Weitere Folgen der Randbedingungen sind

1. die *Totalreflexion*: bei Reflexion am optisch dünneren Medium ($n_2 < n_1$) wird $\sin \vartheta'' > 1$, d.h. ϑ'' wird komplex, die gesamte Intensität wird für $\vartheta > \vartheta_c = \arcsin(n_2/n_1)$ reflektiert, es tritt eine Phasenverschiebung δ, gegeben durch

   $$\tan(\delta/2) = \cos \vartheta \sqrt{\sin^2 \vartheta - (n_2/n_1)^2} \sin^2 \vartheta$$

   zwischen paralleler und normaler reflektierter Komponente auf, so daß das totalreflektierte Feld $\vec{E}$ elliptisch (im Spezialfall $\delta = \pi/2$ zirkular) polarisiert wird [4.35, 4.8, 4.11] und wobei eine längs der Trennfläche quer laufende *Oberflächenwelle* ("*Lichthaut*") angeregt wird.
2. Wenn reflektierter und gebrochener Strahl aufeinander senkrecht stehen ($\vartheta + \vartheta'' = \pi/2$), dann entsteht bei der Reflexion am dichteren Medium zur Einfallsebene senkrecht polarisiertes Licht – die Parallelkomponente wird dann nicht reflektiert, und es gilt das BREWSTER-*Gesetz* $\tan \vartheta_P = n_2/n_1$. Der Winkel ϑ_P heißt *Polarisationswinkel* und ist jener Einfallswinkel, bei dem – je nach den Brechungsindizes – die Polarisation eintritt.

Diese Beispiele sollten zeigen, daß in zunächst nur mathematisch interessanten Randbedingungen wesentliche physikalische Erkenntnisse und wirtschaftliche Folgen, z.B. für die optische Industrie, enthalten sein können.

Ist in den eben besprochenen Beispielen eines der Medien elektrisch leitend, so werden die elektromagnetischen Felder gedämpft – elektromagnetische Feldenergie wird in JOULE-*Wärme* verwandelt: In den Exponentialansätzen für die ebenen Wellen treten wegen (4.9.27), (4.9.63) von der Leitfähigkeit σ abhängige Terme auf. Ein Ansatz $E_z(x,t) = E_0(t) \exp(\alpha x)$ gibt $\alpha = \sqrt{i\mu\mu_0\sigma\omega - k^2}$. Die Randbedingungen bleiben jedoch unberührt. Die sich ergebende Phasengeschwindigkeit der Welle wird formal komplex und von der elektrischen Leitfähigkeit abhängig. Daher wird auch die Dämpfung von σ und ω abhängig. In inhomogenen elektrisch leitenden Medien, in denen ε und σ örtlich variieren, kann man dann besondere Effekte erzielen. Legt man nun dünne Schichten aus verschiedenen Materialien aufeinander, so kann man einfallende Wellen, z.B. *Radarwellen*, in einem gewissen Frequenzbereich fast vollständig absorbieren, so daß Reflexionen unterdrückt werden (*Tarnkappenflugzeuge*, STEALTH-*Bomber*, in den ersten Anfängen zurückgehend auf Forschungen des Jahres 1943 an der Universität Wien). Randbedingungen wirken also auch in die Waffentechnik hinein. Auch die Beobachtung, daß rote Tinte in Durchsicht gelbgrün erscheint, ist eine Folge der Physik elektrisch leitender Körper.

Bisher haben wir nur Wechselwirkungen des elektromagnetischen Feldes mit unendlich großen Körpern betrachtet. Wenn jedoch die Abmessungen der Ausbreitungshindernisse endlich sind, dann spricht man eher von *Streuung* oder *Beugung*. Streng genommen kann man diese beiden Effekte nicht trennen. Es handelt sich mehr um eine Frage der Terminologie und um die angewendete mathematische Methode. Bei der *Streuung* denkt man daran, daß die einfallende Welle im getroffenen Körper elektrische und magnetische Multipole zum Mitschwingen anregt, die dann ihrerseits Wellen ausstrahlen, die man natürlich auch "reflektierte Wellen" nennen könnte. Bei der *Beugung* hat man vor allem die Richtungsänderung einer Welle durch das Hindernis im Auge – die Welle, die sich vordem geradlinig ausgebreitet hatte, wird abgelenkt und um das Hindernis herumgebeugt. Bei Streuprozessen – beispielsweise der RAYLEIGH-*Streuung* und der Erklärung der blauen Farbe des Himmels [4.8] – spielen Randbedingungen praktisch keine Rolle. Wir wenden uns daher gleich der Beugung zu. Diese wird oft definiert als die Abweichung eines Wellenstrahls von der geradlinigen Ausbreitung durch ein Hindernis von der Größe der Wellenlänge. Dies ist **falsch**, und es gäbe dann beispielsweise an einem Eßteller keine Beugungserscheinung (die aber experimentell mit Licht von $5 \cdot 10^{-5}$ cm Wellenlänge in 10 km Entfernung nachgewiesen wurde [4.41]). Beugung wird auch definiert als Abweichung von den Ergebnissen der *geometrischen Optik*. Zur geometrischen Optik gelangt man, wenn man

1. das elektromagnetische Vektorfeld unter Vernachlässigung der Polarisation durch einen Skalar $u(x, y, z)$ beschreibt, also von
$$\Delta u = -k^2 u \tag{4.10.15}$$
ausgeht,
2. zur Lösung von (4.10.15) den *Eikonalansatz*
$$u(x, y, z) = A(x, y, z) \exp\left(\frac{2\pi i}{\lambda} S(x, y, z)\right) \tag{4.10.16}$$
macht,

also k durch $2\pi S/\lambda$ ersetzt. λ ist die örtliche Wellenlänge. $S(x, y, z)$ heißt das *Eikonal* oder die Phase, und $S(x, y, z) = const$ beschreibt die Flächen konstanter Phase. Setzt man (4.10.16) in (4.10.15) ein, so erhält man

$$\begin{aligned} &\left(\frac{\partial S}{\partial x}\right)^2 + \left(\frac{\partial S}{\partial y}\right)^2 + \left(\frac{\partial S}{\partial z}\right)^2 - \frac{k^2}{4\pi^2\lambda^2} \\ &= \frac{\lambda i}{\pi}\left(\operatorname{grad}(\ln A) \cdot \operatorname{grad} S + \frac{1}{2}\Delta S\right) + \left(\frac{\lambda}{2\pi}\right)^2 \frac{1}{A}\Delta A. \end{aligned} \tag{4.10.17}$$

Die Glieder auf der rechten Seite können nur dann vernachlässigt werden, wenn

1. die Amplitude $A(x, y, z)$ sich auf der Strecke einiger Wellenlängen nur sehr wenig ändert *und*
2. die Abmessungen des Hindernisses, die in grad eingehen, groß sind gegen die Wellenlänge λ.

Die so entstehende Gleichung heißt *Eikonalgleichung*

$$(\operatorname{grad} S)^2 \equiv \left(\frac{\partial S}{\partial x}\right)^2 + \left(\frac{\partial S}{\partial y}\right)^2 + \left(\frac{\partial S}{\partial z}\right)^2 = \frac{k^2}{4\pi^2\lambda^2} = n^2(x,y,z), \qquad (4.10.18)$$

wo $n(x, y, z)$ der (in einem inhomogenen Medium örtlich variable) Brechungsindex ist, vgl. Seite 110. Ist der Brechungsindex komplex, dann wird auch das Eikonal komplex, und es kommt – auch im Rahmen der geometrischen Optik – zu einer Dämpfung der einfallenden Strahlen [4.53].

Die *Eikonal*-Gleichung ist in einfachen Fällen separierbar, vgl. Seite 110. Der Leser wird eingeladen, zu zeigen, daß für $n = const$ die Eikonal-Gleichung die Phase S einer ebenen Welle liefert und daß für Kugelkoordinaten mit $\partial/\partial\vartheta = 0$, $\partial/\partial\varphi = 0$ die Phase von Kugelwellen geliefert wird. Man zeige, daß im Falle des Modells des *Fischauges* von MAXWELL $n = n_0 x_0/x$ für S Kreise erhalten werden.

Die Aussagen der Eikonalgleichung (4.10.18) und ihrer Randbedingungen (Stetigkeit von S an Grenzflächen) führen zur *kollinearen Abbildung von* GAUSS, zur *geometrischen Optik* und damit zur Theorie der *optischen Abbildungsfehler*. Die GAUSS-Abbildung erhält man als erste Näherung bei Entwicklungen der Lösungen der Eikonalgleichung. Abweichungen von der kollinearen Abbildung nennt man Abbildungsfehler. Je mehr Glieder man nach dem ersten Glied bei (meist binomischen) Eikonalentwicklungen berücksichtigt, desto höher ist die Ordnung des Abbildungsfehlers. Allerdings sind unter Umständen Fehler fünfter Ordnung (beispielsweise die *sphärische Aberration*) größer als Fehler dritter Ordnung (wie etwa der *Astigmatismus*). Bei schiefem Einfall eines Strahlenbündels auf eine brechende Kugelfläche führt die Randbedingung der Stetigkeit des Eikonals zum Fehler des Astigmatismus, der bekanntlich sehr schwer zu korrigieren ist.

Probleme der Streuung von elektromagnetischen oder akustischen Wellen wurden mehrfach behandelt. MIE beispielsweise untersuchte schon 1908 die Beugung (Streuung) elektromagnetischer Wellen an elektrisch leitenden Kugeln, um die rubinrote Farbe kolloidal gelösten Goldes zu erklären. Ausgehend von (4.9.70), (4.9.73) und der *Ausstrahlungsbedingung* (vgl. Seite 220) sowie den Randbedingungen an der Oberfläche der Kügelchen ergaben sich folgende Gesetzmäßigkeiten [7, 4.34]:

1. Sind die bestrahlten Kügelchen sehr klein ($\lambda < R$), so wird die einfallende Welle allseitig, entgegengesetzt der Primärstrahlung, reflektiert.
2. Läßt man den Kugelradius R wachsen, so wird nach vorne mehr abgestrahlt (MIE-*Effekt*).
3. Wächst $R > \lambda$ weiter, so gibt es wieder mehr Reflexion.

Dieser Effekt der Winkelverteilung der gestreuten Amplitude ist eine direkte Folge der Randbedingungen [7]. Beugung ("Streuung") von Wellen an einem Zylinder wird naturgemäß mit Ansätzen der Art (4.9.70), (4.9.73), aber auch in Zylinderkoordinaten untersucht [4.35, 4.38, 4.39].

Die Theorie der Beugung geht entweder von einer skalaren Gleichung (4.10.15) (KIRCHHOFF-*Beugung*) oder von einer vektoriellen Gleichung aus (SOMMERFELD-*Beugung*). In der Theorie nach KIRCHHOFF werden Polarisation der Welle und Materialeigenschaften des beugenden Hindernisses (Dielektrizitätskonstante ε, elektrische Leitfähigkeit σ) nicht beachtet. Die Theorie ist nur an der Geometrie der Wellenausbreitung und entstehenden Interferenzerscheinungen interessiert. Das Verfahren von KIRCHHOFF beruht eigentlich auf dem *Prinzip von* HUYGHENS: Jeder von einer Welle getroffene Punkt ist seinerseits Ausgangspunkt einer neuen Kugelwelle, und die Einhüllende aller so erzeugten Elementarwellen stellt die Gesamtwelle dar. KIRCHHOFF nimmt weiter an:

1. Wenn die Welle auf einen Schirm mit einer Öffnung trifft, dann sollen im freien Raum in der Schirmöffnung genau dieselben Verhältnisse herrschen, wie wenn der Schirm überhaupt nicht vorhanden wäre.
2. Auf der Schirmoberfläche soll dort, wo sich keine Öffnung befindet, die Lichterregung verschwinden, d.h. es sollen an der Schirmoberfläche die Randbedingungen $u = 0$, $\nabla u = 0$ gelten.

In der Potentialtheorie wurde der zweite GREENsche Satz (4.3.7) verwendet, wobei dann später für $V = 1/r$ gesetzt wurde, da dies das Potential einer Punktladung war. Beim Problem der Beugung schreiben wir $V = \mathrm{e}^{-ikr}/r$, da dies eine elementare Kugelwelle beschreibt. Wir umschließen dann wieder wie im Abschnitt 4.3 die Quelle mit einer Kugel vom Radius ε, den wir dann gegen Null gehen lassen. Auf diese Weise erhalten wir für die Lichterregung $U = u_P$ im Aufpunkt P

$$u_P = \frac{1}{4\pi}\iint\limits_F \left(\frac{\mathrm{e}^{-ikr}}{r}\,\mathrm{grad}\,u - u\,\mathrm{grad}\,\frac{\mathrm{e}^{-ikr}}{r}\right)\mathrm{d}f, \tag{4.10.19}$$

wobei das Oberflächenintegral über die Begrenzungsfläche F des Hindernisses zu erstrecken ist. Die Gleichung (4.10.19) wird oft als KIRCHHOFF-*Beugungsformel* bezeichnet. Sie soll nun noch etwas vereinfacht werden. Wir bezeichnen mit $\vec{r}_Q$ den Abstand einer Lichtquelle Q von einem Punkt in der Schirmöffnung, und $\vec{r_P}$ sei der Abstand des Beobachters, der sich auf der anderen, von der Lichtquelle abgewandten Seite des Schirmes befindet. Dann gilt für eine von Q auslaufende Kugelwelle

$$v = \frac{\mathrm{e}^{-ikr_Q}}{r_Q}, \quad \mathrm{grad}\,v = -\left(\frac{1}{r_Q^2} + \frac{ik}{r_Q}\right)\mathrm{e}^{-ikr_Q}\cdot\vec{r}_Q^{\,0}, \tag{4.10.20}$$

und für die im Aufpunkt beobachtbaren von der Schirmöffnung ausgehenden Elementarwellen gilt

$$v_P = \frac{\mathrm{e}^{-ikr}}{r}, \quad \mathrm{grad}\,v_P = -\left(\frac{1}{r^2} + \frac{ik}{r}\right)\mathrm{e}^{-ikr}\cdot\vec{r}_P^{\,0}, \tag{4.10.21}$$

wobei $\vec{r}_Q^{\,0}$, $\vec{r}_P^{\,0}$ Einheitsvektoren in der Richtung der Abstände $|r_Q|$ bzw. $|r_P|$ sind. In (4.10.19) wird ein Flächenintegral berechnet, so daß die Beugungsformel unter Vernachlässigung von $1/|r_Q|^2$, $1/|r_P|^2$ gegenüber $1/\lambda$, wo $\lambda = 2\pi/k$ die Wellenlänge sei, nun geschrieben werden kann

$$u_P = \frac{i}{2\lambda}\int\limits_O \frac{\mathrm{e}^{-ik(r+r_Q)}}{r\, r_Q}\left[\cos\left(\vec{n}\vec{r}_P^{\,0}\right) - \cos\left(\vec{n}\vec{r}_Q^{\,0}\right)\right] \mathrm{d}f. \tag{4.10.22}$$

Hier ist das Flächenintegral wegen der Schirmrandbedingung nur über die Öffnung O zu erstrecken. $\vec{n}$ ist der Normalvektor auf die Fläche der Öffnung, und die verschiedene (entgegengesetzte) Richtung der Einheitsvektoren $\vec{r}_P^{\,0}$, und $\vec{r}_Q^{\,0}$ wurde bereits in (4.10.22) beachtet. Führt man nun innerhalb der Ebene der Schirmöffnung, die rechteckig oder kreisförmig etc. sein kann, cartesische Koordinaten ξ, η ein und bezeichnet man den Ort der Lichtquelle mit x_Q, y_Q, z_Q und den Aufpunkt mit x, y, z, so gilt für die Abstände von einem Punkt ξ, y in der Öffnung:

$$\begin{aligned} r_Q &= \sqrt{(x_Q-\xi)^2 + (y_Q-\eta)^2 + z_Q^2}, \\ r &= \sqrt{(x-\xi)^2 + (y-\eta)^2 + z^2}. \end{aligned} \tag{4.10.23}$$

Wir bezeichnen nun die Abstände des Quellpunktes $Q(x_Q, y_Q, z_Q)$ und des Aufpunktes $P(x, y, z)$ vom Ursprung des ξ, η-Koordinatensystems ($\xi = 0$, $\eta = 0$) nach (4.10.23) mit $R_Q = \sqrt{x_Q^2 + y_Q^2 + z_Q^2}$ bzw. $R = \sqrt{x^2 + y^2 + z^2}$. Man kann dann den Ausdruck $r + r_Q$ in (4.10.22) in eine Potenzreihe nach ξ, η entwickeln, die zur Klassifizierung der Beugungserscheinungen herangezogen werden kann

$$\begin{aligned} r + r_Q = R + R_Q &+ \xi\left(-\frac{x_Q}{R_Q} - \frac{x}{R}\right) + \eta\left(-\frac{y_Q}{R_Q} - \frac{y}{R}\right) + \frac{1}{2}\frac{\xi^2+\eta^2}{R_Q} \\ &+ \frac{1}{2}\frac{\xi^2+\eta^2}{R} - \frac{1}{2}\left\{\frac{\left(-\frac{x_Q}{R_Q}\xi - \frac{y_Q}{R_Q}\eta\right)^2}{R_Q} + \frac{\left(-\frac{x}{R}\xi - \frac{y}{R}\eta\right)^2}{R}\right\} + \ldots, \end{aligned} \tag{4.10.24}$$

wobei $\cos(\vec{n}, R_Q) = -x_Q/R_Q$ etc. verwendet wurde. Vernachlässigt man bei großer Entfernung von Q und P vom Schirm die quadratischen Glieder (*teleskopische Beugung*), so spricht man von FRAUENHOFER-*Beugung*; werden durch geeignete Wahl der Winkel zwischen $\vec{n}, \vec{r}_Q^{\,0}$ und $\vec{n}, \vec{r}_P^{\,0}$ etc. die Terme erster Ordnung zum Verschwinden gebracht und betrachtet man nur die Terme zweiter Ordnung (*mikroskopische Beugung*), so spricht man von FRESNEL-*Beugung*. Damit hängen nicht nur das Auflösungsvermögen optischer Instrumente, die Theorie der FRESNEL-*Linse* oder des POISSON-*Flecks* zusammen, sondern auch schöne mathematische Ergebnisse (FRESNEL-*Integrale* [2.4] und ihre Darstellung durch die CORNU-*Spirale* – Krümmung proportional der Bogenlänge) an (4.10.22) und den zugehörenden Randbedingungen.

Die Überlegungen von KIRCHHOFF lassen sich auf zeitabhängige Probleme erweitern, so daß man auch Anfangswertprobleme lösen kann. Wir betrachten beispielsweise die *inhomogene Wellengleichung*

$$\frac{\partial^2 u}{\partial t^2} = c^2\left(\frac{\partial^2 u}{\partial x^2} + \frac{\partial^2 u}{\partial y^2} + \frac{\partial^2 u}{\partial z^2}\right) + f(x, y, z, t). \tag{4.10.25}$$

Da r/c die Zeit ist, die Wellen zur Fortpflanzung von ξ, η, ζ nach x, y, z benötigen, ersetzen wir die Veränderlichen $t - r/z \to \tilde{\tau}$, r nach (4.10.23) sowie $u(x, y, z, t) \to \tilde{u}(x, y, z, \tilde{\tau})$ (*retardierte Größe*). Nach einigen Rechnungen [20, 23] erhält man die zu (4.10.19) analoge KIRCHHOFF-*Wellenformel*

$$u(x,y,z,t) = \frac{1}{4\pi c^2}\int\limits_G \frac{\tilde{f}}{r}\mathrm{d}\tau + \frac{1}{4\pi}\int\limits_F \left\{ \tilde{u}\frac{\partial \frac{1}{r}}{\partial n} - \frac{1}{r}\frac{\partial \tilde{u}}{\partial n} - \frac{1}{cr}\frac{\partial \tilde{u}}{\partial t}\frac{\partial r}{\partial n} \right\} \mathrm{d}f. \quad (4.10.26)$$

F ist die das Gebiet G einschließende Fläche. Spezialisiert man G und F auf eine Kugel vom Radius $r = ct$, dann erhält man die POISSON-*Wellenformel* (4.10.28) und kann dann mit ihr das Anfangswertproblem

$$u(\xi, \eta, \zeta, t = 0) = h(\xi, \eta, \zeta), \quad \left.\frac{\partial u}{\partial t}\right|_{t=0} = g(\xi, \eta, \zeta), \quad (4.10.27)$$

$$\begin{aligned} u(x,y,z,t) &= \frac{1}{4\pi c^2}\int\limits_G \frac{f(\xi,\eta,\zeta,t-r/c)}{r}\mathrm{d}\tau \\ &+ \frac{1}{4\pi c^2}\frac{\partial}{\partial t}\left\{\frac{1}{t}\int\limits_F h(\xi,\eta,\zeta)\mathrm{d}f\right\} + \frac{1}{4\pi c^2 t}\int\limits_F g(\xi,\eta,\zeta)\mathrm{d}f \end{aligned} \quad (4.10.28)$$

lösen [20].

Es ist klar, daß die Materialeigenschaften des Schirms wie z.B. die elektrische Leitfähigkeit doch in gewissem Maße die Beugungserscheinungen beeinflussen. Leider konnten jedoch bisher nur ganz wenige Probleme dieser SOMMERFELD-*Beugungstheorie* streng gelöst werden, obwohl es eine Erweiterung der KIRCHHOFF-Formeln für vektorielle Felder gibt [4.34, 4.39]. Von einer exakten Lösung des Beugungsproblems kann man nur dann sprechen, wenn es gelingt, die MAXWELL-Gleichungen im Äußeren und Inneren des beugenden Hindernisses samt den Grenzbedingungen am Körper und im Unendlichen zu befriedigen und zu erreichen, daß die Lösung auch die von der Quelle emittierten Felder exakt beschreibt. Die Beugung an einer einseitig unendlichen Halbebene oder die Beugung an Kugel (MIE-Effekt) oder Zylinder sind solche Beispiele. Der Einfall einer ebenen linkszirkular polarisierten Welle auf eine leitende Kugel wird unter Berücksichtigung der Randbedingungen (Verschwinden der elektrischen Tangentialkomponente und der magnetischen Normalkomponente an der Kugeloberfläche) von EDER [4.10] behandelt. Wir besprechen hier kurz die Beugung ("Streuung") einer TE-Welle ($E_z = 0$) an einem Kreiszylinder mit dem Radius R, dessen Achse mit der z-Achse eines Zylinderkoordinatensystems r, φ, z zusammenfällt, und folgen im wesentlichen der schönen Darlegung von MITTER [4.35]. Unter vorübergehender Weglassung des Faktors $\exp(i\gamma z \pm i\omega t)$ gehen wir mit $q_1 = r$, $q_2 = \varphi$, $\sqrt{g_{11}} = 1$, $\sqrt{g_{22}} = r$ in die FOCK-*Gleichungen* (4.9.47) und (4.9.48) ein. Das Ergebnis ist

$$B_r(r,\varphi) = \frac{i\gamma c^2}{\omega^2 - \gamma^2 c^2}\frac{\partial B_z}{\partial r}, \qquad B_\varphi = \frac{i\gamma c^2}{\omega^2 - \gamma^2 c^2}\frac{1}{r}\frac{\partial B_z}{\partial \varphi}, \quad (4.10.29)$$

$$E_r(r,\varphi) = \frac{-i\omega c^2}{\omega^2 - \gamma^2 c^2}\frac{1}{r}\frac{\partial B_z}{\partial \varphi}, \qquad E_\varphi = \frac{i\omega c^2}{\omega^2 - \gamma^2 c^2}\frac{\partial B_z}{\partial r}. \tag{4.10.30}$$

Wegen $(\Delta \vec{B})_z = \Delta B_z$ erhält man $B_z(r,\varphi)$ aus der vektoriellen HELMHOLTZ-Gleichung (4.9.28), wenn man im Luftraum $\vec{j} = 0$ setzt. Zusätzlich ist die Randbedingung an der Zylinderoberfläche $r = R$ zu erfüllen:

$$\frac{\partial}{\partial r} B_z(r,\varphi)\bigg|_{r=R} = 0. \tag{4.10.31}$$

Die gesuchte Lösung $\vec{B}, \vec{E}$ muß sich aus einer ebenen einfallenden Welle $\vec{B}_{ein}, \vec{E}_{ein}$, die wir als linear polarisiert in der y-Richtung annehmen, $\vec{k} = (k,0,0)$, und der gestreuten Welle zusammensetzen: $\vec{B} = \vec{B}_{ein} + \vec{B}_{Str}$, $\vec{E} = \vec{E}_{ein} + \vec{E}_{Str}$

$$B_{z\,ein} = A\exp(ikx) = A\exp(ikr\cos\varphi), \tag{4.10.32}$$

$$E_{r\,ein} = \frac{\omega\sin\varphi}{kc} A\exp(ikr\cos\varphi), \tag{4.10.33}$$

$$E_{\varphi\,ein} = \frac{\omega\sin\varphi}{kc} A\exp(ikr\cos\varphi), \tag{4.10.34}$$

wobei der Faktor vor A in den elektrischen Komponenten vom Einsetzen von $B_{z\,ein}$ in die MAXWELL-Gleichungen herrührt. Für die Streuwelle folgt aus der skalaren HELMHOLTZ-Gleichung

$$B_{z\,Str} = \sum_{m=-\infty}^{\infty} C_m \exp(im\varphi) H_m^{(1)}(kr), \tag{4.10.35}$$

da sich in der auslaufenden Welle die Wellenberge im Laufe der Zeit in Richtung wachsender r verschieben, was bei dem Ansatz $\exp(-i\omega t)$ durch die HANKEL-Funktion $H_m^{(1)}$ (4.9.65) gewährleistet wird. (Man beachte, daß bei einem Ansatz $\exp(+i\omega t)$, wie er beispielsweise (4.9.80) zugrunde lag, $H_{l+1/2}^{(2)}$ die auslaufende Welle beschreibt.) Um nun die Randbedingung (4.10.31) zu erfüllen, müssen wir die einfallende ebene Welle $B_{z\,ein}$ nach den in (4.10.35) enthaltenen Zylinderfunktionen (oder die Zylinderfunktionen nach ebenen Wellen) entwickeln. Mit Hinblick auf (4.10.32) und (4.9.92) schreiben wir

$$B_{z\,ein} = A\exp(ikr\cos\varphi) = \sum_m i^m \mathrm{J}_m(kr) \mathrm{e}^{im\varphi} \tag{4.10.36}$$

und erhalten aus der Randbedingung (4.10.31) und (4.10.35)

$$C_m = -i^m A \frac{\mathrm{J}_m(kR)}{H_m^{(1)}(kR)}. \tag{4.10.37}$$

Damit erhält man für das Streufeld [4.35]

$$B_{z\,Str} = -A \sum_m \frac{J'_m(kR)}{H_m^{(1)'}(kR)} H_m^{(1)}(kr) i^m \exp(im\varphi), \tag{4.10.38}$$

$$E_{r\,Str} = \frac{A\omega}{ck^2} \frac{1}{r} \sum_m \frac{mJ'_m(kR)}{H_m^{(1)'}(kR)} H_m^{(1)}(kr) i^m \exp(im\varphi), \tag{4.10.39}$$

$$E_{\varphi\,Str} = \frac{iA\omega}{ck} \sum_m \frac{J'_m(kR)}{H_m^{(1)'}(kR)} H_m^{(1)'}(kr) i^m \exp(im\varphi). \tag{4.10.40}$$

Damit ist das Problem der Beugung am Zylinder gelöst. Man kann nun noch die Energiestromdichte der Streuwelle aus der radialen Komponente des POYNTING-*Vektors* $\vec{E} \times \vec{H}$ berechnen, indem man das Streufeld einsetzt und über eine Schwingungsperiode $2\pi/\omega$ integriert. Interessant für die Praxis ist nun, in welche Winkelbereiche die Strahlung gestreut wird – diese Frage war schon beim MIE-Effekt bedeutsam. Bei der Berechnung des winkelabhängigen Energiestroms bei der Streuung am Zylinder erhält man als Funktion von φ einen Ausdruck

$$\frac{\mathrm{d}\sigma}{\mathrm{d}\varphi} = \frac{2}{\pi k} \left| \sum_{n=-\infty}^{+\infty} \frac{J'_n(kR)}{H_n^{(1)'}(kR)} \exp(in\varphi) \right|^2 ,$$

der als der *differentielle Wirkungsquerschnitt* des zylindrischen Streuers bezeichnet wird. In Kugelkoordinaten wird $\mathrm{d}\sigma/\mathrm{d}\vartheta \sim |f(\vartheta)|^2$. Integration über den *Streuwinkel* φ von 0 bis 2π gibt den *totalen Wirkungsquerschnitt* als ein geometrisches, von den Abmessungen des Streuers und der Wellenlänge $2\pi/k$ abhängiges Maß der Streustärke. In der Quantentheorie, in der Teilchen durch SCHRÖDINGER-Wellen dargestellt werden, spielen diese Begriffe bei der Teilchenstreuung eine wesentliche Rolle, vgl. Abschnitt 4.13.

Bisher nahmen wir in den Abschnitten 4.9 und 4.10 an, daß Dielektrizitätskonstante ε und magnetische Permeabilität μ konstante Größen sind, also weder von den Feldstärken (was zu nichtlinearen elektromagnetischen Gleichungen führt [4.42]), noch vom Ort abhängen, die betrachteten Medien also alle homogen seien. Ist jedoch das Medium inhomogen, dann sind alle bisher verwendeten Gleichungen zu modifizieren. Wir wollen uns kurz mit einem einfachen Beispiel beschäftigen. Nimmt man an, daß $\mu = const$, aber $\varepsilon = \varepsilon(x, y, z)$, $\partial\varepsilon/\partial t = 0$ sei, dann bleiben zwar (4.9.2) und (4.9.4) ungeändert, doch die MAXWELL-Gleichungen (4.9.1) und (4.9.3) lauten

$$\operatorname{rot} \vec{B} = \frac{\mu\varepsilon}{c_0^2} \frac{\partial \vec{E}}{\partial t} + \mu\mu_0 \vec{j}, \quad \varepsilon \operatorname{div} \vec{E} + \vec{E} \operatorname{grad} \varepsilon = \rho/\varepsilon_0, \tag{4.10.41}$$

wobei $c_0 = 1/\sqrt{\varepsilon_0\mu_o}$ die Vakuumlichtgeschwindigkeit ist. Leitet man nun mit Hilfe dieser Gleichungen die Wellengleichung für das elektrische Feld ab, so erhält man statt (4.9.27) die neue Gleichung

$$\Delta \vec{E} - \frac{\mu\varepsilon}{c_0^2} \frac{\partial^2 \vec{E}}{\partial t^2} = \operatorname{grad} \frac{\rho}{\varepsilon\varepsilon_0} + \mu\mu_0 \frac{\partial \vec{j}}{\partial t} - \operatorname{grad} (\vec{E} \cdot \operatorname{grad} \ln \varepsilon). \tag{4.10.42}$$

Da die Inhomogenität mit dem meist schwach veränderlichen Term $\operatorname{grad} \ln \varepsilon(x, y, z)$ beschrieben wird, kann man sehr oft Inhomogenitäten vernachlässigen. Andererseits kann man durch Zusammenfügen dünner homogener Schichten sehr viele Inhomogenitätsverläufe technisch realisieren. Der einfachste Fall eines Problems mit Inhomogenität des Mediums wäre der Einfall einer in der y-Richtung linear polarisierten ebenen Welle, die sich in der x-Richtung fortpflanzt und auf eine unendlich große Schicht mit $\varepsilon(x)$ trifft, vgl. Abb. 40. Bei der dort dargestellten Situation gilt $\vec{E} = E_y = E_0 \exp(ikx)$, und mit der harmonischen Zeitabhängigkeit $\exp(i\omega t)$ und $\rho = 0$, $j = 0$ im Luftraum und im Medium nimmt (4.10.42) die Form an:

$$\frac{\mathrm{d}^2 E_y(x)}{\mathrm{d}x^2} + \frac{\omega^2 \mu\varepsilon(x)}{c_0^2} E_y(x) = -\frac{\mathrm{d}}{\mathrm{d}x}\left(E_y(x) \cdot \frac{\mathrm{d} \ln \varepsilon(x)}{\mathrm{d}y}\right) = 0. \tag{4.10.43}$$

In diesem speziellen Fall macht sich die Inhomogenität nur in einem variablen *Brechungsindex* $n(x) = c_0/c = \sqrt{\mu\varepsilon(x)}$ bemerkbar:

$$\frac{\mathrm{d}^2 E_y(x)}{\mathrm{d}x^2} + \frac{\omega^2}{c_0^2} n^2(x) E_y(x) = 0. \tag{4.10.44}$$

Mit dem Ansatz $\mu\varepsilon = (x_0 - x)/x_0$ und mit der Transformation $\xi = k_0^{2/3} x_0^{-2/3}(x_0 - x)$ erhält man die STOKES-*Gleichung*

$$\frac{\mathrm{d}^2 E_y(\xi)}{\mathrm{d}x^2} + \xi E_y(\xi) = 0, \tag{4.10.45}$$

die man nach den Methoden des Abschnitts 2.2 durch einen Potenzreihenansatz lösen kann. Einfacher ist es jedoch, (4.10.45) mit der in der Praxis oft sehr wertvollen Differentialgleichung (2.2.35) zu vergleichen Man liest leicht ab, daß man (2.2.35) durch $\alpha = 1/2$, $\beta = 2/3$, $\gamma = 3/2$, $p = 1/3$ in die Form (4.10.45) bringen kann. Dann kann man aber sofort eine Lösung anschreiben:

$$E_y(\xi) = \xi^{1/2} \mathrm{Z}_{1/3}\left(\frac{2}{3}\xi^{3/2}\right) = \mathrm{Ai}(-\xi). \tag{4.10.46}$$

Dies ist die AIRY-*Funktion* [10, 16], die auch durch

$$\mathrm{Ai}(\xi) = \mathit{const} \int_0^\infty \cos\left(\frac{1}{3}x^3 - \xi x\right) \mathrm{d}x \tag{4.10.47}$$

dargestellt werden kann. Konstante und Art der Zylinderfunktion Z sind aus den Randbedingungen zu bestimmen. Da der Brechungsindex n variabel, die Frequenz aber (meistens) konstant ist, wird die Wellenlänge λ eine Funktion des Ortes. Das ist ein Kennzeichen inhomogener Medien. In vielen Fällen geht man bei der Behandlung der Wellenausbreitung in inhomogenen Medien von der Annahme aus, daß dieses in viele dünne homogene Schichten zerlegt werden kann, wobei jede Schicht leicht veränderte Materialparameter besitzt [4.43, 4.44]. Allerdings muß man an jeder Zwischenfläche die Randbedingungen berücksichtigen.

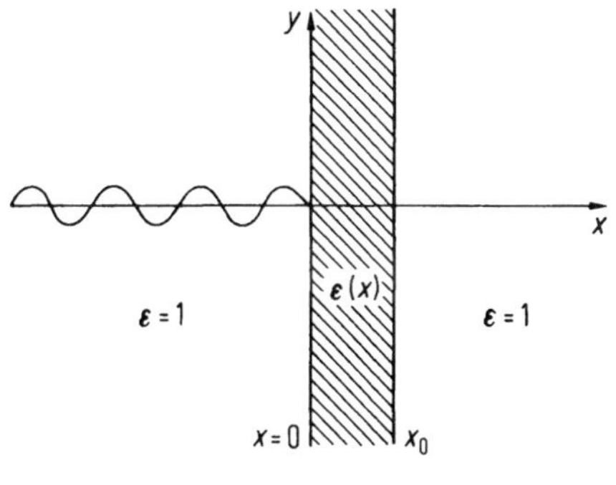

Abb. 40. Einfall einer Welle auf eine inhomogene Schicht

4.11 Störungsrechnung

Inhomogene Saite, entartete und nichtentartete Probleme, Eigenwertstörung, Membran mit drei Randbedingungen, ausgeschnittene Membran, Säulenknickung, Störung von Randbedingungen und von Randform, singuläre Störungsprobleme, innere und äußere Lösung

Leider lassen sich nur wenige Probleme der Praxis exakt lösen. Es ist daher notwendig, Methoden zu suchen, mit denen sich wenigstens eine genäherte Lösung auffinden läßt. Im Laufe der Zeit wurden verschiedene Methoden entwickelt, um zu Näherungslösungen zu gelangen. Erfreulicherweise liegen immer wieder Probleme vor, bei denen man durch Vernachlässigung einer kleinen Größe, des *Störungsparameters* ε, zu einem exakt lösbaren Problem gelangen kann. Derartige Probleme haben wir bereits im Abschnitt 2.6 kennengelernt. So haben wir mit der Methode der *sukzessiven Näherung* nach POINCARÉ die nichtlineare gewöhnliche Differentialgleichung (2.6.17) gelöst. Bei partiellen Differentialgleichungen muß man verfeinerte Methoden verwenden. Je nach dem Eigenwertspektrum des ungestörten (exakt lösbaren) Problems muß man verschieden vorgehen. Als Beispiel betrachten wir die schon in (4.4.35) behandelte *inhomogene Saite*, wobei wir zur Vereinfachung die Form $p(x) = 1$ und

$$\frac{\partial^2 u}{\partial x^2} = \frac{1+\varepsilon(x)}{c^2}\frac{\partial^2 u}{\partial t^2} \tag{4.11.1}$$

annehmen. Zunächst nehmen wir an, daß die Saite bei $x = 0$ und $x = l$ eingespannt ist und daher ein *diskretes Eigenwertspektrum* besitzt. Zur Lösung von (4.11.1) setzen wir an

$$u(x,t) = f(x)\cos(\omega t + \varphi) \tag{4.11.2}$$

und erhalten

$$\frac{\mathrm{d}^2 f(x)}{\mathrm{d}x^2} = -\frac{\omega^2}{c^2}(1+\varepsilon(x))f(x). \tag{4.11.3}$$

Für die gestörte Eigenfunktion f und für die gestörte Eigenfrequenz ω setzen wir mit Hinblick auf die Randbedingungen (4.4.5) und auf (4.4.17) an

$$f(x) = \sin\frac{n\pi x}{l} + g(x), \quad \omega = \omega_n(1+\eta), \tag{4.11.4}$$

wobei g und η die Störungen und $\omega_n = n\pi c/l$ die Eigenfrequenzen (4.4.16) des ungestörten Problems sind. Setzt man in (4.11.3) ein, so erhält man bei Vernachlässigung der Glieder zweiter und höherer Ordnung εg, η^2, $g\eta$, $g\eta^2$, $\varepsilon\eta$

$$g''(x) + \frac{\omega_n^2}{c^2} g = -\frac{n^2\pi^2}{l^2}[\varepsilon(x) + 2\eta]\sin\frac{n\pi x}{l}. \tag{4.11.5}$$

Nun entwickelt man die Störungsfunktion $g(x)$ in eine Reihe nach den zeitfreien Eigenfunktionen des ungestörten Problems

$$g(x) = \sum_{\nu=1}^{\infty} a_\nu \sin\frac{\nu\pi x}{l}, \tag{4.11.6}$$

was die Randbedingungen (4.4.5) erfüllt, so daß auch $u(x,t)$ nach (4.11.2) diese erfüllt. Einsetzen von $g(x)$ in (4.11.5) gibt

$$\sum_{\nu=1}^{\infty}\left(\omega_n^2 - \frac{\nu^2\pi^2c^2}{l^2}\right) a_\nu \sin\frac{\nu\pi x}{l} = -\omega_n^2[\varepsilon(x) + 2\eta]\sin\frac{n\pi x}{l}. \tag{4.11.7}$$

Multiplikation mit $\sin(n\pi x/l)$ und Integration von 0 bis l gibt wegen der Orthogonalitätsrelationen für $\nu \neq n$ eine verschwindende linke Seite und daher

$$\eta = -\frac{1}{l}\int_0^l \varepsilon(x)\sin^2\frac{n\pi x}{l}\mathrm{d}x. \tag{4.11.8}$$

Hierbei wurde

$$\frac{1}{l}\int_0^l \sin^2\frac{n\pi x}{l}\mathrm{d}x = \frac{1}{2} \tag{4.11.9}$$

verwendet. Multipliziert man (4.11.7) mit $\sin(m\pi x/l)$ und integriert, so erhält man für $m \neq n$

$$a_m = \frac{\omega_n^2}{\omega_m^2 - \omega_n^2}\,\frac{2}{l}\int_0^l \varepsilon(x)\sin\frac{n\pi x}{l}\,\sin\frac{m\pi x}{l}\mathrm{d}x. \tag{4.11.10}$$

Für den einen Wert a_n setzt man $a_n = 0$. Mit (4.11.8) und (4.11.10) ist das Problem für ein diskretes Eigenwertspektrum (beidseitig eingespannte Saite) gelöst.

Für ein *kontinuierliches Eigenwertspektrum* des ungestörten Problems (unendlich lange, nicht eingespannte) Saite erwarten wir nicht stehende Wellen der Art (4.4.15), sondern laufende Wellen der Art (4.4.4). Wir setzen daher zur Lösung von (4.11.1) an

$$u(x,t) = A\mathrm{e}^{ik(x-ct)} + u_1(x,t) = u_0 + u_1, \tag{4.11.11}$$

so daß

$$\frac{\partial^2 u_1}{\partial x^2} - \frac{1}{c^2}\frac{\partial^2 u_1}{\partial t^2} = -\varepsilon A k^2 \mathrm{e}^{ik(x-ct)} \equiv \frac{\varepsilon}{c^2}\frac{\partial^2 u_0}{\partial t^2} \tag{4.11.12}$$

folgt, wenn wieder $\varepsilon u_1 \approx 0$ gesetzt wird. Der Separationsansatz

$$u_1(x,t) = v(x)\mathrm{e}^{2kct} \tag{4.11.13}$$

führt zu der leicht lösbaren Differentialgleichung

$$v'' + k^2 v = -\varepsilon A k^2 \mathrm{e}^{ikx} \tag{4.11.14}$$

vom Typ (2.1.3). Will man Glieder höherer Ordnung auch erfassen, um eine bessere Näherung zu erhalten, dann setzt man an: $u = u_0 + u_1 + u_2 \ldots$. Das gesamte Verfahren läßt sich auch auf mehrdimensionale Probleme der Art

$$\Delta u = \frac{1+\varepsilon(x,y)}{c^2}\frac{\partial^2 u}{\partial t^2} \tag{4.11.15}$$

erweitern und führt dann zu gekoppelten partiellen Differentialgleichungen

$$\frac{\partial^2 u_\nu}{\partial x^2} + \frac{\partial^2 u_\nu}{\partial y^2} - \frac{1}{c^2}\frac{\partial^2 u_\nu}{\partial t^2} = \frac{\varepsilon(x,y)}{c^2}\frac{\partial^2 u_{\nu-1}}{\partial t^2}. \tag{4.11.16}$$

Ist die Störung zeitabhängig, dann bewährt sich der Ersatz von (4.11.6) durch

$$u(x,t) = \sum_{\nu=1}^{\infty} a_\nu(t)\sin\frac{\nu\pi x}{l}. \tag{4.11.17}$$

Die bisher behandelten eindimensionalen Probleme waren nicht entartet. Wenn ein diskretes entartetes Eigenwertproblem vorliegt, dann entsteht die Frage, welcher der zusammenfallenden Eigenwerte gestört wird: die *Störung* muß die *Entartung aufheben.* Wir betrachten eine quadratische Membran der Seitenlänge a mit den ungestörten mehrfachen Eigenfrequenzen ω_{mn} nach (4.5.6) und den Eigenfunktionen nach (4.5.8)

$$u_{mn}(x,y,t) = A_{mn}\sin\frac{m\pi x}{a}\sin\frac{n\pi y}{a}\cos(\omega_{mn}t - \varphi_{mn}). \tag{4.11.18}$$

Zur Lösung des gestörten Problems (4.11.15) setzen wir eine Superposition von zum gleichen (mehrfachen) Eigenwert ω_{mn} gehörenden Eigenfunktionen plus Störung an:

$$\begin{aligned} u(x,y,t) = {} & \left[\alpha\sin\frac{m\pi x}{a}\sin\frac{n\pi y}{a} + \beta\sin\frac{n\pi x}{a}\sin\frac{m\pi y}{a} + g(x,y)\right] \\ & \cdot\cos(\omega t - \varphi). \end{aligned} \tag{4.11.19}$$

Hierbei ist $\omega = \omega_{mn}(1+\eta)$ der gestörte Eigenwert. Einsetzen ergibt bei Weglassen der Glieder höherer Ordnung

$$\begin{aligned}\Delta g + \frac{\omega_{mn}^2}{c^2}\, g = &-\frac{\omega_{mn}^2}{c^2}(\varepsilon + 2\eta) \\ &\cdot \left(\alpha \sin\frac{m\pi x}{a}\,\sin\frac{n\pi y}{a} + \beta \sin\frac{m\pi x}{a}\,\sin\frac{n\pi y}{a}\right),\end{aligned} \tag{4.11.20}$$

was durch

$$g(x,y) = \sum_{\mu=1}^{\infty}\sum_{\nu=1}^{\infty} a_{\mu\nu} \sin\frac{\mu\pi x}{a}\,\sin\frac{\nu\pi y}{a} \tag{4.11.21}$$

gelöst werden kann. Multiplikation von (4.11.20) mit

$$\sin\frac{m\pi x}{a}\,\sin\frac{n\pi y}{a} \quad \text{oder} \quad \sin\frac{n\pi x}{a}\,\sin\frac{m\pi y}{a}$$

und Integration ergeben [22]

$$\begin{aligned}&(\varepsilon_{mn} + 2\eta)\,\alpha + \zeta_{mn}\beta = 0, \\ &\zeta_{mn}\alpha + (\varepsilon_{mn} + 2\eta)\,\beta = 0,\end{aligned} \tag{4.11.22}$$

wobei

$$\varepsilon_{mn} = \frac{4}{a^2}\int_0^a\!\!\int_0^a \varepsilon(x,y)\sin^2\frac{m\pi x}{a}\,\sin^2\frac{n\pi y}{a}\,dx dy,$$

$$\zeta_{mn} = \frac{4}{a^2}\int_0^a\!\!\int_0^a \varepsilon(x,y)\sin\frac{m\pi x}{a}\,\sin\frac{n\pi x}{a}\,\sin\frac{m\pi y}{a}\,\sin\frac{n\pi y}{a}\,dx dy$$

verwendet wurde. Die zwei linearen homogenen Gleichungen (4.11.22) für α und β besitzen dann und nur dann eine nichttriviale Lösung, wenn die Koeffizientendeterminante verschwindet. Dies ergibt

$$\eta_{1,2} = \frac{1}{4}\left[-(\varepsilon_{mn} + \varepsilon_{nm}) \pm \sqrt{(\varepsilon_{mn} - \varepsilon_{nm})^2 + 4\zeta_{mn}^2}\,\right]. \tag{4.11.23}$$

Bei der Störung des Systems erhält man somit statt der entarteten Frequenz ω_{mn} zwei verschiedene Frequenzen $\omega_{mn} + \eta_1$, $\omega_{mn} + \eta_2$: durch die Störung wird tatsächlich die Entartung aufgehoben. Die Dichteinhomogenität $\varepsilon(x,y)$ bewirkt auch noch eine Kopplung der im ungestörten Problem zum gleichen Eigenwert ω_{mn} gehörenden Eigenschwingungen.

Das Verfahren der Störungsrechnung läßt sich gewissermaßen formalisieren [20]. Es sei eine partielle Differentialgleichung in der Form

$$\mathcal{L}\{u\} + \varepsilon\,\mathcal{S}\{u\} = \lambda\,\mathcal{N}\{u\} \tag{4.11.24}$$

gegeben, wobei $\mathcal{L}$ ein linearer selbstadjungierter Differentialoperator sei, $\mathcal{S}$ ist das eventuell auch Differentiationen enthaltende Störglied, ε der Störungsparameter, λ der Eigenwert und $\mathcal{N}$ ein weiterer Ausdruck. (Man könnte an $\mathcal{L} \to$ LAPLACE-Operator, $\mathcal{S} \to u'$, $\lambda\mathcal{N}\{u\} \to k^2 u$ denken.) Als Randbedingung werde $\mathcal{R}\{u\} = 0$ angenommen. Die ungestörten Eigenwerte λ_{0k} und die zugehörenden Eigenfunktionen φ_{0k} seien bekannt. Man macht dann die schon einleitend erwähnten Ansätze

$$\lambda_k = \lambda_{0k} + \varepsilon\lambda_{1k} + \varepsilon^2\lambda_{2k} + \ldots, \qquad \varphi_k = \varphi_{0k} + \varepsilon\varphi_{1k} + \varepsilon^2\varphi_{2k} + \ldots \tag{4.11.25}$$

und erhält nach analoger Rechnung wegen der Orthogonalität der Eigenfunktionen des selbstadjungierten (hier eindimensionalen) Problems,

$$\int_a^b \varphi_{0k}\left[\lambda_{1k}\mathcal{N}\{\varphi_{0k}\} - \mathcal{S}\{\varphi_{0k}\}\right] \mathrm{d}x = 0, \tag{4.11.26}$$

die erste Störung des Eigenwertes

$$\lambda_{1k} = \frac{\int_a^b \varphi_{0k}\mathcal{S}\{\varphi_{0k}\}\mathrm{d}x}{\int_a^b \varphi_{0k}\mathcal{N}\{\varphi_{0k}\}\mathrm{d}x} \tag{4.11.27}$$

und damit den Eigenwert in erster Näherung

$$\lambda_k \equiv \lambda_{0k} + \varepsilon\lambda_{1k} \tag{4.11.28}$$

sowie die durch

$$\begin{aligned} &\mathcal{L}\{\varphi_{1k}\} - \lambda_{0k}\mathcal{N}\{\varphi_{1k}\} = \lambda_{1k}\mathcal{N}\{\varphi_{0k}\} - \mathcal{S}\{\varphi_{0k}\} \\ &\mathcal{R}\{\varphi_{1k}\} = 0 \end{aligned} \tag{4.11.29}$$

gegebenen Eigenfunktionen erster Ordnung.

In Abschnitt 4.5 haben wir gesehen, daß bei Vorgabe homogener Randwerte das Problem einer schwingenden quadratischen Membran eindeutig gelöst werden kann – offenbar können weitere zusätzliche Randbedingungen nicht mehr befriedigt werden. Mit Hilfe der Störungstheorie können wir nun versuchen, eine dritte Randbedingung vorzugeben: wir nehmen homogene Randbedingungen

$$u\left(\pm\frac{a}{2}, y\right) = 0, \quad u\left(x, \pm\frac{a}{2}\right) = 0 \tag{4.11.30}$$

für eine quadratische Membran der Seitenlänge a an, deren Mittelpunkt mit dem Ursprung des Koordinatensystems zusammenfällt. Als dritte Randbedingung für die Lösung der gestörten HELMHOLTZ-Gleichung

$$\Delta u + k^2 u(1 - \lambda\delta(x)\delta(y)) = 0 \tag{4.11.31}$$

versuchen wir

$$u(0,0) = 0, \tag{4.11.32}$$

d.h. die Membran wird im Mittelpunkt dauernd festgehalten. Die $\delta(x), \delta(y)$ sind DIRAC-Deltafunktionen, vgl. Seite 113. Zur Lösung des Problems machen wir unter Verwendung des kleinen Störungsparameters λ die Ansätze

$$\begin{aligned} u(x,y) &= u_0(x,y) + \lambda u_1(x,y) + \lambda^2 u_2(x,y) + \ldots, \\ k^2 &= E_0 + \lambda E_1 + \lambda^2 E_2 + \ldots, \\ u_0 &= \frac{2}{a} \cos\frac{\pi x}{a} \cos\frac{\pi y}{a}, \\ u_{nm}(x,y) &= \frac{2}{a} \cos\frac{2n+1}{a}\pi x \cos\frac{2m+1}{a}\pi y, \end{aligned} \tag{4.11.33}$$

wobei u_0 und u_{nm} die Randbedingungen (4.11.30) erfüllen. Analog zu (4.11.8) erhält man mittels (3.4.10)

$$E_1 = \frac{4}{a^2} E_0 \int\limits_{-a/2}^{a/2} \int\limits_{-a/2}^{a/2} \delta(x)\delta(y) \cos^2\frac{\pi x}{a} \cos^2\frac{\pi y}{a} \mathrm{d}x\mathrm{d}y = \frac{4}{a^2} E_0. \tag{4.11.34}$$

Der Ansatz

$$u_1(x,y) = \sum_{n,m} a_{nm} u_{nm}(x,y) \tag{4.11.35}$$

führt analog zu (4.11.10) zu den Koeffizienten

$$\begin{aligned} a_{nm} = \frac{E_0}{E_0 - E_{nm}} \frac{4}{a^2} \int\limits_{-a/2}^{a/2} \int\limits_{-a/2}^{a/2} \delta(x)\delta(y) \cos^2\frac{2n+1}{a}\pi x \\ \cdot \cos^2\frac{2m+1}{a}\pi y \mathrm{d}x\mathrm{d}y = \frac{E_0}{E_0 - E_{nm}} \frac{4}{a^2}, \end{aligned} \tag{4.11.36}$$

wobei

$$\begin{aligned} E_{mn} &= E_{nm} = \left(\frac{2n+1}{a}\right)^2 \pi^2 + \left(\frac{2m+1}{a}\right)^2 \pi^2, \\ E_0 &= \frac{2\pi^2}{a^2}. \end{aligned} \tag{4.11.37}$$

Wie man sich leicht überzeugt, erfüllen u_0 und u_1 sowie die u_{mn} die Randbedingungen (4.11.30) und die HELMHOLTZ-Gleichung. Die a_{nm} wurden aus der dritten Randbedingung (4.11.32), die in (4.11.31) eingearbeitet wurde, bestimmt. Für $x = 0$, $y = 0$ gilt nach (4.11.35)

$$
\begin{aligned}
u_1(0,0) &= -\sum_{n,m} \frac{2}{a^2} \frac{1}{n^2+m^2+n+m} \\
&= -\frac{2}{a^2} \sum_n \frac{1}{n^2+n} \sum_m \frac{1}{1+\frac{m^2+m}{n^2+n}} \\
&< -\frac{2}{a^2} \frac{1}{2} \sum_n \frac{n}{n^2+n} = -\frac{1}{a^2} \sum_n \frac{1}{n+1} \to -\infty,
\end{aligned}
\tag{4.11.38}
$$

da

$$
\sum_m \frac{1}{1+\frac{m^2+m}{n^2+n}} > \frac{n}{2}.
$$

Die Summe divergiert offenbar, was eine Folge der δ-Funktion ist. Der Störparameter λ müßte also sehr klein bzw. null sein, damit (4.11.32) erfüllt wird.

Zur Demonstration derartiger Praktiken versuchen wir nun gemeinsam mit dem Leser verschiedene Wege, das Problem einer quadratischen Membran der Seitenlänge a, in deren Mitte ein Kreis vom Radius $R < a$ ausgeschnitten ist, zu lösen. (Im Kapitel 5 wird der Leser eine befriedigende Lösung finden.) Neben der Erfüllung der Randbedingungen (4.11.30) fordern wir nun, daß die Membran längs des Kreises $x^2+y^2=R^2$ nicht schwingt. Wir deuten drei Möglichkeiten an:

1. Man ersetzt (4.11.31) durch

$$
\Delta u + k^2 u(1-\lambda\delta(R-r)) = 0 \tag{4.11.39}
$$

und verwendet (4.11.33), (4.11.37). Man erhält

$$
\begin{aligned}
E_1 &= E_0 \frac{4}{a^2} \int_{-a/2}^{a/2} \int_{-a/2}^{a/2} \delta(R-r) \cos^2 \frac{\pi}{a} x \cos^2 \frac{\pi}{a} y \mathrm{d}x \mathrm{d}y \\
&= E_0 \frac{2\pi R}{a} \left[1 + 2\mathrm{J}_0\left(\frac{2\pi R}{a}\right) + \mathrm{J}_0\left(\frac{2\pi\sqrt{2}\,R}{a}\right) \right],
\end{aligned}
$$

$$
a_{nm} = -\frac{1}{2} \frac{1}{n^2+m^2+n+m} \int_{-a/2}^{a/2} \int_{-a/2}^{a/2} \frac{2}{a} \cos \frac{\pi x}{a} \cos \frac{\pi y}{a} \delta(R-r) u_{nm} \mathrm{d}x \mathrm{d}y.
$$

2. Man könnte (4.11.31) ersetzen durch

$$
\Delta u + k^2 u(1-\lambda V) = 0, \quad V = \begin{cases} 0, & r > R \\ 1, & r < R. \end{cases} \tag{4.11.40}
$$

3. Man könnte von (4.11.39) ausgehen, die Funktion der festgehaltenen Punkte am Kreisrand aber nach Eigenfunktionen entwickeln.

$$
\delta(r-R) = \sum b_{nm} \cos \frac{2n+1}{a} \pi x \cos \frac{2m+1}{a} \pi y
$$

$$\text{mit}\quad b_{nm}=\frac{4R2\pi}{a^2}\mathrm{J}_0\left(\frac{\pi R}{a}\sqrt{(2n+1)^2+(2m+1)^2}\right).$$

Der Leser wird eingeladen, diese Möglichkeiten zu diskutieren.

Ein schönes technisches Beispiel der Störungsrechnung stellt die *Knickung* einer Säule unter ihrem Eigengewicht und unter der Last P dar, vgl. (4.7.10), welche Gleichung wir mit Hinblick auf (4.11.24) umformen in

$$u''''(x)-\frac{\rho gq}{EI}xu''(x)-\frac{\rho gq}{EI}u'(x)+\frac{P}{EI}u''=0, \tag{4.11.41}$$

$$\mathcal{L}\{u\}=u'''',\quad \mathcal{S}\{u\}=-(xu''+u'),\quad \mathcal{N}\{u\}=-u''.$$

Die Randbedingungen lauten

$$u(0)=0,\quad u'(0)=0,\quad u(l)=0,\quad u'(l)=0. \tag{4.11.42}$$

Nach [20] definieren wir als Störungsparameter ε und λ als Eigenwert:

$$\varepsilon=\rho gq/EI,\quad \lambda=P/EI. \tag{4.11.43}$$

Das ungestörte Problem ($\varepsilon=0$) lautet daher

$$u''''=-\lambda u'' \tag{4.11.44}$$

und hat die Randbedingungen (4.11.42) und die Eigenwerte

$$\lambda_{0n}=4n\pi^2/l^2,\quad n=1,2\dots. \tag{4.11.45}$$

Die zu diesen Eigenwerten nullter Ordnung gehörenden (ungestörten) Eigenfunktionen lauten

$$\varphi_{0n}=1-\cos\sqrt{\lambda_{0n}}x. \tag{4.11.46}$$

Die erste Eigenwertkorrektur λ_{1n} lautet dann [20] nach (4.11.27)

$$\lambda_{1n}=\frac{\int\limits_0^l\left(1-\cos\sqrt{\lambda_{0n}}\,x\right)\left(\sqrt{\lambda_{0n}}\sin\sqrt{\lambda_{0n}}\,x+x\lambda_{0n}\cos\sqrt{\lambda_{0n}}\,x\right)\mathrm{d}x}{\lambda_{0n}\int\limits_0^l\left(1-\cos\sqrt{\lambda_{0n}}\,x\right)\cos\sqrt{\lambda_{0n}}\,x\mathrm{d}x}=\frac{l}{2}, \tag{4.11.47}$$

und der Eigenwert der n-ten Eigenfunktion wird dann in erster Näherung

$$\lambda_n\sim 4n\pi^2/l^2+\varepsilon l/2. \tag{4.11.48}$$

Begnügt man sich mit der ersten Näherung, so erhält man für die *Knicklast*

$$P=\frac{4\pi^2}{l^2}EI-\frac{\rho gql}{2} \tag{4.11.49}$$

und für die *Knicklänge* [20]

$$l = \sqrt[3]{\frac{8\pi^2 EI}{\rho g q}} \sim 4.3 \sqrt[3]{\frac{EI}{\rho g q}}, \qquad (4.11.50)$$

vergleiche mit (4.7.16).

Die Störungsrechnung läßt sich nicht nur bei der Störung der Differentialgleichungen, sondern auch bei der *Störung der Randbedingungen* einsetzen. An derartigen Modifikationen wurden betrachtet [7]

a) Veränderung der Randwerte bei ungeändertem Rand,
b) Veränderung der Form des Randes,
c) Veränderung von Randform und Randwerten.

Als Beispiel behandeln wir nach [7] eine Modifikation der Randbedingungen. Es sei etwa eine homogene NEUMANN-Bedingung abzuändern in eine *gemischte Randbedingung*

$$\frac{\partial\varphi}{\partial\vec{n}} = 0 \quad \rightarrow \quad \frac{\partial\psi}{\partial\vec{n}} + f(\mathcal{R})\psi = 0, \qquad (4.11.51)$$

wobei die ungestörten Funktionen

$$\Delta\varphi_\nu + k^2\varphi_\nu = 0 \qquad (4.11.52)$$

und auch die durch Modifikation der Randbedingungen gestörten Funktionen ψ derselben Gleichung genügen mögen. $f(\mathcal{R})$ sei eine kleine Funktion der Koordinaten des in der Form ungeänderten Randes $\mathcal{R}$. Da die GREEN-*Funktion* G für eine NEUMANN-Randbedingung nicht nur der HELMHOLTZ-Gleichung

$$\Delta G(\vec{r}_1, \vec{r}_2) + k^2 G(\vec{r}_1, \vec{r}_2) = \delta(\vec{r}_1 - \vec{r}_2), \qquad (4.11.53)$$

sondern auch der ungestörten Randbedingung für φ (4.11.51) genügen muß, kann man durch Multiplikation von (4.11.53) mit ψ, Multiplikation von (4.11.52), für $\psi(\vec{r}_2)$ angeschrieben, mit G, Subtraktion und Integration die Beziehung

$$\int [G(\vec{r}_1, \vec{r}_2)\,\Delta\psi(\vec{r}_2) - \psi\Delta G(\vec{r}_1, \vec{r}_2)]\,d\vec{r}_2 = 4\pi\psi(\vec{r}_1) \qquad (4.11.54)$$

ableiten und erhält mit dem Satz von GREEN (vgl. die Rechnungen ab Seite 144!)

$$\psi(\vec{r}_1) = \frac{1}{4\pi}\int G\,\frac{\partial\psi(\vec{r}_2)}{\partial\vec{n}}\,df, \qquad (4.11.55)$$

wobei das Oberflächenintegral über die Oberfläche des Gebietes bzw. über den Rand erstreckt wird. Mit (4.11.51) erhält man

$$\psi(\vec{r}_1) = -\frac{1}{4\pi}\int f(\vec{r}_{2\,Rand})\,G(\vec{r}_1, \vec{r}_{2\,Rand})\,\psi(\vec{r}_{2\,Rand})\,df, \qquad (4.11.56)$$

was auch für die Randpunkte $\vec{r}_{Rand}$ gilt. Daher gilt auch für ψ die Integralgleichung

$$\psi(\vec{r}_{1\,Rand}) = -\frac{1}{4\pi}\int f(\vec{r}_{2\,Rand})\,G(\vec{r}_{1\,Rand}, \vec{r}_{2\,Rand})\,\psi(\vec{r}_{2\,Rand})\,df, \qquad (4.11.57)$$

in welche man die GREEN-Funktion in ihrer *Bilinearform*, vgl. (4.4.32), und die unbekannten ψ-Funktionen in ihrer Entwicklung nach den ungestörten Eigenfunktionen

$$\psi = \sum c_\nu \varphi_\nu \tag{4.11.58}$$

einsetzt. Wenn man die Abkürzung

$$f_{pq} = \int f\left(\vec{r}_{2\,Rand}\right) \varphi_p\left(\vec{r}_{1\,Rand}\right) \varphi_q\left(\vec{r}_{2\,Rand}\right) \mathrm{d}f$$

verwendet, kann man (4.11.57) in der Form

$$\left(k^2 - k_\nu^2\right) c_\nu = \sum_\mu f_{\nu\mu} c_\mu \tag{4.11.59}$$

schreiben. Das Verschwinden der Koeffizientendeterminante des homogenen linearen Gleichungssystems für die c_μ liefert dann den gestörten Eigenwert k.

Ein analoges Verfahren gibt es von FEENBERG auch für eine kleine Verbiegung des Randes bei ungeänderten Randwerten. Aus Platzmangel können wir jedoch auf beide, heute meist durch numerische Verfahren abgelöste Methoden nicht näher eingehen und verweisen auf die Spezialliteratur [7] (Störungstheorie mit nichtorthogonalen Funktionen; das Verfahren versagt daher sehr oft, Entwicklungen werden divergent).

Von gewisser Bedeutung für die Praxis sind eher *singuläre Störungsprobleme*. Man versteht darunter den Umstand, daß sich die zu lösende Differentialgleichung im Grenzübergang des verschwindenden Störparameters $\varepsilon \to 0$ entscheidend verändert, z.B. wenn die höchste Ableitung mit ε multipliziert war. So behandelt [4.48] die Randwertaufgabe

$$-\varepsilon^2 u'' + c(x,u) = 0, \quad u(0) = 0, \quad u(1) = 0 \tag{4.11.60}$$

und gibt mehrere Literaturzitate über gestörte Randwertprobleme. In [3.12] findet sich das Beispiel

$$\varepsilon \Delta\Delta\psi(x,y) - \psi_x(x,y) = \sin y, \tag{4.11.61}$$

und auch in der Theorie der viskosen Strömungen und in der Plasmaphysik treten derartige Probleme auf. Solche Probleme sind gelegentlich noch dadurch zusätzlich kompliziert, daß die Randbedingungen nicht längs Koordinatenlinien gegeben sind. Im Beispiel von (4.11.61) lauten die Randbedingungen für ein dreieckiges Gebiet:

$$\begin{aligned}
&a\colon\ \psi = 0, \quad \psi_x = 0 \\
&\quad \text{für den Rand } x = x_0 - ay,\ x_0 \le x \le x_1,\ 0 \le y \le y_0, \\
&b\colon\ \psi = 0, \quad \psi_{yy} = 0 \\
&\quad \psi_x = -v(x,0),\ \psi_y = u(x,0),\ \text{für } 0 \le x \le x_1,\ y = 0, \\
&c\colon\ \psi = 0, \quad \psi_x = 0 \\
&\quad \text{für den Rand } x = ay,\ 0 \le x \le x_0,\ 0 \le y \le y_0.
\end{aligned} \tag{4.11.62}$$

Setzt man $\varepsilon = 0$, so ist die Lösung von (4.11.61)

$$\psi_0(x,y) = -x \sin y + f(y) \sin y, \tag{4.11.63}$$

wobei nur $f(y)$ zur Befriedigung der Randbedingungen zur Verfügung steht. Die Idee der "*inneren*" und "*äußeren*" Lösung besteht zunächst in der Annahme, daß es eine äußere, für den Rand und etwas weiter außerhalb des Gebietes zuständige, mit Entfernung vom Rand sehr rasch abnehmende, und eine innere Lösung ψ_0 gibt. Letztere soll dann das Verhalten von $\psi(x,y)$ im Inneren des Gebietes beschreiben. Dementsprechend wird der folgende Ansatz

$$\psi = \psi_0 + \varphi_a + \varphi_b + \varphi_c \tag{4.11.64}$$

gemacht, wobei die Indizes auf die Randteile verweisen und die drei Teile der äußeren Lösung beschreiben. Damit diese bei wachsender Entfernung vom Rand rasch abnehmen, führt man neue Koordinaten ξ, η dadurch ein, daß z.B. die Dreiecksseite $c, x = ay$ als ξ-Achse und die dazu Senkrechte als η-Achse definiert wird

$$\xi = \varepsilon^n (x - ay), \quad \eta = y, \quad \varphi_c = \varphi_c(\xi, \eta), \tag{4.11.65}$$

wobei n noch zu bestimmen ist. Für den Randteil c gilt dann $\varphi_a = \varphi_b = 0$; aus (4.11.62) folgt

$$\begin{aligned} &\psi(x = ay, y) = \psi_0(ay, y) + \varphi_c(0, \eta) = 0, \\ &\frac{\partial \psi_0(ay, y)}{\partial x} + \varepsilon^n \frac{\partial \varphi_c(0, \eta)}{\partial \xi} = 0, \end{aligned} \tag{4.11.66}$$

und (4.11.61) wird mit $\psi = \psi_0 + \varphi_c$

$$\left(1 + a^2\right)^2 \varepsilon^{4n+1} \varphi_{c\xi\xi\xi\xi} - \varepsilon^n \varphi_{c\xi} = 0. \tag{4.11.67}$$

Damit die Terme etwa von der gleichen Größenordnung in ε sind (wir behandeln ja vorerst nur die erste Näherung), muß

$$4n + 1 = n, \quad n = -1/3 \tag{4.11.68}$$

gelten. Nun muß φ_c als eine Reihe $G(\eta)$ nach Potenzen von $\varepsilon^{1/3}$ entwickelt werden, d.h. es sollte sein:

$$\varphi_c = G_1(\eta) \exp\left[\gamma \xi e^{2\pi i/3}\right] + G_2(\eta) \exp\left[\gamma \xi e^{4\pi i/3}\right],$$

wobei $\gamma = (1 + a^2)^{-3/2}$. Werden die Randteile a und b analog behandelt, so ergibt sich [3.12] nach Rücktransformation als gesamte Lösung

$$\begin{aligned} \psi(x,y) = &- [x + f(y)] \sin y + G_1(y) \exp\left[\gamma e^{2\pi i/3} \xi\right] \\ &+ G_2(y) \exp\left[\gamma e^{4\pi i/3} \xi\right] + G_3(y) \exp\left[\gamma \tilde{\xi}\right], \end{aligned}$$

wobei für den Randteil a $\tilde{\xi} = \varepsilon^n (x + x_0 - ay)$ definiert wurde. Man hat nun die G_i und $f(y)$ so zu wählen, daß mit den gegebenen Funktionen $u(x,0)$, $v(x,0)$

von (4.11.62) alle Randbedingungen erfüllt werden. Weitere Beispiele für singuläre Störungsprobleme findet man in der Literatur [3.12]. Manche Autoren ziehen es vor [4.50], singuläre Störungsprobleme mit *Spline-Differenzenmethoden* zu lösen.

4.12 Verfahren der Variationsrechnung

FERMAT-Prinzip, EULER-LAGRANGE-Gleichung, LAGRANGE-Funktion, Umkehrproblem, direkte Methoden von RITZ, RAYLEIGH, GALERKIN, zweifach zusammenhängende Gebiete, Integralgleichungen, Variationsproblem von SCHWINGER, nichtseparierbare Randwertprobleme, Torusprobleme

Die Variationsrechnung gestattet es, neue Rechenverfahren zu entwickeln, mit deren Hilfe so manche unangenehmen Randwertprobleme mit relativ guter Genauigkeit gelöst werden können. Wir wollen daher zunächst kurz die Grundlagen der Variationsrechnung zusammenstellen. Ihr Problem besteht darin, eine Funktion $f(x)$ so zu bestimmen, daß das bestimmte Integral

$$I = \int_{x_1}^{x_2} F\left(f(x), f'(x), f''(x) \ldots\right) \mathrm{d}x \tag{4.12.1}$$

ein Extremum wird. F ist dabei ein *Funktional*, d.h. eine Funktion der Funktion f und ihrer Ableitungen. Die Existenz eines Extremums von I ist dabei durch den *Satz von* WEIERSTRASS zu erwarten, der besagt, daß jede in einem abgeschlossenen Gebiet stetige Funktion im Gebietsinneren oder am Rand ein Extremum besitzt. Allerdings ist damit noch nicht sicher, daß eine Funktion $f(x)$ mit den gewünschten Eigenschaften existiert.

Als physikalisches Beispiel für die Variationsrechnung denke man an das FERMAT-*Prinzip* der geometrischen Optik, welches besagt, daß ein Lichtstrahl in einem homogenen oder inhomogenen Medium zwischen zwei Punkten immer jenen Weg wählt, zu dessen Zurücklegung er die kürzeste Zeit benötigt. Aus $\mathrm{d}t = \mathrm{d}s/c(x,y,z)$, wobei $c(x,y,z) = c_0/n(x,y,z)$ die örtlich variable Lichtgeschwindigkeit ist, folgt damit die Formulierung

$$\begin{aligned} I &= \int \mathrm{d}t = \int \frac{\mathrm{d}s}{c(x,y,z)} = c_0 \int n(x,y,z)\mathrm{d}s \quad \rightarrow \quad \text{Extremum}, \\ \delta I &= \delta \int n(x,y,z)\mathrm{d}s = 0, \end{aligned} \tag{4.12.2}$$

wobei c_0 die Lichtgeschwindigkeit im Vakuum, n der im inhomogenen Medium örtlich variable Brechungsindex, s die Bogenlänge des Lichtstrahls und δ das Variationszeichen ist. Ein Beispiel mit einem komplexen Brechungsindex in einem in einer Koordinatenrichtung inhomogenen absorbierenden Medium findet man in [4.53]. Um allgemein ein Problem der Art (4.12.2) zu lösen, setzen wir

$$\delta I = \delta \int_{x_1}^{x_2} F\left(x, y, y', \dots y^{(n)}\right) \mathrm{d}x = 0 \tag{4.12.3}$$

an. In der Annahme, daß eine Funktion $f = y(x)$ existiert, die das Integral I nach (4.12.3) zu einem Extremum macht, machen wir den Ansatz $y(x) + \varepsilon\delta y(x)$ und verlangen, daß an den Endpunkten x_1 und x_2 die sogenannte *Transversalitätsbedingung* $\delta y(x_1) = \delta y(x_2) = 0$ gilt. Da sich im Grenzübergang $\varepsilon \to 0$ das kleinste $y(x)$ ergibt, setzen wir

$$I = \int_{x_1}^{x_2} F\left(x,\ y + \varepsilon\delta y,\ y' + \varepsilon\delta y', \dots y^{(n)} + \varepsilon\delta y^{(n)}\right) \mathrm{d}x \tag{4.12.4}$$

und erwarten, daß

$$\left(\frac{\mathrm{d}I}{\mathrm{d}\varepsilon}\right)_{\varepsilon=0} = 0 \tag{4.12.5}$$

die Lösung ergibt. Da nach Annahme ε klein ist, entwickeln wir das Funktional in eine TAYLOR-Reihe

$$\begin{aligned} I = \int_{x_1}^{x_2} \Big\{ & F(x, y, y' \dots) + \varepsilon \frac{\partial F}{\partial y}\,\delta y + \varepsilon \frac{\partial F}{\partial y'}\,\delta y' \\ & + \dots + \varepsilon \frac{\partial F}{\partial y^{(n)}}\,\delta y^{(n)} + \dots \varepsilon^2 + \dots \Big\}\,\mathrm{d}x \end{aligned} \tag{4.12.6}$$

und bilden $(\mathrm{d}I/\mathrm{d}\varepsilon)_{\varepsilon=0}$. Nach partieller Integration

$$\int_{x_1}^{x_2} \frac{\partial F}{\partial y'}\,\delta y' \mathrm{d}x = \left[\frac{\partial F}{\partial y'}\,\delta y\right]_{x_1}^{x_2} - \int_{x_1}^{x_2} \delta y \frac{\mathrm{d}}{\mathrm{d}x}\frac{\partial F}{\partial y'} \mathrm{d}x \tag{4.12.7}$$

und Beachtung der Transversalitätsbedingung $\delta y(x_1) = 0$, $\delta y(x_2) = 0$ erhält man

$$\int_{x_1}^{x_2} \delta y \left\{ \frac{\partial F}{\partial y} - \frac{\mathrm{d}}{\mathrm{d}x}\frac{\partial F}{\partial y'} + \frac{\mathrm{d}^2}{\mathrm{d}x^2}\frac{\partial F}{\partial y''} + \dots + (-1)^n \frac{\mathrm{d}^n}{\mathrm{d}x^n}\frac{\partial F}{\partial y^{(n)}} \right\} \mathrm{d}x = 0. \tag{4.12.8}$$

Dieses Integral kann nur dann verschwinden, wenn die geschwungene Klammer verschwindet. Dies liefert uns die EULER-LAGRANGE-*Gleichung* der Variationsrechnung:

$$\frac{\partial F}{\partial y} - \frac{\mathrm{d}}{\mathrm{d}x}\frac{\partial F}{\partial y'} + \dots + (-1)^n \frac{\mathrm{d}^n}{\mathrm{d}x^n}\frac{\partial F}{\partial y^{(n)}} = 0. \tag{4.12.9}$$

Analoge Formeln erhält man für mehrere von einer unabhängigen Variablen, z.B. der Zeit t, abhängige Funktionen $x(t)$, $y(t)$, $z(t)$ sowie auch für Felder $u(x, y, z, t)$

$$\frac{\partial F}{\partial u} - \frac{\mathrm{d}}{\mathrm{d}t}\frac{\partial F}{\partial u_t} - \frac{\mathrm{d}}{\mathrm{d}x}\frac{\partial F}{\partial u_x} - \frac{\mathrm{d}}{\mathrm{d}y}\frac{\partial F}{\partial u_y} - \frac{\mathrm{d}}{\mathrm{d}z}\frac{\partial F}{\partial u_z} = 0. \tag{4.12.10}$$

Das Funktional F ist dabei meist mit der sogenannten LAGRANGE-*Funktion* L (physikalisch eine Energiedichte) identisch. So führt beispielsweise

$$L(u, u_x, u_y) = \frac{1}{2}\left(u_x^2 + u_y^2 - k^2u^2\right) \tag{4.12.11}$$

nach (4.12.10) zur HELMHOLTZ-Gleichung $u_{xx}+u_{yy}+k^2u = 0$. Man kann direkt beweisen [4], daß die Lösung des DIRICHLET-*Problems* für die HELMHOLTZ-Gleichung identisch ist mit der Lösung des Variationsproblems, das sich durch Einsetzen von (4.12.11) als Funktional F in einen Ausdruck entsprechend (4.12.4) bzw. (4.12.10) ergibt. Andererseits führt das Funktional

$$F(y, \dot{y}, t) = \frac{m}{2}\dot{y}^2 \exp\left(\frac{\rho}{m}t\right) - \frac{\alpha}{2}y^2 \exp\left(\frac{\rho}{m}t\right), \tag{4.12.12}$$

das keine LAGRANGE-Funktion im eigentlichen Sinn ist, zu (2.1.30).

Es stellt sich nun die Frage ("*Umkehrproblem*"), ob einerseits jedes Funktional zu einer Differentialgleichung führt und andererseits, ob zu jeder Differentialgleichung ein Funktional zugeordnet werden kann, das mit (4.12.9) oder (4.12.10) die ursprüngliche Differentialgleichung liefert. Diese Frage ist deshalb von praktischem Interesse, weil es sich zeigen wird, daß man Variationsprobleme (und damit eine zugehörige Differentialgleichung) durch sogenannte *direkte Methoden* lösen kann. Da wir auf das mit vielen Nebenfragen verknüpfte Umkehrproblem nicht in allen Einzelheiten eingehen können, sollen hierzu nur einige Feststellungen getroffen werden [19, 20, 4.51, 4.54]:

- Zu jeder gewöhnlichen Differentialgleichung zweiter Ordnung $y'' = F(x, y, y')$ kann immer ein Funktional $F(x, y, y')$ gefunden werden derart, daß dessen Variation nach (4.12.9) die ursprüngliche Differentialgleichung ergibt. Das Randwertproblem $G(x, y, y', y'') = 0$ mit $y(a) = y_a$, $y(b) = y_b$ wird durch $I = \int_a^b F(x, y, y')\mathrm{d}x$ beschrieben.
- Die partiellen Differentialgleichungen des Elektromagnetismus, der Elastizitätstheorie und die häufig in Physik und Technik auftauchenden Differentialgleichungen besitzen zugehörige Funktionale, meist in Form einer LAGRANGE-Funktion. Die selbstadjungierte partielle Differentialgleichung zweiter Ordnung

$$\{\mathcal{L}\}u \equiv -\frac{\partial}{\partial x}\left[a(x,y)\frac{\partial u}{\partial x}\right] - \frac{\partial}{\partial y}\left[a(x,y)\frac{\partial u}{\partial y}\right] + b(x,y)u - g(x,y) = 0$$

mit der Randbedingung $\alpha(s)u + \beta(s)(\partial u/\partial n) = h(s)$, wo s die Bogenlänge am Rand ist, gehört zum Variationsproblem

$$I = \iint\left[a(u_x^2 + u_y^2) + bu^2 - 2gu\right]\mathrm{d}x\mathrm{d}y + \int\frac{\alpha}{\beta}(\alpha u^2 - 2hu)\mathrm{d}s.$$

Die *direkten Methoden* der Variationsrechnung bestehen darin, daß man durch geeignete Ansätze das Variationsproblem (4.12.1) und damit gleichzeitig ein Randwertproblem einer partiellen Differentialgleichung löst. Wenn beispielsweise das

Problem vorliegt, $\Delta u = 0$ im Bereich einer Ellipse mit den Halbachsen a, b und mit der Randbedingung $u_0 = x^2 + y^2$ auf dem Ellipsenrand zu lösen, so liegt das Variationsproblem

$$I = \iint (u_x^2 + u_y^2)\,\mathrm{d}x\mathrm{d}y \quad \to \quad \text{Minimum} \tag{4.12.13}$$

vor. Nach der *Methode von* RITZ macht man für die n-te Näherung den Ansatz

$$u_n(x,y) = u_0(x,y) + \sum_{\nu=1}^{n} c_{n\nu} u_\nu(x,y), \quad I = \int_a^b \int_c^d F(u, u_x, u_y)\mathrm{d}x\mathrm{d}y, \tag{4.12.14}$$

setzt in (4.12.13) ein und faßt I als Funktion der $c_{n\nu}$ auf. Durch $\partial I/\partial c_{n\nu} = 0$ (RITZ-*Gleichungen*) findet man dann die $c_{n\nu}$. Dazu muß natürlich das Integral I berechnet werden, d.h. das Funktional F muß bekannt sein. Nach GALERKIN [20, 4.51] ist dies jedoch nicht notwendig, denn man kann formal den Ausdruck

$$\begin{aligned}
\frac{\partial I}{\partial c_{n\nu}} &= \int_a^b \int_c^d \left(\frac{\partial F}{\partial u} \frac{\partial u}{\partial c_{n\nu}} + \frac{\partial F}{\partial u_x} \frac{\partial u_x}{\partial c_{n\nu}} + \frac{\partial F}{\partial u_y} \frac{\partial u_y}{\partial c_{n\nu}} \right) \mathrm{d}y\mathrm{d}x \\
&= \int_a^b \int_c^d \left(\frac{\partial F}{\partial u} u_n + \frac{\partial F}{\partial u_x} u_{nx} + \frac{\partial F}{\partial u_y} u_{ny} \right) \mathrm{d}y\mathrm{d}x
\end{aligned}$$

bilden. Integriert man partiell, so folgt

$$\frac{\partial I}{\partial c_{n\nu}} = \frac{\partial F}{\partial u_x} u \bigg|_a^b + \frac{\partial F}{\partial u_y} u \bigg|_c^d + \int_a^b \int_c^d \left[\frac{\partial F}{\partial u} - \frac{\mathrm{d}}{\mathrm{d}x} \frac{\partial F}{\partial u_x} - \frac{\mathrm{d}}{\mathrm{d}y} \frac{\partial F}{\partial u_y} \right] u\mathrm{d}y\mathrm{d}x.$$

Da nun von den $u_n(x,y)$ die Randbedingungen $u_n = 0$ für $x = a, b$ und $y = c, d$ erfüllt werden müssen, so daß die ersten zwei Terme verschwinden, und da die eckige Klammer im Integral mit der zu lösenden partiellen Differentialgleichung $\mathcal{L}\{u\} = 0$ identisch ist, folgt (man vergleiche mit (4.11.26)!)

$$\int_a^b \int_c^d \mathcal{L}\{u\} u_n(x,y)\mathrm{d}y\mathrm{d}x = 0$$

(GALERKIN-*Gleichungen*), d.h. die Koeffizienten $c_{n\nu}$ sind so zu bestimmen, daß die Differentialgleichung $\mathcal{L}\{u\}$ zu den Versuchsfunktionen $u_n(x,y)$ orthogonal ist. Das Verfahren ist natürlich auch dann anwendbar, wenn gar kein Zusammenhang der Randwertaufgabe mit einem Variationsproblem besteht. Die *Versuchsfunktionen* (trial functions) u_n (und u_0) setzt man zweckmäßigerweise so an, daß sie die Randbedingungen befriedigen. Im speziellen Fall (4.12.13) wählen wir

$$\begin{aligned} u_n(x,y) = & x^2 + y^2 + \left(\frac{x^2}{a^2} + \frac{y^2}{b^2} - 1\right) \\ & \cdot \left(c_{n0} + c_{n1}x + c_{n2}y + c_{n3}x^2 + \ldots\right) \end{aligned} \tag{4.12.15}$$

und erhalten in erster Näherung mit $c_{0\nu} = c$

$$\begin{aligned} & u_1 = x^2 + y^2 + c\left(\frac{x^2}{a^2} + \frac{y^2}{b^2} - 1\right), \\ & \frac{\partial u_1}{\partial x} = 2x\left(1 + \frac{c}{a^2}\right), \quad \frac{\partial u_1}{\partial y} = 2y\left(1 + \frac{c}{b^2}\right), \end{aligned} \tag{4.12.16}$$

so daß

$$I = \iint \left[4x^2\left(1 + \frac{c}{a^2}\right)^2 + 4y^2\left(1 + \frac{c}{b^2}\right)^2\right] \mathrm{d}x\mathrm{d}y \tag{4.12.17}$$

entsteht. Bildet man nach Integration

$$\iint \mathrm{d}x\mathrm{d}y = ab, \quad \iint x^2 \mathrm{d}x\mathrm{d}y = \frac{a^3 b\pi}{4}, \quad \iint y^2 \mathrm{d}x\mathrm{d}y = \frac{ab^3\pi}{4} \tag{4.12.18}$$

die RITZ-Gleichungen $\partial I/\partial c = 0$, so erhält man

$$c = -\frac{2a^2b^2}{a^2+b^2}, \quad u_1(x,y) = x^2 + y^2 - \frac{2a^2b^2}{a^2+b^2}\left(\frac{x^2}{a^2} + \frac{y^2}{b^2} - 1\right). \tag{4.12.19}$$

Durch Heranziehen weiterer Terme ($n > 1$) in (4.12.14) kann man die Genauigkeit erhöhen. Leider konvergiert das RITZ-Verfahren oft sehr langsam. Es hat allerdings den Vorteil, daß mit seiner Hilfe auch nichtklassische, nicht wohldefinierte Randwertprobleme gelöst werden können. Wir betrachten beispielsweise nach WALLNÖFER [4.52] die Lösung von $\Delta u = 0$ für ein zweifach zusammenhängendes Gebiet, nämlich ein Quadrat der Seitenlänge 4, aus dem eine Kreisfläche vom Radius 1 ausgeschnitten ist, vgl. Abb. 41. Derartige uneinheitliche Randwertprobleme mit zwei verschiedenen Rändern werden wir im Abschnitt 5.2 genauer besprechen. Als Randbedingung für den Rand von Quadrat und Kreis wurde angenommen:

$$u(x,y) = x^2 + y^2. \tag{4.12.20}$$

Der Ansatz (4.12.14) lautet nun mit Hinblick auf die Randbedingungen (4.12.20)

$$u_n(x,y) = x^2 + y^2 + \left(x^2 + y^2 - 1\right)\left(x^2 - 4\right)\left(y^2 - 4\right)\sum_{\nu=0}^{n} c_\nu u_\nu(x,y). \tag{4.12.21}$$

Berücksichtigt man die Symmetrieverhältnisse des Problems und verwendet man für $\sum_\nu$ den Ausdruck

$$c_0 + c_1(x+y) + c_2\left(x^2+y^2\right) + c_3xy + c_4\left(x^3+y^3\right) + c_5\left(x^2y + xy^2\right),$$

so erhält man mit Hilfe der Integrale

$$\iint x^n \mathrm{d}x\mathrm{d}y = \begin{cases} \dfrac{2^{n+2}}{n+1} - \dfrac{(n-1)!!}{(n+2)!!}\dfrac{\pi}{2} & \text{für } n \text{ gerade,} \\ \dfrac{2^{n+2}}{n+1} - \dfrac{(n-1)!!}{(n+2)!!} & \text{für } n \text{ ungerade} \end{cases}$$

nach der beschriebenen Rechenweise Tab. 1. Man ersieht daraus, daß die Lösung sehr langsam konvergiert und daß alle bisher berechneten Koeffizienten neu berechnet werden müssen.

Tab. 1. Ergebnisse der Rechnungen von WALLNÖFER.

Näherung	Nr. 0	Nr. 1	Nr. 2	Nr. 3
c_0	0.0625	0.1027	0.1812	0.0969
c_1	–	−0.0166	−0.0710	0.0521
c_2	–	–	−0.0005	−0.0673
c_3	–	–	0.0442	−0.0474
c_4	–	–	–	0.0131
c_5	–	–	–	0.0186
I	141.552	140.754	139.644	139.617

Während das Verfahren von RITZ es gestattet, eine Näherung für die Eigenfunktionen zu gewinnen, ist das *Verfahren von* RAYLEIGH besser geeignet, den Eigenwert λ von

$$\begin{aligned} &\frac{\mathrm{d}}{\mathrm{d}x}\left[p(x)\frac{\mathrm{d}u}{\mathrm{d}x}\right] - q(x)u(x) + \lambda\rho(x)u(x) = 0, \\ &I = \int \left[pu'^2 + qu^2 - \lambda\rho u^2\right] \mathrm{d}x \end{aligned} \tag{4.12.22}$$

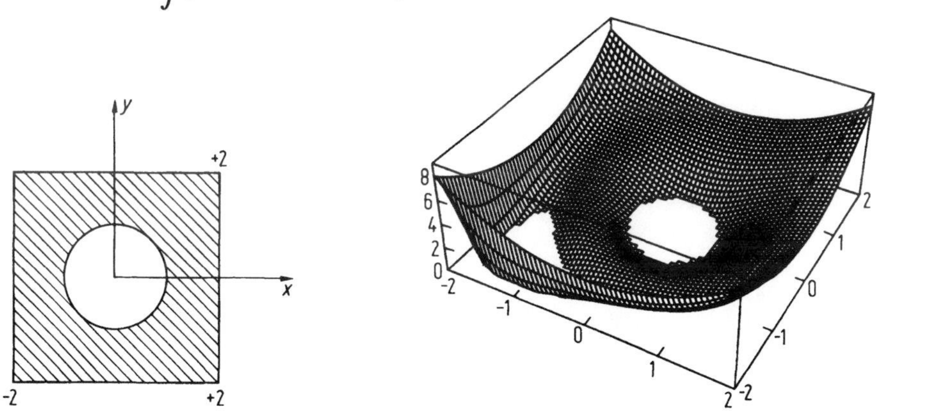

Abb. 41. Zweifach zusammenhängendes Gebiet nach (4.12.21)

abzuschätzen [7, 21, 26, 4.51]. Demnach ist der kleinste Eigenwert von (4.12.22) durch den RAYLEIGH-*Quotienten*

$$\lambda = \int_a^b (pu'^2 + qu^2)\,\mathrm{d}x \Big/ \int_a^b \rho u^2 \mathrm{d}x \quad \rightarrow \quad \text{Min} \tag{4.12.23}$$

gegeben. Man vergleiche mit (4.11.27). Diese Formel geben wir ohne Ableitung, da hierzu die Darlegung der LAGRANGE-*Multiplikatoren* der Variationsrechnung notwendig wäre. Man sucht das Minimum von $I_1 = \int (pu'^2 + qu^2)\,\mathrm{d}x$ (was frei vom gesuchten Eigenwert λ ist) und benutzt $I_2 = \int \rho u^2 \mathrm{d}x = const$ als Nebenbedingung. Um diese mitverwenden zu können, benötigt man die Theorie der Variationsrechnung mit Nebenbedingungen. Man sucht das Minimum von I_1/I_2, was (4.12.23) liefert. Aus der HELMHOLTZ-Gleichung in Polarkoordinaten erhält man [21] mit $u = 1 - r/R$ den (4.12.23) entsprechenden Ausdruck I_1/I_2 mit

$$I_1 = \iint (\nabla u)^2 \mathrm{d}x\mathrm{d}y, \quad I_2 = \iint u^2 \mathrm{d}x\mathrm{d}y$$

für eine Kreismembran vom Radius R

$$\sqrt{\lambda} = k \leq \sqrt{\frac{\pi}{\pi R^2/6}} = \sqrt{6}\,/R = 2.449/R, \tag{4.12.24}$$

was mit dem durch (2.4.38) erhaltenen Wert 2.405/R zu vergleichen wäre.

Ein anderes Beispiel nach [20] betrifft Biegeschwingungen eines Stabes. Vernachlässigt man in (4.6.7) die Last P und geht für harmonische Zeitabhängigkeit $u(x,t) = \bar{u}(x)\sin\omega t$ und den die Randbedingungen $\bar{u}(0) = 0$, $\bar{u}(l) = 0$, $\bar{u}''(0) = 0$, $\bar{u}''(l) = 0$ erfüllenden Ansatz $u(x,t) = a(l^3x - 2lx^3 + x^4)\sin\omega t = \bar{u}(x)\sin\omega t$ in die Schwingungsgleichung ein, so erhält man als kleinsten Eigenwert

$$\omega = \frac{9.877}{l^2}\sqrt{\frac{EI}{\rho q}\left(1 - 0.051\frac{\rho g q l^3}{EI}\right)}. \tag{4.12.25}$$

Wird die Schwerkraft vernachlässigt ($g = 0$), so erhält man

$$\omega = \frac{9.877}{l^2}\sqrt{\frac{EI}{\rho q}}, \tag{4.12.26}$$

während der exakte Wert nach Seite 178

$$\omega = \frac{\pi^2}{l^2}\sqrt{\frac{EI}{\rho q}} = \frac{\pi^2 c}{l^2} = \frac{9.879}{l^2}\sqrt{\frac{EI}{\rho q}} \tag{4.12.27}$$

ist. Bei der Berechnung von (4.12.25) wurde wie folgt vorgegangen: zur Differentialgleichung (4.6.7) $-\omega^2\bar{u} + c^2\bar{u}_{xxxx} + g(l-x)\bar{u}_{xx} - g\bar{u}_x = 0$ gehört

$$I_1 = \iint \bar{u}\left[c^2\bar{u}_{xxxx} + g(l-x)\bar{u}_{xx} - g\bar{u}_x\right]\mathrm{d}x\mathrm{d}y \quad \text{und} \quad I_2 = -\omega^2 \iint \bar{u}\mathrm{d}x\mathrm{d}y.$$

Kombiniert man nun den RAYLEIGH-*Quotienten* (4.12.23) mit den GALERKIN-*Gleichungen*, so erhält man (vgl. mit (4.11.27), Seite 241)

$$\lambda = \omega^2 = \int \bar{u}\left[c^2 \bar{u}_{xxxx} + g(l-x)\bar{u}_{xx} - g\bar{u}_x\right] \mathrm{d}x \Big/ \left(-\int \bar{u}^2 \mathrm{d}x\right), \qquad (4.12.28)$$

wobei die Integrale von 0 bis l zu erstrecken sind. Setzt man in (4.12.28) den Ansatz $\bar{u}(x)$ ein, so erhält man

$$\frac{al^5}{5}\left(24c^2 - \frac{17}{14}l^3 - \omega^2 \frac{31}{126}l^4\right) = 0,$$

woraus (4.12.25) folgt.

Wir überlassen es dem Leser, sich an einigen Beispielen [20] zu üben und sich von den Lösungen zu überzeugen:

1. Harmonische Schwingungen einer quadratischen Membran $u_{tt} = c^2(u_{xx} + u_{yy})$, mit $u(x,y,t) = \bar{u}(x,y)\cos\omega t$, $\bar{u}(x=-l,y)=0$, $\bar{u}(x=l,y)=0$, $\bar{u}(x,y=-l)=0$, $\bar{u}(x,y=l)=0$, $I = \int_{-l}^{l}\int_{-l}^{l}(\bar{u}_x^2 + \bar{u}_y^2 - k^2\bar{u}^2)\,\mathrm{d}x\mathrm{d}y$, $\bar{u}(x,y) \approx a(l^2-x^2)(l^2-y^2)$, nach RITZ folgt $\omega \approx \sqrt{5}\, c/l \approx 2.236c/l$, $\omega = 2.221c/l$, vgl. mit (4.5.5).
2. Biegeschwingungen einer frei gelagerten quadratischen Platte $\Delta\Delta\bar{u} + k^2\bar{u}$ mit $\bar{u}(x=-l,y)=0$, $\bar{u}(x=l,y)=0, \bar{u}(x,y=-l)=0$, $\bar{u}(x,y=l)=0$, $\Delta\bar{u}(x=-l,y)=0$, $\Delta\bar{u}(x=l,y)=0$, $\Delta\bar{u}(x,y=-l)=0$, $\Delta\bar{u}(x,y=l)=0$, $I = \int_{-l}^{l}\int_{-l}^{l}((\Delta\bar{u})^2 - k^2\bar{u}^2)\,\mathrm{d}x\mathrm{d}y$, $\bar{u}(x,y) \approx a(l^2-x^2)(l^2-y^2)$, nach RITZ folgt $\omega \approx \sqrt{55/2}\, c/l^2 \approx 5.244c/l^2$, $\omega = c^2\pi^2/l^2 \approx 4.935/l^2$, vgl. mit (4.6.53).

Neben den hier kurz besprochenen Verfahren von RITZ, GALERKIN und RAYLEIGH gibt es noch weitere Verfahren wie von TREFFTZ, bei dem statt Gebietsintegralen nur Randintegrale zu berechnen sind, oder die Fehlerquadratmethode, bei der das Quadrat der Abweichung zwischen Lösung der Differentialgleichung und der Versuchsfunktion durch ein Variationsproblem zu einem Minimum gemacht wird, d.h. $\left\{\int(u_0-u)^2\mathrm{d}x\right\}^{1/2} < \varepsilon$. Bezüglich dieser Verfahren verweisen wir auf die Spezialliteratur [20, 26, 4.51]. Ein schönes Beispiel für das TREFFTZ-*Verfahren* findet sich in [4.64]. Zunächst wird die POISSON-Gleichung $\Delta u - b = 0$ mit den Randbedingungen $u(\pm 1, y) = u(x, \pm 1) = 0$ durch $u = b(x^2+y^2)/4 + v(x,y)$ in $\Delta v = 0$ mit den Randbedingungen $v = -b(x^2+y^2)/4$ für $x = \pm 1$ und $y = \pm 1$ übergeführt (*Homogenisierung* einer inhomogenen partiellen Differentialgleichung vgl. Seite 51). Der Ansatz $v = (x^4 - 6x^2y^2 + y^4)\alpha$ und der zweite GREEN-sche Satz (4.3.7) mit $\Delta u = 0$, $\Delta v = 0$ führen zum Randintegral

$$\int\left(v\frac{\partial}{\partial x}\delta v - \frac{\partial v}{\partial x}\delta v\right)\mathrm{d}x,$$

so daß man

$$\int\left[\frac{1}{4}b\left(1+y^2\right)\left(4-12y^2\right)\delta\alpha + \alpha\left(4-12y^2\right)\left(1-6y^2+y^4\right)\delta\alpha\right]\mathrm{d}y = 0,$$

somit

$$\int_0^1 \left[\frac{1}{4}b\left(1+y^2\right) + \alpha\left(1-6y^2+y^4\right)\right]\left(4-12y^2\right)\mathrm{d}y = 0$$

und nach Integration $\alpha = 7b/144$ erhält.

Wir wollen noch kurz zeigen, daß es die Variationsrechnung auch gestattet, Integralgleichungen und damit Streuprobleme der Wellenmechanik zu lösen, vgl. Abschnitt 4.13. Dort werden wir eine *Integralgleichung* für die Funktion $y(r)$ finden:

$$y(r) = y_0(r) + \varepsilon\int_0^\infty K(r,r')y(r')\mathrm{d}r'. \tag{4.12.29}$$

Hierin ist ε eine physikalische Konstante, und $K(r,r')$ ist der durch das Streupotential $V(r)$ der SCHRÖDINGER-Gleichung und eine GREEN-Funktion ausdrückbare symmetrische Kern der Integralgleichung. Man bildet nun [4.55] zwei Integrale

$$I_1 = \int_0^\infty y^2(r)\mathrm{d}r - \varepsilon\int_0^\infty\int_0^\infty y(r)K(r,r')y(r')\mathrm{d}r\mathrm{d}r', \tag{4.12.30}$$

$$I_2 = \int_0^\infty y(r)y_0(r)\mathrm{d}r. \tag{4.12.31}$$

Wenn $y(r)$ eine Lösung von (4.12.29) ist, dann gilt $I_1 = I_2$, wie man durch Multiplikation von (4.12.29) mit $y(r)$ und Integration beweisen kann. Variiert man nun $y(r) \to y(r) + \delta y(r)$, so erhält man wegen $\delta y^2 = 2y\delta y$

$$\delta I_1 = \int_0^\infty 2y(r)\delta y(r)\mathrm{d}r - \varepsilon\int_0^\infty\int_0^\infty \delta y(r)K(r,r')y(r')\mathrm{d}r\mathrm{d}r', \tag{4.12.32}$$

$$\delta I_2 = \int_0^\infty \delta y(r)y_0(r)\mathrm{d}r. \tag{4.12.33}$$

Erfüllt $y(r)$ die Integralgleichung, dann gilt $\delta I_1 = 2\delta I_2$ oder $\delta(I_1 - 2I_2) = 0$, da ja das Variationszeichen die gleichen Regeln wie das Differential d befolgt. Daher ergibt sich durch Kombination das *Variationsprinzip* von SCHWINGER

$$\delta\left(\frac{I_1}{I_2^2}\right) = 0. \tag{4.12.34}$$

Mit Variationsverfahren lassen sich auch Randwertprobleme *nichtseparierbarer partieller Differentialgleichungen* lösen. Nicht nur, weil die HELMHOLTZ-Gleichung in *toroidalen Koordinaten* (4.1.69) nicht separierbar ist, sondern auch, weil *quasitoroidale Koordinaten* (4.1.72) besser angepaßt sind, vgl. Abb. 34, Seite 213, wird man diese verwenden. Die entstehende Gleichung vermag leere toroidale Resonatoren für elektromagnetische Wellen zu beschreiben. Man formuliert dann ein Variationsprinzip, und dieses liefert die Eigenfrequenzen nach RAYLEIGH oder nach GALERKIN [4.29].

4.13 Die SCHRÖDINGER-Gleichung

Randbedingungen, harmonischer Oszillator, Wasserstoffproblem, COULOMB-Wellenfunktionen, LAGUERRE-Polynome, Streuquerschnitt, Partialwellenmethode, Variationsproblem von SCHWINGER, Umkehrproblem der Streutheorie

Die Wellengleichung von SCHRÖDINGER ist wohl jene partielle Differentialgleichung der Physik, über die am meisten publiziert und die am häufigsten angewendet wurde. Sie beschreibt die räumlich-zeitliche Ausbreitung des komplexen skalaren Feldes $\psi(x,y,z,t)$, dessen Betrag $\psi\psi^* \mathrm{d}\tau$ die Wahrscheinlichkeit angibt, ein spinloses Elementarteilchen zu einer bestimmten Zeit im Volumelement $\mathrm{d}\tau$ anzutreffen. DE BROGLIE hat die Existenz von derartigen Materiewellen 1924 vorausgesagt – sie wurden dann 1927 von DAVISSON und GERMER durch Beugung an Kristallgittern erstmals experimentell nachgewiesen und werden heute im Elektronenmikroskop praktisch ausgenutzt. SCHRÖDINGER hat 1926 aus einem Variationsprinzip zunächst die zeitunabhängige Gleichung abgeleitet:

$$\Delta\psi + \frac{8\pi^2 m_e}{h^2}(E-U)\psi = 0. \tag{4.13.1}$$

Hier sind m_e die Masse und E die gesamte Energie des Elektrons, h ist das PLANCKsche Wirkungsquantum, $6.626 \cdot 10^{-34}$Js, und $U(x,y,z)$ ist das Potential, in dem sich das Elektron befindet, beispielsweise das COULOMB-Potential eines positiv geladenen Atomkerns. Die zeitabhängige SCHRÖDINGER-Gleichung hat die Form

$$\Delta\psi + \frac{4\pi m_e i}{h}\frac{\partial\psi}{\partial t} - \frac{8\pi^2 m_e}{h^2}U\psi = 0. \tag{4.13.2}$$

Der Ansatz $\psi(x,y,z,t) = \psi_0(x,y,z)\exp(-2\pi i Et/h)$ führt sofort zu (4.13.1) für $\psi_0 \to \psi$ zurück.

Die Randbedingungen, denen die Lösungen der SCHRÖDINGER-Gleichung gehorchen müssen, sind von der Physik vorgegeben. Da sich das Elektron irgendwo im ganzen Raum befinden muß, muß das Integral über die Ortswahrscheinlichkeitsdichte gleich eins sein:

$$\int_{-\infty}^{+\infty}\psi\psi^*\mathrm{d}\tau = 1. \tag{4.13.3}$$

Diese Normierung der Eigenfunktionen wird ergänzt durch die Orthogonalität

$$\int \psi_i \psi_k^* \mathrm{d}\tau = 0, \quad i \neq k, \tag{4.13.4}$$

die daher rührt, daß die Eigenwerte E_i, E_k der Energie E reell sein müssen, vgl. die Ausführungen im Abschnitt 2.4, Seite 57. Weiterhin müssen die Wellenfunktionen im unendlich fernen Punkt gegen Null gehen. Die Lösungen sollen eindeutig und stetig sein.

Wir besprechen einige klassisch gewordene Lösungen der SCHRÖDINGER-Gleichung. Ein harmonischer Oszillator wird durch die Schwingungsgleichung (2.1.3), Seite 19, beschrieben und bewegt sich daher, wenn keine Fremderregung $f(x)$ vorliegt, in einem Potential $U = kx^2/2$. Die zeitunabhängige SCHRÖDINGER-Gleichung (4.13.1) hat dann im eindimensionalen Fall die Form

$$\frac{\mathrm{d}^2\psi}{\mathrm{d}x^2} + \frac{8\pi^2 m_e}{h^2}\left(E - \frac{kx^2}{2}\right)\psi = 0. \tag{4.13.5}$$

Führt man die neue Variable $\xi = \sqrt{2\pi k/\omega h}$ und die Abkürzung $A = 4\pi E/h\omega$ ein, so erhält man

$$\frac{\mathrm{d}^2\psi}{\mathrm{d}\xi^2} + \left(A - \xi^2\right)\psi = 0. \tag{4.13.6}$$

Vergleicht man (4.13.6) mit (2.3.60), Seite 49, so sieht man, daß die HERMITE-Orthogonalfunktionen die Lösung von (4.13.6) darstellen, *wenn* $A = 1 + 2n$ gilt, d.h. wenn die Energieeigenwerte durch

$$E_n = \frac{h\omega}{4\pi}(1 + 2n) = h\nu\left(n + \frac{1}{2}\right) \tag{4.13.7}$$

gegeben sind. Hier führen also die Forderungen (4.13.3), (4.13.4) der Orthonormiertheit zur *Eigenwertgleichung* und damit zur *Quantisierung* der Energie. (4.13.7) beschreibt die diskreten Energieeigenwerte des PLANCK-Oszillators von 1900, dem Beginn der Quantentheorie, allerdings vermehrt um die *Nullpunktsenergie* $h\nu/2$.

Geht man mit dem *Eikonalansatz* (4.10.16) in die Gleichung (4.13.5) ein, so erhält man wegen der Beziehung für den Teilchenimpuls der klassischen Mechanik $m_e\vec{v} = \nabla S$ aus (4.13.5) den Energiesatz der klassischen Punktmechanik in der Form

$$\left(\frac{\partial S}{\partial x}\right)^2 \equiv m_e^2 v^2 - 2m_e(E - U). \tag{4.13.8}$$

Die klassische Punktmechanik ist demnach nichts anderes als die geometrisch-optische Näherung der Wellenmechanik von Schrödinger.

Als weiteres Randwertproblem von (4.13.1) behandeln wir das *Wasserstoffproblem*, d.h. die Bewegung eines dem anziehenden COULOMB-Potential $U = -e^2/r$ des Atomkerns unterworfenen Elektrons im Wasserstoffatom. Schreibt man nach (4.3.31) den LAPLACE-Operator in Kugelkoordinaten und separiert man nach Seite 149 die Kugelflächenfunktionen ab, so erhält man anstelle von (4.3.33) die neuen Radialgleichungen

$$R''(r) + \frac{2}{r}R'(r) - l(l+1)\frac{R(r)}{r^2} + \frac{8\pi^2 m_e}{h^2}\left(E + \frac{e^2}{r}\right)R(r) = 0, \quad (4.13.9)$$

deren Lösungen als COULOMB-*Wellenfunktionen* bezeichnet werden [7]. Diese stellen einen Spezialfall der konfluenten hypergeometrischen Differentialgleichung dar. Physikalisch entsprechen die ersten zwei Glieder der kinetischen Energie, der dritte Term der Wirkung der Zentrifugalkraft, und der vierte Term umfaßt die Energiekonstante E (gesamte Energie) und die potentielle Energie U. Verwendet man die Abkürzungen

$$\frac{8\pi^2 m_e E}{h^2} = -\frac{1}{r_0^2}, \quad \frac{r_0}{2}\frac{8\pi^2 m_e e^2}{h^2} = B, \quad \frac{2r}{r_0} = \rho, \quad (4.13.10)$$

dann geht (4.13.9) über in

$$R''(\rho) + \frac{2}{\rho}R'(\rho) + B\frac{R(\rho)}{\rho} - \frac{R(\rho)}{4} - \frac{l(l+1)R(\rho)}{\rho^2} = 0. \quad (4.13.11)$$

In dieser Differentialgleichung ist offenbar der Punkt $\rho \to \infty$ wesentlich singulär, denn nach der Transformation $\rho = 1/t$ gehen die Koeffizienten von R'', R' und R nicht gegen Null, wie es nach den Ausführungen auf Seite 29 für Pole zu erwarten ist. Eine Entwicklung der gesuchten Funktion $R(\rho)$ durch eine Potenzreihe ist demnach für $\rho \to \infty$ nicht möglich. Wir untersuchen daher zunächst das asymptotische Verhalten von (4.13.11). Für $\rho \to \infty$ erhält man

$$R''_{as}(\rho) - \frac{R_{as}(\rho)}{4} = 0, \quad (4.13.12)$$

welche asymptotische Differentialgleichung offenbar die Lösung $R_{as} = \exp(-\rho/2)$ besitzt. Um die wesentliche Singularität abzuspalten und eine zweigliedrige Rekursionsformel zu erhalten (vgl. Seite 32), machen wir zur Lösung von (4.13.11) den Ansatz

$$R(\rho) = \mathrm{e}^{-\rho/2}u(\rho) \quad (4.13.13)$$

und erhalten

$$u''(\rho) + \left(\frac{2}{\rho} - 1\right)u'(\rho) + \left(\frac{B-1}{\rho} - \frac{l(l+1)}{\rho^2}\right)u(\rho) = 0. \quad (4.13.14)$$

Mit (4.13.13) ist die Forderung des Verschwindens in $\rho \to \infty$ erfüllt. Die Differentialgleichung (4.13.14) ist nun gemäß den Ausführungen von Seite 29 vom FUCHS*schen Typ* und kann nach der *Methode von* FROBENIUS durch den Ansatz (2.2.7) gelöst werden. Wir setzen somit nach Seite 29

$$u(\rho) = \rho^\alpha \sum_{\nu=0}^{\infty} a_\nu \rho^\nu = \rho^\alpha w(\rho) \quad (4.13.15)$$

in (4.13.14) ein, wobei wir zwecks Ersparnis des Übergangs $\nu \to \nu - 2$ den zweiten Ansatz nehmen. Wir erhalten dann nach Multiplikation mit ρ^2

$$\rho^{\alpha}\left\{\rho^2 w'' + \rho w'(-\rho + 2\alpha + 2) + \rho w[-\alpha + (B-1)] \right.$$
$$\left. + w[2\alpha + \alpha(\alpha - 1) - l(l+1)]\right\} = 0. \quad (4.13.16)$$

Dies muß für jeden Wert von ρ, also auch für $\rho = 0$ gelten. Damit erhält man sofort – in etwas anderer Weise als auf Seite 30 – die Indexgleichung

$$\alpha(\alpha + 1) = l(l+1), \quad (4.13.17)$$

also $\alpha = l$. Dann nimmt die Differentialgleichung (4.13.16) die Form

$$w''(\rho) + w'_{\rho}\left(\frac{2+2l}{\rho} - 1\right) + \frac{B-1-l}{\rho}w(\rho) = 0 \quad (4.13.18)$$

an. Dies ist genau die Differentialgleichung der *assoziierten* LAGUERRE-*Polynome* (2.3.48), Seite 47. Man hat dazu nur $2+2l = 1+k$, $1 = \alpha$, $B-1-l = n$ zu setzen, so daß $k = 2l+1$, $n = B-1-l$ ist, und es wird

$$w(\rho) = L^{2l+1}_{B-1-l}(\rho). \quad (4.13.19)$$

Eine weitere Folge ist daher, daß nun auch B eine ganze Zahl sein muß, denn $B-1-l$ ist nach Seite 47 der Grad des LAGUERRE-Polynoms. Wir setzen $B-1-l = n_r$, $B = n_r+1+l = n$ und erhalten aus (4.13.10) die *Eigenwertgleichung* (BALMER-*Formel* der Atomphysik)

$$E_n = -\frac{2\pi^2 m_e e^4}{n^2 h^2}. \quad (4.13.20)$$

Die Quantisierung der Energiewerte E_n eines Elektrons im Wasserstoffatom ist damit eine Folge der Randbedingung der SCHRÖDINGER-Gleichung für $r \to \infty$ ("Quantisierung als Eigenwertproblem"). Allerdings kann man das Ergebnis in (4.13.20) rein formal auch durch eine "exotische" Dämpfungskraft

$$K = \frac{1}{v}\sin\sqrt{\frac{-2\pi^4 m_e e^4}{h^2\left(m_e v^2/2 - e^2/r\right)}}$$

bei der Bewegung eines Massenpunktes m_e in einem COULOMB-Potential (KEPLER-*Problem*) in der klassischen Mechanik erhalten [4.46].

Wenn mehr als eine Eigenfunktion zum gleichen Eigenwert gehört, nennt man das Problem *entartet*, vgl. Seite 163. Die Lösung von (4.13.1) enthält für das Wasserstoffatom die LEGENDRE-Polynome $P_l^m(\cos\vartheta)$ und nach (2.3.27), Seite 44, wegen $|m| \leq l$ insgesamt $m = -l \ldots 0 \ldots + l$, also $2l+1$ Eigenfunktionen.

Die LAGUERRE-Polynome $L_n^k(x)$ sind nach (2.3.51) bei gegebenen n für $k = 0, 1 \ldots n$ definiert, d.h. $l = 0 \ldots n-1$. Da

$$\sum_{l=0}^{n-1}(2l+1) = n^2 \quad (4.13.21)$$

ist, nennt man das Wasserstoffatom (n^2-1)-fach entartet. Der physikalische Grund liegt darin, daß in (4.13.1) weder magnetische Effekte noch der Elektronenspin berücksichtigt wurden. Würde e^2/r durch $-e^2/r$ ersetzt werden (Abstoßung beispielsweise eines Positrons, eines positiv geladenen Elektrons vom Kern), so gehen die Polynome in transzendente Funktionen über, das Energiespektrum geht in ein Kontinuum über, die ψ-Welle wandelt sich von einer stehenden Welle in eine fortschreitende Welle. Bringt man das Atom in ein homogenes konstantes Magnetfeld $\vec{H} = H_z = H$, so wird (4.13.9) abgeändert [4.47] in

$$R''(r)+\frac{2}{r}\,R'(r)-l(l+1)\frac{R(r)}{r^2}+\frac{8\pi^2 m_e}{h^2}\left(E+\frac{e^2}{r}-\frac{ehH}{4\pi m_e}m\right)R(r), \qquad (4.13.22)$$

und zu (4.13.20) tritt eine magnetische Zusatzenergie

$$\Delta E = \pm\frac{ehH}{4\pi m_e}\cdot m = -\mu_B H m, \quad -l \leq m \leq l. \qquad (4.13.23)$$

Die Entartung wird dadurch teilweise aufgehoben. μ_B ist das BOHR-*Magneton*, m die magnetische Quantenzahl.

Viele Probleme der Wellenmechanik lassen sich nicht exakt lösen, so daß eine wellenmechanische Störungstheorie entsprechend den Ausführungen des Abschnitts 4.12 entwickelt wurde. Da sie jedoch für die Behandlung praktischer Randwertprobleme kaum Bedeutung hat, berichten wir hier nicht darüber. Hingegen wollen wir uns noch mit der Theorie der Teilchenstreuung beschäftigen, da die dabei entwickelten Rechenmethoden für die Auflösung wichtiger nichtlinearer partieller Differentialgleichungen von Bedeutung sind, vgl. Kapitel 6.

Beim Stoß zwischen zwei Teilchen treten offenbar eine einfallende ebene Welle $A\exp(ikz)$ und eine ihr überlagerte *Streuwelle* auf, die wir als Kugelwelle

$$\psi = \frac{1}{r}f(\vartheta,\varphi)\mathrm{e}^{ikr}$$

ansetzen können. Nimmt man an, daß die einfallenden Teilchenwellen nicht polarisiert sind (d.h. es handelt sich um Teilchen ohne Spin), dann kann man bei Einfall längs der z-Achse (Polarachse der Kugelkoordinaten) Symmetrie $\partial/\partial\varphi = 0$ annehmen, so daß als Randbedingung für $r \to \infty$

$$\psi(r \to \infty, \vartheta) = \mathrm{e}^{ikz} + f(\vartheta)\frac{\mathrm{e}^{ikr}}{r} \qquad (4.13.24)$$

gilt, wobei $z = r\cos\vartheta$ ist. Da $\psi\psi^*$ die örtliche Teilchendichte angibt, ist der Strom von Streuteilchen der Geschwindigkeit v, den ein Streuzentrum in der Entfernung r erzeugt, durch $|f(\vartheta)|^2 v/r^2$ gegeben. Aus klassischen Überlegungen (RUTHERFORD-Streuung [4.55, 4.56]) ist der Streuteilchenstrom andererseits durch $\sigma v/r^2$ gegeben, wobei σ der differentielle *Streuquerschnitt* (*Wirkungsquerschnitt*) ist. Damit folgt

$$\sigma(\vartheta) = |f(\vartheta)|^2, \qquad (4.13.25)$$

vergleiche mit Seite 235.

Wir behandeln nun die gegenseitige Streuung von zwei Teilchen mit den Massen m_1 und m_2. Führt man im wellenmechanischen Zweikörperproblem

$$\frac{h^2}{8\pi^2 m_1}\,\Delta_1 u + \frac{h^2}{8\pi^2 m_2}\,\Delta_2 u + (E-U)\psi = 0 \tag{4.13.26}$$

statt der Teilchenkoordinaten x_1, y_1, z_1 bzw. x_2, y_2, z_2 *Schwerpunktskoordinaten* $\xi = (m_1 x_1 + m_2 x_2)/m_1 m_2, \eta, \zeta$ analog und *Relativkoordinaten* $x = x_1 - x_2$, usw. ein und hängt das Streupotential U nur vom relativen Abstand $\sqrt{x^2+y^2+z^2}$ ab, was meistens zutrifft, dann kann man durch den Produktansatz

$$u(x_1, y_1, z_1, x_2, y_2, z_2) = \psi(x, y, z)\varphi(\xi, \eta, \zeta)$$

die für uns uninteressante Schwerpunktsbewegung φ abtrennen und erhält für die Relativbewegung von zwei gleich schweren Teilchen

$$\Delta\psi + \frac{8\pi^2\mu}{h^2}\,(E - E_t - U)\,\psi = 0, \tag{4.13.27}$$

wobei μ die *reduzierte Masse*

$$\mu = \frac{m_1 m_2}{m_1 + m_2} \approx \frac{m}{2} \tag{4.13.28}$$

und E_t die Translationsenergie des Schwerpunktes

$$E_t = \frac{m_1 + m_2}{2}\left(\frac{m_1 v_1 + m_2 v_2}{m_1 + m_2}\right)^2 \tag{4.13.29}$$

sind. Da aber für zwei ungefähr gleich schwere Teilchen $m_1 \approx m_2 = m$ gilt, folgt $E - E_t = \mu v_{rel}^2/2 = E_{rel} \approx E/2$ und

$$\Delta\psi + \frac{4\pi^2 m}{h^2}\,(E_{rel} - U)\,\psi = 0, \tag{4.13.30}$$

was wir zu lösen haben. Wir verwenden

$$k^2 = \frac{4\pi^2 m}{h^2}\,E_{rel}, \quad \frac{4\pi^2 m}{h^2}\,U = \varepsilon U = V \tag{4.13.31}$$

und separieren nach Seite 149 die Kugelflächenfunktionen ab. Dann erhalten wir aus (4.13.30) statt (4.13.9) die leicht modifizierte Gleichung

$$R''(r) + \frac{2}{r}\,R'(r) - l(l+1)\frac{R(r)}{r^2} + k^2 R(r) - V(r)R(r) = 0. \tag{4.13.32}$$

Wäre *keine* Kraftwirkung zwischen den Teilchen vorhanden ($V(r) = 0$, Lösung $\bar{R}(r)$), dann hätten wir nach (2.2.35), Seite 37, mit $\alpha = -1/2$, $\beta = k$, $\gamma = 1$, $p^2 = (l+1/2)^2$ die Lösung

$$\bar{R}_l(r) \sim \sqrt{\frac{1}{r}}\,\mathrm{J}_{l+1/2}(kr) \to (-1)^l\sqrt{\frac{2kr}{\pi}}\,(kr)^l\left(\frac{\mathrm{d}}{k^2 r\mathrm{d}r}\right)^l\frac{\sin kr}{kr}, \tag{4.13.33}$$

wobei (4.5.17), Seite 166, verwendet wurde. Damit haben die $\bar{R}_l$ für große Argumente das folgende Verhalten:

$$\bar{R}_l(r) \sim \frac{1}{kr} \sin\left(kr - \frac{l\pi}{2}\right), \tag{4.13.34}$$

vergleiche (4.9.86). Die längs der z-Achse (Polarachse der Kugelkoordinaten) auf das Streuzentrum einfallenden Teilchen werden durch eine ebene Welle $\exp(ikz) = \exp(ikr\cos\vartheta)$ dargestellt. Diese kann man nach (4.9.95) Seite 223 ebenfalls durch sphärische BESSEL-Funktionen ausdrücken:

$$\begin{aligned} \exp(ikr\cos\vartheta) &= \sum_{l=0}^{\infty}(2l+1)i^l P_l(\cos\vartheta)\sqrt{\frac{\pi}{2kr}}\, \mathrm{J}_{l+1/2}(kr) \\ &\to \frac{1}{kr}\sum_{l=o}^{\infty}(2l+1)i^l P_l(\cos\vartheta)\sin\left(kr - \frac{l\pi}{2}\right). \end{aligned} \tag{4.13.35}$$

Die Ausdrücke (4.13.33) und (4.13.35) gelten also nur im *kraftfreien* Fall.

Um nun (4.13.32) zu lösen, machen wir den Ansatz $R(r) = \chi(r)/r$ und erhalten

$$\chi_l'' + k^2\chi_l - V\chi_l - \frac{l(l+1)}{r^2}\chi_l = 0. \tag{4.13.36}$$

Da das Potential $V(r)$ für $r \to \infty$ verschwindet, ergibt sich als asymptotische Lösung in Analogie zu (4.13.34)

$$\begin{aligned} \chi_l(r) &= C_l \sin(kr + \delta_l), \\ R_l(r) &= \frac{1}{r} C_l \sin(kr + \delta_l). \end{aligned} \tag{4.13.37}$$

Hier treten zwei Integrationskonstante auf, C_l und $\delta_l \neq l\pi/2$. Nun müssen wir mit den Lösungen die Randbedingung (4.13.24) erfüllen. Einsetzen und Umordnung ergibt

$$\begin{aligned} f(\vartheta)\frac{e^{ikr}}{r} &= \psi(\infty,\vartheta) - e^{ikr\cos\vartheta} \\ &= \sum_l \left[\frac{1}{r}C_l\sin(kr+\delta_l) - \frac{1}{kr}(2l+1)i^l\sin\left(kr - \frac{l\pi}{2}\right)\right] P_l(\cos\vartheta). \end{aligned} \tag{4.13.38}$$

Drückt man die sin-Funktionen durch Exponentialfunktionen aus, so erhält man

$$\begin{aligned} f(\vartheta)\frac{e^{ikr}}{r} = \frac{1}{2ir}\sum_l \Bigg\{ &\left[C_l e^{i\delta_l} - \frac{1}{k}(2l+1)i^l e^{-il\pi/2}\right] e^{ikr} \\ &+ \left[-C_l e^{-i\delta_l} + \frac{1}{k}(2l+1)i^l e^{il\pi/2}\right] e^{-ikr}\Bigg\} P_l(\cos\vartheta). \end{aligned} \tag{4.13.39}$$

Da nur eine auslaufende, aber keine einlaufende Kugelwelle in unserem Problem auftritt, muß die zweite eckige Klammer verschwinden, so daß gilt

$$C_l = \frac{1}{k}(2l+1)i^l e^{il\pi/2} e^{i\delta_l}. \tag{4.13.40}$$

Einsetzen dieses Ergebnisses in (4.13.39) liefert mit $\exp(il\pi/2) = i^l$ das Resultat

$$f(\vartheta) = \frac{1}{2ki}\sum_{l=0}^{\infty}(2l+1)\left(e^{2i\delta_l+2il\pi/2} - 1\right)P_l(\cos\vartheta), \tag{4.13.41}$$

woraus sich mit (4.13.25) und Integration über ϑ der *totale Streuquerschnitt*

$$\sigma = \frac{4\pi}{k^2}\sum_{l=0}^{\infty}(2l+1)\sin^2\eta_l \tag{4.13.42}$$

ergibt. Hierbei ist η_l wie folgt definiert. Die Phase der kraftfreien Lösung (4.13.35) ist $-l\pi/2$, die Phase bei Berücksichtigung des (bisher noch nicht spezifizierten!) Potentials ist nach (4.13.37) δ_l; die Differenz, d.h. die zusätzliche Phase η_l, die das Potential erzeugt, ist daher $\eta_l = \delta_l + l\pi/2$. Ein Potential erzeugt demnach in der hier besprochenen *Partialwellenmethode* eine Phasenverschiebung der ψ-Welle.

Der nächste Schritt muß daher sein, einen Zusammenhang zwischen dem vorgegebenen Potential $U(r)$ und den von ihm erzeugten Phasen herzustellen. Eine Möglichkeit liefert die numerische Integration von (4.13.32) und Vergleich mit (4.13.34). Aus einer Nullstelle kann man dann η_l bestimmen.

Ein anderer Weg besteht in der Verwendung der Variationsrechnung und des Variationsprinzips von SCHWINGER. Zu diesem Zweck schreiben wir (4.13.36) formal als inhomogene Differentialgleichung

$$\chi_l'' + k^2\chi_l - \frac{l(l+1)}{r^2}\chi_l = V(r)\chi_l. \tag{4.13.43}$$

Die "homogene" Gleichung ($V(r) = 0$) besitzt dann die zwei voneinander linear unabhängigen exakten Lösungen χ_l^0, die wir in der Form

$$\begin{aligned} u &= \sqrt{\frac{\pi}{2}kr}\,J_{l+1/2}(kr) \quad\to\quad \sin(kr - l\pi/2), \\ v &= \sqrt{\frac{\pi}{2}kr}\,J_{-l-1/2}(kr) \quad\to\quad \cos(kr - l\pi/2) \end{aligned} \tag{4.13.44}$$

anschreiben. Damit können wir nach (2.4.14), Seite 54, eine GREEN-Funktion konstruieren

$$G(r,r') = \begin{cases} -u(r)v(r')/k & \text{für} \quad r < r', \\ -v(r)u(r')/k & \text{für} \quad r > r' \end{cases} \tag{4.13.45}$$

und dann formal die Lösung der "inhomogenen" Gleichung (4.13.43) in der Form einer Integralgleichung für große $r > r'$ anschreiben

$$\chi_l(r) = \chi_l^0(r) + \int_0^{\infty} G(r,r')V(r)\chi_l(r')\mathrm{d}r', \tag{4.13.46}$$

wobei

$$\chi_l^0 = \sqrt{\frac{\pi r}{2k}}(2l+1)i^l \mathrm{J}_{l+1/2}(kr) = \frac{1}{k}(2l+1)i^l u(r) \tag{4.13.47}$$

verwendet wurde [4.55], vergl. auch mit (4.13.33). Die Integralgleichung (4.13.46) hat dann die symmetrische Form (4.12.29), wenn wir mit (4.13.31) anschreiben

$$\begin{aligned} &V = \varepsilon U, \quad \sqrt{U(r)}\,\chi_l(r) = y(r), \quad \sqrt{U(r)}\,\chi_l^0(r) = y_0(r), \\ &\sqrt{U(r)U(r')}\,G(r,r') = K(r,r') = K(r',r). \end{aligned} \tag{4.13.48}$$

Um nun (4.12.34) anwenden zu können, schreiben wir (4.13.43) für große r in der asymptotischen Form

$$\begin{aligned} \chi_l(r) &\approx \frac{(2l+1)i^l}{k}\sin\left(kr - \frac{l\pi}{2}\right) - \frac{\varepsilon}{(2l+1)i^l}\cos\left(kr - \frac{l\pi}{2}\right)\cdot I_2, \\ I_2 &= \int_0^\infty y(r')y_0(r')\mathrm{d}r', \end{aligned} \tag{4.13.49}$$

wobei (4.13.44), (4.13.45), (4.13.46) verwendet wurden. Außerdem definieren wir

$$I_1 = \int_0^\infty y^2(r)\mathrm{d}r - \varepsilon\int_0^\infty\int_0^\infty y(r)K(r,r')y(r')\mathrm{d}r\mathrm{d}r'. \tag{4.13.50}$$

Um nun einen Zusammenhang zwischen der Phase η_l und dem Variationsproblem von SCHWINGER herzustellen, definieren wir

$$I_2 = -\frac{\sin\eta_l}{\cos\eta_l}\frac{(2l+1)^2(-1)^l}{\varepsilon k} \tag{4.13.51}$$

und erhalten mit

$$\sin\left(kr - \frac{l\pi}{2}\right)\cos\eta_l + \cos\left(kr - \frac{l\pi}{2}\right)\sin\eta_l = \sin\left(kr - \frac{l}{2} + \eta_l\right)$$

die neue Form

$$\chi_l = \frac{(2l+1)i^l}{k}\frac{1}{\cos\eta_l}\sin\left(kr - \frac{l\pi}{2} + \eta_l\right). \tag{4.13.52}$$

Da nach Seite 256 im Extremum $I_1 = I_2$ gilt, folgt aus (4.13.51)

$$k\cot\eta_l = -\frac{1}{\varepsilon}(2l+1)^2(-1)^l\frac{I_1}{I_2^2}. \tag{4.13.53}$$

Damit kann man nach (4.12.34) die Phase η_l berechnen, wenn man in das unempfindliche Variationsproblem eine Näherungslösung für $y(r)$, beispielsweise $y(r) \approx r^{l+1}$, einsetzt. So ist es möglich, zu einem Potential $U(r)$ die Phasen η_l und den Streuquerschnitt σ zu berechnen. Umgekehrt kann man Ergebnisse aus Streuexperimenten den Wirkungsquerschnitt und die Phasen abschätzen und Rückschlüsse auf das Wechselwirkungspotential ziehen [4.57]. Von Interesse ist daher das Problem, wie das streuende Potential $U(r)$ aus bekannten Phasen berechnet werden kann. Dies wurde von GELFAND, LEVITAN und MARTSCHENKO mit Hilfe einer linearen Integralgleichung gelöst [4.58, 4.59]. Zur Bestimmung von $U(r)$ genügt es, die niedrigste Phase $\eta_0(k)$ als Funktion der Wellenzahl k im Gebiet von 0 bis ∞ und die diskreten Energiestufen E_n des Systems zu kennen. Die inverse scattering method ist aber auch geeignet, nichtlineare Differentialgleichungen zu lösen.

Bei einem anziehenden Potential erhielten wir diskrete Eigenwertspektren. Für ein abstoßendes Potential ergab sich ein kontinuierliches Eigenwertspektrum. Interessant ist nun die Frage, ob es Probleme gibt, bei denen die Randbedingungen und das Potential zu einem gemischten Eigenwertsprektrum führen, in dem sowohl ein Kontinuum als auch diskrete Werte oder Lücken im Kontinuum auftreten. Tatsächlich kommt dies z.B. in der Plasmaphysik vor: das Eigenwertspektrum der ALFVÉN-*Wellen* ist stückweise kontinuierlich, stückweise enthält es in Lücken diskrete Frequenzen [4.60].

In der Wellenmechanik kommt es bei einem *periodischen Potential*, wie es in einem Festkörper auftritt, zu einer ähnlichen Erscheinung. In einem Kristallgitter treten periodische Potentialschwankungen U_1 von Ion zu Ion auf, so daß man für das Potential $U = U_0 + U_1$ ansetzen muß. U_0 ist ein mittleres konstantes Potential. Für das periodische Potential kann man bei eindimensionaler Betrachtungsweise $U_1 = -A\cos 2\pi x/d$ setzen, wobei d die Gitterkonstante ist. Der Ansatz $\psi = u(x)\exp 2\pi i(by+cz)$ führt mit $E_1 = E - U_0 - h^2(b^2+c^2)/2m_e$, $\xi = \pi x/d$, $\eta = 8d^2 m_e E_1/h^2$, $\gamma = 8d^2 m_e A/h^2$ zu einer MATHIEU-Gleichung

$$\frac{\mathrm{d}^2 u}{\mathrm{d}\xi^2} + (\eta + \gamma\cos 2\xi)u = 0, \tag{4.13.54}$$

vgl. (2.2.39). Diese hat durch das FLOQUET-*Theorem* (Seite 173) Abb. 14, Seite 81, beschriebene Eigenschaften, wobei die Entsprechung $-\varepsilon^2 k^2 \to \eta$, $\varepsilon \to \gamma$ gilt. Nach FLOQUET hat (4.13.54) die allgemeine Lösung

$$u(\xi) = \alpha\Phi(\xi)\exp\mu\xi + \beta\Phi(-\xi)\exp-\mu\xi, \tag{4.13.55}$$

wo α, β Konstante und μ der FLOQUET-*Exponent* sind. Damit die Lösung (4.13.55) nicht unendlich wird, muß μ imaginär sein, was in den schraffierten (stabilen) Gebieten der Abb. 14 der Fall ist. Ist $\eta < -\gamma$, d.h. $E_1 < -A$, dann gibt es keine Werte der Elektronenenergie, die kleiner sind als das Minimum der potentiellen Energie. Für $-\gamma < \eta < +\gamma$, d.h. $-A < E_1 < +A$, sind die Elektronen in Potentialmulden gebunden und führen dort Schwingungen aus (diskrete Eigenwerte). Gilt $\eta > \gamma$, d.h. $E_1 > A$, so können die Elektronen sich frei bewegen (kontinuierliche Eigenwerte). Eine genauere Analyse zeigt, daß für $E_1 < A$ *Eigenwertbanden* (BRILLOUIN-*Zonen*) auftreten, die mit wachsendem η breiter werden [4.61], [4.62].

5 Nichtklassische Randwertprobleme der Praxis

5.1 Einteilung der nichtklassischen Probleme

Definition klassischer und nichtklassischer Probleme, Einteilung von wohldefinierten und nichtwohldefinierten sowie von separierbaren und nichtseparierbaren Problemen; uneinheitliche Randwertprobleme mit zwei geschlossenen Rändern, Ränder mit Ecken und Kanten, Kollokationsverfahren sowie andere Lösungsmethoden, Lösungen, die Singularitäten enthalten

Die bisher im Kapitel 4 behandelten Randwertprobleme könnte man *klassische Probleme* nennen – man findet sie in allen einschlägigen Lehrbüchern. Bei diesen Problemen ist die zu lösende partielle Differentialgleichung *separierbar*, vgl. Abschnitt 3.3; sie ist damit in gewöhnliche Differentialgleichungen überführbar, und das Randwertproblem ist *wohldefiniert*, vgl. Abschnitt 3.1. Randkurven und Randwerte haben dabei bestimmte, in der Praxis aber gelegentlich nicht realisierte Bedingungen zu erfüllen. Abgesehen von einigen Problemen, die mittels *konformer Abbildung* (vgl. Abschnitt 4.2) oder mittels *Ähnlichkeitstransformationen* (siehe hierzu Abschnitt 3.4) gelöst werden, ist die Form des Randes von vornherein vorgegeben.

Sehr viele in der technischen und physikalischen Praxis auftretende Probleme sind jedoch *nichtklassisch*, d.h. sie erfüllen eine oder mehrere der folgenden drei Forderungen *nicht*:

1. Separierbarkeit,
2. Vorhandensein von nur einem geschlossenen Rand bei elliptischen Differentialgleichungen (vgl. Seiten 18, 85), oder
3. Auftreten eines Randes mit Ecken, also kein glatter Kurvenbogen (JORDAN-*Kurve*) [28].

Auch diese nichtklassischen Probleme müssen (und können) gelöst werden – allenfalls mittels rein numerischer Methoden. Wir wollen jedoch in diesem Kapitel zeigen, daß es bei Auftreten nichtklassischer Probleme durchaus nicht immer notwendig ist, sofort Zuflucht zu numerischen Methoden zu nehmen, die Vorteile, aber auch manchmal schwerwiegende Nachteile haben. Bei den nichtnumerischen Methoden ist es meist viel leichter, z.B. die Abhängigkeit einer Lösung oder eines Eigenwertes von der Variation gewisser Parameter zu durchschauen. Auch gibt es Probleme geometrischer oder physikalischer Art, bei denen auch sehr feinmaschige numerische Verfahren zu Schwierigkeiten führen.

Wir wollen nun versuchen, vom subjektiven Standpunkt des Verfassers aus diese *nichtklassischen Randwertprobleme* elliptischer partieller Differentialgleichungen in der folgenden Aufstellung einzuteilen:

1. *Separierbare Probleme*
   1.1 *wohldefinierte* (klassische) Probleme
      1.1.1 ein geschlossener Rand, z.B. Rechteck, Kreis, Quadratdiagonale als Rand beim Dreieck oder Knotenlinien als Rand (Abschnitt 4.5),
      1.1.2 zwei geschlossene Ränder, die demselben Koordinatensystem angehören, eine Singularität taucht auf, vergleiche etwa Seite 167,
      1.1.3 Randwertstörung, vgl. Abschnitt 4.11,
   1.2 *nicht wohldefinierte* Probleme
      1.2.1 zwei Ränder, die zwar demselben Koordinatensystem angehören, die aber zu keinem wohldefinierten Problem führen, z.B. innen rechteckig ausgeschnittenes Rechteckgebiet, vgl. Abb. 19, Seite 129.
      1.2.2 zwei Ränder, die verschiedenen (aber noch separierbaren) Koordinatensystemen zugehören, z.B. kreisförmig ausgeschnittenes Rechteck, *uneinheitliches Randwertproblem*, vgl. Abb. 41 und Abschnitt 5.2,
      1.2.3 Ränder mit Ecken, vgl. Abb. 18, Seite 129,
      1.2.4 nichtanalytische nichttriviale Lösungen besonderer Art, wie z.B. homogene Randbedingung längs eines geschlossenen Randes für die LAPLACE-Gleichung, vgl. das weiter unten folgende Beispiel.
2. *Nichtseparierbare* Probleme
   2.1 *wohldefiniert*, keine Ausschnitte, keine Ecken, aber für die Beschreibung der Randkurve steht kein separables Koordinatensystem zur Verfügung, vgl. Abschnitt 5.3,
   2.2 *nicht wohldefinierte* Probleme, also mit Ecken, zwei Rändern u.ä., vgl. Abschnitt 5.4.

Für die Lösung derartiger *nichtklassischer Randwertprobleme* stehen u.a. die folgenden Methoden zur Verfügung:

1. Wenn möglich, den Rand als Knotenlinie definieren, vgl. Abb. 29, Seite 164,
2. analytische Lösung plus Singularität, vgl. die in diesem Abschnitt weiter unten folgenden Rechnungen,
3. analytische Methode der uneinheitlichen Randwertprobleme, vgl. Abschnitt 5.2,
4. den Rand mittels Kollokationsmethode mit Hilfe der allgemeinen Lösung beschreiben, vgl. Abschnitt 5.3,
5. analytische Störungsrechnung, vgl. Abschnitt 4.11,
6. Approximation der Lösung, vgl. Abschnitt 5.4,
7. halbnumerische Verfahren, wie Variationsrechnung, RITZ-GALERKIN-Verfahren u.a., vgl. Abschnitt 4.12,
8. numerische Verfahren wie finite Differenzen, finite Elemente, Randelementmethoden u.a., vgl. Abschnitt 6.5.

Einige dieser Methoden werden wir mehr oder weniger ausführlich in den folgenden Abschnitten behandeln. Um die Situation noch etwas klarer zu machen, behandeln wir nach Methode 2 ein spezielles, die wesentliche Rolle von Singularitäten aufzeigendes Problem. Im Abschnitt 1.2 wurde dargelegt (Seite 7), daß ein Randwertproblem für Randwerte längs eines glatten Randes (einer JORDAN-*Kurve*) immer eine Lösung besitzt. Liegt ein DIRICHLET-*Problem* vor, so ist für eine elliptische partielle Differentialgleichung bei einem geschlossenen Rand eine analytische Lösung garantiert, vgl. Seite 86. Liegt jedoch ein homogenes Problem vor (homogene partielle Differentialgleichung mit homogenen Randbedingungen, vgl. Seite 84), dann hat dieses nur die *triviale Lösung*, wenn das entsprechende inhomogene Problem eine eindeutige Lösung besitzt, vgl. Seite 7. Da die LAPLACE-Gleichung für inhomogene Randbedingungen (4.1.5) eine eindeutige Lösung (4.1.26) besitzt, erwartet man nur die triviale Lösung für das homogene Problem.

Dem ist jedoch nicht so, wenn wir auch (im Gebiet) singuläre Lösungen zulassen. In allen diesen Aussagen wird ja unter "Lösung" eine *analytische* Lösung verstanden. Wir behandeln zur Klarstellung das folgende inhomogene Problem am Rechteck der Länge $2a$ und der Breite $2b$

$$\Delta U(x,y) = 0, \tag{5.1.1}$$

$$U(\pm a, y) = 0, \quad -b \leq y \leq +b, \tag{5.1.2}$$

$$U(x, \pm b) = f(x), \quad \text{z.B. } \cos(\pi x/a), \quad -a \leq x \leq +a, \tag{5.1.3}$$

wobei wir $a = 2$, $b = 1$ setzen, vgl. Abb. 42. Die Lösung lautet

$$U(x,y) = \sum_{n=0}^{\infty} A_n \cos \frac{(2n+1)}{2} \frac{x\pi}{a} \cosh \frac{(2n+1)\pi y}{a}, \tag{5.1.4}$$

wobei die Entwicklungskoeffizienten durch

$$A_n = \frac{1}{a \cosh \frac{(2n+1)\pi b}{2a}} \int_{-a}^{+a} f(\xi) \cos \frac{2n+1}{2} \frac{\pi\xi}{a} \mathrm{d}\xi \tag{5.1.5}$$

gegeben sind. Wenn wir nun $f(x) = 0$ setzen, also zu homogenen Randbedingungen $U(\pm a, y) = U(x, \pm b) = 0$ übergehen, so sind diese durch die analytische Lösung (5.1.4) nicht erfüllbar, und es verbleibt nur die triviale Lösung $U(x,y) = 0$. Fügen wir jedoch eine *Singularität* hinzu, die ebenfalls eine (partikuläre) Lösung von (5.1.1) ist, ersetzen wir z.B. die Lösung (5.1.4) durch den Ansatz

$$\begin{aligned} U(x,y) &= \sum_{n=0}^{\infty} A_n \cos \frac{(2n+1)\pi x}{2a} \cosh \frac{(2n+1)\pi y}{2a} \\ &+ \sum_{n=0}^{\infty} B_n \cos \frac{(2n+1)\pi y}{2 \cdot b} \cosh \frac{(2n+1)\pi x}{2 \cdot b} - \ln \sqrt{\frac{x^2+y^2}{a^2+b^2}}, \end{aligned} \tag{5.1.6}$$

so erhalten wir aus den homogenen Randbedingungen

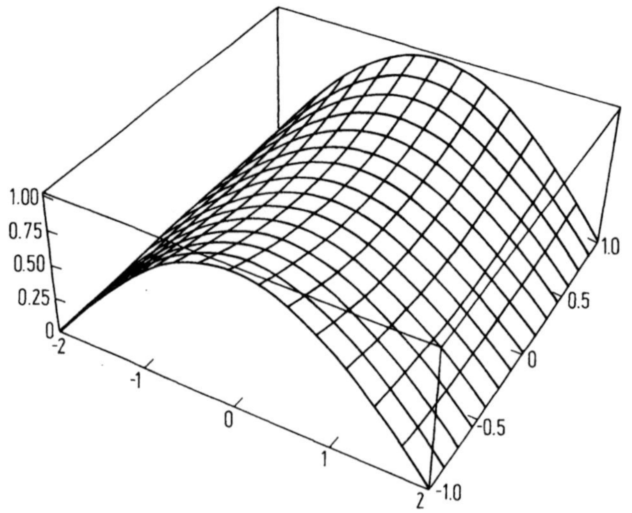

Abb. 42. Inhomogenes Randwertproblem der LAPLACE-Gleichung für $f(x) = \cos(\pi x/a)$

$$\begin{aligned} A_n &= \frac{1}{a \cosh \frac{(2n+1)\pi b}{2a}} \int_{-a}^{+a} \ln \sqrt{(x^2+b^2)/(a^2+b^2)} \cos \frac{2n+1}{2a} \pi x \mathrm{d}x, \\ B_n &= \frac{1}{b \cosh \frac{(2n+1)\pi a}{2b}} \int_{-b}^{+b} \ln \sqrt{(a^2+y^2)/(a^2+b^2)} \cos \frac{2n+1}{2b} \pi y \mathrm{d}y, \end{aligned} \tag{5.1.7}$$

wobei schon die Werte $n = 0, \ldots, 3$ eine Genauigkeit der Erfüllung der Randbedingungen von etwa 10^{-4} ergeben, vgl. Abb. 43.

Dieselbe Genauigkeit erhält man übrigens dann, wenn man die Entwicklungskoeffizienten A_n, B_n nicht aus (5.1.7) berechnet, sondern für die 2×4 Werte A_n, B_n, $n = 0, 1, 2, 3$ einfach an acht *Kollokationspunkten* $(x_i, b), 0 \leq x_i \leq a$, und $(a, y_i), 0 \leq y_i \leq b$, $i = 1 \ldots 4$ acht lineare Gleichungen der Art

$$\sum_{n=0}^{3} A_n \cos \frac{(2n+1)\pi x_i}{4} \cosh \frac{(2n+1)\pi}{4} = \ln \sqrt{\frac{x_i^2+1}{5}} \tag{5.1.8}$$

(analog für die B_n) aufstellt und für die A_n, B_n löst, statt die in (5.1.7) enthaltenen numerischen Integrationen durchzuführen. Wir haben hierbei $a = 2$, $b = 1$ gesetzt. Wie man sich leicht überzeugt, erfüllt (5.1.6) mit Hinblick auf (5.1.7) die homogenen Randbedingungen. Das Zeichenprogramm, das Abb. 43 lieferte, wurde so eingestellt, daß Werte $|U(x,y)| < 1,5$ nicht mehr gezeichnet werden, weshalb die logarithmische Singularität an der Stelle $x = 0$, $y = 0$ abgeschnitten erscheint. In den vier Ecken $x = \pm 2$, $y = \pm 1$ verschwindet der Logarithmus, da $\ln 1 = 0$. Das Beispiel [5.1] zeigt, daß das Heranziehen von Singularitäten bei der Lösung von Randwertproblemen vorteilhaft ist.

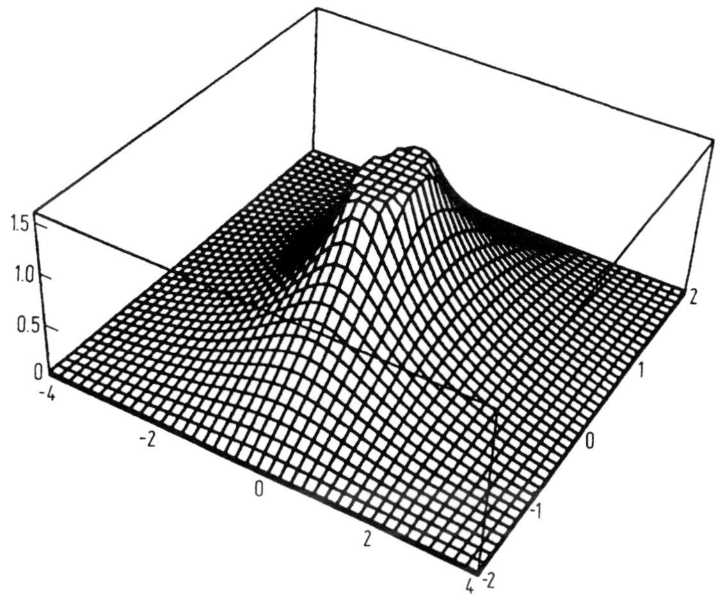

Abb. 43. Homogenes Randwertproblem der LAPLACE-Gleichung

5.2 Uneinheitliche Randwertprobleme

Definitionen, Einsatz von Singularitäten, Lösungen der LAPLACE-Gleichung bei zwei geschlossenen Rändern: Kugel im Zylinder, kreisförmig ausgeschnittenes Rechteck und Ellipse, Kegel im Zylinder, kreisförmig ausgeschnittene elliptische Membran

Im Sinne der Klassifikation im vorangehenden Abschnitt verstehen wir unter *uneinheitlichen Randwertproblemen* (nonuniform boundary value problems) solche Randwertprobleme elliptischer partieller Differentialgleichungen, bei denen zwei (meist verschiedenen Koordinatensystemen zugehörende) Ränder vorliegen. KNIGHT [5.2] dürfte der erste gewesen sein, der 1936 ein derartiges Problem löste. Er stellte sich die Aufgabe, das Potential zu berechnen, das zwischen einer Kugel und einem diese umgebenden unendlich langen Kreiszylinder besteht. Hierbei werden homogene Randwerte $U(a,z) = 0$ am Zylinder vom Radius $r = a$ vorgegeben, und das Problem wird für die LAPLACE-Gleichung in Axialsymmetrie

$$U_{rr}(r,z) + \frac{1}{r}U_r(r,z) + U_{zz}(r,z) = 0 \tag{5.2.1}$$

gelöst. Die so erhaltenen Lösungen werden dann so superponiert, daß auch die durch LEGENDRE-Polynome beschriebenen Randbedingungen

$$U(b,\vartheta) = \sum_n C_n P_n(\cos\vartheta)$$

auf der Kugel vom Radius $\rho = b < a$, deren Mittelpunkt im Koordinatenursprung liegt, erfüllt werden können. Hierbei sind die C_n für gerades n bekannt und verschwinden für ungerades n. KNIGHT geht für die Lösung von (5.2.1) von einem *Integralansatz*

$$U(r,z) = \int_0^\infty \mathrm{I}_0(mr)\cos mz\, f(m)\mathrm{d}m \tag{5.2.2}$$

aus. Hier ist I_0 die modifizierte BESSEL-Funktion, und $f(m)$ ist so zu bestimmen, daß die Randbedingung an der Kugel erfüllt wird, wenn die Lösung im Ursprung eine *Singularität* $1/\rho$ besitzt (ρ = Kugelkoordinate, $z = \rho\cos\vartheta$, $r = \rho\sin\vartheta$). Die Methode von KNIGHT setzt somit die Lösung der Integralgleichung (5.2.2) nach $f(m)$ voraus und verlangt weiter, die modifizierten BESSEL-Funktionen durch LEGENDRE-Polynome auszudrücken,

$$\mathrm{I}_0(mr)\exp(imz) = \sum_{n=0}^{\infty} \frac{(i\rho m)^n}{n!} P_n(\cos\vartheta), \tag{5.2.3}$$

damit die Zylinderlösung (5.2.2) die Randbedingungen auf der Kugeloberfläche erfüllt (vgl. die Bemerkung über den gemeinsamen *Urahn* auf Seite 39). Auch COOKE [5.3] geht bei der Lösung des Potentialproblems zwischen einem Zylinder und Sphäroiden ähnlich vor und erhält ebenfalls wie KNIGHT für die Entwicklungskoeffizienten A_n der Reihenlösungen ein System von unendlich vielen linearen Gleichungen, in denen auch die C_n vorkommen. Das System linearer Gleichungen rührt daher, daß KNIGHT eine singuläre Lösung am Zylinderrand durch partikuläre Lösungen U darstellt und daraus ein unendliches System von linear unabhängigen Lösungen erhält, indem er die Ableitungen $\mathrm{d}^nU/\mathrm{d}z^n$ bildet und dann die Lösung

$$U(r,z) = \sum_n A_n \frac{d^nU}{\mathrm{d}z^n} \tag{5.2.4}$$

ansetzt. Wie TINHOFER in einem unveröffentlichten Institutsbericht gezeigt hat, ist dies gar nicht notwendig, da es ein vollständiges System von Partikulärlösungen gibt, die auf dem Zylindermantel verschwinden und im Nullpunkt für jeden reellen Wert der Separationskonstanten m singulär sind: $[\mathrm{K}_0(ma)\mathrm{I}_0(mr) - \mathrm{I}_0(ma)\mathrm{K}_0(mr)] \cdot [a(m)\cos mz + b(m)\sin mz]$. Setzt man in der z-Koordinate Symmetrie voraus und verwendet man die für $r = 0$ singuläre Funktion K, dann geht man nach TINHOFER statt von (5.2.2) gleich von

$$\begin{aligned} U(r,z) &= \int_0^\infty [\mathrm{K}_0(ma)\mathrm{I}_0(mr) - \mathrm{I}_0(ma)\mathrm{K}_0(mr)] \cos mz\, f(m)\mathrm{d}m \\ &= \int_0^\infty f(m)\big[\mathrm{K}_0(ma)\sum_n C_n(r)P_n(\cos\vartheta) \\ &\quad - \mathrm{I}_0(ma)\sum_n D_n(r)P_n(\cos\vartheta)\big]\mathrm{d}m \end{aligned} \tag{5.2.5}$$

aus. Vertauschen von Summation und Integration führt bei Einführung der Abkürzung $\gamma_n(m,\rho)$ zu

$$
\begin{aligned}
U(r,z) &= \sum_n P_n(\cos\vartheta)\left[\int_0^\infty f(m)\left[\mathrm{K}_0(ma)C_n(m,\rho) - \mathrm{I}_0(ma)D_n(m,\rho)\right]\mathrm{d}m\right] \\
&= \sum_n P_n(\cos\vartheta)\int_0^\infty f(m)\gamma_n(m,\rho)\mathrm{d}m,
\end{aligned}
\tag{5.2.6}
$$

was für den Kugelradius $\rho = b$ das Ergebnis

$$
U(\rho=b) = \sum_n P_n(\cos\vartheta)\int_0^\infty f(m)\gamma_n(m,b)\mathrm{d}m = \sum_n C_n P_n(\cos\vartheta) \tag{5.2.7}
$$

liefert, d.h. ein System von Integralgleichungen für die Funktion $f(m)$ für jedes n in der Form

$$
C_n = \int_0^\infty f(m)\gamma_n(m,b)\mathrm{d}m. \tag{5.2.8}
$$

Dies alles gilt für den unendlich langen Zylinder. Im Endlichen erhält man statt der Integrale Summen. Da in der Praxis selten uneinheitliche Randwertprobleme mit unendlicher Ausdehnung vorkommen, wenden wir uns nun endlichen Problemen zu.

Als erstes Problem behandeln wir nach TINHOFER die Lösung der zweidimensionalen LAPLACE-Gleichung in cartesischen Koordinaten für ein Rechteck der Länge a und der Breite b, das innen einen kreisförmigen Ausschnitt mit dem Radius c hat. Es mögen die folgenden bezüglich der x- und y-Achse symmetrischen Randbedingungen angenommen werden:

$$
\begin{aligned}
&\text{Rechteck} \quad & U(x=\pm a, y) &= U(x, y=\pm b) = 0, \\
&\text{Kreis} \quad & U(r=c,\varphi) &= \sum_n D_{2n}\cos 2n\varphi.
\end{aligned}
\tag{5.2.9}
$$

Nun müssen wir analog zu (5.2.3) die cartesischen Lösungen (5.1.6) durch die Lösungen (4.1.56) des Kreisproblems ausdrücken, wobei $x = r\cos\varphi$, $y = r\sin\varphi$ und

$$
\begin{aligned}
\cos\alpha x &= \frac{1}{2}\left(\mathrm{e}^{i\alpha x} + \mathrm{e}^{-i\alpha x}\right) = \frac{1}{2}\left(\mathrm{e}^{i\alpha r\cos\varphi} + \mathrm{e}^{-i\alpha r\cos\varphi}\right), \\
\cosh\alpha y &= \frac{1}{2}\left(\mathrm{e}^{\alpha y} + \mathrm{e}^{-\alpha y}\right) = \frac{1}{2}\left(\mathrm{e}^{\alpha r\sin\varphi} + \mathrm{e}^{-\alpha r\sin\varphi}\right)
\end{aligned}
$$

verwendet werden:

$$\cos\frac{(2n+1)\pi x}{2a}\cosh\frac{(2n+1)\pi y}{2a} = \operatorname{Re}\left\{\frac{1}{2}\left(\exp\left[-i\frac{2n+1}{2}\pi\frac{r}{a}e^{i\varphi}\right]+\exp\left[-i\frac{2n+1}{2}\pi\frac{r}{a}e^{-i\varphi}\right]\right)\right\}. \tag{5.2.10}$$

Damit wurden sowohl cos als auch cosh auf die gemeinsame Mutter exp zurückgeführt, vgl. die Bemerkung auf Seite 39. Benützt man noch

$$e^x = \sum_{s=0}^{\infty}\frac{x^s}{s!},\quad e^{i\alpha r e^{-i\varphi}} = \sum_{s=0}^{\infty} i^s\alpha^s r^s e^{-is\varphi}\frac{1}{s!}, \tag{5.2.11}$$

so erhält man mit $s \to 2s$, $i^{2s} = (-1)^s$ aus (5.2.10)

$$\begin{aligned}&\frac{1}{2}\operatorname{Re}\left\{\sum_s(-1)^s\frac{i^s}{s!}\left(\frac{2n+1}{2}\pi\frac{r}{a}\right)^s(\cos s\varphi + i\sin s\varphi)\right.\\&\left.+\sum_s(-1)^s\frac{i^s}{s!}\left(\frac{2n+1}{2}\pi\frac{r}{a}\right)^s(\cos s\varphi - i\sin s\varphi)\right\}\\&=\sum_s(-1)^s\frac{1}{(2s)!}\left(\frac{2n+1}{2}\pi\frac{r}{a}\right)^{2s}\cos 2s\varphi\end{aligned} \tag{5.2.12}$$

und analog

$$\cos\frac{(2n+1)\pi y}{2b}\cosh\frac{(2n+1)\pi x}{2b} = \sum_s\left(\frac{2n+1}{2}\pi\frac{r}{b}\right)^{2s}\frac{(-1)^s}{(2s)!}\cos 2s\varphi. \tag{5.2.13}$$

Damit kann man die Lösung (5.1.6) umschreiben in

$$\begin{aligned}U(x,y) =U(r,\varphi) = -\ln\sqrt{\frac{x^2+y^2}{a^2+b^2}}\\&+\sum_n A_n\sum_s\left(\frac{(2n+1)\pi r}{2a}\right)^{2s}\frac{(-1)^s}{(2s)!}\cos 2s\varphi\\&+\sum_n B_n\sum_s\left(\frac{(2n+1)\pi r}{2b}\right)^{2s}\frac{(-1)^s}{(2s)!}\cos 2s\varphi,\end{aligned} \tag{5.2.14}$$

wobei die A_n, B_n nach (5.1.7) bekannte Größen sind. Mit Einführung der Abkürzungen

$$\begin{aligned}C_{2s} =&\sum_n A_n\left(\frac{(2n+1}{2}\pi\frac{1}{a}\right)^{2s}\frac{(-1)^s}{(2s)!}\\&+\sum_n B_n\left(\frac{(2n+1)}{2}\pi\frac{1}{b}\right)^{2s}\frac{(-1)^s}{(2s)!}\end{aligned} \tag{5.2.15}$$

erhält man unter Verwendung des KRONECKER-Symbols die Lösung (5.2.14) in der Form

$$U(x,y) = U(r,\varphi) = \sum_s \left\{ -\ln \frac{r}{\sqrt{a^2+b^2}} \delta_{s0} + C_{2s} r^{2s} \cos 2s\varphi \right\}. \tag{5.2.16}$$

Durch Differenzieren erhält man weitere Lösungen:

$$U_{2\mu}(x,y) = \frac{\partial^{2\mu}}{\partial x^{2\mu}} U(x,y) = -\frac{\partial^{2\mu} \ln r}{\partial x^{2\mu}} \Bigg|_{a,b}^{x,y} + \sum_s C_{2s}^{(2\mu)} r^{2s} \cos 2s\varphi, \tag{5.2.17}$$

wobei nun die $C_{2s}^{(2\mu)}$ analog definiert werden,

$$\begin{aligned} C_{2s}^{(2\mu)} = \sum_n \Bigg\{ & A_n^{(2\mu)} \left(\frac{2n+1}{2} \frac{\pi}{a} \right)^{2s} \frac{(-1)^s}{(2s)!} \\ & + \frac{B_n^{(2\mu)}}{(2s)!} \left(\frac{2n+1}{2} \frac{\pi}{b} \right)^{2s} \frac{(-1)^s}{(2s)!} \Bigg\}, \end{aligned} \tag{5.2.18}$$

und die $A^{(2\mu)}, B^{(2\mu)}$ zwecks Befriedigung der Randbedingungen analog zu (5.1.7) neu definiert werden müssen:

$$\begin{aligned} A_n^{(2\mu)} &= \frac{1}{a \cosh \frac{(2n+1)\pi b}{2a}} \int_{-a}^{+a} \frac{\partial^{2\mu}}{\partial x^{2\mu}} \ln r \Bigg|_{a,b}^{x,y} \cos \frac{2n+1}{2} \pi \frac{x}{a} \mathrm{d}x, \\ B_n^{(2\mu)} &= \frac{1}{b \cosh \frac{(2n+1)\pi a}{2b}} \int_{-b}^{+b} \frac{\partial^{2\mu}}{\partial x^{2\mu}} \ln r \Bigg|_{a,b}^{x,y} \cos \frac{2n+1}{2} \pi \frac{y}{b} \mathrm{d}y. \end{aligned} \tag{5.2.19}$$

Da

$$\frac{\partial^{2\mu} \ln r}{\partial x^{2\mu}} = -(2\mu-1)! r^{-2\mu} \cos 2\mu\varphi, \tag{5.2.20}$$

nimmt (5.2.17) die Form

$$\begin{aligned} U_{2\mu}(x,y) = U_{2\mu}(r,\varphi) = & \frac{(2\mu-1)!}{\sqrt{a^2+b^2}^{2\mu}} \cos \frac{\mu\pi}{2} - \frac{(2\mu-1)!}{r^{2\mu}} \cos 2\mu\varphi \\ & + \sum_{s=0}^{\infty} C_{2s}^{(2\mu)} r^{2\mu} \cos 2\mu\varphi \end{aligned} \tag{5.2.21}$$

an. Die endgültige Lösung läßt sich dann mit Hilfe von

$$
\begin{aligned}
\Phi_0(r,\varphi) &= \sum_{s=0} \left[\ln \frac{r}{\sqrt{a^2+b^2}} \delta_{s0} - C_{2s} r^{2s} \right] \cos 2s\varphi, \\
\Phi_{2\mu}(r,\varphi) &= \left\{ \left[\frac{(2\mu-1)!}{\sqrt{a^2+b^2}^{2\mu}} \cos \frac{\mu\pi}{2} - C_0^{(2\mu)} \right] \right. \\
&\quad \left. - \sum_{s=1}^{\infty} \left[\frac{(2\mu-1)!}{r^{2\mu}} \delta_{2\mu 2s} + C_{2s}^{(2\mu)} r^{2s} \right] \right\} \cos 2s\varphi, \quad \mu \neq 0
\end{aligned} \tag{5.2.22}
$$

in der Form

$$
U(r,\varphi) = \sum_{\mu=0}^{\infty} S_{2\mu} \Phi_{2\mu}(r,\varphi) \tag{5.2.23}
$$

schreiben. Führt man die Abkürzungen

$$
\begin{aligned}
\gamma_0^0 &= \ln \frac{c}{\sqrt{a^2+b^2}} - C_0, \\
\gamma_0^{(2\mu)} &= \frac{(2\mu-1)!}{\sqrt{a^2+b^2}^{2\mu}} \cos \frac{\mu\pi}{2} - C_0^{(2\mu)}, \qquad \mu \geq 1, \\
\gamma_{2s} &= -C_{2s} c^{2s}, \\
\gamma_{2s}^{2\mu} &= - \left[(2\mu-1)! c^{-2\mu} \delta_{2\mu 2s} + C_{2s}^{(2\mu)} c^{2s} \right], \quad \mu \geq 1
\end{aligned} \tag{5.2.24}
$$

ein, so kann man die unbekannten Entwicklungskoeffizienten $S_{2\mu}$ in (5.2.23) aus der Randbedingung (5.2.9) am Kreis, die jetzt die Form $\sum_s D_{2s} \cos 2s\varphi$ hat, aus dem unendlichen linearen Gleichungssystem

$$
\sum_{\mu=0}^{\infty} \gamma_{2s}^{2\mu} S_{2\mu} = D_{2s} \tag{5.2.25}
$$

berechnen.

In einer persönlichen Mitteilung an den Verfasser hat STILL darauf verwiesen, daß an sich die Bildung neuer Lösungen $U_{2\mu}$ mit Hilfe von Differentiationen nach (5.2.17) nicht notwendig sei. Man könne ja die Lösung der LAPLACE-Gleichung für ein Rechteck der Seitenlängen $2a, 2b$ mit den symmetrischen Randbedingungen

$$
U_R(\pm a, y) = g_2(a,y), \qquad U_R(x, \pm b) = g_2(x,b), \tag{5.2.26}
$$

nämlich

$$
\begin{aligned}
U_R(x,y) &= a_0 + \sum_{n=0}^{\infty} a_n \cos \frac{(2n+1)\pi x}{2a} \cosh \frac{(2n+1)\pi y}{2a} \\
&\quad + \sum_{n=0}^{\infty} b_n \cos \frac{(2n+1)\pi y}{2b} \cosh \frac{(2n+1)\pi x}{2b}
\end{aligned} \tag{5.2.27}
$$

mit

$$
\begin{aligned}
a_0 &= g_2(a,b), \\
a_n &= \frac{1}{a \cosh \frac{(2n+1)\pi b}{2a}} \int_{-a}^{+a} [g_2(x,b) - g_2(a,b)] \cos \frac{2n+1}{2a} \pi x \mathrm{d}x, \\
b_n &= \frac{1}{b \cosh \frac{(2n+1)\pi a}{2b}} \int_{-b}^{+b} [g_2(a,y) - g_2(a,b)] \cos \frac{2n+1}{2b} \pi y \mathrm{d}y
\end{aligned}
\tag{5.2.28}
$$

als Spezialfall der allgemeinen Lösung auffassen. Wenn für den ausgeschnittenen Kreis vom Radius c die Randbedingung (5.2.9) in der Form

$$
U_K(c,\varphi) = g_1(\varphi) \tag{5.2.29}
$$

vorliegt, so daß die Lösung

$$
U_K(r,\varphi) = \sum_{n=0}^{\infty} D_{2n} r^{2n} \cos 2n\varphi \tag{5.2.30}
$$

lautet, wobei $D_{2n} = \frac{1}{2\pi}\int_0^{2\pi} g_1(\varphi) \cos 2n\varphi \mathrm{d}\varphi$, so lautet die allgemeine Lösung des Problems in Polarkoordinaten

$$
U(r,\varphi) = C_0^{(+)} + C_0^{(-)} \ln r + \sum_{n=1}^{\infty} \left(C_n^{(-)} r^{-2n} + C_n^{(+)} r^{2n} \right) \cos 2n\varphi. \tag{5.2.31}
$$

Die Lösung (5.2.31) muß am Kreis $c = 1$ mit (5.2.30) übereinstimmen. Ein Koeffizientenvergleich für $c = 1$ liefert

$$
C_0^{(+)} = D_0, \quad C_n^{(-)} + C_n^{(+)} = D_{2n}, \quad n = 1, 2, \ldots, \tag{5.2.32}
$$

welches die bekannten D_{2n} mit dem Koeffizienten der allgemeinen Lösung verknüpft. Damit vereinfacht sich (5.2.31) zu

$$
\begin{aligned}
U(x,y) = C_0^{(-)} \ln r &+ \sum_{n=1}^{\infty} C_n^{(-)} \left(r^{-2n} - r^{2n} \right) \cos 2n\varphi \\
&+ \sum_{n=0}^{\infty} D_{2n} r^{2n} \cos 2n\varphi.
\end{aligned}
\tag{5.2.33}
$$

Man definiert nun nach (5.2.27) Potentialfunktionen

$$
\begin{aligned}
U_n(x,y) = A_0^{(n)} &+ \sum_{k=0}^{\infty} a_k^{(n)} \cos \frac{2k+1}{2a} \pi x \cosh \frac{2k+1}{2a} \pi y \\
&+ \sum_{k=0}^{\infty} b_k^{(n)} \cos \frac{2k+1}{2b} \pi y \cosh \frac{2k+1}{2b} \pi x,
\end{aligned}
\tag{5.2.34}
$$

vgl. mit (5.2.26), die jeweils am Rechteckrand für $n = -1$ mit $\sum_n D_{2n} r^{2n} \cos 2n\varphi$

für $n = 0$ mit $\ln r$ und für $n \geq 1$ mit $(r^{-2n} - r^{2n}) \cos 2n\varphi$ übereinstimmen. Einsetzen in (5.2.33) ergibt

$$\begin{aligned} U(x,y) = A_0^{(-1)} &+ \sum_{k=0}^{\infty} a_k^{(-1)} \cos \frac{2k+1}{2a}\pi x \cosh \frac{2k+1}{2a}\pi y \\ &+ \sum_{k=0}^{\infty} b_k^{(-1)} \cos \frac{2k+1}{2b}\pi y \cosh \frac{2k+1}{2b}\pi x \\ + \sum_{n=0}^{\infty} C_n^{(-1)} \Bigg(A_0^{(n)} &+ \sum_{k=0}^{\infty} a_k^{(n)} \cos \frac{2k+1}{2a}\pi x \cosh \frac{2k+1}{2a}\pi y \\ &+ \sum_{k=0}^{\infty} b_k^{(n)} \cos \frac{2k+1}{2b}\pi y \cosh \frac{2k+1}{2b}\pi x \Bigg). \end{aligned} \tag{5.2.35}$$

Vertauschen der Summationsreihenfolge und Koeffizientenvergleich mit (5.2.27) liefert nach STILL die Beziehungen

$$\begin{aligned} \sum_{n=0}^{\infty} C_n^{(-)} A_0^{(n)} &= A_0 - A_0^{(-1)}, \\ \sum_{n=0}^{\infty} C_n^{(-)} a_k^{(n)} &= a_k - a_k^{(-1)}, \\ \sum_{n=0}^{\infty} C_n^{(-)} b_k^{(n)} &= b_k - b_k^{(-1)}. \end{aligned} \tag{5.2.36}$$

In diesem unendlichen Gleichungssystem sind die A_0, a_k, b_k aus (5.2.28), D_{2n} aus (5.2.30) bekannt, während die $A_0^{(n)}, a_k^{(n)}, b_k^{(n)}$ durch (5.2.34) festliegen. Sind die $C_n^{(-)}$ aus (5.2.36) bekannt, können auch die $C_n^{(+)}$ aus (5.2.32) berechnet werden. Die Beziehungen (5.2.32) und (5.2.36) treten somit an die Stelle von (5.2.25).

Das Problem des kreisförmig ausgeschnittenen Rechtecks oder des rechteckig ausgeschnittenen Kreises läßt sich übrigens auch allein mit dem Ansatz (5.2.31) unter Verzicht auf (5.2.27), (5.2.32) mit Hilfe der Kollokationsmethode, siehe Abschnitt 5.3, einfacher lösen. Auch mittels Störungsrechnung oder Variationsverfahren kann eine Lösung gefunden werden, vgl. Abschnitte 4.11 und 4.12.

Uneinheitliche Randwertprobleme können bei Aufgabenstellungen der Praxis große Bedeutung haben. So war z.B. beim Versuchskraftwerk Kahl in der BRD das mittels numerischer Verfahren nur ungenau berechenbare Problem zu klären, ob längs einer Kegelfläche in den zylindrischen Reaktorkern einschiebbare Kontrollstäbe den Kernreaktor sicher zu steuern vermögen. Die mathematische Problemstellung führt hierbei zu einem Randwertproblem der Neutronendiffusionsgleichung, bei dem Randbedingungen an der Oberfläche eines Kreiszylinders sowie am äußeren und inneren Mantel eines dünnen Hohlkegels (schief eingefahrene Kontrollstäbe) und längs der gemeinsamen Achse von Zylinder und Hohlkegel erfüllt werden müssen [5.4]. Auch das Problem der Abstrahlung niederfrequenter elektromagnetischer Wellen von einer Antenne, die sich im Inneren eines Hohlzylinders (Bergwerksstollen) befindet, stellte in der Vergangenheit ein praktisch wichtiges uneinheitliches Randwertproblem dar (TINHOFER 1965). Ein anderer Problemkreis betrifft Schwingungen von ausgeschnittenen Membranen oder Lösungen der LAPLACE-Gleichung für z.B. eine kreisförmig ausgeschnittene Ellipse oder einen ellipsenförmig ausgeschnittenen Kreis. Wir überlassen es dem Leser, sich zur Übung mit diesem Problem zu beschäftigen. Wenn man das Randwertproblem

$$\begin{array}{lll} \text{Rechteck} & U(\pm a, y) = 0, & U(x, \pm b) = 0, \\ \text{Kreis} & U(c, \varphi) = \sum\limits_n D_{2n} \cos 2n\varphi & \end{array} \tag{5.2.37}$$

für die HELMHOLTZ-Gleichung (4.5.2) lösen will, so geht man zweckmäßigerweise in Analogie zu den Überlegungen bei der LAPLACE-Gleichung vom Ansatz (5.2.23) aus, wobei nun

$$\begin{aligned} \Phi_{2\mu}(x, y) = & \left. \frac{\partial^{2\mu} \mathrm{Z}\left(k\sqrt{x^2+y^2}\right)}{\partial x^{2\mu}} \right|_{a,b}^{x,y} \\ & - \sum_n C_{xn}^{(2\mu)} \cos\sqrt{k^2 - k_{1n}^2}\, y \cdot \cos k_{1n} x \\ & - \sum_n C_{yn}^{(2\mu)} \cos\sqrt{k^2 - k_{2n}^2}\, x \cdot \cos k_{2n} y \end{aligned} \tag{5.2.38}$$

und wo

$$k_{1n} = (2n+1)\pi/2a, \qquad k_{2n} = (2n+1)\pi/2b \tag{5.2.39}$$

bedeuten. Z ist eine mit einer Singularität behaftete Zylinderfunktion, z.B. die NEUMANN-Funktion N_0. Für die Koeffizienten erhält man dann

$$\begin{aligned} C_{x2s}^{(2\mu)} &= \frac{1}{a \cos\sqrt{k^2 - k_{1n}^2}\, b} \int_{-a}^{+a} \left. \frac{\partial^{2\mu} \mathrm{Z}\left(k\sqrt{x^2+y^2}\right)}{\partial x^{2\mu}} \right|_{a,b}^{x,y} \cos k_{1n} x \, \mathrm{d}x, \\ C_{y2s}^{(2\mu)} &= \frac{1}{b \cos\sqrt{k^2 - k_{2n}^2}\, a} \int_{-b}^{+b} \left. \frac{\partial^{2\mu} \mathrm{Z}\left(k\sqrt{x^2+y^2}\right)}{\partial x^{2\mu}} \right|_{a,b}^{a,y} \cos k_{2n} y \, \mathrm{d}y. \end{aligned} \tag{5.2.40}$$

Für die analogen Entwicklungen der Lösung in cartesischen Koordinaten ergibt sich in Analogie zu (5.2.13)

$$\begin{aligned} \cos\sqrt{k^2 - k_{1n}^2}\, y \cdot \cos k_{1n} x &= \sum_s \frac{(-1)^s}{(2s)!} \cos 2s\varphi \cos\left(2s \frac{k_{1n}}{k}\right) \mathrm{J}_{2s}(kr), \\ \cos\sqrt{k^2 - k_{2n}^2}\, x \cdot \cos k_{2n} y &= \sum_s \frac{(-1)^s}{(2s)!} \cos 2s\varphi \cos\left(2s \frac{k_{2n}}{k}\right) \mathrm{J}_{2s}(kr), \end{aligned} \tag{5.2.41}$$

während aus

$$\frac{\partial^{2\mu} Z_0(kr)}{\partial x^{2\mu}} = \sum_{s=0}^{\mu} \gamma_{2s}^{2\mu} Z_{2s}(kr) \cos 2s\varphi \tag{5.2.42}$$

die $\gamma_{2s}^{2\mu}$ mittels Rekursionsformeln zu berechnen sind. Daraus ergeben sich dann mittels (5.2.25) die neuen Entwicklungskoeffizienten $S_{2\mu}$.

Wir betrachten nun den Fall eines Kreises, aus dessen Mitte eine Ellipse ausgeschnitten ist. Eine Lösung der LAPLACE-Gleichung in einem Bereich zwischen den Kreisen mit den Radien $r = d$ und $r = c$, die für $r = c$ den Wert $\sum_n (\alpha_n \cos n\varphi + \beta_n \sin n\varphi)$ und auf $r = d$ den Wert $\sum_n (\gamma_n \cos n\varphi + \delta_n \sin n\varphi)$ annimmt, läßt sich leicht angeben, vgl. Abschnitt 4.1. Nach TINHOFER schreibt man für unseren Zweck die Lösung am besten in der Form

$$\begin{aligned} U(r,\varphi) &= \frac{\alpha_0}{\ln(c/d)} \ln\frac{r}{d} + \frac{\gamma_0}{\ln(d/c)} \ln\frac{r}{c} \\ &+ \sum_{n=1}^{\infty} \alpha_n \cos n\varphi \frac{\left[\left(\frac{1}{r}\right)^n - \left(\frac{r}{d^2}\right)^n\right]}{\left[\left(\frac{1}{c}\right)^n - \left(\frac{c}{d^2}\right)^n\right]} + \sum_{n=1}^{\infty} \gamma_n \cos n\varphi \frac{\left[\left(\frac{1}{r}\right)^n - \left(\frac{r}{c^2}\right)^n\right]}{\left[\left(\frac{1}{d}\right)^n - \left(\frac{d}{c^2}\right)^n\right]} \\ &+ \sum_{n=1}^{\infty} \beta_n \sin n\varphi \frac{\left[\left(\frac{1}{r}\right)^n - \left(\frac{r}{d^2}\right)^n\right]}{\left[\left(\frac{1}{c}\right)^n - \left(\frac{c}{d^2}\right)^n\right]} + \sum_{n=1}^{\infty} \delta_n \sin n\varphi \frac{\left[\left(\frac{1}{r}\right)^n - \left(\frac{r}{c^2}\right)^n\right]}{\left[\left(\frac{1}{d}\right)^n - \left(\frac{d}{c^2}\right)^n\right]}. \end{aligned} \tag{5.2.43}$$

Mit Hilfe der Entwicklungen der Partikulärlösungen $\ln r$ sowie $\cos n\varphi$ bzw. $\sin n\varphi$ mal Potenzen von r nach den in elliptischen Koordinaten separierten Lösungen läßt sich das Problem auch lösen, wenn der innere Rand kein Kreis, sondern eine Ellipse ist. In *ebenen elliptischen Koordinaten* u und v, definiert durch

$$\frac{r_1 + r_2}{2e_0} = \cosh u, \qquad \frac{r_1 - r_2}{2e_0} = \cos v, \tag{5.2.44}$$

wobei r_1 und r_2 die Abstände eines Punktes $P(u,v)$ von den beiden Brennpunkten $(e_0, 0)$ und $(-e_0, 0)$ bedeuten, lauten die durch Separation gewonnenen Gleichungen

$$\frac{d^2 F_1(v)}{dv^2} + \lambda^2 F_1(v) = 0, \qquad \frac{d^2 F_2(u)}{du^2} - \lambda^2 F_2(u) = 0. \tag{5.2.45}$$

Partikuläre Integrale von $\Delta U = 0$ in elliptischen Koordinaten sind also

$$\cosh nu \begin{cases} \cos nv \\ \sin nv \end{cases}, \qquad \sinh nu \begin{cases} \cos nv \\ \sin nv \end{cases}.$$

Für $u = u_0$, also auf dem inneren Rand, laute die Randbedingung

$$U(u_0, v) = \sum_n \tilde{\alpha}_n \cos nv + \sum_n \tilde{\beta}_n \sin nv. \tag{5.2.46}$$

Außerdem sei auf dem Kreis $r = c$

$$U(c,\varphi) = 0. \tag{5.2.47}$$

Man benötigt nun die Entwicklungen von $\ln r$, $r^n \cos n\varphi$, $r^n \sin n\varphi$, $\cos n\varphi / r^n$,

$\sin n\varphi/r^n$ nach dem Orthogonalsystem $\cos sv, \sin sv$. Nun ist

$$\begin{aligned} r\cos\varphi &= e_0 \cosh u \cos v, \\ r\sin\varphi &= e_0 \sinh u \sin v, \\ r^2\cos 2\varphi &= r^2\left(\cos^2\varphi - \sin^2\varphi\right) \\ &= e_0^2\left(\cosh^2 u\cos^2 v - \sinh^2 u \sin^2 v\right) \\ &= e_0^2\left(\cosh 2u \cos 2v + 1\right)/2, \\ r^2 \sin 2\varphi &= 2r^2 \sin\varphi\cos\varphi = e_0^2 \sinh 2u \sin(2v)/2. \end{aligned} \tag{5.2.48}$$

Induktiv findet man

$$\begin{aligned} r^{2\mu}\cos 2\mu\varphi &= \frac{e_0^{2\mu}}{2^{2\mu-1}}\left[\frac{1}{2}\binom{2\mu}{\mu} + \sum_{\nu=1}^{\mu}\binom{2\mu}{\mu-\nu}\cosh 2\nu u \cos 2\nu v\right], \\ r^{2\mu+1}\cos(2\mu+1)\varphi &= \frac{e_0^{2\mu+1}}{2^{2\mu}}\sum_{\nu=0}^{\mu}\binom{2\mu+1}{\mu-\nu}\cosh(2\nu+1)u\cos(2\nu+1)v, \\ r^{2\mu}\sin 2\mu\varphi &= \frac{e_0^{2\mu}}{2^{2\mu-1}}\sum_{\nu=1}^{\mu}\binom{2\mu}{\mu-\nu}\sinh 2\nu u \sin 2\nu v, \\ r^{2\mu+1}\sin(2\mu+1)\varphi &= \frac{e_0^{2\mu+1}}{2^{2\mu}}\sum_{\nu=0}^{\mu}\binom{2\mu+1}{\mu-\nu}\sinh(2\nu+1)u\sin(2\nu+1)v. \end{aligned} \tag{5.2.49}$$

Weiter ist

$$\begin{aligned} \frac{\cos\varphi}{r} = \frac{r\cos\varphi}{r^2} &= \frac{e_0\cosh u\cos v}{e_0^2\left(\cosh^2 u\cos^2 v + \sinh^2 u \sin^2 v\right)} \\ &= \left[\frac{\cos v}{\cosh u - \sin v} + \frac{\cos v}{\cosh u + \sin v}\right]/2e_0. \end{aligned}$$

Der Koeffizient a_n in der Entwicklung $\cos\varphi/r = \sum a_n \cos nv$ ist also

$$a_n = \frac{1}{\pi}\int_0^{2\pi}\left[\frac{\cos v\cos nv}{\cosh u - \sin v} + \frac{\cos v \cos nv}{\cosh u + \sin v}\right]/(2e_0)\mathrm{d}v, \quad n > 0. \tag{5.2.50}$$

Diese Integrale führen zu

$$\begin{aligned} a_{2\mu} &= 0, \\ a_{2\mu+1} &= 2(-1)^\mu/(e_0\exp(2\mu+1)u). \end{aligned} \tag{5.2.51}$$

Dasselbe Ergebnis erhält man auf analoge Weise für $\sin\varphi/r$. Es ist also

$$\begin{aligned} \frac{\cos\varphi}{r} &= 2\sum_{\mu=0}^{\infty}\frac{(-1)^{\mu}\cos(2\mu+1)v}{e_0\exp(2\mu+1)u},\\ \frac{\sin\varphi}{r} &= 2\sum_{\mu=0}^{\infty}\frac{(-1)^{\mu}\sin(2\mu+1)v}{e_0\exp(2\mu+1)u}. \end{aligned} \tag{5.2.52}$$

Induktiv erhält man wieder

$$\begin{aligned} \frac{\cos n\varphi}{r^n} &= 2^n\sum_{\mu=0}^{\infty}a_{2\mu+n}\cos(2\mu+n)v,\\ \frac{\sin n\varphi}{r^n} &= 2^n\sum_{\mu=0}^{\infty}a_{2\mu+n}\sin(2\mu+n)v,\\ a_{2\mu+n} &= \sum_{\gamma=0}^{\mu}a_{2\gamma+1}a_{2(\mu-\gamma)+n-1},\\ a_{2\mu+1} &= (-1)^{\mu}/(e_0\exp(2\mu+1)u). \end{aligned} \tag{5.2.53}$$

Für $\ln r$ erhält man

$$\begin{aligned} \ln r &= \frac{1}{2}\ln\left(\cosh^2 u\cos^2 v+\sinh^2 u\sin^2 v\right)e_0^2 = \frac{1}{2}\ln\left(\cosh^2 u-\sin^2 v\right)e_0^2\\ &= \ln\left(e_0\cosh u\right)+\frac{1}{2}\ln\left(1-\sin^2 v/\cosh^2 u\right)\\ &= \ln\left(e_0\cosh u\right)-\left[\sin^2 v/2\cosh^2 u+\sin^4 v/4\cosh^4 u+\ldots\right]\\ &= \sum_{l=0}^{\infty}B_l\cos lv, \end{aligned} \tag{5.2.54}$$

wobei

$$B_0 = \ln\left(e_0\cosh u\right) = \sum_{k=1}^{\infty}\frac{\binom{2k}{k}}{2^{2k+1}k\cosh^{2k}(u)}, \tag{5.2.55}$$

$$B_l = (-1)^{l+1}\sum_{k=l}^{\infty}\frac{\binom{2k}{k-l}}{2^{2k}k\cosh^{2k}(u)}, \qquad l=1,2,3\ldots \tag{5.2.56}$$

ist. Jetzt erhält man

$$\begin{aligned} U(r,\varphi) &= \frac{\gamma_0}{\ln(c/d)}\ln\frac{r}{c}\\ &+\sum_{n=1}^{\infty}\gamma_n\cos n\varphi\left[\left(\frac{1}{r}\right)^n-\left(\frac{r}{c^2}\right)^n\right]\Big/\left[\left(\frac{1}{d}\right)^n-\left(\frac{d}{c^2}\right)^n\right]\\ &+\sum_{n=1}^{\infty}\delta_n\sin n\varphi\left[\left(\frac{1}{r}\right)^n-\left(\frac{r}{c^2}\right)^n\right]\Big/\left[\left(\frac{1}{d}\right)^n-\left(\frac{d}{c^2}\right)^n\right] \end{aligned} \tag{5.2.57}$$

$$
\begin{aligned}
U(r,\varphi) = {} & \gamma_0 \sum_{\mu=0}^{\infty} B_\mu \cos 2\mu v + \sum_{n=1}^{\infty} \gamma_{2n} \left\{ 2^{2n} \sum_{\mu=0}^{\infty} a_{2\mu+2n} \cos(2\mu+2n)v \right. \\
& \left. - \frac{e_0^{2n}}{c^{4n} 2^{2n-1}} \left[\frac{1}{2} \binom{2n}{n} + \sum_{\nu=1}^{n} \binom{2n}{n-\nu} \cosh 2\nu u \cos 2\nu v \right] \right\} \\
& + \sum_{n=0}^{\infty} \gamma_{2n+1} \left\{ 2^{2n+1} \sum_{\mu=0}^{\infty} a_{2\mu+2n+1} \cos(2\mu+2n+1)v \right. \\
& \left. - \frac{e_0^{2n+1}}{2^{2n} c^{4n+2}} \sum_{\nu=0}^{n} \binom{2n+1}{n-\nu} \cosh(2\nu+1)u \cos(2\nu+1)v \right\} \\
& + \sum_{n=1}^{\infty} \delta_{2n} \left\{ 2^{2n} \sum_{\mu=0}^{\infty} a_{2\mu+2n} \sin(2\mu+2n)v \right. \\
& \left. - \frac{e_0^{2n}}{2^{2n-1} c^{4n}} \sum_{\nu=1}^{n} \binom{2n}{n-\nu} \sinh 2\nu u \sin 2\nu v \right\} \\
& + \sum_{n=0}^{\infty} \delta_{2n+1} \left\{ 2^{2n+1} \sum_{\mu=0}^{\infty} a_{2\mu+2n+1} \sin(2\mu+2n+1)v \right. \\
& \left. - \frac{e_0^{2n+1}}{2^{2n} c^{4n+2}} \sum_{\nu=0}^{n} \binom{2n+1}{n-\nu} \sinh(2\nu+1)u \sin(2\nu+1)v \right\}.
\end{aligned}
$$

Ordnen der Glieder nach $\cos sv$, $\sin sv$, $s = 0, 1, 2, \ldots$, führt zu der Gleichung

$$
U(r,\varphi) = U(u,v) = \sum_s C_s \cos sv + \sum_s D_s \sin sv. \tag{5.2.58}
$$

Voraussetzung hierfür ist natürlich die entsprechende Konvergenz der Reihen. Die Konstanten C_s und D_s, die noch die Unbekannten γ_n und δ_n in der Form

$$
C_s = \sum_n \gamma_n E_n^{(s)}(u), \qquad D_s = \sum_n \delta_n F_n^{(s)}(u) \tag{5.2.59}
$$

enthalten, kann man erhalten, wenn man $u = u_0$ setzt. Es ergeben sich dann die beiden Gleichungssysteme

$$
\begin{aligned}
& \sum_n \gamma_n E_n^{(s)}(u_0) = \tilde{\alpha}_s \\
& \sum_n \delta_n F_n^{(s)}(u_0) = \tilde{\beta}_s
\end{aligned} \tag{5.2.60}
$$

zur Bestimmung der Koeffizienten γ_n und δ_n. Für kleine Exzentrizitäten kann man auch Potenzentwicklungen verwenden, die nach dem quadratischen Glied abgebrochen werden können.

5.3 Kollokationsmethoden

Definition und Anwendungsbereich der Kollokationsmethode, Festlegen von Knotenlinien als Rand, Lösungen mit Singularitäten, Kreismembran in cartesischen Koordinaten, CASSINI-Kurve als Membranrand, uneinheitliche Probleme, Kollokationsmethode bei numerischer Integration der Differentialgleichungen, toroidale Probleme, LAPLACE- und HELMHOLTZ-Gleichungen für kreisförmig ausgeschnittenes Rechteck, ein FORTRAN-Programm KOLLOK

Partielle Differentialgleichungen n-ter Ordnung weisen in ihrer allgemeinen Lösung n beliebig wählbare differenzierbare Funktionen auf, vgl. Seite 7. Spezielle Rand- und Anfangswertprobleme werden dadurch gelöst, daß man eine Spezialisierung dieser Funktionen vornimmt, vgl. Kapitel 4. Kennt man von einem Randwertproblem Eigenfunktionen oder andere partikuläre orthonormierte Lösungen, so kann man meistens die allgemeine Lösung nach diesen Funktionen entwickeln, vgl. Seite 58. Anstelle des unendlichen Wertevorrats einer willkürlichen Funktion treten dann die unendlich vielen Entwicklungskoeffizienten, die in ihrer Gesamtheit die Funktion an unendlich vielen Punkten darstellen. Einen Punkt, in dem man den Wert einer Funktion (oder den Wert ihrer Ableitung) vorgibt, nennt man *Kollokationspunkt* (*Stützpunkt*). Gibt man unendlich viele Kollokationspunkte vor, so kann man die Funktion (bzw. ihre Entwicklungskoeffizienten) in ihrem gesamten Definitionsbereich exakt erfassen. In der Praxis begnügt man sich natürlich mit einer je nach der gewünschten Genauigkeit verschieden großen endlichen Anzahl von Kollokationspunkten und erhält dann eine endliche Anzahl von Entwicklungskoeffizienten. Kollokationspunkte wird man zweckmäßigerweise am Rand (bzw. im Definitionsgebiet der Differentialgleichung) möglichst gleichmäßig verteilen. Es sollte jedoch darauf hingewiesen werden, daß es Probleme gibt, bei denen eine gleichmäßige (äquidistante) Verteilung der Kollokationspunkte nicht so gute Ergebnisse liefert wie die Verwendung von FEJÉR-Punkten [5.33], [5.34]. Sie stellen für einen Kreis die Einheitswurzeln in der komplexen Ebene dar und werden für andere Ränder mit Hilfe der konformen Abbildung bestimmt [5.35]. Kollokationsmethoden sind meist überraschend genau, und der notwendige Rechenaufwand ist nicht allzu groß. Es konnten auch für spezielle Differentialgleichungen Beweise dafür gefunden werden, daß die Näherungslösung *zwischen* den Kollokationspunkten gegen die Lösung konvergiert [26]. Sind der Rand und die gegebene Randfunktion genügend glatt, so konvergieren bei Erhöhung der Anzahl der Kollokationspunkte die Kollokationsnäherungen auch zwischen den Kollokationspunkten gegen die Lösung. Für die LAPLACE-Gleichung und Kollokation an den FEJÉR-Punkten gilt dies nach [5.35] für den Ansatz (auf einfach-zusammenhängendem Gebiet)

$$\sum_{n=0}^{N} (a_n \cos n\varphi + b_n \sin n\varphi)\, r^n.$$

Bei vielen Kollokationspunkten kann es in den Abständen zwischen ihnen zu Oszillationen der Näherungslösungen kommen. Man wird dann die Anzahl der Kollokationspunkte verringern oder eine über das ganze Intervall gleichmäßigere Anpassung (TSCHEBYSCHEFF-Norm der Approximationstheorie [5.33]) z.B. durch Optimierungsmethoden versuchen, um so den Fehler am ganzen Rand möglichst klein zu machen. Die Kollokationsmethode wird sowohl für gewöhnliche als auch für partielle Differentialgleichungen verwendet. Bei Randwertproblemen partieller Differentialgleichungen legt man die Kollokationspunkte vorwiegend auf den Rand, da ja dort durch die Randbedingung die Zahlenwerte der Lösungsfunktion vorgegeben sind. Wir werden in diesem Abschnitt mittels der Kollokationsmethode Randwertprobleme behandeln, die folgende Charakteristika aufweisen:

1. der Rand ist keine glatte Kurve, er besitzt Ecken, vgl. Abb. 18 Seite 129;
2. es liegen zwei Ränder vor, und Singularitäten müssen angesetzt werden, vgl. Abb. 19, Seite 129 und Abschnitt 5.2;
3. die partielle Differentialgleichung ist nichtseparabel, der Rand ist vorgegeben oder die Randkurven werden auf Basis einer in einem anderen Koordinatensystem separablen Lösung, die freie Parameter enthält, mittels Kollokation beschrieben, vgl. (4.5.10);
4. durch Separation gewonnene gewöhnliche Differentialgleichungen besitzen nur numerische Lösungen.

Wesentlich bei der hier verwendeten Kollokationsmethode ist, daß nur solche Funktionen verwendet werden, die Lösungen der vorliegenden partiellen Differentialgleichung sind. So werden z.B. vorwiegend Lösungen in cartesischen, zylindrischen oder in ebenen Polarkoordinaten verwendet. Kollokationsmethoden mit Funktionen, die nicht Lösungen der betreffenden partiellen Differentialgleichungen sind [4.30, 5.10], behandeln wir in den Abschnitten über Approximationslösungen, Störungstheorie oder Variationsrechnung.

Zur Einführung unserer Methode besprechen wir zwei einfache Beispiele. Wie man sich leicht durch Einsetzen überzeugt, ist

$$U(x,y) = A\cos kx + B\cos\left(\sqrt{k^2-\beta^2}x\right)\cos\beta y + C \tag{5.3.1}$$

eine Lösung der zweidimensionalen HELMHOLTZ-Gleichung (4.5.2) in der Form $U_{xx} + U_{yy} + k^2U = 0$. Diese spezielle Lösung wurde für beliebiges β ohne Vorschreiben einer Randbedingung gewonnen. Der geometrische Ort aller Punkte $y(x)$, für die $U(x,y) = U(x,y(x)) = 0$ gilt, ist eine *Knotenlinie*. Man kann nun mittels Kollokationsmethode die Form dieser Knotenlinie suchen und so die möglichen Ränder, die zur Lösung gehören, a posteriori suchen. Da (5.3.1) nur vier freie Parameter $(A/B, C/B, k, \beta)$ enthält, muß dieser Rand offenbar eine einfache, durch vier Parameter gut zu beschreibende Kurve sein. Wir schreiben (5.3.1) für $U(x,y(x)) = 0$ um in eine Form für vier Kollokationspunkte x_i, y_i, $i = 1,2,3,4$ auf dem Kreis:

$$y_i = \frac{1}{\beta}\arccos\left[\frac{-A\cos kx_i - C}{B cos(\sqrt{k^2-\beta^2}x_i)}\right] = \sqrt{1-x_i^2}. \tag{5.3.2}$$

Man könnte nun für vier am Kreisumfang beliebig gewählte Kollokationspunkte die vier transzendenten Gleichungen (5.3.2) lösen oder für vorgegebene Werte von

$A/B, C/B, \beta$ und k die Randkurve untersuchen. Da wir später sehen werden, daß sich die Lösung derartiger (unangenehmer) transzendenter Gleichungen vermeiden läßt, wählen wir einen anderen Weg und setzen $A/B = 1$, $-C/B = \cos\beta + A/B$ (was aus dem Kollokationspunkt $x = 0$, $y = 1$ folgt), $k = 1.001$, $\beta = 1$ und erhalten Abb. 44. Löst man mit $C = 0$ für die drei Kollokationspunkte

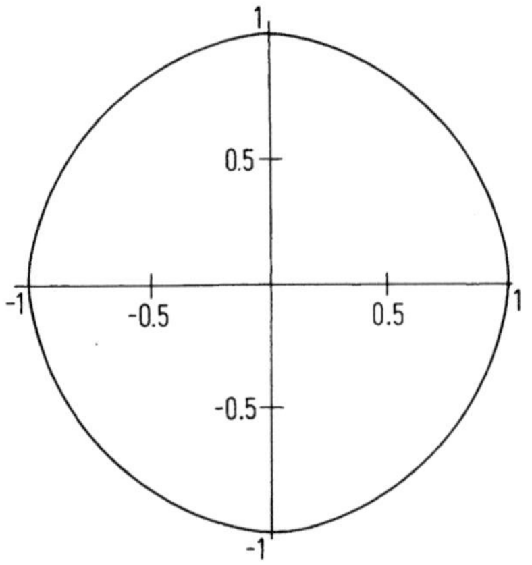

Abb. 44. Randkurve nach (5.3.2)

$(1,0), (0,1), (0.7071, 0.7071)$ die sich aus (5.3.2) ergebenden transzendenten Gleichungen auf, so erhält man $A/B = 1$, $k = 2.401\,9$, $\beta = 2.078\,0$ [5.6]. Vergleicht man die mit diesen Parametern für $y(x)$ erhaltenen Funktionswerte mit den Werten $\sqrt{1-x^2}$ eines Kreises vom Radius 1, so erhält man für $y(x)$ außerhalb der Kollokationspunkte

x	0	0.2	0.4	0.6	0.8	1.
(5.3.2)	1.000	0.977	0.908	0.793	0.609	0.000
$\sqrt{1-x^2}$	1.000	0.979	0.917	0.800	0.600	0.000,

also auch recht gute Übereinstimmung. Man wird ganz allgemein zur Kontrolle die Randkurve $y(x)$ für beliebiges x nach (5.3.2) zeichnen. Gibt man zur Lösung der HELMHOLTZ-Gleichung (5.2.1) in Zylinderkoordinaten r, z die Lösung durch $\mathrm{J}_1(kr), \mathrm{N}_1(kr), \mathrm{J}_1(\sqrt{k^2-\gamma^2}r)\cos\gamma z$ etc. vor, so kann man für ein durch vier Kollokationspunkte beschriebenes Oval in der r, z-Ebene den Eigenwert ausrechnen [5.11].

Als zweites Beispiel berechnen wir den tiefsten Eigenwert einer Kreismembran, den wir schon auf Seite 60 kennengelernt haben. Für eine Kreismembran vom Radius $R = 1$ erhielten wir als tiefsten Eigenwert die erste Nullstelle der BESSEL-Funktion J_0, nämlich

$$j_{01} = 2.404\,825\,557\,7. \tag{5.3.3}$$

Um zu zeigen, wie gut die Kollokationsmethode bei beliebigen, also auch bei nichtseparierbaren Randwertproblemen arbeitet, berechnen wir den tiefsten Eigenwert einer Kreismembran vom Radius 1 mit Hilfe von *cartesischen Koordinaten*; es stimmt dann die Randkurve nicht mit einer Koordinatenlinie überein. Erhalten wir ein befriedigendes Ergebnis, so können wir dann dazu übergehen, die Methode auf beliebige, nicht von separierbaren Koordinaten beschreibbare Membranränder anzuwenden. Ein FORTRAN-Programm zur Lösung von (5.3.4) namens KOLLOK findet man am Ende dieses Abschnitts. Die allgemeine Lösung der HELMHOLTZ-Gleichung in cartesischen Koordinaten

$$U_{xx}(x,y) + U_{yy}(x,y) + k^2U(x,y) = 0, \quad k = \omega/c \tag{5.3.4}$$

lautet

$$U(x,y) = \sum_{n=1}^{N} C_n \cos\left(\sqrt{k^2 - \gamma_n^2}x\right) \cos \gamma_n y. \tag{5.3.5}$$

Für $U(Rand) = 0$ stellt dies ein System von homogenen linearen Gleichungen für die C_n dar. Man kann daher eines der C_n frei wählen, am besten das C_N. Irgend eine Randbedingung wurde hier noch nicht berücksichtigt, die Parameter C_n, k, γ_n sind unbekannt. Wird statt der Lösung in cartesischen Koordinaten die Lösung in Polarkoordinaten unter Berücksichtigung des Randes vorgenommen, geht man also von (4.5.11) – (4.5.13) aus, und wird dann die Lösung (vgl. Abschnitt 4.5) in der Form

$$V(r,\varphi) = \sum_n C_n \mathrm{J}_n\left(\frac{\omega}{c}r\right) \cos n\varphi \tag{5.3.6}$$

erhalten, dann bestimmt sich der Eigenwert ω/c der HELMHOLTZ-Gleichung (4.5.11) aus der Randbedingung $V(r = R, \varphi) = 0$, und die C_n können für die Erfüllung einer anderen Randbedingung $V(R, \varphi) = f(\varphi)$ oder für die Befriedigung einer Anfangsbedingung der D'ALEMBERT-Gleichung (4.5.1) herangezogen werden. Bei der Kollokationsmethode werden die k, γ_n, C_n zur Befriedigung einer homogenen Randbedingung längs eines nicht mit dem Koordinatensystem der HELMHOLTZ-Gleichung übereinstimmenden Randes herangezogen. Inhomogene Randbedingungen kann man homogenisieren, oder man entwickelt sie nach den verwendeten partikulären Lösungen, vgl. Abschnitte 3.1 (Seite 84) und 4.1. (Seite 125).

Da bei praktischen Rechnungen N endlich sein muß, liegen nun als unbekannte Größen die $N-1$ Entwicklungskoeffizienten $C_1 \dots C_{N-1}$, ferner die *"Separationskonstanten"* $\gamma_1 \dots \gamma_N$ und der Eigenwert k, insgesamt also $2N$ Unbekannte vor (C_N wird gewählt). Wir müssen daher zur Lösung des Randwertproblems, d.h. zur Berechnung der $2N$ unbekannten Größen aus (5.3.5) $P = 2N$ Gleichungen an P Kollokationspunkten x_i, y_i, $i = 1 \dots P$ gewinnen. Diese Kollokationspunkte müssen alle am kreisförmigen Rand $y_i = \sqrt{1 - x_i^2}$ liegen. Wir suchen also gewissermaßen in der allgemeinen Lösung (5.3.5), die eine beliebig wählbare Funktion, charakterisiert durch die C_n, enthält, genau kreisförmige Knotenlinien. Wenn wir uns mit dem tiefsten Eigenwert begnügen, so garantiert uns ein Satz von COURANT [4.17] für STURM-LIOUVILLE-Eigenwertprobleme, daß das von der zum tiefsten Eigenwert gehörenden Knotenlinie eingeschlossene Gebiet durch weitere Knotenlinien nicht unterteilt wird.

Da (5.3.5) ein homogenes lineares System für die C_n ist, kann man stets eine der Unbekannten, am besten C_N gleich eins setzen. Begnügt man sich mit $P = 2N = 4$ Kollokationspunkten, also mit $N = 2$ partikulären Lösungen (*"Moden"*) und löst man die entsprechenden transzendenten Gleichungen mit $C_2 = 1$, so erhält man für $x = 1$, cos 30°, cos 60°, 0 die Werte $\gamma_1 = 2.222\,096\,473\,061$, $\gamma_2 = 0.919\,496\,180\,528\,8$, $C_1 \approx 1$, $k = 2.404\,825\,557\,415$, was mit dem Eigenwert (5.3.3), der mittels BESSEL-Funktionen berechnet wurde, in acht Dezimalstellen übereinstimmt. Offensichtlich ist die erreichbare Genauigkeit im wesentlichen durch die Anzahl P der Kollokationspunkte bzw. durch die Anzahl N der herangezogenen Moden bestimmt. Dann kann man sich aber die Auflösung der transzendenten Gleichungen ersparen, wenn man die "Separationskonstanten" γ_n vorgibt. Da in (5.3.5) eine Wurzel auftritt und die γ_n in ihr als Quadrate vorkommen, steht für die Wahl der γ_n sowieso nur ein relativ enges Intervall, nämlich $0 \le \gamma_n^2 < k^2$, zur Verfügung. In diesem Intervall verteilt man die γ_n möglichst regelmäßig. Für k wird man hierbei aus Erfahrung einen rohen Schätzwert nehmen, der im Laufe der Rechnung sich von selbst verbessert. Es zeigt sich auch gemäß der Erwartung, daß das Endresultat von der Wahl der γ_n und dem Schätzwert k fast unabhängig ist. Auch die Verteilung der γ_n innerhalb des vorgegebenen Intervalls ist relativ belanglos. Gibt man die γ_n vor, dann stellen nach (5.3.5) die Kollokationsgleichungen (vgl. die Subroutine FILLUP im Programm KOLLOK, Seite 297)

$$\sum_{n=1}^{N} C_n \cos\left(\sqrt{k^2 - \gamma_n^2}\,x_i\right) \cos(\gamma_n y_i) = 0, \quad i = 1 \dots P = N, \tag{5.3.7}$$

ein System von P linearen Gleichungen für die C_n, $n = 1 \dots N$ dar. Dieses hat dann und nur dann eine Lösung, wenn die Koeffizientendeterminante

$$D = |D_{in}| = |\cos\left(\sqrt{k^2 - \gamma_n^2}\,x_i\right) \cos(\gamma_n y_i)| \tag{5.3.8}$$

verschwindet. In den Elementen der Determinante ist nur der Eigenwert k unbekannt. Das Verschwinden der Determinante liefert nun den Eigenwert k. Um nun das homogene lineare Gleichungssystem (5.3.7) zu lösen, setzen wir den letzten Koeffizienten $C_N = 1$ und lösen dann das so entstehende inhomogene System. Wenn dann alle C_n vorliegen, zeichnet man zur Kontrolle die Randkurve vermittels $U(x, y) = 0$, wobei $U(x, y)$ durch (5.3.5) gegeben ist. Auf diese Weise kann man das ganze Rechenverfahren formalisieren und ein FORTRAN-Programm KOLLOK für verschiedene partielle Differentialgleichungen und beliebige Randformen aufbauen, das am Ende des Abschnitts angegeben und diskutiert wird. Kollokationslösungen der Art (5.37) sind meist numerisch konvergent, d.h. bei Erhöhung des N ändern sich die schon früher berechneten Koeffizienten C_n nicht oder nur mehr wenig, und die neuen Koeffizienten mit größerem n werden mit wachsendem N immer kleiner. Man kann aber trotzdem durch starke Erhöhung von N nicht viel mehr Genauigkeit gewinnen, da bei großen N die Koeffizientendeterminante D als Folge eng benachbarter Stützpunkte Zeilen oder Spalten enthält, die sich nur wenig voneinander unterscheiden, so daß der Computer bei Berechnung von D die

Meldung " singuläre Matrix" gibt, vgl. das Programm KOLLOK.

Wir behandeln vor Diskussion des Programms jedoch noch weitere Beispiele. Diese betreffen zunächst nichtseparierbare Probleme mit *einem geschlossenen Rand*. Später werden wir auch uneinheitliche und andere Probleme mit *zwei geschlossenen Rändern* (und daher mit in den Lösungen auftretenden Singularitäten) behandeln. Ein nichtseparierbares Randwertproblem der HELMHOLTZ-Gleichung liegt bei einer am ganzen Rand eingespannten Membran vor, z.B. wenn die Randkurve durch eine CASSINI-Kurve

$$\begin{aligned} & r^2 = c^2 \cos 2\varphi + \sqrt{a^4 - c^4 \sin^2 2\varphi} \quad \text{oder} \\ & \left(x^2 + y^2\right)^2 - 2c^2\left(x^2 - y^2\right) - \left(a^4 - c^4\right) = 0 \end{aligned} \tag{5.3.9}$$

gegeben ist. Mit vier Kollokationspunkten $r_i(\varphi_i)$ mit $\varphi_i = 0°, 25°, 55°$ und $90°$ erhielten wir in cartesischen Koordinaten bei $c = 0.5$ und $a = 0.85$ den Eigenwert $k = 2.961\,875$ [5.8]. Das ist entsprechend dem Satz von FABER [4.19] bei gleicher Fläche größer als der Eigenwert der Kreismembran.

Tab. 2. Abhängigkeit des Eigenwertes k einer Kreisplatte

N	γ_1	γ_2	γ_3	γ_4	γ_5	γ_6	k
3	2.0	2.5	3.0	-	-	-	3.195 162 0
4	1.0	1.5	2.0	2.5	-	-	3.196 155 4
5	1.0	1.5	2.0	2.5	3.0	-	3.196 223 0
5	0.	1.0	1.5	2.0	2.5	-	3.196 291
6	1.0	1.5	2.0	2.8	2.9	3.0	3.196 220 625
6	1.0	1.5	2.0	2.5	2.8	3.0	3.196 220 63
6	2.0	2.2	2.4	2.6	2.8	3.0	3.196 220 758

Für eine Kreisplatte vom Radius 1 berechneten wir [5.6] mit Hilfe einer stationären Lösung von drei bis sechs Moden der Plattengleichung (4.6.48) in cartesischen Koordinaten den tiefsten Eigenwert unter der Annahme verschiedener Werte von γ_n. Die Ergebnisse von Tab. 2 zeigen, daß der Eigenwert (exakter Wert: $k = 3.196\,220\,625$) - zumindest bei diesem Beispiel - von der Wahl der "Separationskonstanten" γ_n fast gar nicht abhängt.

Es wurde nun eine von einer CASSINI-Kurve berandete Platte betrachtet [5.9], deren Parameter $a = 1.92$, $c = 1.632$ so gewählt wurden, daß die Fläche der CASSINI-Platte gleich groß wie die der Kreisplatte ist: Mit $N = 4$, $\gamma_1 = 0.1$, $\gamma_2 = 1.5$, $\gamma_3 = 2.0$, $\gamma_4 = 2.5$ ergab sich ein Eigenwert $k = 3.226\,327$, der somit größer ist als der Eigenwert 3.196 220 625 der Kreisplatte. Der Satz von FABER ist ja auch für Platten gültig: der Eigenwert der Kreisplatte ist kleiner als die Eigenwerte anderer Platten mit gleicher Fläche.

Zahlreiche andere Randwertprobleme nichtseparabler partieller Differentialgleichungen, bei denen nur ein Rand auftrat und bei denen eine separierte analytische Lösung von einem anderen Koordinatensystem vorlag, konnten mit Erfolg gelöst werden: Randwertprobleme der Neutronen-Diffusionsgleichung für einen zylindrischen Reaktor beliebigen Querschnitts [5.12], analytische Ausdrücke für kraftfreie dreidimensionale toroidale magnetische Gleichgewichte bei beliebigem Torusquerschnitt konnten angegeben werden [5.13], wobei auch eine BESSEL-Wellengleichung (2.2.33) verwendet wurde [5.14]. Toroidale Hohlraumresonatoren für elektromagnetische Felder wurden berechnet [5.15], Lösungen der SHAFRANOV-SCHLÜTER-Gleichung [2.16] der Plasmaphysik

$$\frac{\partial^2\psi}{\partial z^2} + \frac{\partial^2\psi}{\partial r^2} - \frac{1}{r}\frac{\partial\psi}{\partial r} = A\psi, \tag{5.3.10}$$

wo A eine physikalische Konstante ist, konnten für beliebige Querschnitte der toroidalen magnetischen Flächen $\psi(r,z) = const$ angegeben werden [5.17], die Ausbreitung von elektromagnetischen Wellen in einem radial inhomogenen Dielektrikum wurde behandelt [5.18], elektromagnetische Wellen in Glasfaserwellenleitern wurden untersucht [5.19], Eigenwerte γ der ein relaxiertes, d.h. kraftfreies toroidales Plasma beschreibenden Gleichung

$$\operatorname{rot}\vec{B} = \gamma\vec{B}, \quad \gamma = const \tag{5.3.11}$$

wurden in Zylinderkoordinaten für beliebige Torusquerschnitte (Kreis, Ellipse, CASSINI- und D-förmige Kurve) berechnet [5.20].

Bei einer Gruppe physikalischer Probleme, insbesondere der Plasmaphysik, tritt nicht nur das Problem der toroidalen Geometrie auf, für die fast alle partiellen Differentialgleichungen der Physik nichtseparierbar sind, vgl. Seite 109 und 134. Die Problematik wird dadurch weiter kompliziert, daß selbst die mit Hilfe von separablen Koordinatensystemen gewonnenen gewöhnlichen Differentialgleichungen nur mit numerischen Methoden gelöst werden können. Diese Schwierigkeiten sollen an einem Beispiel detailliert erörtert werden [5.21]. Da fast kein physikalisches Problem mit Torusgeometrie zu separierbaren partiellen Differentialgleichungen führt, verwenden wir gemäß Abb. 45 Zylinderkoordinaten r, z, φ. In Abb. 45 wird der große Torusradius mit R und bei kreisförmiger Querschnittskurve $\tilde{z}(r)$ in der r,z-Ebene der kleine Torusradius mit a bezeichnet. Die r- bzw. z-Komponente des elektrischen Feldvektors $\vec{E}(r,z,\varphi)$ wird mit $E_r(r,z,\varphi)$ bzw. $E_z(r,z,\varphi)$ bezeichnet. Bezeichnet man mit α den Winkel zwischen der Tangente an die Querschnittskurve $\tilde{z}(r)$ und der r-Achse, so gilt zunächst $\tan\alpha = \mathrm{d}\tilde{z}(r)/\mathrm{d}r$, und zwischen den Vektorkomponenten bestehen längs der Kurve $\tilde{z}(r)$ die Beziehungen

$$E_t = E_r\cos\alpha + E_z\sin\alpha, \tag{5.3.12}$$

$$E_n = -E_r\sin\alpha + E_z\cos\alpha. \tag{5.3.13}$$

Die für einen Leiter geltende elektrische Randbedingung $E_t = 0$ führt zu

$$E_r + E_z\frac{\mathrm{d}\tilde{z}}{\mathrm{d}r} = 0, \tag{5.3.14}$$

und für ein Magnetfeld B folgt aus $B_n = 0$ und (5.3.13) die Differentialgleichung für die magnetischen Feldlinien

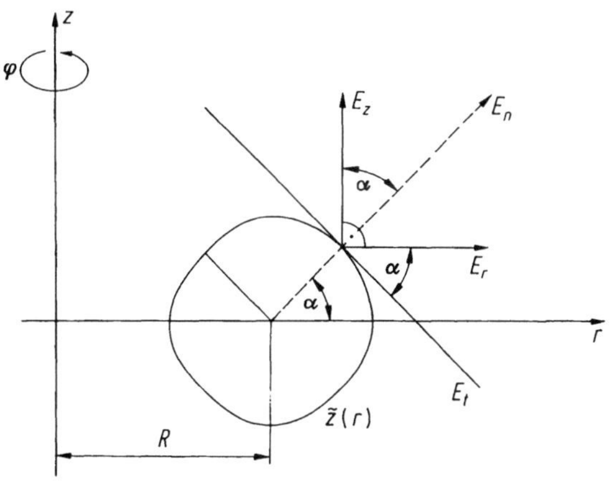

Abb. 45. Torusgeometrie

$$\frac{\mathrm{d}r}{B_r} = \frac{\mathrm{d}z}{B_z}. \tag{5.3.15}$$

Für ein parabolisches Dichteprofil des Plasmas, gemessen von der Torus-Zentrallinie $r = R$,

$$n(r,z) = n_1 - \frac{n_1 z^2}{a^2} - n_0 (r-R)^2, \tag{5.3.16}$$

wo n_1 die maximale Dichte an der Achse ($r = R$) ist, kann man für ein nur in der φ-Richtung magnetisiertes Plasma seinen Dielektrizitätstensor berechnen und erhält dann aus den MAXWELL-Gleichungen bei Axialsymmetrie $\partial/\partial\varphi = 0$ für die φ-Komponente des elektrischen Wellenfeldes $E_\varphi(r,z)$ die partielle Differentialgleichung

$$\begin{aligned} &\frac{\partial^2 E_\varphi}{\partial z^2} + \frac{\partial^2 E_\varphi}{\partial r^2} + \frac{1}{r}\frac{\partial E_\varphi}{\partial r} - \frac{1}{r^2}E_\varphi \\ &\qquad + \varepsilon_0\mu_0\omega^2 E_\varphi + \left(a + br + cr^2 + cz^2\right) E_\varphi = 0. \end{aligned} \tag{5.3.17}$$

ω ist die gesuchte Eigenfrequenz des Wellenfeldes, $a, b, c, \varepsilon_0, \mu_0$ sind physikalische, von n_1 und R etc. abhängige Konstante. Das Randwertproblem besteht nun darin, diese partielle Differentialgleichung für einen beliebigen Torusquerschnitt $\tilde{z}(r)$ mit der Randbedingung (5.3.14) zu lösen, wobei aus den MAXWELL-Gleichungen noch die Beziehungen zwischen $E_r(r,z), E_z(r,z)$ und $E_\varphi(r,z)$ heranzuziehen wären. Erfreulicherweise liegt aber E_φ tangential zur Toruswand, so daß anstatt von (5.3.14) die einfachere Randbedingung

$$E_\varphi(r, \tilde{z}(r)) = 0 \tag{5.3.18}$$

herangezogen werden kann. (In anderen Fällen werden Randbedingungen der Art (5.3.12), (5.3.13) benötigt.) Das Verfahren läßt sich demgemäß bei derartigen nichtseparierbaren Problemen in folgenden Schritten durchführen [5.21]:

1. Aufstellung der zu lösenden partiellen Differentialgleichungen in einem separierbaren Koordinatensystem (meist zylindrisch, cartesisch etc.), vgl. (5.3.17), Wahl von am gegebenen Rand $\tilde{z}(r)$ möglichst gleichmäßig verteilten P Kollokationspunkten.
2. Separation der partiellen Differentialgleichung. $E_\varphi(r,z) = R(r)U(z)$ in (5.3.17) eingesetzt gibt mit $\varepsilon_0\mu_0\omega^2 = k^2$ die zwei Differentialgleichungen

$$R'' + \frac{1}{r}R' - \frac{1}{r^2}R + \left(k^2 - \gamma^2 + a + br + cr^2\right)R = 0, \tag{5.3.19}$$

$$U'' + cz^2U + \gamma^2 U = 0, \tag{5.3.20}$$

   von denen dem Verfasser keine Funktionslösungen bekannt sind.
3. Numerische Integration dieser beiden gewöhnlichen Differentialgleichungen mit Hilfe von Schätzwerten für k und γ für zwei (beliebig wählbare) Anfangsbedingungen $R_1(r = R-a)$, $R_1'(r = R-a)$, $U_1(0)$, $U_1'(0)$ und $R_2(r = R-a)$, $R_2'(r = R-a)$, $U_2(0)$, $U_2'(0)$, wodurch man

$$E_\varphi(r,z) = (AR_1 + BR_2)(CU_1 + DU_2) \tag{5.3.21}$$

   erhält. A, B, C, D sind noch unbekannte Integrationskonstante (*Partialamplituden*). Durch Wahl verschiedener Werte γ_n, $n = 1 \dots N$ erzeugt man einen zum gleichen "Eigenwert k" gehörenden Satz von partikulären Lösungen $E_\varphi^{(n)}(r,z)$, so daß die Superposition $\sum_{n=1}^{N} E_\varphi^{(n)}(r,z)$ insgesamt $4N$ Partialamplituden $A^{(n)}$, $B^{(n)}, C^{(n)}, D^{(n)}$ enthält.
4. Wahl von am gegebenen Rand $\tilde{z}(r)$ möglichst gleichmäßig verteilten Kollokationspunkten $z_i = \tilde{z}(r_i)$, $i = 1 \dots P$ und Ansatz der Randbedingung (5.3.18) nach (5.3.21)

$$\begin{aligned} E_\varphi(r,\tilde{z}) = \sum_{n=1}^{N} &\left[A^{(n)}R_1^{(n)}(r_i) + B^{(n)}R_2^{(n)}(r_i)\right] \\ &\cdot \left[C^{(n)}U_1^{(n)}(z_i) + D^{(n)}U_2^{(n)}(z_i)\right] = 0, \; i = 1 \dots P \end{aligned} \tag{5.3.22}$$

   in der Form von $P = 4N$ Gleichungen.
5. Das System (5.3.22) der linearen homogenen Gleichungen für die $4N$ Produkte der unbekannten Partialamplituden hat dann und nur dann eine Lösung, wenn die Koeffizientendeterminante D verschwindet. Die Elemente dieser Determinante sind von den numerischen Integrationen, durchgeführt mit weitgehend beliebigen Schätzwerten von k, γ_n, bekannt. Da diese Werte geschätzt sind, ist nicht zu erwarten, daß die Koeffizientendeterminante durch ihr Verschwinden den richtigen Eigenwert k liefert. Sie liefert einen Wert k_1, der vom Schätzwert k_0 verschieden, aber schon etwas besser ist.
6. Man verwendet nun den Wert k_1 dazu, um die numerische Integration der zwei Differentialgleichungen (5.3.19) und (5.3.20) noch einmal durchzuführen. Dann

wird Punkt 5 mehrfach wiederholt, bis man eine Funktion $D(k)$ hat, deren Nullstellen man mittels der Regula falsi (oder einer anderen Methode) sucht. Der auf diese Weise erhaltene Eigenwert bringt dann die Determinante in hoher, vom verwendeten Rechner abhängiger Genauigkeit zum Verschwinden.

7. Man löst das homogene lineare Gleichungssystem (5.3.22) nach den Partialamplituden auf, indem man eine unbekannte Amplitude, z.B. $D^{(N)} = 1$ setzt.
8. Zur Kontrolle zeichnet man den vorgegebenen Rand $z = \tilde{z}(r)$ und die sich aus (5.3.22) ergebenden Randkurven $E_\varphi(r, z) = 0$ und vergleicht die beiden Kurven miteinander. (In den Kollokationspunkten $z_i = \tilde{z}(r_i)$ muß naturgemäß exakte Übereinstimmung vorherrschen.)
9. Über die MAXWELL-Gleichungen kann man dann noch $E_r(r, z), E_z(r, z)$ ausrechnen, die Feldliniengleichungen integrieren und die Feldlinien zeichnen.

Mit dieser Methode wurden mehrere physikalische Probleme behandelt, bei denen offensichtlich eine numerische Integration der gewöhnlichen Differentialgleichungen notwendig war. So wurden zwei- und dreidimensionale elektrische Wechselfelder $\vec{E}(r, \varphi, z)$, $\vec{B}(r, \varphi, z)$ in einem mit Plasma gefüllten Torus in mehreren Arbeiten [5.22 – 5.24], ferner zwei- und dreidimensionale MHD-Wellen in Plasmatori [5.26, 5.28] sowie der Einfluß von Dichteinhomogenität und toroidalem Aspektverhältnis auf die Eigenfrequenz dreidimensionaler MHD-Wellen [5.30] untersucht. Die Lokalisierung geschlossener Separatrixkurven in axialsymmetrischen magnetohydrodynamischen Gleichgewichten wurde diskutiert [5.25], toroidale Strömungen in Tokamaks wurden betrachtet [5.27], und zusammenfassende Berichte über verschiedene Anwendungen dieser Kollokationsmethode wurden veröffentlicht [5.11, 5.29].

Das hier vorgestellte Randpunkt-Kollokationsverfahren bewährt sich auch bei uneinheitlichen Randwertproblemen und ist einfacher und rascher zu handhaben als die im Abschnitt 5.2 besprochenen nichtnumerischen Methoden. Es werden jedoch – im Gegensatz zu anderen approximationstheoretischen Methoden (Abschnitt 5.4) nach wie vor nur Funktionen verwendet, die Lösungen der betreffenden Differentialgleichungen sind. In Abschnitt 5.2, Seite 273 behandelten wir die Lösung der zweidimensionalen LAPLACE-Gleichung in cartesischen Koordinaten für ein Rechteck, das innen einen kreisförmigen Ausschnitt hat. Wir wollen nun hier das Problem eines Kreises vom Radius 2 lösen, der innen einen quadratischen Ausschnitt der Seitenlänge 2 besitzt [5.31], vgl. Abb. 46. In ebenen Polarkoordinaten lautet die wegen der Symmetrie zur x-Achse vom sin-Glied freie Lösung der LAPLACE-Gleichung (4.1.56) unter Hinzufügung der nun notwendigen singulären Glieder

$$U(r, \varphi) = a_0 + c_0 \ln r + \sum_{n=1}^{N} \left(c_n r^n + b_n r^{-n} \right) \cos n\varphi. \tag{5.3.23}$$

Als Randbedingungen werden nun

$$U(\text{Kreis}) = U(2, \varphi) = 0 \tag{5.3.24}$$

und

$$U(\text{Quadrat}) = U_0 \tag{5.3.25}$$

gewählt. Wegen $\cos n\varphi \neq 0$ führt (5.3.23) auf Grund von (5.3.24) zu $a_0+c_0 \ln R = 0$ und $c_n R^n + b_n R^{-n} = 0$, so daß man die allgemeine Lösung (5.3.23) für den Kreis sofort in der Form

$$U(r,\varphi) = c_0 \ln \frac{r}{R} + \sum_{n=1}^{N} c_n \left(r^n - R^{2n} r^{-n}\right) \cos n\varphi \tag{5.3.26}$$

anschreiben kann. Wie man sich leicht überzeugt, erfüllt diese Lösung mit beliebigen c_0, c_n die Randbedingung (5.3.24) am Kreis. Man kann daher die c_0, c_n dazu benützen, um die Randbedingung (5.3.25) am Quadratumfang (oder an einer Ellipse) zu befriedigen. Verschiedene numerische Versuche zeigten, daß die Ergebnisse von der Wahl der Kollokationspunkte weitgehend unabhängig sind, vorausgesetzt, daß sie gleichmäßig und vernünftig gewählt und beispielsweise die Quadratecken nicht verwendet werden. Bei sechs Kollokationspunkten r_i, φ_i erhält man mit $U_0 = 10$ für die Äquipotentiallinien $U(r,\varphi) = const$ und die orthogonalen Feldlinien (rechts)

$$W(r,\varphi) = c_o \varphi + \sum_n c_n \left(r^n + R^{2n} r^{-n}\right) \sin n\varphi$$

die Abb. 46.

Es wäre unzweckmäßig, bei Problemen der LAPLACE-Gleichung in zwei Dimensionen von der Lösung $\cos(kx/a)\cosh(ky/a)$ etc. auszugehen, da die immer auftre-

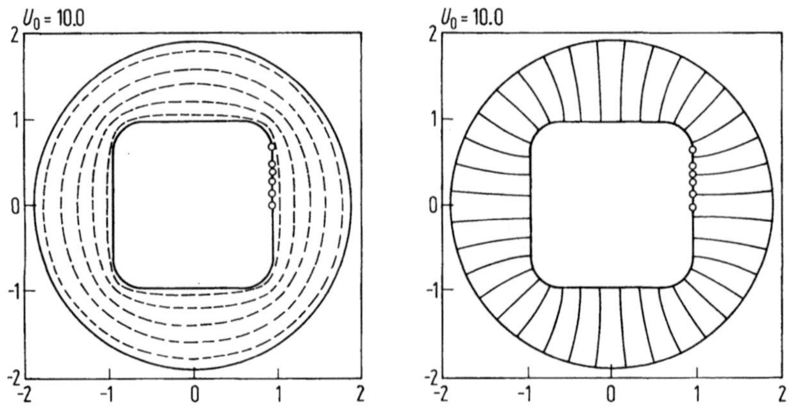

Abb. 46. Lösung der LAPLACE-Gleichung für Kreis und Quadrat

tenden cosh-Funktionen bei Reihenentwicklungen der Lösungen für *zwei* Ränder nicht konvergieren – man vergleiche jedoch mit der Lösung (5.1.6), Seite 269, für *einen* Rand. Verwendet man jedoch als Basis der Kollokationsmethode, etwa für das Problem eines innen kreisförmig ausgeschnittenen Rechtecks der Länge 8

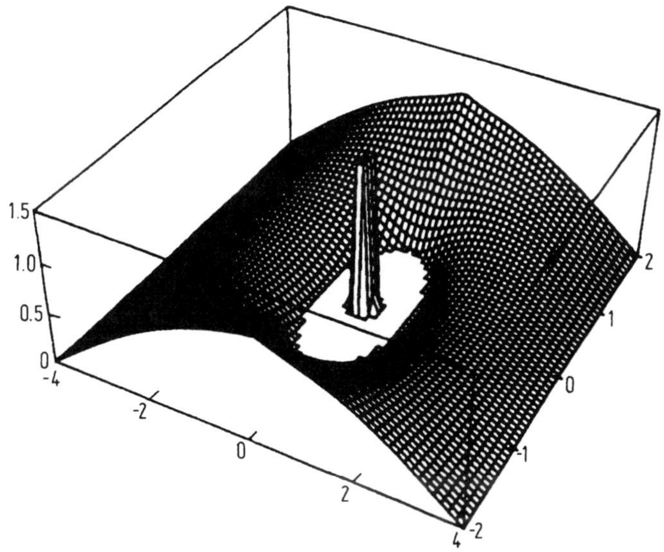

Abb. 47. Lösung der LAPLACE-Gleichung für ein kreisförmig ausgeschnittenes Rechteck

und der Breite 4, die Lösung (5.3.26), so kann man schon mit wenigen Kollokationspunkten ein befriedigendes Ergebnis erzielen. So geben die Randbedingungen $U(\text{Kreis}) = U(r = 1, \varphi) = 0$, $U(x = \pm 4, y) = 0$, $U(x, y = \pm 2) = \cos \pi x/8$ mit sieben Kollokationspunkten die in Abb. 47 dargestellte Lösung $U(x, y)$. Der innere Kreis mit dem Radius 1 erscheint infolge der Perspektive als Ellipse. Die Singularität im Ursprung wurde mit Max $|U| = 1.5$ abgeschnitten. Zur weiteren Erläuterung geben wir das für die Berechnung der Abb. 47 verwendete MATHEMATICA-Programm an. Zur Berechnung der Partialamplituden c_n von (5.3.26) hatten wir für die in cartesischen Koordinaten x_i, y_i gewählten sieben Kollokationspunkte die Randbedingungen für das Rechteck anzuschreiben, um so sieben lineare Gleichungen zu erhalten. Zu diesem Zweck wurden die Koordinaten der Kollokationspunkte durch $r_i = \sqrt{x_i^2 + y_i^2}, \varphi_i = \arctan(y_i/x_i)$ in ebenen Polarkoordinaten ausgedrückt. Für die Ausdrücke $\ln r_i$ wurde die Abkürzung a_i verwendet. Den sieben Kollokationspunkten wurden folgende Symbole zugeordnet:

Punkt	(4,0)	(4,1)	(4,1.5)	(4,2)	(1,2)	(2,2)	(3,2)
Symbol	q	l	t	u	v	w	p
r^2	16	17	$16{+}1.5^2$	20	5	8	13.

Für die von n abhängigen Terme in (5.3.26) ergibt sich dann z.B. für den durch l charakterisierten Punkt

$$l_n = \left(\sqrt{17}^{\,n} - \sqrt{17}^{\,-n}\right) \cos(n \arctan[1/4]).$$

Die Matrix zur Berechnung der Koeffizienten c_n nahm damit in MATHEMATICA-Schreibweise die Form

```
m={{a1,u1,u2,u3,u4,u5,u6},
 {a2,v1,v2,v3,v4,v5,v6},
 {a3,w1,w2,w3,w4,w5,w6},
 {a4,p1,p2,p3,p4,p5,p6},
 {a5,q1,q2,q3,q4,q5,q6},
 {a6,l1,l2,l3,l4,l5,l6},
 {a7,t1,t2,t3,t4,t5,t6}}
```

an, während die rechte Seite der Gleichungen den Vektor

```
b=N[{0, Cos[Pi/8],Cos[Pi/4],Cos[3*Pi/8],0,0, 0}]
```

ergab. Die Auflösung der Gleichungen mittels LinearSolve [m,b] ergab die Werte für die Partialamplituden c_n. Mit den Definitionen

```
r[x_,y_]:=Sqrt[x^2+y^2]
f[x_,y_]:=N[ArcTan[x,y]] /;y>=0 ;
f[x_,y_]:=2*Pi+N[ArcTan[x,y]] /; y<0
```

und den c_n sowie dem Programm

```
Plot3D[C1*Log[r[x,y]]+
C2*(r[x,y]^1-r[x,y]^-1)*Cos[1*f[x,y]]+
C3*(r[x,y]^2-r[x,y]^-2)*Cos[2*f[x,y]]+
C4*(r[x,y]^3-r[x,y]^-3)*Cos[3*f[x,y]]+
C5*(r[x,y]^4-r[x,y]^-4)*Cos[4*f[x,y]]+
C6*(r[x,y]^5-r[x,y]^-5)*Cos[5*f[x,y]]+
C7*(r[x,y]^6-r[x,y]^-6)*Cos[6*f[x,y]]
,{x,-3.99999,3.99999},{y,-1.99999,1.99999},
PlotPoints->60, PlotRange->{0,1.5},ClipFill->None,
Shading->False,AspectRatio->1.]
```

wurde dann Abb. 47 erstellt.

Das Randwertproblem der LAPLACE-Gleichung für einen Kreis, aus dessen Mitte eine Ellipse ausgeschnitten ist, wurde im Abschnitt 5.2 als uneinheitliches Problem behandelt. Die recht umfangreichen und etwas mühsamen Rechnungen auf den Seiten 279 ff führten zur Lösung (5.2.57) und zu den beiden Gleichungssystemen (5.2.60), ohne daß numerische Werte erhalten wurden. Dieselbe Aufgabe läßt sich mittels des Kollokationsverfahrens einfacher und rascher lösen: Wir gehen wieder von der Lösung (5.3.26) aus, welche die Randbedingung (5.2.47) am Kreis erfüllt. Auf dem inneren Rand der Ellipse, die jetzt durch Kollokationspunkte und nicht mehr durch $u = u_0$ charakterisiert wird, kann man wieder die nun numerisch punktweise zu gebende Randbedingung (5.2.46) annehmen. Das Verfahren folgt dann genau der oben angegebenen Vorgangsweise beim Problem des kreisförmig ausgeschnittenen Rechtecks. Man kann ja die verwendete Grundlösung (5.3.26), die für einen kreisförmigen Rand mit homogener Randbedingung gilt, je nach Situation für den äußeren oder den inneren Rand verwenden.

G. STILL [5.39] hat das Problem des innen rechteckig ausgeschnittenen Rechtecks nach Abb. 19, Seite 129, nach drei Methoden behandelt. Der Einfachheit halber wurden Quadrate der Seitenlänge 4 bzw. 2 statt der Rechtecke angenommen. Zunächst führten, wie nach den Bemerkungen auf Seite 294 über Oszillationen und Konvergenz zu erwarten war, Ansätze mit cos, cosh oder der Art (5.3.26) nicht zum Ziel (starke Oszillationen zwischen den Stützpunkten). Wurden im Sinne von Approximationsverfahren (Abschnitt 5.4) mehr Stützpunkte als Ansatzfunktionen (5.3.26) genommen, so gelang es, ein allerdings nicht gutes Ergebnis zu erzielen (bei 24 Funktionen ein Fehler von 0.071). Setzt man eine Lösung mit einer Singularität in einer inneren Ecke an, so werden die Ergebnisse etwas besser (bei 23 Funktionen ein Fehler von 0.004). Noch bessere Ergebnisse (Fehler $0.2 \cdot 10^{-5}$) wurden mittels konformer Abbildung erhalten, indem der erste Quadrant des inneren Quadrates auf einen Viertelkreisbogen abgebildet wurde, wobei der erste Quadrant des äußeren Quadrates fast unverändert blieb. Das so entstandene Problem eines im Inneren kreisförmig ausgeschnittenen Quadrates wurde dann mittels Kollokation gelöst.

Zum Abschluß dieses Abschnittes soll das FORTRAN-Programm KOLLOK kurz besprochen werden, das für eine vom Benützer in der Subroutine DATA vorzugebende, durch Kollokationspunkte beschriebene beliebige Membranform (im Beispiel: Kreis) mit Hilfe cartesischer Koordinaten den Eigenwert berechnet. Jenes Programm, das gleichzeitig auch gewöhnliche Differentialgleichungen numerisch integriert, ist mit 13 Seiten zu umfangreich, um hier wiedergegeben zu werden. Es benötigt außerdem Subroutinen von der NAG Library (Numerical Algorithm Group, Oxford). Der Verfasser ist jedoch gerne bereit, Interessenten mit Zugang zur NAG Library das Programm zu senden.

Das Programm KOLLOK umfaßt mehrere Subroutinen, deren Funktion jeweils beschrieben wird. Es ist für $N = 4$ Moden ausgelegt und korrigiert laufend die willkürliche Festsetzung der Separationskonstanten γ_n je nach den laufenden Änderungen des Eigenwertes k, damit die Bedingung $k^2 > \gamma_n^2$ stets erfüllt bleibt. Die Erfüllung der Randbedingung an den Kollokationspunkten wird numerisch kontrolliert und sollte dann noch durch eine Zeichnung des Randes auch an Nichtkollokationspunkten bestätigt werden. Das Programm KOLLOK verwendet Subroutinen der Numerical Recipes, Cambridge. Es berechnet aus (5.3.7), Seite 288, die Eigenwerte einer Kreismembran in cartesischen Koordinaten.

```
      PROGRAM KOLLOK
C23456 F.CAP,OCTOBER 1992
C     SOLUTION OF HELMHOLTZ EQU. IN CARTES. COORD. X,Y
C     FOR ARBITR. MEMBRANE, HOMOGENEOUS BOUNDARY CONDITION
      IMPLICIT NONE
      INTEGER N,I,J
      PARAMETER (N=4)
      REAL*8  DETN(N,N),DET(N,N),EIGENVALUE,GAMMA(N),DELTA
      OPEN (UNIT=2, FILE='Result')
        CALL DETVAL(DETN,EIGENVALUE)
      GAMMA(1)=EIGENVALUE-0.0001
      DELTA=EIGENVALUE/N
```

```
        DO 44 I=1,N-1
          GAMMA(I+1)=GAMMA(I)-DELTA
  44    CONTINUE
        DO 45 I=1,N
        WRITE(2,*)'LAST GAMMA(',I,')=',GAMMA(I)
  45    CONTINUE
        WRITE(2,*)'LAST EIGENVALUE:  '
  55    FORMAT(F16.10)
        WRITE(2,55) EIGENVALUE
          CALL FILLUP(DETN,EIGENVALUE)
        DO 1 I=1,N
        DO 2 J=1,N
          DET(I,J)=DETN(I,J)
 2      CONTINUE
 1      CONTINUE
          CALL LINEQ(DET,DETN)
C       WRITE(*,*)'I HAVE FINISHED '
        WRITE(*,*) CHAR(7)
        PAUSE
        STOP
        END
                SUBROUTINE DATA (N,XO,YO)
C23456  CALCULATION OF COLLOCATION POINTS ON CIRCULAR BOUNDARY
        IMPLICIT NONE
        INTEGER N,I
        REAL*8 DTH,TH,AR,XO(N),YO(N)
        AR=1.
        DTH=3.1415926535/N
        TH=DTH/2
        DO 10 I=1,N
          XO(I)=AR*COS(TH)
          YO(I)=AR*SIN(TH)
C       WRITE(2,*)'X,Y',XO(I),YO(I)
        TH=TH+DTH/2
 10     CONTINUE
        RETURN
        END
                SUBROUTINE DETVAL(DETN,EIGENVALUE)
C23456  CALCULATES VALUE OF DETERMINANT
        IMPLICIT NONE
        INTEGER N,J,INDX,III,IT,I
        PARAMETER(IT=200,N=4)
        REAL*8 D,EIGENVALUE,DEIGENVALUE,DELTA
        REAL*8 DETV,GAMMA(N),DETN(N,N),
        DIMENSION INDX(N),DETV(IT)
```

```
      EIGENVALUE=2.
      DEIGENVALUE=EIGENVALUE/2
      WRITE(2,*)'FIRST EIGENVALUE=   ',EIGENVALUE
      DELTA=EIGENVALUE/N
      GAMMA(1)=EIGENVALUE-0.0001
      DO 44 I=1,N-1
        GAMMA(I+1)=GAMMA(I)-DELTA
44      CONTINUE
      DO 45 I=1,N
      WRITE(2,*)'FIRST GAMMA(',I,')=',GAMMA(I)
 45   CONTINUE
      WRITE(2,*) '  EIGENVALUE =          DETERMINANTE = '
      DO 999 III=1,IT
        CALL FILLUP (DETN,EIGENVALUE)
        CALL LUD (DETN,N,INDX,D)
      DO 30 J=1,N
        D=D*DETN(J,J)
 30   CONTINUE
      DETV(III)=D
      IF(III.EQ.1)GOTO 999
      IF(DETV(III)*DETV(III-1).LT.0.)THEN
      DEIGENVALUE=-DEIGENVALUE/2
      ENDIF
      WRITE(2,77) EIGENVALUE,DETV(III)
  77  FORMAT(1X, 2F18.12)
      IF (ABS(DET(III)).LT.1.E-12) GOTO 33
      EIGENVALUE=EIGENVALUE+DEIGENVALUE
  999 CONTINUE
  33  CONTINUE
      RETURN
      END
              SUBROUTINE FILLUP(DETN,EIGENVALUE)
C23456 FILLING OF DETERMINANT
      IMPLICIT NONE
      INTEGER N,MI,I,PI
      PARAMETER (N=4)
      REAL*8 TT,SS,RRR,ZZZ,DELTA
      REAL*8 EIGENVALUE,DETN(N,N),XO(N),YO(N),GAMMA(N)
        CALL DATA (N,XO,YO)
      DELTA=EIGENVALUE/N
      GAMMA(1)=EIGENVALUE-0.0001
      DO 44 I=1,N-1
        GAMMA(I+1)=GAMMA(I)-DELTA
 44   CONTINUE
C     THIS EXPRESSES FORMULA (5.3.8) OF TEXT
```

```
        DO 1 PI=1,N
        DO 2 MI=1,N
          ZZZ=GAMMA(MI)**2
          TT=SQRT(EIGENVALUE**2-ZZZ)
          SS=X0(PI)
          RRR=GAMMA(MI)*Y0(PI)
          DETN(PI,MI)=COS(RRR)*COS(TT*SS)
 2      CONTINUE
 1      CONTINUE
        RETURN
        END
                SUBROUTINE LINEQ (DET,DETN)
C23456  SOLVES  SYSTEM HOMOG. LINEAR EQUATIONS
        IMPLICIT NONE
        INTEGER NF,INDX,N,IF,I,J,JF,L,K
        PARAMETER (N=4,NF=N-1)
        REAL*8 AF(NF,NF),BF(NF),A(N),BOUNDARY(N),DETN(N,N)
        REAL*8 DET(N,N),C(NF,NF),X(NF),P
        DIMENSION INDX(NF)
        A(N)=1.000000
C       REDUCTION OF SIZE OF HOMOG. LINEAR SYSTEM
        DO 501 IF=1,NF
          BF(IF)=-DET(IF,N)
        DO 501 JF=1,NF
          AF(IF,JF)=DET(IF,JF)
 501    CONTINUE
        DO 12 L=1,NF
        DO 11 K=1,NF
           C(K,L)=AF(K,L)
 11     CONTINUE
 12     CONTINUE
          CALL PLUD(C,NF,INDX,P)
        DO 13 L=1,NF
          X(L)=BF(L)
 13     CONTINUE
          CALL LUB(C,NF,INDX,X)
        WRITE(2,*) 'PARTIAL AMPLITUDES ARE: '
        DO 15 L=1,NF
          BF(L)=0.
          DO 14 J=1,NF
            BF(L)=BF(L)+AF(L,J)*X(J)
  14    CONTINUE
  15    CONTINUE
        DO 33 I=1,NF
         A(I)=X(I)
```

```
 33     CONTINUE
        WRITE(2,'(1X,10F12.6)') (A(L), L=1,N)
        DO 10 I=1,N
          BOUNDARY(I)=0.
        DO 10 J=1,N
          BOUNDARY(I)=BOUNDARY(I)+DETN(I,J)*A(J)
 10     CONTINUE
        DO 4 I=1,N
          WRITE(2,*)'BOUNDARY(',I,')=  ', BOUNDARY(I)
 4      CONTINUE
        RETURN
        END
               SUBROUTINE LUD(A,N,INDX,D)
C23456       CALCULATES DETERMINANT
        IMPLICIT NONE
        INTEGER NMAX, N,K,IMAX,J,I, INDX
        PARAMETER (NMAX=100)
        REAL*8 A(N,N),D,AAMAX,SUM,DUM, TINY,VV(NMAX)
        PARAMETER(TINY=1.0E-40)
        DIMENSION INDX(N)
        D=1.
        DO 12 I=1,N
          AAMAX=0.
        DO 11 J=1,N
          IF (ABS(A(I,J)).GT.AAMAX) AAMAX=ABS(A(I,J))
 11     CONTINUE
          IF (AAMAX.EQ.0.) PAUSE 'Singular matrix.'
          VV(I)=1./AAMAX
 12     CONTINUE
        DO 19 J=1,N
          DO 14 I=1,J-1
          SUM=A(I,J)
            DO 13 K=1,I-1
            SUM=SUM-A(I,K)*A(K,J)
 13         CONTINUE
          A(I,J)=SUM
  14    CONTINUE
        AAMAX=0.
        DO 16 I=J,N
          SUM=A(I,J)
            DO 15 K=1,J-1
            SUM=SUM-A(I,K)*A(K,J)
 15     CONTINUE
        A(I,J)=SUM
        DUM=VV(I)*ABS(SUM)
```

```
      IF (DUM.GE.AAMAX) THEN
      IMAX=I
      AAMAX=DUM
      ENDIF
 16   CONTINUE
      IF (J.NE.IMAX)THEN
        DO 17 K=1,N
          DUM=A(IMAX,K)
          A(IMAX,K)=A(J,K)
          A(J,K)=DUM
 17     CONTINUE
        D=-D
        VV(IMAX)=VV(J)
      ENDIF
      INDX(J)=IMAX
        IF(A(J,J).EQ.0.)A(J,J)=TINY
        IF(J.NE.N)THEN
        DUM=1./A(J,J)
        DO 18 I=J+1,N
        A(I,J)=A(I,J)*DUM
 18     CONTINUE
      ENDIF
 19   CONTINUE
      RETURN
      END
              SUBROUTINE PLUD(A,NF,INDX,D)
C23456      CALCULATES REDUCED DETERMINANT
      IMPLICIT NONE
      INTEGER NMAX,NF,INDX,J,I,IMAX,K
      REAL*8 A(NF,NF),D,AAMAX,TINY,SUM,DUM,VV
      PARAMETER (NMAX=100,TINY=1.0E-20)
      DIMENSION INDX(NF),VV(NMAX)
        D=1.
      DO 12 I=1,NF
        AAMAX=0.
        DO 11 J=1,NF
        IF (ABS(A(I,J)).GT.AAMAX) AAMAX=ABS(A(I,J))
 11     CONTINUE
        IF (AAMAX.EQ.0.) PAUSE 'Singular matrix.'
         VV(I)=1./AAMAX
 12   CONTINUE
      DO 19 J=1,NF
         DO 14 I=1,J-1
         SUM=A(I,J)
           DO 13 K=1,I-1
```

```
            SUM=SUM-A(I,K)*A(K,J)
 13         CONTINUE
          A(I,J)=SUM
  14    CONTINUE
        AAMAX=0.
        DO 16 I=J,NF
          SUM=A(I,J)
            DO 15 K=1,J-1
            SUM=SUM-A(I,K)*A(K,J)
 15         CONTINUE
          A(I,J)=SUM
          DUM=VV(I)*ABS(SUM)
          IF (DUM.GE.AAMAX) THEN
          IMAX=I
          AAMAX=DUM
          ENDIF
 16      CONTINUE
        IF (J.NE.IMAX)THEN
          DO 17 K=1,NF
            DUM=A(IMAX,K)
            A(IMAX,K)=A(J,K)
            A(J,K)=DUM
 17        CONTINUE
          D=-D
          VV(IMAX)=VV(J)
        ENDIF
        INDX(J)=IMAX
          IF(A(J,J).EQ.0.)A(J,J)=TINY
          IF(J.NE.NF)THEN
          DUM=1./A(J,J)
          DO 18 I=J+1,NF
          A(I,J)=A(I,J)*DUM
 18       CONTINUE
        ENDIF
 19     CONTINUE
        RETURN
        END
              SUBROUTINE LUB(A,NF,INDX,B)
C23456  SOLVES REDUCED LINEAR EQUATIONS
        IMPLICIT NONE
        INTEGER NF,I,LL,J,II,INDX(NF)
        REAL*8 A(NF,NF),B(NF),SUM
        II=0
      DO 12 I=1,NF
        LL=INDX(I)
```

```
          SUM=B(LL)
          B(LL)=B(I)
          IF (II.NE.0)THEN
            DO 11 J=II,I-1
              SUM=SUM-A(I,J)*B(J)
 11         CONTINUE
          ELSE IF (SUM.NE.0.) THEN
            II=I
          ENDIF
          B(I)=SUM
 12     CONTINUE
        DO 14 I=NF,1,-1
          SUM=B(I)
          IF(I.LT.NF)THEN
            DO 13 J=I+1,NF
              SUM=SUM-A(I,J)*B(J)
 13         CONTINUE
          ENDIF
          B(I)=SUM/A(I,I)
 14     CONTINUE
        RETURN
        END
```

Für eine kreisförmige Membran liefert dieses Programm bei $N = 4$ den Eigenwert $k = 2.4047$. Der exakte Wert ist $k = 2.4048$, vgl. (5.3.3). Einzelheiten des Programms sind von dem Typ des dem Verfasser zur Verfügung stehenden Compilers abhängig.

5.4 Approximationsverfahren

Randmaximumprinzip, Fehler bei Approximationen, Polynom-Ansätze, Lösungen der LAPLACE-Gleichung für ausgeschnittenes Quadrat in Polarkoordinaten, Approximation mit LAGUERRE-Polynomen, Potenzreihen, Doppelpotenzreihen

Während bei dem im letzten Abschnitt besprochenen Kollokationsverfahren nur solche Funktionen benutzt wurden, die exakte Lösungen der untersuchten partiellen Differentialgleichungen sind, und wo die Randwerte in den Kollokationspunkten exakt erfüllt wurden, werden bei anderen Approximationsverfahren auch Funktionen benutzt, die nicht Lösungen sind. Man hat dann die Wahl, *entweder* die Differentialgleichung *oder* die Randbedingung möglichst genau zu erfüllen. Insbesondere bei der zweiten Alternative (aber auch im Inneren des Gebietes) werden dann eventuell Kollokationsverfahren für die Anpassung der gewöhnlichen Versuchsfunktionen an die Problemlösung benützt. Nach dem *Randmaximumprinzip* [26] für elliptische partielle Differentialgleichungen kann man hierbei die Fehler, d.h. die Abweichungen der Approximationslösung von der wirklichen Lösung abschätzen. Das Prinzip besagt, daß die maximale Abweichung zwischen wirklicher Lösung $u(x,y)$ und Näherungslösung $v(x,y)$ kleiner oder gleich ist der maximalen Differenz zwischen der die Differentialgleichung erfüllenden Näherungslösung und den vorgegebenen Randwerten $g(x,y)$. Bezüglich des Beweises verweisen wir auf [26]. Sehr oft werden harmonische Polynome für Approximationslösungen verwendet, da diese Lösungen der LAPLACE-Gleichung sind [5.10, 5.32].

Um das Approximationsverfahren zu erläutern, bringen wir ein Beispiel nach COLLATZ [26]. Natürlich könnte dieses Beispiel, dessen Randbedingungen durch (4.1.5) - (4.1.8), Seite 149, auch erfaßt werden, durchaus mit den klassischen Methoden der Abschnitte 4.1 und 4.12 auch gelöst werden. Es sei das folgende Randwertproblem zu lösen:

$$\Delta u(x,y) = 0 \quad \text{für} \quad -1 \leq x \leq +1,\ -1 \leq y \leq +1, \tag{5.4.1}$$

$$\begin{aligned} u &= 1 + y^2 \quad && \text{für} \quad x = \pm 1, \\ u &= x^2 + 1 \quad && \text{für} \quad y = \pm 1. \end{aligned} \tag{5.4.2}$$

Der Ansatz für eine Versuchsfunktion wird oft mit Hilfe harmonischer Polynome (vgl. Seite 50) gemacht. Die Funktionen $\cos \alpha x \cosh \alpha y$ würden voraussehbar die Randbedingungen nicht erfüllen können, da $\cosh(2n+1)y/2$ mit wachsendem n stark ansteigt, so daß Konvergenz nicht möglich ist. Bei der hier nach (5.4.1), (5.4.2) vorliegenden Symmetrie sind solche harmonische Polynome angebracht, in denen die Variablen x, y nur als gerade Potenzen vorkommen:

$$v_1 = \text{Re}(x+iy)^4 = x^4 - 6x^2y^2 + y^4, \tag{5.4.3}$$

$$v_2 = \text{Re}(x+iy)^8 = x^8 - 28x^6y^2 + 70x^4y^4 - 28x^2y^6 + y^8. \tag{5.4.4}$$

Für die Versuchsfunktion wird angesetzt

$$v = a_0 + a_1 v_1 + a_2 v_2. \tag{5.4.5}$$

Nimmt man sehr viele Polynome, so kann es leicht zu Oszillationen der Näherungslösungen kommen, es genügen meist ca 6 – 12 Kollokationspunkte. Auf dem Rand, z.B. $y = 1$, soll nun nach dem Randmaximumprinzip die Abweichung $|u - v|$ möglichst klein sein. (Eine Kollokation längs $x = 1$ muß wegen der Symmetrie das gleiche Ergebnis liefern.) Beschränkt man sich zunächst nur auf a_0, a_1, so muß

$$|\,(x^2+1) - \left(a_0 + a_1\left(x^4 - 6x^2 + 1\right)\right)|\quad \to \text{Min} \tag{5.4.6}$$

für $-1 \leq x \leq 1$ gelten. (Infolge der Symmetrie würde $0 \leq x \leq 1$ genügen). Man kann nun dieses Problem z.B. durch Kollokation oder durch Optimierung lösen. Setzt man den Fehler gleich Null, dann erhält man $a_0 = 1.2$, $a_1 = -0.2$. Läßt man aber einen Fehler 0.025 zu, so erhält man für die Kollokationspunkte $(0,1), (1,1)$ aus (5.4.6) die zwei Gleichungen

$$\begin{aligned} x = 0:& \quad 1 - (a_0 + a_1) = 0.025, \\ x = 1:& \quad 2 - (a_0 + a_1 - 6a_1 + a_1) = 0.025. \end{aligned} \tag{5.4.7}$$

Die Auflösung ergibt $a_0 = 1.175$, $a_1 = -0.2$, so daß (5.4.6) nun (wieder für $y = 1$)

$$A(x) \equiv \left|(x^2+1) - (1.175 - 0.2(x^4 - 6x^2 + 1))\right| \leq 0.025 \tag{5.4.8}$$

für $-1 \leq x \leq +1$ wird. Dann muß aber nach dem Randmaximumprinzip auch für $-1 \leq x \leq +1$, $-1 \leq y \leq +1$

$$\left|u(x,y) - (1.175 - 0.2(x^4 - 6x^2y^2 + y^4))\right| \leq 0.025 \tag{5.4.9}$$

gelten. Zeichnet man $A(x)$ nach (5.4.8), vgl. Abb. 48, so sieht man, daß die Bedingung tatsächlich im ganzen Intervall $-1 \leq x \leq +1$ erfüllt ist. Um eine

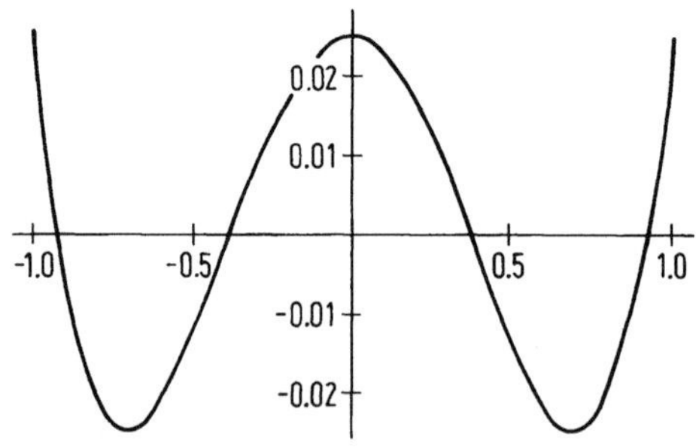

Abb. 48. Verlauf des Fehlers nach (5.4.8)

bessere Approximation der Lösung $u(x,y)$ zu erhalten, muß man v_2 mitnehmen. Mit der gleichen Methode erhält man Min $= 0.005$ und $a_0 = 1.174\,465\,0$, $a_1 = -0.184\,738$, $a_2 = 0.005\,087\,44$. Der Fehler an den Nichtstützpunkten ist bei der Kollokationsmethode mit 0.005 Abweichung jedoch größer, obwohl man in zwei Punkten den Fehler gleich Null gesetzt hatte. Die Funktion $u = x^2 + y^2$ (links) sowie die Näherung (5.4.5) wurden in Abb. 49 mittels MATHEMATICA graphisch dargestellt. Im vorangehenden Beispiel haben wir die Differentialgleichung durch den Approximationsansatz (5.4.5) genau erfüllen können, doch die Randbedingungen (5.4.2) konnten nur auf ± 0.005 genau erfüllt werden.

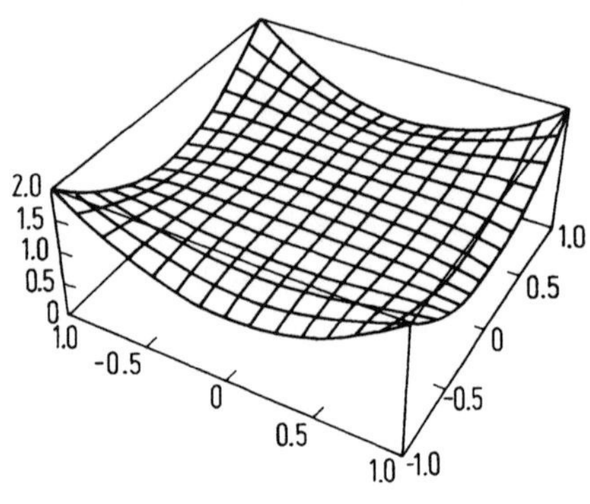

Abb. 49. Exakte und genäherte Lösung

Nun gehen wir umgekehrt vor: die Randbedingungen sollen exakt erfüllt werden, doch der Approximationsansatz kann die Differentialgleichung nur näherungsweise erfüllen. Wir betrachten wieder das Randwertproblem (5.4.1), (5.4.2). Die Randbedingung läßt sich durch den Ansatz

$$u = x^2 + y^2 + (1 - x^2)(1 - y^2) = 1 + x^2y^2 \tag{5.4.10}$$

leicht erfüllen, doch befriedigt dieser Ausdruck nicht die Differentialgleichung (5.4.1). Da $|x| < 1$, $|y| < 1$, kann man annehmen, daß höhere Potenzen x^py^q für $p + q > 4$ in erster Näherung wieder vernachlässigbar sind. Wir machen den symmetrischen Ansatz

$$v = 1 + x^2y^2 + (1 - x^2)(1 - y^2) \sum_{n,m} a_{nm}x^{2n}y^{2m}, \tag{5.4.11}$$

der ebenfalls die Randbedingung (5.4.2) erfüllt. Bildet man Δv, so erhält man

$$\begin{aligned} \Delta v = &(x^2 + y^2) + a_{00}(x^2 + y^2 - 2) \\ &+ a_{10}(1 - 7x^2 - y^2) + a_{01}(1 - 7y^2 - x^2) + a_{11}(x^2 + y^2) \ldots . \end{aligned} \tag{5.4.12}$$

Wählt man die vier Kollokationspunkte $(0,0), (0,1), (1,0)$ und $(1,1)$ und begnügt sich mit zweiten Potenzen, so kann man (5.4.12) nach den Koeffizienten auflösen und erhält $a_{00} = a_{10} = a_{01} = 0.142\,857$, $a_{11} = 0$. Damit ergibt sich – mehr zufälligerweise – recht gute Übereinstimmung. Zeichnet man Δv nach (5.4.12), so erhält man Abb. 50.

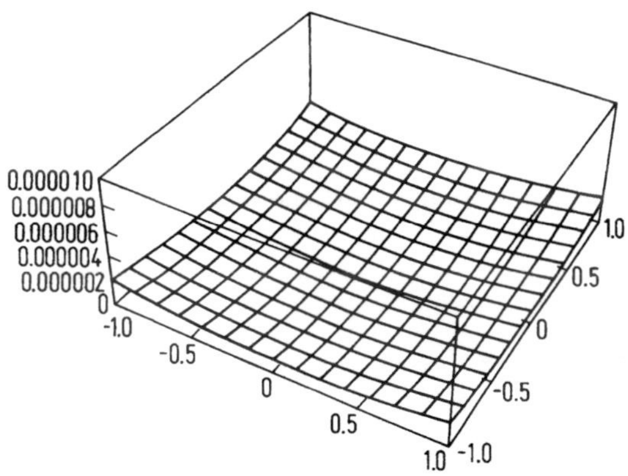

Abb. 50. Darstellung von Δv nach (5.4.12)

Wir behandeln nun Gebiete, die nicht von glatten Kurven eingefaßt werden [12, 28], vgl. die Abbildungen 18 und 19, Seite 129. Um die Lösung etwas zu vereinfachen, nehmen wir in Abb. 18 ein Quadrat an, das, wie in Abb. 51 gezeigt wird, in das Koordinatensystem eingebettet wird. Der Ursprung des Koordinatensystems

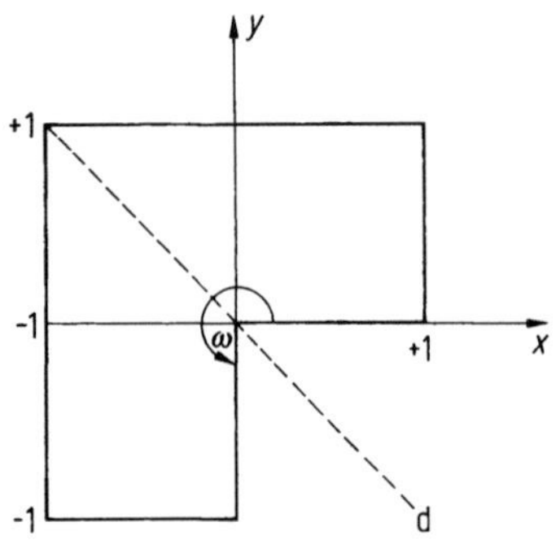

Abb. 51. Ausgeschnittenes Quadrat

liegt in der einspringenden Ecke. Das Randwertproblem möge für den zweidimensionalen LAPLACE-Operator wie folgt lauten:

$$u(0,y) = 0 \quad \text{nur für} \quad -1 \leq y \leq 0, \tag{5.4.13}$$

$$u(x,0) = 0 \quad \text{nur für} \quad 0 \leq x \leq 1. \tag{5.4.14}$$

Da wir das Problem um die Diagonale d symmetrisch wählen, könnte (5.4.13) wegfallen, und es genügt die homogene Randbedingung (5.4.14) allein. Am restlichen Rand geben wir inhomogene Randbedingungen vor und zwar so, daß wir in den Punkten (1,0) und (1,1) einen stetigen Anschluß haben:

$$u(1,y) = \sin\frac{\pi}{2}y, \quad 0 \leq y \leq 1, \tag{5.4.15}$$

$$u(x,1) = 1, \quad -1 \leq x \leq +1. \tag{5.4.16}$$

Da sich wegen der dann auftretenden Funktion cosh cartesische Koordinaten nicht bewähren dürften, verwenden wir Polarkoordinaten. Die Lösung des LAPLACE-Operators in r, φ kennen wir bereits. In (4.1.56) muß das ν keine ganze Zahl sein. Um die Randbedingungen (5.4.13) und (5.4.14) auf den Strecken $0 \leq x \leq 1$, $y = 0$, also $\varphi = 0$ und $x = 0$, $-1 \leq y \leq 0$, also $\varphi = \omega = \frac{3}{2}\pi$, $0 \leq r \leq 1$ erfüllen zu können, setzen wir als Approximationslösung an

$$u(x,y) = u(r,\varphi) = \sum_{n=1}^{N} a_n r^{\frac{2}{3}(2n-1)} \sin\frac{2}{3}(2n-1)\varphi. \tag{5.4.17}$$

Die Lösung erfüllt die LAPLACE-Gleichung exakt, und die noch freien Entwicklungskoeffizienten a_n werden nun dazu verwendet, um die Randbedingungen (5.4.15) und (5.4.16) möglichst gut zu erfüllen. Man könnte dies mittels verschiedener Methoden erreichen, z.B. durch Optimierungsmethoden oder mittels Kollokation. Wir wählen letztere Methode und fixieren die folgenden acht Stützpunkte (1,0.2), (1,0.4), (1,0.7), (1,0.1) (0.5,1), (0,1), (-0.5,1) und (-1,1). Ein für beliebig gewählte Kollokationspunkte $x_i, y_i, i = 1, \ldots 8$ geschriebenes Programm verwendete dann die Ausdrücke:

$$r_i = \sqrt{x_i^2 + y_i^2},$$
$$\varphi_i = \arctan(y_i/x_i),$$
$$s_{in} = \sin 2(2n-1)\varphi_i/3,$$
$$u(x_i, y_i) = \sum_n a_n r_i^{2(2n-1)/3} s_{in}.$$

Durch Gleichsetzen mit (5.4.15) und (5.4.16) erhält man die a_n, und ein MATHEMATICA-Zeichenprogramm liefert Abb. 52. Ändert man die Randbedingung

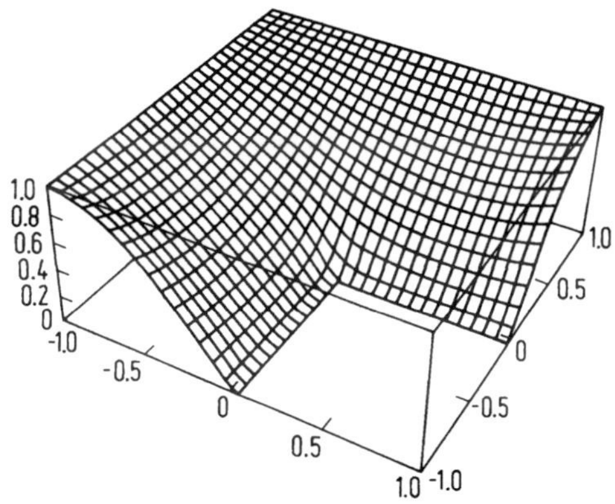

Abb. 52. Lösung der LAPLACE-Gleichung für das Gebiet nach Abb. 51 bzw. 19

(5.4.15) auf

$$u(1, y) = 0 \quad \text{für} \quad 0 \leq y \leq 1$$

ab, so erhält man Abb. 53. Im Punkt (1,1) liegt nun, wie aus der Abb. 53 ersichtlich, eine Unstetigkeit vor. Wenn man statt der LAPLACE-Gleichung die HELMHOLTZ-Gleichung für dieselben Randbedingungen lösen will [4.1, 4.30], so geht man nach den Ausführungen von Abschnitt 4.5 von der entsprechenden Lösung (4.5.16), also von

$$u(r, \varphi) = \sum_{n=1}^{N} a_n \mathrm{J}_{\frac{2}{3}(2n-1)}(kr) \sin \frac{2}{3}(2n-1)\varphi \tag{5.4.18}$$

aus, wobei $\omega/c = k = 1$ gesetzt wurde. Von GRISVARD [5.36] wurde nämlich bewiesen, daß die Eigenfunktionen der HELMHOLTZ-Gleichung durch Ansätze der Art (4.5.16) selbst für nichtglatte Ränder bei Vorhandensein eines geschlossenen Randes [12] beliebig genau approximiert werden können [5.37]. Das auf diese Weise erzeugte Bild sieht naturgemäß so wie Abb. 52 aus.

Als weiteres Beispiel für Approximationslösungen (mit Verwendung von Kollokationspunkten) behandeln wir ein von STILL [3.13] gestelltes Problem mit beliebig

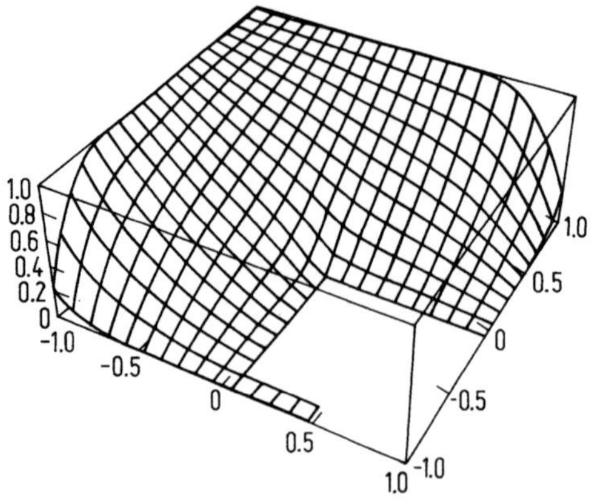

Abb. 53. Ausgeschnittenes Quadrat mit Unstetigkeit in zwei Ecken

geformtem Randteil. Wir betrachten einen Sektor, der nicht von einem Kreisbogen abgeschlossen wird, vgl. Abb. 54. Es möge für das von den geradlinigen Rändern

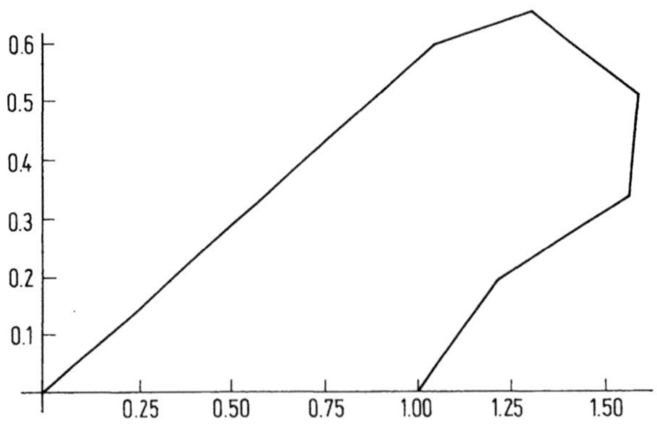

Abb. 54. Sektor mit beliebiger Begrenzung

$\Gamma_1(\varphi = 0), \Gamma_2(\varphi = \omega)$ und vom krummlinigen Rand $\Gamma_3(g(r, \varphi))$ eingeschlossene Gebiet G die LAPLACE-Gleichung mit den Randbedingungen $g_\nu(r, \varphi)$ auf $\Gamma_\nu, \nu = 1, 2, 3$ gelöst werden. Hierbei nehmen wir an, daß g_1 und g_2, die von φ unabhängig sind, durch Potenzreihen

$$g_1(r) = \sum_{n=0}^{N} a_n^{(1)} r^n \quad \text{für } \varphi = 0, \quad g_2(r) = \sum_{n=0}^{N} a_n^{(2)} r^n \quad \text{für} \varphi = \omega \qquad (5.4.19)$$

gegeben sind und daß die Randfunktion $g_3(r, \varphi)$ eine in den drei Ecken $r = 0$, $\varphi = 0$, $r = R_1, \varphi = 0$ und $r = R_2$, $\varphi = \omega$ möglichst stetig anschließende Funktion ist.

Dadurch kann man mit Hinblick auf die allgemeine singularitätenfreie Lösung den Ansatz machen:

$$\begin{aligned} u(r,\varphi) =& u_0(r,\varphi) + u_1(r,\varphi) = a_0 + \sum_{n=1}^{N} (a_n \cos n\varphi + b_n \sin n\varphi)\, r^n \\ &+ \sum_{n=1}^{N} \beta_n r^{\alpha n} \sin n\alpha\varphi, \end{aligned} \tag{5.4.20}$$

wobei $\alpha = \pi/\omega$. Würde in den Randbedingungen eine Unstetigkeit auftreten, so könnte man durch Hinzufügen eines singulären Terms wie $c\varphi$, $cr(\varphi \cos\varphi + \log r \sin\varphi)$, die auch harmonische Funktionen sind, doch zu einer Lösung kommen. Der in der ersten Zeile von (5.4.20) stehende Ausdruck ist hierbei aus (5.4.19) bekannt, die Entwicklungskoeffizienten β_n werden zur Befriedigung der Randbedingungen auf Γ_3 durch Kollokation (oder Approximation mittels einer anderen Lösung) herangezogen. Auf dem Rand Γ_3 muß ja gelten

$$g_3(r,\varphi) - u_0(r,\varphi) = \sum_{n=1}^{N} \beta_n r^{\alpha n} \sin n\alpha\varphi, \tag{5.4.21}$$

und für die Ränder Γ_1, Γ_2 gilt

$$\Delta u_1 = 0, \quad u_1(r,\varphi) = 0. \tag{5.4.22}$$

Eine Singularität wird im Ansatz (5.4.20) nicht benötigt, da das Gebiet G nicht ausgeschnitten ist und die Randbedingungen als stetig angenommen wurden. Würde nicht die LAPLACE-Gleichung, sondern die HELMHOLTZ-Gleichung (5.3.4) vorliegen, so wäre $r^n \cos n\varphi$ durch $\mathrm{J}_n(kr) \cos n\varphi$ etc. zu ersetzen.

Um die numerischen Rechnungen einfach zu gestalten und um in den drei Ecken die (allerdings nicht unbedingt notwendige) Stetigkeit zu erreichen, setzen wir nun an

$$g_1(r) = a_0^{(1)}(r - R_1) \quad \text{für} \quad \varphi = 0, \quad g_2(r) = a_0^{(2)} R_1 \quad \text{für} \quad \varphi = \omega, \tag{5.4.23}$$

und

$$g_3(r,\varphi) = -a_0^{(1)} R_1 \sin\frac{\pi\varphi}{2\omega} + Br^2 \sin\frac{\pi\varphi}{\omega} \quad \text{für} \quad 0 \le \varphi \le \omega. \tag{5.4.24}$$

Diese Wahl garantiert Stetigkeit in den drei Eckpunkten. Wir wählen nun z.B. $R_1 = 1, R_2 = 1.5, a_0^{(1)} = 1, a_0^{(2)} = -1, B = 1$. Aus der Erfüllung der Randbedingungen erhält man mit (5.4.20)

$$\varphi = 0: \ g_1(r) = r - 1 = u(r,0) = a_0 + \sum_{n=1}^{N} a_n r^n, \tag{5.4.25}$$

$$\begin{aligned}\varphi = \omega : g_2(r) &= -1 = u(r,\omega) \\ &= a_0 + \sum_{n=1}^{N} (a_n \cos n\omega + b_n \sin n\omega)\, r^n,\end{aligned} \tag{5.4.26}$$

$$\begin{aligned}g_3(r,\varphi) &= -\sin\frac{\pi\varphi}{2\omega} + Br^2 \sin\frac{\pi\varphi}{\omega} \\ &= a_0 + \sum_{n=1}^{N} (a_n \cos n\varphi + b_n \sin n\varphi)\, r^n + \sum_{n=1}^{N} \beta_n r^{n\pi/\omega} \sin n\frac{\pi}{\omega}\varphi.\end{aligned} \tag{5.4.27}$$

Die Gleichungen (5.4.25) – (5.4.26) bestimmen die Entwicklungskoeffizienten a_0, a_n, b_n der Randbedingungen an Γ_1 und Γ_2 und (5.4.27) die β_n mit Hilfe einiger Kollokationspunkte. Aus (5.4.25) erhält man zunächst $a_0 = -1, a_1 = 1, a_n = 0$ für $n > 1$. Aus (5.4.26) folgt

$$b_1 = \frac{-\cos\omega}{\sin\omega}, \quad b_n = 0, \quad n > 1, \tag{5.4.28}$$

wobei hier $\omega \neq \pi$ vorausgesetzt sei. Gleichung (5.4.27) liefert

$$\begin{aligned}&-\sin\frac{\pi\varphi_i}{2\omega} + Br_i^2 \sin\frac{\pi\varphi_i}{\omega} = -1 + \cos\varphi_i \\ &+ \sum_{n=1}^{N} \beta_n r_i^{n\pi/\omega} \sin\frac{n\pi\varphi_i}{\omega}, \quad 0 < \varphi_i < \omega,\ i = 1, 2, \dots N.\end{aligned} \tag{5.4.29}$$

Wir wählen $\omega = \pi/6$ und legen auf Γ_3 vier Kollokationspunkte, welche die $\beta_1 \dots \beta_4$ bestimmen, vgl. Tab. 3 und Abb. 54.

Tab. 3. Die Entwicklungskoeffizienten

i	x_i	y_i	b_i	β_I
1	1.	0.	-19.0867	-0.104899
2	1.209059	0.193579	10.0928	0.041507
3	1.5557	0.336465	0.	0.000449585
4	1.57821	0.512293	0.	0.0000667401

Da die Ergebnisse des RITZ-*Verfahrens* sehr stark von der Wahl der Versuchsfunktionen abhängen und da gelegentlich auch numerische Integrationen von Differentialgleichungen versagen, kann man zweckmäßigerweise die Methoden der Iteration mit Approximationsmethoden kombinieren [5.40]. So waren beispielsweise die zwei gewöhnlichen Differentialgleichungen

$$\begin{aligned}u''(x) - \alpha^2 u(x) &= \beta[A(x)u(x) + B(x)v(x)], \\ v''(x) - \left(\alpha^2 + \frac{6}{x^2}\right) v(x) &= \beta[B(x)u(x) + C(x)v(x)]\end{aligned} \tag{5.4.30}$$

zu lösen, wobei α, β Konstante und A, B, C gegebene Funktionen von x sind. Es wurde nun zunächst die Iteration

$$\begin{aligned} u''_{\nu+1} - \alpha^2 u_{\nu+1} &= \beta\,(Au_\nu + Bv_\nu)\,, \\ v''_{\nu+1} - \left(\alpha^2 + \frac{6}{x^2}\right) v_{\nu+1} &= \beta\,(Bu_\nu + Cv_\nu) \end{aligned} \tag{5.4.31}$$

angesetzt. Alle diese Funktionen müssen die Randbedingungen

$$u(0) = 0, \quad v(0) = 0, \quad \lim_{x\to\infty} u(x) = \lim_{x\to\infty} v(x) = 0 \tag{5.4.32}$$

und die Normierungsbedingung

$$\int_0^\infty \left(u^2(x) + v^2(x)\right) \mathrm{d}x = 1 \tag{5.4.33}$$

erfüllen. Die Iteration (5.4.31) beginnt man mit u_0, v_0, für die man einen geeigneten Ansatz macht. Durch Einsetzen von u_0, v_0 und später von u_1, v_1 etc. erhält man aus (5.4.31) Differentialgleichungen der Form

$$u'' - \alpha^2 u = f(x), \quad v'' - \left(\alpha^2 + \frac{6}{x^2}\right) v = g(x), \tag{5.4.34}$$

die zu integrieren sind. Das Ergebnis ist

$$u(x) = c \sinh x + \frac{1}{\alpha} \int_0^x \sinh \alpha(x-\xi) f(\xi) \mathrm{d}\xi, \tag{5.4.35}$$

wobei c aus $u(\infty) = 0$ zu bestimmen ist, und

$$\begin{aligned} v =& c_1 \exp[\alpha x] p_1(x) + c_2 \exp[-\alpha x] p_2(x) \\ &+ \frac{1}{2\alpha^7} \int_0^x \Big\{ \exp[\alpha(x-\xi)] p_1(x) p_2(\xi) \\ &- \exp[-\alpha(x-\xi)] p_1(\xi) p_2(x) \Big\} g(\xi) \mathrm{d}\xi. \end{aligned} \tag{5.4.36}$$

Die Konstanten c_1, c_2 folgen aus (5.4.32). Für die p_1, p_2 gilt

$$p_1(x) = \alpha^3 - \frac{3\alpha^2}{x} + \frac{3\alpha}{x^2}, \quad p_2(x) = \alpha^3 + \frac{3\alpha^2}{x} + \frac{3\alpha}{x^2}. \tag{5.4.37}$$

Die sich so in (5.4.35) und (5.4.36) ergebenden Integrationen sind nun äußerst mühsam. Es ist daher vorteilhaft, die Funktionen $f(x), g(x)$, die jeweils in (5.4.31) bzw. (5.4.34) in den verschiedenen Iterationsstufen auftreten, nach einem System von orthonormalen Funktionen, die (5.4.32), (5.4.33) erfüllen, zu entwickeln

$$f(x) = \sum_{n=0}^{\infty} C_n \psi_{1n}(x), \quad g(x) = \sum_{n=0}^{\infty} D_n \psi_{1n}(x), \tag{5.4.38}$$

wobei die ψ_{1n} (und die später verwendeten ψ_{3n}) die Orthogonalitäts- und Normierungsrelationen

$$\begin{aligned} &\int_0^\infty \psi_{1n}(x)\psi_{1m}(x)\mathrm{d}x = \delta_{nm} \\ &\int_0^\infty \psi_{3n}(x)\psi_{3m}(x)\mathrm{d}x = \delta_{nm} \end{aligned} \qquad \delta_{nm} = \begin{cases} 0 & \text{für} \quad n \neq m, \\ 1 & \text{für} \quad n = m \end{cases} \tag{5.4.39}$$

erfüllen müssen. Die Entwicklungskoeffizienten erhält man aus

$$c_n = \int_0^\infty f(x)\psi_{1n}(x)\mathrm{d}x, \quad d_n = \int_0^\infty g(x)\psi_{1n}(x)\mathrm{d}x; \quad n = 0, 1, 2 \ldots . \tag{5.4.40}$$

Als Funktionen, nach denen wir entwickeln, wählen wir assoziierte LAGUERRE-Polynome, da diese (5.4.39) und $u(\infty) = 0$ erfüllen. Setzt man in (2.3.49), Seite 47, $\alpha \to 2\alpha$, $k = 0$ und multipliziert man mit $\sqrt{2\alpha}$, so erhält man

$$\psi_{1n}(x) = \frac{\sqrt{2\alpha}}{n!} \exp[\alpha x] \frac{\mathrm{d}^n}{\mathrm{d}x^n} (\exp[-2\alpha x] x^n) = \sqrt{2\alpha}\, L_n^k(x; 2\alpha). \tag{5.4.41}$$

Analog wählt man

$$\psi_{3n}(x) = \frac{2\alpha\sqrt{2\alpha}}{n!\sqrt{(n+1)(n+2)}} \frac{\exp[\alpha x]}{x} \frac{\mathrm{d}^n}{\mathrm{d}x^n} (\exp[-2\alpha x] x^{n+2}) ; \quad n = 0, 1, 2, \ldots \tag{5.4.42}$$

und schließlich

$$u_0(x) = v_0(x) = \frac{1}{\sqrt{2}} \psi_{10}(x). \tag{5.4.43}$$

Unter Verwendung der ψ-Funktionen können die Differentialgleichungen (5.4.31) bzw. (5.4.30) iterativ oder mit Kollokationsmethoden gelöst werden. Schon mit $n = 1 \ldots 4$ erhält man eine gute Approximation [5.40]

Anstatt Entwicklungen der Art (5.4.38) nach Funktionen zu machen, kann man auch die in einer Differentialgleichung auftretenden unbekannten Funktionen in Potenzreihen entwickeln. Sei beispielsweise die Differentialgleichung

$$y'' + (1 + x^2)y + 1 = 0, \quad y(\pm 1) = 0 \tag{5.4.44}$$

zu lösen [26], so macht man den Ansatz

$$y(x) = \sum_{\nu=0}^{\infty} a_\nu x^{2\nu}, \tag{5.4.45}$$

wobei 2ν genommen wurde, da die Differentialgleichung symmetrisch ist. Einsetzen in (5.4.44) liefert

$$\sum_{\nu=1}^{\infty} \left[(2\nu+2)(2\nu+1)a_{\nu+1} + a_\nu + a_{\nu-1}\right] x^{2\nu} + a_0 + 2a_1 + 1 = 0, \tag{5.4.46}$$

so daß

$$1 + a_0 + 2a_1 = 0, \tag{5.4.47}$$

$$a_{\nu-1} + a_\nu + (2\nu+2)(2\nu+1)a_{\nu+1} = 0, \quad \nu = 1, 2, 3, \ldots \tag{5.4.48}$$

folgt, während die Randbedingung

$$y(1) = \sum_{\nu=0}^{p} a_\nu = 0 \tag{5.4.49}$$

liefert, was zur Berechnung von a_0 verwendet wird. Hierbei ist p jene Potenz, bei der die Reihe abgebrochen wird. Drückt man zunächst alle Entwicklungskoeffizienten durch a_0 aus, so erhält man aus (5.4.47), (5.4.48) Tab. 4.

Tab. 4 Die Entwicklungskoeffizienten

p	a_p	$\sum_{\nu=0}^{p} a_\nu$	a_0
1	$-(1+a_0)/2$	$(a_0-1)/2$	1
2	$(1-a_0)/24$	$11(a_0-1)/24$	1
3	$(11+13a_0)/720$	$(343a_0-319)/720$	319/343

In den letzten zwei Beispielen behandelten wir gewöhnliche Differentialgleichungen, was sinnvoll war, da (5.4.30) sich aus zwei partiellen Differentialgleichungen ableitete. Es soll nun gezeigt werden, daß auch partielle Differentialgleichungen durch derartige Methoden approximativ gelöst werden können. Wir betrachten beispielsweise die Lösung des Randwertproblems [26] einer zur Zeit $t = 0$ nach $\cos x$ ausgelenkten und an den Enden ($x = \pm\pi/2$) mit $\sin t$ periodisch erregten Saite

$$u_{xx} - u_{tt} = 0. \tag{5.4.50}$$

Es gilt dann

$$u(x,0) = \cos x, \quad u_t(x,0) = 0, \quad u(\pm\pi/2, t) = \sin t. \tag{5.4.51}$$

Man entwickelt nun die Lösung in der Nähe von $x = 0, t = 0$ in eine Doppelpotenzreihe

$$u(x,t) = \sum_{m,n=0}^{\infty} a_{mn} x^m t^n \tag{5.4.52}$$

und erhält die zweigliedrige Rekursionsformel

$$a_{m,n+2} = \frac{(m+2)(m+1)}{(n+2)(n+1)} a_{m+2,n}. \tag{5.4.53}$$

Aus der Anfangsbedingung $u_t(x,0) = 0$ folgt, daß $a_{m1} = a_{0,2n+1} = 0$. Aus $u(x,0) = \cos x$ werden die verbleibenden $a_{k0} = a_{0k}$ bestimmt:

$$a_{k0} = \begin{cases} 0 & \text{für ungerade } k, \\ (-i)^q/(2q)! & \text{für gerades } k = 2q \end{cases}. \tag{5.4.54}$$

Die Gleichung (5.4.50) ist vom hyperbolischen Typ (vgl. den Abschnitt 4.4 über die schwingende Saite). Es lassen sich natürlich auch elliptische Gleichungen wie stationäre Wärmeleitungsprobleme

$$\Delta u = -1, \quad \frac{\partial u}{\partial \vec{n}} = f \tag{5.4.55}$$

mittels Ansätzen der Art (5.4.52) lösen.

Abschließend soll noch darauf hingewiesen werden, daß es auch *Konstruktionsmethoden* zur Bestimmung der Eigenfrequenzspektren von schwingfähigen Gebilden gibt [5.41 – 5.43].

6 Nichtlineare Randwertprobleme

6.1 Wann ist ein Randwertproblem nichtlinear?

Nichtlineare partielle Differentialgleichungen, nichtlineare Randbedingungen, freie und sich bewegende Ränder, CARRIER-Saitengleichung, Kühlung von Kernkraftwerken, Wasserwellen, Gletscherbewegungen, Gefrierfronten, Endlagerung radioaktiver Abfälle, nichtlineare Randwertprobleme bei gewöhnlichen Differentialgleichungen

Ein Randwertproblem nennt man *nichtlinear*, wenn entweder die Differentialgleichung nichtlinear ist oder wenn die Randbedingungen nichtlinear oder so beschaffen sind, daß von ihnen eine die Lösung der Differentialgleichung beeinflussende Rückwirkung stattfindet. Partielle Differentialgleichungen werden nichtlinear, wenn entweder der Vorgang selbst nichtlinear ist oder Parameter, wie Materialeigenschaften, von der abhängigen Variablen abhängen, z.B. $\mu(H)$ in der Elektrodynamik. Da lineare Differentialgleichungen sehr oft nur Näherungsmodelle der zu beschreibenden Vorgänge sind und da bei Überlegungen zur Wirkungssteigerung technischer Prozesse ein möglichst gutes Modell vorliegen muß, gibt es eigentlich sehr viele nichtlineare Differentialgleichungen in der Technik und den Naturwissenschaften. Einige dieser nichtlinearen partiellen Differentialgleichungen wollen wir nun besprechen. So wußte beispielsweise schon BOLTZMANN, daß die Wärmeleitfähigkeit $\lambda(T)$ eines Stoffes und auch seine spezifische Wärme $c(T)$ keine konstanten Größen, sondern Funktionen der Temperatur $T(x, y, z, t)$ sind. Die Wärmeleitungsgleichung (4.8.1), Seite 191, geht daher in eine nichtlineare partielle Differentialgleichung der Form (3.4.12), Seite 113, über. Diese Form kann erreicht werden, wenn man in

$$c(T)\frac{\partial T}{\partial t} = \operatorname{div}(\lambda(T)\operatorname{grad} T) \tag{6.1.1}$$

mit den Ansätzen $c = c_0 T^r$, $\lambda = \lambda_0 T^s$, $U = T^{r+1}$ eingeht. Man erhält dann die in der Form mit (3.4.12) übereinstimmende Gleichung

$$c_0\frac{\partial U}{\partial t} = \lambda_0 \operatorname{div}\left(U^{(s-r)/(r+1)}\operatorname{grad} U\right). \tag{6.1.2}$$

Bei der Ableitung dieser Gleichung wurde

$$T^r\frac{\partial T}{\partial t} = \frac{1}{r+1}\frac{\partial T^{r+1}}{\partial t} \tag{6.1.3}$$

verwendet [3.12]. Ein anderes Beispiel liefert die Elastizitätstheorie. Bei der Ableitung der Saitengleichung (4.4.3), Seite 156, wurde angenommen, daß der lokale seitliche Auslenkungswinkel ϑ der Saite aus der geraden Linie so klein ist, daß $\sin\vartheta$ durch ϑ und $\cos\vartheta$ durch 1 ersetzt werden kann. Ist die Auslenkung größer, so erhält man [4.16] für die transversale Schwingung v in der y-Richtung und die longitudinale Schwingung u der in der x-Achse liegenden Saite die CARRIER-*Saitengleichungen*

$$\frac{\partial}{\partial x}\left(p(u_x, v_x)\sin\vartheta\right) = \rho q \frac{\partial^2 u}{\partial t^2}, \tag{6.1.4}$$

$$\frac{\partial}{\partial x}\left(p(u_x, v_x)\cos\vartheta\right) = \rho q \frac{\partial^2 v}{\partial t^2}, \tag{6.1.5}$$

$$p(u_x, v_x) = p_0 + Eq\left[\sqrt{(1+v_x)^2 + u_x^2} - 1\right], \tag{6.1.6}$$

$$\tan\vartheta = u_x/(1+v_x), \tag{6.1.7}$$

wobei p die Spannung, ρ die Dichte und q der Querschnitt der Saite sind. Auch die Gleichungen der Strömungslehre wie die Kontinuitätsgleichung (1.4.7), Seite 15, oder die EULER-*Strömungsgleichung*

$$\rho\frac{\partial\vec{v}}{\partial t} + \rho(\vec{v}\nabla)\vec{v} = -\nabla p \tag{6.1.8}$$

sind nichtlineare Gleichungen.

Ein weiteres System nichtlinearer partieller Differentialgleichungen tritt bei der Kühlung von Kernkraftwerken auf. Bezeichnet man mit $n(x,t)$ die Neutronendichte und mit $T(x,t)$ die Temperatur der Kühlflüssigkeit, so gilt $n_t = n_{xx} + A(T)n$ und $n = vT_x + T_t$, wobei v die (konstante) Strömungsgeschwindigkeit des Kühlmittels ist. Die Abhängigkeit der Kühlmitteldichte von der Temperatur wird durch $A(T) \approx const \cdot T$ beschrieben. Auch hier ist die Nichtlinearität der Gleichungen aus dem Term $A(T)n$ sofort erkennbar. Nichtlineare partielle Differentialgleichungen können auch transzendente Gleichungen sein wie beispielsweise [26] $\Delta u + a\exp u = 0$, wobei die Randbedingungen selbst linear sind: $u(1,y) = 0$, $u(x,1) = 0$. Auch ein derartiges Problem ist ein nichtlineares Randwertproblem. Auch *Gletscherbewegungen* gehorchen einer nichtlinearen Differentialgleichung [6.1]

$$\left[(n+1)ku^n - a\right]\frac{\partial u}{\partial x} + a = \frac{\partial u}{\partial t}, \tag{6.1.9}$$

wobei $u(x,t)$ die lotrechte Eisdicke eines auf der durch k = Tangens des Neigungswinkels charakterisierten schiefen Ebene zu Tal rutschenden Gletschers ist, $n = 0.25$ bis 0.5.

Eine *nichtlineare Randbedingung* zu einer linearen Gleichung liegt beispielsweise bei mit Abstrahlung verbundener Wärmeleitung vor. (Sie tritt auch beim Problem der *Supraflüssigkeit* des He^3 auf.) Zur linearen Gleichung $u_t = u_{xx}$ gehören dann die Anfangsbedingung $u(x,0) = 0$ und die nichtlineare Randbedingung

$$u_x(0,t) = k\left[u(0,t) - c\sin t\right]^3. \tag{6.1.10}$$

Eine weitere typische nichtlineare Randbedingung tritt auch bei der Berechnung von Schwerewellen auf einer Teichoberfläche auf. Das Geschwindigkeitspotential

$\varphi(x, y, z, t)$, das vermittels $\vec{v}(x, y, z, t) = -\nabla\varphi$ die lokale Geschwindigkeit $\vec{v}$ der Wasserteilchen beschreibt, gehorcht der LAPLACE-Gleichung $\Delta\varphi = 0$. An der Teichoberfläche, die durch $z = 0$ beschrieben wird, herrscht der Atmosphärendruck p_0. Die instationäre *Druckgleichung* (BERNOULLI-*Gleichung*)

$$\frac{\partial\vec{v}}{\partial t} + \nabla\left(\frac{\vec{v}^{\,2}}{2} + \frac{p}{\rho} + gz\right) = \nabla\left(-\frac{\partial\varphi}{\partial t} + \frac{(\nabla\varphi)^2}{2} + \frac{p}{\rho} + gz\right) = 0, \qquad (6.1.11)$$

wo g die Schwerebeschleunigung, p den Druck, ρ die Wasserdichte bedeuten, ergibt nach formaler räumlicher Integration eine nichtlineare Randbedingung

$$-\frac{\partial\varphi}{\partial t} + \frac{(\nabla\varphi)^2}{2} + \frac{p}{\rho} + gz = const. \qquad (6.1.12)$$

Am Teichboden $z = -h$ verschwindet die Normalkomponente v_n, so daß $-\partial\varphi/\partial z = 0$ gilt. An der Teichoberfläche $z = 0$ gilt

$$-\frac{\partial\varphi}{\partial t} + \frac{(\nabla\varphi)^2}{2} + \frac{p_0}{\rho} = const.$$

Das Problem wird meist unter der groben Annahme kleiner Wellenamplituden vermittels $(\nabla\varphi)^2 = \vec{v}^{\,2} \approx 0$ linearisiert (Lösung durch die Methode der *näherungsweisen Linearisierung*). (Ohne Linearisierung erhält man elliptische Funktionen als Lösung des nichtlinearen Problems und spricht von *snoidalen* und *cnoidalen* Wellen.) Akzeptiert man diese Linearisierung, so sind die Gleichungen

$$\Delta\varphi = 0, \quad \frac{\partial^2\varphi}{\partial t^2} = -g\frac{\partial\varphi}{\partial z} \quad \text{für} \quad z = 0 \qquad (6.1.13)$$

mit dem Ansatz $\varphi(x, y, z, t) = A\exp[i(k_x x + k_y y - \omega)]U(z)$ und den Randbedingungen

$$\frac{\partial U}{\partial z} = 0 \quad \text{für} \quad z = -h, \qquad (6.1.14)$$

$$g\frac{\partial\varphi}{\partial z} = \omega^2\varphi \quad \text{für} \quad z = 0 \qquad (6.1.15)$$

zu lösen. Mit $k^2 = k_x^2 + k_y^2$ lautet das Ergebnis $U(z) = \cosh k(z + h)$ und führt bei $z = 0$ zu

$$-\omega^2 U = -g\frac{\mathrm{d}U}{\mathrm{d}z} = -gk\sinh kh = -\omega^2\cosh kh, \qquad (6.1.16)$$

so daß wegen

$$c_{Ph} = \frac{\omega}{k} = \sqrt{\frac{g}{k}\tanh hk} = \omega(k) \qquad (6.1.17)$$

Dispersion der Wasserwellen kleiner Amplitude vorliegt. Freie Flüssigkeitsoberflächen führen meistens zu nichtlinearen Randbedingungen. Es gibt allerdings auch Randbedingungen, denen man die Nichtlinearität nicht direkt ansieht. Betrachtet man beispielsweise das Fortschreiten einer Gefrierfront in der x-Richtung in einem mit Flüssigkeit erfüllten Halbraum, vgl. Abb. 55, so erhält man ein verdecktes nichtlineares Randwertproblem der Wärmeleitungsgleichung. Wir wollen dieses

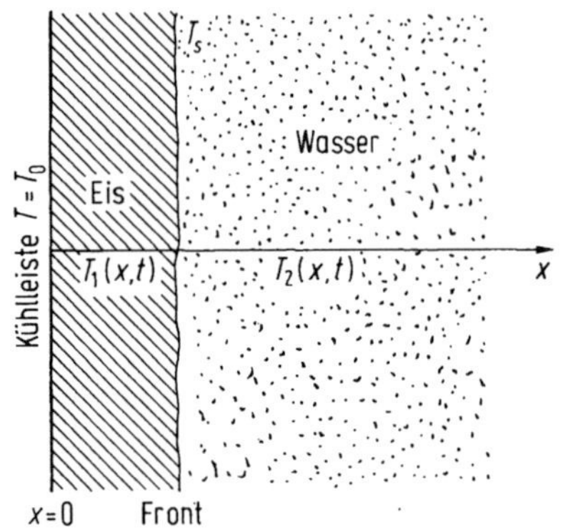

Abb. 55. Fortschreiten einer Gefrierfront mit der Gefriertemperatur T_s in einer Flüssigkeit der Temperatur T

detailliert behandeln. Nach (4.8.2), siehe Seite 191, gilt für Eis (Index 1) und Wasser (Index 2) die Wärmeleitungsgleichung

$$\frac{1}{a_1}\frac{\partial T_1}{\partial t} = \frac{\partial^2 T_1}{\partial x^2} \quad \text{für } 0 < x < X, \quad \frac{1}{a_2}\frac{\partial T_2}{\partial t} = \frac{\partial^2 T_2}{\partial x^2} \quad \text{für } x > X. \tag{6.1.18}$$

An der Gefrierfront, deren jeweiligen Ort wir mit $X(t)$ bezeichnen, herrscht die Temperatur T_s und ist die Randbedingung der Stetigkeit der Temperatur zu erfüllen:

$$T_s = T_1(x = X(t), t) = T_2(x = X(t), t) \quad \text{oder} \quad \mathrm{d}T_1 = \mathrm{d}T_2. \tag{6.1.19}$$

Außerdem muß an der Phasengrenze der Wärmefluß eine Stetigkeitsbedingung erfüllen. Da in der Gefrierfront die *Erstarrungswärme* L (abzuführende *Schmelzwärme* des Eises) frei wird, gilt [20]

$$\left[\lambda_1 \frac{\partial T_1}{\partial x} - \lambda_2 \frac{\partial T_2}{\partial x}\right]_{x=X(t)} = L\rho\frac{\mathrm{d}X}{\mathrm{d}t}, \quad \rho = \frac{\rho_1 + \rho_2}{2}. \tag{6.1.20}$$

Diese Bedingung wird manchmal STEFAN-*Randbedingung* genannt [6.2, 6.3]. Außerdem gelten die Anfangsbedingung, daß das Wasser zur Zeit $t = 0$ überall die Anfangstemperatur T^* hat,

$$T_2(x, 0) = T^* \quad \text{für } x \geq 0, \tag{6.1.21}$$

und die Randbedingungen, daß an der Kühlleiste mit der Temperatur T_0 das Eis immer auf der Temperatur T_0 gehalten wird und das Wasser im Unendlichen noch seine Anfangstemperatur T^* hat:

$$T_1(0, t) = T_0, \quad T_2(\infty, t) = T^*. \tag{6.1.22}$$

Aus den Bedingungen (6.1.19) – (6.1.22) ist eine Nichtlinearität noch nicht zu erkennen. Bildet man jedoch mit (6.1.19) und

$$\mathrm{d}T_i = \frac{\partial T_i}{\partial t}\mathrm{d}t + \frac{\partial T_i}{\partial x}\mathrm{d}x \tag{6.1.23}$$

den am Ort $X(t)$ des Randes geltenden Ausdruck

$$\frac{\mathrm{d}x}{\mathrm{d}t} = \frac{\mathrm{d}X}{\mathrm{d}t} = \left(\frac{\partial T_1}{\partial t} - \frac{\partial T_2}{\partial t}\right) \Big/ \left(\frac{\partial T_2}{\partial X} - \frac{\partial T_1}{\partial X}\right) \tag{6.1.24}$$

und setzt ihn in (6.1.20) ein, so erhält man die nichtlineare Randbedingung

$$\left(\frac{\partial T_2}{\partial X} - \frac{\partial T_1}{\partial X}\right)\left(\lambda_1\frac{\partial T_1}{\partial X} - \lambda_2\frac{\partial T_2}{\partial X}\right) = L\rho\left(\frac{\partial T_1}{\partial t} - \frac{\partial T_2}{\partial t}\right). \tag{6.1.25}$$

Wesentlich ist hier die Verknüpfung zwischen der (explizit nicht auftretenden!) jeweiligen Lage $X(t)$ der Randfläche mit der abhängigen Variablen oder deren Ableitungen. Mit der Lösung des Problems werden wir uns im Abschnitt 6.2 beschäftigen.

Während man bei freien, d.h. sich selbst einstellenden, und bei wandernden Rändern die Nichtlinearität der Randbedingung und ihre Rückwirkung auf die partielle Differentialgleichung meist relativ leicht erkennt, gibt es Probleme, bei denen die Rückwirkung nicht so leicht erkennbar ist. Für die *Endlagerung* radioaktiver Abfälle ist es wichtig, zu wissen, ob die durch den radioaktiven Zerfall erzeugte Wärme trotz zeitlicher und unbekannter Veränderung der Temperaturleitfähigkeit $a(t)$ in ausreichendem Ausmaß durch Wärmeleitung abgeführt werden kann [3.12]. Die Wärmeleitungsgleichung (4.8.1) hat für dieses Problem die Form

$$\frac{\partial u}{\partial t} = a(t)\frac{\partial^2 u}{\partial x^2}, \quad 0 < x < \infty, \quad 0 < t < T. \tag{6.1.26}$$

Als Anfangsbedingung gilt beispielsweise $u(x,0) = 0$, und als Randbedingungen treten auf

$$u(0,t) = f(t), \quad -a(t)\frac{\partial u(0,t)}{\partial x} = g(t), \tag{6.1.27}$$

wobei $f(t)$ und $g(t)$ bekannte Funktionen sind. Die Lösung für $u(x,t), a(t)$ ist durch eine nichtlineare Integralgleichung gegeben, obwohl man die Kopplung zwischen $u(x,t)$ und $a(t)$ den Gleichungen nicht sofort ansieht. Probleme, bei denen die Nichtlinearität kaum zu erkennen ist, werden auch *implizit* genannt. Ein typisches Beispiel [6.3] stellt die Diffusion von Sauerstoff in ein absorbierendes Medium oder ein Ablationsproblem dar. Durch Variablentransformation gelingt es gelegentlich, eine *explizite* Form zu gewinnen, in der $\mathrm{d}X/\mathrm{d}t$ explizit auftritt. Allerdings können dadurch Singularitäten bzw. die DIRAC-Funktion in die wandernde Front eingebracht werden.

Die meist ingenieurmäßigen und gelegentlich streng mathematisch nicht fundierten Methoden zur Lösung derartiger nichtlinearer Randwertprobleme werden wir an Hand einiger Beispiele in den nächsten Abschnitten behandeln.

Nichtlineare Randwertprobleme gewöhnlicher Differentialgleichungen spielen in der Praxis eine geringe Rolle, da Randwertprobleme vorwiegend bei partiellen Differentialgleichungen auftreten und diese, wenn sie nichtlinear sind, in nur wenigen Fällen in gewöhnliche Differentialgleichungen separiert werden können. Bei gewöhnlichen Differentialgleichungen rührt die Nichtlinearität selten von der Randbedingung, sondern meist von der Differentialgleichung her. COLLATZ [26] gibt einige Beispiele. Es sei

$$y'' = 3y^2/2, \quad y(0) = 4, \quad y(1) = 1 \tag{6.1.28}$$

zu lösen. Diese nichtlineare Differentialgleichung läßt sich mit Hilfe des Energiesatzes gemäß Seite 63 leicht lösen. Eine Lösung gibt

$$y = \frac{4}{(1+x)^2}. \tag{6.1.29}$$

Ebenso läßt sich die verallgemeinerte Gleichung

$$y'' = f(y), \quad y(0) = y_0, \quad y(l) = y_1 \tag{6.1.30}$$

in analoger Weise lösen. Sind Gleichungen der Art (6.1.30) jedoch inhomogen wie beispielsweise

$$y'' + 6y + y^2 = -\frac{3}{2}\cos x \tag{6.1.31}$$

mit Randbedingungen, die nach periodischen Lösungen suchen,

$$y(0) - y(2\pi) = y'(0) - y'(2\pi) = 0, \tag{6.1.32}$$

so müssen meist Variationsverfahren, Iterationsverfahren oder numerische Methoden [26] herangezogen werden.

6.2 Freie und wandernde Ränder

Freie Ränder bei elliptischen und parabolischen partiellen Differentialgleichungen, das Gefrierproblem, STEFAN-Problem, HELE-SHAW-Problem, Staudämme, Sauerstoffdiffusion, Ablation, Gesetz von DARCY, BAIOCCHI-Transformation, BORDA-Mündung und Freistrahl

Der Begriff des *freien Randwertproblems* beinhaltet bei den meisten Autoren die Vorstellung eines ruhenden Randes bei einer zeitunabhängigen und daher meist elliptischen partiellen Differentialgleichung. Die Vorstellung ist hierbei, daß sich nach einem später nicht weiter beachteten kurzzeitigen instationären Anfangszustand ein stationärer Gleichgewichtszustand einstellt, der durch eine die Variable Zeit nicht mehr enthaltende elliptische partielle Differentialgleichung beschrieben wird. Es stellt sich dann heraus, daß die Form des freien Randes von der Differentialgleichung bestimmt wird. Ein typisches Beispiel ist die Form des Wasserstrahls, der aus dem Gartenschlauch spritzt.

Wandernde Ränder können vermutlich nur bei zeitabhängigen, also instationären Problemen auftreten. Meist handelt es sich um parabolische Differentialgleichungen. Formveränderungen und Wanderungsgeschwindigkeit solcher Ränder hängen von der betreffenden partiellen Differentialgleichung ab und beeinflussen andererseits die Lösung. Typische Beispiele stellen das im vorhergehenden Abschnitt besprochene Gefrierproblem oder Strömungen durch poröse Medien, Stoßwellen oder das Fortschreiten von Rissen in Festkörpern dar, sowie Kristallisationsvorgänge in Schmelzen oder Lösungen.

Wir wollen nun die Lösung des *Gefrierproblems* besprechen, indem wir vom Problem des Halbraums ausgehen. Auf Seite 195 fanden wir die Lösung (4.8.28), die wir nun unter Verwendung der englischen Schreibweise für das GAUSS-*Fehlerintegral* (Fehlerfunktion)

$$\Phi(\eta) \equiv \operatorname{erf}(\eta) = \frac{2}{\sqrt{\pi}} \int_0^\eta e^{-\xi^2} d\xi \tag{6.2.1}$$

in der Form

$$T_1 = T_0 + A \operatorname{erf}\left(\frac{x}{2}\sqrt{\frac{\rho_1 c_1}{\lambda_1 t}}\right) = T_0 + A \operatorname{erf}\left(\frac{x}{2\sqrt{a_1 t}}\right) \tag{6.2.2}$$

als Lösung von (6.1.18) für das Eis und in der Form

$$T_2 = B + C \operatorname{erfc}\left(\frac{x}{2\sqrt{a_2 t}}\right) \tag{6.2.3}$$

als Lösung für das Wasser anschreiben, wobei das *konjugierte Fehlerintegral* durch

$$\operatorname{erfc}(\eta) = 1 - \operatorname{erf}(\eta) \tag{6.2.4}$$

bezeichnet wurde. Die drei freien Integrationskonstanten A, B, C sollen nun gemäß Abb. 55, Seite 320, aus den Randbedingungen (6.1.22) sowie (6.1.19) und der Anfangsbedingung (6.1.21) sowie aus der STEFAN-Bedingung (6.1.20) durch T_0, T_s, T^* bestimmt werden. Aus (6.1.19) folgt, da A, B, C konstante Größen sind, daß die zwei Fehlerfunktionen für $x = X(t)$ ein konstantes Argument haben müssen, d.h. daß für das Wandern der Gefrierfront nur ein Ansatz der Form

$$X(t) = \alpha t^{1/2}, \quad \frac{dX}{dt} = \frac{\alpha}{2\sqrt{t}} = \frac{\alpha^2}{2X} \tag{6.2.5}$$

gemacht werden kann, wobei α eine noch zu bestimmende Konstante ist. Damit folgt aus (6.1.19) und (6.2.5) die Gleichung

$$T_0 + A \operatorname{erf}\left(\frac{\alpha}{2\sqrt{a_1}}\right) = T_s = B + C\left[1 - \operatorname{erf}\left(\frac{\alpha}{2\sqrt{a_2}}\right)\right]. \tag{6.2.6}$$

Sobald α bekannt ist, kann man mit Hilfe dieser Gleichung A aus T_s ausrechnen und bei bekanntem B auch C bestimmen. Nimmt man an, daß α bereits bekannt ist, dann ergibt sich

$$A = \frac{T_s - T_0}{\operatorname{erf}\left(\alpha/2\sqrt{a_1}\right)}. \tag{6.2.7}$$

Da sich aus (6.2.9) gleich $B = T^*$ ergeben wird, folgt

$$C = \frac{T_s - T^*}{\operatorname{erfc}\left(\alpha/2\sqrt{a_2}\right)}. \tag{6.2.8}$$

Die eine Randbedingung (6.1.22) wird vom Ansatz (6.2.2) wegen erf(0) = 0 automatisch erfüllt. Die zweite Randbedingung (6.1.22) wird mit

$$T_2(\infty, t) = T^* = B + C\left[1 - \operatorname{erf}(\infty)\right] \tag{6.2.9}$$

wegen $\operatorname{erf}(\infty) = 1$ für beliebiges C durch $B = T^*$ erfüllt. Aus dem gleichen Grund wird die Anfangsbedingung (6.1.21) durch $T_2(x, 0)$ erfüllt.

Um nun noch (6.1.20) zu erfüllen, bilden wir

$$\left.\frac{\partial T_1(x,t)}{\partial x}\right|_{x=X(t)} \quad \text{und} \quad \left.\frac{\partial T_2(x,t)}{\partial x}\right|_{x=X(t)}$$

und beachten

$$\frac{\mathrm{d}\operatorname{erf}(\eta)}{\mathrm{d}\eta} = \frac{2}{\sqrt{\pi}}\mathrm{e}^{-\eta^2}, \tag{6.2.10}$$

so daß aus (6.1.20) eine transzendente Gleichung für α folgt:

$$\begin{aligned} &\frac{\lambda_1 (T_s - T_0)\exp\left(-\alpha^2/4a_1\right)}{\sqrt{a_1}\operatorname{erf}\left(\alpha/2\sqrt{a_1}\right)} + \frac{\lambda_2 (T_s - T_0)\exp\left(-\alpha^2/4a_2\right)}{\sqrt{a_2}\operatorname{erf}\left(\alpha/2\sqrt{a_2}\right)} \\ &= -\frac{\sqrt{\pi}}{2}L\rho\alpha. \end{aligned} \tag{6.2.11}$$

Diese Gleichung besitzt nur eine positive Lösung für α; für Wasser erhält man $\alpha \approx 0.242$. Als Lösung des eindimensionalen Problems erhält man dann aus (6.2.2), (6.2.7)

$$T_1(x, y) = T_0 + \frac{T_s - T_0}{\operatorname{erf}\left(\alpha/2\sqrt{a_1}\right)}\operatorname{erf}\left(\frac{x}{2\sqrt{a_1 t}}\right), \quad 0 \le x \le X \tag{6.2.12}$$

für das Temperaturfeld im Eis, und aus (6.2.3), (6.2.8) folgt für das Wasser

$$T_2(x, t) = T^* + \frac{T_s - T^*}{\operatorname{erfc}\left(\alpha/2\sqrt{a_2}\right)}\operatorname{erfc}\left(\frac{x}{2\sqrt{a_2 t}}\right), \quad x \ge X. \tag{6.2.13}$$

Diese beiden Lösungen erfüllen auch (6.1.19), wie man leicht zeigen kann. Wie man sich überzeugen kann, genügen diese Lösungen den gegebenen Rand- und Anfangsbedingungen. Setzt man $L = 0$, $a_1 = a_2$, $\lambda_1 = \lambda_2$, so erhält man die schon bekannte Lösung für einen Halbraum. Den zeitlich-räumlichen Verlauf der Abkühlung des Wassers nach (6.2.13) und das Fortschreiten $X(t)$ der Gefrierfront ersieht man aus Abb. 56. Die Stärke des Knicks der Kurven an der Stelle $x = X(t)$ hängt nach (6.2.11) über α von $L\rho$ ab; die Kühltemperatur T_0, z.B.

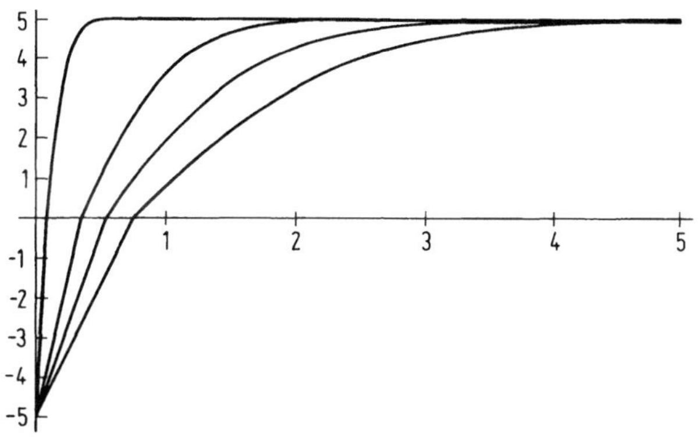

Abb. 56. Die Lösungen (6.2.12) und (6.2.13) sowie (6.2.5) für Wasser ($T_s = 0°\text{C}$, $T^* = 5°\text{C}$)

$= -5°\text{C}$, geht nur über α nach (6.2.11) in die Lösung ein. Man beachte, daß in der ganzen Rechnung dieses Abschnitts die durch (6.1.25) angezeigte Nichtlinearität nirgends explizit in Erscheinung tritt. Das Gefrierproblem, bei dem die Kühlung einer Schicht durch zwei parallele Ebenen zweiseitig erfolgt, führt auf weniger einfache Rechnungen [6.4]. Das zweidimensionale Problem [6.3], bei dem z.B. eine quadratische Wasserfläche auf allen vier Seiten von Kühlleisten gekühlt wird, führt zu einer zweidimensionalen wandernden Gefrierfront $s(x, y, t)$, die ein Oval bildet, das in der Nähe der Quadratecken stärker gerundet ist, da dort Kühlung von zwei Seiten her erfolgt.

Wie erwähnt, treten wandernde Ränder meist bei parabolischen partiellen Differentialgleichungen auf, in denen die Lösungsfunktion von der Zeit abhängt. Es gibt aber auch *ausgeartete Probleme* elliptischer partieller Differentialgleichungen, bei denen wandernde Ränder auftreten. Derartige Probleme treten bei der elektromechanischen Werkstoffbearbeitung oder beim Einspritzen einer viskosen Flüssigkeit in einen engen, $2a$ breiten, z.B. durch zwei vertikale Platten begrenzten Kanal (HELE-SHAW-*Problem*) auf [6.3]. Das durch die Geschwindigkeitskomponenten $u(x, y), v(x, y)$, die Schwerkraft ρg, das Geschwindigkeitspotential $\varphi(x, y)$ und den Druck $p(x, y)$ beschriebene zweidimensionale Strömungsproblem führt zu den die Zeit nicht enthaltenden Gleichungen [6.3]

$$u(x,y) = -\frac{a^2}{12\mu}\frac{\partial p(x,y)}{\partial x}, \quad v(x,y) = \frac{-a^2}{12}\left(\frac{\partial p(x,y)}{\partial y} + \rho g\right), \tag{6.2.14}$$

$$\varphi(x,y) = \frac{a^2}{12\mu}(p(x,y) + \rho g y), \tag{6.2.15}$$

wobei μ die Viskosität beschreibt. Um nun die Bewegung einer stationären Trennschicht zu beschreiben, die sich zwischen einer Flüssigkeit 2 befindet, welche die schon im Kanal vorhandene Flüssigkeit 1 in stationärer Strömung hinausdrückt, wird für die mittleren Geschwindigkeiten $\bar{u}_1, \bar{u}_2$ knapp an der Trennschicht der

Ansatz gemacht

$$\begin{aligned} \bar{u}_1 &= -\frac{a^2}{12\mu_1}\nabla(p+\rho_1 g y) = \operatorname{grad}\varphi_1, \\ \bar{u}_2 &= -\frac{a^2}{12\mu_2}\nabla(p+\rho_2 g y) = \operatorname{grad}\varphi_2 \end{aligned} \tag{6.2.16}$$

mit $\bar{u}_{1n} = \bar{u}_{2n}$ (Stetigkeit der Normalkomponenten der Geschwindigkeiten an der Grenzfläche). Auch der Druck p muß dort stetig sein. Hier liegt somit ein Problem eines wandernden Randes vor, in dem die zeitabhängige Natur des Problems sich nur in der Bewegung der Trennschicht äußert. Zur Lösung derartiger Probleme wurden verschiedene Methoden verwendet [6.3], wie beispielsweise Einführung neuer abhängiger Variablen oder Methoden der Variationsrechnung. Auch numerische Methoden gelangten zur Anwendung. Ein ähnliches für die Praxis des Wasserbaus bedeutendes ausgeartetes Problem tritt auch bei einem *Staudamm* auf, der sich zwischen zwei Becken befindet, deren Wasserstände zeitabhängig sind.

Als weiteres Problem mit einem wandernden Rand betrachten wir das schon im vorigen Abschnitt kurz erwähnte implizite Diffusionsproblem. Wir bezeichnen mit $c(x,t)$ die lokale Konzentration in einem Festkörper, der m Gramm (oder Mol) pro Volumseinheit und Sekunde an Sauerstoff absorbiert [6.3]. Für den stationären Zustand gilt nach Seite 203 die zeitunabhängige Diffusionsgleichung

$$D\frac{\partial^2 c}{\partial x^2} - m = 0, \tag{6.2.17}$$

wobei D die Diffusionskonstante ist. Wenn $x = 0$ die Oberfläche des als Halbraum gedachten Festkörpers bezeichnet und mit x_0 jene Schicht bezeichnet wird, bis zu welcher der Sauerstoff vordringt, dann gilt offenbar für $x > x_0$

$$c(x,t) = 0, \quad \frac{\partial c}{\partial x} = 0. \tag{6.2.18}$$

Für die Oberfläche $x = 0$ nehmen wir als Randbedingung

$$c(0,t) = c_0 = const \tag{6.2.19}$$

an. Mit diesen Randbedingungen lautet die Lösung von (6.2.17) offenbar

$$c_1 = \frac{m}{2D}(x-x_0)^2, \quad x_0^2 = \frac{2Dc_0}{m}. \tag{6.2.20}$$

Integriert man nämlich (6.2.17) zweimal nach x, so erhält man $c(x,t) = mx^2/2D + a(t)x + b(t)$, wobei sich aus (6.2.19) sofort $b(t) = c_0$ ergibt, wogegen (6.2.18) $a = -mx_0/D$ und x_0^2 liefert. Wenn nun zum Zeitpunkt $t = 0$ nach Einstellung der Konzentration c_1 die Oberfläche $x = 0$ gasdicht abgeschlossen wird und die Diffusionsschicht mit $x_0(t)$ weiterwandert, so ist

$$\frac{\partial c}{\partial t} = D\frac{\partial^2 c}{\partial x^2} - m \quad \text{für} \quad 0 \le x \le x_0(t) \tag{6.2.21}$$

mit

$$\begin{aligned}
&\frac{\partial c}{\partial x} = 0 \quad \text{für} \quad x = 0, \quad t \geq 0, \\
&c(x_0(t), t) = 0, \quad \frac{\partial c(x_0(t), t)}{\partial x} = 0 \quad \text{für} \quad t \geq 0
\end{aligned} \tag{6.2.22}$$

zu lösen unter Beachtung von

$$c(x,t) = c_1(x) = \frac{m}{2D}(x - x_0)^2 \quad \text{für} \quad 0 \leq x \leq x_0(t), \quad t = 0. \tag{6.2.23}$$

Da $x_0(t)$ nicht explizit auftritt, heißt das Problem *implizit*.

In der Literatur finden sich mehrere Methoden, das System (6.2.21) - (6.2.23) zu lösen. Einerseits kann durch eine Transformation $c = \partial u/\partial t$ ein implizites Problem in ein explizites Problem umgewandelt werden, andererseits kann man die Randbedingung (6.2.22) an der laufenden Schicht formal durch $\partial c/\partial x = f(t)$ für $x = 1$ ersetzen ("Einbettungsverfahren" für $0 \leq x \leq 1$) und erhält dann [6.3] nach einer Integraltransformation die Lösung

$$c(x,t) = \frac{2}{\pi^2} \sum_{p=1/2,\,3/2} \frac{\exp\left(-p^2\pi^2 t\right)}{p^2} \cos p\pi x + \frac{1}{2}\left(x^2 - 1\right), \tag{6.2.24}$$

oder man hat durch Einführung einer neuen räumlichen Koordinate $\xi = x/s(t)$ die wandernde Schicht im bewegten Koordinatensystem zum Stillstand gebracht. In einem anderen Verfahren gelingt es, zu zeigen, daß das Problem äquivalent ist mit der Lösung einer parabolischen Gleichung mit nichtlinearer Absorption längs eines stehenden Randes. Schließlich wurden numerische Lösungen und eine Lösung mittels der GREEN-Funktion

$$\begin{aligned}
G(x, x', t' - t) = &\left[\exp\left(\frac{-(x - x')^2}{4(t' - t)}\right) + \exp\left(\frac{-(x + x')^2}{4(t' - t)}\right)\right] \\
&\Big/ \left(2\pi\sqrt{\pi(t' - t)}\right)
\end{aligned} \tag{6.2.25}$$

gesucht, was nach längeren Rechnungen [6.3] und einem Iterationsverfahren zu einer numerischen Tabelle für $x_0(t)$ führte.

Unter *Ablation* versteht man den Übergang eines festen Stoffes (Eis, Metall, Fusionsbrennstoff) in den gasförmigen Zustand unter dem Einfluß von Energiezufuhr, z.B. durch Laser- oder Teilchenstrahlen. Hierbei kommt es zu einem Wandern der *Ablationsfront* in das Innere des festen Körpers. Wird das unbekannte Wandern der Front durch $x_0 = s(t)$ beschrieben, so gelten [6.3] für eine Schicht der Dicke l, der $q(t) > 0$ als thermische Energie zugeführt wird, die folgenden Gleichungen für die örtliche Temperatur $u(x,t)$

$$\frac{\partial u}{\partial t} = \frac{\partial^2 u}{\partial x^2} \quad \text{für} \quad 0 < x < s(t), \tag{6.2.26}$$

$$u(x_0, t) = g(t), \quad \frac{\partial u}{\partial x} = \lambda \frac{\mathrm{d}x_0}{\mathrm{d}t} + q(t), \quad x_0 = s(t), \tag{6.2.27}$$

$$u = \varphi(x) < 0 \quad \text{für} \quad 0 < x < l, \quad t = 0, \tag{6.2.28}$$

$$u = f(t) < 0 \quad \text{für} \quad x = 0, \quad t > 0, \quad s(0) = l. \tag{6.2.29}$$

Die Lösung des Problems findet man durch $u(x,t)$ und das Wandern $s(t)$ des Randes. Als *umgekehrtes* STEFAN-*Problem* bezeichnet man die Frage nach $u(x,t)$, wenn die Wanderbewegung $s(t)$ des Randes gegeben ist. Lösungen für das Ablationsproblem wurden durch störungstheoretische Reihenansätze gefunden. Auch Transformationen der Art $\xi = x/s(t)$ zur "Fixierung" des wandernden Randes haben sich bewährt.

Ein von der Lösung der partiellen Differentialgleichung bestimmtes Wandern eines festen Randes tritt beim *Kolbenproblem* auf. Dieses besteht darin, zu bestimmen, wie eine feste Wand (Kolben im Explosionsmotor, Geschoß in einer Kanone) vom Gasdruck beschleunigt wird.

Freie Ränder treten u.a. bei Staudammproblemen, bei Schmiermittelströmungen und Kavitationsvorgängen auf. Das einfachste Problem stellt der *Sickerwasserverlust* eines Staudamms der Höhe h und der Dicke d dar, vgl. Abb. 57. In dieser

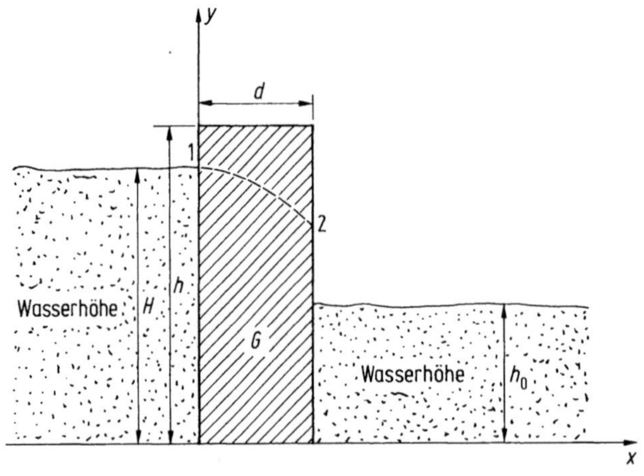

Abb. 57. Sickerverlust eines Staudamms

Abbildung bedeutet die von (1) nach (2) gehende gekrümmte gestrichelte Linie die (ruhende) freie Oberfläche $y^*(x)$ des Sickerwassers innerhalb des Dammes. Wird dessen Material als homogen und isotrop angenommen, dann gilt bei langsamer laminarer Strömung für das Sickern des Wassers durch das Material das Gesetz von DARCY [3.9]

$$\vec{v} = -\mu\nabla(p + \rho g y) = -\nabla\Phi, \tag{6.2.30}$$

wobei $\vec{v}$ den Geschwindigkeitsvektor, p den hydrostatischen Druck und μ die *Porosität* (mechanische Permeabilität) des Materials bezeichnen. $\rho g y$ ist die Wirkung der Schwere des Wassers der Dichte ρ. Da die Sickerströmung von Wasser, das als inkompressibel ($\rho = const$) angenommen wird, nach (6.2.30) durch das Potential Φ beschrieben werden kann, folgt aus der Kontinuitätsgleichung (1.4.7), siehe Seite 15, die LAPLACE-Gleichung

$$\operatorname{div} \operatorname{grad} \Phi = \Delta\Phi = 0 \quad \text{in } G, \quad 0 < y < y^*. \tag{6.2.31}$$

Als Randbedingungen ergeben sich

$$\Phi(x = 0, y) = H \text{ für } 0 \le y \le H, \ \Phi(x = d, y) = h_0, \text{ für } 0 \le y \le h_0, \tag{6.2.32}$$

während für $y > h_0$ $\Phi(x = d, y) = y$ gilt. Da wir annehmen wollen, daß in den Untergrund $y = 0$, $0 \le x \le d$ des Dammes und an der Stirnwand $x = d$ von $y = h_0$ bis zum Punkt (2) kein Wasser aus dem Damm austritt, gilt ferner

$$\frac{\partial\Phi}{\partial y} = 0 \quad \text{für} \quad 0 \le x \le d, \quad y = 0 \tag{6.2.33}$$

und

$$\frac{\partial\Phi}{\partial x} \le 0 \quad \text{für} \quad x = d, \quad y > h_0. \tag{6.2.34}$$

Längs der freien Oberfläche von (1) bis (2) des Sickerwassers $y^*(x)$ gilt

$$\Phi = y, \quad \frac{\partial\Phi}{\partial n} = 0 \tag{6.2.35}$$

bzw. die BERNOULLI-Gleichung, siehe Seite 319. In (6.2.34) deutet das $<$-Zeichen an, daß auf der Dammstirnseite $x = d$ zwischen den Punkten $y = h_0$ und (2) etwas Sickerwasser austreten könnte. Die Lösung des Problems muß natürlich die Form der freien Oberfläche des Sickerwassers beinhalten, für welche die freien Randbedingungen

$$y^* = f(x), \quad f(0) = H, \quad f(d) \ge h_0 \tag{6.2.36}$$

sowie

$$\left.\frac{\mathrm{d}}{\mathrm{d}x} f(x)\right|_{x=0} = 0, \quad \left.\frac{\mathrm{d}}{\mathrm{d}x} f(x)\right|_{x=d} = \infty \tag{6.2.37}$$

gelten. Für die Lösung des Staudammproblems (6.2.30) – (6.2.37) wurden mehrere Methoden entwickelt [6.3]. Mit Hilfe der BAIOCCHI-*Transformation*

$$w(x, y) = \int_y^H (\Phi(x, \eta) - \eta)\, \mathrm{d}\eta \tag{6.2.38}$$

kann man für $w(x, y)$ eine partielle Differentialgleichung ableiten, die mit Verfahren der Variationsrechnung oder mit numerischen Methoden gelöst werden kann. Es wurden auch Eigenschaften der hypergeometrischen Differentialgleichung (2.3.1) und der noch allgemeineren RIEMANN-Differentialgleichung dazu verwendet, Lösungen zu konstruieren [6.5]. Wir können jedoch aus Platzmangel auf diese zahlreichen Lösungsmöglichkeiten nicht eingehen, insbesondere da in der Praxis das Material eines Staudamms meist nicht, wie in (6.2.31) geschehen, als homogen und isotrop angesehen werden kann, so daß der LAPLACE-Operator durch

$$\begin{aligned}&\frac{\partial}{\partial x}\left[k_{11}(x,y)\frac{\partial \Phi}{\partial x}+k_{12}(x,y)\frac{\partial \Phi}{\partial y}\right]\\&+\frac{\partial}{\partial y}\left[k_{21}(x,y)\frac{\partial \Phi}{\partial x}+k_{22}(x,y)\frac{\partial \Phi}{\partial y}\right]=0\end{aligned} \tag{6.2.39}$$

zu ersetzen ist. Für ein isotropes homogenes Medium würde $k_{11} = k_{22} = 1$, $k_{12} = k_{21} = 0$ und für ein isotropes inhomogenes Medium würde $k_{12} = k_{21}$, $k_{11} = k_{22}$ gelten. Derartige Probleme werden meist durch gedachte Zerlegung des Materials in homogene isotrope Teilgebiete (Schichten, Würfel) gelöst und führen dann zu vielen Stetigkeitsbedingungen zwischen den zahlreichen Teilbereichen. Auch muß bei der guten Dichtheit moderner Staudämme die Wasserbewegung unterhalb des Dammes viel eher beachtet und beobachtet werden. Empirie ist schon deshalb wichtig, weil in der Praxis die μ- und k-Werte in (6.2.30), (6.2.39) um einen Faktor bis 1:10 schwanken können [6.6].

Freie Oberflächen treten vor allem bei der Ausbildung von Wasserstrahlen auf. In einfachen Fällen kann man freie Wasserstrahlen mit Hilfe der konformen Abbildung beschreiben. Schon HELMHOLTZ hat gezeigt, daß die Abbildungsfunktion

$$z = -\zeta + \mathrm{e}^{-\zeta}, \quad x = -u + \mathrm{e}^{-u}\cos v, \quad y = -v - \mathrm{e}^{-u}\sin v \tag{6.2.40}$$

bei Annahme der Linien $v = const$ als Stromlinien die Ausströmung einer Flüssigkeit aus einem unendlich großen Reservoir durch einen in dieses hineinragenden Kanal (BORDA-*Mündung*) beschreibt [6.7]. Die Lösung (6.2.40) befriedigt zwar (2.2.2), Seite 28, aber nicht die für die Ausbildung eines Freistrahls im Kanal notwendige nichtlineare Randbedingung (6.1.12) in der stationären Form

$$\left(\frac{\partial u}{\partial x}\right)^2 + \left(\frac{\partial u}{\partial y}\right)^2 = const = C. \tag{6.2.41}$$

Da $u(x,y)$, $v(x,y)$ aus (6.2.40) nicht zu gewinnen ist, führen wir u, v als unabhängige und x, y als abhängige Variable ein: Aus

$$\mathrm{d}u = u_x \mathrm{d}x + u_y \mathrm{d}y, \quad \mathrm{d}v = v_x \mathrm{d}x + v_y \mathrm{d}y, \tag{6.2.42}$$

$$\mathrm{d}x = x_u \mathrm{d}u + x_v \mathrm{d}v, \quad \mathrm{d}y = y_u \mathrm{d}u + y_v \mathrm{d}v \tag{6.2.43}$$

berechnen wir $\mathrm{d}x$ und $\mathrm{d}y$

$$\mathrm{d}x = (v_y \mathrm{d}u - u_y \mathrm{d}v)/D, \quad \mathrm{d}y = (-v_x \mathrm{d}u + u_x \mathrm{d}v)/D, \tag{6.2.44}$$

wobei

$$D = \begin{vmatrix} \dfrac{\partial u}{\partial x} & \dfrac{\partial u}{\partial y} \\ \dfrac{\partial v}{\partial x} & \dfrac{\partial v}{\partial y} \end{vmatrix} \tag{6.2.45}$$

die Funktionaldeterminante ist. Durch Vergleich von (6.2.43) mit (6.2.44) erhalten wir $x_u = v_y/D$, $x_v = -u_y/D$ etc. Setzt man dies unter Beachtung von (2.2.2), Seite 28, in (6.2.45) ein, so ergibt sich (6.2.41). Damit erhält man, wenn man für $C = 1$ setzt, die Funktionaldeterminante in der Form

$$x_u^2 + y_u^2 = \frac{1}{u_x^2 + v_y^2} = \frac{1}{C^2} \quad \rightarrow \quad 1 \tag{6.2.46}$$

für die nichtlineare Randbedingung eines Freistrahls im Kanal. Die Randbedingung (6.2.41) enthält interessanterweise nur mehr das Potential $u(x, y)$. Um zu unter-

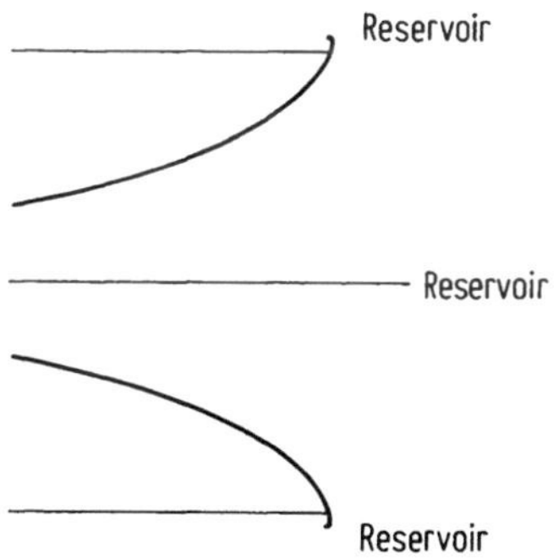

Abb. 58. Freistrahlgrenze

suchen, wie unsere Lösung auch die Bedingung (6.2.40) befriedigt, modifizieren wir (6.2.40), so daß die Bedingung (6.2.41) befriedigt wird. Wir machen für die freie Oberfläche ($v = const$) mit der noch unbestimmten Funktion $F(u)$ den Ansatz

$$x_u = F(u), \quad y_u = \sqrt{1 - F^2(u)}, \tag{6.2.47}$$

denn Addieren und Quadrieren liefert (6.2.46). Einige Versuche, ein $F(u)$ in Analogie zur Lösung (6.2.40) bei $v = const$ zu finden [6.7], führten schließlich zu folgendem Ansatz

$$x_u = F(u) = 1 - \mathrm{e}^u, \quad y_u = \pm\sqrt{1 - (1 - \mathrm{e}^u)^2}, \tag{6.2.48}$$

was nach Integration

$$x(u) = u - \mathrm{e}^u, \tag{6.2.49}$$

$$y(u) = const \pm \sqrt{2\mathrm{e}^u - \mathrm{e}^{2u}} + 2 \arcsin \sqrt{\mathrm{e}^u/2} \tag{6.2.50}$$

liefert. Die Ausbildung der Grenzen des Freistrahls nach (6.2.49), (6.2.50) zeigt Abb. 58. Da die Strömungsgeschwindigkeit an der Freistrahlgrenze einen Sprung auf Null (Außenraum) macht, ist das Potential an der freien Oberfläche ebenfalls unstetig (unstetiges Potential von LEVI-CIVITA). Derartige Oberflächen neigen zum Zerfall bzw. zur Ausbildung von Instabilitäten (z.B. *Gartenschlauchinstabilität*). Sinkt durch hohe Geschwindigkeit der Druck unter den Dampfdruck der Flüssigkeit, so kommt es zur Dampfbildung und zu einer Grenzfläche zwischen Flüssigkeit und Dampf. Fallen solche Dampfblasen wieder zusammen, so kommt es durch Druckschläge auf das Wandmaterial dort zu Zerstörungen (*Kavitation*) an Schiffsschrauben, in Öllagern etc. [6.3].

6.3 Transformation nichtlinearer partieller Differentialgleichungen

Linearisierung, Separation und Vereinfachung nichtlinearer partieller Differentialgleichungen durch die Transformationen von KIRCHHOFF, HOPF, RIEMANN, VON MISES, BOLTZMANN, LEGENDRE, LAGRANGE sowie durch Funktionaltransformationen und die Hodographentransformation

Erfreulicherweise gibt es einige Transformationen, die es gestatten, nichtlineare partielle Differentialgleichungen exakt zu linearisieren, in eine gewöhnliche Differentialgleichung oder in eine bekannte andere nichtlineare Differentialgleichung überzuführen. Wir besprechen einige derartige Transformationen. Man kann sie wie folgt klassifizieren:

1. Es wird allein die abhängige Variable transformiert (KIRCHHOFF-, HOPF-, RIEMANN-, Funktionaltransformationen),
2. es wird nur die unabhängige Variable transformiert (VON MISES-, BOLTZMANN-, Ähnlichkeitstransformationen),
3. es werden beide Arten von Variablen transformiert (LEGENDRE-, MOLENBROEK-, LAGRANGE-, Hodographentransformation u.a.),
4. Sonderfälle (z.B. inverse scattering method), die im nächsten Abschnitt besprochen werden.

An Hand von Beispielen wollen wir einige dieser Transformationen besprechen. In der Parfumindustrie besteht das Problem, die Ausbreitung (Diffusion) des Duftstoffes so zu steuern, daß einerseits genügend Stoff verdunstet und diffundiert, andererseits aber auch nicht zuviel diffundiert, damit der Duft möglichst lange anhält. Dies bedeutet, daß der von den chemischen Eigenschaften und anderen Umständen, vor allem von der Konzentration $c(x,t)$ abhängige Diffusionskoeffizient $D(c)$ zu einer nichtlinearen Diffusionsgleichung führt, vgl. (3.4.12), Seite 113,

$$c_t = \frac{\partial}{\partial x} D(c) \frac{\partial c}{\partial x}. \tag{6.3.1}$$

Ein Potenzansatz für den Diffusionskoeffizienten

$$D(c) = c^n \tag{6.3.2}$$

führt zu einer Gleichung der Art (6.1.3), die bereits im Abschnitt 6.1 vereinfacht wurde. Für $s = r$ wird die Gleichung (6.3.1) ebenso wie (6.1.2) linear und ist dann nach den Methoden des Abschnitts 4.8 zu lösen.

Führt man in den auch in (6.3.1) beim mehrdimensionalen Problem auftretenden *Pseudo*-LAPLACE-*Operator* $\operatorname{div}(F(U)\operatorname{grad} U)$ nach KIRCHHOFF eine neue abhängige Variable $\psi = \psi(U(x,y,z))$ ein, so erhält man

$$\frac{\mathrm{d}\psi}{\mathrm{d}U} = F(U), \quad \operatorname{grad}\psi = F(U)\operatorname{grad} U, \quad \psi(U) = \int F(U)\mathrm{d}U, \tag{6.3.3}$$

und damit verwandelt man den Pseudo-LAPLACE-Operator in den linearen LAPLACE-Operator

$$\operatorname{div}(F(U)\operatorname{grad} U) = \operatorname{div}\operatorname{grad}\psi = \Delta\psi. \tag{6.3.4}$$

Das Funktional $\psi(U)$ ergibt sich nach (6.3.3) aus dem in der nichtlinearen partiellen Differentialgleichung vorkommenden $F(U)$.

Um den Gedanken einer derartigen *Funktionaltransformation* besser zu fundieren, stellen wir uns umgekehrt die Frage, durch welche Transformation eine lineare partielle Differentialgleichung in eine nichtlineare übergeführt werden kann, d.h. wir wollen z.B. die Wärmeleitungsgleichung oder die Wellengleichung

$$\Delta\psi = \lambda\frac{\partial\psi}{\partial t} \quad \text{oder} \quad \lambda\frac{\partial^2\psi}{\partial t^2}, \quad \psi(x,y,z,t) \tag{6.3.5}$$

in eine nichtlineare Form bringen, um verstehen zu können, wie ähnliche nichtlineare Gleichungen wie (6.3.1) exakt linearisiert werden könnten. Aus $\psi = F(U)$ gewinnen wir durch Einsetzen in (6.3.5) die nichtlineare partielle Differentialgleichung

$$\begin{gathered} \Delta U + \frac{F''}{F'}(\operatorname{grad} U)^2 = \lambda U_t \\ \text{bzw.} \\ \Delta U + \frac{F''}{F'}\left[(\operatorname{grad} U)^2 - U_t^2\right] = \lambda U_{tt}. \end{gathered} \tag{6.3.6}$$

Als Beispiel behandeln wir die in der Grenzschichttheorie strömender Flüssigkeiten auftretende eindimensionale NAVIER-STOKES-*Gleichung* (BURGERS-*Gleichung*)

$$u_t + uu_x - \nu u_{xx} = 0. \tag{6.3.7}$$

Mit Hilfe der Transformation $u = v_x$ erhalten wir

$$v_{xt} + v_x v_{xx} - \nu v_{xxx} = 0. \tag{6.3.8}$$

Unter der Annahme, daß ν konstant ist, ergibt eine partielle Integration nach x

$$v_t + \frac{1}{2}v_x^2 - \nu v_{xx} = 0. \tag{6.3.9}$$

Gleichung (6.3.9) tritt in erweiterter Form

$$v_t + \frac{1}{2}v_x^2 - \nu v_{xx} = D(t) \tag{6.3.10}$$

bei der Beschreibung von Raketendüsen auf, wobei noch eine Periodizitätsbedingung

$$v(x,t) = v(x+2\pi,t) \tag{6.3.11}$$

zu beachten ist [3.12]. Setzt man

$$v(x,t) = \varphi(x,t) + \int_0^t D(t)\mathrm{d}t, \tag{6.3.12}$$

so kann man den inhomogenen, beispielsweise Gasquellen beschreibenden Term entfernen und erhält (6.3.9) für φ. Liegt der Spezialfall vor, daß man in (6.3.6)

$$\frac{F''}{F'} = -\frac{1}{2}\lambda, \quad F = A\exp\left(\frac{-U\lambda}{2}\right) + B \tag{6.3.13}$$

setzen kann, dann geht mit $\lambda = 1/\nu$ auch (6.3.6) über in die Form von (6.3.9). Um diese zu lösen, setzen wir die HOPF-*Transformation*

$$u = -2\nu\frac{\partial}{\partial x}\ln\psi = -2\nu\frac{\psi_x}{\psi}, \quad v = -2\nu\ln\psi \tag{6.3.14}$$

für konstantes ν an und erhalten

$$\nu\psi_{xx} = \psi_t. \tag{6.3.15}$$

Der Leser möge sich davon überzeugen, daß mit Hilfe von (6.3.14) auch (6.3.10) direkt, d.h. ohne (6.3.12) linear und homogen gemacht werden kann, wobei $D(x,t)$ auch von t und x abhängen kann.

Mit allgemeineren *Funktionaltransformationen* etwa der Art

$$v(x,t) = F(G(x,t)) \tag{6.3.16}$$

kann man leicht (6.3.9) oder ähnliche Gleichungen in die Form

$$F'(G_t - \nu G_{xx}) - G_x^2\left(\nu F'' - \frac{1}{2}F'^2\right) = 0 \tag{6.3.17}$$

bringen. Die zwei Freiheitsgrade $F(g)$ und $G(x,t)$ benützt man, um nichtlineare partielle Differentialgleichungen, die eine Form der Art (6.3.17) haben, exakt zu linearisieren, d.h. $G_t - \nu G_{xx} = 0$ zu erhalten. Dies erfordert wieder $\nu F'' - F'^2/2 = 0$, vgl. (6.3.13), und liefert mit zwei Integrationskonstanten A, B

$$F(G) = -2\nu\ln(G-A) + B \tag{6.3.18}$$

(HOPF-COLE-*Transformation*). Eine zu (6.3.16) analoge Vorgehensweise ist

$$v(x,t) = -2\nu\,\mathrm{grad}\,\ln F \tag{6.3.19}$$

(HOPF-AMES-*Transformation*). Auf diesen Transformationen baut auch die *Methode der unbekannten Funktion* auf, d.h. man versucht beispielsweise zur Lösung von Gleichungen der Art (6.3.1) Ansätze zu machen wie

$$u = f(x + \lambda t), \tag{6.3.20}$$

wo λ eine Konstante ist, oder Separationsansätze wie

$$u = T(t)X(x) \quad \text{oder} \quad F(t) + G(t)x^p, \tag{6.3.21}$$

die durchaus zu einer Separation in gewöhnliche Differentialgleichungen führen können. Auch die Ansätze für *Wanderwellen* (progressing waves) zur Lösung nichtlinearer Wellengleichungen gehören zu dieser Art von Transformationen der abhängigen Variablen. Manchmal wird gleichzeitig eine unabhängige Variable einer Transformation unterworfen. So führt man gelegentlich eine *Massenvariable*

$$h = \int\limits_{x(0,t)}^{x(h,t)} \rho \mathrm{d}x \tag{6.3.22}$$

ein, die physikalisch bedeutet, daß in einer Flußröhre die Masse konstant bleibt; $\rho(x,t)$ ist die örtliche Dichte. Ansätze der Art [6.11] $y = H(\alpha t + \beta h)$ oder

$$u = t^\alpha F[G(h)t] \tag{6.3.23}$$

mit beliebigen Funktionen F, G sind dann gelegentlich, z.B. für Wanderwellen, erfolgreich. Für diese haben sich auch Kombinationen zwischen Ähnlichkeitstransformation und Funktionaltransformation wie $xt^{-1}f(x^{-\lambda}t)$ u.ä. bewährt [6.11].

Auch die aus der Grenzschichttheorie stammende Gleichung für die Stromfunktion $\psi(x,y)$, vgl. (6.3.43),

$$\psi_{xy}\psi_y - \psi_{yy}\psi_x = \nu\psi_{yyy} \tag{6.3.24}$$

kann durch den Ansatz

$$\psi = f(y + g(x)) \tag{6.3.25}$$

in die gewöhnliche Differentialgleichung $f'f''g' - f'g'f'' = \nu f'''$ übergeführt werden. Auch der einfache Separationsansatz (6.3.21) kann zum Erfolg führen. Für kleine Auslenkungen in der transversalen und longitudinalen Schwingungsrichtung kann man in der CARRIER-Saitengleichung (6.1.4) – (6.1.7) den Ansatz machen

$$p = p_0 + \frac{1}{2}\frac{Eq}{l}\int\limits_0^l v_x^2 \mathrm{d}x \tag{6.3.26}$$

und erhält so die nichtlineare *Integrodifferentialgleichung*

$$\frac{1}{c^2}v_{tt} - v_{xx}\left(1 + \frac{Eq}{2lp_0}\int_0^l v_x^2 \mathrm{d}x\right) = 0, \tag{6.3.27}$$

wobei l die Saitenlänge, p_0 eine konstante, vom Ausschlag unabhängige Spannung und $c^2 = p_0/\rho q$ bedeuten.

Der Leser wird eingeladen, sich selbst davon zu überzeugen, daß der Separationsansatz

$$v(x,t) = F(x)G(t), \quad \int_0^l v_x^2 \mathrm{d}x = G^2(t)\int_0^l \left(\frac{\mathrm{d}F}{\mathrm{d}x}\right)^2 \mathrm{d}x \tag{6.3.28}$$

zu zwei gewöhnlichen Differentialgleichungen mit konstanten Koeffizienten

$$F'' + \nu^2 F = 0, \quad G'' + \nu^2 c^2 \left[1 + \frac{Eq}{2lp_0}G^2\int_0^l F'^2(x)\mathrm{d}x\right] G = 0 \tag{6.3.29}$$

führt. ν wäre die Separationskonstante. Die Lösungen sind $F(x) = A\sin\nu x + B\cos\nu x$ und

$$G(t) = D\,\mathrm{cn}(t,k), \tag{6.3.30}$$

wobei cn die elliptische cos-Funktion von JACOBI ist,

$$\mathrm{cn}(t,k) = \cos\,\mathrm{am}(t,k), \tag{6.3.31}$$

vgl. Seite 74. Der Modul k hängt von den Konstanten in (6.3.27) ab.

Die letzte Transformation der abhängigen Variablen, die wir besprechen wollen, ist die RIEMANN-*Transformation*. Wir wenden sie auf (6.3.27) in der verallgemeinerten Form

$$u_{tt} = [F(u_x)]^2 u_{xx} \tag{6.3.32}$$

an und setzen

$$v = u_x, \quad w = u_t, \tag{6.3.33}$$

so daß sich

$$\begin{aligned} &v_t - w_x = 0, \\ &w_t - F^2(v)v_x = 0 \end{aligned} \tag{6.3.34}$$

oder nach Multiplikation und Addition

$$F(v)v_t - F(v)w_x + w_t - F^2(v)v_x = 0 \tag{6.3.35}$$

bzw. nach Subtraktion

$$F(v)v_t - F(v)w_x - w_t + F^2(v)v_x = 0 \tag{6.3.36}$$

ergibt. Wir führen nun die neuen unabhängigen Variablen $r(x,t)$, $s(x,t)$ (RIEMANN-*Invariante*) durch

$$\begin{aligned} r_t &= w_t + F(v)v_t, \quad & r_x &= w_x + F(v)v_x, \\ s_t &= -w_t + F(v)v_t, \quad & s_x &= -w_x + F(v)v_x, \end{aligned} \tag{6.3.37}$$

ein, so daß dann (6.3.35), (6.3.36) die Formen annehmen

$$r_t - F(v)r_x = 0, \quad s_t + F(v)s_x = 0. \tag{6.3.38}$$

Die neuen abhängigen Variablen r, s heißen deshalb Invariante, weil in der Richtung $\mathrm{d}x/\mathrm{d}t = -F$ das r und für $\mathrm{d}x/\mathrm{d}t = +F$ das s invariant ist. Integriert man (6.3.37), so erhält man

$$\begin{aligned} r &= w + \int F(v)\mathrm{d}v = w + B(v), \\ s &= -w + \int F(v)\mathrm{d}v = -w + B(v). \end{aligned} \tag{6.3.39}$$

Sei nun $\tilde{B} = v(r,s)$ die Umkehrfunktion von $B(v)$, dann erhält man aus (6.3.39)

$$\begin{aligned} & r + s = 2B(v), \quad v = \tilde{B}\left(\frac{r+s}{2}\right), \\ & r - s = 2w, \end{aligned} \tag{6.3.40}$$

so daß nun aus (6.3.38) die zwei nichtlinearen partiellen Differentialgleichungen

$$r_t - F\left[\tilde{B}\left(\frac{r+s}{2}\right)\right] r_x = 0, \quad s_t + F\left[\tilde{B}\left(\frac{r+s}{2}\right)\right] s_x = 0 \tag{6.3.41}$$

folgen. Je nach der Form von $F(u_x)$ gelingt es, mit Hilfe der RIEMANN-Transformation lineare partielle Differentialgleichungen abzuleiten, worauf wir später zurückkommen werden. Bei gegebenem F ist eine formale Integration von (6.3.41) möglich, so daß $r(v,w)$, $s(v,w)$ erhalten werden.

Wir wollen uns nun mit Transformationen der unabhängigen Veränderlichen beschäftigen. Aus Kontinuitätsgleichung (1.4.8) und EULER-Strömungsgleichung (6.1.8), ergänzt durch den Viskositätsterm $\nu\Delta\vec{v}$ der NAVIER-STOKES-*Gleichung*, folgt für den zweidimensionalen stationären Fall die *Grenzschichtgleichung* [3.9] für eine in der x-Richtung liegende Platte

$$u_x + v_y = 0, \quad uu_x + vu_y = \nu u_{yy}, \tag{6.3.42}$$

wobei $u(x,y), v(x,y)$ die Geschwindigkeitskomponenten in der x- bzw. y-Richtung sind und $\nu = \eta/\rho$ die kinematische Zähigkeit bezeichnet. Durch Einführung einer *Stromfunktion* $\psi(x,y)$

$$u = \psi_y, \quad v = -\psi_x \tag{6.3.43}$$

und Verwendung der VON MISES-*Transformation*, bei der ψ anstelle von y als neue unabhängige Variable eingeführt wird, also $u = u(x,\psi)$, $v = v(x,\psi)$, folgt

$$\left(\frac{\partial u}{\partial x}\right)_y = \left(\frac{\partial u}{\partial x}\right)_\psi + \left(\frac{\partial u}{\partial \psi}\right)_x \left(\frac{\partial \psi}{\partial x}\right)_y = \left(\frac{\partial u}{\partial x}\right)_\psi - v\left(\frac{\partial u}{\partial \psi}\right)_x,$$

$$\left(\frac{\partial u}{\partial y}\right)_x = \left(\frac{\partial u}{\partial \psi}\right)_x \left(\frac{\partial \psi}{\partial y}\right)_x = u\left(\frac{\partial u}{\partial \psi}\right)_x,$$

$$\left(\frac{\partial^2 u}{\partial y^2}\right)_x = \frac{\partial}{\partial y}\left[u\left(\frac{\partial u}{\partial \psi}\right)_x\right]_x = u\frac{\partial}{\partial \psi}\left[u\left(\frac{\partial u}{\partial \psi}\right)_x\right]_x,$$

und für die Strömungsgleichung ergibt sich für $u(x,\psi)$

$$\frac{\partial u}{\partial x} = \frac{\partial}{\partial \psi}\left[\nu u\frac{\partial u}{\partial \psi}\right], \tag{6.3.44}$$

was genau von der Form (6.3.1) ist. Auch eindimensionale *Elektronenschwingungen* in einem Plasma führen zu einer ähnlichen Gleichung.

Zu den Transformationen, bei denen die unabhängige Variable ersetzt wird, gehören auch die Ähnlichkeitstransformationen und deren Spezialfall, die BOLTZMANN-Transformation, vgl. Seite 113. Auf Seite 114 wurde schon demonstriert, wie eine nichtlineare partielle Differentialgleichung (3.4.17) in eine gewöhnliche Differentialgleichung übergeführt werden kann.

Sowohl abhängige als auch unabhängige Variable werden beispielsweise durch die *Hodographen-Transformation* ersetzt. Wir betrachten die ebene stationäre Strömung eines kompressiblen Mediums [3.6, 3.7, 3.9, 6.8, 6.9]. Die Hodographentransformation funktioniert nämlich nur für zwei unabhängige Veränderliche

$$\left(a^2 - u^2\right) u_x - uv\left(u_y + v_x\right) + \left(a^2 - v^2\right) v_y = 0, \tag{6.3.45}$$

$$u_y - v_x = 0, \tag{6.3.46}$$

$$a^2 = a_0^2 - (\kappa - 1)(u^2 + v^2)/2. \tag{6.3.47}$$

Hierin bedeuten $u(x,y), v(x,y)$ die Geschwindigkeitskomponenten in der x- bzw. y-Richtung, a die von der Strömungsgeschwindigkeit abhängige Schallgeschwindigkeit; a_0 ist die Schallgeschwindigkeit im ruhenden Gas, und κ ist das Verhältnis der spezifischen Wärme c_p und c_v des Gases. (6.3.45) stellt die Strömungsgleichung und (6.3.47) das adiabatische Verhalten des Gases dar. Gleichung (6.3.46) beschreibt die Wirbelfreiheit der Strömung. Die Lösung der zwei partiellen Differentialgleichungen soll nun nicht in der Form $u(x,y), v(x,y)$, sondern als $x(u,v), y(u,v)$ gesucht werden, d.h. in der *Geschwindigkeitsebene* u, v als unabhängige Variable. Die Lösung gibt dann nicht an, wo eine bestimmte Geschwindigkeit u, v herrscht, sondern sie gibt jene Punkte x, y an, an denen die Komponenten u, v vorgegebene Werte haben (Hodographentransformation). In einer zu den Rechnungen (6.2.42), Seite 330, völlig analogen Vorgangsweise gehen damit (6.3.45) und (6.3.46) über in die nun in $x(u,v), y(u,v)$ linearen Differentialgleichungen

$$\left(a^2 - u^2\right) y_v + uv\left(x_v + v_y\right) + \left(a^2 - v^2\right) x_u = 0, \tag{6.3.48}$$

$$x_v - y_u = 0. \tag{6.3.49}$$

In analoger Weise lassen sich auch die Gleichungen (6.3.34) wegen $x = x(v, w)$, $y = y(v, w)$, $\mathrm{d}x/\mathrm{d}x = 1 = x_v v_x + x_w w_x$, $\mathrm{d}y/\mathrm{d}x = 0 = y_v v_x + y_w w_x$, $v_x = y_w/(x_v y_w - x_w y_v)$ etc. in die lineare Form

$$x_w - y_v = 0, \quad x_v - F^2(v) y_w = 0 \tag{6.3.50}$$

transformieren. Dann muß es aber auch möglich sein, die durch die RIEMANN-Transformation erhaltenen Gleichungen (6.3.41) mittels der Hodographentransformation zu linearisieren. Tatsächlich führt der Austausch von r, s gegen x, t wegen

$$r_x = Jt_s, \quad r_t = -Jx_s, \quad s_x = -Jt_r, \quad s_t = Jx_r \tag{6.3.51}$$

mit der JACOBI-Determinante

$$J = r_x s_t - s_x r_t \tag{6.3.52}$$

zu

$$x_s + F\left[\tilde{B}\left(\frac{r+s}{2}\right)\right] t_s = 0, \quad x_r - F\left[\tilde{B}\left(\frac{r+s}{2}\right)\right] t_r = 0. \tag{6.3.53}$$

Nimmt man nun in (6.3.32) für $F^2(u_x)$ einen Potenzansatz, etwa $(1 + u_x)^\alpha = (1+v)^\alpha$, $F = (1+v)^{\alpha/2}$ an, dann geht (6.3.32) nach (6.3.34) zunächst in

$$v_t - w_x = 0, \quad w_t - (1+v)^\alpha v_x = 0 \tag{6.3.54}$$

über. Diese Gleichungen sind in $v(x, t)$ nichtlinear. Weiter erhält man aus (6.3.39) die Ausdrücke

$$r = w + \frac{2(1+v)^{1+\alpha/2}}{\alpha+2}, \quad s = -w + \frac{2(1+v)^{1+\alpha/2}}{\alpha+2}, \tag{6.3.55}$$

woraus durch Addition und Umkehrung

$$v = -1 + \left[\frac{1}{4}(r+s)(\alpha+2)\right]^{2/(\alpha+2)}, \qquad w = \frac{1}{2}(r-s) \tag{6.3.56}$$

entsteht. Die Gleichungen (6.3.53) nehmen dann mit $F = [(r+s)(\alpha+2)/4]^n$, $n = \alpha/(2+\alpha)$ die Form

$$x_s = F \cdot t_s = 0, \quad x_r - F \cdot t_r = 0 \tag{6.3.57}$$

an. Diese Gleichungen sind für $x(s, r)$, $t(s, r)$ lineare partielle Differentialgleichungen erster Ordnung mit variablen Koeffizienten. Eliminiert man x durch Differentiation von (6.3.57) nach r bzw. s, so erhält man wegen $x_{sr} = x_{rs}$ die lineare partielle Differentialgleichung zweiter Ordnung von DARBOUX

$$t_{rs} + \frac{n}{2}\frac{t_r + t_s}{r+s} = 0. \tag{6.3.58}$$

Auch für $x(r,s)$ gilt die DARBOUX-*Gleichung* in der Form

$$x_{rs} - \frac{x_r + x_s}{r+s} \cdot \frac{n}{2} = 0. \tag{6.3.59}$$

Diese kann man auch aus Gleichungen für die eindimensionale instationäre Gasströmung gewinnen [3.12].

Wie steht es aber nun mit den zur nichtlinearen Saitengleichung (6.3.32) zugehörenden Rand- und Anfangsbedingungen? Für eine Saite der Länge $l = 1$ nehmen wir analog zu (4.4.5), Seite 156, an, daß die Saite beidseitig fest eingespannt ist,

$$u(0,t) = 0, \quad u(1,t) = 0, \quad u(x,0) = h(x), \quad u_t(x,0) = H(x), \tag{6.3.60}$$

wobei beispielsweise $h(x) = a \sin \pi x$, $H(x) = 0$ sei. Wir erinnern uns nun, daß es durch Einführung einer Transformation möglich ist, einen wandernden Rand zum Stehen zu bringen und damit gewissermaßen ein Randwertproblem in ein Anfangswertproblem zu verwandeln, vgl. Seiten 85 und 327. Um dies bei (6.3.60) zu erreichen, führen wir anstelle der Variablen x, $0 \le x \le 1$ eine neue Variable ξ, $-\infty < \xi < \infty$ ein und verlangen, daß die Lösung von (6.3.32) ungerade und mit der Periode $\Delta\xi = 2$ periodisch sei, d.h. daß

$$u(-\xi,t) = -u(\xi,t), \quad u(\xi+2,t) = u(\xi,t) \tag{6.3.61}$$

gilt. Mit diesen Forderungen sind nun die Randbedingungen erfüllbar, denn es muß ja auch $u(0,t) = -u(0,t)$ gelten, was nur mit $u(0,t) = 0$ möglich ist. Ferner muß wegen der Periodizität über das Intervall 2 $u(1,t) = -u(-1,t) = -u(1,t)$ gelten, also $u(1,t) = 0$. Die Anfangsbedingungen lauten nun $u(\xi,0) = a \sin \pi\xi$ und $u_t(\xi,0) = 0$ für $-\infty < \xi < \infty$.

Wir wollen nun noch kurz einige weitere Transformationen besprechen, bei denen beide Arten von Variablen transformiert werden. Die LEGENDRE-*Transformation* wird in der Thermodynamik und in der Gasdynamik verwendet; sie ist nur für zwei abhängige Variable durchführbar und gestattet es, die quasilineare zweidimensionale zeitunabhängige nichtlineare Potentialgleichung der Gasdynamik, die wir als (3.2.47) schon auf Seite 97 kennengelernt haben und die aus (6.3.45) – (6.3.47) ableitbar ist, mittels der Funktion des transformierten Potentials $\Psi(u,v)$

$$\Psi(u,v) = ux + yv - \Phi(x,y) \tag{6.3.62}$$

exakt zu linearisieren. Wir bilden für $x(u,v)$, $y(u,v)$

$$\Psi_u = x, \quad \Psi_v = y, \quad \Psi_{uu} = x_u, \quad \Psi_{vv} = y_u,$$

$$\Phi_x = u, \quad \Phi_y = v, \quad \Phi_{xx} = u_x, \quad \Phi_{yy} = v_y,$$

$$\mathrm{d}\Phi = \Phi_x \mathrm{d}x + \Phi_y \mathrm{d}y = u\mathrm{d}x + v\mathrm{d}y,$$

$$\mathrm{d}\Psi = \Psi_u \mathrm{d}u + \Psi_v \mathrm{d}v = x\mathrm{d}u + y\mathrm{d}v.$$

Addiert man die letzten zwei Differentiale und schreibt sie als $\mathrm{d}\Phi + \mathrm{d}\Psi = \mathrm{d}(ux) + \mathrm{d}(vy)$, so liefert eine Integration (6.3.62). Faßt man wieder $x(u,v)$, $y(u,v)$ als

Funktionen von u, v auf und setzt man in (3.2.47) ein, so erhält man die lineare LEGENDRE-*Potentialgleichung*

$$\left(\bar{a}^2 - u^2\right)\Psi_{vv} + 2uv\Psi_{uv} + \left(\bar{a}^2 - v^2\right)\Psi_{uu} = 0 \tag{6.3.63}$$

für das LEGENDRE-Potential $\Psi(u, v)$. Obwohl diese partielle Differentialgleichung linear ist, ist ihre Lösung nicht einfach. Die Lösung einer partiellen Differentialgleichung hängt ja von den Randbedingungen ab. Sind beispielsweise für einen offenen Rand (CAUCHY-*Problem* im hyperbolischen Fall, vgl. Seite 85) die Randbedingungen vorgegeben, dann hängen sowohl die Charakteristiken (3.1.6) als auch die Randbedingungen von Φ ab. Das Problem ist daher nur mittels graphisch-numerischer Methoden, vgl. Abschnitt 6.5, zu lösen.

Eine weitere, vor allem in der Gasdynamik verwendete Transformation ist die MOLENBROEK-Transformation, die der LEGENDRE-Transformation ähnelt, aber statt Φ und Ψ das Potential Φ und eine Stromfunktion als abhängige Variable der Hodographentransformation verwendet.

In der Strömungslehre spielen auch die *Ähnlichkeitstransformationen* eine wichtige Rolle, die wir schon im Abschnitt 3.4, Seite 113, besprochen haben. Anwendungen auf die *Magnetogasdynamik* finden sich in [3.22].

Die LAGRANGE-*Transformation* ist zwar in der Lage, den nichtlinearen Term $(\vec{v}\nabla)\vec{v}$ der Strömungsgleichung (6.1.8) zu linearisieren, doch ist der Übergang von der Betrachtung einer Flüssigkeit zu Einzelteilchen, die durch ihre Bahnen $x(t, x_0, y_0), y(t, x_0, y_0)$ und durch ihre Anfangslagen $x(t = 0) = x_0$ etc. charakterisiert werden, für die Praxis wenig brauchbar. Durch Variation der Anfangslagen x_0, y_0 kann man gewissermaßen jedes Teilchen erfassen. Führt man statt der Ortskoordinate x, y im Strömungsfeld die LAGRANGE-Koordinaten x_0, y_0 ein, so gilt beispielsweise für $\rho(x, y, t)$

$$\frac{\mathrm{d}\rho}{\mathrm{d}t} = \frac{\partial\rho}{\partial t} + \frac{\partial\rho}{\partial x}\frac{\mathrm{d}x}{\mathrm{d}t} + \frac{\partial\rho}{\partial y}\frac{\mathrm{d}y}{\mathrm{d}t} = \rho_t + u\rho_x + v\rho_y, \tag{6.3.64}$$

und die JACOBI-Matrix wird

$$J = \frac{\partial(x, y)}{\partial(x_0, y_0)} = x_{x_0}y_{y_0} - x_{y_0}y_{x_0}, \tag{6.3.65}$$

so daß die Kontinuitätsgleichung in

$$\frac{1}{\rho}\frac{\mathrm{d}\rho}{\mathrm{d}t} + \frac{1}{J}\frac{\mathrm{d}J}{\mathrm{d}t} = 0, \quad \rho J = const \tag{6.3.66}$$

und die Bewegungsgleichung in

$$\frac{\mathrm{d}u}{\mathrm{d}t} = 0, \quad \frac{\mathrm{d}v}{\mathrm{d}t} = 0, \quad \frac{\partial x}{\partial t} = u, \quad \frac{\partial y}{\partial t} = v \tag{6.3.67}$$

übergeht.

Die inverse scattering method werden wir im nächsten Abschnitt behandeln.

6.4 Wellen großer Amplituden und Solitonen

Druckwellen und Verdichtungsstöße in Gasen, elektromagnetische Stoßwellen, Wanderwellen, Panzerfaust und Atombombe, Erhaltungssatz für Wellenberge, Frequenz- und Amplitudendispersion, Solitonen, KORTEWEG-DE VRIES- und BURGERS-Gleichung, inverse scattering method, nichtlineare SCHRÖDINGER-Gleichung

Bei der Behandlung von Wellen großer Amplituden ist es nicht mehr möglich, die Methode der näherungsweisen Linearisierung wie in Abschnitt 6.1, Seite 319, anzuwenden. Mit Hilfe der im letzten Abschnitt besprochenen Transformationen kann man jedoch auch derartige typisch nichtlineare Probleme lösen. Wir behandeln zunächst Druckwellen in Gasen, wobei wir uns der Einfachheit wegen auf eindimensionale Vorgänge beschränken. Ausgehend von der eindimensionalen instationären Bewegungsgleichung (3.2.24), mit $f(x, y) = 0$, vgl. Seite 92, erhält man bei Annahme eines Potentials $\Phi_x(x, t) = -u$

$$a^2 \frac{\rho_x}{\rho} = -u_t - u_x = \Phi_{xt} - \Phi_{xx}\Phi_x. \tag{6.4.1}$$

Mit Hilfe der Definition der Schallgeschwindigkeit (3.2.23) kann nun die instationäre eindimensionale Druckgleichung (6.1.12), Seite 319, nämlich bei Vernachlässigung der Schwere

$$-\frac{\partial \Phi}{\partial t} + \frac{(\nabla \Phi)^2}{2} + \frac{p}{\rho} = 0, \tag{6.4.2}$$

nach Differentiation nach der Zeit in der Form

$$-\frac{\partial^2 \Phi}{\partial t^2} + \frac{\partial}{\partial t} \frac{(\nabla \Phi)^2}{2} + \frac{a^2}{\rho} \frac{\partial \rho}{\partial t} = 0 \tag{6.4.3}$$

geschrieben werden. Daraus kann man $a^2 \rho_t / \rho$ ausrechnen. Setzt man (6.4.1) und (6.4.3) in die Kontinuitätsgleichung (3.2.20), Seite 92, ein, so erhält man die Potentialgleichung der eindimensionalen instationären Gasströmung

$$\Phi_{xx}\left(a^2 - \Phi_x^2\right) + 2\Phi_x \Phi_{xt} = \Phi_{tt}. \tag{6.4.4}$$

Die Schallgeschwindigkeit a ist nach (6.3.50) eine Funktion von Φ_x. Für Wellen kleiner Amplitude (näherungsweise Linearisierung durch Fortlassen der quadratischen Glieder des Potentials) erhält man (mit $a^2 = const = c_{ph}^2$) die akustische Wellengleichung (1.4.13), Seite 16. Die Potentialgleichung (6.4.4) ist hyperbolisch und kann durch eine LEGENDRE-Transformation exakt linearisiert werden. Wir setzen an $\Phi_x = -u$, $\Phi_t = -q$ und bilden $\mathrm{d}\Phi$ und $\mathrm{d}\Psi$ von $\Psi(u, q) = ux + qt + \Phi$. Ferner schreiben wir $\mathrm{d}u$ und $\mathrm{d}q$ sowie $\mathrm{d}x$ und $\mathrm{d}t$ und erhalten

$$\Phi_{xx} = -\Psi_{qq}/D, \quad \Phi_{xt} = \Psi_{qv}/D, \quad \Phi_{tt} = -\Psi_{uu}/D \tag{6.4.5}$$

mit der Determinante

$$D = \begin{vmatrix} \Psi_{uu} & \Psi_{uq} \\ \Psi_{uq} & \Psi_{qq} \end{vmatrix}, \tag{6.4.6}$$

so daß sich aus (6.4.4) die transformierte lineare Gleichung

$$\Psi_{qq}\left(a^2 - u^2\right) + 2u\Psi_{uq} - \Psi_{uu} = 0 \tag{6.4.7}$$

ergibt. Während die Charakteristiken nach (3.2.46) für (6.4.4) die Form haben (Wellengeschwindigkeit im mit u strömenden Medium)

$$\frac{\mathrm{d}x}{\mathrm{d}t} = u \pm a(u), \tag{6.4.8}$$

also von der abhängigen Variablen $u(x,t)$ und damit von den Randbedingungen bedingt werden, sind die Charakteristiken von (6.4.7)

$$\frac{\mathrm{d}q}{\mathrm{d}u} = -(u \pm a) \tag{6.4.9}$$

von der abhängigen Variablen q unabhängig. Nach (6.4.8) läuft eine Druckwelle im Gas um so schneller, je größer die Strömungsgeschwindigkeit des Gases ist. Die Druckwelle, deren Front man sich in elementare Druckstufen aufgelöst vorstellen kann, wird daher beim Fortschreiten immer steiler werden, da ihre Teile, die bei höherem Druck liegen, sich schneller fortpflanzen als die bei tieferem Druck liegenden, vgl. Abb. 59. Nach erfolgter Aufsteilung (in Abb. 59 zur Zeit t_3) käme es

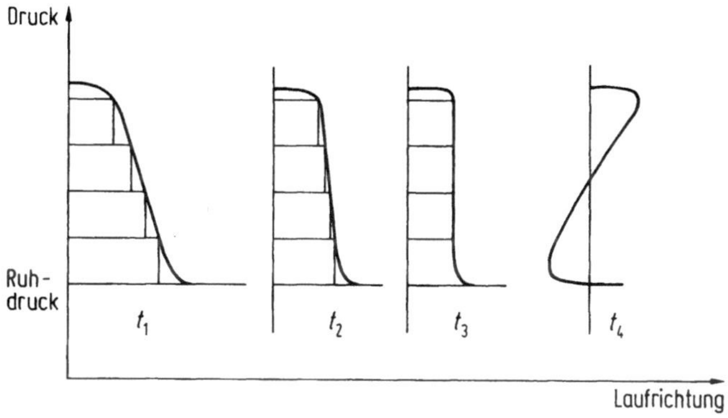

Abb. 59 Das Aufsteilen einer Druckwelle ($t_3 > t_2 > t_1$)

(bei t_4) zu mehrwertigen Druckwerten, was physikalisch unmöglich ist, die Druckwelle “überschlägt sich” und bildet einen unstetigen *Verdichtungsstoß* (Stoßwelle). Dieser Widerspruch zum alten Prinzip natura non facit saltus fiel schon RIEMANN auf, dem es gelang, (6.4.7) auf (6.3.61), (6.3.62) zu transformieren [6.11, 6.12]. Die Lösung des Problems liegt darin, daß bei der zu (6.4.8) führenden Rechnung Viskosität und Wärmeleitung des Gases vernachlässigt wurden. Berücksichtigt man diese Effekte, so erhält man statt des unstetigen Drucksprunges einen sehr steilen, aber stetigen Übergang zwischen den Gebieten vor und nach der Druckwelle. Um dies zu zeigen, geht man von der Kontinuitätsgleichung

$$\frac{\mathrm{d}\rho}{\mathrm{d}t} + \rho u_x = 0, \tag{6.4.10}$$

der NAVIER-STOKES-*Gleichung*

$$\rho\frac{\mathrm{d}u}{\mathrm{d}t} + p_x = \nu u_{xx} \tag{6.4.11}$$

und dem Energiesatz

$$\rho\frac{\mathrm{d}}{\mathrm{d}t}\left(U + \frac{u^2}{2}\right) + p_x u + p u_x = \nu u_x^2 + \nu u u_{xx} + \lambda T_{xx} \tag{6.4.12}$$

aus, wobei U die innere Energie $\approx c_v T$ ist. Durch Einführung der Massenvariablen (6.3.25) und des spezifischen Volumens $v = 1/\rho$ gelingt es [6.13], eine nichtlineare Differentialgleichung fünfter Ordnung abzuleiten, die durch Ähnlichkeitstransformationen exakt gelöst werden kann.

Auch auf dem Gebiet des Elektromagnetismus kann es bei Abhängigkeit der Materialgrößen ε, μ von den Feldstärken zu nichtlinearen Wellen [6.14] und damit auch zu *elektromagnetischen Stoßwellen* [6.15] kommen. Es ist daher auch durchaus von Interesse, zu untersuchen, ob die bei Explosionen auftretenden *elektromagnetischen Pulse* (EMP, NEMP) als elektromagnetische Stoßwelle in einem Plasma, etwa der Ionosphäre, aufgefaßt werden können. Tatsächlich kann man zeigen [4.42], daß eine transversale elektromagnetische Welle $E_x = E(z,t)$ in einem Medium (Plasma, Ferroelektrikum), dessen Dielektrizitätskonstante von E oder H abhängt, einer nichtlinearen Wellengleichung

$$\frac{\partial^2 E(z,t)}{\partial z^2} = \tilde{\varepsilon}^{3/2}\frac{\partial^2 E(z,t)}{\partial t^2} \tag{6.4.13}$$

genügt, wobei $\tilde{\varepsilon} = \mathrm{d}D/\mathrm{d}H$ ist. Die Lösung muß für eine sich mit der Phasengeschwindigkeit $\tilde{\varepsilon}^{-3/2}$ ausbreitende Welle die Form

$$E(z,t) = \Phi\left(z - \tilde{\varepsilon}^{-3/2}t\right) \tag{6.4.14}$$

haben. Damit es zu einem Aufsteilen der Wellenfront kommt, muß $\partial E/\partial z > 0$ oder $\Phi'\tilde{\varepsilon}' > 0$ gelten, denn es gilt

$$\frac{\partial E}{\partial z} = \frac{\Phi'}{1 - \Phi'\frac{3}{2}t\tilde{\varepsilon}^{-2}\tilde{\varepsilon}'}.$$

Bezeichnet man den Anfangswert $\Phi'(z, t=0)$ mit Φ_0, so gilt für die kritische Zeit, nach der ein Aufsteilen erfolgt, $t_c = 2\tilde{\varepsilon}^2/(3\Phi_0\tilde{\varepsilon}')$. Da nach Messungen für einen EMP $\Phi_0 < 0$ gilt, folgt für die Ausbildung einer elektromagnetischen Stoßwelle die Bedingung $\tilde{\varepsilon}' < 0$, was für ein homogenes isotropes nichtdissipatives kaltes Plasma [2.27] durch

$$\tilde{\varepsilon} = 1 - \frac{\omega_P^2}{\omega^2 - e^2H^2/m^2} \tag{6.4.15}$$

erfüllt ist. ω_P ist die Plasmafrequenz, m bzw. e Masse bzw. Ladung des Elektrons, H das Magnetfeld. Eine Deutung des EMP als elektromagnetische Stoßwelle in einem ionisierten Gas ist also durchaus möglich.

Kugelwellen, wie sie beispielsweise bei Explosionen entstehen, führen nach Durchlaufen einer Anlaufstrecke ebenfalls zum Aufsteilen und Ausbildung von Verdichtungsstößen, denen eine Verdünnungswelle folgt, da ja die in der Welle bewegte Masse des Mediums erhalten bleiben muß. Nach Innen gegen das Zentrum laufende Kompressionswellen spielen beim Aufschmelzen von Tanks durch die Panzerfaust, beim Nierensteinzertrümmerer oder bei der Zündung von Fusionsreaktionen beim Trägheitseinschluß oder in diversen Atombombenarten eine entscheidende Rolle. Für die Ausbreitung des Kopfes einer Kugelwelle muß natürlich ein Weg-Zeit-Gesetz der Form $r = R(t)$ gelten. Da Verdichtungsstöße spätestens im Prozeß des Aufsteilens nicht mehr isentropisch verlaufen, sondern genähert durch polytropisches Verhalten beschrieben werden können und die Entropie nur längs einer Teilchenbahn konstant bleiben kann, gelten für Kugelwellen in Gasen die folgenden Gleichungen (Kontinuitätsgleichung, Bewegungsgleichung, polytropische Gleichung)

$$\rho_t + u\rho_r + \rho\left(u_r + \frac{2u}{r}\right) = 0, \tag{6.4.16}$$

$$u_t + uu_r + \frac{1}{\rho}p_r = 0, \tag{6.4.17}$$

$$\left(p\rho^{-n}\right)_t + u\left(p\rho^{-n}\right)_r = 0, \tag{6.4.18}$$

wobei n der Polytropenexponent ist. Wir haben nun drei abhängige Variable $\rho(r,t), u(r,t), p(r,t)$, für die am besten ein *progressing wave Ansatz* gemacht wird [6.11]

$$\begin{aligned} u(r,t) &= \alpha r t^{-1} U(\eta), & p(r,t) &= \alpha^2 r^{\kappa+2} t^{-2} P(\eta), \\ \rho &= r^{\kappa}\Omega(\eta), & \eta &= r^{-\lambda} t, \quad \lambda = \alpha^{-1}. \end{aligned} \tag{6.4.19}$$

Damit erhält man gewöhnliche Differentialgleichungen. Wellen, bei denen Strömungsgeschwindigkeit u, Druck p und Dichte längs Trajektorien $r/t = const$ konstant bleiben, werden gelegentlich *simple waves* genannt.

Unter dem Begriff *Wanderwellen* (progressing waves) versteht man meist Wellen, die während ihrer Ausbreitung ihre Form nicht ändern, d.h. ihre mathematische Beschreibung hat einen Term der Art (6.3.23), Seite 335. Um dies und das Zusammenwirken der bei der Wellenausbreitung wesentlichen physikalischen Effekte

1. Nichtlinearität der Wellengleichung,
2. Dispersion im Medium der Ausbreitung,
3. Dissipation an Energie im absorbierenden Medium

besser zu verstehen, untersuchen wir eine verallgemeinerte Wellengleichung [6.16]

$$\frac{1}{c^2}\Phi_{tt} - \Phi_{xx} + b\,\Phi + \varepsilon g\,\Phi_t = -V'(\Phi) + \varepsilon N(\Phi) + \varepsilon\,\Phi_t G(\Phi). \tag{6.4.20}$$

Diese Gleichung für $\Phi(x,t)$ enthält die Konstanten b (Dispersionsgröße), g (Dissipationskonstante), c (Ausbreitungskonstante), die von der Wellenfrequenz ω abhängen können. $V' = \mathrm{d}V/\mathrm{d}\Phi$, $N = -\Phi^{2n-1}$ und G sind nichtlineare Funktionen, und ε ist ein kleiner, die Größe der dissipativen Terme bestimmender Parameter. Man definiert nun eine Phasenfläche $\Theta(x,t) = const$ mit der Eigenschaft, daß alle Punkte x, t, die auf der Phasenfläche liegen, denselben Wert $\Phi(x,t)$ haben. Aus $\mathrm{d}\Theta = \Theta_x \mathrm{d}x + \Theta_t \mathrm{d}t = 0$ erhält man die Phasengeschwindigkeit $\mathrm{d}x/\mathrm{d}t = -\Theta_t/\Theta_x$. Ein Beobachter, der sich parallel zum Wellenausbreitungsvektor $\vec{k}(= k_z,\ k_y = k_x = 0)$ bewegt, sieht immer die gleiche Phase, d.h. $\Theta_x = k,\ -\Theta_t = 0$ (und im dreidimensionalen Fall gilt $\operatorname{rot}\vec{k} = 0$). Aus diesen Beziehungen folgt der *Erhaltungssatz für Wellenberge*

$$\frac{\partial \vec{k}}{\partial t} + \nabla\omega = 0 \tag{6.4.21}$$

und die Gruppengeschwindigkeit $c_g = (\mathrm{d}x/\mathrm{d}t) = \mathrm{d}\omega/\mathrm{d}k$, mit der sich ein Beobachter bewegt, der ω ungeändert sieht.

Die Wellengleichung (6.4.20) kann nun wie folgt klassifiziert werden:

1. $N = 0,\ G = 0,\ V' = 0$: die Wellengleichung ist linear, k und ω sind unabhängig von x und t.

   1.1 $b = 0,\ g = 0$: keine Dispersion, keine Dissipation,
   $\Phi = A\exp(ikx - i\omega t)$ $\omega = ck$;

   1.2 $b \neq 0,\ g = 0$: Frequenzdispersion, keine Dissipation,
   $\Phi = A\exp(ikx - i\omega t),\quad \omega = \pm c\sqrt{k^2 + b^2}$;

   1.3 $b = 0,\ g \neq 0$: keine Dispersion, aber Dissipation,
   $\Phi = A\exp(ikx - i\omega t),\quad \omega = \frac{1}{2}ic^2\varepsilon g \pm c\sqrt{k^2 - c^2\varepsilon^2 g^2/4}$;

   1.4 $b \neq 0,\ g \neq 0$: Dispersion und Dissipation,
   $\Phi = A\exp(ikx - i\omega t),\quad D(\omega,k) = \omega^2/c^2 - k^2 - b + i\omega\varepsilon g = 0$.

2. $N \neq 0,\ G \neq 0,\ V' \neq 0$, aber schwache Nichtlinearität, d.h. im Sinne von KRYLOW-BOGOLJUBOW, Seite 75, gilt

$$\langle\Theta_{xx}\rangle = \frac{1}{2\pi}\int_0^{2\pi}\Theta_{xx}\mathrm{d}\Theta \approx 0, \quad \langle\Theta_{tt}\rangle \approx 0, \quad \Theta_x = k = const, \quad \Theta_t = -\omega$$

   mit der Folge, daß $\omega = \omega(k, A)$, d.h. ω ist von k abhängig (*Frequenzdispersion*), aber auch von A (*Amplitudendispersion*).

Mit einem dem KRYLOW-BOGOLJUBOW-Verfahren für gewöhnliche Differentialgleichungen nachgebildeten Verfahren für partielle Differentialgleichungen $\Phi = A\sin(\alpha\Theta + \Psi)$ bzw. einer multiple time scales method (Seite 78) erhält man [6.14, 6.16] dann aus (6.4.16) drei Gleichungen für $\omega(x,t), k(x,t), A(x,t)$, wobei A die langsam veränderliche Wellenamplitude ist. Außerdem erhält man eine Dispersionsrelation $D(\omega, k, A) = 0$ und die folgenden zwei (mit den Ergebnissen des KRYLOW-BOGOLJUBOW-Verfahrens für gewöhnliche Differentialgleichungen übereinstimmenden) Aussagen:

1. Für eine nichtlineare partielle Differentialgleichung ohne Dissipation ist die Amplitude (und damit die Energie der Welle) konstant, und man erhält $\Theta(x,t) = k(x,t)x - \omega(x,t)t$ und eine Frequenzdispersion.
2. Für eine nichtlineare partielle Differentialgleichung der Art (6.4.20) mit Dissipation und $V' = 0$ wird zwar die Amplitude durch die dissipativen Terme geändert, doch ω bleibt in erster Näherung ungeändert.

Solitonen [6.17] sind einzelne sehr stabile nichtlineare Wellen, bei denen die Dissipation verschwindend klein ist und bei denen sich die Effekte der Nichtlinearität (Aufsteilen der Front) und der Dispersion (Verhalten der Druckstufen) gerade so kompensieren, daß sich die Wellenform beim Fortschreiten nicht ändert. Die ersten Solitonen wurden von SCOTT 1844 als Wasserwellen in Kanälen beobachtet [6.22], die nichtlinearen partiellen Differentialgleichungen genügen. Heute sind Solitonen-Lösungen in der Plasmaphysik [2.16], in der Festkörperphysik [6.18], in Supraleitern [6.19], in Kernkraftwerken (FERMI-ULAM-Problem [6.20]), in der Ionosphäre [6.21], in der nichtlinearen Punktmechanik, beispielsweise beim reibungsfreien Pendel, in der chemischen Verfahrenstechnik, in der allgemeinen Relativitätstheorie und bei Lasern [6.23] bekannt, und in der Elementarteilchentheorie [6.24] gibt es Ansätze, Solitonlösungen nichtlinearer Feldgleichungen als Korpuskeln zu deuten. Während die Wellenpakete der SCHRÖDINGER-Gleichung (4.13.2) mit der Zeit auseinanderfließen, bleiben ja Solitonen unverändert.

Im Abschnitt 6.1 beschäftigten wir uns mit Schwerewellen auf einer Teichoberfläche, wobei wir eine Lösung mit der Methode der näherungsweisen Linearisierung fanden. Jetzt wollen wir auf die Linearisierung verzichten und schreiben nach Seite 319 die Gleichung (6.1.12) nochmals in geänderter Form an. Neben $\Delta\varphi = 0$ gilt für $\varphi(x,z,t)$

$$\varphi_t + \frac{1}{2}\left(\varphi_x^2 + \varphi_z^2\right) + g(h - h_0) = 0, \tag{6.4.22}$$

wobei h_0 die ungestörte freie Oberfläche, $h(x,z,t)$ die durch die Welle gestörte freie Oberfläche und g die Schwerebeschleunigung bedeuten und $z = 0$ den Teichboden beschreibt. Damit gilt, da die z-Koordinate die Teichtiefe mißt,

$$\varphi_z = 0 \quad \text{für} \quad z = 0 \tag{6.4.23}$$

als Randbedingung am Boden und

$$\varphi_z = h_t + \varphi_x h_x \quad \text{für} \quad z = h(x,z,t). \tag{6.4.24}$$

Führt man durch $\xi = \sqrt{\varepsilon}(x - ct)$, $\tau = \varepsilon^{3/2}t$, $\psi = \sqrt{\varepsilon}\,\varphi$ neue Variable ein, wobei ε ein Kleinheitsparameter ist und $c = \sqrt{gh_0}$ die Phasengeschwindigkeit der Wasserwelle bedeutet, so erhält man

$$\varepsilon\psi_{\xi\xi} + \psi_{zz} = 0, \quad \psi_z = 0 \quad \text{für} \quad z = 0, \tag{6.4.25}$$

$$\psi_z = \varepsilon^2 h_\tau + \varepsilon(\psi_\xi - c)h_\xi \quad \text{für} \quad z = h, \tag{6.4.26}$$

$$\varepsilon^2\psi_\tau - \varepsilon c\psi_\xi + \frac{1}{2}\left(\varepsilon\psi_\xi^2 + \psi_z^2\right) + \varepsilon g(h - h_0) = 0. \tag{6.4.27}$$

Macht man nun die Störungsansätze $h = h_0+\varepsilon h_1+\varepsilon^2 h_2$, $\psi = \varepsilon\psi_1+\varepsilon^2\psi_2$, so daß die Gleichungen $\psi_{1zz} = 0$, $\psi_{nzz}+\psi_{n-1\xi\xi} = 0$ folgen, so erhält man $\psi_1 = \psi_1(\xi,\tau)$, $\psi_2 = -\frac{1}{2}z^2\psi_{1\xi\xi}$, $\psi_3 = z^4\psi_{1\xi\xi\xi\xi}/24$ etc. [4.3] sowie $\psi_{2z} = -ch_{1\xi}$ für $z = h_0$, $\psi_{3z} + h_1\psi_{2zz} = h_{1\tau} - ch_{2\xi} + \psi_{1\xi}h_{1\xi}$ und $-c\psi_{1\xi} + gh_1 = 0$, $\psi_{1\tau} - c\psi_{2\xi} + \psi_{1\xi}^2/2 + gh_2 = 0$, woraus sich die KORTEWEG-DE VRIES-*Gleichung*

$$\frac{\partial h_1}{\partial \tau} + \frac{3c}{2h_0}h_1\frac{\partial h_1}{\partial \xi} + \frac{ch_0^2}{6}\frac{\partial^3 h_1}{\partial \xi^3} = 0 \tag{6.4.28}$$

ergibt. Wir schreiben sie in der vereinfachten Form

$$v_t + \alpha v v_x + v_{xxx} = 0 \tag{6.4.29}$$

und machen den Ansatz $v(x,t) = v(\eta)$ für $\eta = x - ct$, so daß sich

$$v_\eta(\alpha v - c)v_{\eta\eta\eta} = 0 \tag{6.4.30}$$

ergibt, was nach η zweimal integriert werden kann:

$$v_{\eta\eta} = cv - \alpha v^2/2, \quad \frac{1}{2}v_\eta^2 = \frac{c}{2}v^2 - \frac{\alpha}{6}v^3. \tag{6.4.31}$$

Integration nach v gibt

$$\int\limits_{v_{max}}^{v} \frac{\mathrm{d}v}{\sqrt{\frac{c}{2}v^2 - \frac{\alpha}{6}v^3}} = \sqrt{2}\eta \tag{6.4.32}$$

und damit die *Solitonlösung* (sech=1/cosh)

$$v(x,t) = \frac{3c}{\alpha}\mathrm{sech}^2\left(\frac{\sqrt{c}}{2}(x - ct)\right). \tag{6.4.33}$$

Diese erhält man auch [2.27, 6.14] für Elektronen-Ionenschwingungen in Plasmen [6.25]. Die Lösung (6.4.33) ist in Abb. 60 für verschiedene Zeiten $t_3 > t_2 > t_1$ dargestellt.

Ein anderer Weg zur Lösung ist durch die *inverse scattering method* gegeben. Diese besteht darin, anstelle der nichtlinearen KORTEWEG-DE VRIES-Gleichung

$$v_t - 6vv_x + v_{xxx} = 0 \tag{6.4.34}$$

zwei lineare Gleichungen zu lösen. Wir betrachten zu diesem Zweck die eindimensionale zeitunabhängige SCHRÖDINGER-Gleichung in der Form

$$\psi_{xx} + [E - v(x,t)]\psi = 0 \tag{6.4.35}$$

für festgehaltenes t. Das vom Parameter t abhängige Potential v ist zunächst unbestimmt. Als Eigenwerte von (6.4.35) können daher sowohl diskrete Werte $E_n = -k_n^2(t)$ als auch kontinuierliche Werte $E = k^2$, $E > 0$ auftreten. Zur Lösung von (6.4.35) macht man daher die folgenden Ansätze $\psi_n = c_n \exp(-k_n x)$ bzw. $\psi = \exp(-ikx) + R(k,t)\exp(ikx)$. Die gebundenen Zustände sind durch $\int_{-\infty}^{+\infty}\psi_n^2 \mathrm{d}x = 1$ normiert, die freien Zustände entsprechen Wellen, die von $x = +\infty$

auf das Potential v einfallen, wobei der Anteil $R(k,t)$ reflektiert wird und der Anteil $T(k,t)\exp(-ikx)$ ins Potential eindringt. Wegen der Teilchenerhaltung gilt dann $|R|^2+|T|^2=1$. Würde man $c_n(t)$, $k_n(t)$, $R(k,t)$ kennen, dann könnte man mit den Methoden der Streutheorie, vgl. Seite 266, das Potential v berechnen. Wir lösen nun (6.4.35) nach v auf und erhalten

$$v = (\psi_{xx} + E\psi)/\psi. \tag{6.4.36}$$

Setzt man dies in die KORTEWEG-DE VRIES-Gleichung (6.4.34) ein, so erhält man formal

$$\psi^2\frac{\partial E}{\partial t} + \frac{\partial}{\partial x}\left(\psi\frac{\partial Q}{\partial x} - \frac{\partial \psi}{\partial x}\cdot\frac{\partial Q}{\partial x}\right) = 0, \tag{6.4.37}$$

wobei die Abkürzung

$$Q = \frac{\partial \psi}{\partial t} + \frac{\partial^3\psi}{\partial x^3} - 3(v+E)\frac{\partial \psi}{\partial x} \tag{6.4.38}$$

verwendet wurde. Weil sich $\psi_n \to 0$ wie $\exp(-k_n x)$ für $x \to \infty$ verhält und $\int_{-\infty}^{+\infty}\psi^2 \mathrm{d}x \neq 0$ gilt, folgt

$$\frac{\partial E_n}{\partial t} = 0, \quad k_n(t) = k_n(0). \tag{6.4.39}$$

Dies bedeutet, daß die diskreten Eigenwerte vom Parameter t noch immer unabhängig sind, wenn das Potential v durch (6.4.34) bestimmt wird. Man erhält weiter bei Weglassung von $\partial E_n/\partial t$ in (6.4.37) und zweifacher Integration

$$\frac{\partial \psi_n}{\partial t} + \frac{\partial^3\psi_n}{\partial x^3} - 3(v+E)\frac{\partial \psi_n}{\partial x} = F_n(t)\psi_n + D_n(t)\psi_n\int^x \psi_n^{-2}\mathrm{d}x, \tag{6.4.40}$$

wobei der Term mit der Integrationskonstanten D_n verschwinden muß, da ψ_n^{-2} für $x \to +\infty$ divergiert. Multipliziert man Gleichung (6.4.40) mit ψ_n, integriert man

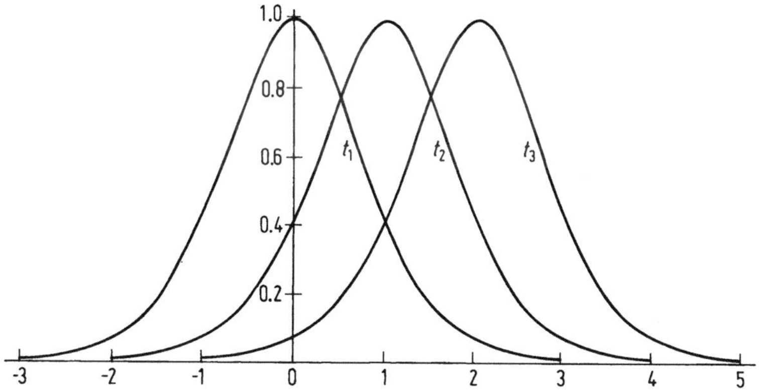

Abb. 60. Soliton zu verschiedenen Zeiten $t_1 < t_2 < t_3$

partiell von $-\infty$ bis $+\infty$ und verwendet man (6.4.36), so erhält man

$$\frac{\mathrm{d}}{\mathrm{d}t}\int_{-\infty}^{+\infty}\frac{1}{2}\psi_n^2\mathrm{d}x = F_n(t)\int_{-\infty}^{+\infty}\psi_n^2\mathrm{d}x, \tag{6.4.41}$$

so daß sich aus (6.4.40) nun

$$\frac{\partial\psi_n}{\partial t}+\frac{\partial^3\psi_n}{\partial x^3}-3\,(v+E_n)\,\frac{\partial\psi_n}{\partial x}=0 \tag{6.4.42}$$

ergibt. Da das Potential v in $x\to+\infty$ verschwindet und sich der Ausdruck ψ_n wie $c_n(t)\exp(-k_n x)$ verhält, ergibt sich

$$\frac{\mathrm{d}}{\mathrm{d}t}c_n(t)-4k_n^3c_n(t)=0, \tag{6.4.43}$$

woraus durch Integration $c_n(t) = c_n(0)\exp(4k_n^3t)$ folgt. Die Gleichung (6.4.40) gilt natürlich auch für das kontinuierliche Spektrum, aber nun ist ψ_n durch $\psi = T(k,t)\exp(-ikx)$ zu ersetzen und zu beachten, daß $v\to 0$ für $x\to-\infty$ gilt. Damit erhält man abermals Divergenz von ψ^{-2} und $D=0$ und eine Differentialgleichung für $T(k,t)$, woraus $R(k,t) = R(k,0)\exp(8ik^3t)$ bestimmt werden kann. Nach der Quantentheorie genügt die Kenntnis von $c_n(t)$, $k_n(t)$ und $R(k,t)$, um das Streupotential v zu konstruieren [4.58, 4.59]. Sei $K(x,y,t)$ die Lösung der GELFAND-LEVITAN-*Integralgleichung* [6.14]

$$K(x,y,t)+B(x+y,t)+\int_x^{\infty}B(y+y',t)K(x,y',t)\mathrm{d}y'=0, \tag{6.4.44}$$

wobei

$$B(x,t)=\frac{1}{2\pi}\int_{-\infty}^{+\infty}R(k,t)\exp(ikx)\mathrm{d}k+\sum_{n=1}^{\infty}c_n^2(t)\exp(-k_n(t)x), \tag{6.4.45}$$

dann ist das Potential v und damit die Lösung der KORTEWEG-DE VRIES-Gleichung (6.4.34) gegeben durch

$$v(x,t)=-12\frac{\mathrm{d}K(x,y,t)}{\mathrm{d}x}\quad\text{für}\quad y=x. \tag{6.4.46}$$

Übrigens gibt es auch Ähnlichkeitslösungen $t^{-2/3}\varphi(xt^{-1/3})$ von (6.4.34) sowie quasilineare Näherungslösungen [6.14].

Es gibt eine ganze Reihe zur Klasse der nichtlinearen evolutionären Gleichungen [6.26] gehörende Probleme, die mit der inverse scattering method (und gelegentlich zusätzlich auch durch andere Transformationen) gelöst werden können. Eine Gleichung mit Dissipation ist beispielsweises die BURGERS-*Gleichung* (6.3.7), die aus (6.4.10) – (6.4.12) näherungsweise folgt und mit der HOPF-Transformation (6.3.14) in (6.3.15) transformiert wird, aber auch mit der inverse scattering method gelöst werden kann (*dissipatives Soliton*). Ebenso führt $u(x,t) = u(x-ct)$ zu einer Lösung. Auch die KORTEWEG-DE VRIES-Gleichung kann damit gelöst werden, vgl. (6.4.30).

Eine schwache Modulation einer nichtlinearen Welle [4.3] führt zur *nichtlinearen* SCHRÖDINGER-*Gleichung*

$$\frac{i}{c}u_t + u_{xx} + \alpha |u|^2 u = 0, \tag{6.4.47}$$

die durch ein Envelope-Soliton, vgl. Abb. 61, mittels Ansätzen der gleichen Art oder mittels der inverse scattering method gelöst werden kann. c ist die Phasen-

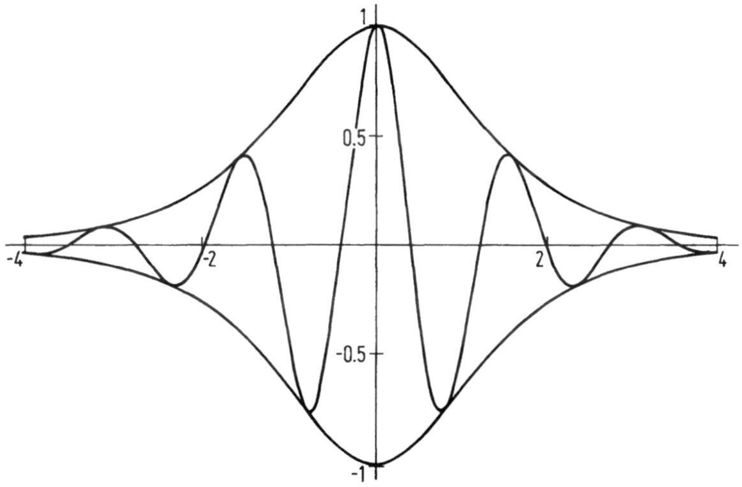

Abb. 61. Envelope-Soliton

geschwindigkeit, beispielsweise von Elektronenschall, und α eine Plasmakonstante. Wir machen den Ansatz $u(x,t) = U(x-ct)\exp(ikx - i\omega t)$ und erhalten durch Einsetzen in (6.4.47) und Abtrennung des Realteils

$$U'' + U(\omega/c - k^2) + \alpha U^3 = 0, \tag{6.4.48}$$

was durch Multiplikation mit U' und zweimalige Integration

$$x - ct + C = \int \frac{\mathrm{d}U}{\sqrt{(k^2 - \omega/c)U^2 - \alpha U^4/2 + \varepsilon}} \tag{6.4.49}$$

ergibt. C und ε sind Integrationskonstante. Das Integral ist ein elliptisches Integral und führt zu einer JACOBI-Funktion. Im Spezialfall $\varepsilon = 0$ erhält man unter Verwendung von

$$\int \frac{\mathrm{d}x}{x\sqrt{1-x^2}} = -\mathrm{arc\ sech}\, x \tag{6.4.50}$$

das Ergebnis

$$U(x-ct) = const \cdot \operatorname{sech}\left[\left(k^2-\omega/c\right)(x-ct)\right], \tag{6.4.51}$$

so daß als reelle Lösung von (6.4.47) für $\varepsilon = 0$

$$u(x,t) = const \cdot \operatorname{sech}\left[\left(k^2-\omega/c\right)(x-ct)\right]\cos(kx-\omega t) \tag{6.4.52}$$

folgt, vgl. Abb. 61.

Die nichtlineare SCHRÖDINGER-Gleichung (6.4.47) besitzt in der Theorie der Wellen und Instabilitäten in der Plasmaphysik eine größere Bedeutung [2.27].

6.5 Ausblick auf graphische und numerische Verfahren

Lösung hyperbolischer nichtlinearer partieller Differentialgleichungen mit graphischen Charakteristikenverfahren, Bruch eines Staudamms, Ansaug- und Kompressionstakt eines Dieselmotors, numerische Verfahren, Stabilitätskriterium von COURANT-FRIEDRICHS-LEWY, LAX-WENDROFF-Verfahren

In manchen Fällen genügen die bisher besprochenen Verfahren nicht, um eine Lösung zu finden. Wir wollen zunächst an zwei Beispielen zeigen, wie man bei einem System von nichtlinearen partiellen Differentialgleichungen erster Ordnung und bei einer nichtlinearen Gleichung zweiter Ordnung Lösungen mittels graphisch-numerischer Verfahren erhalten kann. Wir betrachten den Wasserschwall, der infolge des plötzlichen Bruchs eines Staudamms im anschließenden Kanal entsteht. Der Kanal möge die Breite B haben und sich in der x-Richtung erstrecken. Vor dem Staudamm sei die Wassertiefe $H = 2.2$ m, im Kanal sei die Wassertiefe vor dem Dammbruch $h_0 = 1.2$ m. Die jeweilige Höhe des Wasserspiegels nach dem Bruch des Staudamms sei $h(x)$. Damit ist $\rho_0 Bh(x) = q(x)\rho_0$ die lokale Wassermasse. Für diese Funktion gelten demnach gemäß Abb. 62 die Anfangsbedingung

$$\begin{aligned} &h(x,0) = H = 2.2\text{m}, \quad u(x,0) = 0, \quad 0 \le x \le 5000\text{m}, \quad t = 0 \\ &h(x,0) = h_0 = 1.2\text{ m}, \quad u(x,0) = 0, \quad 5\,000 \le x \le \infty, \quad t = 0. \end{aligned} \tag{6.5.1}$$

Im Augenblick des Dammbruchs zur Zeit $t = 0$ besteht demnach bei $x = 5\,000$ m eine Wasserwand der Höhe $H - h_0 = 1$ m. Da Wasser die konstante Dichte ρ_0 hat, lautet die Kontinuitätsgleichung

$$\frac{\partial}{\partial t}\left(\rho_0 q(x,t)\right) + \frac{\partial}{\partial x}\left(\rho_0 u(x,t)q(x,t)\right) = 0, \quad q_t + u_x q + q_x u = 0, \tag{6.5.2}$$

und die Strömungsgleichung hat die Form

$$\rho_0 u_t + \rho_0 u u_x + p_x = 0. \tag{6.5.3}$$

Die Größe $u(x,t)$ ist die Strömungsgeschwindigkeit und $p(x,t)$ ist der hydrostatische Druck, der durch $p = \rho_0 gq/B$ pro Längeneinheit der Kanal- bzw. Staubeckenbreite gegeben ist. Wir schreiben nun die Gleichung (6.5.3) mit Hilfe der Definition des Drucks um in

$$u_t + uu_x + \frac{g}{B} q_x = 0 \tag{6.5.4}$$

und wenden auf (6.5.2) und (6.5.4) die Formel (3.2.18), Seite 92, an. Man erhält $a_{11} = 1$, $a_{12} = 0$, $a_{21} = 0$, $a_{22} = 1$, $b_{11} = u$, $b_{12} = g/B$, $b_{21} = q$, $b_{22} = u$. Daraus ergibt sich nach (3.2.25), (3.2.27) für die Gleichungen der (reellen) Charakteristiken

$$\begin{aligned} \frac{\mathrm{d}x}{\mathrm{d}t} &= u + \sqrt{\frac{gq}{B}} = u + \sqrt{gh} \quad \text{(nach rechts laufend)}, \\ \frac{\mathrm{d}x}{\mathrm{d}t} &= u - \sqrt{\frac{gq}{B}} = u - \sqrt{gh} \quad \text{(nach links laufend)}, \end{aligned} \tag{6.5.5}$$

und die *Verträglichkeitsbedingungen* (3.2.28), (3.2.29) erhält man in der Form

$$\pm\sqrt{\frac{gq}{B}}\mathrm{d}u + \frac{g}{B}\mathrm{d}q = 0. \tag{6.5.6}$$

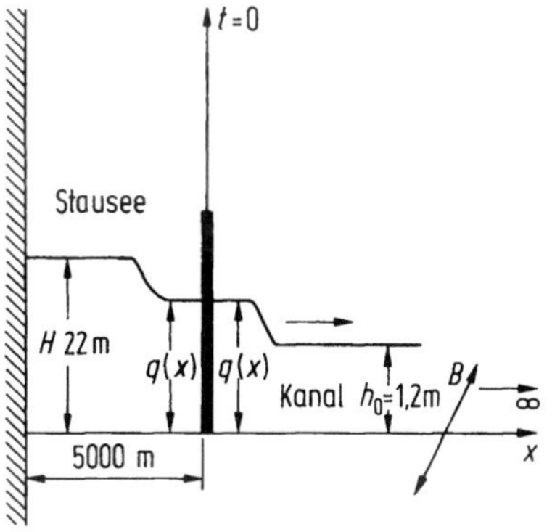

Abb. 62. Der Bruch eines Staudammes

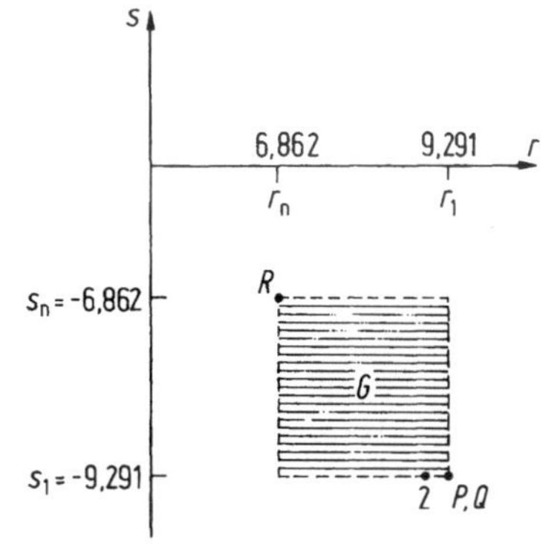

Abb. 63. Die Zustandsebene

Sie geben an, wie sich die Zustandsgrößen u, q längs der Charakteristiken ändern. Da die Ausgangsgleichungen (6.5.2), (6.5.4) quasilinear sind, enthalten die Charakteristiken (6.5.5) die noch unbekannten Funktionen $u(x,t), q(x,t)$, so daß die Gleichungen der Charakteristiken nicht integriert werden können. Wir führen daher zunächst per Definition die neue Variable (Dimension ms^{-1})

$$\mathrm{d}\lambda = \sqrt{\frac{g}{B}}\frac{\mathrm{d}q}{\sqrt{q}}, \quad \lambda(q) = \int_0^q \frac{\mathrm{d}q}{\sqrt{q}}\sqrt{\frac{g}{B}} = \int_0^h \sqrt{g}\frac{\mathrm{d}h}{\sqrt{h}} = 2\sqrt{gh} \tag{6.5.7}$$

ein und verwenden als neue unabhängige Variable die RIEMANN-*Invarianten* (6.3.37)

$$r = u + \lambda \quad s = u - \lambda, \quad u = (r - s)/2, \quad \lambda = (r - 2)/2, \tag{6.5.8}$$

so daß die Verträglichkeitsbedingungen die Form

$$du \pm d\lambda = 0, \quad u \pm \lambda = const = \begin{cases} r \\ s \end{cases} \tag{6.5.9}$$

annehmen. $r = const$ beschreibt die längs der Charakteristik $u + \lambda = r$ nach rechts laufende Elementarwelle. Die Ebene der Variablen r, s nennt man üblicherweise *Zustandsebene*, da der lokale Wasserzustand durch die Strömungsgeschwindigkeit $u(x,t)$ und den Druck $p(x,t) = \rho_0 g q(x,t)/B$ bzw. $\lambda(x,t)$, d.h. durch $r(x,t)$, $s(x,t)$ charakterisiert wird. Neben den Anfangsbedingungen (6.5.1) gilt für unser Problem am Ende des Stausees die Randbedingung

$$u(x = 0, t) = 0, \quad r = -s. \tag{6.5.10}$$

Wir wollen uns nun überlegen, wie die Zustandsebene aussieht. Wir ordnen dem Punkt $P(r_1, s_1)$ auf der Zustandsebene r, s den Punkt $\bar{P}(5000, 0)$ in der *Raum-Zeit-Ebene* (Lageebene) x, t, also den Staudamm im Zeitpunkt des Dammbruches zu, während das Ende des Stausees den Punkten $\bar{Q}(0,t)$ und $Q(r_Q, s_Q)$ zugeordnet wird. Nach (6.5.10) gilt $s_Q = -r_Q$. Eine Elementarwelle, die vom Punkt $P(r_1, s_1)$ nach links zum Punkt Q läuft, überträgt ihren Wert s_1 zu Q, da für eine nach links laufende Welle $s = const$ gilt. Daher gilt $s_Q = s_1$, und Q hat in der Zustandsebene die Koordinaten (r_Q, s_1). Q liegt daher auf der Geraden $s_1 = const$, die $Q(r_Q, s_1)$ mit $P(r_1, s_1)$ verbindet, vgl. Abb. 63. Da in $\bar{P}(5\,000, 0)$ nach (6.5.1) $h(x, 0) = H = 2.2$ m gilt, erhält man $\lambda_1 = 2\sqrt{2.2 \cdot 9.81} = 9.291$ [ms^{-1}]. Da die Anfangsgeschwindigkeit $u_1 = 0$ ist, folgt aus (6.5.8) $r_1 = 9.291$ [ms^{-1}], $s_1 = -9.291$ [ms^{-1}] als Koordinaten für P. Am Staudamm im Punkt $\bar{Q}(0,t)$ gilt dann in der Zustandsebene $Q(-s_1, s_1)$, d.h. P und Q haben dieselben Koordinaten $r_Q = -s_1 = 9.291$, $s_Q = s_1 = -9.291$, in P und Q herrscht zur Zeit $t = 0$ der gleiche physikalische Zustand, das Wasser ist in Ruhe. Wenn zur Zeit $t = 0$ die Wasserfront zusammenbricht und Elementarwellen nach links und nach rechts laufen, die durch r_l, s_l beschrieben werden, so ist ihre Laufgeschwindigkeit durch die Charakteristiken (6.5.5) bestimmt. Für eine kleine Elementarwelle kann man die Differentiale in (6.5.5) durch kleine Differenzen $\Delta x, \Delta t$ ersetzen, so daß die *Richtungsbedingungen*

$$\frac{\Delta x}{\Delta t} = u \pm \frac{\lambda}{2} \tag{6.5.11}$$

zu schreiben sind. Für die erste Welle, die von P startet, kann man für u, λ die Werte von P nehmen, d.h. anfangs nach links laufende Wellen haben die Geschwindigkeit $\Delta x/\Delta t = 0 - 4.646 = -4.646$ [ms^{-1}] und nach rechts laufende $\Delta x/\Delta t = +4.646$. Wassergebiete, die von diesen Wellen getroffen werden, ändern nun ihre u, λ- bzw. r, s-Werte, das Wasser beginnt nach rechts zu strömen. Um zu erfahren, welche Änderungen $\Delta u, \Delta\lambda$ hierbei auftreten, müssen wir den Endzustand kennen und entscheiden, in wieviele – N – Elementarwellen wir den Druckausgleich zwischen $t = 0$ und dem Endzustand graphisch-numerisch zerlegen wollen. Im Endzustand wird offensichtlich das Wasser im Stausee und in einem endlich langen Kanal gleich hoch stehen und zur Ruhe kommen, $u_N = 0$. Da wir angenommen haben, daß der Kanal unendlich lang ist, wird für $0 \leq x \leq \infty$ gelten $u_N = u(x, t \to \infty) = 0$. Der Endzustand möge in der Zustandsebene mit $R(r_N, s_N)$ bezeichnet werden. Aus

Tab. 5. Die Druckwellen (r-Werte bleiben konstant = +9.291)

	vorher				nachher		
Nr	s	λ	u	$\Delta x/\Delta t$	s	λ	u
1	−9.291	+9.291	0	4.646	−9.048	+9.170	+0.122
2	−9.048	+9.170	+0.122	4.707	−8.805	+9.048	+0.243
3	−8.805	+9.048	+0.243	4.767	−8.562	+8.927	+0.365
4	−8.562	+8.927	+0.365	4.829	−8.319	+8.805	+0.486
5	−8.319	+8.805	+0.486	4.889	−8.076	+8.684	+0.608
6	−8.076	+8.684	+0.608	4.950	−7.833	+8.562	+0.729
7	−7.833	+8.562	+0.729	5.010	−7.590	+8.441	+0.851
8	−7.590	+8.441	+0.851	5.072	−7.347	+8.319	+0.936
9	−7.347	+8.319	+0.936	5.096	−7.104	+8.198	+1.094
10	−7.104	+8.198	+1.094	5.193	−6.862	+8.077	+1.215
11	−6.862	+8.007	+1.215	5.254	[−6.619	+7.955	+1.336]

$q(x, t \to \infty) = h_0 = 1.2$ m folgt $\lambda_N = 2\sqrt{1.2 \cdot 9.81} = 6.862$, und aus (6.5.8) erhält man mit $u_x = 0$ die Werte $r_N = 6.862$, $s_N = -6.862$ für den Endzustand, vgl. Abb. 63. Entschließt man sich, den Drucksprung von $p_1 = \rho_0 g q(x, 0) = \rho_0 g B h(x, 0) = \rho_0 B \lambda_1^2/4 = \rho B r_1^2/4$ auf den Enddruck $p_N = B r_N^2/4$, also die Änderung von λ_1 auf λ_N bzw. r_1 auf r_N etc. in $N = 10$ Druckstufen aufzuteilen, so führt jede der 10 Elementarwellen eine Änderung von $\Delta r = (9.921 - 6.862)/10 = 0.243 = |\Delta s|$ herbei. Das entspricht einer Änderung von 9.291 um 0.243 : 9.291 ≈ 2.6%. Wir wollen nun diese Änderungen in der Lageebene Abb. 64. verfolgen. Im Augenblick des Damm-

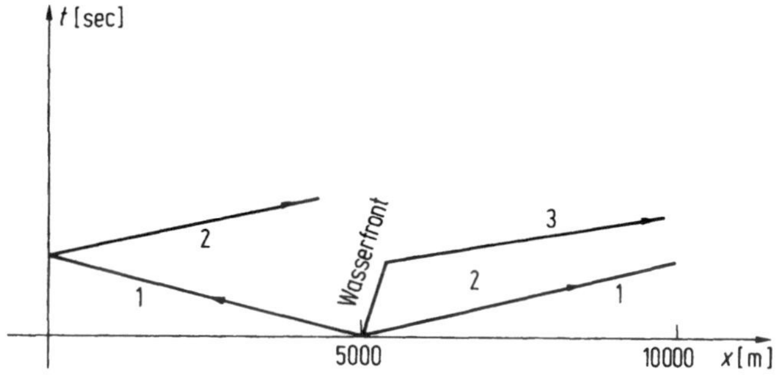

Abb. 64. Raum-Zeit-Ebene (nicht maßstabsgerecht)

bruchs $t = 0$ beginnt vom Damm $x = 5\,000$, $u = 0$, $\lambda = 9.291$, vgl. Punkt P in Abb. 63, eine den Druck steigernde Elementarwelle nach rechts und eine den Druck absenkende Welle nach links zu laufen. Da die Geschwindigkeit $\Delta x/\Delta t = \pm 4.646$ ist, können die *Weltlinien* $t(x)$ der Druckwellen, die von $P(x) = 5\,000$ ausgehen, eingezeichnet werden, vgl. Abb. 64. (nicht ganz maßstabsgerecht). Die erste Elementarwelle ($s_1 = -9.291 = const$, $r_1 = +9.291$), die mit $\Delta x/\Delta t = -4.646$ nach links läuft, erzeugt nach sich ein $\Delta r = -0.243$, so daß nach ihr gemäß (6.5.8) im Gebiet 2 in Abb. 64 der Zustand $s_2 = -9,291$, $r_2 = 9.048$, $u_2 = -0.122$ [ms^{-1}], $\lambda_2 = 9.169$ entsteht. (Punkt 2 der Zustandsebene Abb. 63). Die bei $x = 0$ am Ende des Stausees reflektierte "Verdünnungswelle" läuft dann nach (6.5.11) mit der neuen Geschwindigkeit +4.463 nach rechts ins Gebiet 2 zurück. Da das Hinlaufen nach links wegen der Länge der Strecke von 5 000 m zunächst $\Delta t = 5\,000 : 4.646 = 1\,076$ s benötigt und das Zurücklaufen nach rechts wegen der Änderung der Wellengeschwindigkeit auf 4.463 nun schon länger, nämlich 1 120 s, benötigt, kommt die erste Verdünnungswelle erst nach 2 196 s wieder beim Punkt $\bar{P}$ an. Die ab $\bar{P}$ schon zur Zeit $t = 0$ nach rechts startende erste "Verdichtungswelle" ($s_1 = -9.291$, $r_1 = +9.291 = const$) mit der Laufgeschwindigkeit +4.646 [ms^{-1}] erzeugt nach sich im Gebiet 2 ein $\Delta s = +0.243$, so daß nach ihr in Abb. 64 der Zustand $s_2 = -9.048$, $r_2 = +9.291$, $u_2 = +0.122$, $\lambda_2 = 9.169$ entsteht, siehe Punkt 3 in Abb. 63. Ist der Kanal nach rechts unendlich lang, wird diese Welle nicht reflektiert. Innerhalb der Zeit Δt wird das Wasser nach rechts von $u_1 = 0$ auf $u_2 = +0.122$ [ms^{-1}], also um $\Delta u = 0.122$ [ms^{-1}] beschleunigt. Die vom Wasser erreichte Höchstgeschwindigkeit u_m im Kanal ist nach Abb. 63 und (6.5.8) $u_m = (r_m + s_m)/2 = (9.291 - 6.862)/2 = 1.214$ [ms^{-1}]. Diese wird nach Tab. 5 in 10 Schritten erreicht.

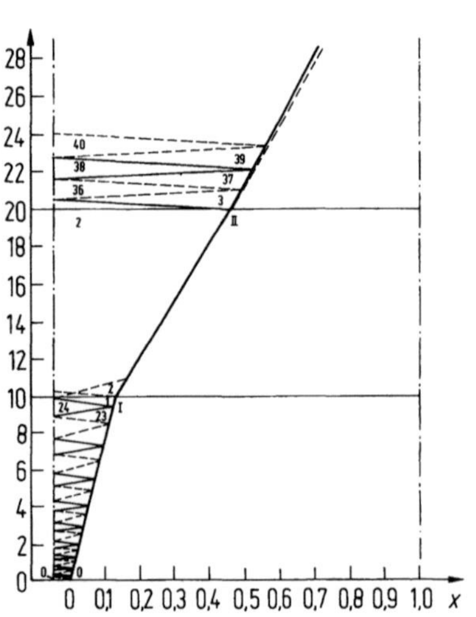

Abb. 65. Ansaugtakt

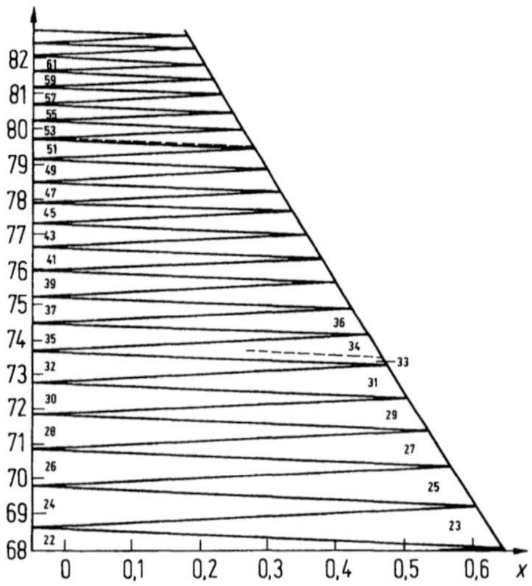

Abb. 66. Kompressionstakt

Verfeinerungen, wie die Berechnung der Wellengeschwindigkeit aus den Zuständen vor und nach der Welle oder der Einfluß der von links kommenden Wellen (Kreuzung von Wellen), wurden hier nicht erfaßt. Wie man aus der Spalte u von Tab. 5 ersieht, werden die Druckwellen immer schneller und holen daher einander ein, so daß es zum Aufsteilen der Wasserfront, dem Wassersprung, kommt. Die nach links laufenden Verdünnungswellen divergieren, die nach rechts laufenden

Verdichtungswellen konvergieren. Die Bewegung der Wasserfront $u(x,t)$, die in Abb. 64 ebenfalls eingezeichnet ist, kann aus Tab. 5 entnommen werden. Die zu einem bestimmten u gehörenden Koordinaten x, t muß man nach Wahl von Δx (oder Δt) aus der Abb. 64 bestimmen.

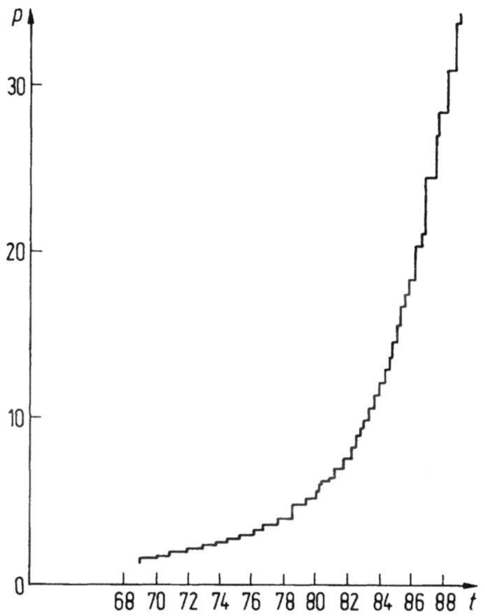

Abb. 67. Druck im Kompressionstakt

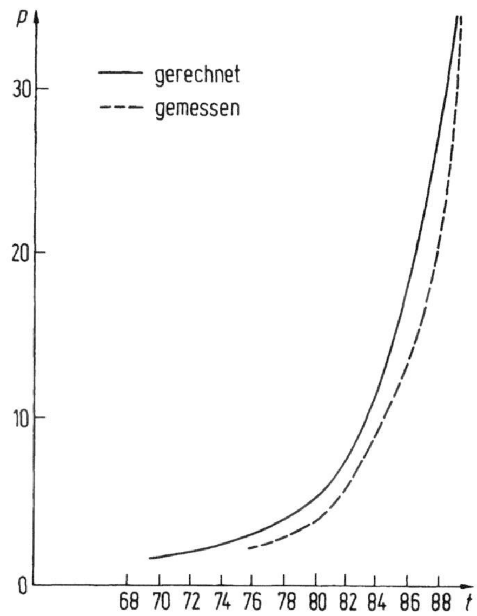

Abb. 68. Gemessener Druck

Mit derartigen graphisch-numerischen Verfahren kann man beispielsweise auch den Ansaug-, Kompressions- und Auspufftakt eines Explosionsmotors, etwa des Dieselmotors JW 15, anhand von (6.4.7) berechnen. Die Ergebnisse werden in den Abbildungen 65 – 68 dargestellt [6.27].

Auch den Explosionstakt oder das Hauptproblem der Innenballistik kann man mit derartigen graphisch-numerischen Methoden lösen, wenn man von erweiterten Gleichungen wie (3.2.20) statt (1.4.7), (3.2.22) und einem Verbrennungsgesetz und einem Energiesatz ausgeht. Auch zweidimensionale stationäre Probleme der Gasdynamik, die durch (3.2.47), (6.3.63) beschrieben werden, können mit diesen Charakteristikenmethoden gelöst werden [3.6, 3.7, 4.3, 3.9, 6.8].

Hauptzweck dieses Buches ist es, zu zeigen, welche nicht rein numerischen Methoden zur Lösung klassischer, nichtklassischer und nichtlinearer Randwertprobleme heute zur Verfügung stehen, und dem Leser durch zahlreiche Literaturangaben zu helfen, die für sein Problem geeignete Methode zu finden. Es würde aber den Rahmen des Buches sprengen, nun noch ausführlich über rein numerische Methoden zu berichten. Außerdem steht über Numerik zahlreiche von kompetenteren Autoren verfaßte Literatur [26, 6.28, 6.35 – 6.45] zur Verfügung. Es sollen daher nur einige wenige Methoden und Begriffe sozusagen als erster Wegweiser kurz erwähnt werden. Differentialgleichungen werden durch Diskretisierung [23, 26], d.h. durch Ersatz der Differentiale durch sehr kleine Differenzen, für die numerische Integration vorbereitet. Für gewöhnliche Differentialgleichungen stehen beispielsweise die Integrationsmethode von EULER, von RUNGE-KUTTA [1, 2, 20, 6.35] und viele andere Verfahren [26, 6.35], auch für sogenannte *steife Differentialgleichungen* [6.35, 6], zur Verfügung. Für Eigenwert- und Randwertprobleme stehen u.a. *Schießverfahren* zur Verfügung [6, 6.29, 6.30], bei denen die Anfangsbedingungen bei der numerischen Integration so lange variiert werden, bis man mit der Lösungskurve genau in den gewünschten zweiten Randpunkt trifft. Es gibt *implizite* Differenzenverfahren und *explizite* Verfahren [3.12, 26, 6.35] der Wahl der Diskretisierung, die sich durch verschiedenes Verhalten bezüglich Rechenzeit und Stabilität der Lösung unterscheiden. Ein wichtiges Kriterium für die Stabilität von Lösungen ist das Kriterium von COURANT-FRIEDRICHS-LEWY [3.12, 6.38]. Bei partiellen Differentialgleichungen ist auch das Verfahren der *numerischen Viskosität* von LAX-WENDROFF [6.38] zur Verbesserung des Stabilitätsverhaltens von praktischer Bedeutung. Weichen die Ränder sehr von Koordinatenlinien ab, so werden Verfahren für *freie Ränder* [6.3] sowie die Methoden der *finiten Elemente* mit *Spline-Interpolation* [6.30, 6.32 – 6.34] oder *Randelementverfahren* [4.64, 6.31, 6.32] herangezogen.

Literatur

Allgemeine Literatur

[1] Braun, M., Differentialgleichungen und ihre Anwendungen, Springer, Berlin, 1979

[2] Heuser, H., Gewöhnliche Differentialgleichungen, Teubner, Stuttgart, 1989

[3] Hort, W., Thoma, A., Die Differentialgleichungen der Technik und Physik, Barth, Leipzig, 1944

[4] Gröbner, W., Lesky, P., Mathematische Methoden der Physik, Bibliographisches Institut, Mannheim, 1965, 2 Bände

[5] Bender, C., Orszag, S., Advanced Mathematical Methods for Scientists and Engineers, McGraw Hill, New York, 1978

[6] Luther, W., Niederdrenk, K., Reutter, F., Yserentant, H., Gewöhnliche Differentialgleichungen, Vieweg, Braunschweig, 1987

[7] Morse, P., Feshbach, H., Methods of Theoretical Physics, McGraw Hill, New York, 1953 (2 Bände)

[8] Integraltafeln wie z.B. Gröbner, W., Hofreiter, N ., Springer, Wien, 1949 oder Gradshteyn, I., Ryzhik, I., Table of Integrals, Series and Products, Academic Press, New York, 1965 oder Korn, G., Korn, T., Mathematical Handbook for Scientists and Engineers, McGraw Hill, New York, 1968

[9] Gröbner, W., Differentialgleichungen, Bibliographisches Institut Mannheim, 1977 (2 Bände)

[10] Kamke, E., Differentialgleichungen, Akademische Verlagsgesellschaft, Leipzig, 1942 (2 Bände)

[11] Bieberbach, L., Differentialgleichungen, Springer, Berlin, oder Dover, New York, 1944

[12] Vekua, I., New Methods for Solving Elliptic Equations, North Holland, Amsterdam, 1967

[13] Ince, E., Ordinary differential equations, Dover, New York, 1959, oder Die Integration gewöhnlicher Differentialgleichungen, Bibliographisches Institut, Mannheim, 1956

[14] Forsyth, A., Theory of differential equations, Dover, New York, 1959

[15] Ayres, F., Differential Equations, Schaum, New York, 1952

[16] Abramowitz, M., Stegun, I., Handbook of Mathematical Functions, Dover, New York, 1972

[17] Spanier, J., Oldham, K., An Atlas of Functions, Springer, Berlin, 1987

[18] Magnus, W., Oberhettinger, F., Formeln und Sätze für die speziellen Funktionen der mathematischen Physik, Springer, Berlin, 1948

[19] Courant, R., Hilbert, D., Methoden der mathematischen Physik, Springer, Berlin, (2 Bände)
[20] Kneschke, A., Differentialgleichungen und Randwertprobleme, VEB Verlag Technik, Berlin, 1960 (3 Bände)
[21] Mathews, J., Walker, R., Mathematical Methods of Physics, Benjamin, New York, 1965
[22] Sauter, F., Differentialgleichungen der Physik, Sammlung Göschen Nr 1070, de Gruyter, Berlin, 1942
[23] Schwank, F., Randwertprobleme, Teubner, Leipzig, 1951
[24] Sommerfeld, A., Partial Differential Equations in Physics, Academic Press, New York, 1949 ff oder deutsche Ausgabe bei Akademische Verlagsgesellschaft, Leipzig, z.B. 1964
[25] Lebedev, N., et al, Problems in Mathematical Physics, Pergamon Press, Oxford, 1966
[26] Collatz, L., The numerical treatment of differential equations, Springer, Berlin, 1966
[27] Boyce, W., DiPrima, R., Elementary Differential Equations and Boundary Value Problems, Wiley, New York, 1986
[28] Kondrat'ev, V., Oleinik, O., Boundary-value problems for partial differential equations in non-smooth domains, Uspekhi Mat. Nauk - **B8** Nr 2 (1983) - Russian Math. Survey **38** Nr 2 (1983) 1 – 86

Literatur zu Kapitel 1

[1.1] Keisch, B., Dating Works of Art Through Their Natural Radioactivity, Science **160**, 413 – 416 (1968), nach [1]
[1.2] Rohracher, H., Einführung in die Psychologie, Urban und Schwarzenberg, Wien, 1948; Förster, Quantentheorie des Gedächtnisses, Deuticke
[1.3] Gröbner, nach [4], Band **2**, Seite 57
[1.4] Ackermann, E., et al, Blood glucose regulation and diabetes, in Heinmets, F., Concepts and Models of Biomathematics, Verlag M. Dekker, 1969, Seiten 131 – 156 (nach [1])
[1.5] nach [2], Seiten 451, 497, 559, 561, 565
[1.6] Richardson, L., Generalized foreign politics, The British Journal of Psychology, **23** (1939)
[1.7] nach [1], Seiten 500 – 511
[1.8] Hutchinson, G. E., an Introduction to Population Ecology, New Haven – London, 1978, Seite 117, nach [2]
[1.9] Sexl, R., Urbantke, H., Relativität, Gruppen, Teilchen, Springer, Berlin, 1976, Seite 261
[1.10] Prokop, O., Wimmer, W., Wünschelrute, Erdstrahlen, Radiästhesie, Enke, Stuttgart, 1985

Literatur zu Kapitel 2

[2.1] Arfken, G., Mathematical Methods for Physicists, Academic Press, New York, 1970

[2.2] Spiegel, M., Complex Variables, Conformal Mapping, Schaum, New York, 1964

[2.3] Moon, P., Spencer, D., Field Theory Handbook, Springer, Berlin, 1971

[2.4] Jahnke, E., Emde, F., Funktionentafeln, Teubner, Leipzig, 1938

[2.5] Beckmann, P., Orthogonal Polynomials for Engineers and Physicists, Golem Press, Boulder, Colorado, 1973

[2.6] Tricomi, F., Vorlesungen über Orthogonalreihen, Springer, Berlin, 1970

[2.7] Weyrich, R., Die Zylinderfunktionen und ihre Anwendungen, Teubner, Leipzig, 1937

[2.8] Watson, G., A treatise on the theory of Besselfunctions, Cambridge University Press, Cambridge, 1958

[2.9] Schmidt, G., Parametererregte Schwingungen, VEB Deutscher Verlag der Wissenschaften, Berlin, 1975

[2.10] Schmidt, G., Tondl, A., Non-Linear Vibrations, Akademie-Verlag, Berlin, 1986

[2.11] Weizel, W., Lehrbuch der theoretischen Physik, Springer, Berlin, 1955

[2.12] Kauderer, H., Nichtlineare Mechanik, Springer, Berlin, 1958

[2.13] Forbat, N., Analytische Mechanik der Schwingungen, VEB Deutscher Verlag der Wissenschaften, Berlin, 1966

[2.14] Ames, W., Nonlinear Ordinary Differential Equations in Transport Processes, Academic Press, New York, 1968

[2.15] Minorsky, N., Nonlinear Oscillations, D. van Nostrand, Princeton, 1962

[2.16] Cap, F., Handbook on Plasma Instabilities, Vol. **1**, Academic Press, New York, 1976, Seite 39 u.a.

[2.17] Cap, F., Lashinsky, H., On an Equation Related to Nonlinear Saturation of Convection Phenomena, Nonlinear Vibration Problems, **14** (1974), 519 – 528

[2.18] La Salle, J., Lefschetz, S., Die Stabilitätstheorie von Ljapunow, Bibliographisches Institut, Mannheim, 1967

[2.19] Cesari, L., Asymptotic behavior and stability problems in ordinary differential equations, Springer, Berlin, 1963

[2.20] Myškis, A., Advanced Mathematics for Engineers, Mir Publisher, Moskau, 1975

[2.21] Sommerfeld, A., Vorlesungen über Theoretische Physik, Band **1**, Mechanik, Akademische Verlagsgesellschaft, Leipzig, 1944

[2.22] Milne-Thomson, L., Jacobian elliptic function tables, Dover, New York, 1956

[2.23] Chevally, C., The Theory of Lie Groups, Princeton University Press, Princeton, New Jersey, 1946

[2.24] Eisenhart, L., Continuous Groups of Transformations, Dover, New York, 1961

[2.25] Cap, F., Averaging Method for the Solution of Nonlinear Differential Equations with Periodic Non-harmonic Solutions, Int. J. Non-linear Mechanics, **9**, (1974), 441 - 450

[2.26] Cap, F., Langevin equation of motion for electrons in a non-homogeneous plasma, Nuclear Fusion **12**, (1972), 125 - 126

[2.27] Cap, F., Handbook on Plasma Instabilities, Vol **2**, Seite 754, Vol **3**, Seite 1014, Academic Press, New York, 1978

[2.28] McLachlan, N., Theory and application of Mathieu functions, Clarendon Press, Oxford, 1947

[2.29] Meixner, J., Schäfke, F., Mathieusche Funktionen und Sphäroidfunktionen, Springer, Berlin, 1954

[2.30] Jaworsky, B., Detlaf, A., Cap, F., Physik Griffbereit, Vieweg, Braunschweig, 1972

[2.31] Gröbner, W., Knapp, H., Contributions to the Method of Lie Series, Bibliographisches Institut, Mannheim, 1967

[2.32] Gröbner, W., Lesky, P., Mathematische Methoden der Physik, Bibliographisches Institut, Mannheim, 1964 (2 Bände)

[2.33] Gröbner, W., Die Lie-Reihen und ihre Anwendungen, VEB Deutscher Verlag der Wissenschaften, Berlin, 1960

[2.34] Bellmann, R., Kalaba, R., Quasilinearization of Nonlinear Boundary Value Problems, Elsevier, New York, 1965

[2.35] Davidson, R., Methods in Nonlinear Plasma Theory, Academic Press, New York, 1972

[2.36] Knapp, H., Ergebnisse einer Untersuchung über den Wert der LIE-Reihen-Theorie für numerische Rechnungen in der Himmelsmechanik, ZAMM **42**, (1962) T25-T27

[2.37] Gröbner, W., Cap, F., Perturbation Theory of Celestial Mechanics Using Lie Series, Proceedings 11th International Astronautical Congress, Stockholm, 1960

Literatur zu Kapitel 3

[3.1] Bronstein, I., Semendjajew, K., Taschenbuch der Mathematik, Deutsch, Frankfurt 1985

[3.2] Wygodski, M., Cap, F., Tinhofer, G., Höhere Mathematik Griffbereit, Vieweg, Braunschweig, 1973

[3.3] Smirnow, W., Lehrgang der höheren Mathematik, VEB Deutscher Verlag der Wissenschaften, Berlin, 1962

[3.4] Hellwig, G., Partielle Differentialgleichungen, Teubner, Stuttgart, 1960

[3.5] Sauer, R., Anfangswertprobleme bei partiellen Differentialgleichungen, Springer, Berlin, 1965

[3.6] Sauer, R., Theoretische Einführung in die Gasdynamik, Springer, Berlin, 1943

[3.7] Oswatitsch, K., Gasdynamik, Springer, Wien, 1952

[3.8] Tricomi, F., Repertorium der Theorie der Differentialgleichungen, Springer, Berlin, 1968

[3.9] Schneider, W., Mathematische Methoden der Strömungsmechanik, Vieweg, Braunschweig, 1978

[3.10] Teichmann, H., Physikalische Anwendungen der Vektor- und Tensorrechnung, Bibliographisches Institut, Mannheim, 1964

[3.11] Klingbeil, E., Tensorrechnung für Ingenieure, ibidem, 1967

[3.12] Ames, W., Nonlinear partial differential equations in engineering, Academic Press, New York, 1965

[3.13] Still, G., Defektminimierungsmethoden zur Lösung elliptischer Rand- und Eigenwertaufgaben. Spezielle Klassen von Ansatzfunktionen und ihre Approximationseigenschaften, Habilitationsschrift, Trier, 1989

[3.14] Holbrook, J., LAPLACE-Transformation, Vieweg, Braunschweig, 1973

[3.15] Doetsch, G., Anleitung zum praktischen Gebrauch der LAPLACE-Transformation, Oldenbourg, München, 1956

[3.16] Titchmarsh, E., Introduction to the Theory of Fourier Integrals, Oxford University Press, Oxford, 1937

[3.17] Oberhettinger, F., Tabellen zur Fourier Transformation, Springer, Berlin, 1957

[3.18] Erdélyi, A., et al, Tables of integral transforms, McGraw Hill, New York, 1952

[3.19] Hansen, A., Similarity Analyses, Prentice Hall, 1964

[3.20] Birkhoff, G., Hydrodynamics, Princeton University Press, 1960

[3.21] Bridgman, G., Dimensional Analysis, Yale University Press, 1931

[3.22] Cap, F., et al, Anwendung von Ähnlichkeitstransformationen auf magnetogasdynamische Kanalströmungen unter Berücksichtigung von Viskosität und Wärmeleitfähigkeit, Elektrotechnik und Maschinenbau **86**, Nr 11 (1969), 512 - 516

[3.23] Chapman, S., Cowling, T., The Mathematical Theory of Non-Uniform Gases, Cambridge University Press, Cambridge, 1964

[3.24] Weston, V., Toroidal Wave Functions, Quart. Appl. Mathem. **16** (1958), 237 - 257

Literatur zu Kapitel 4

[4.1] Still, G., Computable Bounds for Eigenvalues and Eigenfunctions of Elliptic Differential Operators, Numer. Math. **54**, 201 - 223 (1988)

[4.2] Dauge, M., Elliptic Boundary Value Problems on Corner Domains, Springer Lecture Notes in Mathematics, 1341

[4.3] Shivamoggi, B., Theoretical fluid dynamics, M. Nijhoff, Dordrecht, 1985
[4.4] Müller, W., Mathematische Strömungslehre, Springer, Berlin, 1928
[4.5] Kaufmann, W., Technische Hydro- und Aeromechanik, Springer, Berlin, 1963
[4.6] Kuntzmann, J., Komplexe Veränderliche, Vieweg, Braunschweig, 1970
[4.7] Smirnov, M., Aufgaben zu den partiellen Differentialgleichungen der mathematischen Physik, Deutscher Verlag der Wissenschaften, Berlin, 1955
[4.8] Jackson, J., Classical Electrodynamics, J. Wiley, New York, 1962, deutschsprachige Ausgabe: Klassische Elektrodynamik, De Gruyter, Berlin, 1982, 2. Auflage
[4.9] Sommerfeld, A., Vorlesungen über Theoretische Physik, Akademische Verlagsgesellschaft Leipzig, 1962 oder (in englischer Sprache) Academic Press, New York, 1961, Band 6 (deutsch) oder Band 1, "Partial Differential Equations in Physics", vgl. [24]
[4.10] Eder, G., Elektrodynamik, Bibliographisches Institut, Mannheim, 1967
[4.11] Panofsky, W., Phillips, M., Classical Electricity and Magnetism, Addison Wesley, Reading, Mass., 1962
[4.12] Behne, J., Muschik, W., Päsler, M., Theorie der Elektrizität, Vieweg, Braunschweig, 1971
[4.13] Lautz, G., Elektromagnetische Felder, B. Teubner, Stuttgart, 1969
[4.14] Prochazka, W., Bensch, F., Geometriefaktoren in der Feldphysik, Theoretische und maßtechnische Berücksichtigung endlicher Anordnungen, Springer, Wien, 1977
[4.15] Schaefer, C., Päsler, M., Einführung in die Theoretische Physik, De Gruyter, Berlin, 1962, 6. Auflage
[4.16] Carrier, G., On the non-linear vibration problem of the elastic spring, Quart. Appl. Math. **3**, 157 (1954)
[4.17] Courant, R., Ein allgemeiner Satz zur Theorie der Eigenfunktionen selbstadjungierter Differentialausdrücke, Nachr. Ges. Göttingen (math.-phys. Klasse), Sitzung vom 13.7.1923
[4.18] Cap, F., Oscillations of Membranes of Nearly Arbitrary Form, Acta Physica Austriaca **54**, 69 – 74 (1982)
[4.19] Faber, G., Beweis, daß unter allen homogenen Membranen von gleicher Fläche und gleicher Spannung die kreisförmige den tiefsten Ton gibt. Sitzungsbericht math. phys. Klasse, Bayer. Akad. d. Wiss., Sitzung vom 7.7.1923
[4.20] Landau, L., Lifschitz, E., Elastizitätstheorie, Akademie Verlag, Berlin, 1966
[4.21] Pogorelow, A., Theorie der Schalen, Girkmann, S., Theorie der Platten und Schalen, Springer, nach [4.20]]
[4.22] Flügge, W., Viscoelasticity, Springer, Berlin, 1975
[4.23] Carslaw, H., Jaeger, J., Conduction of Heat in Solids, Oxford, Clarendon Press, 1959

[4.24] Honig, W., Toroidal Electromagnetism, Laplace-Equation Solutions, PhD Thesis, University of Western Australia, 1978, University Microfilms International, Ann Arbor, Michigan, USA oder London; siehe aber auch Dyson, F., Phil. Trans. Roy. Soc. **184**, 1893, 63 - 66, oder Prandtl, L., Tietjens, O., Fundamentals of Hydro- and Aeromechanics, Dover, 1934, p 213
[4.25] Cap, F., Physik und Technik der Atomreaktoren, Springer, Wien, 1957
[4.26] Cap, F., Thermische Speicherung elektrischer Energie ? Österr. Z. f. Elektrizitätswirtschaft, ÖZE (Springer, Wien) **44** Nr 9, (1991), A166 - A168 und Thermische Energiespeicherung, ibidem **45**, Nr 1 (1992), A11 - A13, Grigull, U., Sanders, H., Wärmeleitung, Springer, Berlin, 1990
[4.27] Taylor, G., Analysis of the swimming of microscopic organisms, Proc. Roy. Soc. A. **209**, (1951), 447 -460
[4.28] Cap, F., Einführung in die Plasmaphysik, Vieweg, Braunschweig, 1972 (3 Bände) oder [2.16, 2.27]
[4.29] Cap, F., Deutsch, R., Toroidal Resonators for Electromagnetic Waves, IEEE Trans. Microwave Theory Tech. MTT-**26**, Nr 7 (1978), 478 - 486
[4.30] Still, G., Developments of solutions of some special elliptic equations at a corner, Memorandum Nr 996 University of Twente, Enschede, ISSN0169-2690, September 1991
[4.31] Ortner, N., Die Fundamentallösung des Timoshenko- und des Boussinesq-Operators, ZAMM **68** Nr 11 (1988), 547 - 553
[4.32] Courant, R., Hilbert, D., Methoden der Mathematischen Physik II, Springer, Berlin, 1968, 2. Auflage, Seite 272, vgl. [19]
[4.33] Meetz, K., Engl, W., Elektromagnetische Felder. Mathematische und physikalische Grundlagen. Anwendungen in Physik und Technik, Springer, Berlin, 1980
[4.34] Stratton, J., Electromagnetic Theory, McGraw Hill, New York, 1941
[4.35] Mitter, H., Elektrodynamik, Bibliographisches Institut, Mannheim, 1980
[4.36] Cap, F., Toroidal Resonators and Waveguides of Arbitraty Cross Section, IEEE Trans. Microwave Theory Tech. MTT-**29**, Nr 10 (1981), 1053 - 1059
[4.37] Borgnis, F., Papas, C., Randwertprobleme des Mikrowellenphysik, Springer, Berlin, 1955
[4.38] Franz, W., Theorie der Beugung elektromagnetischer Wellen, Springer, Berlin, 1957
[4.39] Zuhrt, F., Elektromagnetische Strahlungsfelder, Springer, Berlin, 1953
[4.40] Wallaschek, J., Erzwungene Schwingungen freier Rechteckplatten, ZAMM **44**, Nr 4 (1986), T 103 - T 104
[4.41] Arkadiew, W., 1913 nach Sommerfeld, A., Optik Band **4** der Vorlesungen über theoretische Physik, Akademische Verlagsgesellschaft, Leipzig, 1964, 3. Auflage, Seite 192
[4.42] Cap, F., Ist der EMP eine elektromagnetische Stoßwelle? Elektrotechnik und Maschinenbau, EuM **101**, Nr 7 (1984), 332 - 336
[4.43] Brekhovskikh, L., Waves in Layered Media, Academic Press, New York, 1980

[4.44] Mayer, H., Physik dünner Schichten, wissenschaftl. Verlagsanstalt, Stuttgart, 1960

[4.45] Carslaw, H., The Cooling of a Solid Sphere with a Concentric Core of a Different Material, Proc. Cambr. Phil. Soc. **20** (1921), 399 – 410

[4.46] Cap, F., On the Causal Interpretation of Quantum Theories, Nr 3 Suppl. Nuovo Cimento Ser X, **3** (1956), 418 – 432

[4.47] Bauer, H., Grundlagen der Atomphysik, Springer, Wien, 1951 oder ein Lehrbuch der Quantentheorie

[4.48] Herczeg, D., Petrovič, N., Numerische Modelle höherer Ordnung für gestörte Randwertaufgaben, ZAMM **68** Nr 5 (1988), T489 – T491

[4.49] Munk, W., Carrier, G., Tellus **2**, (1950), 158; Lighthill, M., Phil. Mag. [7] **40**, (1949), 1179; Lagerstrom, P., Cole, J., Rational Mech. Annal., **4** (1958), 817; Oseen, C., Arkiv. Mat. Astron. Fys. **6** Nr 29 (1910), alle nach [3.12]

[4.50] Surla, K., A Uniformly Convergent Spline Difference Scheme for a Singular Perturbation Problem, ZAMM **66**, Nr 5(1986), T 328 – T 329

[4.51] Funk, P., Variationsrechnung und ihre Anwendung in Physik und Technik, Springer, Berlin, 1970

[4.52] Wallnöfer, M., Anwendung der Methode von Ritz auf $\Delta u = 0$ in einem zweifach zusammenhängenden Gebiet, Lehramtsdiplomarbeit 1964, Universität Innsbruck, Mathematisches Institut der Naturwissenschaftlichen Fakultät

[4.53] Cap, F., Röver, W., Lichtwege in inhomogenen, absorbierenden, isotropen Medien, Acta Phys. Austr. **8**, Nr 4 (1954), 346 – 355

[4.54] Oden, J., Reddy, J., Variational Methods in Theoretical Mechanics, Springer, Berlin, 1983

[4.55] Flügge, S., Lehrbuch der theoretischen Physik, Band **4**, Quantentheorie I, Springer, Berlin, 1964

[4.56] Cap, F., Über einige Methoden zur Berechnung des Wirkungsquerschnittes der elastischen Nukleon-Nukleon-Streuung, Fortschr. d. Physik, **3**, Nr 8 (1955), 371 – 374

[4.57] Fermi, E., Nuclear Physics, University of Chicago Press, 1950 oder Cap, F., Consequences of a Non-Linear Pseudoscalar Meson Theory of Nuclear Forces, Nr 2 Suppl. Nuovo Cim. X, 807 – 812 (1956)

[4.58] Martschenko, V., Doklady Akad. Nauk USSR, **104** (1955), 695

[4.59] Agranovitsch, Z., Martschenko, V., The inverse problem of scattering theory, Gordon and Breach, New York, 1974

[4.60] Cross, R., An Introduction to Alfvén Waves, Adam Hilger, Bristol, 1988

[4.61] Brillouin, L., Die Quantenstatistik, Springer, Berlin, 1931

[4.62] Busch, G., Schade, H., Lectures in Solid State Physics, Pergamon, Oxford, 1976

[4.63] Pinsky, M., The Eigenvalues of an equilateral triangle, SIAM J. Math. Anal. **11**, Nr 5(1980), 819 – 827

[4.64] Brebbia, C., Telles, J., Wrobel, L,. Boundary Element Techniques, Springer, Berlin, 1984

Literatur zu Kapitel 5

[5.1] Cap, F., Homogenes Randwertproblem von $\Delta u = 0$, ZAMM, im Druck

[5.2] Knight, R., The Potential of a Sphere Inside an Infinite Circular Cylinder, Quart. J., Math. Oxford **7** (1936), 127 - 133

[5.3] Cooke, J., On Potential Problems Involving Spheroids inside a Cylinder, ZAMM **42** (1962), 305 - 316

[5.4] Rietsch, E., Neutronenfluß in einem zylindrischen Reaktor mit schiefen Kontrollstäben, Dissertation Innsbruck 1966

[5.5] Davison, B., Sykes, J., Neutron Transport Theory, Clarendon Press, Oxford, 1957

[5.6] Cap, F., Boundary Value Problems of Unseparable Linear Partial Differential Equations, ZAMM **66** (1986), Nr 6, 248 - 250

[5.7] Cap, F., Boundary Point Methods for Arbitrary Shapes of Boundaries, Proc. GAMM-Tagung, Wien, 5. - 7. April 1988

[5.8] Cap, F., Toroidal Boundary Problems in Plasma Physics, ZAMM **67** (1987), Nr 1, 58 - 60

[5.9] Cap, F., Oscillations of Plates with Arbitrary Boundary, ZAMM **68** (1988), Nr 6, 247 - 248

[5.10] Reichel, F., On the Computation of Eigenvalues of the LAPLACIAN by the Boundary Collocation Method, Approximaition Theory, **5**, 539

[5.11] Cap, F., Collocation Method to Solve Boundary Value Problems for Arbitrary Boundaries, Proceed. 13th IMACS World Congress on Computational and Applied Mathematics, Dublin, 22 - 26.7.1991, Vol **1**, p 229

[5.12] Cap, F., Eine neue analytische Methode zur Lösung von Randwertproblemen der Neutronendiffusion bei Rändern, die nicht mit Koordinatenflächen übereinstimmen, Atomkernenergie-Atomwirtschaft **44** (1984) Nr 4, 273 - 274

[5.13] Cap, F., Exact analytical force-free threedimensional toroidal equilibria for arbitrary cross section, Proceed. 10th Europ. Conf. Contr. Fusion Plasma Physics Moskau, 14. - 19. September 1981, Bericht B4

[5.14] Cap, F., Two-dimensional toroidal MHD equilibria of arbitrary cross-section, J. Plasma Physics **29**, Nr 1 (1983), 173 - 175

[5.15] Cap, F., Toroidal Resonators and Waveguides of Arbitrary Cross Section, IEEE Trans. Microwaves MTT-**29**, Nr 10 (1981), 1053 - 1059

[5.16] Proceed. Sympos. Fast Reactor Physics, Aix en Provence, 24 - 28 Sept. 1979, Intern. Atomic Energy Agency, Vienna, 1980 (2 Bände)

[5.17] Cap, F., Axisymmetric toroidal MHD equilibrium of arbitrary cross section as an eigenvalue problem, Sov. J. Plasma Phys. **10**, Nr 2 (1984), 255 - 255 oder Fiz. Plazmy **10**, Nr 2 (1984), 435 - 436

[5.18] Cap, F., Electromagnetic Waves in Toroidal Vessels of Arbitrary Cross Section Filled with Radially Inhomogeneous Dielectric Medium, IEEE Trans. Microwaves MTT-**32**, Nr 10 (1984), 1336 – 1341

[5.19] Cap, F., New analytical 3D method to calculate electromagnetic waves in glass fibres of arbitrary cross section and curvature, Proc. Third Int. Symposium on Optoelectronic, Innsbruck, 14. – 18. April 1986, Bericht 651-22, Seite 27

[5.20] Cap, F., Khalil, S., Eigenvalues of relaxed axisymmetric toroidal plasmas of arbitrary aspect ratio and arbitrary cross section, Nuclear Fusion **29**, Nr 7 (1989), 1166 – 1170

[5.21] Cap, F., Electromagnetic eigenfrequency of anisotropic inhomogeneous axisymmetric toroidal plasmas of arbitrary meridional cross section, Phys. Fluids **28**, Nr 6 (1985), 1766 – 1771

[5.22] Cap, F., Electromagnetic Eigenfrequency of Anisotropic Inhomogeneous Axisymmetric Toroidal Plasmas of Arbitrary Meridional Cross Section, Computer Physics Comm. **40** (1986), 99 – 103

[5.23] Cap, F., Threedimensional TE Modes in an Inhomogeneous Magnetized Cold Toroidal Plasma of Arbitrary Cross Section, Proc. 13th Europ. Conf. Contr. Fusion and Plasma Heating, Schliersee, 14. – 18.8.1986

[5.24] Cap, F., Schupfer, N., Three-dimensional Electromagnetic Modes in Magnetized Toroidal Plasmas, Plasma Physics and Controlled Fusion, **31**, Nr 1 (1909), 11 – 19

[5.25] Cap, F., Localization of Closed Separatrices in Axisymmetric MHD-Equilibria, Proc. 8-th European Conf. Comp. Physics, **10D**, Eibsee, 13. – 16.5.1986

[5.26] Cap, F., Schupfer, N., Axisymmetric MHD Modes in a Homogeneous Toroidal Plasma of Arbitrary Meridional Cross-section and Arbitrary Aspect Ratio, Nuclear Fusion **29**, Nr 9 (1989), 1469 – 1478

[5.27] Cap, F., Toroidale Strömungen in Tokamaks, Bericht österr. Physikerkongreß Linz, 25. – 30.9.1989

[5.28] Cap, F., Dum, R., Threedimensional MHD Modes in a Toroidal Warm Inhomogeneous Plasma of Arbitrary Cross Section and Arbitrary Aspect Ratio, Proc. 1989 International Conference on Plasma Physcis, New Delhi, 22. – 28.11.1989, Band 2

[5.29] Cap, F., Collocation Method to Solve Analytically Nonseparable Boundary Problems, Europ. Comp. Phys. Conf. Amsterdam, 10. – 13.9.1990

[5.30] Cap, F., Influence of Plasma Density Inhomogeneities on the Eigenfrequency of Global Threedimensional MHD Modes in Toroidal Plasmas, 18th European Conf. Contr. Fusion Plasma Phys., Berlin, 3.– 7.6.1991, **15C IV**, 117 – 120

[5.31] Cap, F., Dum, R., Ein Kollokationsverfahren zur Lösung elektrostatischer und elektromagnetischer Probleme, Elektrotechnik und Informationstechnik (Springer, Wien), **108**, Nr 3(1991), 121 – 123

[5.32] Curtis, J., Interpolation by harmonic polynomials, J. Soc. Indust. Appl. Math. **10** (1962), 709 – 731

[5.33] Menke, K., Lösung des Dirichlet-Problems bei Jordangebieten mit analytischem Rand durch Interpolation, Monatsh. f. Math. **80** (1975), 297 - 306

[5.34] Menke, K., Bestimmung von Näherungen für die konforme Abbildung mit Hilfe von stationären Punktsystemen, Numer. Math. **22** (1974), 111 - 117

[5.35] Gutknecht, M., Numerical conformal mapping methods based on function conjugation. J. Comp. Appl. Math. **14** (1986), 31 - 77

[5.36] Grisvard, P., Elliptic Problems in non Smooth Domains, Pitman, London, 1985

[5.37] Eisenstat, S., On the Rate of Convergence of the Bergmann Vekua-Method for the Numerical Solution of Elliptic Boundary Value Problems, SIAM Numer. Anal. **11** Nr 3 (1974), 654 - 680

[5.38] Kuttner, P., Beiträge der Transporttheorie zu sphärischen Reaktoren, Dissertation, Innsbruck, 1957

[5.39] Still, G., Persönliche Mitteilung Oktober 1992

[5.40] Cap, F., Gröbner, W., New Method for the Solution of the Deuteron Problem, and its Application to a Regular Potential, Il Nuovo Cimento X, **1** (1955), 1211 - 1222.

[5.41] Brooks, R., Constructing Isospectral Manifolds, Amer. Math. Monthly, **95** (1988), 823 - 839

[5.42] Kac, M., Can you hear the shape of a drum? Amer. Math. Monthly, **73** (1966), 1 - 23

[5.43] Gordon, R., When you can't hear the shape of a drum, The Mathematical Intelligencer, **11**, Nr 3 (1989), 39 - 47

Literatur zu Kapitel 6

[6.1] Finsterwalder, S., Die Theorie der Gletscherschwankungen, Z. Gletscherk. **2** (1907), 81 - 193

[6.2] Meirmanov, A., The Stefan Problem, de Gruyter, Berlin, 1992

[6.3] Crank, J., Free and Moving Boundary Problems, Oxford Scientific Publications, Clarendon Press, Oxford, 1988

[6.4] Huber, A., Über das Fortschreiten der Schmelzgrenze in einem linearen Leiter, Z. Angew. Math. Mech (ZAMM) **19** (1939), 1 - 21

[6.5] Polubarinova-Kochina, P., Theory of groundwater movement, Princeton University Press, Princeton, 1962

[6.6] Dr. Schwab, Tiroler Wasserkraft AG, persönliche Mitteilung, 3. November 1992

[6.7] Schaefer, C., Päsler, M., Einführung in die Theoretische Physik, de Gruyter, Berlin, 1962, 6. Auflage (in späteren Auflagen nicht mehr enthalten)

[6.8] Miles, E., Supersonic Aerodynamics, McGraw Hill, New York, 1950

[6.9] Frank, F., Karpovich, E., Gas Dynamics of thin Bodies, Interscience, New York, 1953

[6.10] Gerald, C., Applied Numerical Analysis, Addison Wesley, Reading, MA, 1970

[6.11] Courant, R., Friedrichs, K., Supersonic flow and shock waves, Interscience, New York, 1948

[6.12] Bechert, K., Zur Theorie ebener Störungen in reibungsfreien Gasen, Ann. d. Phys. (5) **37**, Nr 2 (1940), 89 - 123

[6.13] Bechert, K., Über die Differentialgleichungen der Wellenausbreitung in Gasen, Ann. d. Phys. (5), **39**, Nr 5 (1941), 357 - 372

[6.14] Karpman, V., Cap, F., Hamberger, S., Non-Linear Waves in Dispersive Media, Pergamon Press, Oxford, 1975

[6.15] Katayev, I., Electromagnetic Shock Waves, Iliffe, London, 1966

[6.16] Cap, F., Amplitude Dispersion and Stability of Nonlinear Weakly Dissipative Waves, J. Math. Phys. **13**, Nr 8 (1972), 1126 - 1130

[6.17] Longren, K., Scott, A., Solitons in Action, Academic Press, New York, 1978

[6.18] Seeger, A., et al, Z. Physik **134**, (1953), 173 und Tamana, T., et al, Jap. J. Appl. Phys. **14** (1975), 367

[6.19] Kumar, P., et al, Phys. Rev. **14B**, (1976), 118

[6.20] Fermi, E., Pasta, J., Ulam, S., Los Alamos Scient. Lab. Report LA-E.1, (1940), 143 und O'Neil, T., et al, Phys. Rev. Lett. **37**, (1976), 69

[6.21] Petviashvili, S., Sov. J. Plasma Phys. **2** (1976), 247

[6.22] Scott, R., Proc. Roy. Soc. Edinburgh, p 319 (1844) und Korteweg, D., de Vries, G., Phil. Mag. **39** (1895), 422

[6.23] Lamb, G., Rev. Mod. Phys. **43** (1971), 99

[6.24] Barone, A., et al, Sine Gordon Equation, Riv. Nuovo Cimento **1** (1971), 227 und Gervais, J., et al, Physics Reports **23 C**, (1976), 240

[6.25] Cap, F., Travelling Large Amplitude Electron-Ion Plasma Waves, Beitr. Plasmaphysik, **18** Nr 4 (1978), 217 - 223

[6.26] Jeffrey, A., Taniuti, T., Non-Linear Wave Propagation, Academic Press, New York, 1964

[6.27] Ladurner, O., Gasdynamische Durchrechnung der Gasströmung im Zylinder der Verbrennungskraftmaschine. Ansaug- und Kompressionstakt, Dissertation, Innsbruck, 1954

[6.28] Törnig, W., Numerische Mathematik für Ingenieure und Physiker, Springer, Berlin, 1979, 2 Bände

[6.29] Albrecht, J., et al, Numerical Treatment of Eigenvalue Problems, Intern Series of Numerical Mathematics, Vol **96**, Birkhäuser, Basel 1991

[6.30] Stiefel, E., Einführung in die numerische Mathematik, Teubner, Stuttgart, 1976

[6.31] Antes, H., Anwendungen der Methode der Randelemente in der Elastodynamik und der Fluiddynamik, Teubner, Stuttgart, 1988

[6.32] Schatz, A., et al, Mathematical Theory of Finite and Boundary Element Methods, Birkhäuser, Basel, 1990

[6.33] Gruber, R., Finite Elements in Physics, Proceedings of Summer Course 1 - 10 Sept. 1986, Lausanne, North Holland, Amsterdam, 1987

[6.34] Schwarz, H. Methode der finiten Elemente, Teubner, Stuttgart, 1980

[6.35] Hairer, E., Wanner, G., et al, Solving Ordinary Differents at Equations, Springer, Berlin, 1987 (2 Bände)

[6.36] Reutter, F., Engeln, G., Formelsammlung zur Numerischen Mathematik mit Standard-FORTRAN-Programmen, Bibliographisches Institut, Mannheim, 1984

[6.37] Marsal, D., Die numerische Lösung partieller Differentialgleichungen, Bibliographisches Institut, Mannheim, 1976

[6.38] Meis, T., Marcowitz, U., Numerische Behandlung partieller Differentialgleichungen, Springer, Berlin, 1978

[6.39] Mathews, J., Numerical Methods, Prentice-Hall, Englewood Cliffs, N .J., 1987

[6.40] Noble, B., Numerical Methods, Oliver + Boyd, London, 1964

[6.41] Kiesewetter, H., Maeß, G., Elementare Methoden der numerischen Mathematik, Springer, Wien, 1974

[6.42] Acton, F., Numerical Methods that Work, Harper + Row, New York, 1970

[6.43] Press, W., et al, Numerical Recipes, Cambridge University Press, 1986

[6.44] Wolfram, S., et al, Mathematica, Addison Wesley, New York, 1988

[6.45] Fox, L., et al, NAG Library Manual, Numerical Algorithm Group, Oxford

[6.46] Wrobel, L., Brebbia, C., Computational Modelling of Free and Moving Boundary Problems, Proc. First Intern. Conf. 2 - 4 July 1991, Southampton, de Gruyter, Berlin, 1991

[6.47] Filtschakow, P., Numerische und graphische Methoden der angewandten Mathematik, Vieweg, Braunschweig, 1975

Sachregister

Bei Fragen zur Produktsicherheit wenden Sie sich bitte an:
If you have any questions regarding product safety,
please contact:

Walter de Gruyter GmbH
Genthiner Straße 13
10785 Berlin
productsafety@degruyterbrill.com